C++
PROGRAMMING
LANGUAGE

NEW CLASSICS

C++
新经典

王健伟◎编著
Wang Jianwei

清华大学出版社
北京

内 容 简 介

本书是一部 C/C++编程语言书,定位在 C/C++语言本身的讲解上面。本书包含纸质图书以及教学源代码文件。

本书共分为三部分。第 1 部分为 C/C++语言概述(第 1 章),主要介绍了 C 和 C++语言的起源、市场需求、就业形势及如何搭建语言开发环境等内容。第 2 部分为 C 语言(第 2～12 章),主要介绍 C 语言的各种开发知识,包括基础知识,如常量、变量、表达式、程序结构、数组、函数等,也包括高级知识,如指针、结构、位运算、文件等,本部分的学习是为后面的学习打基础。第 3 部分为 C++语言(第 13～20 章),主要介绍 C++语言的各种开发知识,包括基础知识,如面向对象编程、命名空间、容器、迭代器,也包括类的详细介绍、模板与泛型的详细介绍;高级知识,如智能指针详细介绍、并发与多线程详细介绍;扩展知识,如内存高级话题、STL 标准模板库大局观;C++11 新标准,如可调用对象、万能引用、函数模板类型推断、引用折叠、完美转发、auto 推断、decltype、lambda 表达式、初始化列表、类型萃取等。

本书以择业为导向,涵盖 90%的 C/C++语言常用开发知识,通俗易懂,范例众多,对于希望从事 C/C++开发的读者极具实用价值,本书是一本不可多得的、值得珍藏并能够陪伴读者数年甚至数十年的参考书。

本书主要适合以下几类读者:

(1) C/C++语言初学者或者由其他计算机语言转到 C/C++语言的程序员。

(2) 从事 C/C++开发多年的程序员,希望能够详细地复习一下基础的 C/C++知识,把整个知识线串一串,形成一个比较完整的学习体系。

(3) 已经掌握 C++98 标准,但是需要进一步学习 C++11/14/17 新标准的程序员。

图书在版编目(CIP)数据

C++新经典/王健伟编著. —北京:清华大学出版社,2020.3(2025.5 重印)
ISBN 978-7-302-54972-7

Ⅰ. ①C… Ⅱ. ①王… Ⅲ. ①C++语言—程序设计 Ⅳ. ①TP312.8

中国版本图书馆 CIP 数据核字(2020)第 030566 号

责任编辑: 盛东亮 钟志芳
封面设计: 李召霞
责任校对: 李建庄
责任印制: 宋 林

出版发行: 清华大学出版社
    网 址: https://www.tup.com.cn,https://www.wqxuetang.com
    地 址: 北京清华大学学研大厦 A 座   **邮 编:** 100084
    社 总 机: 010-83470000   **邮 购:** 010-62786544
    投稿与读者服务: 010-62776969,c-service@tup.tsinghua.edu.cn
    质量反馈: 010-62772015,zhiliang@tup.tsinghua.edu.cn
    课件下载: https://www.tup.com.cn,010-83470236
印 装 者: 三河市龙大印装有限公司
经 销: 全国新华书店
开 本: 185mm×260mm   **印 张:** 46.5   **字 数:** 1130 千字
版 次: 2020 年 8 月第 1 版   **印 次:** 2025 年 5 月第 5 次印刷
印 数: 5501～5700
定 价: 139.00 元

产品编号:084948-01

前言
PREFACE

恭喜你,在众多的计算机编程语言中,选择了 C/C++ 语言,一门业界公认的功能强大、性能极优但学习难度大的计算机编程语言。选择这门编程语言学习的读者通常是勇气和智慧兼具的人;能够把这门语言熟练掌握并灵活运用的人也通常是那些能够在编程道路上走得更扎实、更久远,基础和综合开发实力远超同龄者的人。

20 多年前,从事 IT 行业的人还不多,当时优秀的程序员也比较少,学习编程知识的途径也非常匮乏。当今,浩如烟海的知识通过网络变得随手可得,人们不得不面对一个新问题:学什么以及跟谁学。

在 C/C++ 语言的学习中,经常有许多人手捧着一些国外大师级的人所写的权威书艰难地阅读甚至反复地阅读。

在笔者看来,这种书并不适合初学者。一本好的编程书应该把最常用、最有用的知识以最通俗的语言和讲解传授给读者,为读者节约大量的阅读时间,并使读者达到事半功倍的学习效果。

笔者认为本书就是能让读者用少的时间掌握多且有用知识的书,笔者利用自己 20 多年一线开发的实践经验,把自己认为有用、重要的知识,以通俗的语言讲授给读者,让读者在短的时间内达到好的学习效果。

面向的读者

笔者在 24 年一线 C++ 开发经验的基础之上,编写这本《C++新经典》,前后累计耗费将近 10 个月时间,夜以继日地工作,终于让它出现在你的手里。这是一本越看越精彩的 C++ 书。

这是一本专门面向 C/C++ 编程语言开发者的专业书籍,针对 C/C++ 语言,以择业为导向,主要适合以下几类读者:

(1) C/C++ 语言初学者或者由其他计算机语言转到 C/C++ 语言的程序员。

(2) 从事 C/C++ 开发多年的程序员,希望详细地复习基础的 C/C++ 知识,把整个知识线串一串,形成一个比较完整的学习体系。

(3) 已经掌握 C++98 标准,但是需要进一步学习 C++11/14/17 新标准的程序员。总之,不管读者是否有很丰富的 C++ 编程经验,这本书都值得购买,当把这本书拿到手的时候,你就会知道,笔者没有言过其实。随着年龄的增加,人的记忆力会逐渐下降,任何人都不可能将书中的每个知识点全部记在脑海里,所以,没有比将一本适合自己的书放在身边,随时查阅更明智的选择了!

本书特色

(1) 本书分三部分:第 1 部分是 C/C++ 语言概述;第 2 部分是 C 语言;第 3 部分是 C++ 语言。第 2 部分适合 C 语言初学者或是想往 C++ 方向转的程序员,这部分内容也是第 3

部分内容的基础,对于没有基础的读者,千万不可跳过这部分内容,笔者这里所讲解的每一个知识点在第3部分学习C++时都有用。

(2)本书覆盖面广,讲解细致入微。

(3)讲解的手段非常全面:演示、调试、加断点、看变量、看内存都用上了。

(4)坑点会反复强调,理论与实战结合,举例恰到好处,通俗易懂。

C++开发的经典书不少,并且绝大部分经典书都出自外国人之手。许多读者在阅读这些书时,都会遇到读一遍完全没有读懂,只有反复阅读多遍,才能理解书中之意的情形,尤其是C++11新标准推出以来,增加太多新的晦涩的概念、术语和知识点,进一步加重了学习者的负担,甚至让很多学习者望而却步。

很多名气大的作者写的书让人非常难以读懂,是因为他们是在用专家思维写书,结果必然是难以让普通大众读懂。生活中这样的人有很多,例如他自己明白一些知识,但只要是讲给别人听,一定会把别人讲糊涂。所以,水平高、开发实力强并不代表能写出好书。当然,反过来说,如果水平很差,当然也不可能写出好书。

在笔者看来,一本能够称得上经典的好书应该是通俗易懂的,对于读者来讲,认真读一遍就应该能够读懂,而读多遍的目的应该是深入理解和加深印象。《C++新经典》正是一本认真读一遍就能读懂的书,书中笔者利用数十年一线开发所积累的丰富经验,配以大量精准到位的演示范例,把难以理解的内容通俗易懂地讲述明白,让读者收获满满。可以毫不夸张地说,这本书完全能够让读者感觉相见恨晚。读懂本书并认真实践书中的范例,至少相当于为读者增加了5年以上C++开发的功力,也就是说,至少为读者节省5年的学习时间。

笔者具有讲课天赋,笔者有信心让一个从未学过C/C++程序开发的读者通过本书的学习成为C/C++开发高手。所以,对于转行到C/C++语言开发程序的读者,完全不用担心看不懂本书。但是,对于学习知识这件事,笔者坚持认为:"扶上马,送一程",让读者具备扎实的基础以及自我学习的能力是非常重要的。因此,要走得远,飞得高,最终还是要靠自己经年累月的不断努力和磨炼。

翻看本书的目录,读者不难发现本书的优秀和全面。除了C++基本理论知识,书中还详尽介绍了高级模板话题、智能指针、并发与多线程、内存高级话题、STL标准库,以及C++11新标准中万能引用、类型推断、引用折叠、完美转发、萃取技术等,这些知识,是真正成长为C++开发大师必知必会的知识。其实,书中很多内容的讲解已经超越了C++基础语言本身,迈向了更高的层次,让读者不但扎实地掌握基础,更有认知的大幅度提升。同时,书中的每个范例,都经过了笔者的深思熟虑,都会演示不同的知识点,所以每一个范例都重要,都不可错过。

在成书的过程中,笔者参考了大量C++经典著作并尽最大努力通过网络寻找一切对本书的写作有用的资料,尽量不遗漏任何重要的知识,笔者的心愿是通过自己的表达把这些知识更通俗地传授给读者,让读者只花费1/5甚至1/10的精力就能获得相同的知识,让读者能够凭借本书尽早地找到工作,获得一项谋生的本领。对于书中内容,笔者进行了大量资料的参考和整合,付出了数月的时间和极大的心血。在这里,笔者发自内心地感谢诸多C/C++前辈在这个行业中多年的耕耘及对知识的积累和传播的贡献。

C/C++语言博大精深,本书并不是C/C++语言语法大全,事实上,没有任何一本书可以事无巨细、面面俱到地把每个知识点都讲解到。同时,笔者是一个实用主义者,笔者认为,生命有限而学海无涯,相信对于绝大多数人,学习 C/C++ 开发知识,目的是实实在在地赚钱养家,而不是为了搞学术研究。所以,虽然本书中知识覆盖面广,但绝对不是什么内容都往书中放。在 C/C++ 庞大的知识体系中,相当一部分知识是很少用到的,花费大量篇幅去详细阐述无疑是事倍功半,这个时候,笔者丰富的一线开发经验就起到了极大的作用——凭借多年的实战经验,帮助读者甄别最重要的知识,尽量避免让读者浪费大量时间去学习那些很不常用的知识,保证读者在最短的时间内大幅度地提升自身的实力。

本书已经把 C/C++ 语言开发中最常用功能的 90% 都介绍了,能够满足绝大多数读者日常工作所需,如果偶尔有遗漏的地方,读者完全可以通过自学来弥补。笔者深信,把这么多年工作中的所思、所想、所积累的有用知识点汇集在一本书中,该书的质量将超越绝大多数市面上的 C/C++ 类书。

关于习题集

本书范例众多,因此笔者认为并不需要专门的习题集,或者可以说,这些范例本身就是绝好的习题。虽然笔者认为做大量的习题对实际工作的帮助并不大,但如果读者特别在意学后做题以巩固所学,比如学习了“构造函数”的概念之后,笔者建议,通过搜索引擎搜索“C++构造函数 练习”这种关键词,能够搜索到大量相关的习题,通过完成这些习题,就可以验证自己的学习成果。

同时,笔者要指出,这些习题的完成,一般来讲,只代表在 C/C++ 语言使用层面达到了一定的熟练度,具体在实际工作岗位上如何应用这些知识解决问题还需要在工作中去感受和体会。解决实际问题这件事,读者不要把它想得很难,其实它可能非常简单,人们往往都会对自己不熟悉的事物产生一些本能的畏惧,直接面对它,这种畏惧感自然消失。

如果真要做题,笔者建议读者学会整本书后一起做,从而综合地验证自己的学习成果。

阅读进度

不排除有基础和学习速度特别快的读者可以很快把本书的内容阅读完毕并掌握得很好,但通常来讲,笔者建议采取如下的阅读进度:

整本书大概有 120 节(比如 1.1 标题算一节),笔者建议读者每周平均学习 2 节。整本书后半部分内容比前半部分内容学习难度更大、篇幅更多,所以后半部分每节的学习时间要多,但是平均下来,笔者认为每周学习 2 节还是能够做到的,这意味着整本书大概需要花费 400 多天的学习时间,如果加快学习进度,读者可以力争在 1 年之内将本书学完。

在学习过程中,强烈推荐读者跟着笔者一起实践书中的每个范例,验证范例的正确性,实践是深化知识的一个极其重要的过程,这样学习效果将比只用耳朵听和用眼睛看强出 3～5 倍,千万不要偷懒,既然决定走程序开发这条路,现在的勤奋就是为了让自己以后少一些被动。若干年后,笔者不希望看到当年称自己一声老师的读者顶着生活的压力,还在费尽心力地调试 Bug。笔者自己的成长经验是:尽心编程 10 年后,程序中出现 Bug 的概率就非常小了,当我达到 15 年编程经验,往 20 年跨越的时候,偶尔的小 Bug 基本都随时发现随时消灭,偶尔出现的问题可以立即解决。读者千万不要以为程序员写出 Bug 是家常便饭,更不要以改 Bug 为荣。

本书内容全是重点,建议读者将整本书仔细学完,一节都不要错过。通过这样仔细的学习,本书包含哪些内容,在读者心中就会有一个比较深刻的印象,此时,这本书就可以当作读者的贴身伙伴和工具书了——忘记了哪个知识点,或者想使用哪些编程技巧,随时翻开书查阅。

　　知识点千万不要死记硬背,随着读者学习知识的增多,会面临着学过的知识很快忘记的情形,这很正常,所以在大多数情况下,我们的头脑里往往只记录一个知识点的大概思路和解决方法的索引(位置),需要解决类似问题的时候能找到这个索引,翻阅资料来解决就非常好。

　　请记住,一个高级程序员甚至架构师的能力体现不在于记住多少高级复杂的代码(在笔者看来,能记住的复杂代码越多,往往意味着当下真正所掌握到的知识还太少),而在于把控项目的综合能力、解决问题时能够把所有细节、意外全部想到的缜密逻辑思维,而且实际动起手时很少犯错。这些,才是一个程序员的大成智慧,才是需要数年乃至数十年才能练就的。

　　另外,对于一个高级程序员来讲,一个知识点不会时,可以绕道而行或者研究明白这个知识点再使用,但绝不要滥用、瞎用导致产生 Bug 或使自己掉坑里去而影响整个团队甚至公司的运作。

运行环境

　　本书的范例全部在 Windows 下的 Visual Studio 2019 集成开发环境中调试通过。之所以选择这个平台,是因为它对开发者相当友好,开发和调试程序特别方便,尤其对初学者,极大降低了学习难度。

　　书中也详细阐述了在 Windows 下安装 Visual Studio 2019 的过程。因为书中讲解的内容涉及 C++11 及更新的 C++标准语法,所以如果是在 Windows 操作系统下进行程序开发,建议读者使用 Visual Studio 集成开发环境并保证版本不低于 Visual Studio 2017。

　　对于在 Linux 下从事 C/C++ 开发的读者,只要 C/C++ 编译器支持 C++11 及更新的 C++标准语法,就完全没有问题,因为本书针对的是 C/C++语言,所以本书中 99.9% 的范例都可以跨操作系统平台运行。

资料获取

　　本书有完整的配套学习资料(源码),读者可以免费获取。获取方法如下。

　　(1) 查找并关注"程序员速成"微信公众号。

　　(2) 在微信公众号中,输入"新经典"三个字,就可以获取配套学习资料下载链接。

读者评论

　　笔者在出版本书之前,有数月的时间,通过网络推出课程以教授 C/C++ 开发知识,课程推出之后,收到了太多好评。这里摘录一部分评论:

- 现在别人追剧,我就追王老师的课,确实高校一些老师讲的 C++跟王老师讲的根本不在一个水平线。
- 学历看学校,本领学王老师。
- 听王老师的课感觉自己智商变高了,原来自己看书看不懂的内容听王老师的课后发现自己能懂了。
- 从 4 月底无意中发现这门课程以来,历时半月,加上假期,终于把所有课程学完了,真正是欲罢不能,讲得实在是太棒了。条理清晰,例证丰富,最重要是把各种使用中将遇到的陷阱都讲得很到位。而且,本课程涵盖了 C++系列版本的主要知识点,帮我完整梳理了 C++的知识,真是感激不尽。最后一章的总结也非常精准到位,每一句都是金玉良言,饱含工作经验和人生体会。再次表示感谢,期待王老师的实战课程。谨祝王老师身体健康,工作顺利。

- 翔实、实用的举例,不多话,不废话。
- 非常好,老师绝对是经验丰富的大牛,讲课清楚并且逻辑强,王老师的课可以说是我听过的最好的 C++ 课程了。
- 目前看过的所有 C++ 课中,含金量最高的。相见恨晚,感谢老师。
- C++ 工作 14 年的老菜鸟来学艺,希望能得到质的飞跃! 技术这东西不服牛人不行,有些地方自己自学不只是多走弯路的事儿,是根本入不了道。
- 感谢王老师,我之前买过其他 C++ 课程,但是深度和您的课程无法相比。相信您的课程能改变我的命运,非常感谢王老师。我要好好努力。
- 老师我现在看了你的部分课程,觉得你讲得很细很好,你会出一本书把你讲的内容写上去吗? 很期待啊,看老师的课程的进展快多了,很感谢老师出那么好的课程,帮我省去不少时间。
- 老师的 C++ 讲得实在太好了,看了才体会到这是下了大功夫做的教程,比我之前看的教程高了一个档次。
- 我好喜欢老师讲的课啊,通俗易懂有意思,比××教育强太多了。
- 老师,真的很喜欢您的课程,能再多出几期课程吗? 我还会买的。
- 谢谢老师,说真的,老师讲得真好,19 岁开始学编程,先专升本再考研,2018 年毕业。老师,是 C++ 讲得很好的老师,尽管我学过十几种编程语言,但是跟着老师学,很轻松。老师讲得真棒。现在从事 AI、图像处理的工作,公司用 Python 做的 demo 做好了,就是速度跟不上,看老师讲的 C++,有种想哭的感觉,为什么不是在几年前看到这个课程,现在早就稳稳地掌握 C++ 了,有点功利。感谢老师,分享自己的工作经验。
- 老师,你什么时候可以出一门有关 C 或 C++ 的数据结构和算法的课程呢? 很期待。自从听你的课! 就已经是你的铁杆粉丝了!
- 真的讲得很仔细,对于不喜欢看书的人来说,王老师的课是福利,两年前出这个课程,我看我会飘的。
- 老师,在我上大学的时候怎么没出这个课程呢?
- 通俗易懂,幽默风趣,讲课方式独具一格。
- 很赞,很多平时没有注意到的细节都讲到了。
- 跟着老师的讲课做完的笔记,就是活字典啊,哪里忘了搜哪里。
- 不愧是老“司机”,用通俗易懂的方式讲解每一个知识点,简直就是讲活了书本啊。
- 老师讲得非常好,都是干货,没有废话,逻辑清楚,而且一听就是肚子里有东西。边讲,边写代码,更有助于学生理解和吸收知识。
- 好的老师,万事俱备,剩下的就剩你自己学不学了。
- 老师的课是我见过的 C++ 讲得很好的,我非常开心也非常荣幸能买到老师的课程,等我学完老师所有课程后,如果老师不反对,我想拜老师为师,交学费给您,以后工作中有不懂的问题,多向您请教。

语言学习体会

学好一门计算机语言,有三个最关键的要素:

(1) 有一本能够领着大家入门的好书,好书应该是出自好老师之手,而一个具有丰富的实战经验和讲课天赋的好老师,一定能让大家不踩坑,不浪费时间,至少眼下不必去掌握各种额外知识,节约大量学习时间,大幅度地加快学习速度。

(2) 不停地努力是根本,也就是不断地学习,不断地实践,多看优秀的人写的代码,并且要自己多动手参与实际项目写大量代码。连续写 10 年代码,你的代码中就会很少出现 Bug,连续开发项目 15 年,你大概就能掌握用最高的效率解决各种开发问题,连续开发 20 年基本就达到大神的级别了。大家可能觉得这个时间太长了,笔者其实蛮希望大家打破这个魔咒,用更短的时间进阶到大神级,有这个目标的同学就更要跟着笔者一起努力了。

(3) 举一反三,任何书都不可能面面俱到地讲解每一个细节,否则会浪费大家很多时间,因为绝大部分知识在实际工作中是用不到的,所以大家一定要积极自学,善用搜索引擎,就可以很轻松地掌握很多新知识。

致谢

二十多年前,笔者写过一本《Crystal Reports 水晶报表设计与开发实务》,这本书的写作实在是太辛苦,每天大概要写到凌晨 3 点才能休息,熬了 3 个多月。书完成之后,整个人瘦了好几圈。

虽然书有一定的销量,但是跟付出感觉不成比例。所以,从那时候开始,笔者就暗下决心,从此以后再也不写书了。

"人算不如天算",2018 年下半年,笔者通过网络,逐步发布一些 C/C++ 类网络课程,让人意外的是,这些课程获得了学员极好的口碑,大有超越市面绝大多数 C/C++ 类课程之势,在这个时候,清华大学出版社电子信息教材事业部主任、首席策划盛东亮先生找到笔者,希望笔者能够写一本优质的 C/C++ 类图书。

因为多年前出书的心理阴影,笔者当时本能地拒绝了,但在笔者的心里却从此埋下了写书的种子。

几个月之后,笔者终于想通了写 C/C++ 类图书这件事,感觉有两点好处:

(1) 帮助更多的读者迈入 C/C++ 之门,也是为社会尽一点自己的微薄之力,做一个对社会有用的人。

(2) 扩大自身的知名度,增加收入,毕竟笔者也需要养家,通过自己的劳动赚取收入,这是光荣的。

当笔者把出书的想法说给盛东亮先生听的时候,他非常高兴并与笔者做了深入的沟通,我们二人年纪相仿,聊得很投机,在写书这件事情上观点也非常一致——希望这是一本高质量的、经典的 C++ 图书,是一本可以摆在书架上 10 年甚至 20 年的书,如果仅让读者选那么 2~3 本最好的 C++ 图书时,希望本书是其中之一。

在本书写作、出版的交流过程中,盛东亮先生给予了笔者相当多的支持与鼓励,甚至可以说,如果不是盛东亮先生当初的接洽和后续顺畅愉快的交流,如果不是许多实际的工作都能在最短的时间敲定并逐一落实,这本书也许根本不会出现在读者面前。所以,这份感谢,笔者要送给你——盛东亮先生。

笔者另外一个要感谢的人是清华大学出版社的资深编辑钟志芳老师,在本书写作、出版的过程中，因笔者对出版社的体例格式比较陌生，对写书过程中许多书面用语把握得不够精准，在书稿中出现了不少的格式问题和用词问题，钟老师通过在文档中加入极细致的批注给予了相当专业的指导，即便苛刻的格式要求让笔者心生恐惧并多次抱怨，钟老师都能够宽容理解。所以，这份感谢，笔者要送给你——钟志芳老师。

最后

本书后记"IT 职业发展的未来之路"，有笔者已经过半的人生——走过了 24 年开发之路后留下的一些人生感悟，强烈推荐读者率先阅读。

C++知识体系庞杂，虽然笔者非常尽心尽力，但限于水平，书中疏漏在所难免，恳请各位读者不吝指教。

王健伟

2020 年 5 月

目 录

CONTENTS

第 3 部分　C++语言

第1部分　C/C++语言概述

第 1 章

C/C++ 语言

C++语言是一门经典、功能强大、灵活的计算机编程语言,但也是公认具有一定学习难度的计算机编程语言,在诸多软件开发领域中,即便是那些不使用 C++语言进行开发的行业,很多也要求求职者具备 C++编程功底,究其原因,主要就是因为凡是对 C++语言开发有良好驾驭能力的人,整体开发实力明显要比从未接触过 C++语言编程的开发者强出许多。

C 语言作为 C++语言的子集,是必须要首先进行学习的。本章中,首先要谈一下 C 和 C++语言的起源,并针对语言的市场需求和就业需求进行分析,同时,详细介绍如何搭建语言开发环境,为下一步深入学习 C 语言做好准备。

(扫码获取资料)

1.1　C 和 C++语言的起源、特点、关系与讲解范畴

1. C 语言的起源和特点

C 语言是在 B 语言的基础上发展起来的,B 语言是 1971 年在一种叫 PDP-11/20 的非常庞大的机器上实现的语言,这个语言的发明者是贝尔实验室的研究员 Ken Thompson(肯·汤普森),然后用 B 语言写了 UNIX 操作系统。B 语言过于简单,功能有限,所以在 1972—1973 年之间,贝尔实验室的 D. M. Ritchie(丹尼斯·里奇)在 B 语言的基础上设计了 C 语言。1973 年,Ken Thompson 和 D. M. Ritchie 两人合作把 UNIX 90％以上的内容用 C 语言改写。

C 语言的最突出特点如下:

(1) 效率高。一般比汇编代码效率低 10％～20％。当然,程序效率越高越好。

(2) C 语言可以直接访问物理地址,进行位操作,可以直接对硬件操作,因此 C 语言既具备高级语言的功能,也具备低级语言的功能,可以用来写系统软件,这是非常厉害的,同时也是语言灵活性的表现。

2. C++语言的起源和特点

C++语言实际是为了增强 C 语言的功能而出现的,在 C++语言中,引入了许多 C 语言中没有的特性,如类、虚函数等,并且 C++这个名字在 1983 年才被正式确认。此后在 1989 年、1990 年,C++一直在不断改进中,C++语言象征着 C 语言的变化和改进。

随着 C++语言不断的发展,这个期间出现了 C++标准库并被包含到 C++标准中,从而使 C++的功能得到了很大的增强。

1998 年,C++标准委员会正式发布了第一个 C++标准,这个版本的 C++被认为是标准 C++,主流的 C++编译器也都支持这个版本的 C++,所以很多人称这个版本为 C++98(1.0)。

中间还有一些小改进,2003 年发布了 C++标准第 2 版,也叫 C++03,这个版本属于错误修正版,但本质上与 C++98 是相同的语言。

时间的车轮在不断往前走,又过了很多年,到了 2011 年,新的 C++标准正式发布,这个版本人们叫它 C++11(2.0)。与 C++98 比较,C++11 变化非常大,增加了很多新特性,语法差别也非常大,甚至都有不认识这门语言的感觉。这也说明 C++语言改进的脚步从未停止。2014 年,C++14 标准也获得通过,在 C++11 基础上,增加了一些比较核心的特性,和 C++11 比是有一定的改动,但远不及从 C++98 到 C++11 变化大。2017 年,推出了 C++17 标准,也是在 C++14 基础上增加不少新特性。所以,能够看到,这些年 C++新标准的推出速度还是比较快的。

C++98 版本以及以前版本的 C++,一般称为传统 C++,而从 C++11 开始的 C++,一般称为现代 C++。

C++语言的特性:封装性、继承性、多态性。严格来说,这三个特性是面向对象程序的特性,如果当前听不懂这些词汇,不要紧,等讲到第 3 部分 C++时就懂了,但是,这三个特性确实是在面试 C++软件工程师时最常考的内容,先让读者有个印象,本书在第 3 部分还会进一步详细介绍这些特性。

3. C 语言和 C++语言之间的关系

可以简单理解为"C++语言是 C 语言的超集",或者反过来说"C 语言是 C++语言的子集",也就是说,C 语言的所有内容都可以在 C++中使用,C 语言中的内容是后续学好 C++语言的基础,所以,本书第 2 部分正好从 C 语言讲起。

4. C 语言和 C++语言的讲解范畴

本书第 2 部分——C 语言,主要是讲解 C 语言的各种语法,也就是基础知识,这一部分占整本书的篇幅比较小。

本书第 3 部分——C++语言,占整本书的大部分篇幅,主要分两大块内容讲解:

(1) 对 C++语言语法的学习,让读者能够正确地读懂、书写 C++程序。

(2) 对 C++标准库的学习,让读者能够利用 C++标准库中提供的大量现成的功能来实现各种目的,避免重复造轮子。

同时,在 C++语言这部分,不仅会讲解传统的 C++98 标准的开发知识,也会讲解 C++11/14/17 新标准的开发知识,当讲解到新标准的开发知识时,会有专门的说明,告诉读者当前讲解的内容属于哪个 C++新标准。

1.2 C/C++语言的市场需求与就业需求分析

1. 市场需求分析

关于哪种计算机语言的市场需求大的争论从来没有停止过,参与到这些争论中并没有实际的意义,学习知识主要是为了以后更好地工作与生活。

据统计,当今 C/C++语言在整个计算机语言的市场需求排名前几位,薪水在国内也是数一数二的。不妨看一下各种招聘网站,搜索一下 C++的岗位需求,不难得出这个结论。

2．就业需求分析

目前来看，Java的就业市场无疑还是最为庞大的，Java对现在许多规模比较大的应用在使用上有其优势，当然，竞争也是最激烈的，虽然后来的GO语言、Python语言等也是各领风骚，但毫无疑问，C++的表现却是最稳定的，C++更偏重于系统程序设计，这主要体现在C++语言对硬件和系统资源的专业支持的特性。许多人纠结到底是学习Java还是C++，没必要纠结，笔者建议就从C++学起，这会给自己打下一个非常牢固的编程基础，虽然C++比Java难学很多，但如果学会了C++，再学Java就太容易了。

1.3　再谈 C/C++就业

如果想快速就业，可以选择优先学习Java，但如果希望把自己编程的底子打牢固，成为一名优秀的软件开发工程师，成为很多年轻朋友心目中的大神，C++是必须要学的，因为很多大师写的优秀代码，都是C++语言编写成的，例如现在流行的搭建网站的软件nginx（用到了C语言部分），号称单机支持数十万高并发，再如图形处理、游戏引擎、图像识别等，以及许多在行业内非常有名的库都是C++写的，因为执行效率的要求。如果读者不为生计发愁，建议两种语言都学，并且先学C++，这样再转学Java就非常轻松，但要从Java转到C++，那就困难得多。可能有人会问，有如此多精力都学吗？有，作为一名程序员，同时学习3门或5门计算机编程语言并且都能用得不错，是毫不奇怪的，不要首先在思想上给自己设限。

目前，笔者针对Windows平台的C/C++和Linux平台上的C/C++就业市场进行过统计，大概是3∶7，也就是说，如果市场需要10个C/C++开发人员，那么对Windows C/C++程序员的需求是3个人，对Linux C/C++程序员的需求是7个人，即目前市场上对Linux C++的需求明显是强于Windows C++的需求。所以建议读者在提高自己基础编程能力的时候，也不要脱离操作系统，不管Windows平台还是Linux平台，本书所讲解的知识都能够在这两个主流平台上通用，读者不用担心。

1.4　搭建语言开发环境

本书讲解和演示选择Windows平台，开发环境是微软公司推出的Visual Studio 2019，读者可能会问，既然Linux上的C/C++开发需求人才更多，为什么不选择Linux作为演示平台？那是因为，在Windows平台上讲解，可以随时对程序进行跟踪调试，非常方便观察和学习，尤其是对初学者。而Linux以文字界面为主，看起来太不直观，跟踪调试程序非常痛苦，选择它不明智。

在展开各种讲解和演示之前，需要先把开发环境搭建好。学习本书要求读者一定要做到两点：①理论知识都能够看懂和理解；②范例代码都亲自实践并验证通过。这两点缺一不可，少了哪一点，都会导致自己掌握的知识不牢固，影响学习根基，切记，切记。

本书第2部分——C语言，对开发环境的要求不高，一般的开发环境都可以，所以Visual Studio 2005、2008、2010、2012任一版本，甚至更老的Visual C++2、4、6版本等，只要能用起来，都不必再安装其他的C++开发环境，但是本书第3部分——C++语言，为了支持C++新标准语法，要求开发环境至少是Visual Studio 2017，以免出现书中能演示通过的范例读者却无法演示通过的情况,这非常尴尬。

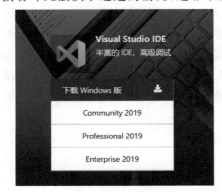

图 1.1　Visual Studio 2019 可供
下载的三个版本

在此以 Visual Studio 2019 为例说明开发环境的安装。这是微软公司目前推出的最新版本集成开发环境,可以直接访问网站:https://visualstudio.microsoft.com/zh-hans/。这个页面就有 Visual Studio 2019 的下载,分为三个版本:社区版(Community)、专业版(Professional)、企业版(Enterprise),如图 1.1 所示。其中,社区版是可以免费使用的,下载社区版即可。

在图 1.1 中单击 Community 2019,此时系统会将一个大概不到 2MB 的可执行文件下载到自己的计算机上,这个可执行文件实际是一个下载器,运行该下载器,它会按步骤提示下载和安装 Visual Studio 2019,因这种安装方式属于在线下载和安装,整个过程可能会持续半小时到数小时,安装时长主要取决于网速和计算机速度。

安装过程中会出现选择框,让用户选择安装哪些组件,如图 1.2 所示。

图 1.2　Visual Studio 2019 安装选项

这里只选择"使用 C++的桌面开发"以及"通用 Windows 平台开发",在选择这两个选项时,安装界面右侧会出现额外的安装详细信息,里边有很多可以勾选的项,保持默认,不做进一步勾选。请记住一个原则:只安装看上去和 C++开发有关的选项,即便错过了一些选项,以后可以重复这个步骤补充安装,但切不可图省事而完全安装,因为那可能会耗费数十甚至上百 GB 的磁盘空间,完全没有必要。

在图 1.2 左侧靠下的"位置"处,可以单击"更改",尽量把安装位置设置到非 C 盘(非系统盘)的位置以尽量减少对系统盘空间的耗费,系统盘空间非常宝贵,一旦空间耗尽可能会导致计算机运行变慢甚至崩溃等各种问题,这一点也请切记!

安装完成后,很可能在计算机的桌面上看不到 Visual Studio 2019 程序图标,此时必须到操作系统左下角,单击"开始"按钮,然后往下翻,一直找到 Visual Studio 2019 图标,如图 1.3 所示,单击并按住图形部分拖动到桌面上以

图 1.3　"开始"菜单中的 Visual
Studio 2019 运行图标

创建桌面快捷方式,下次双击桌面上的该图标即可运行 Visual Studio 2019。

双击 Visual Studio 2019 图标以运行 Visual Studio 2019,启动界面如图 1.4 所示。

图 1.4 Visual Studio 2019 启动界面

单击图 1.4 右下角的"继续但无需代码"链接直接进入开发环境中,因为这是个集成开发环境,可以开发很多种计算机编程语言所编写的代码,所以第一步先设置开发环境为 C++语言。在开发环境中进行如下操作:

(1)选择"工具"→"导入和导出设置"命令。

(2)在弹出的对话框中,选择最下面的"重置所有设置"选项并单击"下一步"按钮。

(3)选择下面的"否,仅重置设置,从而覆盖当前设置"项并单击"下一步"按钮。

(4)选择 Visual C++选项并单击"完成"按钮。

等待数秒,设置完成后单击"关闭"按钮并退出整个 Visual Studio 2019,就完成了将开发环境设置为 C++语言的操作步骤。

Visual Studio 2019 会不定时更新,当需要更新时,在 Visual Studio 2019 界面上会有提示,单击提示会出现一些操作步骤,按照操作步骤进行操作即可在线更新。值得一提的是,可能需要注册一个账号才能进行正常的在线更新,此时根据系统提示进行注册即可。

第2部分　C语言

第 2 章　数据类型、运算符与表达式

要学造句先学词汇，要学词汇先学文字，同理，要写 C 语言代码，首先要了解 C 语言代码的组成部分，在这些组成部分中，总少不了最基本的概念和元素，所以，常量、变量、类型、运算符、表达式等，这些最基本的编程元素，要最优先掌握。

本章会从常量、变量、基本数据类型说起，逐步深入到各种数据类型之间的混合运算，还将对支撑混合运算的基础设施——运算符进行详细的解说，其中，会重点介绍算术运算符、赋值运算符以及逗号运算符。

2.1　常量、变量、整型、实型和字符型

2.1.1　如何创建最基本的能运行的 C 程序

学习 C 语言要做的第一件事是创建一个最基本的能运行的 C 程序，在 Visual Studio 2019 中，只需要如下几步简单操作，就能创建一个最基本的能运行的 C 程序，并能生成一些最基本的代码。

（1）启动 Visual Studio 2019。

（2）在启动界面，单击右下角"创建新项目"选项，会弹出如图 2.1 所示的对话框，选择"控制台应用"选项，并单击"下一步"按钮。

（3）让系统新创建一个项目，请记住，Visual Studio 2019 中，任何一个可执行程序都是通过新建一个项目的手段得来，所以新建一个项目是必需的。在图 2.2 中填写一些项目的配置信息。

- 项目名称：为创建的项目起的名字，例如输入 MyProject。
- 位置：保存此项目的位置，可以直接输入一个目录路径或单击后面的"…"按钮选择一个已存在的目录名，这里导航到事先创建好的路径，即 C:\Users\KuangXiang\Desktop\C++（读者可根据需要自由选择路径）。
- 解决方案名称：一个解决方案里可以包含多个项目，Visual Studio 开发环境硬性要求一个项目必须被包含在一个解决方案里，同时，一个项目最终可以生成一个可执行程序，所以创建 MyProject 项目时，Visual Studio 2019 会连带创建一个解决方案并让 MyProject 项目包含在该解决方案里，解决方案名称这里输入 MySolution。

图 2.1　Visual Studio 2019 创建新项目

图 2.2　新项目的一些配置信息

（4）单击图 2.2 右下角的"创建"按钮，系统开始创建项目，几秒钟后，系统创建好了一个叫作 MyProject 的项目，正好位于 MySolution 解决方案之下，如图 2.3 所示，因版本不断升级变化，读者的界面内容可能会略有差异，这不要紧，不要随意改动内容以免出错。

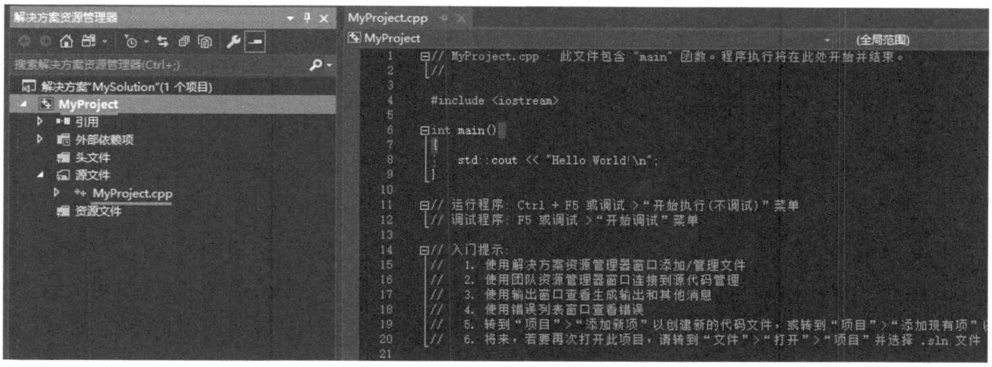

图 2.3　成功创建了一个新项目

如果使用其他 Visual Studio 版本，创建项目的步骤大同小异，只要能创建一个基于控制台的 C++程序项目供后续学习使用即可。如果对自己使用的 Visual Studio 版本不确定如何创建项目，可以通过搜索引擎搜索诸如"Visual Studio 2019 创建新 C++项目"这样的关键词组合就能找到详细答案。

展开图 2.3 左侧的"源文件"文件夹的树状分支，其中包含一个 MyProject.cpp 文件，这是系统依据图 2.2 所起的项目名称生成的一个源码文件，里面已经包含一些 C++源码，其实目前系统生成的该项目已经能够编译并运行了。

项目要先编译、链接、生成可执行程序，然后才能运行（后续会详细讲述），这一整套动作用快捷键 Ctrl＋F5 即可完成，按住 Ctrl 键，再按 F5 键即可，该快捷键在很多 Visual Studio 版本中通用，记住它。如果出现一个提示窗口，可以按提示窗口中的 Yes，也可以直接按 Enter 键进行确认。

如果按 Ctrl＋F5 键之后 Visual Studio 2019 没任何反应，可能是这个快捷键被其他软件所占用，此时可以用 Visual Studio 2019 中的菜单命令代替，依次单击如图 2.4 所示的菜单命令"调试"→"开始执行（不调试）"命令也能达到编译、链接、生成可执行程序并开始执行的效果。

图 2.4　编译生成可执行程序并执行

可执行程序运行起来后，出现一个背景为黑色的窗口，其中显示 Hello World 字符串，如图 2.5 所示。因为刚才创建项目时选择的是"控制台应用"，这种"控制台应用"项目运行后显示的正是一个黑色窗口，该窗口中会显示程序执行的结果，作为 C 和 C++语言学习者，通过该窗口显示运行结果完全能够满足学习要求。

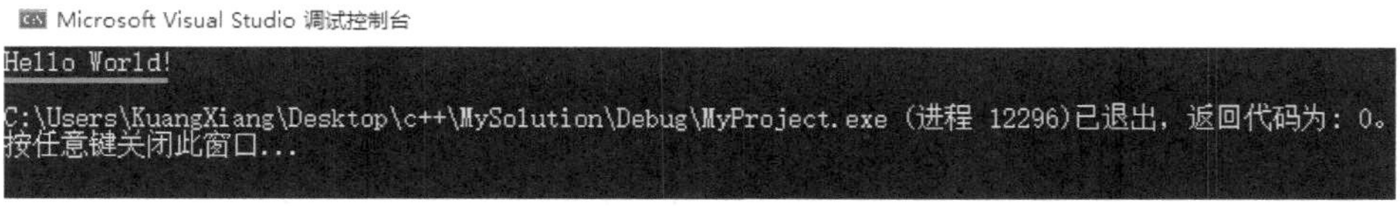

图 2.5　可执行程序的执行结果

此时按任意键,这个黑窗口关闭,预示着该可执行程序执行结束。可执行程序执行结果

中之所以会显示 Hello World,是因为在 MyProject.cpp 源码文件中有如图 2.6 所示代码行,代码的含义后面会逐步介绍,先不用深究。

图 2.6　输出语句 std::cout 向屏幕
输出字符串 Hello World

重点提醒 C 语言新手注意:

(1) 标点符号。例如分号等一律用半角符号,全角符号和半角符号的区别是全角符号比半角符号更粗大,全角符号一般是在输入法开启时输入的符号,半角符号一般是在输入法关闭(纯英文输入状态)下输入的符号,读者可以比较全角与半角符号的区别。

(2) 因为 Visual Studio 版本各不相同,有些读者按快捷键 Ctrl+F5 生成并执行程序时发现黑色窗口一闪而过无法看清的问题,或者后续学习某些内容时,与笔者所述不太一致(例如笔者演示结果正常,但读者自己演示时却报错),此时,一定要做到:

① 立即观看编译器报错信息,思考这些信息所提示的错误含义。

② 必须学会利用搜索引擎,把疑问或错误信息输入到搜索引擎中来查找答案,用搜索引擎解决问题是每个人都必须要掌握的技巧,如果说书籍所起的最重要作用是传授体系化的知识,让人入对门、走对路、不走偏、不浪费时间,那么搜索引擎所起的作用就是让人在正确的道路上走得更独立、更深远。

观察系统生成的 MyProject.cpp 源码文件,笔者修改了一行代码(std::count 这行),并增加了一行 printf 代码,如图 2.7 所示。

有以下几点需要说明。

图 2.7　对代码做一点修改

(1) 每个 C 程序项目都必须有一个 main 函数(图 2.7 第 6 行),函数体由大括号括起来,后续章节会详细讲解函数的概念。有些版本的 Visual Studio 里叫_tmain,都是一个意思。

(2) 增加一条 printf 语句表示向屏幕输出一条信息,后面会详细讲解。当前需要知道该 printf 语句的含义是将双引号中内容原样输出,遇到"\n"表示换行,即遇到下一次用 printf 语句输出内容时会从新的一行开始输出。

(3) 程序中每行内容称为一条语句,语句末尾用分号结尾,有些计算机编程语言一条语句末尾没有标点符号,但 C 语言要求一条语句末尾必须要有分号。当然,多条语句也可以写在一行上,彼此用分号分隔。

(4) 在程序代码中写注释的目的是记录一些程序开发时的思路等信息,防止日后遗忘或方便他人阅读自己所写的代码。注释的内容仅用于阅读,不影响所开发程序的实际功能,注释分单行注释和多行注释,单行注释表示单独某一行是注释,多行注释可以一次性表示连在一起的多个行都是注释。

单行注释用"//"开头,例如图 2.7 第 8 行的"std::cout << "Hello World! \n";"就被注释了,注释后该行在 Visual Studio 2019 中以绿色显示,注意图 2.7 所显示的各个字符颜色。读者计算机中所显示的字符或者背景颜色也许和这里不同,这些颜色其实可以自由设置,颜色设置以个人习惯为原则,可以通过搜索引擎了解如何改变这些字符颜色和背景颜色。

多行注释以"/ * "开头,以" * /"结尾,如图 2.8 中第 10~12 行文字就是注释文字。

(5) 一个 C 程序,总是从 main 函数开始执行,不管 main 函数在整个程序中处于哪个位置。

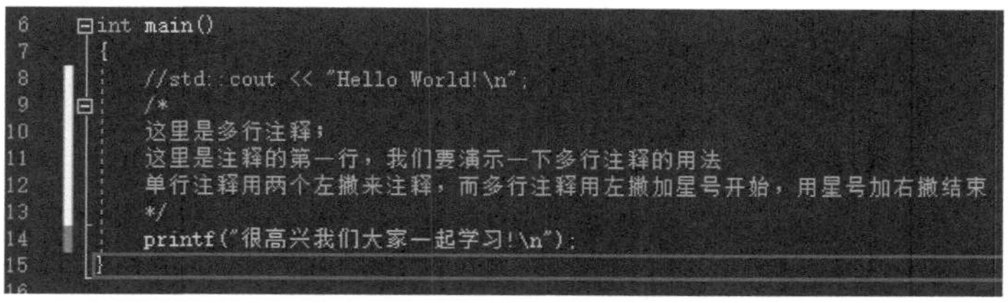

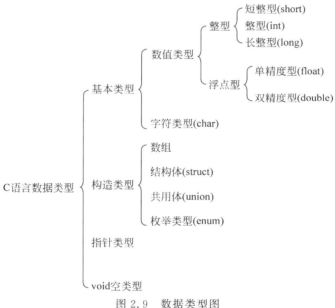

图 2.8　多行注释用"/ * "开始,用" * /"结束

2.1.2　C 语言的数据类型

图 2.9 所示是 C 语言数据类型图,也许不太全面,但作为参考借鉴已经足够,其中所示的数据类型后续章节都会慢慢讲到。这些数据类型不必死记硬背,随着使用次数增多,慢慢就会熟悉。

图 2.9　数据类型图

1. 每种数据类型所占内存大小

既然在 C 语言中有多种数据类型,计算机在保存不同类型数据时所占用的内存大小是不同的,如表 2.1 所示。从中可以了解常用数据类型所占用的内存大小(单位:字节)。

表 2.1　常用类型所占用的内存大小(单位:字节)

数 据 类 型	32 位系统	64 位系统
char	1	1
short(unsigned short)	2	2
int(unsigned int)	4	4
float	4	4
double	8	8
long	4	8
long long	8	8

2．每种数据类型的取值范围

可以这样认为，占用内存越多的数据类型，所保存数据的取值范围就越大。表 2.2 所示为每种数据类型能够取值的范围。

表 2.2　每种数据类型能够取值的范围（可能不全）

数据类型	最　小　值	最　大　值	所占字节
char	−128	127	1
short	−32768	32767	2
unsigned short	0	65535	2
int	−2147483648	2147483647	4
unsigned int	0	4294967295	4
long	−2147483648	2147483647	4
long long	−9223372036854775808	9223372036854775807	8
unsigned long long	0	18446744073709551615	8

2.1.3　常量和变量

常量：在程序运行过程中，其值不能被改变的量。常量也分为不同类型：

（1）整型常量，如 150。

（2）浮点型常量，如 12.3（也称为实型常量）。

（3）字符常量：用一对单引号包含起来的一个字符，如'a'。

这里用 printf 语句输出一个结果信息作为演示，printf 语句前面提过，是 C 语言中用于输出结果信息的语句，能将双引号中的内容进行输出，但当在双引号所含的内容中遇到％d时，会用后面的和值进行替换（％d 是一个格式符，专门用来显示一个十进制整数），因此，如下语句：

```
printf("35 + 48 的值是 %d\n",35 + 48);
```

输出的结果信息是：

35 + 48 的值是 83

下面将逐步引入变量的概念，在此之前，首先引入标识符、保留字这两个概念。

（1）标识符：好像人的名字（如张三、李四），由字母、数字、下画线三种字符组成，并且第一个字符为字母或者下画线。例如，test、icount、_myclass 都是合法的标识符。

（2）保留字：系统保留起来，有特殊的用途，所以不能将保留字作为标识符来使用，否则会出现语法错误。保留字如图 2.10 所示，这些保留字不必死记硬背，随着使用次数增多，慢慢就会熟悉。

那什么是变量？变量与常量不一样，常量一般是一个字面值。例如，13 就是一个字面值，看看变量的定义。

变量：其值可以改变的量。变量肯定会有一个变量名，在内存中会占用一定的存储空间，变量名其实就是一个标识符，同时，变量名是区分大小写的，大小写不同的变量会被认为是两个不同的变量。

and	asm	auto	bool	break
case	catch	char	class	const
const_cast	continue	default	delete	do
double	dynamic_cast	else	enum	explicit
extern	flase	float	for	friend
goto	if	inline	int	long
mutable	namespace	new	not	operator
or	private	protected	public	register
reinterpret_cast	return	short	signed	struct
sizeof	static	static_cast	throw	switch
template	this	typeid	true	try
typedef	using	typename	union	unsigned
virtual	void	volatile	while	xor

图 2.10 C/C++中的保留字

变量遵循先定义后使用的原则,定义变量时遵循如下格式:

类型名 变量名[= 变量初值];

其中,[]中的内容可以省略,在格式表达中,凡被[]括起来的内容都表示可以省略。

如下范例定义了两个不同的变量,因为这两个变量最后一个字符的大小写不同:

```
int _myclass;
int _myclasS;
```

变量名的长度没有具体标准,即便是几十上百个字符也可以,但一般 10～20 个字符长度就足够了。变量如何起名字呢?参考如下变量的命名方法:

```
iMemberCount;
```

在这个变量名中,第一个字符表示类型,这里 i 表示 int 类型,然后用几个单词的组合,每个单词首字母大写,这样以后见到变量名就知道该变量表达的含义。

2.1.4 整型数据

整型数据如下:

(1) 十进制数:如 123、—456、0。

(2) 八进制数:以 0 开头的数字是八进制数,如果对八进制数不熟悉,可以利用搜索引擎来简单了解,八进制数并不常用,对其粗略掌握即可。演示范例如下:

```
int abc;
abc = 012;                          //八进制的 12
printf("012 的十进制数是: %d\n",abc);
```

输出的结果信息是:

012 的十进制数是:10

(3) 十六进制数:以 0x 开头的数是十六进制数,如 0x123。十六进制数比较常用,需要对其进行一定的掌握,如果对十六进制数不熟悉,请利用搜索引擎进行了解。下面的范例演示 0x12 的十进制数。

```
int abc;
abc = 0x12;                                    //八进制的 12
printf("0x12 的十进制数是：%d\n",abc);
```

输出的结果信息为：

0x12 的十进制数是：18

那么，八进制、十六进制数如何转换为十进制数：只需要乘以 2，再相加、取整就是对应的十进制数。简单看一下范例：

八进制数 $012 = (2 \times 8^0) + (1 \times 8^1) = 2 + 8 =$ 十进制数 10

十六进制数 $0x12 = (2 \times 16^0) + (1 \times 16^1) = 2 + 16 =$ 十进制数 18

1．整型变量的分类

基本型：int。

短整型：short int(简写为 short)。

长整型：long int(简写为 long)。

无符号型：unsigned int、unsigned short、unsigned long，只能存放不带符号的数字(正数和零)，不能存放负数，所以，一个无符号整型变量存放的数字范围比带符号整型变量存放的数字范围大一倍，这一点从表 2.2 中也可看到。

如果无法确定某个变量或者某种数据类型所占用的内存大小(单位：字节)，可以使用 sizeof 运算符获得。但需要特别注意的是，用 sizeof 运算符获得某个变量所占用的内存大小时，和该变量中保存的数值内容没有任何关系。演示范例如下：

```
int abc;
printf("abc 变量占用的内存字节数是：%d 字节\n", sizeof(abc));
```

输出的结果信息是：

abc 变量占用的内存字节数是：4 字节

该结果和表 2.1 所示的 int 型变量所占用的内存字节数一致。

2．整型变量的定义

```
int a,b,c;
unsigned short d,e,f;
```

3．常量的类型

前面提到过，常量是分类型的，不过换个角度来看，常量也可以认为不分类型，如 189 是什么类型的常量呢？取决于该值赋给什么类型的变量。演示范例如下：

```
int abc = 189;        //这不是赋值语句，这是定义 abc 变量时顺带初始化，值为 189
short def = 189;      //这依旧不是赋值语句，也是定义 def 变量时顺带初始化，值为 189
def = 190;           //这才是赋值语句，这行带 = 的语句开头没有类型名，因此是赋值语句，
                     //赋值语句后面会讲，本行作用是把新值 190 赋给 def 变量
```

有一些特殊写法需要额外介绍：

(1)在一个常数后面加一个字母 U 或 u，表示该常数用无符号整型方式存储，相当于 unsigned int。

（2）在一个常数后面加一个字母 L 或 l，表示该常数用长整型方式存储，相当于 long。

（3）在一个常数后面加一个字母 F 或 f，表示该常数用浮点方式存储，相当于 float。

整体感觉，这种写法的意义不大，因为这些常量一般都会赋值给一些变量，实际的类型取决于这些变量的类型。之所以介绍这种写法，是因为在阅读他人代码时，可能会遇到。演示范例如下：

```
long int test3 = 189L;
int a = 23.12F;                    //变量 a 依旧是 int 型
unsigned abc = 23U;
```

2.1.5　实型数据

实型数据简称实数，在 C 语言中称为浮点数（带小数部分的数）。

1．实型常量的两种表示形式

（1）十进制数表示形式：0.12、3.14159。

（2）指数表示形式：168E2，等价于 $168 \times 10^2 = 16800.00$，这种表示形式不太常用，但要有所了解，其中字母 E 可以大写也可以小写，再如如下表示形式：168E＋2 等价于 168×10^2；168E－8 等价于 168×10^{-8}。

2．实型变量的分类

C 语言中，实型变量分为单精度和双精度两种类型。

（1）float：单精度变量。

（2）double：双精度变量。

3．实型变量的定义

下面两行代码都是定义实型变量：

```
float d,e,f;
double i,k;
```

上面两行代码有什么区别？float 型变量一般在内存中占 4 字节，double 型变量一般在内存中占 8 字节，这意味着 double 型变量所能保存的数据范围比 float 型变量所能保存的数据范围大得多，并且精度高得多（精度后面会详细解释）。

浮点数在内存中都是以指数形式存储的，所以能够存储的数据范围大到超乎想象：

（1）单精度 float：取值范围为（1.17549e－038）～（3.40282e＋038）。

（2）双精度 double：取值范围为（2.22507e－308）～（1.79769e＋308）。

如何区分 float 和 double 这两种浮点类型实数呢？它们的精度不同，float 类型实数提供 7 位有效数字（考虑到四舍五入问题，保守算 6 位），double 类型实数提供 15～16 位有效数字（考虑到四舍五入问题，保守算 15 位），到底多少位有效数字，随机器系统而异。

有效数字又是什么意思呢？如数字 12345.678，如果精度是 1 位有效数字，则实际只能存储为 10000.0，也就是说，只能把最高位这个值存下，其余位全部都是 0。

如果精度是 2 位有效数字，则存储为 12000.0，也就是能存下最高的两位数值。

如果精度是 3 位有效数字，则存储为 12300.0，也就是能存下最高的三位数值。

如果精度是 7 位有效数字,则存储为 12345.67X,X 表示该位置的数字值并不确定。

再看看数字 0.1234,如果精度是 1 位有效数字,则存储的可能为 0.1XXXXX,如果精度是 2 位有效数字,则存储的可能是 0.12XXXX,以此类推。

4．调试

在进行演示之前,先介绍如何在 Visual Studio 2019 中进行程序调试,调试对于日后顺利进行程序开发起到极其重要的作用,所以必须掌握好调试的方法。

(1)快捷键 F9(对应"调试"→"切换断点"命令),用于给光标所在的行增加断点或取消该行断点(俗称设置断点),断点行最前面如果有一个红色小圆球就表示该行有一个断点,如图 2.11 所示,可以通过将光标定位到多个行并每次都按 F9 键为多个行增加断点。

(2)快捷键 F5(对应"调试"→"开始调试"命令),用于开始执行程序,并且遇到第一个断点行就会停下,如图 2.12 所示,程序执行流程停到了第 8 行代码,红色小圆球中间多了一个向右指向的黄色小箭头,表示程序执行流程停止到了这一行(但此刻这行还没被执行)。

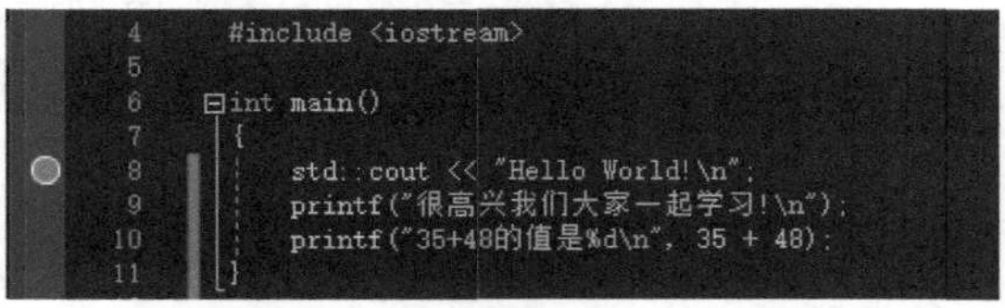

图 2.11　给某行增加断点后该行前面出现红色小圆球

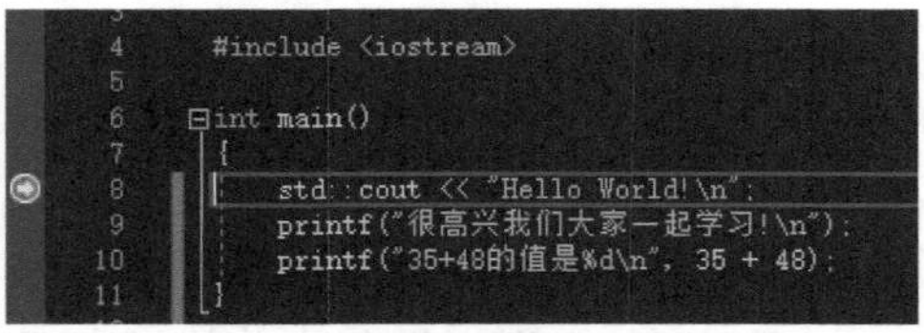

图 2.12　断点停止到第 8 行

(3)此时,因为程序执行流程已经停了下来,可以人工介入来控制程序的执行,所以,此刻可以多次使用快捷键 F10(对应"调试"→"逐过程"命令),从当前停止的代码行开始,一行一行继续让代码执行下去,边逐行执行,边观察程序的执行走向及各种变量的当前值,从而达到调试的目的。

利用上述学到的调试方法,看看如下范例,在第 1 行加入断点并执行程序,调试过程中,可以将鼠标放在变量名之上观察变量的值,如图 2.13 所示。

```
float af;
double bf;
af = 1111111.111;                    //赋值给 af 变量
bf = 1111111.111;                    //赋值给 bf 变量
```

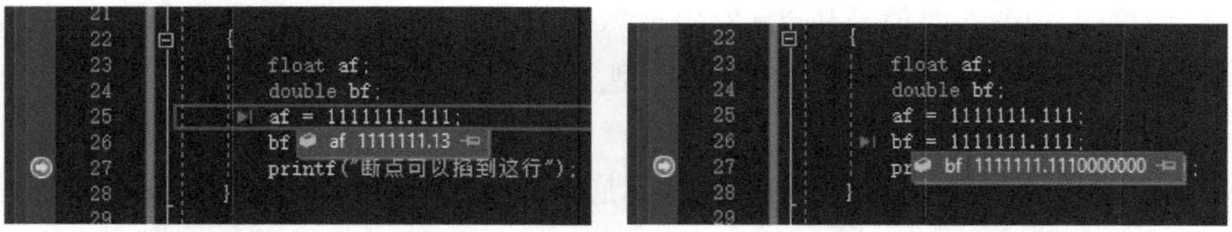

图 2.13　断点停到第 27 行时鼠标分别放到 af 和 bf 变量名上观察其值

注意观察结果,af 变量的实际结果为 1111111.13,而 bf 变量的实际结果为 1111111.1110000000,从这个范例中能感受到精度问题,af 小数点后面从第 2 位开始就已经不是实际所赋的值了,而 bf 则保存下了所赋值的全部有效位数,这进一步证明了 double 数据类型比

float 数据类型所能保存的数据精度要高很多。

再看一例,既然说 float 的精度是 7 位有效数字,那如下代码的执行结果又如何呢?

```
float af;                        //有效数是 7 位吗
af = 1234567898.1234;
```

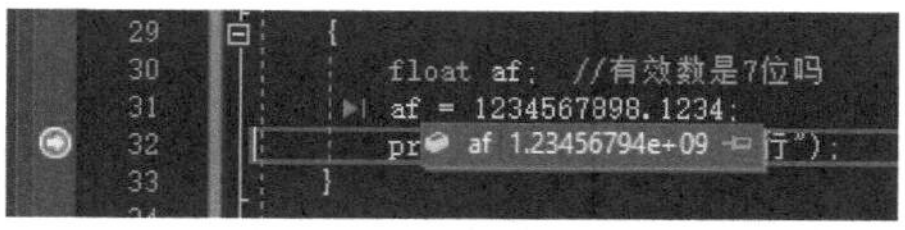

图 2.14　断点停到第 32 行时鼠标放到
af 变量名上观察其值

可以同样设置断点来观察,结果如图 2.14 所示。

注意,此时 af 的值显示为 1.23456794e+09,该值展开后应该是 1234567940,与原数字 1234567898.1234 比较,能够清晰观察到损失了多少位有效数字,小数点左侧损失了 3 位(898 变成了 940),小数点后的 4 位(1234)全部损失。

再看看下面几行代码:

```
float af = 12.34567291234987654321;     //查看有效位是多少
double ad = 12.34567291234987654321;    //查看有效位是多少
printf("af 的值是 % f\n", af);
printf("ad 的值是 % f\n", ad);
```

这里再次使用了 printf,只是这次的格式符使用的是%f(%f 专门用来显示一个浮点数),对上面的代码设置断点进行观察,可以看到,af 的值实际显示的是 12.3456726,而 ad 的值实际显示的是 12.345672912349876,但因为受 printf 输出函数中的%f 格式符所限,所以上述两条 printf 语句输出结果都是 12.345673(不同版本的 Visual Studio 可能结果会有差异)。

修改一下上面的代码,把%f 修改为%.20f,这表示在小数点后显示 20 位有效数字,修改后的代码如下:

```
float af = 12.34567291234987654321;     //查看有效位是多少
double ad = 12.34567291234987654321;    //查看有效位是多少
printf("af 的值是 %.20f\n",af);
printf("ad 的值是 %.20f\n",ad);
```

这次显示的结果如图 2.15 所示。

从图 2.15 中也能明显看到,double 数据类型比 float 数据类型精度高很多,因为 double 数据类型能保存的有效位数比 float 数据类型多得多。

图 2.15　printf 用了%.20f 格式符后
显示的 af 和 ad 变量的结果

继续看如下范例:

```
float af1 = 0.5;            //显示 0.50000000
float af2 = 0.51;    //显示 0.509999990,它为什么显示的不是 0.51000000,丢失了精度
```

通过设置断点观察这两个变量,能够发现,明明给 af2 的值是 0.51,但显示出来的却是 0.509999990,为什么? 原来,当把一个十进制数值赋给一个实型变量时,计算机会把该十进制数转换成二进制数保存,当程序执行流程停在断点上,用鼠标查看该变量值时,计算机实际上是把它保存的二进制数再转换成十进制数显示出来,这个步骤——"十进制→二进制,

二进制→十进制"中,存在着一些除法运算,这些除法运算因无法整除的原因,会导致从二进制转换回十进制数时丢失精度。例如日常生活中用 10 除以 3,那么结果将会是 3.33333…,永远无法整除,是一样的道理。

2.1.6 字符型数据

1. 字符常量

C 语言中字符常量也称为字符型常量,是用单引号包含起来的一个字符,如'a'、'$'等。在实际编码中会发现,单引号中确实可以放入两个甚至更多字符而系统并不提示错误,如'ab',但是这样做往往无法得到想要的结果,所以,除下面即将讲解的转义字符(特殊字符)外,严格遵循单引号里只放一个字符的规定,以免增加不必要的麻烦。

2. 转义字符

转义字符又叫特殊字符,是以"\"开头的字符序列。例如,前面在 printf 中遇到过的'\n'就是一个特殊字符,只不过该字符是夹杂在一堆其他字符中而已。

C 语言中转义字符有很多,表 2.3 列出了部分转义字符。

表 2.3 部分转义字符

转 义 字 符	含　　义
\n	换行
\t	制表符(Tab 键)
\\	反斜杠
\'	单引号
\"	双引号
\ddd	1～3 位八进制数所代表的字符
\xhh	1～2 位十六进制数所代表的字符
\0	空(看成一个标志)

所谓转义字符,就是将反斜杠后面的字符转变成另外一种含义。例如,'\n'表示换行符。推荐重点关注表 2.3 中的"\n""\\""\'""\""这四个转义字符,其他转义字符随着练习的增多,遇到后慢慢就会熟悉,不必死记硬背。下面这行代码显示的结果如图 2.16 所示。输出的结果中包含了一个换行符(导致输出换行)、一个单引号和一个双引号。

图 2.16　上述 printf 语句的执行结果

```
printf("abc\ndef\'ghi\"jkl");
```

3. 字符变量

字符变量也称为字符型变量,用来存放字符常量,但需要注意,只能存一个字符,而不是一个字符串,因为一个字符型变量在内存中只占 1 字节。演示范例如下:

```
char c1,c2,c3;
c1 = 'a';
c2 = 'b';
c3 = '\''; //末尾不是双引号,是两个单引号,\'是转义字符,代表的是单个字符
```

　　将一个字符常量放到一个字符变量中,实际上并不是把字符本身放到字符变量所属的内存中,而是把字符对应的 ASCII 码(一个数字)存放到内存中,如表 2.4 所示。该表只提供部分可显示字符所对应的 ASCII 码,虽不全面但具备参考价值,如果希望看到比较详细完整的 ASCII 码表,可以利用搜索引擎获得。

表 2.4　部分可显示字符对应的 ASCII 码表

十进制数(ASCII 码)	字　　　符	十进制数(ASCII 码)	字　　　符
32	空格	97	a
33	!	98	b
34	"	99	c
35	#	100	d
36	$	101	e
...		102	f
48	0	103	g
49	1	104	h
...		105	i
65	A	106	j
66	B	107	k
...		...	

　　什么是 ASCII 码? 通俗地说,就是范围处于 0～127 之间的一个整数(数字)。例如,观察表 2.4 所示的 ASCII 码表可以看到,字符 a 对应的数字是 97,b 对应的数字是 98。

　　既然在内存中,字符数据是以 ASCII 码存储,说明字符型数据的存储形式和整数的存储形式类似。所以,在 C 语言中,字符型数据和整型数据之间可以互通使用,一个字符数据既可以以字符形式输出,又可以以整数形式输出,以字符形式输出时,计算机会先将内存中的 ASCII 码转换成相应的字符,然后输出。参见如下范例:

```
char c1,c2;
c1 = 97;                       //相当于c1 = 'a';
c2 = 98;                       //相当于c2 = 'b';
printf("c1 = %c,c2 = %c\n",c1,c2);  //c1 = a,c2 = b
printf("c1 = %d,c2 = %d\n",c1,c2);  //c1 = 97,c2 = 98
```

　　这里再一次使用了 printf,只是这次的格式符使用的是%c(%c 专门用来显示一个数字也就是 ASCII 码对应的字符)。

　　可以继续尝试下面这行代码:

```
c2 = c2 + 4;
```

　　再次输出 c2 的结果看看是什么:

```
printf("c1 = %c,c2 = %c\n",c1,c2);   //c1 = a,c2 = f
printf("c1 = %d,c2 = %d\n",c1,c2);   //c1 = 97,c2 = 102
```

2.1.7　字符串变量

　　前面讲过,字符型常量是由一对单引号包含起来的单个字符,如'a'。

那什么是字符串常量呢？字符串常量是用一对双引号包含起来的一堆字符（可以是1个字符或者是多个字符），如"Hello world!"、"zhangsan"、"我爱我的祖国"等。

看看如下范例：

```
printf("老师好,各位同学们好\n");          //老师好,各位同学们好
```

不要混淆字符常量和字符串常量，'a'是字符常量，"a"是字符串常量，二者不同。看看如下范例：

```
char c;
c = 'a';
c = "a";                         //错误,不能把一个字符串赋值给一个字符型变量
```

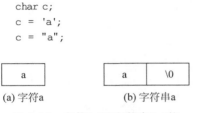

(a) 字符a   (b) 字符串a

图 2.17　字符'a'和字符串"a"的
内存占用情况

那么，'a'和"a"有什么区别呢？这里一定要注意，这个知识点非常关键：字符'a'在内存中占1字节，而"a"在内存中占2字节，如图2.17所示，一个小方块代表占用1字节。

"a"的最后一个字符为'\0'，这是一个转义字符，也就是说，"a"其实是由两个字符构成，但是'\0'如果出现在printf中进行输出，却并不会输出出来，而是作为字符串结束标记来标记这个字符串内容结束，看看下面这行代码：

```
printf("abcdefg\0hij");          //abcdefg
```

可以很明显地看到，上面的代码行输出的结果是"abcdefg"，而后面的"hij"并没有输出出来，原因就是系统在输出整个printf中的字符串时，一旦遇到'\0'，则系统认为整个字符串输出结束，所以'\0'后面出现的任何内容都不会被输出。

注意，在写一个字符串常量时，不要手工去增加'\0'，这是画蛇添足，'\0'是系统增加的。通过上面这些解释可以看到，"a"代表两个字符——'a'和'\0'，把它赋给一个只有1字节长度的字符型变量，显然不可以。

特别值得一提的是，调试程序时学会查看内存中的内容对深入掌握C/C++语言编程好处巨大。看看下面两行代码，按F9键把断点设置到printf语句所在行：

```
char aaa[1000] = "safasdfa\0def"; //这里用到数组概念,后续会学习到,这仅做演示用
printf(aaa);
```

按F5键执行整个程序，断点会停留在printf所在行上，此刻，程序正处于调试中，如图2.18所示。

图 2.18　正处于调试状态中

在此种状态下，按下快捷键Alt＋6或选择"调试"→"窗口"→"内存"→"内存1"命令，则在整个Visual Studio 2019的下方，就打开了"内存"查看窗口，只需要在其中输入内存地址，就可以看该地址所对应的内存中内容，如图2.19所示。

在图2.18所示的第78行，双击aaa变量名，直接按住鼠标左键往图2.19中左上角"地址"右侧的编辑框中拖动，若图2.19框住的那部分内存中内容没变化，则按一下Enter键，此时，变量aaa所代表的内存地址中的内容便显示到"内存"查看窗口中，如图2.20所示。

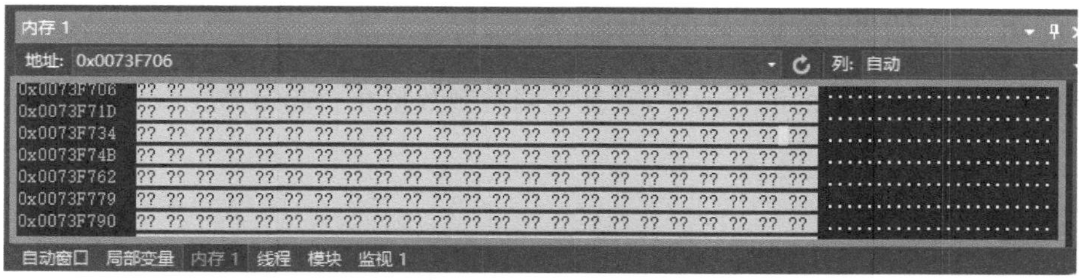

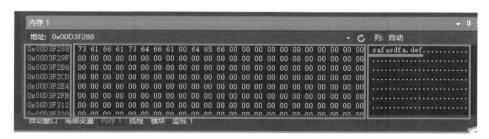

图 2.19　在调试时可以打开调试窗口中的"内存"查看窗口来查看内存中的内容

图 2.20　变量 aaa 在内存中的内容

在图 2.20 所示的"内存"查看窗口中,左上角的"地址"部分显示的 0x00D3F288 是变量 aaa 所代表的内存地址。往下看,分成三部分:左侧部分显示的内存地址,是变量 aaa 的地址和紧邻的内存地址;中间部分显示的是内存地址中保存的十六进制数字内容(内存中保存的数据都是二进制数据,但为了方便观察,Visual Studio 2019 把这些二进制数据以十六进制形式显示出来,四位二进制数字显示成一位十六进制数字);右侧部分显示的是内存中的十六进制数字所代表的一些可显示字符,从中可以找到"safasdfa\0def"字样,通过逐个字符比较,可以看到,'\0'这个转义字符在内存中显示的十六进制数字是 00,其他的字符,如图 2.20 中'a'字符在内存中显示的十六进制数字是 61,十六进制数字 61 正好对应十进制数字 97,而十进制数字 97 正好就是字符'a'的 ASCII 码(见表 2.4),所以在内存中存放一个字符时,存放的其实就是该字符的 ASCII 码。

字符串的存放需要用到字符数组,字符数组在后面章节中介绍。

2.1.8　变量赋初值

所谓变量赋初值,就是在定义变量的同时给该变量一个值,代码如下:

```
int q = 3;
int a,b,c = 6;                          //一行定义多个变量,其中给变量 c 一个初值
```

请记住,定义变量时,不赋初值的变量中所保存的值是不确定的,所以,不赋初值的变量,不应该拿来参与运算。上面的代码中 a、b 都没给初值,那么 a、b 中的值不可预知,是个随机值,变量 a 或者变量 b 中的值可能是 −858993460 等诸如此类的值。

再次强调,变量遵循先定义后使用的原则,一定要牢记。很多脚本语言甚至不用定义一个变量,而是直接给这个变量一个值就相当于定义了该变量,后续就可以继续使用该变量了,而 C 语言中一定要先定义该变量,然后才能开始使用。

2.1.9 数值型数据之间的混合运算

所谓数值型数据之间的混合运算,就是不同类型数据在一起运算。看看如下范例:

```
int a = 500;
double ad = 15.67;
double de = a + ad;
printf("结果为%f",de);                  //结果为515.670000
```

这里看到了 double 类型和 int 类型相加,并且得到了正确的结果,实际上混合运算并不复杂,可以设想一下,因为 double 类型比 int 类型保存的数据大得多,所以,double + int = double 类型,系统自动把 int 类型先转换成 double 类型,然后和原来的 double 类型相加,得到的结果依然是 double 类型。

可以得出一个结论:

不同类型数值变量进行混合运算时,系统会尝试将它们的变量类型统一,然后再做混合运算,并且系统会选取参与运算的变量中能表达最大数字的变量类型作为其他变量转换的目标类型。例如:

```
int + double = double
char + int = int
```

图 2.21 所示是不同类型变量做混合运算时的转换规则。

针对图 2.21,有几点说明:

（1）该图纵向向上的箭头表示当运算对象为不同类型时转换的方向。例如,如果一个 int 型要和一个 long 型做运算,则依据从低类型往高类型转换（图 2.21 中已经标出越在下面的类型越属于低类型）,int 类型要首先转成 long 类型,然后再和 long 类型做运算,结果当然也为 long 类型。同理,如果 long 类型要和 double 类型做运算,则 long 类型首先转成 double 类型,然后再和 double 类型做运算,结果当然也为 double 类型。

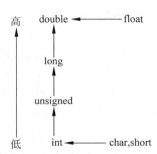

图 2.21　不同类型变量做混合运算时的转换规则

（2）该图横向向左的箭头表示必须转换,如 char 类型和 short 类型做运算,则 char 类型必须先转成 int 类型,short 也必须先转成 int 类型,然后两者做运算,结果为 int 类型。同理,即便是两个 float 类型做运算,每个 float 类型也都必须先转成 double 类型,然后两者做运算,结果为 double 类型。该条内容取自于资料,笔者根据这些说法进行了测试,某些测试结果与描述并不一致,例如两个 float 类型做运算,结果仍旧为 float 类型。测试代码如下（仅供参考,为防止计算出错,笔者强烈建议混合运算时尽量保持类型一致并且保证运算结果不要溢出）:

```
float a = 2.2f;
float b = 3.5f;
//如下 auto 的含义以及如何测试这些结果的类型,如果读者能够坚持读到本书的最后一章,就会看到答案
auto result1 = a + 12.4;      //结果是 double 类型,因 12.4 是 double 类型,12.4F 是 float 类型
auto result2 = a + b;                  //结果是 float 类型
```

```
char ac = 2, bc = 3;
auto result3 = ac + bc;                    //结果是 int 类型
short as = 1, as2 = 6;
auto result4 = as + as2;                   //结果是 int 类型
long aaa = 15;
float bbb = 16.7f;
auto result5 = aaa + bbb;                  //结果是 float 类型
```

2.2 算术运算符和表达式

2.2.1 C语言的运算符

C 语言的运算符种类非常多,写 C 语言代码始终都会包含各种运算符。C 语言的运算符有如下几类,如表 2.5 所示。

表 2.5 C语言运算符分类

编　号	名　　称	内　　容
1	算术运算符	+、-、*、/、%
2	关系运算符	>、<、==、>=、<=、!=
3	逻辑运算符	!、&&、||
4	位运算符	<<、>>、~、|、^、&
5	赋值运算符	= 以及多个复合赋值运算符
6	条件运算符	?:
7	逗号运算符	'
8	指针运算符	*、&
9	求占字节数运算符	sizeof()
10	强制类型转换运算符	(类型名)
11	成员变量运算符	.、-->
12	下标运算符	[]
13	其他	……

C 语言的运算符一共大概有 13 个分类,每个分类下面包含一到多个运算符,不必死记硬背,C 语言运算符分类表可放在手边,需要的时候查阅即可,随着读者动手编码越来越多,这些运算符慢慢地都会用到,也就自然而然地记住了。

2.2.2 算术运算符和算术表达式

基本的算术运算符如下:

(1) +——加,如 3+5。

(2) -——减,如 5-2、2-5。

(3) *——乘,如 3*9。

(4) /——除,注意除号的写法,如 5/3,这里是两个整数相除,结果会舍弃小数部分。

(5) %——取余,也叫模运算符,该运算符的两侧都要求为整型数,7%4 = 3。

看看如下范例:

```
printf("3 + 2 = % d\n", 3 + 2);
printf("5 - 2 = % d\n", 5 - 2);
printf("2 - 5 = % d\n", 2 - 5);
printf("3 * 9 = % d\n", 3 * 9);
printf("5/3 = % d\n", 5 / 3);
printf("7 % % 4 = % d\n", 7 % 4);  //字符串中的两
                                   //个%输出效果为一个%
```

图 2.22　基本的算术运算执行结果

执行结果如图 2.22 所示。

2.2.3　运算符优先级问题

运算符优先级规则是：先乘除，后加减，如果优先级相同，则按先算左边，后算右边的方式处理（这叫从左到右结合，当然还有从右到左结合，遇到时再讨论）。如 2+3 * 5、2+8-5，看看如下语句的计算结果：

```
printf("2 + 3 * 5 = % d\n", 2 + 3 * 5);  //2 + 3 * 5 = 17
printf("2 + 8 - 5 = % d\n", 2 + 8 - 5);  //2 + 8 - 5 = 5
```

当忘记运算符优先级时，可以将某一部分需要优先计算的内容用( )括起来，如下面这条语句，就会优先计算 3+2 的值：

```
printf("(3 + 2) * 8 = % d\n", (3 + 2) * 8);  //(3 + 2) * 8 = 40
```

不同种类运算符进行混合运算时也存在优先级问题，不同种类运算符的优先级如表 2.6 所示，其中列出了从最高到最低的优先级。读者不必死记硬背，放在手边，需要的时候查阅即可。再次说明：当记不住优先级时，用( )将需要优先计算的内容括起来也许是最简便和有效的处理方式。

表 2.6　不同种类运算符的优先级

优先级 （数字越小越高）	运　算　符	含　　义	需要的运算对象个数	结合方向
1	( ) [ ] -> .	圆括号 数组下标运算符 指向结构成员的运算符 结构体成员运算符		从左到右
2	! ~ ++ -- - （类型） * & sizeof( )	逻辑非运算符 按位取反运算符 自增运算符 自减运算符 负号运算符 强制类型转换运算符 指针运算符 地址运算符 求占内存字节数运算符	1个 （单目运算符）	从右到左

优先级 （数字越小越高）	运　算　符	含　　义	需要的运算对象个数	结合方向
3	* / %	乘法运算符 除法运算符 取余运算符	2个 （双目运算符）	从左到右
4	− +	减法运算符 加法运算符	2个 （双目运算符）	从左到右
5	<< >>	左移运算符 右移运算符	2个 （双目运算符）	从左到右
6	<、<=、>、>=	关系运算符	2个 （双目运算符）	从左到右
7	== !=	等于运算符 不等于运算符	2个 （双目运算符）	从左到右
8	&	按位与运算符	2个 （双目运算符）	从左到右
9	^	按位异或运算符	2个 （双目运算符）	从左到右
10	|	按位或运算符	2个 （双目运算符）	从左到右
11	&&	逻辑与运算符	2个 （双目运算符）	从左到右
12	||	逻辑或运算符	2个 （双目运算符）	从左到右
13	?:	条件运算符	3个 （三目运算符）	从右到左
14	=、+=、−=、*=、 /=、%=、 ……	赋值运算符	2个 （双目运算符）	从右到左
15	,	逗号运算符		从左到右

那么，例如"a = 3+5;"是怎样计算的。这就涉及不同种类运算符优先级问题，不过这个问题等后续讲到赋值运算时会进一步讲解，现在先不用理会。

现在来看一个有点让人为难的考题，看看下面这个表达式是如何计算的：

a += a* = a/ = a−6;

可以给这个表达式增加一些圆括号来标明运算时的优先级。例如：

a += (a* = a/ = a−6);
a += ((a* = a) /= (a−6));

经此处理，运算的优先级自然就能看清楚了。

这里有许多运算符目前还没有学习到，所以无须了解这些运算符的含义，只需要观察一下运算时的优先级即可。在面试中可能会遇到类似考题来考验面试者对运算符优先级的记忆力,笔者认为这种考题价值不大,因为类似问题,即便无法记忆,也可以通过查询手边的资料快速解决问题。

2.2.4　强制类型转换运算符

强制类型转换运算符是一对圆括号,参考表 2.6,其作用是将一个表达式转换成所需要的类型。其一般形式为:

(类型名)(表达式名)

举例说明如下:

(1)(double)a:将变量 a 转换成 double 型,并不是变量 a 本身的类型发生变化,而是让整个表达式的结果类型发生变化。请记住:强制类型转换时,得到一个所需类型的中间变量,原来变量的类型没有发生变化。

(2)(int)(x+y):将 x+y 的值转换成 int 型。注意,表达式"x+y"是用( )括起来的,如果写成(int)x + y,那就只是将 x 转换成 int 型,然后与 y 相加。

(3)(float)(5%3):将 5%3 的结果值转换成 float 型。

看看如下范例:

```
float x;
int i;
x = 3.6;                          //可以写成 3.6f, f 代表 float,也可以用 F,效果一样
i = (int)x; //不用强制类型转换,会出现警告: 从 float 转换到 int,可能丢失数据,有些资料上强
            //调不要写成 int(x),其实写成 int(x),也是可以的
printf("x = % f, i = % d", x, i);      // x = 3.600000, i = 3
```

总结一下讲过的两种类型数据转换:

(1)自动类型转换。不同类型数值变量进行混合运算时,系统会尝试将它们的变量类型统一,这在运算时不需要开发者参与,系统自动进行类型转换,如 3+5.8,转换规则请参考图 2.21。

(2)强制类型转换。当自动类型转换无法达到目的时,就需要用强制类型转换,如"%"取余运算符,要求两侧均为整型量,如果 x 是 float 类型,x%3 就不合法,必须要用(int)x%3,因为强制类型转换运算符优先级高于取余运算符%,所以会先计算(int)x,得到一个整型中间变量,再对 3 进行取余操作。代码如下:

```
float x = 8.32f;
int result = (int)x % 3;              //必须转成 int 型才能参与%取余运算
printf("result = % d\n", result);      //result = 2
```

2.2.5　自增和自减运算符

自增运算符是两个加号:++。

自减运算符是两个减号:——。

这是两个非常重要的运算符,必须要搞清楚。简单地说,这两个运算符的作用就是使变量的值增加 1 或者减少 1,根据表 2.6,可以看到,它们都是单目运算符,也就是说,运算对象个数只有一个。

对于自增和自减运算符,在代码中通常像如下这样书写:

```
++i;                                    //口诀：先加 1 后使用
-- i;                                   //口诀：先减 1 后使用
i++;                                    //口诀：先使用后加 1
i-- ;                                   //口诀：先使用后减 1
```

上面几行代码中的口诀不太容易理解,下面通过举例的方式介绍。

（1）如果单独写在一行上,那么自增和自减运算符的作用就是把变量自身的值增加 1 或者减少 1。看看下面这段代码:

```
int i = 8;
i++;                                    //8 + 1 = 9
-- i;                                   //9 - 1 = 8
++i;                                    //8 + 1 = 9
i-- ;                                   //9 - 1 = 8
printf("i = % d\n", i);                 //i = 8
```

（2）如果放在一个表达式中使用,又是什么样的情形呢？看看下面这段代码:

```
int i = 3;
printf("i = % d\n", ++i);               //i = 4,先加后用
```

这段代码,为什么 printf 语句输出的结果是"i = 4"呢？因为在 printf 语句中,++运算符出现在变量 i 的前面,这个自增运算符就属于先加后用,也就是先将 i 值自身加 1 变成 4,然后将这个结果 4 作为 printf 语句的输出值,所以输出的结果是"i = 4"。

然后再看看下面这段代码:

```
int i = 3;
printf("i = % d\n", i++);               //i = 3,先用后加
```

这段代码,为什么 printf 语句输出的结果是"i = 3"呢？因为在 printf 语句中,++运算符出现在变量 i 的后面,这个自增运算符就属于先用后加,也就是先将当前 i 的值作为表达式的值供 printf 语句输出,输出的结果是"i = 3",然后再将 i 值自身加 1 变成 4。

特别值得注意的是,自增和自减运算符只能用于变量,不能用于常量或者表达式。所以 5++、(a+b)--都不合法。

上面提到了一个概念——表达式,表达式就理解为用+、-、*、/等运算符串起来的一个式子,所以上面代码中,出现在 printf 语句中的++i、i++都是表达式。

在面试中,偶尔会遇到一些非常难为人的考题,看看如下代码:

```
- i++;                                  //实际上等价于- (i++);
i++ + j;                                //实际上等价于(i++) + j;
```

C 编译器在处理表达式中的运算符时,会尽可能多地从左到右将若干字符组成一个运算符。笔者极度不建议像上面这样写代码,代码是用来给人看的,而不是用来难为人的。可以把上面的代码拆成多行来写,这样清晰明了,否则,就不得不仔细查看如表 2.6 所示的运算符优先级表,认真仔细核对运算符优先级、结合方向等,才能正确计算出这些表达式的值。

自增和自减运算符常用于在循环语句中循环变量自增 1 或自减 1 操作,后续讲到循环语句时会再次提及。

2.3 赋值运算符和逗号运算符

2.3.1 赋值运算符和赋值表达式

1. 赋值运算符

赋值运算符已经不陌生,前面已经用过多次,赋值运算符是一个"="号。它的含义是:"将等号右边的值赋给等号左边的变量"。注意,等号左边必须是一个变量。

所谓赋值,可以理解成:给变量一个值或者改变变量到某一个值。换句话说,执行完一条赋值语句后,变量的值就被设置为新给的值了。看看如下范例:

```
int a;
a = 5;
a = 6.5;      //将实型数据给整型变量时,小数部分会被舍弃,结果是 a = 6
a = 18 + 50;  //先计算等号右边表达式的值,再赋值给等号左边的变量,这是由运算符优先级
              //决定的,因为赋值运算符 = 的优先级低于加法运算符 +
```

将整型数据赋值给实型变量(单精度变量和双精度变量)时,数值不变,但是会以浮点数形式(指数形式)存储在内存中(指数形式形如 2.4E10)。

这里要注意一下几个概念,看看下面这行代码:

```
char a ;      //这行叫变量声明,系统给变量 a 分配 1 字节内存
```

而下面这行代码不是赋值语句,称为定义时初始化(定义时给初值)语句更为合适,因为这行代码最前面有一个类型标识符 char(赋值语句是不可以以类型名作为语句开头的):

```
char a = 90; //系统给变量 a 分配 1 字节内存,然后往这个内存中放入 90,注意,a 变量因为是
             //char 类型,因此取值范围是 - 128 ~ 127
```

而下面这行代码是赋值语句(假设 a 变量在之前已经声明过),但是这个赋值语句的执行会导致变量 a 中所保存的结果值溢出,因为 char 类型的变量保存的数据值范围在 $-128 \sim 127$ 之间:

```
a = 900;      //溢出,要充分考虑一个类型的取值范围,因为溢出得到的结果显然不是想要的结果
```

赋值的原则:赋值符号左侧和右侧的数据类型应该相同,类型不同时可以用强制类型转换运算符,当用强制类型转换运算符时,开发者必须自己明确知道不会造成赋值后的数据溢出。如果不遵照这样的原则,可能赋值结果就是难以预料的结果。继续看如下范例:

```
int a;
//每个值都不溢出,但整个计算结果却是溢出的
a = 1000000 * 1000000; //每个值都不会溢出,但结果会溢出,这样也不行,结果变得不可预料,
                        //这是容易犯的错误
```

2. 复合的赋值运算符

在赋值运算符"="之前增加其他运算符,构成复合赋值运算符。看看下面这些代码:

```
a += 3;      //等价于 a = a + 3;
x *= y + 8; //等价于 x = x * (y + 8);注意 *= 运算符的优先级比 + 低,*= 右侧是一个
```

```
                    //表达式 y + 8, y + 8 是一个整体,即相当于给 y + 8 加了括号
x % = 3;            //等价于 x = x % 3;
```

看看如下范例:

```
int a = 6;
a += 8;
printf("a =  % d\n",a);              //a = 14
```

执行后,a 的最终结果为 14。

此外,还有很多其他的复合赋值运算符,遇到时再细说,但运算的思路是相通的。所谓思路,就是 a+=b 等价于 a=a+b 的思路。以 a+=b 为例来说明:

(1)把最左边的变量单独写下来:a。

(2)把整个式子中的"="去掉,变成:a+b。

(3)通过赋值运算符"="把上述两部分内容连起来,构成 a=a+b。

3.赋值表达式的值

赋值表达式本身是有值的,赋值表达式的值就是赋值运算符(=)右侧的值。看看下面这两行代码的结果:

```
int a;
printf("a = 5 这个赋值表达式的值是 % d\n", a = 5);   //a = 5 这个赋值表达式的值是 5
```

再看看下面几行代码:

```
int a,b;
a = (b = 5);                         //就相当于 a = 5;
```

一般来说,运算符的结合顺序(运算顺序)是从左到右,如 3+4+7,但赋值运算符的结合顺序是从右到左。看看下面这行代码:

```
a = b = c = 5;   //5 赋给 c,而后 c = 5 的值为 5,赋给 b,最后,5 再赋给 a
```

运算顺序问题不用多虑,记不清运算符优先级的时候直接用圆括号括住要优先运算的部分。看看下面这行混合了普通赋值运算符和复合赋值运算符的代码:

```
a += a -= a * a;
```

这行代码立即看出来如何计算比较难,这其实也是考验读者对运算符优先级的认识。建议的做法是用圆括号明确地标识出计算顺序,如下所示:

```
a += ( a -= (a * a) );
```

看看如下范例:

```
int a = 3;
a += ( a -= (a * a) );               //a 等于多少呢?往下看代码,让人为难的题目,不要这样写
                                     //程序,清晰易读最重要
printf("a =  % d\n", a);             //a =  - 12
```

看看下面这些代码,可以在计算机上进行演示学习,但是,在实际工作中,尽量不要这样写代码,实在是让人难以读懂!

```
int a = 3;
a += (a -= (a * a));          //a = -12
a += (a -= 9);                //a = -42
a += (a = a - 9);             //a = -102
a += (a = 3 - 9);             //a = -12
a += (a = (-6));              //a = -12
a += (-6);                    //a = -18
a = a + (-6);                 //a = -24
```

2.3.2 逗号运算符和逗号表达式

逗号运算符和逗号表达式应用的场合不算太多,但也需要一定的了解和掌握。逗号运算符就是一个逗号,而逗号表达式是用逗号将两个表达式连接起来构成的一个更长的表达式,从表 2.6 中可以看到,逗号运算符是优先级最低的运算符。逗号表达式的格式如下:

表达式 1,表达式 2

逗号表达式的求解过程:先求解表达式 1,再求解表达式 2,整个表达式的值是表达式 2 的值。

看看如下范例:

```
int a;
a = (4,5);          //a = 5,因为逗号表达式优先级太低,所以必须加()
a = (3+5,6+8);      //a = 14
a = 3*5,a*4;        //表达式值为60,因为先计算 a = 3 * 5,再计算 a * 4,最后结果是 a * 4 的值
printf("a的值= %d,整个逗号表达式的值= %d\n",a = 3 * 5, a * 4);
                    //a 的值 = 15,整个逗号表达式的值 = 60
```

逗号表达式的格式可以进行扩展,也就是说,多个表达式都可以用逗号连起来。扩展后的格式如下:

表达式 1,表达式 2,表达式 3,…,表达式 N

求解的过程也是依次从左到右求解各个表达式的值,而整个表达式的值是表达式 N 的值。特别值得注意的是,逗号运算符是优先级最低的运算符。看看如下范例:

```
int x,a;
x = (a = 3,6 * 3);           //a=3,x = 18
x = a = 3,6 * a;             //a = 3,x = 3,逗号表达式的最终结果18没被使用到
int result = (x = a = 3,6 * a);   //result = 18
```

但并不是任何出现逗号的地方都看成是逗号表达式。看看下面这行代码:

```
printf("%d, %d, %d",3,4,5);
```

上面这行代码中,"3,4,5"并不是逗号表达式,而是 printf 函数的参数,函数以及函数参数的概念后面章节会讲解。

第3章

程序的基本结构和语句

在学习了 C 语言编程的基础概念和基础元素后,就要开始利用这些学习过的知识书写比较完整的程序代码了。从细微处观察,C 语言的程序代码是由多行程序语句组成的,而从大处着眼,这些程序代码的书写又可以归结为三种基本的程序结构,即顺序、选择、循环结构,这些内容都会在本章中逐一介绍。

此外,本章还会介绍一些基本的数据输出、输入相关的知识。数据输出对于随时输出程序的运行结果供观察和学习提供了极大方便,而通过数据输入,就可以在程序运行中为其提供来源数据,从而产生多样性的程序执行结果,这无疑增加了程序运行时的灵活性。

3.1 C 语言的语句和程序的基本结构

3.1.1 语句的分类

前面提到过,一行 C 程序末尾加一个分号就构成一条语句。例如:

```
int x;                      //是一条语句
x = 3;                      //是一条语句
printf("x 的值等于 % d",x);    //是一条语句
```

以上这些都是一些比较简单的语句,一个 C 程序从 main 函数开始,顺序从上往下执行各条语句。但 C 语言的语句不仅仅包含这些简单语句,还包含许多其他类型的语句,在此,有必要对这些语句进行分类。C 语言中的语句一般分为如下 5 类。

(1)控制语句。能够控制程序的执行流程,例如在一定的条件下执行某些语句,在另外的条件下,不执行这些语句(而可能是去执行另外一些语句)。在 C 语言中有 9 种控制语句,不必死记硬背这些语句,后面会逐个讲到,如表 3.1 所示。

表 3.1 9 种控制语句

语 句 格 式	语 句 名 称
if(){}else{}	条件语句
for(){}	循环语句
while(){}	循环语句
do{}while()	循环语句
continue	结束本次循环,开始下次循环是否执行的判断

语　句　格　式	语　句　名　称
break	终止循环的执行或跳出 switch 语句
switch	多分支选择语句
goto	跳转语句
return	从函数中返回语句

（2）函数调用语句。由一个函数调用末尾加个分号构成的语句，例如：

```
printf("hello world! ");          //printf 是函数调用,末尾有一个;
```

（3）表达式语句。由一个表达式构成的语句，例如：

```
3 + 5;                    //没有实际意义的语句,但从语法角度来讲,符合 C 语言语法规则
a = 3;                    //赋值表达式末尾增加一个分号(;),从而构成一条赋值语句
```

所以在 C 语言中，所谓语句，就是一个表达式末尾加一个分号，分号是语句中不可缺少的组成部分。再看看下面两行代码：

```
i = i + 1                 //这是表达式,不是语句,因为末尾没有分号
i = i + 1;                //这才是语句,从而得到了一个结论:任何表达式末尾加上分号就构成语句
```

（4）空语句。用一个分号表示，没有实际作用（什么也不做），但在语法上是合规的。例如：

```
;    //表示什么也不做
```

如果在写代码的过程中需要一条语句来占位，而又不希望这条语句执行任何有意义的内容，用空语句占位是可以的，但一般情况下，空语句的用处不大。

（5）复合语句。用{}括起来的语句，这些语句会被当作一个整体看待。例如，后面讲到的一些条件语句中经常会用到{}，代表着只要条件满足，{}里的所有语句都会执行，这就是{}在条件语句中的作用，后续会看到具体范例。当然，可以把一段代码单独用{}括起来，但这种写法一般用于测试等特殊用途，在实际项目代码中很少出现，因为单独用{}把一段代码括起来意义并不大。如下范例就是单独用{}括起来的一段代码：

```
{
    int x;
    x = 1;
    int y;
    y = 1;
}    //这里不需要以分号(;)结尾
```

此外，还有两件事情特别值得一提：

① C 语言允许在一行中书写多条语句，每条语句都需要以分号结尾，笔者并不建议这样写代码，会使程序看上去不太清晰。看看如下范例：

```
int x; x = 12; printf("x = % d\n", 12);
```

② C 语言允许一条语句拆开在多行书写。一般来说，宏定义中这种写法比较常见（后

面章节会讲宏定义),或者当一行代码过长,不便阅读时采用这种书写策略,否则一般不需要将一条语句拆成多行书写,看上去比较凌乱。看看如下范例:

```
printf("断点停止在\
这里\n");
```

3.1.2 程序的三种基本结构

软件开发的过程中,讲究结构化程序设计方法,目的是使程序结构清晰、可读性强,提高程序设计的质量。程序的基本结构分三种。

1．顺序结构

如图 3.1 所示,先执行 A 操作,再执行 B 操作。

如下范例中的语句是顺序执行,也就是说,语句是从上到下、从左到右逐条执行的:

```
printf("1\n");
printf("2\n"); printf("3\n");      //一行多条语句则从左到右逐条执行
```

执行结果是按顺序先输出"1",再输出"2",最后才输出"3"。

2．选择结构

如图 3.2 所示,菱形框中的 P 代表一个条件,当条件 P 为真(成立)时执行 A 操作,否则执行 B 操作,只能执行 A 操作或 B 操作之一。例如玩电子游戏时,如果怪物的血大于 0,则怪物咬玩家一口(执行 A 操作),否则怪物尸体消失(执行 B 操作)。

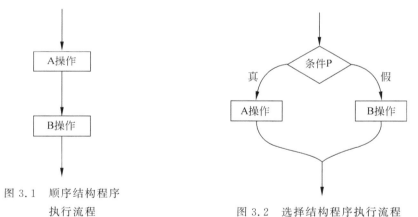

图 3.1　顺序结构程序
执行流程

图 3.2　选择结构程序执行流程

这里简单演示一个范例,用到的 if 语句后面章节才会讲到,范例代码不强制要求掌握:

```
if(3 > 1)
{
    printf("3 > 1\n");            //这行被执行
}
else
{
    printf("3 <= 1\n");          //这行不会被执行
}
```

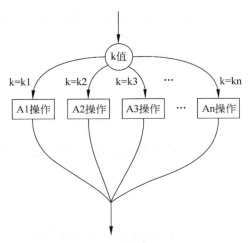

图 3.3　多分支选择结构程序执行流程

分析上面这段代码,条件肯定为真,所以会执行 A 操作,也就是输出"3＞1",这就是选择结构,两种操作选择其中之一执行。

此外,特别值得一提的是,选择结构可以派生出多分支选择结构,如图 3.3 所示。其中,k 代表一个值,k 值将与 k1,k2,…,kn 等多个值进行比较,如果与其中某个值相等,这里假设 k 与 k2 值相等,那么程序会选择执行 k2 所对应的一系列操作(图 3.3 中的 A2 操作)。

多分支选择结构的典型语句是 switch 语句,这里简单演示一个范例,用到的 switch 语句后面章节才会讲到,范例代码不强制要求掌握:

```cpp
int k = 5;
switch (k)
{
case 1:
{
    printf("icount = 1\n");        //不会被执行
}
break;
case 2:
{
    printf("icount = 2\n");        //不会被执行
}
break;
case 5:
{
    printf("icount = 5\n");        //会被执行
}
break;
}
```

3. 循环结构

循环结构分为两种,即当型循环结构和直到型循环结构。

(1) 当型循环结构。while 语句是典型的当型循环结构语句:先判断条件 P,再决定是否执行 A 操作,当条件 P 为真时,反复执行 A 操作,直到条件 P 为假时才停止执行 A 操作(停止循环)并继续往后执行其他代码,如图 3.4 所示。

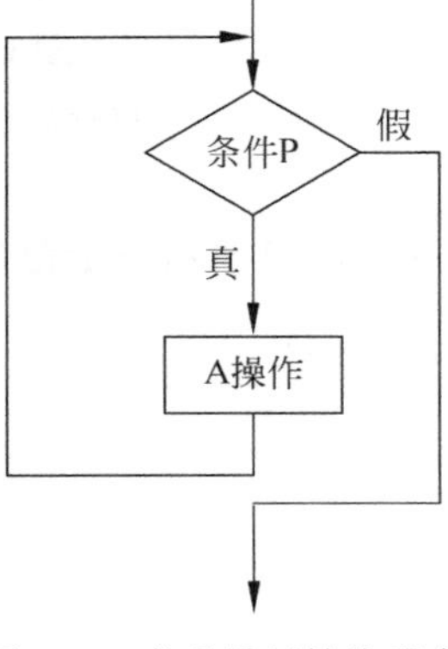

这里演示一个 while 语句范例。while 语句后面章节才会讲到,范例代码不强制要求掌握:

```cpp
int icount = 5;
```

图 3.4　当型循环结构程序执行流程

```
while(icount >= 0)
{
printf("icount = %d\n", icount);   //icount = 5,4,3,2,1,0
    icount -= 1;                    //icount = icount - 1
}
```

（2）直到型循环结构。do…while 语句是典型的直到型循环结构语句：先执行一次 A 操作，再判断条件 P 是否为真，如果为真则继续执行 A 操作（反复执行 A 操作），直到条件 P 为假，如图 3.5 所示。有两点说明：

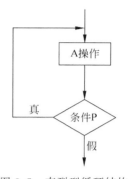

- 可以看到，直到型循环结构至少会执行一次 A 操作（当型循环结构如果条件 P 不成立，则可能一次 A 操作也不执行）。
- 有些书上说判断 P 条件是否为假，为假则继续执行 A 操作。但是，C 语言中的 do…while 语句要求条件 P 必须为真才会继续执行 A 操作。

这里演示一个 do…while 语句范例。do…while 语句后面章节才会讲到，范例代码不强制要求掌握：

图 3.5　直到型循环结构
　　　　程序执行流程

```
int icount = 5;
do
{
    printf("icount = %d\n", icount); //icount = 5,4,3,2,1,0
    icount -= 1;
} while (icount >= 0);
```

建议在程序设计中始终采用结构化的程序设计方法，养成良好的程序设计和书写习惯。

3.1.3　赋值语句的特殊写法

赋值语句前面已经详细讲过，看看下面几行代码，做一个回顾：

```
int x;                      //定义一个变量 x
x = 2;                      //x = 2 是一个赋值表达式,末尾加分号(;)构成赋值语句
```

其实，赋值表达式可以被包含在其他表达式中。看看如下范例：

```
int x;                      //定义一个变量 x
printf("x = 8 的值是 %d\n",x = 8); //x = 8 的值是 8
printf("x = %d\n",x);       //x = 8
```

继续看如下范例：

```
int a = 3, b = 5, t =1;
if ((a = b) > 0) t = a; //把赋值语句放在条件判断中,不管条件是否成立,执行完这条 if 语句后,
                //a 的值都会等于 b 的值
printf("a = %d\n", a);      //a = 5
```

虽然上面的范例中可以给一个变量进行赋值，但笔者并不推荐这种写法，作为软件开发人员，程序书写的清晰性和易读性应该始终摆在第一重要的位置。

3.2　数据的输出与数据的输入

　　C语言中,数据的输入输出一般都是通过函数实现的,虽然函数的详细概念在后面章节才会讲到,但这并不妨碍讲解一些常用的函数。

3.2.1　数据的输出

1. putchar 函数

用于向屏幕输出一个字符,只能输出字符,并且是一个字符,所以该函数的用处不是很大。

putchar 函数的格式为:

```
putchar (c);
```

有几点说明:

（1）圆括号中的 c 可以是字符型变量或者整型变量,代表要输出的内容。

（2）putchar 函数属于标准 I/O 库中的函数,为了能够使用这些函数,需要用一个 #include 命令（后面章节会讲）将某些文件包含到用户的源文件中,其效果就相当于把某个文件中的内容原封不动地贴到 #include 命令所在的位置。在此,需要使用 #include 命令将 stdio.h 这个文件包含到当前的源码文件中,并且 #include 要写在源码文件的开头位置,内容如下:

```
#include <stdio.h>
```

　　上面这行代码中的 stdio.h 是一个什么文件呢? 这是一个系统文件,因为这个文件是以 .h 作为扩展名,所以常称为头文件（head file）,在安装 Visual Studio 的时候,很多系统文件会被自动安装到计算机中。一般来说,#include 命令主要用来包含一些 .h 头文件。

　　同时,因为每个人所使用的 Visual Studio 版本可能各不相同,所以新版本的 Visual Studio 也许并不需要使用上述的 #include 命令来包含 stdio.h 文件,如果在使用 putchar 函数编写代码时,代码能够成功编译并运行起来,不提示有什么错误,则没有必要使用 #include 命令,如果代码报错无法运行,就需要把 #include <stdio.h> 放在源代码文件的开头位置。

　　此外,看一看如下两行代码的区别,这是面试时经常考的一个问题:

```
#include <stdio.h>          //用<>将文件包含起来
#include "stdio.h"          //用""将文件包含起来
```

　　用尖括号<>括起来的头文件被 #include 时,表示让 Visual Studio 去系统目录中寻找 stdio.h 文件,所以一些系统提供的标准头文件如 stdio.h、stdlib.h 等在 #include 时都应该使用尖括号<>括起来。而用双引号""包含起来的头文件被 #include 时,Visual Studio 会首先在当前源代码文件所在的目录下寻找,如果找不到,再到系统目录中寻找,所以,通常开发者自己写的一些头文件,在被 #include 包含进来时,往往使用双引号""包含起来。在这里,使用 #include <stdio.h>和 #include "stdio.h" 效果相同,因为当前目录下没有 stdio.h 文件,最终都会到系统目录下去寻找 stdio.h 头文件。

看看如下范例：

```
#include <stdio.h>
int main()                      //主函数
{
    char a, b, c;
    a = 'F'; b = 'A'; c = 'T';
    putchar(a);                 //F
    putchar(b);                 //A
    putchar(c);                 //T
    a = 97;                     //字符 a 的 ASCII 码
    b = 98;                     //字符 b 的 ASCII 码
    putchar(a);                 //a
    putchar('\n');              //换行,下次的输出从新的一行开始
    putchar(b);                 //b
    putchar('\'');              //显示一个单引号
    return 0;
}
```

2．printf 函数

用于向屏幕输出若干个任意类型数据。

printf 函数的格式为：

```
printf(格式控制字符串,输出表列);
```

格式中的"格式控制字符串"是用双引号包含起来的字符串,包含两种可能的信息：

（1）原样输出的普通字符,如"printf("Hello World");",原样输出"Hello World"。

（2）字符串中也可以包含格式字符,如已经用过的%d、%f、%c 等。

看看下面这行代码：

```
printf("%d %d\n", a, b); //a,b 属于格式中的"输出表列",这里的表列数目不固定,取决于格式
                         //控制字符串里有多少个格式字符
```

上述 printf 函数中,圆括号中内容都属于 printf 函数的参数,因此,printf 函数的格式也可以表示为：

```
printf(参数 1,参数 2,参数 3,…,参数 n);
```

可以看到,printf 函数的参数个数并不固定,其实现的输出功能可以浓缩为一句话：将参数 2,参数 3,…,参数 n 按参数 1 给定的格式输出。

上面谈到,在 printf 函数的格式控制字符串中可以包含格式字符,不少格式字符都曾经用到过,在这里做一个整体回顾。

（1）%d：以十进制数形式输出一个数字。看如下代码：

```
int a = 10;
printf("a = %d\n", a);          //a = 10
```

（2）%o：以八进制数形式输出一个数字,输出的数字不能是负数,否则结果会在意料之外,该格式字符用途较小。看如下代码：

```
int abc = 15;
```

```
printf("a = %o\n",abc);          //a = 17,注意这个是八进制的 17
```

（3）%x：以十六进制数形式输出一个数字，输出的数字不能是负数，否则结果会在意料之外，该格式字符有一定的用处，某些场合可能需要以十六进制形式输出数字从而方便观察。看如下代码：

```
int abc = 15;
printf("abc = %x\n",abc);        //abc = f,注意这个 f 是十六进制数字中的 f
```

（4）%u：以十进制数形式输出一个 unsigned（无符号）类型数据。虽然能够使用%d 输出一个 unsigned 类型数据，但如果输出的数据类型确实是 unsigned 类型，强烈建议使用%u 输出以防出现意外，因为无符号类型表示的数据范围比有符号类型大 1 倍。当然，一个有符号数也可以用%u 输出，显然该有符号数是正数时没问题，但一旦该有符号数是负数，用%u 输出就会导致结果错误，所以一定要使用最合适的格式字符来输出数据，才能保证不出现错误。看如下代码：

```
short aaa = -10000;
printf("aaa = %u\n", aaa);       //aaa = 4294957296,意料之外的值,不同计算机可能结果不同
printf("aaa = %d\n", aaa);       //aaaa = -10000,格式字符运用正确,所以结果正确
```

（5）%c：输出一个字符。看如下代码：

```
char abc = 'a';
printf("abc = %c\n", abc);       //abc = a
```

表 2.4 展示了字符对应的 ASCII 码表，基本的 ASCII 码表对应的是 0～127 之间的一个数字，实际上还有扩展的 ASCII 码表，基本 ASCII 码加扩展的 ASCII 码，整个 ASCII 码范围是 0～255 之间的数字，所以只要一个整数的范围在 0～255 之间，都可以用字符形式输出。例如，字符 a 的 ASCII 码是 97，那么就可以通过 97 来显示对应的字符 a。看如下代码：

```
int a = 97;
printf("%c\n",a);                //a
```

当然一个字符也可以用整数形式输出，此时输出的就是该字符对应的 ASCII 码，前面曾经说过，其实字符在内存中就是用数字的形式保存的：

```
char a = 'a';
printf("%d\n", a);               //97
```

（6）%s：输出一个字符串。前面曾经说过，字符串末尾有一个系统自动加入的'\0'作为字符串结束标记，但显示的时候'\0'并不显示出来。看如下代码：

```
printf("中国的英文拼写是%s\n", "CHINA");    //中国的英文拼写是 CHINA
```

（7）%f：以小数的形式输出单精度实数、双精度实数。看如下代码：

```
float x, y;
x = 2.15f; y = 3.12f;
printf("%f\n", x + y);           //5.270000
```

格式字符还有很多，不常用的不在这里介绍，以免浪费不必要的时间。如果为了解决考

试问题,建议利用搜索引擎进行搜索学习,在搜索引擎中输入"printf 格式字符",可以找到很详细的信息。例如,有些格式字符可以控制输出对齐,有些可以控制小数点后显示几位。前面演示过的.20f,就是控制小数点后输出 20 位。看如下代码:

```
float abc = 0.789058f;
printf("%.4f\n", abc);              //0.7891,小数点后输出 4 位小数
printf("%f\n", abc);                //0.789058
```

最常用的格式字符就是上面介绍的这些,其中尤其以%d、%s 最为常用。格式字符不必死记硬背,需要时查阅即可。

最后,再次强调值得注意的三个问题:

（1）用 printf 函数输出数据时,格式字符要与所输出的数据相匹配,否则输出的结果很可能出错。

（2）如果想在 printf 中输出一个"%"有三种方法。看如下代码:

```
printf("5%%\n");                    //5%,这里采用两个%来输出一个百分号
printf("5%c\n",'%');                //5%
printf("5%s\n", "%");               //5%
```

（3）%后面跟随的格式化字符一般多为一个字符,其后面紧跟的其他字符并不是格式化字符的一部分。看如下代码:

```
printf("5%ss\n", "%");              //5%s,注意第二个 s 不是格式化字符,会被原样输出
```

3.2.2　数据的输入

特别强调一下,数据输入不常用,简单掌握即可,因为书写真正项目代码时一般不会从键盘上输入数据,更何况一旦输入错误还可能会导致程序执行出现异常。但作为学习的一部分,还是有必要掌握一下这部分内容,以方便以此为基础学习更多、更深入的新知识。

1. getchar 函数

用于等待用户从键盘上输入一个字符,按 Enter 键后程序才会继续执行。该函数的格式为:

```
getchar();
```

该函数不常用,作用也比较小,但却也有一个特殊用途:如果编写一个程序,执行起来后,发现出现的黑色执行结果窗口一闪而过消失不见（某些 Visual Studio 版本有这个问题）,可以把这个函数调用放在 main 入口函数的最后一行,这样程序执行后将卡在黑窗口上等待用户输入一个字符并按 Enter 键后才能继续运行,如此一来,这个黑窗口就不会一闪而过消失不见,使用户能够看清程序输出的结果。看如下代码:

```
char c;
c = getchar();
putchar(c);                         //输入一个什么字符,就输出一个什么字符
```

再看如下代码:

```
printf("%c", getchar());            //输入一个什么字符,就输出一个什么字符
```

这有一个特别容易忽略的问题,也许不同版本的 Visual Studio 表现不同,在这里描述的是 Visual Studio 2019 中的问题,如果希望用户从键盘上输入一个字符,期望屏幕上输出用户刚才所输入的字符,然后希望用户再次从键盘上输入一个字符,继续期望屏幕上再次输出所输入的字符。为了实现这个想法,可能会用到两次 getchar 函数,看如下代码:

```
char c;
c = getchar();                    //期望用户从键盘上输入内容
putchar(c);
c = getchar();                    //期望用户再次从键盘上输入内容
putchar(c);
```

执行后,意外的事情发生了,屏幕上只允许用户输入一次字符,在输出了用户所输入的字符之后,整个程序的执行就结束了,为什么没让用户第二次输入字符呢? 原因如下:

(1) 当第一次执行"getchar();"让用户输入字符时,用户输入了一个字符,然后又输入了一个回车符,这等于用户一次输入了两个字符,问题的根源就在这里。

(2) 于是,第一个"getchar();"得到了用户输入的第一个字符并利用 putchar(c)输出到屏幕上,此时,执行到了第二个"getchar();"语句。

(3) 开发者的本意是希望用户通过第二个"getchar();"从键盘上输入新字符,但实际上第二个 getchar()会自动得到用户第一次执行"getchar();"时从键盘上输入的第二个字符也就是回车符,然后程序执行流程继续往下走了(而不是给用户机会等待用户从键盘上输入新字符)。

(4) 所以第二个"putchar(c);"实际上是输出了一个用户看不见的回车符,然后结束整个程序的执行。

为了避免上述情形发生,最好在整个程序中只使用一次"getchar();",看得出来,这并不是一个很好用的函数。

2. scanf 函数

这是一个格式化输入函数,用于从键盘输入任何类型的一到多个数据。该函数的格式为:

```
scanf(格式控制字符串,地址表列);
```

该函数的格式和 printf 函数非常类似。特别值得一提的是,当用户从键盘上输入数据时,最后都需要输入回车符以表示整个输入数据的结束。看如下代码:

```
int a,b,c;
scanf("%d%d%d", &a, &b, &c); //& 是地址运算符(表示该变量在内存中的地址),& 日后讲解
                            //指针时会详细讲解,这里千万不要忘记写这个字符
printf("a+b+c= %d",a+b+c);
```

需要特别注意的是,尝试编译并执行程序的时候,因为 Visual Studio 版本的原因,有可能得到错误提示:error C4996:'scanf':This function or variable may be unsafe. Consider using scanf_s instead...,这个错误的大概意思是系统认为 scanf 函数不安全,建议用 scanf_s 取而代之。不需要理会这个建议,但需要改正错误,否则程序没办法编译执行,只需要在源代码文件的最上面位置,在 #include 命令行的下面,增加一行语句,该行语句的目的是让编译器忽略一些警告信息,从而可以正常使用 scanf 等函数,所增加的语句行内容如下:

```
#pragma warning(disable : 4996)
```

言归正传,继续说前面的 scanf 函数范例,该范例的含义是让用户从键盘输入三个数据,并分别保存到 a、b、c 变量中,%d 格式字符在前面讲 printf 函数时说过,在这里含义是按照十进制整型数据输入。输入这三个数据的时候要特别特别注意,三个待输入的数据之间可以用空格、回车、tab 键分隔,但不可用逗号分隔,否则会得到错误的程序执行结果。

当然,如果把上述的 scanf 代码行改成如下这种写法,也就是在 scanf 函数的格式控制字符串中加入了逗号,看如下代码:

```
scanf("%d,%d,%d", &a, &b, &c);
```

那么在输入数据的时候,也要在对应的所输入的数据之间输入逗号作为分隔,否则同样会得到错误的程序执行结果。输入的数据如图 3.6 所示。

同理,如果将 scanf 语句修改为如下内容:

```
scanf("%d:%d:%d", &a, &b, &c);
```

这次,在 scanf 函数的格式控制字符串中加入了冒号,那么同样,在输入数据的时候,也要在对应的所输入的数据之间输入冒号作为分隔,才能保证得到正确的程序执行结果。输入的数据如图 3.7 所示。

图 3.6　输入数据时用逗号分隔 　　　　图 3.7　输入数据时用冒号分隔

当然,scanf 函数不仅支持 %d 格式字符,还支持其他的多种格式字符,但其他的格式字符都不常用,在这里就不一一列举。如果希望进一步了解其他的格式字符,可以在搜索引擎中输入"scanf 格式字符",这将得到大量相关信息。

最后,针对 scanf 函数,再强调几点:

(1) scanf 函数圆括号中的第二个参数开始,用的是变量地址,千万不要丢掉 & 符号,否则程序要么编译出错无法执行,要么执行后会报错崩溃。

(2) scanf 是一个非常容易用错的函数,尤其是输入多个数据时,很容易因为输入的格式问题导致对应的变量并没有得到期望的结果,读者往往会发现程序最终执行不正确却不知道问题出在哪里,所以,建议在 scanf 语句之后,立即增加 printf 输出语句,通过输出查看通过 scanf 函数输入的变量值是否和预期的完全一样。例如,如下代码中第一个 printf 语句就是用于验证通过 scanf 输入的变量值是否是所期望的:

```
int a, b, c;
scanf("%d:%d:%d", &a, &b, &c);
//通过如下这行 printf 语句确保 scanf 输入的数据没问题
printf("从 scanf 得到的三个变量值为 %d, %d, %d\n", a, b, c);
printf("a+b+c= %d", a + b + c);
```

(3) 当输入回车符后,整个 scanf 语句输入结束,此时如果还没输入完数据,则程序肯定不会按预期产生正确的结果。例如本来要输入三个变量的值,结果刚输入两个变量的值就按下了 Enter 键来结束输入(输入错误)。

(4) scanf 函数具有一定的学习价值,但在实际工作中几乎没有实用价值。

第 4 章

逻辑运算和判断选择

在 C 语言编程中,总少不了一些逻辑运算和条件判断,例如,当天气晴朗时做一些事情,而天气阴暗的时候,做另外一些事情,换句话说,在不同的条件下,会触发程序的不同执行动作,那么,在本章中就可以看到,如何利用关系、逻辑、条件运算符以及各种相关的逻辑判断语句实现这些需求。

4.1 关系运算符、关系表达式与逻辑运算符、逻辑表达式

4.1.1 关系运算符和关系表达式

1. 关系运算符

所谓关系运算,又称比较运算,将两个值进行比较,判断比较结果是否符合给定条件。表 2.5 给出了 C 语言运算符分类。目前已经讲解过的运算符有算术运算符、赋值运算符、逗号运算符、求占字节数运算符(sizeof)、强制类型转换运算符。表 2.6 给出了不同种类运算符的优先级。

现在看一看关系运算符这个子分类,C 语言提供了 6 种关系运算符,将这 6 种关系运算符从表 2.6 中提取出来以便看得更清晰,如表 4.1 所示。

表 4.1　6 种关系运算符含义及优先级

编　号	关系运算符	含　义	优先级(高→低)
1	<	小于	
2	<=	小于或等于	这四个关系运算符:优先级相同(高)
3	>	大于	
4	>=	大于或等于	
5	==	等于	这两个关系运算符:优先级相同(低)
6	!=	不等于	

对于关系运算符的优先级问题,有几点内容需要强调:

(1) 表 4.1 中,前四个关系运算符优先级相同,后两个关系运算符优先级也相同,前四个关系运算符的优先级高于后两个的。

(2) 关系运算符的优先级低于算术运算符。

(3) 关系运算符的优先级高于赋值运算符。

（4）关系运算符中的等于"＝＝"是两个等号，一定不
能写成一个等号"＝"，否则就变成赋值运算符了。

因为在编写程序的过程中，经常需要用到算术运算
符、关系运算符、赋值运算符之间的混合运算，所以，再把
这三个运算符之间的优先级明确一下，如图 4.1 所示。

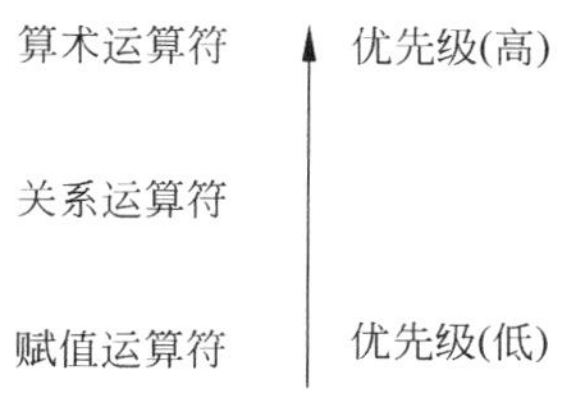

既然强调了运算符的优先级问题，看看如下这些表达
式的范例：

算术运算符	优先级(高)
关系运算符	
赋值运算符	优先级(低)

图 4.1　赋值、关系、算术运算符
之间的优先级

```
c > a + b          //等价于c > (a + b),关系运算符">"优先级低于算术运算符"+"
a > b == c         //等价于(a > b) == c,同为关系运算符,但">"优先级高于"=="
a == b < c         //等价于a == (b < c),同为关系运算符,但"<"优先级高于"=="
a = b > c          //等价于a = (b > c),赋值运算符"="优先级低于关系运算符">"
```

2．关系表达式

用关系运算符将两个表达式连接起来的式子就叫关系表达式。如下两个表达式都是关
系表达式：

```
a > b
a <= c
```

关系表达式的值是一个逻辑值，也就是"真"或者"假"。例如，5 == 3 的值为"假"（再
次提醒：==千万不能写成=），5 >= 0 的值为"真"。

在 C 语言中，"真"用 true 表示，也可以用 1 表示；"假"用 false 表示，也可以用 0 表示，
可以认为 true 就等于 1，false 就等于 0。所以，可以认为，关系表达式的结果值是 0 或者 1，
也可以认为关系表达式的结果值是 true 或者 false。看看如下范例：

```
printf("5 > 3 的值为 %d\n", 5 > 3);        //5 > 3 的值为 1
```

再看一例：

```
if (true == 1)                 //if 是条件语句,后面会详细讲解
{
    printf("true == 1\n");     //这行被执行
}
else
{
    printf("true != 1\n");     //这行不会被执行
}
```

再看一看这个分析：如果 a 值为 3，b 值为 2，c 值为 1，那么：

```
(a > b) == c                   //为真,因为a > b的值 == 1,等于c的值
b + c < a                      //为假,因为b + c的值 == 3,并不小于a而是等于a
```

4.1.2　逻辑运算符和逻辑表达式

1．基本概念

用逻辑运算符将关系表达式连接起来，就构成了逻辑表达式。例如，如果希望 a > 3 并

且 b > 4，这里的"并且"，就是逻辑运算符，那么，整个（a > 3 并且 b > 4）就是一个逻辑表达式，逻辑表达式的值，也是"真"或者"假"，也就是 1 或者 0。

C 语言提供了三种逻辑运算符，如表 4.2 所示。

表 4.2　C 语言提供的三种逻辑运算符

编　号	逻辑运算符	含　义
1	&&	逻辑与（相当于其他语言中的 and）
2	||	逻辑或（相当于其他语言中的 or）
3	!	逻辑非（相当于其他语言中的 not）

在表 4.2 中，"&&"和"||"是双目运算符，也就是要求有两个运算分量，例如 (a > b) && (c > d)，左边(a > b)是第一个运算分量，右边(c > d)是第二个运算分量，同理，再如(a > b) || (c > d)，左边(a > b)是第一个运算分量，右边(c > d)是第二个运算分量。

"!"是单目运算符，只要求一个运算分量，这个运算分量放在"!"的后面。例如!(a > b)，这里的(a > b)整个看成是一个运算分量。

下面用 a 来代表一堆表达式，用 b 来代表另一堆表达式，则有如下针对三种逻辑运算符的运算规则说明：

（1）a && b：若 a 和 b 都为真，则 a && b 才为真，否则为假。

（2）a || b：若 a 和 b 有一个为真，则 a || b 为真，否则为假。

（3）! a：若 a 为真则! a 为假，若 a 为假则! a 为真。

将上述三条规则整理成一个表格，称为逻辑运算真值表，如表 4.3 所示。

表 4.3　逻辑运算真值表

a	b	! a	! b	a&&b	a||b
真	真	假	假	真	真
真	假	假	真	假	真
假	真	真	假	假	真
假	假	真	真	假	假

可以对表 4.3 中的三种逻辑运算符"!""&&""||"总结一些规律：

（1）针对"&&"运算符，全真出真，有假出假，也就是说，两个运算分量必须全为真，结果才为真，否则结果为假。

（2）针对"||"运算符，有真出真，全假出假，也就是说，两个运算分量只要有真，结果就为真，只有两个运算分量全部为假，结果才为假。

（3）针对"!"运算符，只需要一个运算分量，这个逻辑运算符用于取反操作，也就是原来是真，使用了"!"后就变成假，原来是假，使用了"!"后就变成真。

这里有几点重要内容必须强调一下：

（1）千万不要把"&&"写成"&"，如果犯了这样的错误，则很可能程序不报错（因为"&"是位运算符），但得到的逻辑运算结果显然是不对的，同理，也千万不要把"||"写成"|"，同样，程序可能不报错（因为"|"也是位运算符），但得到的逻辑运算结果也是不对的。

（2）进行逻辑判断的时候，不等于 0 的数值全部都被认为是 true，总结来说：由系统给出的逻辑运算结果不是 0(假)就是 1(真),不可能是其他数值,而在逻辑表达式中作为参加逻辑运算的对象,是 0 就表示假,非 0 就表示真。

上面的说法有一点不好理解。看看如下范例:

```
printf("4 == true,结果为: %d\n", 4 == true);  //4 == true,结果为: 0
```

上面这行代码得到结果 0,也就是假,4 可以被认为是真,但是它却不等于 true,true 实际等于 1。再看如下范例:

```
printf("1 == true,结果为: %d\n", 1 == true);  //1 == true,结果为: 1
```

再看一例:

```
printf("4 && 5,结果为: %d\n", 4 && 5);          //4 && 5,结果为: 1
```

上面这行之所以结果为 1(真),是因为前面曾说过,作为参加逻辑运算的对象,非 0 就表示真,所以这里 4 和 5 每一个都表示真,而根据表 4.3,两个真值做"&&"运算结果仍然为真,也就是 1。

2. 逻辑运算符优先级问题

在一个逻辑表达式中,如果包含了多个逻辑运算符,例如:

```
!a && b || x > y && c
```

该如何计算呢?此时,就必须再一次明晰运算符的运算优先级,这次明晰把逻辑运算符也增加进来,如表 4.4 所示。

表 4.4　逻辑、算术、关系、赋值运算符优先级

优先级 (数字越小越高)	运　算　符	优先级小标识
1	!(逻辑非运算符)	从高
2	算术运算符	
3	关系运算符	⋮
4	&& 和 ||	
5	赋值运算符	到(低)

从表 4.4 中可以看到,逻辑运算符中的"&&"和"||"优先级低于关系运算符,而逻辑运算符中的"!"优先级高于算术运算符,这一点请不要记错。而刚才提到的如下表达式:

```
!a && b || x > y && c
```

建议尽量不要这样写,因为看起来很混乱,即使对照优先次序表仔细计算,也容易出错,当然非要进行计算也是可以的,因为表达式通常都是自左到右进行扫描计算的,所以,上述表达式与下述表达式等价:

```
( ( (!a) && b) || (x > y) ) && c
```

当然,在日常书写代码中,尤其是配合后面会讲到的条件判断语句 if 时,会有一些常见的逻辑表达式写法,这些写法不必死记硬背,写多了自然也就记住了:

```
a > b && x > y            //等价于(a > b) && (x > y),&& 两边的关系表达式一般不用加括号
a == b || x == y          //等价于(a == b) || (x == y),|| 两边的关系表达式一般不用加括号
!a || a > b               //等价于(!a) || (a > b)
```

实际上逻辑运算符两侧的对象可以是任何类型数据,如字符型、实型甚至指针类型(后面章节会讲解)等。看看下面这行代码:

```
'c' && 'd'                //比较的是字符的 ASCII 码,它们的 ASCII 码都不为 0,所以结果为真
```

上面这种写法并不常见,逻辑运算符最常用的地方还是进行各种关系比较运算,如 a > b && c > d。例如,在角色扮演类网络游戏中,玩家的血大于 0(玩家还活着)并且魔法大于 0,那么玩家才可以使用魔法攻击敌人。

可以扩展一下表 4.3,因为在逻辑判断的时候,非 0 值都看作真,0 值都看作假,所以得到如表 4.5 所示的逻辑运算扩展真值表。

表 4.5 逻辑运算扩展真值表

a	b	! a	! b	a&&b	a‖b
非 0	非 0	0	0	1	1
非 0	0	0	1	0	1
0	非 0	1	0	0	1
0	0	1	1	0	0

3. 逻辑运算符求值问题

在逻辑表达式求解中,不是所有逻辑运算都会被执行,只有在必须执行下一个逻辑运算才能求出整个表达式的结果时,才执行该运算,这块的内容中包含面试陷阱,请注意。

(1) a && b && c

这个逻辑表达式中,根据“&&”全真出真,有假出假的规则,不难得到一个结论:只有 a 为真(非 0)才需要判断 b,只有 a 和 b 都为真才需要判断 c,只要 a 为假,就不必判断 b,如果 a 为真 b 为假,就不需要判断 c。

看看如下范例,这里用 if 语句作为判断的条件(if 语句后面会详细讲解)

```
if(3 > 5 && 4 < 6 && 5 > 1)      //这显然为假,因为 3 > 5 就是假
{
}
```

再看一例:

```
int a = 1;
if(3 < 5 && (a = 8))             //执行后 a 值是多少?注意这里" = "是赋值运算符
{
}
printf("a = %d\n",a);            //a = 8
```

该范例执行后,看一看 a 的值是多少,其实 a 的值是 8,这是因为:3 < 5 显然为真,所以会继续执行 && 后面的内容也就是 a = 8(赋值语句),既然 a = 8 得到了执行,那么 8 这个值便被赋给了 a,所以最终 a 的值是 8。

如果改造一下这个例子,把 3 < 5 修改为 3 > 5 看看会怎样:

```
int a = 1;
if(3 > 5 && (a = 8))              //执行后 a 值是多少
{
}
printf("a = %d\n",a);            //a = 1
```

该范例执行后,a 的值是 1,这是因为:3 > 5 显然为假,&& 的计算原则是有假出假,也就是说,系统根本不需要执行 && 后面的 a＝8,就能判断出来整个逻辑表达式的结果为假,所以,a＝8 压根没被执行,最终 a 的值还是在定义时给的初始值 1。

（2）a ∥ b ∥ c

这个逻辑表达式中,根据"∥"有真出真,全假出假的规则,不难得到一个结论:只要 a 为真(非 0)就不必判断 b 和 c,只有 a 为假,才需要判断 b,只有 a 和 b 都为假,才需要判断 c。

看看如下范例,依旧用 if 语句作为判断的条件:

```
int a = 1;
if(3 > 5 ∥ (a = 8))              //执行后 a 值是多少
{
}
printf("a = %d\n",a);            //a = 8
```

该范例执行后,看一看 a 的值是多少,其实 a 的值是 8,这是因为:3 > 5 显然为假,所以会继续执行"∥"后面的 a＝8,既然 a＝8 得到了执行,那么 8 这个值便被赋给了 a,所以最终 a 的值是 8。

如果改造一下这个例子,把 3 > 5 修改为 3 < 5 看看会怎样:

```
int a = 1;
if(3 < 5 ∥ (a = 8))              //执行后 a 值是多少
{
}
printf("a = %d\n",a);            //a = 1
```

该范例执行后,a 的值是 1,这是因为:3 < 5 显然为真,"∥"的计算原则是有真出真,也就是说,系统根本不需要执行"∥"后面的 a＝8,就能判断出来整个逻辑表达式的结果为真,所以,a＝8 压根没被执行,最终 a 的值还是在定义时给的初始值 1。

从上述针对"&&"和"∥"这两个逻辑运算符的求值举例中可以看到,很多逻辑表达式只需要计算其中的一部分内容,就可以得到整个逻辑表达式的值,这种逻辑表达式的求值特性,也称为逻辑表达式的"短路求值"特性(只要最终的结果已经可以确定是真或假,求值过程便宣告终止)。

4.2　if 语句详解

回顾一下前面讲过的程序的三种基本结构:顺序结构、选择结构、循环结构。其中选择结构程序执行流程如图 3.2 所示,选择结构,就是当条件为真的时候执行某个操作,否则执行另一个操作,在两个操作中选择一个来执行。

下面要讲解的 if 语句是选择结构的代表性语句,if 语句用来判断给定的条件是否满足,根据判断的结果(真或者假)决定执行什么样的操作。

4.2.1 if 语句的三种形式

if 语句有三种形式,分别来看一看。

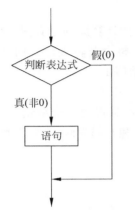

图 4.2　if 语句第一种形式的执行流程图

(1) if(判断表达式)语句;

含义:如果判断表达式中的条件满足则执行对应的语句(1 条或多条语句),否则直接跳过这些语句继续执行后面的内容。注意,if 后面是个圆括号,通俗地说就是用圆括号把这个判断表达式括起来。这种形式的 if 语句执行流程如图 4.2 所示。

看看如下范例:

```
int x = 8;
if (x > 5)
    printf("x 值 > 5\n");              //条件成立,显示"x 值 > 5"
```

如果想在条件满足时执行多条语句,则必须用{}构成复合语句。注意,C 语言中的每条语句后面是用分号结尾的,但{}后面没有分号。看看如下范例:

```
int x = 8;
if (x > 5)                        //条件成立
{
    printf("x 值 > 5\n");         //x 值 > 5
    printf("x 值确实 > 5\n");      //x 值确实 > 5
}
```

如果不用{},会产生什么结果,读者可以设置断点跟踪观察程序的执行流程:

```
int x = 8;
if (x > 5)
    printf("x 值 > 5\n");         //x 值 > 5
    printf("x 值确实 > 5\n");      // x 值确实 > 5
```

如果不用{},则不管 x 的值是否大于 5,后面这行 printf 语句一定会被执行,因为后面这行 printf 语句已经不是 if 语句在条件成立时所要执行的语句范围之内的语句了,所以,请记住,如果不使用{}将要执行的语句括起来,那么 if 语句在条件成立时只会执行 if 后面第一次遇到分号之前所涵盖到的那些语句。

(2) if(判断表达式)语句 1; else 语句 2;

含义:如果判断表达式中的条件满足,则执行语句 1(1 条或多条语句),否则执行语句 2(1 条或多条语句)。这种形式的 if 语句执行流程如图 4.3 所示。

看看如下范例:

```
int x = 5, y = 2;
if (x > y)
    printf("x > y 是 OK 的\n");       //这行被执行
```

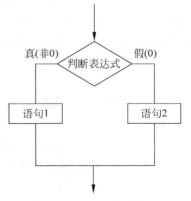

图 4.3　if 语句第二种形式的执行流程图

```
else
    printf("x > y 不 OK\n");          //这行不会被执行
```

如果想在条件满足或者不满足时执行多条语句,则必须用{}构成复合语句。看看如下范例:

```
int x = 5, y = 2;
if (x > y)
{
    printf("x > y 是 OK 的 1\n");
    printf("x > y 是 OK 的 2\n");
}
else
{
    printf("x > y 不 OK1\n");
    printf("x > y 不 OK2\n");
}
```

如下演示包含语法错误,因为 if 语句中没有用到{}括起来多个语句让它们成为复合语句,这样会造成 if 和 else 中间夹杂了一个本不应该出现的 printf 语句(下面代码从上往下数第二个 printf 语句),从而导致语法错误:

```
int x = 5, y = 2;
if (x > y)
    printf("x > y 是 OK 的 1\n");
    printf("x > y 是 OK 的 2\n"); //这行会导致语法错误
else
{
    printf("x > y 不 OK1\n");
    printf("x > y 不 OK2\n");
}
```

(3) if(判断表达式 1) 语句 1;

```
else if(判断表达式 2) 语句 2;
else if(判断表达式 3) 语句 3;
  ⋮
else if(判断表达式 m) 语句 m;
else 语句 n;
```

含义:如果判断表达式 1 成立,则执行语句 1,否则看判断表达式 2 是否满足条件,如果判断表达式 2 成立,则执行语句 2,否则看判断表达式 3 是否满足条件……如果表达式 m 成立,则执行语句 m,如果判断表达式 1~m 都不成立,则执行语句 n。这种形式的 if 语句执行流程如图 4.4 所示。

看看如下范例:

```
int number = 380;
int cost = 0;
if (number > 500)
    cost = 1;
else if (number > 300)          //本条件成立
    cost = 2;                   //这行被执行
else if (number > 100)
```

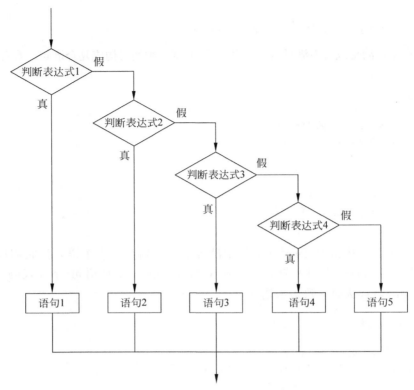

图 4.4　第三种形式的 if 语句执行流程图

```
    cost = 3;
else
    cost = 4;
```

当然,最后一个 else 可以省略,如果省略了,并且所有的 if 条件(判断表达式)都不成立,那么这条 if 语句就不会执行任何代码(因为这些代码都是在某个条件成立时才会去执行)。

针对以上三种形式的 if 语句,有两点说明:

(1) 三种 if 语句后面都有"判断表达式",这个判断表达式一般为逻辑表达式或者关系表达式。回忆一下前面所讲的逻辑表达或者关系表达式,形式可能会像下面这样:

```
if (a == b && x == y)
    printf("OK,非常好\n");
```

这里系统对判断表达式的值进行了判断,可以扩展一下:如果判断表达式的值为 0,则按"假"处理;如果判断表达式的值为非 0,则按"真"处理。看如下代码:

```
if (15)                    //条件会成立
    printf("成立哦");        //本条语句会被执行
```

判断表达式的类型不限于关系表达式和逻辑表达式以及整型数字,还可以是任意的数值类型,如实型、字符型等,虽然语法上这样用没有问题,但一般不会这样用。举例如下:

```
if ('a')                   //条件会成立
    printf("条件为真哦\n");   //本条语句会被执行
```

（2）if 语句可以单独使用,但 else 语句不能单独使用,必须与 if 语句配对使用,也就是说,如果出现了 else,必然会对应一个 if 语句。

4.2.2　if 语句的嵌套

在 if 语句中又包含一个或者多个 if 语句称为 if 语句的嵌套。例如:

```
if()
    if() 语句 1;
    else 语句 2;
else
    if() 语句 3;
    else 语句 4;
```

这里要特别注意 if 与 else 的配对关系:else 总是和它上面最近的尚未配对的 if 进行配对。这句话一定要记住,一定要理解好。例如如下代码:

```
if()
    if() 语句 1;
else                                //这个 else,其实是和其上面紧挨着的 if(第二个 if)配对的
    if() 语句 2;
    else 语句 3;
```

笔者在写上面这段代码时,刻意让第一个 else 与最上面的 if 左侧对齐,故意造成视觉上的误会,但实际上,第一个 else 是和从上往下数第二个 if 配对的(也就是应该和第二个 if 左侧对齐)。看看如下范例,注意不要被语句的对齐所迷惑:

```
int x = 5;
if (x > 1)
    if(x > 8)
        printf("x > 2\n");
else  //这个 else,其实是和其上面紧挨着的 if(第二个 if)配对的,虽然它和第一个 if 对齐
    if(x > 3)
        printf("x > 3\n");
    else
        printf("x 为其他值\n");
```

上面这段代码,可以加一个{}括起来,让代码看起来更清晰一些,但代码功能丝毫不发生任何改变。调整如下:

```
int x = 5;
if (x > 1)
{
    if(x > 8)
        printf("x > 2\n");
    else if(x > 3)
        printf("x > 3\n");
    else
        printf("x 为其他值\n");
}
```

所以,如果 if 与 else 数目不一致的话,为防止出错,建议增加{}来明确配对关系,这样会使代码看起来清晰易读。例如如下代码:

```
if()
{
    if() 语句;
}
else
{
}
```

上面这段代码,因为{}的存在,限定了内嵌 if 语句的范围,因此此时的 else 必定会和第一个 if 配对,而不再和内部的 if(第二个 if)配对。看看如下范例:

```
int x = 5;
if (x > 3)
{
    if (x > 4) printf("x > 4\n");    //这个 printf 语句会被执行
}
else
{
    printf("执行 else\n");
}
```

上述范例中,如果让 x 的初始值为 2,则执行结果会有什么变化呢? 可以自己测试一下。

必须再次强调,为了防止混乱,也为了其他人能够清晰地阅读自己所写的代码,该加{}的地方一定要加,该缩进的地方也一定要缩进,如 if 之下的语句都是要有缩进的,可以按Tab 键进行缩进,该左侧对齐的地方一定要左侧对齐。下面再提供一个范例,每位读者非常有必要将这些范例逐一练习,这是提高自身编程能力的最好方法,请牢记!

```
int x = 1;
int y = -1;
if (x != 0)
{
    //缩进
    printf("为了更清晰,1 行语句也可以用{}括住\n");    //这行会被执行
}
else
{
    if (y == -1)
    {
        printf("y == -1\n");
    }
    else
    {
        printf("y != -1\n");
    }
}
```

4.3 条件运算符和 switch 语句

4.3.1 条件运算符

在谈条件运算符之前,先看一个 if 语句的范例:

```
int a = 4, b = 5, max;
if (a > b)
    max = a;
else
    max = b;
```

上面这段代码很简单,含义是将 a、b 两个变量中的最大值赋给 max 变量。其中整个 if 语句(从 if 行开始的下面四行都包括在内)可以用如下一行语句代替:

```
max = (a > b)?a:b;
```

去掉末尾的分号,剩余的 (a > b)? a:b 就是条件表达式。这个条件表达式是这样执行的:如果(a > b)的条件为真,则取 a 的值作为整个表达式的值,否则取 b 的值作为整个表达式的值。

可以看到,条件表达式中用到的"? :"组合被称为条件运算符,条件运算符有三个操作对象,因此也被称为三目运算符,它是 C 语言中唯一一个三目运算符。其一般形式为:

表达式 1?表达式 2:表达式 3

执行流程如图 4.5 所示。

条件运算符的执行顺序:先求解表达式 1 的值,若为非 0(真),则求解表达式 2 的值,此时表达式 2 的值就作为整个条件表达式的值,若表达式 1 的值为 0(假),则求解表达式 3 的值,此时表达式 3 的值就作为整个条件表达式的值。

所以,"max = (a > b)? a:b;"的求解步骤就是将 a 和 b 两个变量中较大的值赋给 max。注意,条件运算符优先级高于赋值运算符,所以是先计算条件表达式的值,再将计算结果赋值给 max。另外,因为条件运算符优先级比关系运算符低,因此"max = (a > b)? a:b;"可以写成"max = a > b? a:b;",此外,条件运算符的

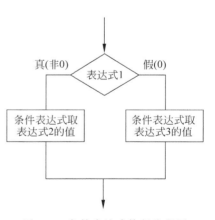

图 4.5 条件表达式执行流程图

结合顺序是从右到左,所以,"a > b? a: c > d? c:d;"等价于"a > b ? a : (c > d? c:d);",运算符的优先级与结合性参考表 2.6。

条件运算符的使用看个人习惯,使用频率并不太高,因为它的能力比较有限,只能做一些简单判断和计算,但是当看到这种用法的时候也必须要能够认识。

4.3.2 switch 语句

前面讲述的 if 语句一般用途是针对两个分支的比较和选择,而 switch 语句一般用于处

理多分支选择。当然，多分支选择可以使用 if else if…else if…语句来实现，这在前面讲过，但这种连续使用多个 else if 实现的多分支选择，可读性不如 switch 语句好。switch 语句的格式如下：

```
switch (表达式)
{
case 常量表达式 1:
    1 行或多行语句;
    break;
case 常量表达式 2:
    1 行或多行语句;
    break;
     ⋮
case 常量表达式 n:
    1 行或多行语句;
    break;
default:
    1 行或多行语句;
    break;
}
```

解释一下 switch 语句：switch 后面表达式的值若满足（等于）任何某个 case 后面的常量表达式值，则执行该 case 后面的 1 行或多行语句，直到遇到 break 语句停止，然后跳出整个 switch 语句并继续 switch 后面语句的执行，如果所有 case 条件都不满足，则会执行 default 中包含的 1 行或多行语句，然后跳出整个 switch 语句。看看如下范例：

```
int abc = 3;
switch (abc)
{
case 1:
    printf("值为 1\n");
    break;
case 2:
    printf("值为 2\n");
    break;
case 3:
    printf("值为 3\n");                //这行会被执行
    break;
default:
    break;
}
```

有几点说明：

（1）switch 后面的表达式，可以是整型表达式，也可以是字符型表达式，甚至可以是枚举型数据（后面会讲到）。当然，还可能是其他类型表达式，但都比较罕见。

（2）每个 case 后面的常量表达式值彼此之间必须互不相同，不然会出现编译错误。

（3）各个 case 之间、case 和 default 之间的顺序没有影响，谁在上面，谁在下面都可以。

（4）绝不要忘记 break 语句，每个 case 的最后，以及 default 的最后，都有一个"break;"，否

则,程序执行就会出现问题。看看如下范例,在 case 1:下面遗漏了"break;",看一看会产生什么后果:

```
int tees = 1;
switch (tees)
{
case 1:
    printf("值为 1\n");          //这行会被执行
    //这里漏掉了 break;
case 2:
    printf("值为 2\n");          //漏掉了 break;的后果是这行也会被执行
    break;
case 3:
    printf("值为 3\n");
    break;
default:
    break;
}
```

从上面的代码可以得到一个结论:如果在一个 case 的最后不加"break;"的话,会导致执行完一个 case 中包含的语句后,程序执行流程会继续执行下一个 case 中包含的语句,而不管该 case 条件(值)是否满足,也就是说,程序执行流程从满足条件的 case 那作为入口一直执行下去,除非遇到 break 语句或整个 switch 语句执行完毕。

所以,绝对不要忘记,每一个 switch 语句中的 case 最后都应该跟一个 break 语句,除非有特殊需求。

(5) 可以看到,case 中如果包含多行语句,并不需要使用{}将多行语句括在一起,case 条件一旦满足,会自动顺序执行本 case 后面的所有语句。当然,也有人习惯用{}把要执行的语句括起来,这也完全可以。看如下代码:

```
case 2:
{
    printf("值为 2\n");
    printf("值为 2. \n ");
    printf("值为 2.. \n ");
    printf("值为 2... \n ");
}
break;
```

(6) default 可以没有,那么当所有 case 条件都不满足,整个 switch 就不被执行,如下范例就是去掉 default 后的 switch 语句,因为所有 case 条件都不满足,所以相当于整个 switch 语句都不被执行。

```
int tees = 5;
switch (tees)
{
case 1:
    printf("值为 1\n");
    break;
```

```
case 2:
    printf("值为 2\n");
    break;
case 3:
    printf("值为 3\n");
    break;
}
```

（7）多个 case 条件可以紧挨着写在一起，从而在其中任意一个条件成立时共用一组执行语句。如下代码是从 switch 语句中拿出的片段，当值为 3 或者 4 时都执行同一段代码：

```
case 3:
case 4:
    print("值为 3 或者 4\n");        //switch 后表达式的值为 3 或 4 都执行这行代码
    break;
```

第 5 章

循 环 控 制

在 C 语言编程中,总有一些程序代码需要被反复多次执行,例如要计算从 1 加到 100 的和是多少,此时,被加数应该从 1 开始,最终累加的和值从 0 开始,那么,就需要用被加数与和值进行加法运算,所得到的结果值再赋给和值,而后,被加数要自动增加 1,继续用被加数与和值进行加法运算,如此反复,一直到被加数增加到 100,最终的和值累加完毕,整个求和动作才最终结束。在本章中,将看到完成这种需求的代码如何编写。

5.1　循环控制语句简介与 goto、while、do…while 语句精解

5.1.1　循环控制语句简介

什么叫循环控制语句,有什么用? 前面章节中,曾讲过程序的三种基本结构:顺序结构、选择结构、循环结构(当型循环结构与直到型循环结构)。选择结构,就是前面章节所讲解的 if 语句、switch 语句等。而循环结构,就是将要讲解的 goto 语句、while 语句、do…while 语句以及后面要讲解的 for 语句。

几乎所有有实用价值的应用程序都会包含循环结构,例如求解一个学生的若干门考试成绩之和,再如对于网络游戏中,要统计一个玩家背包中物品的总价值,等等。

5.1.2　goto 语句

首先讲解第一个循环控制语句:goto 语句。goto 语句被称为"无条件转向语句",用来跳转到某个程序位置进行执行。它的一般形式为:

```
goto 语句标号;
```

其中,语句标号是一个标识符。回顾一下标识符:只能由字母、数字、下画线三种字符组成,且第一个字符必须是字母或者下画线,并且标识符不可以是系统中的保留字。看如下代码:

```
goto label1;              //合法
goto 123;                 //不合法,123 不合法,因为第一个字符是数字
```

goto 是一个有争议的语句,有人说 goto 语句的使用会使程序的可读性变差,所以要限制使用,其实,作为程序开发人员,如果有使用的必要,能够简化程序流程、提高工作效率,那么就使用,不需要卷入这种争议中来。

看一看 goto 语句的主要用途：

（1）与 if 语句一起构成循环结构。

（2）从循环体内跳转到循环体外（后面会介绍循环体的概念），不过并不推荐这种跳转方式，因为这破坏了结构化程序设计原则，除非万不得已没有更好的实现办法时才这样用。

看一个具体的范例，做 1 到 100 的加法运算。代码如下：

```
int i = 1, sum = 0;
loop:
if (i <= 100)
{
    sum = sum + i;
    i++;
    goto loop;
}
printf("1 + 2 + … + 100 的和值为：% d\n", sum);   //1 + 2 + … + 100 的和值为:5050
```

上面这段代码，可以用加断点并逐行跟踪的方式来跟踪看一看执行的过程。可以看到，这里的"loop:"行是语句标号行，loop 本身是一个标号名，后面跟一个冒号，当程序流程执行到"goto loop;"语句时可以直接跳转回 loop 标号所在行并重新继续往下执行，如此反复。if 条件每成立一次，i 值就不断加 1（依靠"i++;"这句代码），sum 也不断累加最新的 i 值（sum = sum + i;），当 i 值超过 100 时，if 条件不再成立，程序执行流程直接跳过 if 语句执行后面的 printf 语句输出结果值。

上面这个范例只是一个演示，在很多情况下，可以用其他的循环语句来代替 goto 语句，所以，目前来看，goto 语句的应用场合会比较少，除非觉得 goto 语句特别有必要用的时候才会使用。

另外，将来学习函数时，还要知道一点：goto 语句不能跨函数使用。这里可以简单写两个函数来看一下：

```
void func1()
{
lbl1:
    int k;
    k = 1;
    goto lbl1;
}
void func2()
{
lbl2:
    int a;
    a = 1;
}
```

上面的代码中有 func1、func2 两个函数，每个函数的函数体都用{}括起来，每个函数中各有一个标号，名字分别叫 lbl1 和 lbl2，在函数 func1 中有一个 goto 语句，可以跳转到 lbl1 标号指定的行，因为 goto 语句和 lbl1 标号行都处于同一个函数 func1 函数中，这样做是没问题的，但是不能把 func1 函数中的"goto lbl1;"修改为"goto lbl2;"，这样会导致语法错误，因为 lbl2 标号处于 func2 函数中,goto 语句不能跨函数跳转。

5.1.3 while 语句

三种基本结构:顺序结构、选择结构、循环结构(当型循环结构与直到型循环结构)。现在讲解"当型"循环结构,也就是 while 语句。它的一般形式为:

while(表达式) 要执行的语句;

看一看程序执行流程图,如图 5.1 所示,其中一般形式中提到的"要执行的语句",也就是图 5.1 中的"循环体语句"。

用语言描述一下整个执行流程:当型循环结构的最大特点是先判断表达式的值,如果表达式的值为真(非 0),就执行"循环体语句"部分,然后再次循环回去,重新判断表达式的值从而决定是否再次执行"循环体语句"部分,如此反复。这里不要忘记,如果表达式的值在第一次判断时就为假(0),那么"循环体语句"部分就会一次也不执行。

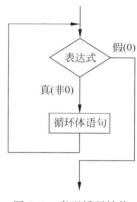

图 5.1　当型循环结构
执行流程图

看看如下范例,这里用 while 语句把刚才用 goto 语句进行的 1 到 100 的加法运算重写一次:

```
int i = 1, sum = 0;
while (i < = 100)
{
    sum = sum + i;
    i++;
}
printf("1 + 2 + … + 100 的和值为:% d\n", sum);  //1 + 2 + … + 100 的和值为:5050
```

不知读者是否觉得这种写法比 goto 语句的写法更清晰呢? 有几点说明:

(1) 整个 while 中如果有多条要执行的语句(这就叫循环体语句),则要用{}括起来,以复合语句的形式出现(如上面的范例,用的就是复合语句),如果不用{},则 while 语句在条件成立(表达式值为真)时所执行的语句范围只会覆盖到 while 后面第一次遇到分号之前的语句,那整个程序的执行流程就错了。

(2) 在循环体所包含的语句中,应该有使循环趋向于结束的语句,如上面的范例中,循环的结束条件是 i > 100,在循环体中使 i 值每次自增 1(i + +;),最终促成 while 条件变成"假",从而退出 while 循环并使程序流程继续往下走,如果没有"i + +;"这条语句,就会导致 while 循环永远不会执行结束,无法执行到 while 后面的语句,从而程序就一直卡在 while 循环处不断执行,这种情况就被称为程序卡死了,程序卡死后的表现就是屏幕上无法出现 while 后面的语句所显示的结果(因为程序流程根本执行不到后面),甚至还会导致计算机 CPU 占用率百分比变大,从而使整个计算机的响应速度变慢等问题。

5.1.4 do…while 语句

现在讲解"直到型"循环结构,也就是 do…while 语句。它的一般形式为:

do 要执行的语句 while (表达式);

看一看程序执行流程图,如图 5.2 所示,其中一般形式中提到的"要执行的语句",也就是图 5.2 中的"循环体语句"。

用语言描述一下整个执行流程:直到型循环结构的最大特点是先执行一次循环体语句,然后判断表达式的值,如果表达式的值为真(非 0)时,继续执行循环体语句,然后继续判断表达式的值,如此反复,一直到表达式的值为假(0),跳出整个 do…while 循环继续往后执行。

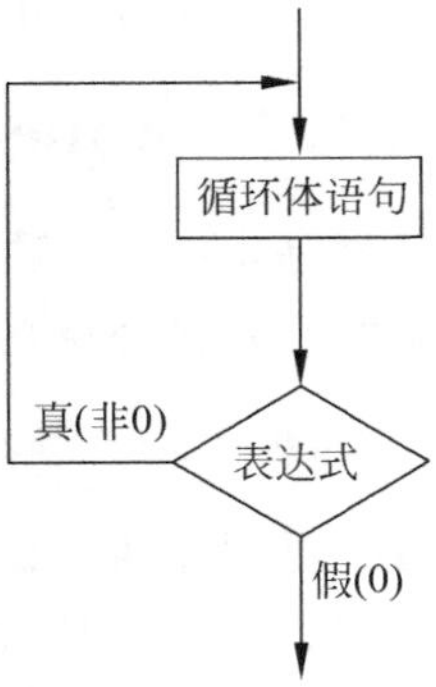

那么这里的直到型循环结构和前面讲的当型循环结构最大的不同在哪里呢?

(1)当型循环结构:当表达式值为假(0)时,循环体语句一次都不执行。

图 5.2   直到型循环结构
执行流程图

(2)直到型循环结构:至少执行循环体语句一次,然后才判断表达式值是否为真(非 0),如果表达式的值为真,则继续执行循环体语句,如此反复,一直到表达式的值为假(0)。

看看如下范例,这次所做的演示是用 do…while 语句把刚才用 while 语句进行的 1 到 100 的加法运算再重写一次:

```
int i = 1, sum = 0;
do
{
    sum = sum + i;
    i++;
}
while (i <= 100);
printf("1 + 2 + … + 100 的和值为:%d\n", sum);   //1 + 2 + … + 100 的和值为:5050
```

可以看到,上面分别用 while 这种当型循环语句以及 do…while 这种直到型循环语句演绎了 1 到 100 加法运算的过程,这两种写法完全等价,结果当然也完全相同。

那么,什么时候当型循环语句与直到型循环语句所写的程序代码会得到不同的结果呢?前面已经描述过两者的区别,也就是说,如果"表达式"的值一开始就为假(0)的时候,while 与 do…while 这两种循环语句所写的代码得到的结果就会不同,看看具体的写法:

(1)先用当型循环语句 while 实现一次下面的从 1 加到 10 的求和范例代码:

```
int sum = 0, i = 1;
while (i <= 10)
{
    sum = sum + i;
    i++;
}
printf("sum = %d\n", sum);        //sum = 55
```

(2)再用直到型循环语句 do…while 实现一次和上面范例相同功能的代码:

```
int sum = 0, i = 1;
do
{
    sum = sum + i;
```

```
    i++;
} while (i <= 10);
printf("sum = %d\n", sum);        //sum = 55
```

目前,这两段范例代码的执行结果相同,现在把这两段范例代码每一段中变量 i 的初值都从 1 修改为 20(即 i=20),再看看两个范例的执行结果,可以看到:

- 当型循环语句 while 的执行结果为 sum = 0。
- 直到型循环语句 do…while 的执行结果为 sum = 20。

为什么此时两个范例的执行结果不同了呢? 因为此时对于 while 循环来讲,循环体一次也没执行,而对于 do…while 循环来讲,会执行一次循环体。

所以,得到一条结论:当循环语句中表达式第一次的判断结果为真(非 0)时,两种循环得到的最终结果相同,否则,两种循环得到的最终结果不同。

在实际应用中,while 语句使用的场合更多,do…while 语句使用的场合相对较少,因为多数情况下,do…while 语句可以被 while 语句取代。

5.2　for 语句精解

5.2.1　for 语句的一般形式

for 循环语句非常灵活,针对确定循环次数和不确定循环次数的情况,for 语句都可以处理,所以 for 语句是能够取代 while 语句的,但是否真取代,取决于使用习惯。for 语句的一般形式为:

for(表达式 1;表达式 2;表达式 3) 内嵌的语句;

for 语句的执行步骤如下:

(1) 求解表达式 1 的值。

(2) 求解表达式 2 的值。

(3) 若表达式 2 的值为真(非 0),则执行 for 语句中指定的内嵌语句,同时求解表达式 3,反复循环步骤 2,直到表达式 2 的值为假。若表达式 2 的值为假(0),则循环结束,跳到整个 for 语句后面的语句去执行。

用图 5.3 来表示 for 语句的执行流程。

这里要特别注意,"表达式 1"只会被求解(执行)一次,而"表达式 2""表达式 3"会被执行多次。

for 语句最简单也是最常用的应用形式如下:

for(循环变量赋初值;循环变量结束条件;循环变量增加值) 内嵌的
　语句;

看看如下范例,用 for 语句实现从 1 到 100 的加法运算,代码如下:

```
int i, sum = 0;
```

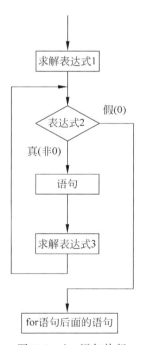

图 5.3　for 语句执行
　　　流程图

```
for (i = 1; i <= 100; i++)          //i 就是循环变量
{
    sum = sum + i;
}
printf("sum = % d\n", sum);          //sum = 5050
```

从整个代码来看,for 语句的使用其实非常简单。

5.2.2　for 语句的主要说明

针对 for 语句,有必要做一些说明。

(1) 表达式 1 可以省略,但其后面的分号(;)不能省略,当表达式 1 省略时,应该在 for 语句之前就给循环变量赋初值。当然,这种写法相对比较少见,把上面从 1 加到 100 的加法运算范例稍微改造一下:

```
int i, sum = 0;
i = 1;                              //给循环变量 i 赋初值
for (; i <= 100; i++)
{
    sum = sum + i;
}
printf("sum = % d\n", sum);          //sum = 5050
```

(2) 表达式 2 可以省略,也就是不判断循环结束条件,但分号依旧不能省略,那么循环就会无终止地进行下去,此时,就必须用 break 语句终止 for 循环,break 语句后面会讲到。这种写法相对比较少见,继续改造从 1 加到 100 的加法运算范例:

```
int i, sum = 0;
for (i = 1; ; i++)
{
    sum = sum + i;
    if (i >= 100)
        break;                      //退出 for 循环,执行 for 循环后面的语句,也就是 printf 语句
}
printf("sum = % d\n", sum);          //sum = 5050
```

(3) 表达式 3 可以省略,但必须想办法保证循环能正常结束,否则循环会无终止地进行下去。这种写法相对也不多见,继续改造从 1 加到 100 的加法运算范例:

```
int i, sum;
for (sum = 0, i = 1; i <= 100;) //逗号表达式看成一个整体,作为表达式 1
{
    sum = sum + i;
    i++;                            //这句是保证循环正常结束的办法,这里把 i++ 放在循环内嵌
                                    //语句中,而不放在表达式 3 位置,达到的效果是一样的
}
printf("sum = % d\n", sum);          //sum = 5050
```

(4) 可以省略表达式 1、表达式 3,只写表达式 2,还是要注意,该保留的分号必须要保留。看改造后的范例:

```
int i, sum;
```

```
sum = 0;
i = 1;                        //i需要给初值
for (; i <= 100; )
{
    sum = sum + i;
    i++;
}
printf("sum = %d\n", sum);    //sum = 5050
```

（5）三个表达式都省略：不设置初值，不判断条件（认为条件一直为真），循环变量值不增加。这会导致无终止地执行循环体。这种写法在一些实际项目中会看到，需要认识一下。看如下代码：

```
for(;;)
{
}
```

这相当于如下 while 语句：

```
while(1)
{
}
```

这种写法的循环要想终止执行，必须要在 for 的内嵌语句中，根据一定的条件增加 break 语句来跳出循环体。范例如下：

```
int i, sum;
sum = 0;
i = 1;                        //i需要给初值
for (;;)
{
    sum = sum + i;
    if (i >= 100)
        break;                //退出for循环，执行for循环后面的语句，也就是printf语句
    i++;
}
printf("sum = %d\n", sum);    //sum = 5050
```

（6）表达式 1 可以用于设置循环变量的初值，也可以是与循环变量无关的其他表达式。范例如下：

```
int i, sum;
i = 1;
for (sum = 0; i <= 100; i++)
{
    sum = sum + i;
}
printf("sum = %d\n", sum);    //sum = 5050
```

（7）表达式 1 和表达式 3 都可以是简单表达式或者逗号表达式，不过这种用法比较少见。再次提醒一下：表达式 1 只被执行一次，但表达式 3 是循环体执行几次，表达式 3 就执行几次。范例如下，注意"sum＝0,i＝1;"作为一个整体被当作表达式 1：

```
int i, j = 10000, sum;
for (sum = 0, i = 1; i <= 100; i++, j-- )
{
    sum = sum + i;
}
printf("sum = % d\n", sum);          //sum = 5050
printf("j = % d\n", j);              //j = 9900
```

（8）表达式 2 的值一般是关系表达式或者逻辑表达式，但只要其值为非 0，就执行循环体，这种用法也比较少见：

```
int i, sum;
sum = 0;
for (i = 0; 8888; i++)
{
    sum = sum + i;
    if (i > = 100)
        break;
}
printf("sum = % d\n", sum);          //sum = 5050
```

总结一下：虽然 for 语句有各种各样的花哨用法，但建议还是中规中矩地使用，这样也方便他人阅读。最传统的 for 语句用法就像如下这样：

```
int i;
for(i = 0; i < = 100; i++)
{
    //……一系列要执行的语句
}
```

或者直接把变量 i 的定义与初始化写在一起，如下（这是 C++的写法而非 C 语言的写法了）：

```
for(int i = 0; i < = 100; i++)
{
    //……一系列要执行的语句
}
```

5.3   循环的嵌套、比较与 break 语句、continue 语句

5.3.1   循环的嵌套

前面学习了三种循环语句，包括 while、do…while、for 语句。

一个循环体内又包含另外一个完整的循环结构，称为循环的嵌套，换句话说，就是循环套循环。而在内嵌的循环中，还可以套循环，这就是多层循环嵌套，可以一直这样套下去，但一般来说一个循环体内套一层相对普遍，而套两层甚至更多层就不好理解了。图 5.4 所示是一些典型的循环嵌套结构。

一般来说，最常用的循环语句的嵌套是 for 语句内部嵌套 for 语句这种形式，所以这里就举一个 for 语句内部嵌套 for 语句的例子，输出一个九九乘法表，形如 1 * 1＝1，2 * 1＝2，2 * 2＝4，3 * 1＝3，3 * 2＝6，3 * 3＝9，…，9 * 9＝81，代码如下：

```
while()
{
    ......
    while()
    {
        ......
    }
    ......
}
```

```
while()
{
    ......
    do
    {
        ......
    }
    while();
    ......
}
```

```
while()
{
    ......
    for(;;)
    {
        ......
    }
    ......
}
```

```
do
{
    ......
    while()
    {
        ......
    }
    ......
}
while();
```

```
do
{
    ......
    do
    {
        ......
    }
    while();
    ......
}
while();
```

```
do
{
    ......
    for(;;)
    {
        ......
    }
    ......
}
while();
```

```
for(;;)
{
    ......
    while()
    {
        ......
    }
    ......
}
```

```
for(;;)
{
    ......
    do
    {
        ......
    }
    while();
    ......
}
```

```
for(;;)
{
    ......
    for(;;)
    {
        ......
    }
    ......
}
```

图 5.4　典型的九种循环嵌套结构

```
int i, j, k;
int icount = 0;
for (i = 1; i <= 9; i++)
{
    for (j = 1; j <= i; j++)
    {
        k = i * j;
        printf("%d * %d = %d        ", i, j, k);
        icount++;
    }
    printf("\n");
}
printf("内循环的循环次数为 %d 次\n",icount);     //内循环的循环次数为 45 次
```

看一看上面这段代码的执行结果,如图 5.5 所示。

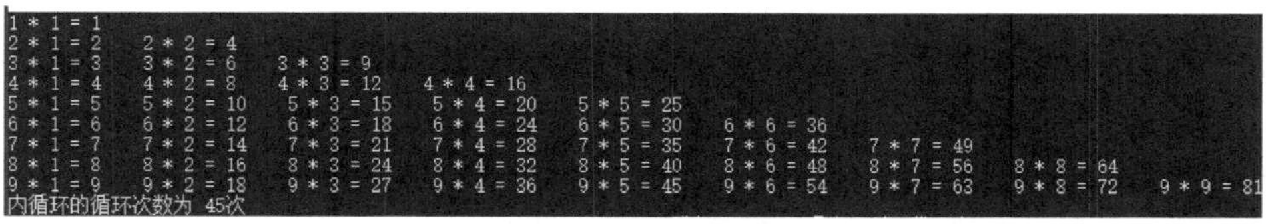

图 5.5　九九乘法表范例输出结果

上面这个范例是一个典型的 for 循环嵌套范例,可以尝试设置断点进行跟踪以进一步理解程序的执行步骤。从图 5.5 所示的结果中可以看到,程序一共输出 9 行,这主要是因为

外循环一共循环了9次,每次执行一下"printf("\n");"语句导致一次换行,这里特别值得注意的是内循环的循环次数,内循环代码是 for (j = 1; j <= i; j++),这意味着,外循环每循环一次,内循环都要从头开始循环多次。仔细观察和设置断点分析不难发现:

- 外循环循环第 1 次时,i = 1,此时内循环循环了 1 次,所以第 1 行输出了 1 列。
- 外循环循环第 2 次时,i = 2,此时内循环循环了 2 次,所以第 2 行输出了 2 列。
- 外循环循环第 3 次时,i = 3,此时内循环循环了 3 次,所以第 3 行输出了 3 列。
 ⋯⋯⋯⋯⋯
- 外循环循环第 9 次时,i = 9,此时内循环循环了 9 次,所以第 9 行输出了 9 列。

最终,不难看出,内循环中的代码一共执行了 45 次,如何计算的? 就是把所有内循环的次数加起来就可以。图 5.5 也输出了内循环的循环次数:

$$1+2+3+4+5+6+7+8+9 = 45$$

5.3.2　几种循环语句的比较

学习了 goto 循环、while 循环、do…while 循环、for 循环以后,可以给出下面的一些比较结论:

（1）多数情况下,这些循环之间可以相互替代,但不提倡使用 goto 循环,因为 goto 循环破坏了结构化程序设计,增加了程序复杂性。其实 goto 语句不应该叫循环,它更应该被看成是一个具有跳转功能的语句。

（2）while 循环和 for 循环是先判断表达式的值,表达式的值为真(非 0)后才执行语句(循环体),而 do…while 循环是先执行语句(循环体),后判断表达式的值是否为真(非 0),所以 do…while 循环体内的一系列语句至少被执行一次。再回忆一下这几个循环语句的一般形式:

- while 语句的一般形式:while(表达式) 要执行的语句;
- do…while 语句的一般形式:do 要执行的语句 while(表达式);
- for 语句的一般形式:for(表达式 1;表达式 2;表达式 3) 内嵌的语句;

（3）对 while、do…while、for 这三种循环,可以用 break 语句跳出循环,用 continue 语句结束本次循环,对于用 goto 和 if 语句配合使用构成的循环,不能用 break 和 continue 语句进行控制。

5.3.3　break 语句和 continue 语句

前面在讲解 switch 语句时讲过 break 语句,那时的 break 语句用于跳出整个 switch 语句并继续执行 switch 语句的下一条语句。

同时,break 语句还可以用在三种循环语句 while、do…while、for 的语句体(循环体)中,用于跳出循环体,也就是提前结束循环,接着执行循环后面的语句。

通过前面的范例代码已经知道,从 1 加到 100 的和值是 5050,现在再看一例,依旧是计算从 1 加到 100 的和值,但增加一个新需求:当和值达到 4000 时,就退出循环。看看如何用 break 语句实现:

```
int i, sum = 0;
for (i = 1; i <= 100; i++)
```

```
    {
        sum = sum + i;
        if (sum > = 4000)
        {
            break;   //跳出整个 for 循环,直接跳到 for 循环体后面的 printf 语句上去执行
        }
    }
    printf("sum = %d\n", sum);        //sum = 4005
    printf("i = %d\n", i);            //i = 89
```

切记:break 语句不能用于循环语句和 switch 语句之外的任何其他语句中,并且 break 语句出现在 switch 中时,含义是跳出 switch 语句,而不是跳出循环体,即便在 switch 语句外面有一个循环语句,也仅仅用于跳出 switch 语句而不是跳出 switch 外面的循环语句。

另外,也必须知道,break 语句只能跳出 break 语句所在这层循环。仔细研究一下下面的范例,建议设置断点并对代码进行调试跟踪,以便深刻理解 break 语句的执行路线:

```
int i, j, k;
for (i = 1; i < = 9; i++)
{
    for (j = 1; j < = i; j++)
    {
        k = i * j;
        printf("%d * %d = %d ", i, j, k);
        break;                     //跳出内部这个 for j 循环
    }
    printf("\n");
    break;                         //跳出外部这个 for i 循环
}
printf("流程走出来了!\n");
```

看看上面的代码,在 for (j = 1;j <= i;j++)循环体内的 break 语句,用于跳出 for j 这个循环,执行这行代码后,程序流程直接跳到"printf("\n");"行继续执行,然后接着又遇到了第二个 break 语句行,而该 break 语句所在的循环是 for (i= 1;i <= 9;i++)循环,所以这个 break 语句执行后,程序流程直接跳到"printf("流程走出来了! \n");"行,那么最终程序的执行结果如图 5.6 所示,只有两行执行结果。

现在再看看 continue 语句。continue 只用在三种循环语句 while、do…while、for 的语句体中(刚才讲解 break 语句时,break 语句还可以用在 switch 语句中,而现在讲解的 continue 语句不能用于 switch 语句中,只能用于三种循环语句中)。

图 5.6　break 语句执行结果演示

continue 语句的作用:结束本次循环,跳出循环体中余下的尚未执行的语句,接着进行下一次是否执行循环的判断。

continue 语句和 break 语句的区别是什么呢? continue 语句只结束本次循环,而不是结束整个循环的执行,而 break 语句是结束整个循环的执行,跳到整个循环后面的语句去执行。

图 5.7(a)所示是 while 循环中的 break 语句执行流程图,图 5.7(b)所示是 while 循环中的 continue 语句执行流程图,请注意观察和比较。

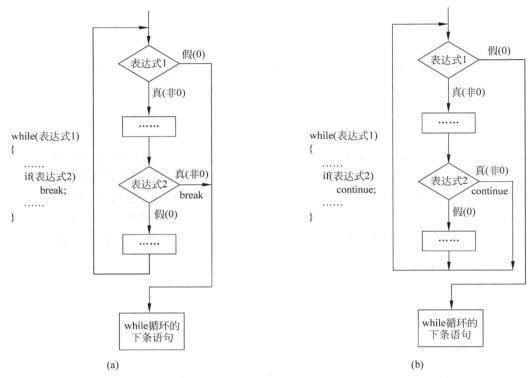

图 5.7　while 循环中的 break 语句和 continue 语句执行流程图

这里演示一下 continue 语句，把 1 到 100 之间不能被 3 整除的数输出。演示范例如下：

```
int i;
for (i = 1; i <= 100; i++)
{
    if (i % 3 == 0)
        continue;
    printf("%d         ", i);
}
```

观察整个程序执行流程：当 i 能被 3 整除时，执行 continue 语句，结束本次循环（跳过了下面的 printf 语句），只有 i 不能被 3 整除时才执行"printf("%d   ", i);"语句行。整个程序的执行结果如图 5.8 所示。

图 5.8　输出 1 到 100 之间不能被 3 整除的数

第6章

数　　组

数组是一种有序数据的集合,在该集合中包含若干个元素并且每个元素的数据类型都相同,这些数组元素中的每一个都可以通过数组名加数组下标的方式来引用,也可以将每一个数组元素理解成一个单独的同类型变量,那么毫无疑问,整个数组就代表着一组(多个)同类型的变量。

数组是 C 语言中非常重要的内容,但初学者非常容易犯错,尤其是字符数组部分内容,会涉及很多程序陷阱,书写代码时务必小心谨慎,否则会在编码中留下隐患,很难排查。本章内容也会涉及一些面试 C++岗位时的考点,这些考点往往意味着是否能把握住工作的机会。

6.1　一维数组

前面章节讲解了一些基本数据类型,如 int、char、float、double 等。现在来思考一个问题,如果想定义 100 个整型变量,怎样定义？“int a,b,c,d,e,f,g,…;”语句,但 26 个字母不够用了,再用“int aa,bb,cc,dd,…;”语句,如果这样定义下去,得输入多少行代码才能把这100 个整型变量定义完？ 所以,为了解决定义 100 个甚至定义更多个整型变量(也可以是其他类型变量)定义的问题,引入了“数组”。

6.1.1　一维数组的一般形式

首先看看一维数组定义的一般形式:

类型说明　数组名[常量表达式];

例如:

int a[10];

上面这行代码的含义:定义了一个数组,名字为 a,这个数组有 10 个元素。有几点要说明:

(1) 数组名就是变量名,如上面的 a。

(2) 数组名后面是中括号(方括号)括起来的常量表达式,如上面的[10],注意不能写成圆括号,如“int (10);”,另外常量表达式一般都是一个数字,虽然非要写成诸如 2 * 5 也可以,但直接写 10 更直观。

(3) 所谓一维数组,也就是带一对中括号[],以后还会学带两对中括号[][]的数组,这叫二维数组,后面会讲到。

（4）a[10]中的数字 10 表示 a 数组中有 10 个元素，下标从 0 开始，这 10 个元素是 a[0]，a[1]，a[2]，…，a[9]，千万注意，不包括 a[10]，下标范围是 0～9，这是一个极其容易犯错误的地方。为什么说极其容易犯错误，那是因为针对"int a[10]；"这个数组定义，虽然能够合法引用的元素是 a[0]～a[9]，但当非法引用 a[10]（如给 a[10]赋值）时，系统并不提示任何错误，但是这样引用会产生极大的程序隐患，因为 a[10]所属的这块内存并不属于开发者，所以不能使用，如果往这个内存地址写了数据（给 a[10]赋值），结果很有可能导致把程序中其他某个用到该内存地址的变量的值给覆盖掉了，轻则导致程序运行的并不是想要的结果，重则导致程序不定时的彻底报错崩溃，极难排查原因，如图 6.1 所示。

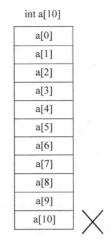

图 6.1　int a[10] 数组包含的元素示意图，注意下标范围 0～9，绝不包含 10

看看如下范例，可以设置一个断点并把鼠标放到 a[10] 上观察：

```
int a[10];
a[10] = 8;   //这是非法的，虽然系统不提示错误，但会给程序安全留下巨大隐患
             //设置断点后，鼠标放到 a[10]上看一看
printf("断点设置到这行，方便观察！");
```

这里设置断点并且程序运行到断点处停止下来时的截图如图 6.2 所示。

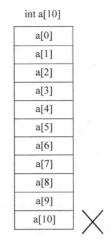

图 6.2　程序停止到断点处时观察给超出下标范围的非法数组元素赋值的结果

从图 6.2 中不难看出，系统所认可的 a 数组的元素下标为 0～9（因为展开该数组后只看到了 0～9 这 10 个元素），也就是 a[0]～a[9]，但上面代码是给 a[10]赋值（a[10] = 8;），显然 10 这个下标超出了 0～9 这个范围，是非法的，但系统对于这种非法行为并不提示错误（依旧让程序能够编译和执行起来），这会造成巨大的程序运行安全隐患（程序可能会立即崩溃、不定时崩溃、出现无法预期的结果等诡异情形）。

（5）如果定义一个含有 100 个元素的 a 数组（int a[100];），那么这 100 个元素的合法引用范围应该是 a[0]～a[99]，同样不包括 a[100]。

（6）定义数组时提到的常量表达式，可以是一个数字如 10，也可以是常量表达式如 2+8，但不能包含变量。也就是说，C 语言不允许对数组的大小做动态定义，数组大小不能依赖于程序运行过程中变量的值。换一种理解方式：数组定义的时候，数组大小就已经固定了。

看看如下范例：

```
int i = 8;
int a[i];   //这行代码是非法的,因为变量不可以用于定义数组大小
```

（7）"int a[10];"相当于定义了 10 个整型变量 a[0]~a[9]，那如果想一次定义 1000 个变量，也非常简单——"int a[1000];"即可，还是要特别注意，定义后能引用的数组元素是 a[0]~a[999]。这样，就不需要像前面那样使用不同的变量名（如 int a,b,c,d,e,f,g,…;）来定义多个变量了。

6.1.2 一维数组元素的引用

C 语言规定，只能引用数组中的元素（就像使用普遍变量一样），不能引用整个数组。
数组元素的引用形式为：

数组名[下标]

下标一般都是整型常量，例如：

a[0] = a[5] + a[6] - a[3 * 4];

下面举一个范例。写两个循环，第一个循环用于给数组元素赋值，第二个循环用于输出数组元素的值。代码如下：

```
int i, a[10];   //这里定义了一个变量 i 和一个一维数组 a
for (i = 0; i <= 9; i++)        //i = 0~9
    a[i] = i;   //for 循环体不加{}时, for 的有效范围是到第
                //一个分号结束(到本行就结束)
for (i = 9; i >= 0; i-- )        //i = 0~9,逆序输出
    printf("a[ % d] =  % d\n", i, a[i]);
```

图 6.3 范例：给数组元素
赋值并输出数组
元素的值

输出的结果值如图 6.3 所示。

6.1.3 一维数组的初始化

一维数组如何在定义时进行初始化（给初值）呢？有如下这些给初值的方法。
（1）定义数组的时候不给初值。例如：

int a[10];   //只定义不给初值,则数组内部的元素值是无法预料的随机值

（2）定义数组的时候给初值。例如：

int a[10] = {9,8,10,20,9,8,7,6,5,4}; //正好 10 个数字 a[0]~a[9]都有值了

（3）可以只给一部分数组元素初值，发现其他数组元素的值系统自动给成了 0。例如：

int a[10] = {9,8,10,20};

（4）如果要对全部数组元素赋初值，可以不指定数组长度。例如：
① 正常来讲，定义数组并赋初值是这样写的：

int a[5] = {1,2,3,4, 5};

② 现在改造一下,把代表数组长度的数字去掉,也就是中括号里面没内容了:

```
int a[] = {1,2,3,4,5};
```

当中括号里面没有数字时,系统会猜测这个数组在定义并赋初值这个语句里面给了多少个初值,有多少个初值这个数组的长度就是多少,例如这里有 5 个初值,系统就认定定义的是

```
int a[5] = {1,2,3,4,5};
```

(5)通过上一条的叙述,可以得到一个结论:若被定义的数组长度与数组初始化时提供的初值个数不相同,则代表数组长度的数字(下面这个数字 10)不能省略。例如:

```
int a[10] = {1,2,3,4,5};          //只初始化了前 5 个元素,后 5 个元素为 0
```

6.2 二维数组

6.2.1 二维数组的一般形式

前面讲解一维数组是带着一对中括号的,也就是说带一个下标,现在讲讲二维数组。显然,二维数组带两对中括号,也就是说带两个下标。看看二维数组定义的一般形式:

类型说明 数组名[常量表达式][常量表达式];

例如:

```
float a[3][4];    //注意不能把两个中括号写成一个:a[3,4]是错误的写法
```

上面这行代码的含义:定义 a 为 3 行 4 列的数组,这种按几行几列的方式来理解二维数组的方式最朴素,也最容易理解。

也可以这样理解,把二维数组看成是一种特殊的一维数组,也就是说它的元素又是一个一维数组。例如针对 a[3][4]这个二维数组,可以把 a 看成是一个一维数组,这个一维数组有三个元素,即 a[0]、a[1]、a[2],每个元素(都看成是一个一维数组名)又是一个包含 4 个元素的一维数组,这个感觉可以参考图 6.4。

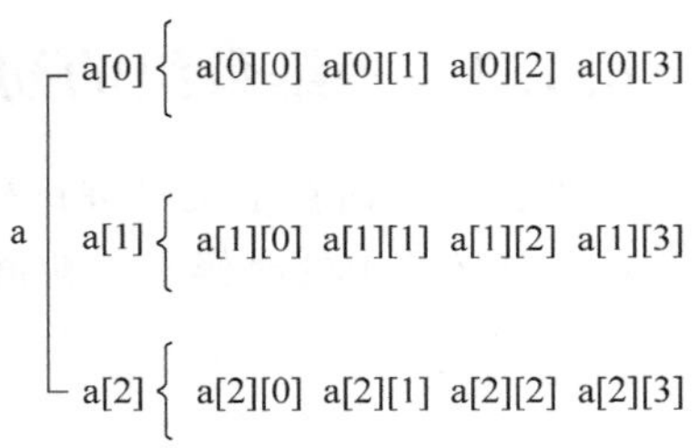

所以,"float a[3][4];"就相当于定义了 12 个元素(3 行 4 列),第一维下标能引用的范围是 0~2,第二维下标能引用的范围是 0~3,所以整个二维数组能够引用的元素如下,共 12 个元素:

```
a[0][0],a[0][1],a[0][2],a[0][3],
a[1][0],a[1][1],a[1][2],a[1][3],
a[2][0],a[2][1],a[2][2],a[2][3]
```

图 6.4 将二维数组理解成含有多个
元素的一维数组

讲解一维数组时,感受可以参考图 6.1,此时讲解二维数组时,感受可以参考图 6.5。
在 C 语言中,二维数组的元素存放顺序是:按行存放。即在内存中先顺序存放第一行

int a[3][4]

a[0][0]	a[0][1]	a[0][2]	a[0][3]
a[1][0]	a[1][1]	a[1][2]	a[1][3]
a[2][0]	a[2][1]	a[2][2]	a[2][3]

图 6.5 int a[3][4]数组包含的元素示意图,注意第一维
下标 0～2,第二维下标 0～3

元素,再存放第二行元素,以此类推,所以,float a[3][4]这个二维数组在内存中存放数据看起来应该如图 6.6 所示。

有了对二维数组的理解,三维数组甚至多维数组就好理解了。例如,定义一个三维数组:

float a[2][3][4];

多维数组在内存中的排列顺序:第一维下标变化最慢,最右边维度的下标变化最快,例如上面这个三维数组,在内存中的排列顺序应该是这样:

```
a[0][0][0],a[0][0][1],a[0][0][2],a[0][0][3],
a[0][1][0],a[0][1][1],a[0][1][2],a[0][1][3],
a[0][2][0],a[0][2][1],a[0][2][2],a[0][2][3],
a[1][0][0],a[1][0][1],a[1][0][2],a[1][0][3],
a[1][1][0],a[1][1][1],a[1][1][2],a[1][1][3],
a[1][2][0],a[1][2][1],a[1][2][2],a[1][2][3]
```

在实际工作中,一维和二维数组常用,三维和多维数组用的都比较少。

int a[3][4]

| a[0][0] |
| a[0][1] |
| a[0][2] |
| a[0][3] |
| a[1][0] |
| a[1][1] |
| a[1][2] |
| a[1][3] |
| a[2][0] |
| a[2][1] |
| a[2][2] |
| a[2][3] |

图 6.6 二维数组在内存中
按行存放

6.2.2 二维数组元素的引用

二维数组元素的引用形式为:

数组名[下标][下标]

这里注意,引用二维数组元素时必须带两个中括号,如 a[2][3],下标也可以是整型表达式,如 a[5-3][4-1],但一般不会这样写,一般都是写成一个整数,注意不要写成 a[2,3],必须是两个中括号。另外,数组元素可以出现在表达式中(像一个变量一样被使用),也可以被赋值,如"b[1][2] = a[2][3]/2;"。

请记住,不管一维数组还是二维数组,它们的数组元素(也叫成员)就应该被看成一个普通变量,如一维数组的 a[1],二维数组的 a[1][2],都把它们当成普通变量看待和使用即可。

那么这里最常出现的错误是什么呢?前面讲过,对于一维数组如定义"int a[5];",那么它的成员包括 a[0]～a[4],也就是说,该一维数组的下标是从 0～4 的,那么二维数组也一样,如定义"int a[3][4];",那么第一维下标的范围是 0～2,第二维下标的范围是 0～3,所以在引用的时候,只要这两个下标有一个超过范围,引用就是错误的。例如如下的引用都是错

误的：a[3][4]、a[3][0]、a[1][4]，要严格区分数组定义时使用的 a[3][4] 和引用数组元素时使用的 a[3][4]，这完全是两个意思：前者用来定义数组的维数和各个维度的大小，后者 a[3][4] 中的 3 和 4 是下标值，用来标识某个元素。

看看如下二维数组的范例：

```cpp
int a[3][4];                     //定义二维数组 a
int i, j;
//第一个大的 for 循环用来给二维数组赋值,注意用了循环嵌套来赋值
for (i = 0; i < 3; i++)          //i 的范围 0~2
{
    for (j = 0; j < 4; j++)      //j 的范围 0~3,这里的数字如果改为 5,看看程序表现
    {
        a[i][j] = i * j;
    }
}
//第二个大的 for 循环用来输出二维数组的值,注意用了循环嵌套来输出
for (i = 0; i < 3; i++)
{
    for (j = 0; j < 4; j++)
    {
        printf("a[ % d][ % d]  =  % d\n", i, j, a[i][j]);
    }
}
```

针对上面这个范例，可以设置一个断点跟踪看一看这个二维数组的各个元素值，如图 6.7 所示。

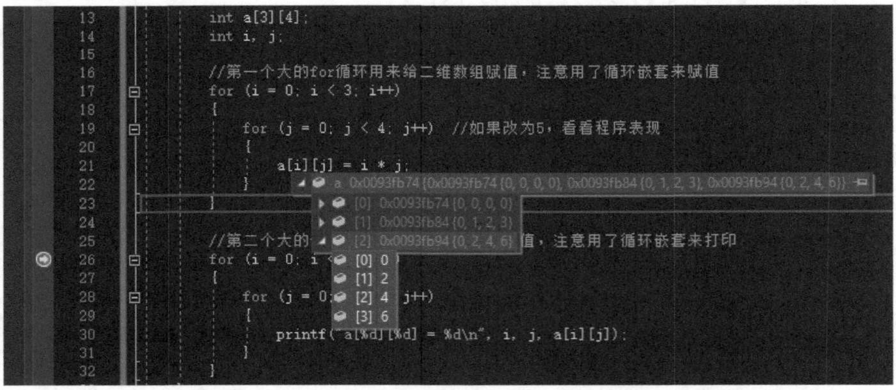

图 6.7 观察二维数组中各个元素的值

6.2.3 二维数组的初始化

与一维数组初始化一样，在定义二维数组的时候就可以顺便给该二维数组元素赋初值，这就叫二维数组的初始化。有如下这些赋初值的方法。

（1）按行给二维数组赋初值：

```cpp
int a[3][4] = { {1,2,3,4},{5,6,7,8},{9,10,11,12} };
```

按行赋值,第一个花括号(大括号)内的数据赋值给第一行元素,第二个花括号内的数据赋值给第二行元素,以此类推,相当于 $a[0][0]=1,a[0][1]=2,a[0][2]=3,a[0][3]=4,$ $a[1][0]=5,\cdots,a[2][3]=12$。

(2) 将所有数据放在一个大括号里,例如如下语句,和(1)的效果一样,但是这样初始化看起来不清晰,容易遗漏和造成混乱:

```
int a[3][4] = {1,2,3,4,5,6,7,8,9,10,11,12};
```

(3) 对部分元素赋初值:

```
int a[3][4] = {{1},{3,4}};
```

每个大括号里的内容代表一行,这里省略了第三行,也就是没给第三行元素赋初值,那么所有没有赋值的元素,都会被系统默认赋成 0。可以设置断点调试一下看,如图 6.8 所示。

图 6.8　语句"int a[3][4] = {{1},{3,4}};"赋初值的结果

如下代码,对第二行不赋初值,可以设置断点看一下结果:

```
int a[3][4] = {{1},{} ,{9}};
```

可以看到,没赋初值的数组元素同样被系统默认赋成 0。

(4) 若对全部元素赋初值,则定义数组时对第一维的长度可以不指定,但第二维的长度不能省略。例如对于如下语句:

```
int a[3][4] = {1,2,3,4,5,6,7,8,9,10,11,12};
```

可以简写为:

```
int a[][4] = {1,2,3,4,5,6,7,8,9,10,11,12};
```

此时系统会根据初始化的数据总个数来分配存储空间,一共有 12 个数据,每行有 4 列,那当然是 3 行,但是一般很少这样编写代码,都应该明确地写出数组维度的大小。

也可以只对部分元素赋初值,但仍旧省略第一维长度,但应该分行赋初值:

```
int a[][4] = {{0,0,3},{},{0,10}};
```

注意,目前所讲解的一维和二维数组都是整型数组,也就是数组元素中保存的都是整型数字,这是因为整型数组在编程时用的比较广泛。接下来,将要讲解字符数组,字符数组在 C 和 C++ 中用的也非常广泛,同时也最容易用错,请认真学习。

6.3　字符数组

前面讲解一维和二维数组时,所遇到的多以整型数组为主,也就是数组元素多为整型数据,如"int a[10];""int b[3][5];",本节介绍的是字符数组,显然,所谓字符数组,表示每一个数组元素中保存的是字符。这里要先提醒一下,因为字符数组中不但能保存字符,还能保存字符串,因此,字符数组这节中有一些陷阱,在讲解时笔者也会进行提醒。

6.3.1　字符数组的定义

用来存放字符数据的数组就是字符数组,字符数组中的一个元素存放一个字符。可以看到,字符数组其实也是一维数组。例如:

```
char c[10];                     //能引用的元素是c[0]~c[9]
c[0] = 'I';
c[1] = ' ';
c[2] = 'a';
c[3] = 'm';
c[4] = ' ';
c[5] = 'h';
c[6] = 'a';
c[7] = 'p';
c[8] = 'p';
c[9] = 'y';
```

字符数组中保存的字符如图 6.9 所示,读者可以自行设置断点并进行观察。

c[0]	c[1]	c[2]	c[3]	c[4]	c[5]	c[6]	c[7]	c[8]	c[9]
I	空格	a	m	空格	h	a	p	p	y

图 6.9　一个字符数组中所保存的字符展示

6.3.2　字符数组的初始化

字符数组的初始化有如下几种方法。

(1)逐个字符赋给数组中的元素,这种初始化方式最好理解。如下把 10 个字符分别赋给数组元素 c[0]~c[9]:

```
char c[10] = {'I',' ','a','m',' ','h','a','p','p','y'};
```

(2)如果提供的初值个数和预定的数组长度相同,定义时可以省略数组长度,系统会自动根据初值个数确定数组长度:

```
char c[] = {'I',' ','a','m',' ','h','a','p','p','y'};
                        //是个 c[10],能够引用的元素是 c[0]~c[9]
```

(3)如果初值个数大于数组长度,则做语法错误处理:

```
char c[8] = {'I',' ','a','m',' ','h','a','p','p','y'};      //编译时会报错
```

(4)如果初值个数小于数组长度,则只将这些字符赋给数组中前面的元素,其余的元素值可能会给 '\0',也可能无法确定,所以强烈不建议使用这些无法确定的元素值:

```
char c[12] = {'I',' ','a','m',' ','h','a','p','p','y'}; //设置断点自行观察一下
```

转义字符 '\0',已经很熟悉了,就等于数字 0,所以如下代码:

```
char c[12];
c[10] = 0;                              //等价于 c[10] = '\0';
```

后续讲解字符串时会看到,系统会自动给字符串末尾增加一个'\0'字符作为整个字符串的结束标记。当然,如果手工给字符串末尾增加一个'\0'也是完全没有语法错误的,或者如果给任何一个合法的字符数组中的元素赋值成'\0'都是可以的,也同样没有语法错误,如 c[0] = '\0'、c[1] = '\0'等。

前面学习了二维数组,在学习的时候是以整型二维数组来举例的,其实也可以是字符型二维数组。试举一例如下,请自行在计算机上测试并得出结果:

```
char diamond[3][3] = { {' ','*',' '},{'*',' ','*'},{' ','*',' '} };
int i, j;
for (int i = 0; i < 3; i++)
{
    for (int j = 0; j < 3; j++)
    {
        printf("%c", diamond[i][j]);
    }
    printf("\n");
}
```

实际应用中,二维字符数组用的并不多,而一维字符数组用得比较多,所以重点掌握一维字符数组,为什么这样说呢? 等讲解后续的字符串知识时就知道了。现在再来一个范例,巩固一下所学的一维字符数组知识:

```
char c[10] = { 'I',' ','a','m',' ','h','a','p','p','y' };
int i;
for (i = 0; i < 10; i++)
{
    printf("%c", c[i]);
}
printf("\n");
```

6.3.3 字符串和字符串结束标记

这一小节内容是重点中的重点,请务必好好学。

刚才举了如下这个例子,先回顾一下:如果提供的初值个数和预定的数组长度相同,定义时可以省略数组长度,系统会自动根据初值个数确定数组长度:

```
char c[] = {'I',' ','a','m',' ','h','a','p','p','y'};
```

跟踪一下不难发现,上面这行代码其实等于定义了一个包含 10 个元素的数组(char c[10];),能够引用的元素是 c[0]～c[9]。

现在,要补充一个对字符数组初始化的方法,也就是用字符串常量来初始化字符数组。看看下面这行代码:

```
char c[] = { "I am happy" };        //这里可以省略{}
```

如果设置断点跟踪调试,会赫然发现,上面这种初始化居然是定义了一个形如"char c[11];"的数组,也就是该数组的长度是 11,意味着能够引用的元素是 c[0]～c[10],并且 c[10]里面被系统自动填充进去一个'\0'字符。前面讲过,在计算机内存中保存的是字符的 ASCII 码,查询一下 ASCII 码表就可以知道'\0'的 ASCII 码是 0,所以'\0'其实就是 0。跟踪截图如图 6.10 所示。

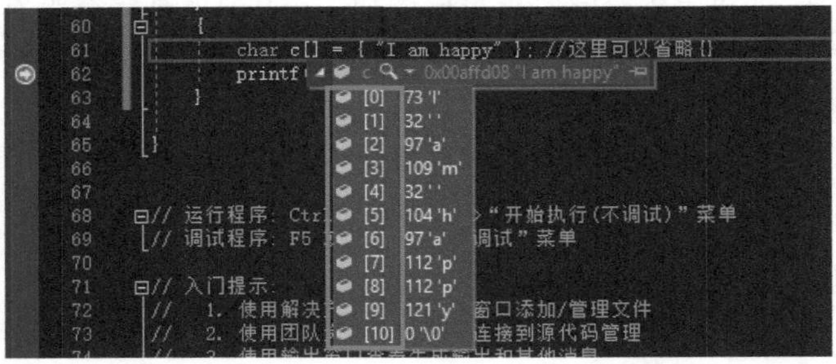

图 6.10 代码"char c[] = { "I am happy" };"跟踪截图

现在正式介绍这个'\0'。'\0'称为字符串结束标志。这个字符串结束标记,用来标记一个字符串的结束。为了测定字符串的实际长度,C 语言规定了一个字符串结束标记,用'\0'代表,如果一个字符串的第 10 个字符为'\0',则该字符串中的有效字符为 9 个。也就是说,在遇到字符'\0'时,代表字符串结束,由'\0'前面的字符构成整个字符串。

第 2 章中看到过字符串常量,例如"I am happy"就是字符串常量。实际上,C 语言对字符串常量也会自动在其末尾增加一个'\0'作为字符串结束标记,例如"I am happy"一共有 10 个可见字符(空格也算可见字符),每个可见字符占 1 字节内存,但实际上该字符串在内存中是占 11 字节,最后 1 字节存放的正是'\0'。

看如下代码,这段代码涉及字符指针 p,该字符指针在这里用于指向字符串"I am happy"所在的一段内存,指针的概念后面章节会详细讲解:

```
const char * p = "I am happy";        //不认识的内容如 const 等先不理会,后面都会讲解
```

现在主要目的是观察一下"I am happy"这个字符串在内存中究竟是什么样子,可以利用第 2 章学习过的知识来给代码设置断点,并观察内存,如图 6.11 所示。

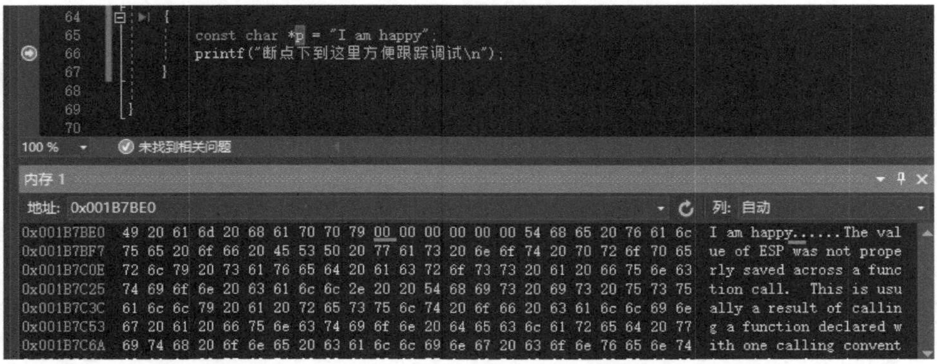

图 6.11 字符串"I am happy"在内存中存储示意图

在图 6.11 中不难发现,在"I am happy"字符串的最后一个可见字符'y'的后面有一个 00,这其实就是一个数字 0,也就是字符串结束标记'\0',是由系统自动加上去的。

有了字符串结束标记'\0'之后,字符数组的长度就很容易确定了,在程序中往往依靠检测'\0'来判断字符串(也就是字符数组中保存的内容)是否结束,当然,在定义字符数组时,必须要估计实际要保存的字符串长度,定义字符数组时指定的长度必须要不小于字符串的长度。如果在一个字符数组中先后存放多个不同长度的字符串,则定义字符数组时的长度应该不小于最长的字符串长度。看如下代码:

```
char c[10] = "I am happy";
```

上面的代码是错误的,为什么? 因为数组 c 大小是 10,无法保存下"I am happy"这个字符串,刚刚说过,C 语言对字符串常量会自动在字符串末尾加一个 '\0' 作为字符串结束标记(该标记也要占一个位置),而上述初始化数组 c 的方式显然也会把字符串常量里面的'\0'放入字符数组 c 中去,所以在数组 c 中必须要为'\0'字符留有位置,因此,必须至少要把字符数组 c 的大小设置为 11。看如下代码:

```
char c[11] = "I am happy";
```

所以,如下范例:

```
char c[11] = "I am happy";          //这没问题,刚好能存放得下
char c[100] = "I am happy";         //当然更可以
```

所以请想一想下面两行代码的区别:

```
char c[] = {'I',' ','a','m',' ','h','a','p','p','y'};
char c[] = {"I am happy"};
```

上面两行代码是不等价的,因为后一种写法系统会自动在字符串末尾增加个 '\0'。但是,下面这种写法:

```
char c[] = {'I',' ','a','m',' ','h','a','p','p','y', '\0'};
```

就会等价于:

```
char c[] = {"I am happy"};
```

也就是说,它们的长度相等,内容也相同。

再次强调,对于字符串(双引号包含起来),系统会自动往末尾增加一个 '\0',当然,自己手工往末尾增加一个 '\0' 也是可以的。

这里还有一点要强调,字符数组并不要求它最后一个字符为 '\0',甚至整个字符数组可以没有 '\0'。例如:

```
char c[] = {'I',' ','a','m',' ','h','a','p','p','y'}; //压根就没有'\0'
```

是否加个 '\0' 取决于需要,但是,只要用字符串来初始化字符数组,系统就会自动在字符串末尾加一个 '\0'。例如如下代码:

```
char c[] = {"I am happy"};
```

所以如果要使用字符数组并对其进行初始化,建议和字符串保持一致,也就是人为地增加一个 '\0',这样做主要是为了确定字符串的实际长度(因为字符串实际长度是靠找到末尾

的'\0'来确定的)。

```
char c[100] = {'I',' ','a','m',' ','h','a','p','p','y', '\0'};
```

不过上面这种写法很罕见,一般都不会给字符数组中每个元素分别赋值,而是下面这种写法。笔者建议,重点掌握下面这种写法即可:

```
char c[100] = "I am happy";        //这才是最普遍的写法
```

为了加深对字符串结束标记的记忆,现在再仔细地看一个范例。如下代码:

```
char c[] = {'I',' ','a','m',' ','h','a','p','p','y'};
                            //通过设置断点调试发现数组 c 大小是 10
printf("%s\n",c);
```

现在执行这段代码,结果如图 6.12 所示,可以看到出现了垃圾信息。

但是,下面这段代码:

```
char c[] = "I am happy"; //通过设置断点调试发现数组 c 大小是 11,这第 11 个字符也就是 c[10],
                         //被系统设置为了'\0'
printf("%s\n",c);
```

执行这段代码,结果如图 6.13 所示。

图 6.12　没有字符串结束标记导致
　　　　　输出时出现了垃圾信息

图 6.13　含有字符串结束标记,输出的
　　　　　字符串结果很正确

这里看到了正常的输出,没有任何多余的垃圾信息,这是因为,在图 6.12 中,向屏幕输出字符串内容,一直遇到'\0'才会停止输出,而因为内存中一直没有遇到'\0',就会一直向屏幕输出内容,所以看到了很多垃圾信息,终于,偶然之间(无意中)遇到了一个'\0',于是停止了输出,这种写法的程序代码肯定是有问题的。但反观图 6.13,因为系统自动给字符串末尾增加了一个'\0',所以向屏幕输出字符串内容时,遇到'\0'刚好停止输出,所以结果非常正确。

本节内容即将结束,读者的主要任务是理解好字符串结束标记,一定不能忘记,面试的时候,这很可能是考点,若因回答不好而丢掉工作机会将非常可惜。

6.3.4　字符数组的输入/输出

在 printf 里,输出一个字符串,用%s 格式符。看看如下范例:

```
char c[] = "China";
printf("%s\n", c);                //China
```

运行起来,看到输出结果为"China"。

上一节讲到过,printf 向屏幕输出结果时,遇到'\0'就会停止输出。而当把这个字符串"China"赋给字符数组变量 c 的时候,系统自动在"China"的末尾增加'\0'代表字符串结束标记。有几点说明:

(1) printf 输出的字符串中并不包含'\0',而且'\0'也不是个可显示字符。

（2）"printf("%s\n",c);"，这里用%s输出的时候，输出项是字符数组名，不可以是数组元素如 c[0]、c[1] 等，因为 c[0]、c[1] 代表的是字符，输出字符要用 printf 的%c 格式字符来输出。

（3）即便数组定义时的长度大于字符串实际长度，也只输出到'\0'结束。看如下代码：

```
char c[100] = "China";              //数组长度大于字符串实际长度
printf("%s\n",c);
```

输出依旧是"China"，虽然字符数组 c 的长度是 100（定义时的长度），可以设置断点调试看一看数组 c 所代表的内存中的内容，所以，字符串结束标记的用处正在于标记一个字符串内容的结束。

（4）如果一个字符数组里包含多个'\0'（例如通过手工给多个数组元素赋值成'\0'来实现），那么 printf 遇到第一个'\0'时就停止输出。

看看下面这个范例，输入一个字符串，用 scanf 来完成：

```
char c[100];
scanf("%s", c);                     //从键盘输入一个字符串
printf("%s\n", c);                  //输出该字符串
```

这里注意以下几点：

① scanf 函数中，c 是字符数组名。

② 从键盘上输入的字符串内容应该短于已定义的字符数组长度，并且不要忘记，输入字符串后，还要给'\0'留个存储位置，否则会造成程序隐患，甚至导致程序当时或者不定时崩溃。例如定义如下长度为 6 的字符数组，则最多只能输入 5 个字符的一个字符串，输入多了，就可能造成程序隐患，导致程序运行崩溃，不一定是当时（运行到该行时）崩溃，但执行到某个时刻可能崩溃。

```
char c[6];
scanf("%s",c);                      //输入的字符数目不要超过 5 个，要给'\0'留一个位置
printf("%s\n",c);
```

③ 若要输入多个字符串，则可以以空格分隔。看如下代码：

```
char str1[10], str2[10], str3[10];
scanf("%s %s %s", str1, str2, str3); //注意每个%s 之间有空格
```

程序开始执行后，输入 how are you，然后按下 Enter 键，可以加断点跟踪看输入完成后的每个数组中所存的内容，但是，如果修改为如下代码：

```
char str[100];
scanf("%s", str);
```

程序开始执行后，如果输入 how are you，则跟踪调试发现 str 里只得到了"how\0"，"are you"都没得到，这说明 scanf 输入函数在遇到第一个空格时会把空格之前的字符串内容放入到变量 str 中，然后从"are"开始有第二个变量就放入到第二个变量，没有，就直接把"are you"都舍弃掉了。

④ 以往学习 scanf 的时候会加一个"&"。回忆一下以往的代码：

```
int a;
scanf("%d", &a);
```

当时说过，&a 表示变量 a 的地址。地址就是一个数字，在计算机上一般显示为 0xXXXXXXXX 这种十六进制数字（0x 开头代表十六进制数字），可以在程序中任意设置一个断点看一看地址的样子，如图 6.14 所示。调试过程中，当执行流程停到所设置的断点行时可以直接用鼠标双击 str1 这个字符串名并将其拖动到地址栏中，然后按下 Enter 键查看该字符串对应的地址中代表的内存内容。

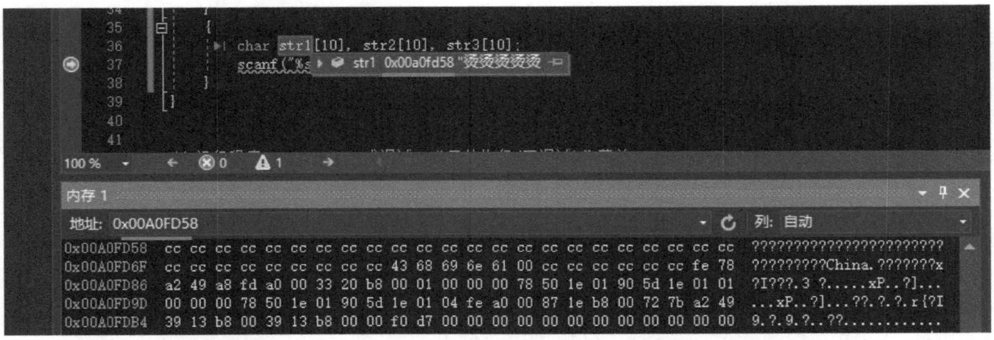

图 6.14　地址的样子，形如 0x00a0fd58，调试时也可以看到该地址开头的内存中内容

但在这里的代码：

```
char str[100];
scanf("%s",str);
```

str 前面并没有增加"&"，因为 str 是字符数组名，数组名代表的正是数组的起始地址（首地址），所以就不需要加"&"了。当然通过测试不难发现，写成 &str 也可以，估计是当代 C 或 C++ 语言把 str 和 &str 在这种场合下等同看待，都认为是数组的起始地址了。

可以把地址以十进制数形式输出（因为上面说过地址本身就是一个数字）。看如下代码：

```
char str1[10] = "hello!";
printf("%d\n", str1);        //11532676(地址),这里加不加 & 结果一样,这说明 str 和 &str 被
                             //系统等同看待
printf("%d\n", &str1);       //11532676(地址)
int i;
printf("%d\n", &i);          //11532664(地址),但这里如果不加 &,输出出来的就是 i 的值
                             //而不是 i 的地址
```

总之，在 C 语言中，一维字符数组可以看成是字符串变量（专门用来保存字符串的变量）。另外，scanf 函数并不常用，尤其是在实际项目中，几乎不会用到，了解一下即可。

6.3.5　字符串处理函数

（1）puts(字符数组);
将一个字符串输出到屏幕，注意只能输出一个字符串。看看如下范例：

```
char str[100] = "Are you ok?";
puts(str);                   //Are you ok?
```

上面这段代码等价于如下这段代码，这意味着 puts 函数很容易被取代，所以现在 puts 函数很少使用：

```
char str[100] = "Are you ok ? ";
printf("%s\n", str);
```

（2）strcat(字符数组 1,字符数组 2);

连接两个字符数组中的字符串,把字符数组 2 的内容连接到字符数组 1 后边,结果存放在字符数组 1 中。这里不要搞反,是把右边字符数组 2 中的内容连接到左边字符数组 1 中内容的末尾。这是一个常用函数,请用心掌握。看看如下范例,在演示过程中,如果这段代码报错,请在自己的源码文件顶部增加 #include<string.h> 代码行来包含系统头文件,也可以借助搜索引擎解决报错的问题:

```
char str1[10] = "one";
char str2[15] = "two";
strcat(str1, str2);
printf("%s\n", str1);          //onetwo
```

字符串连接前后的示意图如图 6.15 所示,注意最终只在 str1 被连接后生成的新字符串末尾才带字符串结束标记'\0'。

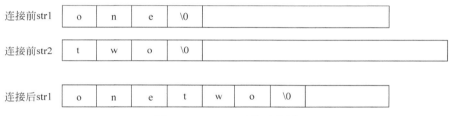

图 6.15　strcat 函数示意图

有几点说明:

① 字符数组 1 必须足够大,能够容纳连接后的新字符串。本例中连接后的新字符串中字符是 7 个(不要忘记连接后字符串末尾的'\0'),所以 str1 长度至少为 7。

② 连接之前两个字符串后面都有一个'\0',连接时将字符串 1 末尾的'\0'删除并开始连接字符串 2 的内容,连接后只在新字符串的末尾保留一个'\0'。

③ 连接后 str2 内容不发生任何变化,换句话说,strcat 对 str2 没有任何影响。

（3）strcpy(字符数组 1,字符串 2);

将字符串 2 复制到字符数组 1 中。字符数组 1 中的内容将被覆盖。这里不要搞反,是把右边的内容往左边复制。这是一个很常用的函数,要仔细掌握。看看如下范例:

```
char str1[10] = "one1234";
char str2[15] = "two";
strcpy(str1, str2);
```

字符串复制前后的示意图如图 6.16 所示。

有几点说明:

① 字符数组 1 必须足够大,以便能容纳下被复制的字符串,也就是说,字符数组 1 的容量不能小于字符串 2 的长度(不要忘记字符串 2 末尾还有个'\0'也要占一个位置)。

② 字符数组 1 必须是一个数组名,而字符串 2 可以是一个数组名,也可以是一个字符

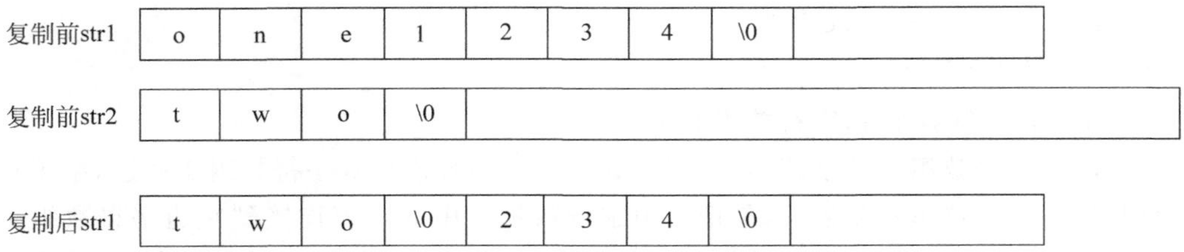

复制前str1 | o | n | e | 1 | 2 | 3 | 4 | \0 | |

复制前str2 | t | w | o | \0 | | | | | | |

复制后str1 | t | w | o | \0 | 2 | 3 | 4 | \0 | |

图 6.16　strcpy 函数示意图

串常量。例如：

```
strcpy(str1, "China");
```

③ 复制的时候连同字符串末尾的'\0'也一起复制到字符数组中。

④ 不能用赋值语句将一个字符串常量或者字符数组名直接赋给一个字符数组（字符数组名）。如下代码不合法：

```
str1 = "China";
str1 = str2;
```

必须得用 strcpy 函数。

请严格区分"定义的时候初始化"与"赋值"这两个概念：

```
char str1[10] = "one1234";      //这是定义的时候初始化,合法
str1 = "one1234";               //这是赋值,非法
```

⑤ 赋值语句只能将一个字符赋给一个字符型变量或数组元素：

```
char c1,a[5];                   //a 数组能引用的元素范围是 a[0]~a[4];
a[0] = 'A';a[1] = 'B';a[2] = 'C';a[3] = 'D';a[4] = 'E';
c1 = 'i';
```

⑥ 复制后 str2 内容不发生任何变化,str1 中虽然有两个'\0',但是当输出该字符串内容时,只输出到第一个'\0'之前,所以,str1 中的有效内容其实还是"two"。

（4）strcmp(字符串 1,字符串 2);

比较字符串 1 和字符串 2 中的内容,这也是一个比较常用的函数：

① 如果字符串 1＝字符串 2,则函数返回 0。

② 如果字符串 1>字符串 2,则函数返回一个正整数。

③ 如果字符串 1<字符串 2,则函数返回一个负整数。

比较规则：对两个字符串自左至右逐个字符比较（按 ASCII 码值大小比较）,一直到出现不同的字符或者遇到'\0'为止,若全部字符相同,认为相等,若出现不相同的字符,则以第一个不相同的字符比较结果为准。

一般来说,strcmp 常用于比较两个字符串是否相等,而比较大小则用的比较少,因为比较大小一般来说意思不大。看看如下范例：

```
int reco;
char str1[10] = "one1234";
char str2[15] = "one1234";
reco = strcmp(str1, str2);
printf("reco = % d\n", reco);        //reco = 0,说明 str1 和 str2 相等
```

再看一例：

```
int reco;
char str1[10] = "one1234";
char str2[15] = "ope1";
reco = strcmp(str1, str2);
printf("reco = %d\n", reco);        //reco = -1,说明 str2 比 str1 大
```

注意,C 语言中比较两个字符串不能写下面这样的代码：

```
if(str1 == str2)
    ……
```

上面的代码是进行两个地址的比较（地址是一个数字,前面讲过）,str1 代表某段内存的首地址,str2 代表另一段内存的首地址,两者比较,肯定不相等,读者可以尝试加断点跟踪调试一下代码来帮助自己理解。所以,要比较两个字符串中的内容,只能像下面这样写：

```
if(strcmp(str1,str2) == 0) //这样写才是字符串内容的比较
    ……
```

（5）strlen(字符数组)；

得到字符串长度,本函数执行的结果值为字符串的实际长度,但不包括字符串结束标记'\0'。这同样是一个比较常用的函数,而且也容易在考试以及面试中出现,需要认真掌握。看看如下范例,建议设置断点调试和观察结果：

```
char str1[120] = "ope1";
char str2[150] = "断点 abc 停这";
int len1 = strlen(str1);       //4,当然结果没包括末尾的'\0'
int len2 = strlen(str2);       //11,每个汉字大概占 2 字节,当然结果也没包括末尾的'\0'
int len3 = strlen("我爱 China");   //9,同样每个汉字大概占 2 字节,当然结果也没包括末尾的'\0'
```

第 2 章曾经讲过 sizeof 运算符,用于计算变量所占的内存大小,那么,strlen 函数和 sizeof 运算符从功能上有什么区别呢？这也是一个考点,回忆一下下面这段代码：

```
int a;                         //不管 a 中保存什么内容
int soa = sizeof(a);           //4: a 所占的内存字节数,和 a 中保存的内容无关
```

当然 sizeof 中可以直接使用类型名。看如下代码：

```
int is = sizeof(int);          //4
int ds = sizeof(double);       //8
```

再看看下面几行代码：

```
char str1[120] = "ope1";
int ststr = strlen(str1);      //4,值和 str1 中内容有关,和 str1 定义时的大小无关
int sostr = sizeof(str1);      //120,值和 str1 定义时的大小有关,和 str1 中内容无关
```

当然还有很多其他函数,以后遇到时再继续介绍。本节的主要任务是理解好怎样用字符数组来存储和操作字符串,这是非常重要的一节,如果一时无法理解,请反复阅读,不断在计算机上进行编程实践,一直到完全学会完全理解为止！

第 7 章

函　　数

函数代表一段可以复用的代码,其存在的意义和价值在于可以大量减少编程中重复代码出现的数量,只需要把这些重复的代码段写成函数,每个函数用于实现一个相对独立和短小的功能,当需要对应功能的时候,可以直接通过调用这些函数来实现。此外,还可以通过给函数传递不同的参数来控制函数的各种执行行为,所以,函数的使用非常灵活、方便。

递归调用,是函数调用中一个相对晦涩不易理解的概念,在本章中会有深入细致的讨论和一个非常生动实用的游戏开发案例。

此外,在本章中,因为函数作为一个相对独立的功能或者说是程序片段的存在,也引申出了局部变量和全局变量的概念,并进一步详谈局部和全局变量的生存周期问题以及全局变量的跨文件访问问题。

本章配有大量图解辅助读者深入细致地理解所讲述的内容。

7.1　函数的基本概念和定义

7.1.1　函数的基本概念

到目前为止,各种范例和演示代码都是写在 main 函数(有些 Visual Studio 版本中叫 _tmain 等,都是一个意思)中,main 函数是整个程序执行的入口函数,程序先从该函数开始执行。

在程序设计中,经常将一些常用的功能模块编写成函数(一段包装起来的代码),目的就是减少重复编写程序代码带来的工作量。

一般来说,一个 C 程序,由一个主函数(main 函数)和若干个其他函数构成,主函数可以调用其他函数,其他函数之间也可以互相调用,同一个函数可以被一个或者多个函数调用任意多次。

简单来说,可以这样理解,以往用过的 printf 就是一个函数,这个函数的目的是在屏幕上输出需要的内容。看看如下范例,在 main 中增加了不少代码,同时也写了一个名字叫作 printhello 的函数:

```
int main()                          //主函数
{
    printhello();
    printhello();
```

```
    printhello();
    printf("断点停在这\n");
    return 0;
}
void printhello()
{
    printf("hello,how are you!\n");
}
```

尝试用 Ctrl＋F5 键（或者"调试"→"开始调试"命令）来执行程序，却发现编译器报错。错误信息如图 7.1 所示。

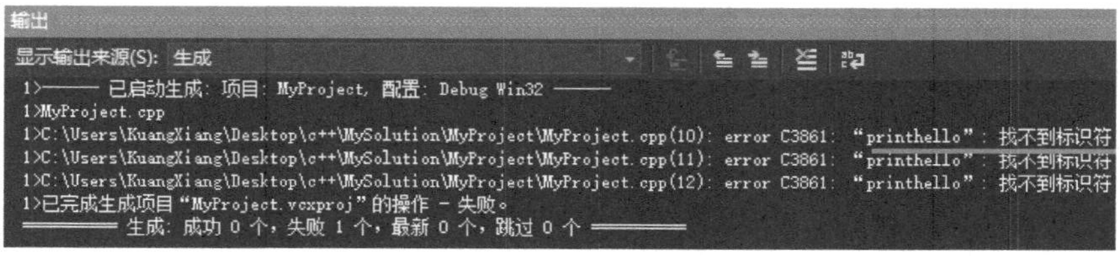

图 7.1　代码编译出错提示

这个编译错误的产生，是因为 main 函数中调用了 printhello 函数，而这个编译错误的解决，是需要把 printhello 函数提到 main 函数上面去写，因为前面说过，程序从 main 函数开始执行，它找不到 printhello 函数（因为 printhello 函数写在了 main 函数的下面），所以产生了这个编译错误。以后会讲解如何不把函数提到上面去写，也能让 main 找到这个函数，现在只需要记住，printhello 函数必须提到 main 上面去写，这样 main 才能找到 printhello 函数。修改后的代码如下：

```
void printhello()               //把该函数写到 main 函数上面
{
    printf("hello,how are you!\n");
}
int main()                      //主函数
{
    printhello();
    printhello();
    printhello();
    printf("断点停在这\n");
    return 0;
}
```

有几点说明：

（1）一个文件会包含一到多个函数，这个文件就称为一个源程序（源代码）文件。例如在其中书写代码的 MyProject.cpp 文件，就是一个源程序文件。

（2）对于大型项目，不会把所有源代码都放在一个文件中，那样该文件包含的代码行就太多了，所以一个 C 项目是由一个或者多个源程序文件组成，诸多函数可以分别放到这些源程序文件中并可以被其他源程序文件中的函数所调用（共用）。以后会讲解如何书写多个源程序文件。

（3）C 程序从 main 函数开始执行，最终也是在 main 函数中结束整个程序的执行，而

main 函数由系统来调用,其名字是固定的,开发者需要做的是书写 main 函数中的内容。

(4)函数不能嵌套,不能在一个函数内部套另外一个函数,函数之间能够互相调用,但不要调用 main 函数,否则会产生意想不到的问题,例如执行代码时产生异常,main 函数是留给系统来调动的。

(5)函数一般分为两类:

- 库函数,如 printf,特点是直接使用,不需要自己定义。
- 自定义函数,如上面范例中的 printhello 函数,就是开发者自己写的,所以叫自定义函数,用于解决开发中的一些实际需求。

7.1.2　函数的定义和返回值

首先解释一下"函数参数"的概念。就是调用函数时,希望把一些数据传递给该函数,这个时候,该函数就需要用一些变量来接收这些传递过来的数据,这些接收数据的变量,就叫函数参数。

函数定义的一般形式如下,其中大括号{}包着的部分又称为函数体:

```
返回类型 函数名(形式参数列表)
{
    一条或多条语句……
    return 返回值;
}
```

上述函数定义的一般形式中,函数后面圆括号内部的参数(1 个或多个)叫作形式参数,简称形参。这里,将通过各种演示把函数的一般形式展现出来。看看如下范例:

(1)函数无返回类型无形参

```
void printfhello()
{
    printf("hello world");
    return;   //这行可以没有,因为本函数无返回值(无返回类型),直接写成 return;没问题
}
```

这里必须记住,如果一个函数不需要返回任何信息,则"返回类型"这里必须写为 void,这是固定写法。

(2)有返回值有形参

```
int addtwoshu(int a, int b)
{
    int sum = a + b;
    return sum;   //return 后面跟一个变量 sum,代表本函数要返回一个值(变量 sum 的值)
}
```

上面这个函数的参数存在的意义是表示有数据要传递到本函数中来,用这些参数来接收,这些参数(如 a 和 b)叫形参,那如何调用这个函数呢? 看如下调用方法:

```
int result = addtwoshu(3,4); //调用函数 addtwoshu,3 和 4 叫实际参数(简称实参),然后函数
                             //addtwoshu 函数的返回结果赋给了一个变量 result
printf("result = %d\n",result); // result = 7,得到 addtwoshu 函数的返回结果并输出
```

有几点说明：

① 函数定义的第一行末尾没有分号，千万不要写成 int addtwoshu(int a,int b);。

② 调用该函数时，会为函数的形参分配内存，函数调用结束后，形参的内存会被释放，所以形参只能在函数内部使用。

③ 函数调用时传递给函数的参数称为实际参数，简称实参。实参可以是常量、变量、表达式。看如下代码：

```
int result = addtwoshu(3,4);
int result = addtwoshu(1 + 2,2 + 2);
int result = addtwoshu(i,j);
```

函数调用时实参的值就自动赋给了形参，如果实参和形参为数组名（数组名代表的是数组首地址），则传递的是数组首地址。对于这个话题，后面还会详细介绍。

④ 形参数量、类型要和实参数量、类型保持一致。

⑤ C语言规定，实参变量对形参变量的数据传递是"值传递"，也就是单向传递，只由实参传递给形参，不能由形参传递给实参。当然，有些例外的情形，但暂时还不在讨论之中，目前只需要记住，参数传递的方式是单向值传递即可。

⑥ 下面对函数的调用之后，实参的值会传递给形参，这并不会改变实参 i、j 的值。因为刚刚说过，函数参数的传递是"单向值传递"。

```
int result = addtwoshu(i,j);
```

⑦ 函数如果有返回值，则函数里面一定会用 return 语句返回该值，函数外面调用者所在行可以用赋值语句接收函数的返回值。如果一个函数不需要返回任何值，则在该函数中可以不写 return 语句。看看如下范例。

范例1：返回表达式的值。

```
int addtwoshu( int a, int b)
{
    return a + b;                   //求和函数,直接返回一个表达式的值(和值)
}
```

范例2：根据不同条件有多个 return 语句。

```
int whichmax( int a, int b)
{
    if(a > b)
        return a;
    return b;
}
```

范例3：如果实际返回的类型和函数定义的返回类型不一致，则系统会自动将返回的类型转成"函数返回值类型"，但不建议写这样的代码。

```
int testf()
{
    return 3.45F;                   //实际返回的是3,不建议写这样的代码
}
```

7.2　函数调用方式和嵌套调用

7.2.1　函数调用的一般形式

7.1 节演示了函数调用的方法,例如"int result = addtwoshu(i,j);"就是对 addtwoshu 函数的调用。

函数调用的一般形式为:

函数名(实参列表);

需要说明的是:若调用的是没有形参的函数,实参列表可以没有,但圆括号不能省略。如果实参列表包含多个参数,则各个参数之间用逗号分隔,而在函数定义中,如果函数的形参列表包含多个参数,也用逗号分隔。实参和形参个数要相等,类型要一致,按顺序对应,一一传递。

7.2.2　函数调用的方式

按照函数调用在程序中出现的位置,把函数调用方式分为三类。

(1) 把函数调用作为一条语句。看如下代码:

printhello();　//函数调用末尾直接加了个分号,因此就叫作把函数调用作为一条语句

(2) 函数调用出现在一个表达式中,这种表达式称为函数表达式,此时要求函数带回一个确定的值以参与表达式的运算。看如下代码:

int result = addtwoshu(3,4) * 100;

(3) 函数调用甚至可以作为另一个函数调用的参数。看如下代码:

result = whichmax(13,whichmax(12,19));

上面这行代码比较有趣,调用了两次 whichmax 函数,但显然,系统肯定是先计算出实参的值,也就是先调用 whichmax(12,19) 函数计算出值来,然后才能调用外面这个 whichmax 函数,而不能先计算外面的 whichmax 函数,因为其实参值还没确定下来。

7.1 节调用函数时遇到了一个编译错误,这个错误产生的原因其实是因为违反了"调用一个函数之前应该先声明该函数"的原则。回顾一下当时的代码,当时在 main 函数中调用了 printhello 函数,但是如果 printhello 函数写在 main 函数下面,就会编译出错,怎么办呢?当时的解决方法是把 printhello 函数直接写到 main 函数上面,这也叫把 printhello 函数定义在了 main 函数上面,这种把 printhello 函数定义在 main 函数上面的写法,就等价于该函数声明了自己,所以 main 函数中可以调用 printhello 函数。但是,如果函数太多,A 函数要调用 B 函数,必须把 B 函数写在 A 函数上面,C 函数要调用 D 函数,必须把 D 函数写在 C 函数上面,就好像必须把 printhello 函数写在 main 函数上面一样,一会就晕了,不知道究竟哪个函数该写在哪个函数上面。

所以,需要通过函数声明来解决这个问题,只要声明过的函数,都可以被调用而不管该函数定义在什么位置(甚至写在不同的文件中也没问题),如此说来,应该意识到,必须把函

数声明放在任何源代码文件的具体函数调用代码之前(例如写在源代码文件的开头),才能保证调用函数时这些被调用的函数已被声明。

函数声明的一般形式为:

返回类型 函数名(形式参数列表);

观察一下,这个函数声明的一般形式和函数定义的一般形式以及和函数调用的一般形式相比,有什么区别。看看如下范例:

(1) 如下是函数定义。

```
void printhello()                     //自定义的函数(自己写的函数)
{
    printf("hello,how are you!\n");
}
```

(2) 如下是函数声明。

```
void printhello();
```

(3) 如下是函数调用。

```
printhello();                         //hello,how are you!
```

再看一例:

(1) 如下是函数定义。

```
int addtwoshu( int a, int b)
{
    return a + b;                     //直接返回一个表达式,这也是完全可以的,返回的是 a + b 的结果
}
```

(2) 如下是函数声明。

```
int addtwoshu( int a, int b);
```

(3) 如下是函数调用。

```
printf("a + b = %d\n", addtwoshu(5, 6));   //a + b = 11
```

可以看到,只要把函数定义的第一行拿过来,末尾加个分号,然后把整个函数体({}包着的部分)去掉,得到的这一行,就是函数声明。

为了通用性和使用方便,可以把所有自定义的函数(当然不包括 main 函数)的函数声明写在一个.h头文件中,然后在每个源代码文件的开头部分,用♯include 语句把这个.h头文件包含进来,这就相当于声明了所有的自定义函数,后续就可以在源代码中随意调用这些函数了。

要严格区分函数定义和函数声明的区别:函数定义里面包含函数体,函数体中的代码确定了函数要执行的功能。而函数声明,只是对已定义的函数进行说明,不包含函数体,函数声明可以提前指明该函数的参数类型、返回值类型等,让该函数的调用者明确知道这些信息,这样该函数的调用者就能够辅助编译器检查调用该函数时有没有参数类型错误、返回值类型错误等各种错误的存在。

7.2.3　函数的嵌套调用

对于函数定义来说,C语言不允许在函数内部再定义另外一个函数,也就是说C语言中,每个函数都是平行和独立的,这一点和某些编程语言不同,有些编程语言是允许在函数内部再定义其他函数的,这叫嵌套定义(一个函数定义里面套着另外一个函数定义)。如下代码这种函数嵌套定义,在C语言中就是错误的:

```c
void qiantaofunc()
{
    printf("这里是嵌套函数 qiantaofunc()\n");
    void subfunc()                   //函数定义中再有其他函数定义,错误
    {
        printf("这里是嵌套函数 qiantaofunc()的 subfunc 子函数\n");
    }
}
```

必须要把 subfunc 函数拿出来摆在和 qiantaofunc 平行(平等)的位置。如下代码:

```c
void qiantaofunc()
{
    printf("这里是函数 qiantaofunc()\n");
}
void subfunc()
{
    printf("这里是函数 subfunc()\n");
}
```

虽然不能嵌套定义函数,但C语言允许嵌套调用函数。也就是说,在调用一个函数过程中,被调用的函数又去调用第三个函数,甚至第三个函数又去调用第四个函数……,都是被允许的。这里用最简单的无参无返回值函数演示一下如何进行函数嵌套调用,先定义三个独立的函数——qtfunc1、qtfunc2、qtfunc3,代码如下:

```c
void qtfunc1()
{
    printf("qtfunc1 开始执行() ------------ \n");
    printf("qtfunc1 结束执行() ------------ \n");
}
void qtfunc2()
{
    printf("qtfunc2 开始执行() ------------ \n");
    printf("qtfunc2 结束执行() ------------ \n");
}
void qtfunc3()
{
    printf("qtfunc3 开始执行() ------------ \n");
    printf("qtfunc3 结束执行() ------------ \n");
}
```

在源代码文件最前面,要对这三个函数进行函数声明:

```
void qtfunc1();
void qtfunc2();
void qtfunc3();
```

在 main 中调用 qtfunc1();,结果显示如下:

```
qtfunc1 开始执行() ------------
qtfunc1 结束执行() ------------
```

下面修改 qtfunc1 函数,在其中增加调用 qtfunc2 函数的代码。修改后的代码如下:

```
void qtfunc1()
{
    printf("qtfunc1 开始执行() ----------- \n");
    qtfunc2();                    //函数调用
    printf("qtfunc1 结束执行() ----------- \n");
}
```

这里必须再次提醒读者,请严格区分函数定义、函数调用、函数声明三者的区别,千万不要混淆。

再次编译并执行程序查看结果如下:

```
qtfunc1 开始执行() ------------
qtfunc2 开始执行() ------------
qtfunc2 结束执行() ------------
qtfunc1 结束执行() ------------
```

这次修改 qtfunc2 函数,在其中增加调用 qtfunc3 函数的代码。修改后的代码如下:

```
void qtfunc2()
{
    printf("qtfunc2 开始执行() ----------- \n");
    qtfunc3();                    //函数调用
    printf("qtfunc2 结束执行() ----------- \n");
}
```

再次编译并执行程序查看结果如下:

```
qtfunc1 开始执行() ------------
qtfunc2 开始执行() ------------
qtfunc3 开始执行() ------------
qtfunc3 结束执行() ------------
qtfunc2 结束执行() ------------
qtfunc1 结束执行() ------------
```

这里可以尝试设置断点并进行跟踪调试,看看整个程序的执行流程,看看函数之间的调用关系。这里给出一个函数调用关系图,帮助读者捋一捋思路,如图 7.2 所示。

这里讲解的函数嵌套调用,是为后面讲解函数递归调用打基础。函数递归调用是一个对于初学者相对比较难理解的函数调用方式,笔者会尽量完美地演绎函数的递归调用。

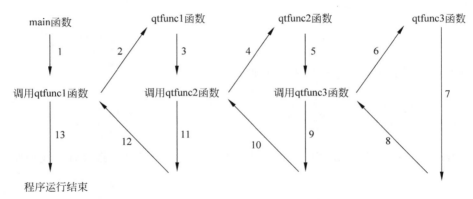

图 7.2　函数嵌套调用关系图(注意：数字表明执行的顺序和步骤)

7.3　函数递归调用精彩演绎

7.3.1　函数递归调用的定义

所谓递归,就是指函数的递归调用。函数的递归调用,也是属于一种函数的嵌套调用,只不过这是一种很特殊的函数嵌套调用。为什么特殊呢?因为它是自己调用自己。自己调用自己导致了很多初学的朋友觉得递归调用很难,很不好理解,实际它并没有那么难以理解。

举个递归调用的例子,有如下自定义函数:

```
void diguifunc()
{
    printf("diguifunc()函数执行\n");
    diguifunc();                 //自己调用自己
}
```

在 main 函数中,调用上述的 diguifunc 函数,代码如下:

```
diguifunc();
```

把程序执行起来,等几秒钟,可以看到,屏幕不断滚动并输出如下内容:

```
diguifunc()函数执行
diguifunc()函数执行
……
```

继续等待一会儿(几秒)后,有的 Visual Studio 编译环境版本直接出现程序报错,弹出异常对话框,有的 Visual Studio 编译环境版本直接退出了整个程序的执行,等等,各种不正常的现象都会发生,但总归就是一句话,程序执行不正常,出现了各种问题。

报错也好,执行崩溃或者程序退出也罢,根本原因是系统的资源(内存)耗尽了,这是因为不断无限次地调用函数自身所导致。很容易想象,调用函数是要占内存的,每多调用一次函数,系统的内存就要多占用一些,当函数调用完成,从函数中返回时,调用该函数时所占用的内存才能被系统释放掉。以图 7.2 为例,如果是在第 3 步定义一个变量(局部变量,后面会讲解这个概念），那么这个变量所占用的内存需要到第 11 步才能被释放，这也说明了，函数嵌套调用的层次越深，所需要占用的系统内存就越大。还是以 7.2 节内容所举的范例来进一步阐述函数嵌套调用时的内存分配问题，不过这里要改造一下 7.2 节的代码。

在函数 qtfunc1 中，额外定义了一个变量 tempvar1，在函数 qtfunc2 中，额外定义了一个变量 tempvar2，这两个变量在执行到相应代码时肯定都是要占用内存。代码如下：

```
void qtfunc1()
{
    int tempvar1 = 150;              //执行到这行时要分配内存
    printf("qtfunc1 开始执行() ----------- \n");
    qtfunc2();
    printf("qtfunc1 结束执行() ----------- \n");
}
void qtfunc2()
{
    int tempvar2 = 200;              //执行到这行时要分配内存
    printf("qtfunc2 开始执行() ----------- \n");
    qtfunc3();
    printf("qtfunc2 结束执行() ----------- \n");
}
void qtfunc3()
{
    printf("qtfunc3 开始执行() ----------- \n");
    printf("qtfunc3 结束执行() ----------- \n");
}
```

这里可以设置断点并进行单步调试。不难发现，tempvar1 的内存需要在 qtfunc1 函数执行完之前才释放，而 tempvar2 的内存需要在 qtfunc2 函数执行完之前才释放，不光是这些局部变量，在函数调用过程中，可能还会存在函数参数需要临时保存，一些函数调用关系（例如 qtfunc1 调用的 qtfunc2，qtfunc2 调用的 qtfunc3）也要记录，这样函数调用返回的时候才知道返回到哪个函数里。对于函数嵌套调用来讲，只需要记住，系统会给函数调用分配一些内存来保存提到的这些信息（局部变量、函数参数、函数调用关系等），但分配的内存大小是固定和有限的，一旦超过这个内存大小，程序执行就会出现上述崩溃或者异常退出的情况。

本节开头做了一个函数递归调用（自己调用自己）的代码演示，针对这个调用，可以绘制一个比较形象的图看看函数调用关系，如图 7.3 所示。

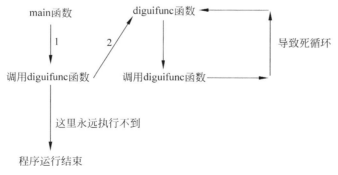

图 7.3　函数递归调用关系图（这种调用导致死循环）

这个例子导致函数自己不断地调用自己(递归调用),造成了调用的死循环。所以递归调用这种自己调用自己的方式必须要有一个出口,这个出口也叫作递归结束条件,有了这个递归结束条件,就能够让这种函数调用结束,可以用图7.4做一个形象一点的说明。

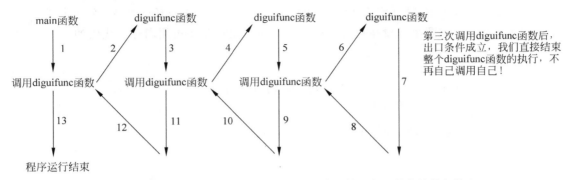

图 7.4 函数递归调用关系图(增加出口条件代码使递归函数能够执行结束)

总结一下图7.4:递归调用就是一个函数在它的函数体内部调用它自身。执行递归函数将反复调用其自身,每调用一次就进入新的一层,递归函数必须有结束条件(递归调用的出口),从而引出下一个话题:递归调用的出口。

7.3.2 递归调用的出口

这里用一个范例来阐述递归调用的出口。范例如下:计算 5 的阶乘,也就是计算 $1 * 2 * 3 * 4 * 5$ 的结果值,这里通过计算 5 的阶乘,看一看递归调用的出口代码怎样写,看一看怎样才能结束函数的递归调用。

首先分析这个题目怎样计算,有人说用循环就可以计算。是的,循环可以计算,但现在是要用递归调用把它演绎出来,所以要采用递归的方法来解决这个问题。那怎样计算 5 的阶乘呢? 分析一下:

(1)不知道 5 的阶乘是多少,但知道:4 的阶乘 $*5$ 就等于 5 的阶乘。

(2)不知道 4 的阶乘是多少,但知道:3 的阶乘 $*4$ 就等于 4 的阶乘。

(3)不知道 3 的阶乘是多少,但知道:2 的阶乘 $*3$ 就等于 3 的阶乘。

(4)不知道 2 的阶乘是多少,但知道:1 的阶乘 $*2$ 就等于 2 的阶乘。

(5)根据数学知识,可以知道 1 的阶乘就是 1。

根据上面这些说明,可以看到,如果要用递归解决求 5 的阶乘的结果问题,那么这个递归调用的出口在哪里呢? 没错,这个递归调用的出口就在 1 的阶乘这里。因为:

(1)1 的阶乘是 1,可以作为出口,能够求出 2 的阶乘,也就是 $1 * 2$。

(2)2 的阶乘知道了,就能够求出 3 的阶乘,也就是 2 的阶乘 $*3$。

(3)3 的阶乘知道了,就能够求出 4 的阶乘,也就是 3 的阶乘 $*4$。

(4)4 的阶乘知道了,就能够求出 5 的阶乘,也就是 4 的阶乘 $*5$。

最后,就得到了 5 的阶乘的结果,5 的阶乘的结果是 120,那么代码是如何写的呢? 重点看看这个递归函数怎样写,代码如下:

```
int dg_jiecheng( int n)
{
```

```
    int result;                      //保存阶乘结果
    if (n == 1)
    {
        result = 1;                  //这里就是该递归调用函数的出口
    }
    else
    {
        result = dg_jiecheng(n - 1) * n;  //递推关系,这个数与上一个数之间的关系
    }
    return result;
}
```

在 main 函数中,可以调用该函数计算 5 的阶乘。调用代码如下:

```
//计算 5 的阶乘
printf("5 的阶乘结果是 % d",dg_jiecheng(5)); //5 的阶乘结果是 120
```

尽管递归函数 dg_jiecheng 的代码行数不多,上面也分析了不少理论知识,但会发现这些代码仍然有些难懂,可以通过设置断点逐行跟踪调试的方式帮助自己理解,加断点逐行调试的方法,是理解任何复杂问题的最好手段。这里不妨设置断点跟踪并分析一下程序的执行。下面这些分析的描述文字读者能看懂就看,看不懂可以先不理会,根据自己的思路来分析和理解递归调用问题即可:

(1) 第 1 次调用 dg_jiecheng 函数会执行"result = dg_jiecheng(4) * 5;",然后进入 dg_jiecheng(4),调用处所在代码行的信息被暂存。

(2) 第 2 次调用 dg_jiecheng 函数会执行"result = dg_jiecheng(3) * 4;",然后进入 dg_jiecheng(3),调用处所在代码行的信息被暂存。

(3) 第 3 次调用 dg_jiecheng 函数会执行"result = dg_jiecheng(2) * 3;",然后进入 dg_jiecheng(2),调用处所在代码行的信息被暂存。

(4) 第 4 次调用 dg_jiecheng 函数会执行"result = dg_jiecheng(1) * 2;",然后进入 dg_jiecheng(1),调用处所在代码行的信息被暂存。

此时 jiecheng(1)的出口条件成立了,终于,能够执行"return result;"这行了,这可是 return 语句第 1 次得到执行。

第 1 次 return 1,返回的是 1,返回到哪里去了呢? 返回到 dg_jiecheng(2)这里。

result = 1 * 2,并且也执行 return result,返回了 1 * 2 = 2,

　　　　　　　　　　　　返回到哪里去了呢? 返回到 dg_jiecheng(3)这里。

result = 2,并且也执行 return result,返回了 2 * 3,

　　　　　　　　　　　　返回到哪里去了呢? 返回到 dg_jiecheng(4)这里。

result = 6,并且也执行 return result,返回了 6 * 4,

　　　　　　　　　　　　返回到哪里去了呢? 返回到 dg_jiecheng(5)这里。

result = 24,并且也执行 return result,返回了 24 * 5=120,

　　　　　　　　　　　　返回到哪里去了呢? 返回到 main 函数去了。

其实,就算用跟踪的方法,上面这段程序也不好理解,只能凑合着理解了,可能随着后期读者逐步对递归函数写法的熟练,慢慢就会理解了。上面就演示了递归函数调用的出口,出口必须有,否则就会陷入递归调用死循环,导致系统资源耗尽而使程序运行崩溃或者异常退出。

关于递归调用的例子还有不少,但这里并不准备多讲,因为讲太多反而会造成理解负担。如果读者有兴趣,可以在网上找一些递归调用的范例研究,这样的范例很多。

7.3.3 递归的优缺点及是否必须用递归

递归的优点可以用一句话来总结:代码少,所以代码看起来特别简洁,感觉也挺精妙。

递归的缺点,可以用三条来总结。

(1)虽然代码简洁,代码也精妙,但代码理解起来比较有难度。

(2)如果调用层次太深,调用栈(保存函数调用关系等需要用到的内存)可能会溢出,如果真出现这种情况,那么说明不能用递归调用解决该问题。例如,可以自己演示一下计算50000的阶乘,堆栈会溢出,结果也会溢出,但结果溢出与否不重要,关注的重点是堆栈的溢出,也就是内存装不下这么多层调用了,此时,程序执行并等待几秒钟后,程序要么报告异常,要么无征兆地退出。总之一句话:程序运行不正常。

(3)效率和性能都不算高。这么深层次的函数调用,调用中间要保存的内容也很多,所以效率和性能肯定高不起来。

那么,递归这种调用手段是必须使用的吗?这个问题分两方面来说:

(1)有些问题,可以用递归解决也可以不用递归解决,如上面举的计算5的阶乘的例子,其实,写个循环来解决也是可以的。

(2)有些问题,可能必须用递归解决,至于什么问题必须用递归解决,笔者不能以绝对的口吻来回答,随着读者日后C++使用经验的逐步丰富,自己来寻找答案更合适。比较典型的如汉诺塔问题,是一个典型的递归用法题,但也有人写出了非递归的程序代码,如果有兴趣,可以在网上搜索和研究一下。

总结一下:具体情况具体分析,根据经验,递归不常用,但有些地方不得不用,因为想不到更好的解决办法。

这里穿插一个递归函数直接调用和间接调用的概念。

(1)递归函数直接调用:调用递归函数f的过程中,f函数又要调用f函数(自己调用自己)。这就是上面已经讲过的函数递归调用形式,也就是直接调用,如图7.5所示。

(2)递归函数间接调用:调用递归函数f1过程中要调用f2函数,而在调用f2函数过程中又要调用f1函数,如图7.6所示。

图7.5 递归函数的直接调用

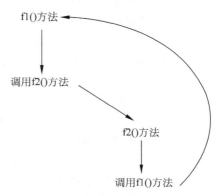

图7.6 递归函数的间接调用

7.3.4 递归的实际运用简介

笔者曾经做过一款叫《冒险之路》的策略战棋游戏,如图7.7所示为游戏战斗界面。

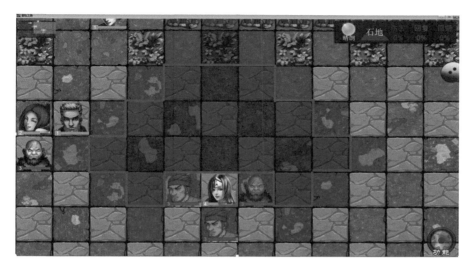

图7.7 《冒险之路》战棋游戏战斗界面截图　　　　　　　扫二维码看彩图

其中浅蓝色血条的是本方人员(被围在中间),红色血条的是敌方人员,本方人员能走的方向是上下左右四个方向,但遇到敌方人员的格子就走不过去了。现在本方人员的移动力是40,每移动一个格子,耗费的移动力是10,而此时,敌方人员是在三个方向将本方人员围住,要求计算出本方人员能够移动到哪些位置。

其中深蓝色半透明(用粗线框住)的这些格子就是经过计算后得到的本方人员能够走到的位置。怎样计算得到这些位置?其实就是通过一个递归函数来计算的。在这里,不准备写实际的代码,而是写一些伪代码来帮助读者理解递归函数调用在实际游戏开发中的一个应用。伪代码如下:

```
int posx = 6, posy = 8;              //本方人员当前位置
int shengyuyidongli = 40;            //本方人员当前剩余的移动力
//递归函数
void pf_zhanqiFindPath(int posx, int posy, int shengyuyidongli)
{
    if(上方图块存在)                  //存在表示没有超出地图的边界,因为地图也是有大小的
    {
        判断是否能走(例如没敌人,自己有足够的移动力)
        如果能走
        {
            把能走的位置保存记录起来,移动力进行适当的扣除
            pf_zhanqiFindPath() ;  //这就是递归调用
        }
    }
```

```
        if(下方图块存在)
        {
            判断是否能走(例如没敌人,自己有足够的移动力)
            如果能走
            {
                把能走的位置保存记录起来,移动力进行适当的扣除
                pf_zhanqiFindPath();  //这就是递归调用
            }
        }

        if(左边图块存在)
        {
            判断是否能走(例如没敌人,自己有足够的移动力)
            如果能走
            {
                把能走的位置保存记录起来,移动力进行适当的扣除
                pf_zhanqiFindPath();  //这就是递归调用
            }
        }

        if(右边图块存在)
        {
            判断是否能走(例如没敌人,自己有足够的移动力)
            如果能走
            {
                把能走的位置保存记录起来,移动力进行适当的扣除
                pf_zhanqiFindPath();  //这就是递归调用
            }
        }
    }
```

以上就是一个递归函数在实际应用中的举例。该递归函数的调用出口在哪里?实际上它有两个出口条件:一是是否存在图块,二是是否有剩余的移动力,当图块不存在或者当没有剩余的移动力时,该函数都会返回。

希望通过这个例子让读者了解递归的一些实际用途,而不是仅仅简单地做一些递归练习题。

7.4 数组作为函数参数

7.4.1 数组元素作为函数实参

回顾一下数组元素这个概念,例如定义一个包含 10 个元素的数组"int a[10];",这相当于定义了 10 个变量,分别为 a[0]~a[9],所以在这里,数组元素就可以当作普通变量来使用,既然当作普通变量来使用,将它们作为实参来调用函数当然也是没有问题的。看看如下范例:

```
int whichmax(int x,int y);          //函数声明
int whichmax(int x,int y)           //函数定义
```

```
{
    if(x > y)
        return x;
    return y;
}
int main()                          //主函数
{
    int a[10];                      //能引用的是 a[0]～a[9]
    a[1] = 5;                       //当整型变量一样使用
    a[4] = 7;
    int tmpmax = whichmax(a[1], a[4]); //将数组元素当变量使用,作为函数调用的实参,依旧是
                                       //值传递
    return 0;
}
```

7.4.2　数组名作为函数实参

在讲解函数调用形式时曾说过：实参和形参个数要相等,类型要一致,按顺序对应,一一传递。C 语言规定,实参变量对形参变量的数据传递是"值传递",也就是单向传递,只由实参传递给形参,不能由形参传递给实参。

前面已经看过了用变量作为函数的实参(这是将变量进行值传递),此外,数组名也可以作为函数实参,数组名代表的是数组的首地址,所以,将数组名作为函数的实参进行传递时,传递的其实是数组的首地址。此时,函数中的形参也应该用数组名(或数组指针,指针后续会讲解)。

值得强调的是：将数组名作为函数参数时,就不是"值传递"的概念了,不再是单向传递,而是把实参数组的开始地址(首地址)传递给了形参,这就相当于实参和形参指向(代表)了同一段内存单元,这其实叫地址传递。也就是说,形参数组中各个元素的值如果发生了改变,就等价于实参数组中元素的值发生了相应的改变。这一点是与普通变量作为函数参数明显不同的地方。看看如下范例,有 5 个学生,考试成绩保存在一个数组中,调用一个函数,用来修改其中 2 个学生的考试成绩：

```
void changevalue( int ba[]);        //函数声明
void changevalue( int ba[])         //函数定义,跟踪调试,看 ba 值,ba 是一个地址,与数组 a 值
                                    //相等,表示和 ba 指向相同内存
{
    ba[3] = 27;                     //更改内存中内容,所以这会影响到实参
    ba[4] = 45;
    return;
}
int main()                          //主函数
{
    int a[5];                       //能引用的是 a[0]～a[4]
    a[0] = 85;
    a[1] = 70;
    a[2] = 98;
    a[3] = 92;
    a[4] = 78;
```

```
        changevalue(a);                    //跟踪调试,a值是一个地址,注意观察该地址值
}
```

在上面的范例中,调用 changevalue 函数之前,数组元素看起来如图 7.8 所示。

而在进入 changevalue 函数中后,在形参接收了实参传递进来的数组首地址后,数组元素看起来如图 7.9 所示。

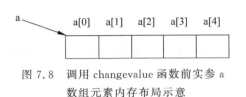

图 7.8　调用 changevalue 函数前实参 a
数组元素内存布局示意

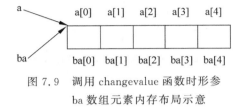

图 7.9　调用 changevalue 函数时形参
ba 数组元素内存布局示意

有几点说明:

(1) 如果实参为数组名,则形参也应该为数组名,也就是说,形参也应该被定义为一个数组。

(2) 实参数组与形参数组类型必须一致,例如都为 int 型,否则,结果会出错或者出现意想不到的事情。

(3) 形参数组大小可以不指定,即便指定了也可以与实参数组大小不一致,因为 C 编译器对形参数组大小不做检查,只是将实参数组的首地址传递给形参数组,甚至可以定义形参数组大小比实参数组大,但超过实参数组大小的部分内存不要去引用,否则会导致程序立即或者不定时崩溃。例如,如果像下面这样定义 changevalue 函数(形参中指定了数组大小并且比实参中的数组大小要大),如图 7.10 所示,千万不要去引用 ba[5]～ba[8]甚至更大下标的元素:

```
void changevalue(int ba[9])
{
    //......
}
```

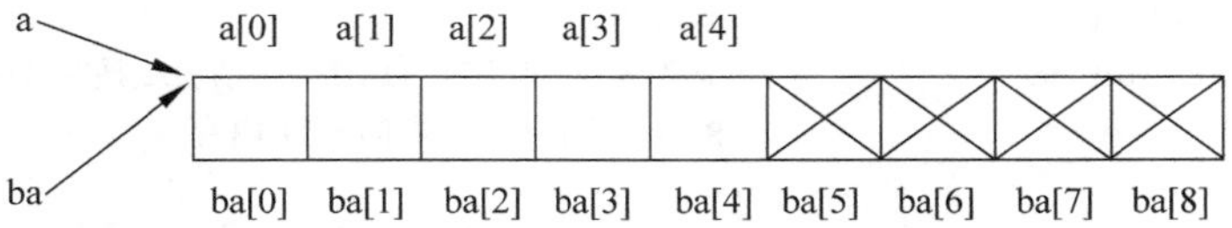

图 7.10　调用 changevalue 函数时 ba 数组元素能引用的只有 ba[0]～ba[4]

7.4.3　用多维数组作为函数实参

可以用多维数组名作为形参和实参。形参数组在定义时,可以指定每一维的大小,也可以省略第一维的大小,但不能省略第二维的大小。请记住一点:实参是多少行多少列,形参就尽量跟实参一样(也是这些行这些列),这样实参能引用的下标形参一样能引用,就会保证写的代码不出错误。其实,只要明白,数组名作为参数传递时,传递的方式是"传递地址"这样一个概念,事情就显得很简单。看看如下范例:

```
void changevalue2(int ba[5][8]);      //函数声明
void changevalue2(int ba[5][8])       //函数定义
{
    ba[0][2] = 15;                    //实参里能引用的下标,形参里也能引用
    return;
}
int main()                            //主函数
{
    int a[5][8];        //第一维下标能引用的范围是0~4,第二维下标能引用的范围是0~7
    a[0][2] = 12;
    changevalue2(a);
    return 0;
}
```

7.5　局部变量和全局变量

7.5.1　局部变量

在一个函数内部定义的变量叫局部变量,它只在本函数范围内有效,也就是说只有在本函数内才能使用,在此函数外是不能使用这些变量的。看看如下范例:

```
void func1(int tmpvalue);          //函数声明
int main()                         //主函数
{
    int m,n;
    int k = 4;
    func1(k);
    return 0;
}
void func1(int tmpvalue)           //函数定义
{
    //这里无法使用main函数中定义的m,n,k变量;
    int x,y;
    //这里能使用的是tmpvalue,x,y这3个变量
}
```

有几点说明:

(1) main函数中定义的变量m、n、k只在main函数中有效。虽然main函数调用了其他函数(func1函数),但其他函数中无法使用main函数中定义的变量(如果能使用的话,main函数就不必传递实参到函数中去了)。

(2) 不同的函数内部可以使用相同的变量名,互不干扰。例如,在上述func1函数中也可以定义变量m、n、k等,它们与main函数中定义的变量m、n、k占用不同的内存单元,互不混淆。

(3) 形参也是局部变量,如上述函数func1中的tmpvalue,只在func1函数内有效,在其他函数中不能使用tmpvalue。

(4) 有一种特殊写法——复合语句(一般只用于写一些测试代码的目的),虽然不一定

会这样用,但一旦遇到这种写法,也要能够识别:

```cpp
int main()                              //主函数
{
    int a,b;
    ......
    //直接写一个复合语句(用{}括起来的语句),在该复合语句中定义变量
    //这些变量只在本复合语句中有效(如下变量c),这种复合语句也称为程序块
    {
        int c;                          //变量c的有效范围是在{}括起来的复合语句内
        c = a+b;                        //变量a,b的有效范围是从定义处一直到main函数末尾
    }
    return 0;
}
```

绘制一个形象点的局部变量有效范围示意图如图7.11所示。

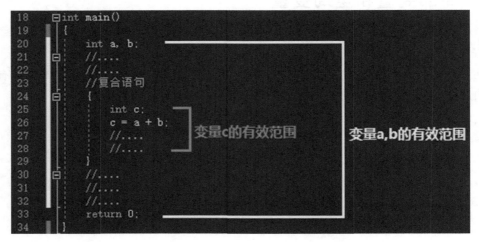

图7.11 局部变量有效范围示意图

图7.11中,变量c只在复合语句内有效,离开该复合语句后变量c就会无效,其内存也会被系统释放(回收)。

7.5.2 全局变量

前面说过,程序的编译单位是源程序文件,一般来说,一个项目通过编译、链接后就会生成一个.exe可执行文件,而一个项目由一个或多个源程序文件组成。例如,MyProject.cpp就是一个源程序文件,一个源程序文件内可以包含一个或多个函数,如main函数,前面范例中还定义了一个func1函数等。

刚刚讲过,在函数内定义的变量叫局部变量。那么在函数外定义的变量就称为全局变量(也叫外部变量)。全局变量可以为本源程序文件中其他函数所共用(全局变量还可以被其他源程序文件所用,后续会讲解),它的有效范围从定义该变量的位置开始到本源程序文件结束为止,如果在整个源程序文件开头定义该变量,则整个文件范围内都可以使用该全局变量。看看如下范例:

```
int p = 1,q = 5;                    //全局变量(外部变量)
int f1(int a)                       //函数定义
{
    int b,c;
    ......
}
char c1,c2;                         //全局变量(外部变量)
char f2(int x,int y)                //函数定义
{
    int i,j;
    ......
}
int main()                          //主函数
{
    int m,n;
    ......
    return 0;
}
```

这里 p,q,c1,c2 都是全局变量,但作用范围不同,因为它们定义的位置不同,作用范围都是从变量定义的位置开始到整个源程序文件末尾。既然作用范围不同,那么,上面的代码中,在 main 函数和 f2 函数中可以使用全部 4 个全局变量,而在 f1 函数中只能使用全局变量 p 和 q,不能使用全局变量 c1 和 c2(因为 c1、c2 定义在 f1 函数的下面)。总体来说就一句话:一个函数中,既可以使用本函数中定义的局部变量,也可使用有效的全局变量。

那看一看全局变量的优缺点。

(1)优点。增加了函数与函数之间数据联系的渠道。如果一个函数中改变了全局变量的值,就能影响到其他使用到该全局变量的函数,相当于在各个函数之间有了直接的传递数据的通道,不需要再通过实参、形参来传递数据了。因为 C 语言中函数只能返回一个值(无法一次返回多个值),所以如果使用了全局变量,也就相当于能够从函数中返回多个值了。

(2)缺点。

① 只在必要的时候才使用全局变量(谨慎使用),因为全局变量在程序整个执行期间一直占用着内存,而不像函数内的局部变量,当函数执行完毕后,这些局部变量所占的内存会被系统释放(回收)。

② 降低了函数通用性,因为函数执行时可能要依赖这些全局变量,如果将函数迁移到另一个源程序文件中时,与该函数相关的全局变量也需要考虑迁移问题,并且如果迁移到的目标源程序文件中也有同名的全局变量,就比较麻烦。

③ 到处是全局变量,降低了程序的清晰性和可读性。读程序的人难以清楚地判断每个瞬间每个全局变量的值(因为很多函数都能改变该全局变量的值)。

所以,要限制使用全局变量。

这里做一个全局变量的演示。看看如下范例:

```
int c1,c2;
void lookvalue()                    //一个自定义函数
{
    c1 = 5;
```

```
        c2 = 8;
        return;
    }
    int main()                          //主函数
    {
        lookvalue();
        printf("c1 = %d\n",c1);          //c1 = 5
        printf("c2 = %d\n",c2);          //c2 = 8
        printf("断点停在这");            //可以在这里设置断点跟踪调试查看全局变量的值
        return 0;
    }
```

有几点说明：

（1）如果某个函数想引用在它后面定义的全局变量，可以使用关键字 extern 做一个"外部变量说明"，表示该变量在函数的外部定义，这样在函数内就能使用，否则编译就会出错，但有一点要注意，全局变量在定义的时候是可以给初值的，但是在做外部变量说明时，是不可以给变量初值的。看看如下范例：

```
    extern int c1,c2;                   //外部变量说明,不可以写成 extern int c1 = 0,c2 = 1 这样
    void lookvalue()
    {
        c1 = 5;                         //因为前面用了 extern 作外部变量说明,所以这里可以用 c1 和 c2
        c2 = 8;
        return;
    }
    int c1,c2;                          //这里才是全局变量定义的地方
    int main()                          //主函数
    {
        lookvalue();
        printf("c1 = %d\n",c1);  //c1 = 5
        printf("c2 = %d\n",c2);  //c2 = 8
        printf("断点停在这");
        return 0;
    }
```

所以，容易想到，如果全局变量的定义放在引用它的所有函数之前，就可以避免使用关键字 extern 做外部变量说明了。

（2）严格区分全局变量（外部变量）定义和外部变量说明。

全局变量定义只能有一次，位置是在所有函数之外，定义时会分配内存，定义时可以初始化该全局变量的值。

而在同一个文件中，外部变量说明是可以有很多次的（不分配内存）。在上面的范例中，是把外部变量说明放在文件最上面，所有函数之外。其实在每个函数内部做外部变量说明也是可以的（不过一般极少看到有人这样做），所以这更进一步加深了对外部变量说明的理解：所声明的变量是已在外部定义过的变量，仅仅是引用该变量而做的"声明"。看看如下范例：

```
    void lookvalue(int a)
    {
```

```
        extern int c1,c2;          //外部变量说明
        c1 = 5;
        c2 = 8;
        return;
    }
    void lookvalue2()
    {
        extern int c1,c2;          //外部变量说明
        c1 = 51;
        c2 = 81;
        return;
    }
    int c1,c2;                     //全局变量(外部变量)定义
    int main()                     //主函数
    {
        int q = 1;
        lookvalue(q);
        printf("c1 = %d\n",c1);   //c1 = 5
        printf("c2 = %d\n",c2);   //c2 = 8

        lookvalue2();
        printf("c1 = %d\n",c1);   //c1 = 51
        printf("c2 = %d\n",c2);   //c2 = 81

        printf("断点停在这");
        return 0;
    }
```

（3）在同一个源文件中，如果全局变量和局部变量同名，则在局部变量作用范围（作用域）内，全局变量不起作用，如果给局部变量赋值，当然也不会影响全局变量的值。看看如下范例：

```
    int a = 4,b = 5;               //全局变量定义
    void lookvalue(int a,int b)
    {
        a = 123;
        b = 456;                   //局部变量b作用范围内,全局变量b不起作用
    }
    int main()                     //主函数
    {
        int i = 2,j = 5;
        lookvalue(i,j);

        printf("a = %d\n",a);     //a = 4
        printf("b = %d\n",b);     //b = 5
        return 0;
    }
```

（4）针对一个项目中包含多个源程序文件的情形（后面会详细讲解如何在一个项目中包含多个源程序文件），如果在一个源程序文件中定义的全局变量想在该项目的其他源程序

文件中使用,则只需要在其他的源程序文件中使用上面介绍的 extern 关键字做外部变量说明,就可以在其他源程序文件中使用该全局变量了。

例如,在 MyProject.cpp 中定义了一个全局变量:

int a = 5;

假设要在 MyProject2.cpp(后面会讲一个新的.cpp 源程序文件如何加入到当前项目中来)中的 func1 函数内使用 MyProject.cpp 中定义的全局变量 a,则首先在 MyProject2.cpp 的开头使用关键字 extern 对全局变量 a 做外部变量说明(表示这个变量在其他文件中已经定义了),然后就可以开始使用了。MyProject2.cpp 的代码如下:

```
extern int a;                      //外部变量说明
//然后就可以在函数中使用了全局变量 a 了
void func1()
{
    a = 16;                        //做过外部变量说明的全局变量可以被使用
}
```

7.6　变量的存储和引用与内部和外部函数

7.6.1　变量的存储类别

7.5 节讲解了局部变量和全局变量,这是从变量的作用域角度来划分。如果换一个划分角度,从变量存在的时间(生存期)角度来划分,则可以划分为"静态存储变量"和"动态存储变量",从而就引出了"静态存储方式"和"动态存储方式"。看看这两个概念。

(1)静态存储方式:在程序运行期间分配固定的存储空间的方式。

(2)动态存储方式:在程序运行期间根据需要进行动态的分配存储空间的方式。

看一看程序在内存中存储空间图,如图 7.12 所示。

从图 7.12 中可以看到,存储空间分成三个主要部分:程序代码区、静态存储区和动态存储区。程序执行所需的数据就放在静态存储区和动态存储区中,存储区就理解成内存。

全局变量(在函数的外部定义的)放在静态存储区中,程序开始执行时给全局变量分配存储区,程序执行完毕后释放这些存储区。在程序执行过程中它们占据固定的存储单元,而不是动态地分配和释放。

图 7.12　程序在内存中
　　　　存储空间图

那么动态存储区中存储哪些数据呢?

(1)函数形参,前面说过,函数形参被看作局部变量。

(2)局部变量,如函数内定义的一些变量。

(3)函数调用时调用现场的一些数据和返回地址等。

一般来说,这些数据在函数调用开始时分配存储空间,函数调用完毕后这些空间就被释放掉了(也称为回收)。这种分配和释放就认为是动态的,如果两次调用同一个函数,分配给此函数的局部变量的存储空间地址可能是不同的。

7.6.2　局部变量的存储方式

1．传统情形

函数中的局部变量，一般来说，都是动态分配存储空间，也就是说，存储在动态存储区中。对这些变量分配和释放存储空间由系统自动处理：函数被调用时分配存储空间，函数执行完成后自动释放其所占用的存储空间。

2．特殊情形

有时希望函数中局部变量的值在函数调用结束后不消失（不被系统自动释放）而保留原值，也就是说，它占用的存储单元不释放，在下一次调用该函数时，该变量中保存的值就是上一次该函数调用结束时的值，这是可以做到的，只需指定该局部变量为"局部静态变量"，用static 关键字加以说明即可。看看如下范例，先看看传统的函数内的局部变量输出求值结果：

```
void funcTest()                  //自定义函数
{
    int c = 4;                   //如果把断点设置到这行，调试执行会注意到断点确实能够停留在该行
    printf("c = %d\n",c);
    c++;
    return ;
}
int main()                       //主函数 main 中调用三次上述的自定义函数
{
    funcTest();
    funcTest();
    funcTest();
    return 0;
}
```

执行上面的代码可以看到，程序连续输出三次相同的结果如下：

```
c = 4
c = 4
c = 4
```

现在，修改上述的自定义函数 funcTest()，修改"int c = 4;"这行的内容，其他内容不变。修改后的内容如下：

```
static int c = 4;   //断点无法设置到这行，程序执行时断点也无法停留到该行
```

再次执行上面的代码可以看到，程序三次输出的结果发生了改变，如下：

```
c = 4
c = 5
c = 6
```

上面的代码，通过分析执行的结果，不难发现，定义一个变量时，在前面加上 static（局部静态变量说明），变量的表现就不同了。具体有如下几点不同：

- 在静态存储区(见图 7.12)中分配存储单元,程序整个运行期间都不释放。
- 局部静态变量是在编译时赋初值的,只赋初值一次,在程序运行的时候它已经有了初值,以后每次调用函数时不再重新赋初值,只是保留上次函数调用结束时的值,而普通变量的定义和赋值是在函数调用时才进行的。
- 定义局部静态变量时如果不赋初值,则编译时自动给其赋初值 0,而常规变量,如果不赋初值,则它是一个不确定的值。
- 虽然局部静态变量在函数调用结束后仍然存在,但在其他函数中是不能引用的。
- 局部静态变量长期占用内存,降低了程序可读性(当多次调用该函数时往往弄不清当前该静态变量的值是多少)。

所以得到一个结论:如非必要,不要过多使用局部静态变量。

7.6.3　全局变量跨文件引用

这个话题在前面简单说过,在这里,将进行更详细的讲解,因为在实际的工作中,全局变量跨文件引用的情形时有发生。

前面曾经说过,在 Visual Studio 中,一个项目可以通过编译、链接等步骤最后生成一个可执行文件,在 Windows 下可执行文件就是扩展名为 .exe 的文件,而在 Linux 下可执行文件就是具有可执行权限的文件。

在 Visual Studio 中,一个项目由一个或者多个源程序文件组成,一般在 Visual Studio 中,C 语言的源程序文件扩展名为 .cpp(或 .c)。因为目前演示的代码比较简单,因此只用了一个源程序文件(MyProject.cpp)。也可以建立另一个源程序文件,例如现在准备新建立一个叫作 MyProject2.cpp 的源程序文件。编译的时候,Visual Studio 会把这些源程序文件分别编译,最终统一链接成为一个可执行文件。

现在,看看如何创建一个 MyProject2.cpp 源程序文件:

(1) 在 Visual Studio 中双击图 7.13 中左侧的 MyProject.cpp,先把这个源程序文件打开,其内容展现在屏幕的右侧。

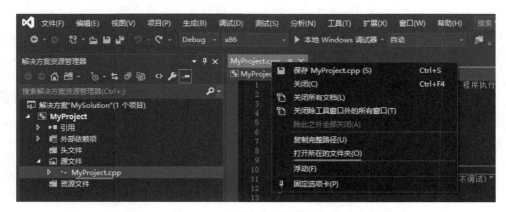

图 7.13　打开当前的源程序文件

(2) 在图 7.13 中,看右上侧,显示着所打开的源程序文件的文件名标签页,右击这个标签页,并在弹出的快捷菜单中选择“打开所在的文件夹”命令,这样,就打开了 MyProject

.cpp 文件所在的目录,如图 7.14 所示,其实这与用文件资源管理器打开该文件所在的目录具有完全相同的效果。

› c++ › MySolution › MyProject ›			
名称 ^	修改日期	类型	大小
Debug	2019/5/18 10:00	文件夹	
MyProject.cpp	2019/5/18 10:13	C++ Source	1 KB
MyProject.vcxproj	2019/5/18 9:53	VC++ Project	8 KB
MyProject.vcxproj.filters	2019/5/18 9:53	VC++ Project Fil...	1 KB
MyProject.vcxproj.user	2019/5/18 10:02	Per-User Project...	1 KB

图 7.14 在资源管理器中打开 MyProject.cpp 文件所在的目录

(3) 直接用 Ctrl+C、Ctrl+V 快捷键复制和粘贴 MyProject.cpp,并把新复制出来的文件改名为 MyProject2.cpp,看起来如图 7.15 所示。

› c++ › MySolution › MyProject			
名称 ^	修改日期	类型	大小
Debug	2019/5/18 10:00	文件夹	
MyProject.cpp	2019/5/18 10:13	C++ Source	1 KB
MyProject.vcxproj	2019/5/18 9:53	VC++ Project	8 KB
MyProject.vcxproj.filters	2019/5/18 9:53	VC++ Project Fil...	1 KB
MyProject.vcxproj.user	2019/5/18 10:02	Per-User Project...	1 KB
MyProject2.cpp	2019/5/18 10:13	C++ Source	1 KB

图 7.15 在资源管理器中通过 MyProject.cpp 复制出 MyProject2.cpp 文件

(4) 现在需要把 MyProject2.cpp 加入到当前的 Visual Studio 项目中。如何加入?看图 7.13 左侧,观察到 MyProject.cpp 文件是在一个叫作"源文件"的文件夹下,这其实是一个虚拟文件夹(也就是在真实的文件目录中并不存在,只是在 Visual Studio 中创建出来的,用于方便文件的分类管理),只要把 MyProject2.cpp 加入到该文件夹下即可,右击"源文件"文件夹并在弹出的快捷菜单中选择"添加"→"现有项"命令,如图 7.16 所示。

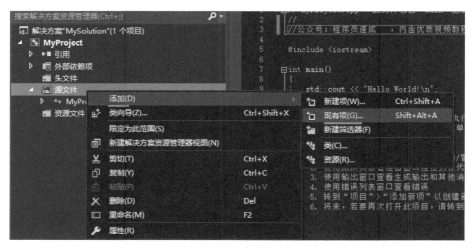

图 7.16 往一个项目中增加一个已经存在的.cpp 源程序文件

（5）在弹出的对话框中选择 MyProject2.cpp 并单击"添加"按钮，就可以把 MyProject2.cpp 文件添加到"源文件"文件夹中，这也就相当于把文件添加到项目中了，如图 7.17 所示。

现在整个项目（工程）就包括 MyProject.cpp 和 MyProject2.cpp 两个源程序文件了，因为 MyProject2.cpp 是从 MyProject.cpp 中复制过来的，而且一个项目中只能有一个 main 函数，所以，要把 MyProject2.cpp 中一些额外的代码行删一删。这里为了简单，只保留带 # include 行的语句即可，如图 7.18 所示。

图 7.17　MyProject2.cpp 源程序文件被增加到项目 MyProject 中

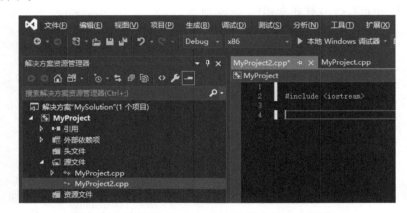

图 7.18　当前 MyProject2.cpp 文件中只有一行语句

编译一下整个项目（选择"生成"→"重新生成解决方案"命令即可实现编译），看到了屏幕下方提示编译成功（全部重新生成：成功 1 个），如图 7.19 所示。

图 7.19　成功编译一个项目的提示

那么如果在 MyProject2.cpp 中定义一个全局变量，能否在 MyProject.cpp 中引用呢？在 MyProject2.cpp 中增加如下代码行：

```
int g_a = 6;
```

在 MyProject.cpp 的 main 函数中增加如下代码行：

```
printf("g_a = %d\n",g_a);
```

此时再次编译整个项目(选择"生成"→"重新生成解决方案"命令),会发现报错,系统大概会提示类似如下这样的错误:

error C2065:"g_a":未声明的标识符。

这说明在 MyProject.cpp 中,并不认识这个全局变量 g_a(因为这个全局变量是在 MyProject2.cpp 中定义的)。

还记得前面在介绍关键字 extern 时是这样说的:如果某个函数想引用在它后面定义的全局变量,则可以使用关键字 extern 做一个"外部变量说明",表示该变量在函数的外部定义,这样在函数内就能使用,否则编译就会出错。那如果想在一个源程序文件中引用另外一个源程序文件中定义的全局变量,也可以用 extern 关键字,在引用该全局变量的源程序文件的开头做一个"外部变量说明"即可,以表明在本文件中出现的变量是一个已经在其他源程序文件中定义过的外部变量,本文件不必为它再分配内存。

一般来说,一个全局变量的作用域是从它定义的点到整个源程序文件结束,但是,通过使用 extern,将它的作用域扩大到了有 extern 说明的其他源程序文件。如果再有更多的源程序文件中要引用这个全局变量,也要在这些源程序文件的开头用 extern 来说明这个全局变量为外部全局变量。

为什么要把 extern 放在源程序文件的开头? 因为在哪行用了 extern 关键字,那么哪行之后的代码行才能够引用这个全局变量,否则在编译的时候系统依旧会提示"未声明的标识符"之类的错误。

现在,在 MyProject.cpp 的开头(在♯include 语句后面)增加如下代码行:

extern int g_a;

这样,就可以再次用 Ctrl+F5 键(或选择"调试"→"开始执行(不调试)"命令)来编译并执行程序,会得到如下执行结果,这样就实现了跨文件引用全局变量。

g_a = 6

特别注意,上一节讲解 extern 关键字时,extern 关键字也是可以用在某个函数内部的,如 7.5 节所举的例子:

```
void lookvalue2()
{
    extern int c1,c2;            //外部变量说明
    c1 = 51;
    c2 = 81;
    return;
}
int c1,c2;
```

而现在这种跨文件使用全局变量的 extern 关键字用法,一般都是要求将 extern 说明放在源程序文件的开头(一般位于♯include 语句行之后)。另外,使用这种跨文件的全局变量要很小心,因为在某个源程序文件的某个函数中改变了这些全局变量的值,也会影响到其他源程序文件中使用该全局变量值的函数。

现在可能也有这样一个需求:希望某些全局变量,只能在本源程序文件中被使用,不想

被其他源程序文件进行跨文件引用,那也很简单,在定义这个全局变量时在最前面加上static 关键字。例如:

```
static int g_a = 6;              //该全局变量只能在本源程序文件中被使用
```

这个时候如果其他文件再使用 extern int g_a;时,编译时就会出现诸如"无法解析的外部符号"之类的错误提示,读者可以自己测试并观察编译结果。

这样做有个优点:如果在 MyProject.cpp 和 MyProject2.cpp 中定义了两个相同名字的全局变量,那么如果不加 static 则编译链接时 Visual Studio 会报诸如"全局变量被重定义"的错误,但如果在定义这两个全局变量时都在前面加了 static 关键字,则自己的源程序文件用自己文件里定义的全局变量,互相不受影响,编译链接时也不会再报错。

7.6.4　函数的跨文件调用

根据在某个源程序文件中定义的函数能否被其他源程序文件所调用,将函数分为内部函数和外部函数。

1. 内部函数

只能被本文件中其他函数调用。定义内部函数时,在最前面加 static 关键字即可,形式如下:

```
static 返回类型 函数名(形参表){…}
```

内部函数又称为静态函数,使用内部函数,可以使函数只局限于其定义所在的源程序文件中,所以不同源程序文件中的同名函数彼此不受干扰,试想,如果分工不同的两个人编写两个不同的.cpp 源程序文件,如果他们所写的函数同名,则在编译链接时会报错,如果用了static 修饰这些函数,那么即使所起的函数名相同,也互相不受影响(因为这些函数被限制在当前定义所在的源文件中)。

2. 外部函数

定义一个函数时,如果在其前面不使用 static 关键字修饰,它就是外部函数。形式如下:

```
返回类型 函数名(形参表){…}
```

在需要调用此函数的其他源程序文件中,只需要增加该函数的函数声明即可。

看看如下范例,例如在 MyProject2.cpp 中定义了一个外部函数:

```
void g_otherfunc()
{
    printf("外部函数 g_otherfunc()\n");
}
```

现在希望在 MyProject.cpp 的 main 函数中调用该函数,那么首先要在 MyProject.cpp 的开头部分书写该函数的声明:

```
void g_otherfunc();              //函数声明,该函数其实是在另外一个.cpp 源程序文件中定义的
```

而后,就可以在 MyProject.cpp 源程序文件的 main 函数中直接调用 g_otherfunc 函数。

代码如下：

```
g_otherfunc();
```

开发技巧：可以将这些外部函数的声明(不限于外部函数声明,其实可以针对所有函数的声明)语句统一放到一个.h头文件中,任何源程序代码文件(.cpp文件)只要在开头#include这个.h头文件,则在这些源程序代码文件中,就可以任意调用其他源程序代码中所定义的外部函数。

7.6.5 static 关键字用法总结

本节讲解了static关键字的几种用法,请务必牢记,总结一下。

(1) 函数内部在定义一个局部变量时,在前面使用static关键字,则该变量会保存在静态存储区,在编译的时候被初始化,如果不给初始值,它的值会被初始化为0,并且,下次调用该函数时该变量保持上次离开该函数时的值。例如：

```
void func()
{
    static int tmpvalue = 1;
}
```

(2) 在定义全局变量时前面使用static关键字,那么该全局变量只能在本文件中使用,无法在其他文件中被引用(使用)。例如：

```
static int g_a = 6;
```

(3) 在函数定义之前增加static,那么该函数只能在本源程序文件中调用,无法在其他源程序文件中调用。例如：

```
static void g_func(){…}
```

第8章

编译预处理

本章是比较独特的一章,在本章中,详细介绍了一个C语言项目的组成以及一个可执行文件的生成步骤。以这些知识点为开始,先后提出了宏定义、文件包含、条件编译三个C语言所提供的编译预处理功能。

宏定义为程序编写的灵活性带来了极大的便利。文件包含为减少重复代码的编写提供了必要的支持。条件编译所支持的跨平台特性使编写的程序不需要改动任何代码就能够在不同的操作系统平台上直接编译运行。

8.1 宏定义

回顾一下前面讲过的内容,针对一个项目,有两种说法:

(1) 一个项目,由一个或者多个源程序文件组成。

(2) 一个项目,可以通过编译、链接(Visual Studio 负责做这件事)最终生成一个可执行文件。

这里谈到的编译,是以一个一个的源程序文件(.cpp文件)为单位进行的,每个源程序文件都会编译成一个目标文件(目标文件扩展名可能是.o也可能是.obj等,这与操作系统类型有关),如果源程序文件有多个,则会编译生成多个目标文件,然后将这些目标文件进行链接,最终生成一个可执行文件。

那么,编译这个动作或者称为阶段,都干了什么事呢? 一般来说,编译阶段会做如下几件事:

(1) 预处理。

(2) 编译。包括词法分析、语法分析、目标代码生成、优化等。

(3) 汇编。产生.o(.obj)目标文件。

假设一个项目中包含 a.cpp、b.cpp、c.cpp 三个源文件,图 8.1 展示了最终生成一个可执行文件的过程。

不需要深究图 8.1 中所提到的术语的深入含义,这里重点要说一下"预处理"这个概念。

在软件开发过程中,根据实际需要,会在源程序文件中写入一些特殊代码(特殊命令),这些特殊代码有一些特殊能力,提供一些特殊功能,编译系统(Visual Studio 中内置)会先对这些特殊代码做预先的处理,这就叫"预处理",处理的结果再和源程序代码一起进行上面步骤中提到的编译、汇编等一系列动作。

C语言一般提供三种预处理功能:宏定义、文件包含、条件编译。这三种预处理功能也是通过在源程序文件写入代码来实现的,只不过这些代码比较特殊,都是以"♯"开头。本节先要讲解"宏定义"。

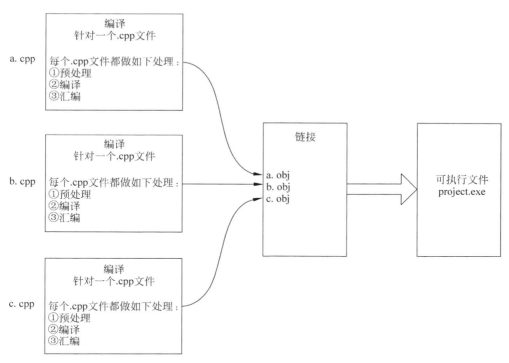

图 8.1　包含多个.cpp 源文件的一个项目生成可执行文件的过程

8.1.1　不带参数的宏定义

不带参数的宏定义是用来做什么的呢？用一句话描述：用一个指定的宏名来代表一串内容。宏名，其实就是一个标识符。其一般形式为：

```
#define 宏名 被替换的内容
# define PI 3.1415926                //末尾没有分号
```

作用：用 PI 来代替 3.1415926，那么在程序源码中写的是 PI（也就是上述一般形式中的宏名），在预处理阶段，所有在该 #define 语句行之后的代码中出现的 PI 都会被替换成3.1415926。有几点说明：

（1）#define 就是宏定义命令，实现了用一个简单的名字（宏名）代替一个很长内容的效果，在预编译时将宏名替换成指定内容的过程称为"宏展开"，也可以称为"宏替换"，上面用 PI 替换成 3.1415926 的过程就是宏展开。

（2）利用 #define，增加了代码修改的方便性，为代码修改提供极大便利，这种能力在开发中被频繁地使用。例如，如果将来 PI 不等于 3.1415926，而是等于 2.58 了，那么只需要修改一行代码，整个程序中出现 PI 的地方就都被替换成了 2.58，这也叫作提高了程序的可移植性。看看如下范例：

```
# define PI 3.1415926
int main()                            //主函数
{
    float ftmp;
```

```
    ftmp = 2 * PI;
    printf("ftmp = %f\n", ftmp);      //ftmp = 6.283185
    return 0;
}
```

针对上面的代码，在进行宏展开时，PI 会被直接替换成 3.1415926，并不做语法检查，所以替换完后直接参与乘法运算，即"ftmp ＝2 * PI;"相当于"ftmp ＝2 * 3.1415926;"。有几点说明：

① 宏名一般用大写字母表示，这是一种习惯，建议遵照这个习惯。

② 宏定义其实并不是 C 语言语句（虽然有时候会称其为语句），不必在行末加分号，如果加分号则连分号一起被替换了，看如下代码：

```
#define PI 3.1415926;
ftmp = 2 * PI;                          //这还好，不报错，这相当于 ftmp = 2 * 3.1415926;;
ftmp = PI * 2;                          //这就报语法错了，这相当于 ftmp = 3.1415926; * 2;
```

③ #define 命令出现在程序中函数的外面，宏名的有效范围是 #define 之后到本源程序文件结束，不能跨文件使用，如果在另外一个源程序文件中使用，则需要在另外一个源程序文件中也做相同定义，或者把这些 #define 定义统一放到一个公共文件（如.h 头文件）里，并用 8.2 节要讲解的 #include（以往也简单介绍和使用过）把这个公共文件包含到每个源程序文件中去。一般来说，#define 命令都写在源程序文件开头部分，函数之前。

④ 可以用 #undef 命令终止宏定义的作用域，不过 #undef 命令用得比较少。看看如下范例：

```
#define PI 3.1415926
int main()                              //主函数
{
    float ftmp;
    ftmp = PI * 2;
    printf("ftmp = %f\n",ftmp);
    return 0;
}
#undef PI
void func1()
{
    float ftmp;
    ftmp = PI * 2;                      //这行会报错，因为 PI 已经被 #undef 终止掉了
}
```

⑤ 用 #define 进行宏定义时，还可以引用已定义的宏，可以层层置换。看看如下范例：

```
#define PI 3.1415926
#define DPI 2 * PI
#define DPICPI PI * DPI
int main()                              //主函数
{
    float ftmp;
    ftmp = PI * 2;
    ftmp = DPI;
```

```
    ftmp = DPICPI;
}
```

宏展开之后：

DPI 被替换成 2 * 3.1415926，DPICPI 被替换成 3.1415926 * 2 * 3.1415926。

⑥ 字符串内的字符即便与宏名相同，也不进行替换。看看如下范例：

```
char stmp[100] = "DPICPI";          //这里的 DPICPI 不会被替换
printf("stmp = % s\n",stmp);        //stmp = DPICPI
```

8.1.2　带参数的宏定义

前面讲的是不带参数的宏定义，只是进行简单的内容替换，那这里要讲的带参数的宏定义，就不仅是进行简单的内容替换，还要进行参数替换。其一般形式为：

＃define 宏名(参数表) 被替换的内容

作用：用右边的"被替换的内容"代替"宏名（参数表）"，但具体怎样替换，后面会详细讲，和不带参数的宏定义相比，这里多了个参数表。在被替换的内容中，一般都会包含参数表中所指定的参数。看看如下范例：

```
＃define S(a,b) a * b
……
int Area = S(3,2);
```

在上面的范例中，用了宏 S(3,2)，系统是怎样替换的呢？把 3、2 分别代替宏定义中的形参 a、b，最终用 3 * 2 替换了 S(3,2)。所以程序代码"int Area = S(3,2);"就等价于"int Area = 3 * 2;"。

刚刚说过，一般"被替换的内容"中都会包含参数表中所指定的参数，但不包含也是可以的，但若不包含，那么通过参数表传进去这个参数就没什么意义了。看看如下范例：

```
＃define S(a,b) a
int Area = S(3,2);   //宏展开后相当于"int Area = 3;",显然 2 这个数字就毫无意义了
```

带参数的宏定义展开置换的总结：

对一般形式中提到的"被替换的内容"，要从左到右处理。如果"被替换的内容"中有"宏名"后列出的形参，如 a、b，则将程序代码中相应的实参（可以是常量、变量或者表达式）代替形参，如果"被替换的内容"中的项并不是"宏名"后列出的形参，则保留，如上面 a * b 中的" * "就会被保留。看看如下范例：

```
＃define PI 3.1415926
＃define S(r) PI * r * r
int main()                          //主函数
{
    float area;
    area = S(3.6);                  //等价于 3.1415926 * 3.6 * 3.6
    ……
}
```

有几点说明:

(1) 如果代码中出现"area = S(1+5);",替换后会变成 3.1415926 * 1+5 * 1+5,这肯定不对,程序代码的原意是替换后变成 3.1415926 * (1+5) * (1+5)。为了解决这个问题,要在形参外面加一个括号。如下所示:

```
#define S(r) PI * (r) * (r)
```

这样 S(1+5)在替换展开后才能变成 3.1415926 * (1+5) * (1+5)。

(2) 宏定义时,宏名和带参数的括号之间不能加空格,否则,空格之后的内容都作为被替代内容的一部分。看如下代码:

```
#define S (r) PI * (r) * (r)
```

这样,S 成为不带参数的宏定义,代表被替换内容"(r) PI * (r) * (r)",显然是不对的。

是不是感觉带参数的宏和函数挺像的,宏也有实参和形参,所以两者不好区分?实际上两者之间还是有很不相同的地方。总结一下:

(1) 函数调用是先求出实参表达式的值,然后传递给形参,带参数的宏只进行简单的内容替换,宏展开时并不求值,如上面的 S(1+5),宏展开时并不求 1+5 的值,只是原样用实参替换掉形参。

(2) 函数调用是在程序运行阶段执行到该函数时才执行其中的代码,这涉及比如为所调用的函数分配临时内存等一系列工作。但宏展开是在编译阶段进行的,而且展开时也并不分配内存,当然也不存在"值传递""返回值"等只有在函数调用中才存在的说法。

(3) 宏的参数没有类型这个说法,只是一个符号,展开时用指定内容替换。例如 #define S(r) PI * (r) * (r),其中的 r 是没有类型这种概念和说法的。

(4) 宏展开每进行一次,源程序代码都会有所增多,如"area = S(1+5);",在宏展开时会被替换成"area = 3.1415926 * (1+5) * (1+5);",显然代码变多了,所以使用宏的次数如果增多,源程序代码就会增多,但函数调用不会使源程序代码增多。

(5) 宏展开只占用编译时间,不占用运行时间,而函数调用占用运行时间(分配内存、传递参数、执行函数体、返回值等)。

有时会用宏来代替一些较复杂的语句,看看如下相对复杂一点的范例,求 x 和 y 的最大值:

```
#define MAX(x,y) (x) > (y)?(x):(y)
```

在程序代码中像下面这样使用即可:

```
int result = MAX(3, 4);
printf("result = %d\n", result);        //result = 4
```

还有能代替多行语句的宏定义写法,看看如下范例,注意末尾的"\",用来表示下一行代码和本行代码本是同一行,这种用法在一定程度上能简化程序书写。

```
#define MACROTEST   do {  \
    printf("test\n"); \
}  while(0);
```

#define 中还有一些特殊的用法,如 #、## 等,不过这些都并不常用,所以这里不准备

花过多篇幅讨论，以免给读者增加学习和理解负担，在笔者看来，知识永远也学不完，花过多篇幅讲述一个不常用的知识点并不划算，将来万一需要，在已有知识的基础之上，通过搜索引擎进一步学习来快速掌握新知识，才是正确的学习方法。

宏定义的应用因人而异，有些人会大量频繁地使用，有些人用的相对比较少，日后阅读一些比较大型的跨平台 C 语言/C++项目源码时，可能会看到更多的宏定义应用场合。

8.2 文件包含和条件编译

前面提过，C 语言一般提供三种预处理功能：宏定义、文件包含、条件编译。讲完了"宏定义"，那么在这里将要讲解另外两种预处理功能。

8.2.1 文件包含

所谓"文件包含"，是指一个文件可以将另外一个文件的全部内容包含进来，也就是将另外的文件包含到本文件中。C 语言中，通过♯include 命令来实现。其一般形式如下：

♯include "文件名"

虽然可以用♯include 把任何一个其他文件的内容包含到当前文件中，但是在 C 语言中，最常见的做法还是一些源程序文件（扩展名为.c 或者.cpp 等）用♯include 把一些头文件（扩展名为.h 或者.hpp 等）包含进来，这种包含的感觉如图 8.2 所示。

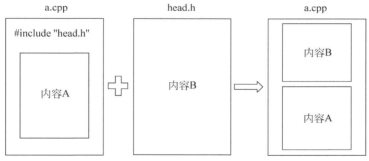

图 8.2 用♯include 将 head.h 内容包含到 a.cpp 中

在图 8.2 中，a.cpp 源程序文件中原有的内容为 A，最上面有一个♯include "head.h"，这意味着 head.h 文件中的内容 B 也属于 a.cpp，所以最终 a.cpp 的完整内容应该是内容 B 在上面（因为♯include 语句在上面），内容 A 在下面，要认识到，使用了♯include 之后，就等价于把其他文件的内容包含到当前文件中来，所以当前文件的程序代码长度增加了。

♯include 命令非常有用，可以节省大量的重复劳动，可以把一些公用的内容写成一个文件，如前面讲过的宏定义，就可以写成一个公用文件（一般是一个.h 头文件），然后每个其他的源程序文件都通过♯include 命令将这个公用文件包含进来。

一般来说，♯include 都是♯include 一个.h 文件，很少出现♯include 一个.cpp（源程序文件）的情形。

前面章节曾经说过，.h 文件一般称为头文件，因为 h 代表 head（头）的意思。常把一些宏定义、函数说明，甚至一些公共的♯include 命令、外部变量说明（extern）等，都写在一个.h 头文件里,然后在源程序文件中♯include 这个.h 文件即可。随着读者以后书写程序的增多,慢慢会看到和体会到,有很多内容是可以写到.h 文件中并被♯include 到源程序文件中去的。

可以做个演示,在与 MyProject.cpp 相同的文件夹下,创建一个 head.h 文件。内容如下:

```
#define PI 3.1415926
```

在 MyProject.cpp 源程序文件中,内容大概如下:

```
#include "head.h"                    //包含 head.h 文件的内容到当前源程序文件中来
int main()                          //主函数
{
    float ftmp;
    ftmp = PI * 2;
    printf("ftmp = %f\n", ftmp);    //ftmp = 6.283185
    return 0;
}
```

这里有几点说明:

(1) 虽然很多公共内容都可以写到这个.h 文件中,但是一旦修改了这个.h 文件,也就相当于修改了♯include 这个.h 文件的所有源程序文件(.cpp 文件),那在编译的时候这些源程序文件显然就得重新编译了(花费比较多的编译时间),因为一旦修改了源程序文件内容,Visual Studio 会进行自动检测和重新编译。

(2) 一条♯include 命令只能包含一个文件,如果要♯include 多个文件,可以使用多条♯include 命令。例如:

```
#include "a.h"
#include "b.h"
```

(3) ♯include 一个.h 文件,该.h 文件内是可以♯include 其他.h 文件的,非常灵活,也就是说,文件包含是可以嵌套的。读者只需要记住♯include 的工作原理就不会感觉困惑,♯include 命令的本质就是把另外一个文件中的内容搬到当前使用了♯include 命令的文件中来,并且搬到的位置,正是当前♯include 命令所在的位置。

(4) 前面提过,♯include 所包含的文件名可以用"",也可以用<>,它们有什么区别吗?回忆一下:

- <>是去系统目录(Visual Studio 知道系统目录在哪儿)中找所包含的文件,所以诸如要包含标准的 stdio.h 头文件(系统提供的)就用<>,如♯include < stdio.h >。
- ""的含义是首先在当前目录查找要包含的文件,如果找不到,再到系统目录中查找。所以""常用于自己写的一些想被其他文件♯include 的文件,让系统优先到当前目录中寻找所要包含的文件(因为自己写的这些被包含文件往往会放到当前目录)。

8.2.2 条件编译

一般情况下,在生成可执行文件的过程中,源程序文件中的所有代码行都参加编译,但有时候希望对其中的一部分内容只在满足一定的条件下才进行编译,也就是对一部分内容指定编译的条件,也有的时候,希望当满足某条件时对一组语句进行编译,而当条件不满足时编译另外一组语句,这都叫条件编译。

条件编译用得也比较频繁,尤其是写一些跨操作系统平台的代码,例如这个代码既要求能在 Windows 下编译运行,也能在 Linux 下编译运行,但程序代码中有些特殊的系统调用函数只能在 Windows 下编译运行或者只能在 Linux 下编译运行,此时,就有必要使用条件编译。

条件编译有几种形式,分别看一看。

（1）形式 1。

```
# ifdef 标识符
    程序段 1(一堆代码)
# else
    程序段 2(一堆代码)
# endif
```

作用:当标识符被定义过(＃define 来定义),则对程序段 1 进行编译,否则对程序段 2 进行编译。当然,"＃else 程序段 2"这部分可以没有,此时的形式就变成:

```
# ifdef 标识符
程序段 1
# endif
```

在进行程序调试的时候,常常需要输出一些信息,调试完毕后,不再输出这些信息。看看如下范例:

```
# define DEBUG 1   //后面这个 1 其实都可以省略,不想输出调试信息时可以把这行注释掉
```

然后在其他一些需要输出调试信息的地方(如 main 函数中),可以写类似如下代码:

```
# ifdef DEBUG
        printf("输出一些变量信息作为调试信息\n");
# endif
```

（2）形式 2。

```
# ifndef 标识符
    程序段 1
# else
    程序段 2
# endif
```

作用:若标识符未被定义(未用＃define 来定义),则编译程序段 1,否则编译程序段 2。与形式 1 正好相反,看看如下范例:

```
# define RELEASE 1   //定义 RELEASE,但注意下面的＃ifndef 是未定义 RELEASE 时才成立,要想达到
                     //未定义 RELEASE 的效果,只需要把这行注释掉即可
```

然后在其他一些需要输出调试信息的地方(如 main 函数中),可以写类似如下代码:

```
# ifndef RELEASE                    //如果没定义 RELEASE 就执行下面的 printf 语句
        printf("输出一些变量信息作为调试信息");
# endif
```

（3）形式 3。

```
# if 表达式
    程序段 1
```

```
#else
    程序段 2
#endif
```

作用：当指定的表达式值为真（非 0）时就编译程序段 1，否则编译程序段 2，所以，事先给出一定的条件，就可以使程序代码在不同条件下进行不同程序段的编译。

当然可以将上述形式扩展一下，引入 #elif。如下：

```
#if 表达式 1
    程序段 1
#elif 表达式 2
    程序段 2
#else
    程序段 3
#endif
```

作用：当表达式 1 值为真（非 0）时就编译程序段 1，否则当表达式 2 的值为真（非 0）则编译程序段 2，否则编译程序段 3。

看看如下范例：

```
#define MYPI 1
```

然后在其他一些需要输出调试信息的地方（如 main 函数中），可以写类似如下的代码：

```
#if MYPI
    printf("MYPI is defined\n");
#else
    printf("MYPI is not defined\n");
#endif
```

从以上范例看起来，如果不用条件编译，似乎用 if 语句也可以做这些事情，那么用条件编译的好处是什么呢？

（1）最明显，条件编译可以减少目标程序长度。因为上面 5 行程序代码只相当于一行：

```
printf("MYPI is defined");
```

（2）项目开发也许会面临跨平台的问题，为了增加程序代码在各平台之间的可移植性，往往采用条件编译，如果不用条件编译，就很难解决同一套程序代码在 Windows 平台下和 Linux 平台下都能够在不修改源代码的情况下编译通过并生成可执行文件的问题。看看如下跨平台代码范例：

```
#if _WIN32     //Windows 平台：注意在该平台下，这个宏系统会定义，不需要自己定义
    //这里有一些 Windows 专用函数
    //WaitForSingleObject(…);
    printf("当前是 Windows 平台\n");  //在 Visual Studio 中本行会输出
#elif __Linux__ //Linux 平台：注意在该平台下，这个宏系统会定义，不需要自己定义
    //这里有一些 Linux 专用函数
    //epoll_create(…);
    printf("当前是 Linux 平台\n");
#else
    //……其他平台(非 Windows,非 Linux)的处理代码
#endif
```

第 9 章

指　　针

指针是 C 语言中极其重要的概念和特色,会伴随每位读者学习 C 语言的一生,怎样描述都不为之过。指针这章所阐述的知识,不是选择题,是必做题,对于每一位将来要从事 C/C++语言开发工作的人,都必须要学好、学会!

指针能够灵活且直接访问内存地址中的数据,因为概念相对复杂,灵活性也高,初学者往往容易犯错,所以,在本章中配有大量的图解,精准的绘图配以细致的语言描述一定会让每一位读者扎扎实实地学好本章内容,为后续的 C 语言乃至 C++语言的顺利学习铺平道路。

9.1　指针的基本概念详解

9.1.1　前提知识

在 C 语言中有很多类型的变量,如全局变量、局部变量,此外,还有局部的 static 变量等,这些变量虽然可以笼统地说,它们都是存储在内存中,但是内存也分很多区域,光前面章节讲过的就至少有"静态存储区"和"动态存储区",不同类型的变量会保存在不同的存储区里,这是一个问题。

第二个问题就是这些不同种类变量的内存分配时机问题。如果真要详细了解,内容会很烦琐,甚至要详细查阅资料,所以这里只提重要的两点内容:

- 有些变量的内存在程序编译时分配,有些变量的内存在程序执行时分配。
- 不管怎样说,变量是会占用一块内存空间的。

每一个变量都有一个类型,如讲过的整型、实型、字符型等,这些类型都占用一定的内存字节(内存空间),占用的字节数可以用 sizeof(类型名)来得到。人们所共知的,在 x86 平台下,如 int 类型占 4 字节,char 类型占 1 字节,float 类型占 4 字节,double 类型占 8 字节等。

9.1.2　地址的概念

传统生活中,表示一个地址时,可以用文字描述:

"XX 市 XX 区 XX 路 XX 号"

可以看到,这是一堆人类能看懂的文字,这个文字代表一个真实地址,也就是说,如果真的按照这个文字去找,能找到一个实际的地理位置。

计算机中的地址是什么意思呢？其实跟人类社会中的地址很类似，人类社会中是用一堆文字来描述一个地址，而计算机中使用一个数字来描述一个地址，如 1000，这是数字（十进制数），这就代表一个地址，只不过计算机更习惯用十六进制的数字形式来表示一个地址（这和人类不一样，人类更习惯看十进制数字），如 1000 的十六进制是 0x3E8（十六进制数以 0x 开头）。在计算机中，如果看一个地址数字，计算机往往显示出来的是 0x3E8，而不会显示成 1000，但在讲解时，笔者还是会用 1000 这样的十进制数字来表示一个地址，因为这样方便人类观看或阅读。这个 1000 就表示一个真实的计算机地址，只要到内存中找这个 1000 所代表的地址，就真的能够找到。

简而言之，地址在计算机中就是一个数字，代表一个内存位置。

计算机内存中的地址不是杂乱无章，而是有编号的，如图 9.1 所示（这只是一个示意图，辅助读者理解）。可以注意到，这个内存地址也是从上到下，从小到大，挨着排列的，每个数字对应一个地址，也就是图中所示的格子。

现在定义了两个整型变量 i 和 j，i 给初值 5，j 给初值 6，因为每个变量占 4 字节内存，假设系统把上面这段内存分配给了这两个整型变量，看一看分配完之后内存的样子，如图 9.2 所示。

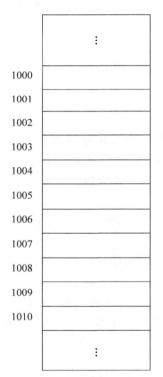
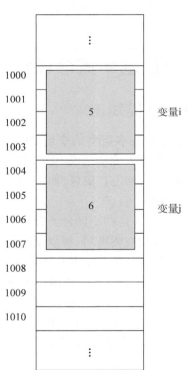

图 9.1　内存中的地址编号　　　　图 9.2　变量 i 和 j 的值在内存中的保存情形

注意到，地址 1000～1003 分配给了变量 i，地址 1004～1007 分配给了变量 j。

可以看到，内存只有"地址"和"地址中保存的内容"这两个概念，内存本身并不知道 i 和 j 这样的名字代表的是什么含义，但在程序内部会维持一张表，这张表会记录变量名和变量地址（内存地址）的对应关系，这样，在编写代码的时候，在源代码中写 i，系统就能找到该变量名对应的内存地址以及该内存地址中的内容。例如针对语句 printf("i+j＝％d",i+j);，系统会如何去执行呢？系统从维持的这张表中找到 i 的地址 1000，因为 i 是整型，所以系统取出从 1000 开始的 4 字节(1000～1003 每个地址保存 1 字节)内容作为 i 的值，再找到 j 的地址 1004，因为 j 也是整型，所以系统取出从 1004 开始的 4 字节(1004～1007)内容作为 j 的值，然后做两者的加法运算并输出结果。

9.1.3 直接访问和间接访问

上面计算 i+j 的过程，是按照变量的地址存取变量值，这叫"直接访问"。与"直接访问"相对的，叫"间接访问"。那么"间接访问"是什么意思呢？

在 C 语言中，一般用 int、char、float、double 这些类型的变量来保存值。那么，也可以定义一种特殊的变量，这种特殊的变量专门用来保存地址。假设定义了一个变量 mypoint 来存放整型变量的地址，请注意，虽然这种特殊变量是用来保存地址的，但它也分保存什么类型变量的地址，这里 mypoint 是用来保存整型变量地址的。如下语句就把变量 i 的地址保存到了 mypoint 中，这其实就是一个赋值语句：

```
mypoint = &i; //注意这个 &,见过面,是地址符号
             //这就理解成 mypoint 指向了 i,这个所谓指向 i,就是通过保存 i 的地址体现的
```

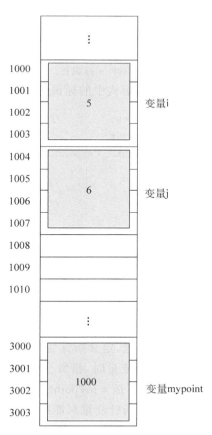

图 9.3 存放地址的特殊变量 mypoint

请注意，虽然这个特殊变量 mypoint 是用来存放整型变量 i 的地址的，但是 mypoint 这种特殊变量本身在内存中也是有地址的，所以它也是占内存的，这种特殊变量在 x86 平台下一般占 4 字节内存(之所以强调 x86 平台，是因为这种特殊变量在其他平台如 x64 平台下占用的并不是 4 字节内存而是 8 字节内存)。现在，内存看起来可能如图 9.3 所示。

现在要存取 i 的值，就有了一种间接的访问手段，那就是先找到存放 i 的地址的这个内存位置(3000～3003)也就是 mypoint 的内存地址，从这 4 字节的内存中取出 i 的地址(1000)，因为知道 mypoint 里面保存的是整型变量 i 的地址，而又知道整型变量是占 4 字节，这表示 1000 这个地址开始的 4 字节(1000～1003)里面是个整型数据，那从 1000 开始取得 4 字节数据，也就是 5，就是 i 的值，这就是"间接访问"——通过特殊变量 mypoint，间接访问了变量 i 的值。

在掌握了"间接访问"概念后，就可以真正地引入"指针变量"概念。什么叫指针变量呢？

如果一个变量，如这里的 mypoint，专门用来存放另外一个变量的地址，则称这个变量为"指针变量"。mypoint 就是一个指针变量。指针变量的值(也就是其中存放的值)是一个地址(也有人称为指针)。所以

这里要仔细区别"指针变量"和"地址/指针"这两个概念,指针就是一个地址(地址是用数字表示的),指针变量是存放其他变量地址的变量,也叫该指针变量指向某某变量(如这里的mypoint 指向 i)。

9.2 变量的指针和指向变量的指针变量

在正式开始讲解本节内容之前,有一些概念值得再次强调:

变量的指针就是变量的地址,谁的内存中保存着某个变量的地址,谁就是指向该变量的指针变量,如图 9.3 所示,1000 就是变量 i 的地址(首地址),变量 mypoint 中保存着变量 i 的地址,因此变量 mypoint 就是指向变量 i 的指针变量。

9.2.1 指针变量的定义

变量的指针就是变量的地址。可以定义一个指向"变量"的"指针变量"。这种指针变量在定义的时候,会在定义的语句中引入一个"*",表示"这是一个指针变量"。

指针变量定义的一般形式如下,"*"符号可以靠向右侧或者左侧,甚至"*"两侧的空格都可以省略不写,所以如下三种指针变量定义的一般形式都可以:

- 类型标识符 * 标识符;
- 类型标识符 * 标识符;
- 类型标识符 * 标识符;

上述一般形式中的标识符就是指针变量的名字。看看如下范例:

```
int i = 7, j = 9;          //定义了两个普通的整型变量
float k = 12.6f;
int * mypoint1, * mypoint2;  //定义两个指针变量,这两个指针变量都是指向整型变量的,指针变
                           //量定义时变量名前面有个 *,这是和普通变量最明显的区别
float * pm3;               //定义指向实型变量的指针
char * pm4;                //定义指向字符型变量的指针
```

现在,如果要让指针变量指向一个整型变量,可以用赋值语句使一个指针变量指向一个整型变量。看如下代码:

```
mypoint1 = &i;            //mypoint1 指向了 i
mypoint2 = &j;            //mypoint2 指向了 j
```

有几点说明:

(1)请注意,定义指针变量的时候,指针变量前有"*"号表示正在定义一个指针变量,但在使用指针变量时,指针变量前是没有"*"(星号)的。所以,指针变量名是 mypoint1、mypoint2,而不是 * mypoint1、* mypoint2。

(2)一个指针变量只能指向同一个类型的变量。看看如下范例:

```
pm3 = &i;   //这会出现编译错误,因为 pm3 在定义时是一个指向实型变量的指针(而 i 是整型)
pm3 = &k;   //这是正确的,k 是 float 类型,pm3 是指向 float 类型的指针
```

这里可以设置一个断点，观察一下 i、j、pm3、mypoint1 这几个变量的值、地址都是什么。当执行程序，并且断点停到某个位置时，鼠标放到某个变量上，即可看到该变量的内容，如图 9.4 所示。

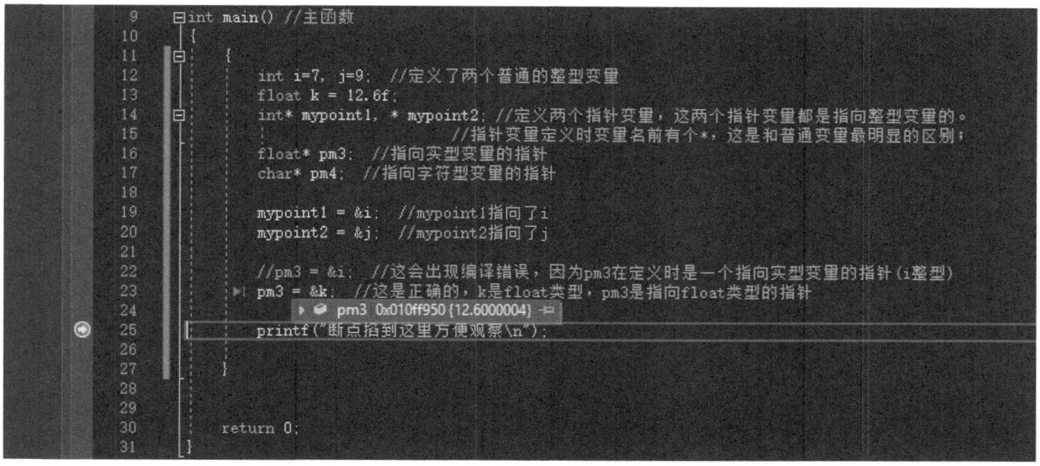

图 9.4　调试停到断点处，鼠标放到 pm3 上，观察

图 9.4 中，pm3 的值是 0x010ff950，因为 pm3 是一个指针变量，它里边保存的是一个地址，而这个地址其实就是 0x010ff950（类似于图 9.3 中保存的数字 1000），而这个数字后面有个大括号{ }，大括号中的内容是 12.6000004，这个数字显然就是真正的内存地址 0x010ff950 中所保存的内容（类似于图 9.3 中保存的数字 5），那么，如果想查看 pm3 的地址要怎样查看呢？只需要在断点停到某个位置时在出现的"内存"查看窗口（若未出现该窗口，可选择"调试"→"窗口"→"内存"→"内存 1"命令）右侧的编辑框中输入 &pm3（变量名之前加一个"&"就可以查看任何变量的地址）然后再按 Enter 键，就能看到 pm3 的地址了，如图 9.5 所示的 0x010FF92C 就是 pm3 的地址（类似于图 9.3 中 3000 那个数字）。一定注意，再次强调，必须是断点停到某个位置时才能查看这些信息。

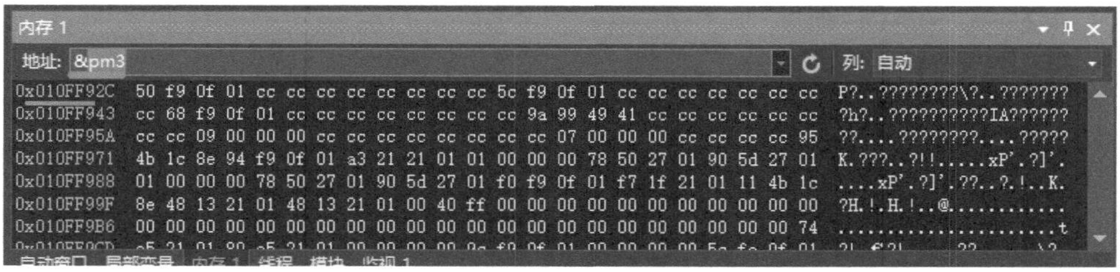

图 9.5　调试停到断点处，查看某个变量（包括指针变量）的地址

当然，当调试停到断点处时，也可以按 Shift＋F9 键（或选择"调试"→"快速监视"命令），并在其中输入要监视的内容也是可以看到结果的，如输入 &pm3 并按 Enter 键可以看到指针变量 pm3 的地址，输入 k 并按 Enter 键可以看到变量 k 的值，输入 &k 可以看到变量 k 的地址等，如图 9.6 所示。

图 9.6　快速监视窗口,用于快速查看变量的值、变量的地址等

9.2.2　指针变量的引用

请牢记,指针变量中只能存放地址(指针),不要将一个整型变量(或任何其他非地址类型的数据)赋值给一个指针变量。例如,如下范例的写法是不可以的:

```
mypoint1 = 4;   //mypoint1是一个指针变量,而4是一个整数,这种写法肯定报错,虽然地址也是一
                //个整数,但这样直接赋值就是不行
```

和指针变量相关的运算符有两个:

(1) &：取地址运算符,上面已经看到过了。

(2) *：指针运算符(间接访问运算符)。请回忆"*"运算符,在表 2.6 中有过解释,有两个地方用到了"*"运算符。

- 作为乘法运算符,如 3 * 6。
- 定义指针变量的时候,需要用到"*"运算符,这里的"*"就是指针运算符,如"int * mypoint1;",但是若"*"不出现在定义指针变量的场合下,而且也不是乘法运算符,那么"*"是什么意思呢? 依然是指针运算符,只不过代表的是该指针变量所指向的变量。

看看如下范例:

```
int a, b;
int * p1, * p2; //* 指针运算符用于定义两个指针变量.这个 * 在这里只表示变量是指针变量
a = 100;
b = 200;
p1 = &a;        //把变量 a 的地址赋给 p1,不要写成 * p1 = &a,p1 才是指针变量,现在 p1 指向 a
p2 = &b;        //把变量 b 的地址赋给 p2,现在 p2 指向了 b
int * p3 = &a; //这个写法可以,这属于定义的时候初始化,现在 p3 指向 a
printf(" % d, % d\n", a, b); //100,200
```

```
// * 指针运算符不用于定义变量指针的场合时,代表的是它所指向的变量
printf("%d,%d\n", *p1, *p2); //100,200 , *p1 代表 a, *p2 代表 b
```

下面要看一些比较特殊的、容易让人困惑的写法,列举这些特殊的写法的目的,是希望读者以后看到这些特殊的写法时能够认识而不被迷惑。就以上面这段代码为基础来进一步说明:

(1) & * p1。

"&"和"*"在这里一个是取地址运算符,一个是指针运算符,根据表 2.6,这两个运算符优先级相同,但结合方向都是从右到左结合,所以要先看 *p1,*p1 代表的是 p1 所指向的变量,其实就是 a,然后再执行"&"运算,看得出 & *p1 等价于 &a。所以,& *p1 其实就是 p1。那么 & * 这两个符号就等于白写了,什么意义都没有。

如果有"p2 = & *p1;",则等价于"p2 = p1;",效果就是让 p1 也指向 p2 所指向的内容。

(2) * &a。

先计算 &a,也就是 a 的地址,也就是 p1,再进行"*"运算,也就是 *p1,上面刚刚说 *p1 代表 p1 指向的变量,那就是 a,所以 * &a 其实就是 a。那么 * & 这两个符号就等于白写了,什么意义都没有。

(3)(*p1)++。

*p1 就相当于 a,这就相当于 a++。

(4)*p1++。

因为"++"和"*"同级,但是它们都是从右到左结合,所以 *p1++ 等价于 *(p1++),这里的主要问题是要知道 p1++ 是什么意思,这特别重要,因为以后会经常遇到这种写法,那就来讲一讲。

假设现在指针变量 p1 指向了变量 a,如图 9.7 所示,这里绘制的精确一点,让指针变量 p1 正好指向 1000 这个地址的顶部。

前面曾经说过,地址是一个数字,那么地址自加 1 是什么意思呢?

在谈论地址自加 1 之前,看看变量自加 1。这里探讨的变量 a 是一个整型变量,那么 a++,假设 a 的值是 4,那么 a++ 的值就是 5,也就是 a 这个变量对应的内存中的内容 +1。

同理,指针变量自加 1,也肯定是这个指针变量中的内容要自加,但是"++"这种本来是自加 1 的操作,对于指针来讲,就不一定是自加 1,自加几,取决于该指针变量所指向的变量类型。如果 p1 指向的是整型变量,那么 p1++,则 p1 中的内容要加 4,因为 int 是 4 字节,p1++ 意味着 p1 所指向的是 a 之后的变量,要完整地跳过 4 字节。所以,p1++ 后内存内容如图 9.8 所示。

回到上面的话题,"*(p1++);"的执行会导致 p1 不再指向 a,而是指向 a 后面的内存。那如果这样写代码:"*(p1++) = 5;",代表什么意思呢?根据自加运算符"++"跟在 p1 后面代表先用后加的特性,"*(p1++) = 5;"的完整含义如下:

① 将 p1 所指向的内容赋值成 5,因为开始时 p1 指向的是 a 变量,所以相当于 a 变量的值变成了 5。

② 让 p1 自加 1,也就是 p1++,这导致 p1 指向了变量 a 后面的地址,也就是 p1 指向了地址编号为 1004 的地址。

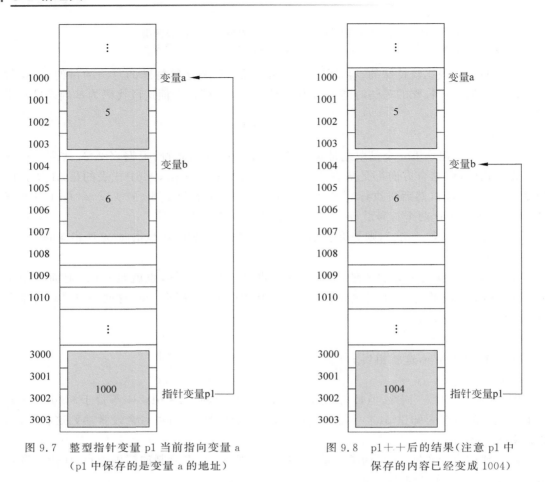

图 9.7 整型指针变量 p1 当前指向变量 a
（p1 中保存的是变量 a 的地址）

图 9.8 p1＋＋后的结果（注意 p1 中
保存的内容已经变成 1004）

建议读者多写一些测试代码，自己设置断点跟踪调试，加深对指针变量的理解。看看如下范例：

```
int * pmax, * pmin, * p, a, b;   //两个数值,pmax 将指向大的值,pmin 将指向小的值
a = 5;
b = 8;
pmax = &a;                       //pmax 指向 a
pmin = &b;                       //pmin 指向 b
if (a < b)                       //b 大
{
    //为了演示指针变量的赋值,所以写得烦琐一点
    p = pmax;                    //现在 p 指向 a(p 指向了 pmax 所指向的内容)
    pmax = pmin;                 //现在 pmax 指向 b(指向大的值)
    pmin = p;                    //现在 pmin 指向 a(指向小的值)
}
printf("a = %d,b = %d\n", a, b);  //a = 5,b = 8
printf("max = %d, min = %d\n", * pmax, * pmin); //max = 8, min = 5
```

这个范例的意义就是，通过一个中间的指针变量 p，交换了两个指针变量 pmax 和 pmin 的值，实际上 a 和 b 两个变量的值并没有发生任何变化，发生变化的是 pmax 和 pmin 的值：pmax 原来指向 a，现在指向了 b，pmin 原来指向 b，现在指向了 a。整个程序的工作原理图

如图9.9所示。图9.9(a)所示是在if条件语句执行前的内存示意图,图9.9(b)所示是if条件语句执行后的内存示意图。

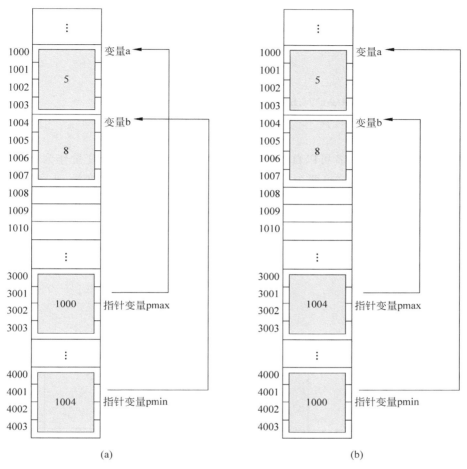

图9.9 指针范例工作原理和内存示意图

9.2.3 指针变量作为函数参数

函数的参数已经讲解过了,可以是整型、实型、字符型等数据,还可以是指针类型,那么指针类型参数的作用是将一个变量的地址传送到一个函数中。看看如下范例:

```
//该函数用于交换两个变量的值
void swap(int * pdest1, int * pdest2)
{
    int temp;
    //如下这几行是常规变量之间的赋值,不是指针变量之间的赋值,请仔细观察
    temp = * pdest1;                    // * pdest1(pdest1 所指向的变量)实际就是变量 a
    * pdest1 = * pdest2;                // * pdest2 实际上就是变量 b
    * pdest2 = temp;
}
int main()                              //主函数
{
```

```
    int a = 5, b = 6;
    int * p1, * p2;
    p1 = &a;                          //p1 指向 a
    p2 = &b;                          //p2 指向 b
    printf("a = % d, b = % d\n", a, b);   //a = 5, b = 6
    if(a < b)                         //成立
    {
        swap(p1, p2);                 //交换变量 a 和变量 b 的值
    }
    printf("a = % d, b = % d\n", a, b);   //a = 6, b = 5
    return 0;
}
```

这个范例并不复杂，读者可以自己跟踪调试看一下，这里以指针变量作为实参，传递到 swap 函数(swap 函数用于交换两个变量的值)中去，实参是两个指针变量 p1 和 p2，swap 函数中对应的两个形参是 pdest1 和 pdest2，而在 swap 函数中，实际上就是把 a 的值赋给中间变量 temp，把 b 的值赋给 a，然后再把中间变量 temp 的值赋给 b，从而实现 a 和 b 两个变量值的交换。

那么刚进入 swap 函数时，内存示意图应该如图 9.10 所示，读者可以比较一下，看是否跟自己所想的一样。

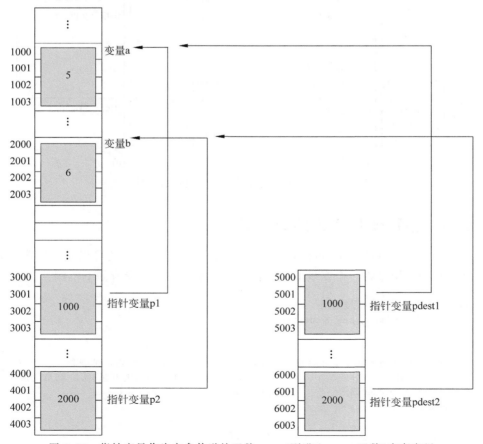

图 9.10　指针变量作为实参传递给函数 swap(刚进入 swap 函数)内存布局

看着图 9.10,回忆一下,前面曾经说过,函数参数的传递是一一对应的,即单向按值传递。那么,这种用指针变量作为实参和形参的情况,通过程序运行结果,发现可以在被调用的 swap 函数中改变变量 a 和 b 的值,也就是在这里看起来不再是单向按值传递了(真是这样吗? 后面还会说),a 和 b 值被改变值后,在主调用函数 main 中,可以使用被改变后的 a 和 b 值了。

但是,不知是否有人会像下面这样写代码——想通过指针的调换来交换 a 和 b 的值。这种写法是不对的,毫无效果,并不能交换 a、b 的值:

```
void swap( int * pdest1, int * pdest2)
{
    //以下是纯指针操作相关的代码
    int * ptemp;
    ptemp = pdest1;
    pdest1 = pdest2;
    pdest2 = ptemp;
}
```

虽然上面这段指针操作的代码并没有达到交换 a 和 b 值的目的,但是对于这种指针赋值(调换)操作,要求必须彻底掌握、透彻理解。有必要仔仔细细分析上面这段指针操作相关代码:

(1) 进入 swap 函数并定义了 ptemp 指针后是这样的情形,如图 9.11 所示。

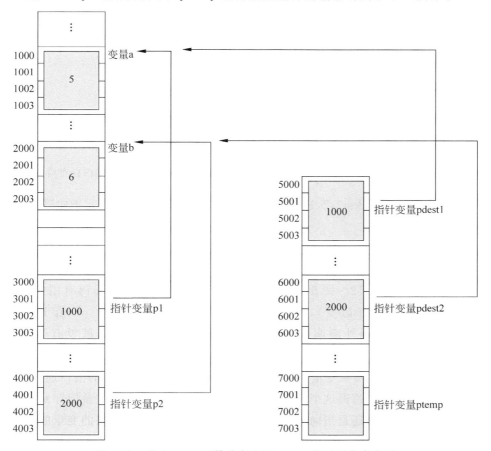

图 9.11　进入 swap 函数并定义了 ptemp 指针后内存布局

（2）进入 swap 函数，并执行了第一行代码"ptemp = pdest1;"，这个赋值表示 pdest1 指向哪 ptemp 就指向哪，所以内存布局如图 9.12 所示。

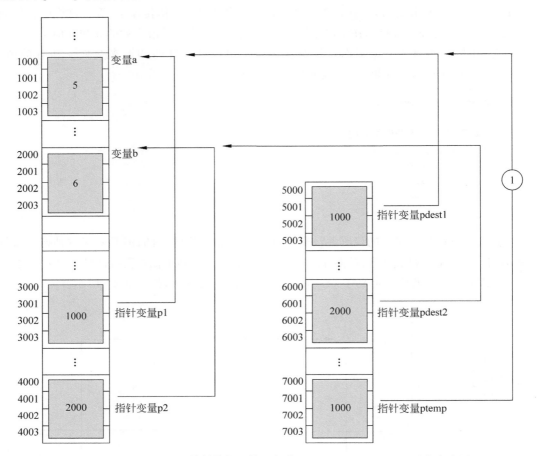

图 9.12　进入 swap 函数并执行了第一行代码"ptemp = pdest1;"后内存布局

（3）执行"pdest1 = pdest2;"，这个赋值表示 pdest2 指向哪 pdest1 就指向哪，如图 9.13 所示。

（4）执行"pdest2 = ptemp;"，这个赋值表示 ptemp 指向哪 pdest2 就指向哪，如图 9.14 所示。

可以看到，根据图 9.12～图 9.14，这三步指针赋值的动作其实任何有用的事情都没做（只是指针的指向发生了改变），当函数执行完毕后，pdest1、pdest2、ptemp 这几个临时变量都变得没意义了。而外面调用 swap 函数的实参 p1、p2 压根儿就没有受到过任何影响。

前面讲过，C 语言中，实参变量和形参变量之间的数据传递是单向的值传递，实质上，指针变量作为函数参数也要遵循这个原则，调用函数 swap()不能改变实参指针变量的值，也就是说 p1 还是指向 a，p2 还是指向 b，但可以改变实参指针变量所指向的变量的值，也就是说，在 swap()函数中，通过"temp = * pdest1;"" * pdest1 = * pdest2;"" * pdest2 = temp;"这

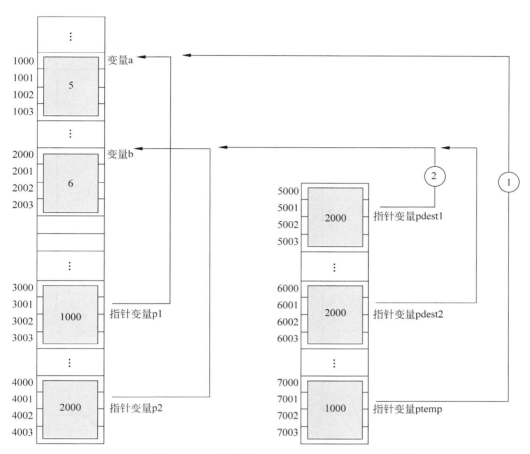

图 9.13 进入 swap 函数执行了"pdest1 = pdest2；"后内存布局

种纯粹的变量赋值语句(而不是指针变量赋值语句)，还是可以改变变量 a 和 b 中的值的，因为 a 变量和 b 变量就是实参指针变量 p1 和 p2 所指向的变量。

所以能够看到，通过指针变量做参数，可以间接地在函数中改变指针变量所指向的变量的值，从而达到在被调用函数内改变外界变量值的效果，如果不用指针变量作为参数，就比较难做到这一点。

在进一步地理解了指针变量的工作细节后，看一个指针变量的错误用法。看看如下范例：

```
int *p;
*p = 5;
```

这两行代码在老版本的 Visual Studio 编译器上能够编译通过，但执行起来后会报异常，而在新版本的 Visual Studio 编译器上，编译就会报错。究其原因，是因为在"*p = 5；"这句代码中，*p 是指针变量 p 所指向的变量，但指针变量 p 到底指向了谁呢？根本就不确定，所以 *p 可能会造成某段内存被无意修改，从而使系统崩溃。所以进行如下代码修改，就没问题了：

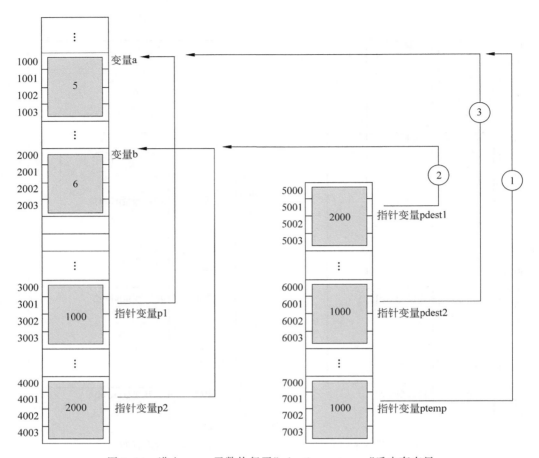

图 9.14　进入 swap 函数执行了"pdest2 ＝ ptemp；"后内存布局

```
int a;
int * p;
p = &a;                          //现在 p 确定指向 a 了
*p = 5;                          //相当于把 5 赋值给 a
```

本节中虽然讲解的话题是指针变量作为函数参数，但这节的主要目的还是帮助读者梳理和巩固指针变量的各种用法，希望读者看到一段使用了指针变量的程序后能看懂，熟悉指针的概念，熟练运用和指针相关的"&"（取地址运算符）以及"＊"（指针运算符）。笔者希望将自身对指针的理解方法传达给读者，这也是笔者花费大量心血和篇幅去绘制这些图解的初衷。

9.3　数组的指针和指向数组的指针变量

一个普通变量有地址，一个数组包含若干个元素，每个数组元素在内存中也都是占有存储单元的（并且是连续的存储单元），所以也都有相应的地址。指针变量既可以指

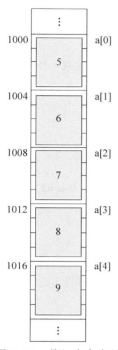

图 9.15 数组内存布局
示意图

向普通变量,也可以指向数组和数组元素(把数组开始地址或者某一个数组元素地址放到一个指针变量中)。所谓数组的指针是指数组的起始地址,数组元素的指针是指数组元素的地址。

引用数组元素可以用下标法,如 a[3],也可以用指针法,也就是通过指向数组元素的指针找到对应的数组元素。看看下面这行代码:

```
int a[5];   //能引用的数组元素下标是a[0]~a[4],并且注意,只要
            //是数组,那么数组元素的内存一定是紧挨着的
a[0] = 5;a[1] = 6;a[2] = 7;a[3] = 8;a[4] = 9;
```

那么该数组的内存布局示意图如图 9.15 所示。

前面曾经说过,数组名等于数组首地址(数组第一个元素的地址),所以数组名 a 等价于 &a[0],因为[]优先级高于 &,所以是取得 a[0] 的地址,也就是图 9.15 中的 1000 那个编号所表示的地址,所以 a 等价于 &a[0] 也等价于 1000。这里可以设置断点并注意观察,当然这里 1000 这个地址编号可能与实际观察到的地址编号不一样,但道理都是完全相同的。

9.3.1　指向数组元素的指针变量的定义和赋值

看看如下范例:

```
int a[5];//定义 a 为包含 5 个整型数的数组
a[0] = 5;a[1] = 6;a[2] = 7;a[3] = 8;a[4] = 9;
int *p; //定义 p 为指向整型变量的指针变量,和数组类型
        //相同
p = &a[0]; //把 a[0]元素的地址赋给指针变量 p,即 p 指向
           //数组第 0 号元素
```

运行上面几行代码,可以得到如图 9.16 所示的内存布局示意图。

因为 C 语言规定数组名代表数组的首地址(也就是第一个元素 a[0] 的地址),所以如下两行语句等价:

```
p = &a[0];
p = a; //把 a 数组的首地址赋给指针 p,所以 p 此时指向 a
       //数组首地址
```

定义指针变量时也可以给指针变量赋初值。看看如下范例:

```
int *p = &a[0]; //将 a 的首地址(a[0]的地址)赋给指针变
                //量 p,所以 p 指向了 a[0]
```

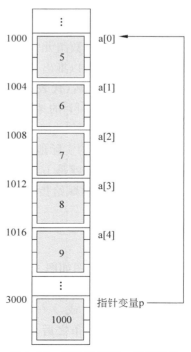

图 9.16　指向数组第 0 号元素的
指针 p 内存布局示意图

等价于：

```
int * p;
p = &a[0]; //这里不要写成 * p = &a[0]; 只有在定义指针变量并赋初值时才会出现 * 号
```

或者是：

```
int * p = a;
```

9.3.2　通过指针引用数组元素

上面可以看到，把 a[0]元素的地址赋给指针变量 p，即 p 指向数组下标为 0 的元素（第 0 号元素）。现在请看下面一些语句的执行效果，请认真分析，仔细观察。

（1）* p = 19；

表示对 p 当前所指向的数组元素赋值 19，也就是"a[0] = 19；"，可以设置断点调试跟踪看一下。

（2）p = p+1；

C 语言规定 p+1 并不是简单地将 p 值+1，具体加几取决于指针变量 p 的类型，如果指针变量 p 为整型，则因为整型占 4 字节内存，所以 p+1 相当于增加了 4，例如 p 原来指向内存 1000，则 p+1 后，p 指向了 1004。在这里，p 指向数组下标为 0 的元素，p+1 就使 p 指向了数组的下一个元素 a[1]。内存布局示意图如图 9.17 所示。

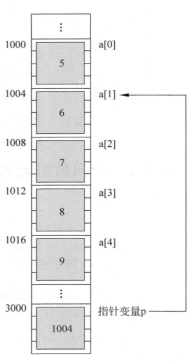

图 9.17　指针变量 p+1 之后的内存布局示意图

（3）p+i；或 a+i；

注意，这里 i 是数组元素的下标。

根据上一条，可以推出一个结论：假如现在 p 指向数组首地址，a 是数组名（代表数组首地址），那么 p+i 或者 a+i 就是数组元素 a[i]的地址，也就是说，它们指向数组 a 的第 i 个元素。例如，p+3 和 a+3 的值都是 &a[3]，都指向 a[3]，它们的实际地址是 a + i * 4（一个 int 占 4 字节），所以，结论就是 p+i 或者 a+i 都是地址，那么既然是地址，就可以赋给指针变量，所以如下范例中的语句就完全没问题：

```
p = a + 3;                          //地址,可以赋给指针变量
```

内存布局示意图如图 9.18 所示。内存布局方块左侧的都是地址，地址可以赋值给指针；右侧的都是值，值可以赋值给其他普通变量，也可以赋值给数组元素等。

（4）*(p+i)；或 *(a+i)；

在理解了上一条之后，这里的内容就好理解了。这两个是 p+i 或者 a+i 所指向的数组元素，也就是 a[i]，例如 *(p+2)或者 *(a+2)就是 a[2]。内存布局示意图如图 9.19 所示。

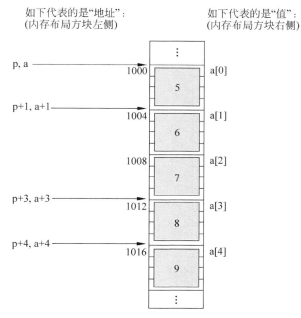

图 9.18　p＋i 或者 a＋i 内存布局示意图

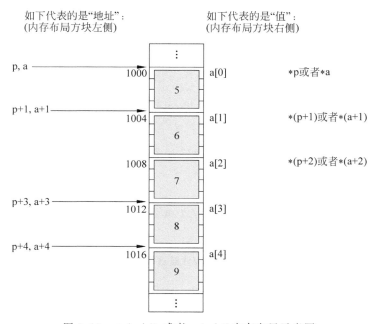

图 9.19　＊(p＋i) 或者＊(a＋i)内存布局示意图

（5）p[i]；

指向数组的指针变量 p,可以带个下标,跟数组元素一样,如 p[i],与＊(p＋i)等价,如果 p 指向数组 a 的首地址,那么 p[i]就和 a[i]等价了。内存布局示意图如图 9.20 所示。

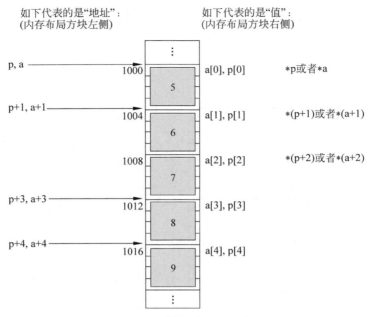

图 9.20　p[i]内存布局示意图

说到这里,引用一个数组元素,目前有如下几种方法,分别是 a[i]、p[i]、*(p+i)、*(a+i)。看看如下范例,读者可以自己设置断点跟踪分析,好好理解这些结果。

```cpp
int a[5];                          //能够引用的数组元素为 a[0]~a[4];
int * p;
int i;
a[0] = 12; a[1] = 14; a[2] = 20; a[3] = 18; a[4] = 50;
for (i = 0; i < 5; i++)
{
    printf("%d\n", a[i]);          //12 14 20 18 50
}
for (i = 0; i < 5; i++)
{
    printf("%d\n", *(a + i));      //12 14 20 18 50
}
printf("------------------------ \n");
for (p = a; p < (a + 5); p++)      //注意这里 p 不断变化
{
    printf("%d\n", *p);            //12 14 20 18 50
}
```

上面这个范例中,系统会将 a[i]转换成 *(a+i)处理,所以三个 for 循环语句中,前两个 for 循环语句找数组元素耗费的时间比第三个 for 循环语句要多,第三个 for 循环语句属于用指针变量直接指向元素,不用每次都重新计算地址,而且 p++这种自增操作也比较快。

不过上面这个范例如果从直观性的角度来讲,还是第一个 for 循环语句最直观。其他两个 for 循环语句都不那么直观,都得分析分析才知道结果。

上面这个范例有几个注意事项说一下:

① 上面第三个循环使用的是 p++,这是不断改变指针变量自身的值,从而使指针变量指向不同的数组元素,这是合法的。但有没有人见过 a++这种写法呢? 这是不合法的,a是数组名,代表数组元素首地址,它自己不能不断自加,它的值是固定不变的,所以它不可以自加 1,如果写成 a++那么编译肯定会报错。

② 定义了 5 个元素的数组,能引用的数组元素是 a[0]~a[4]。上面范例第三个 for 循环中,因为 p 是自加的,整个 for 循环完成之后,p 已经指向了整个数组后面的内存,虽然 p 指向了这段内存,但不代表能使用这段内存,因为这段内存已经跳过了整个数组,已经不属于能操作的内存范围了。就好像如果在程序中使用 a[5],系统会把它按照 *(a+5)来处理,也就是先找出(a+5)的值(是一个地址),然后找出它指向的单元的内容,这个地址存在,但这个地址不能去操作,也就是说,能操作的就是 a[0]~a[4],其他的 a[5]甚至 a[6]、a[7]、a[8]等确实有对应的实际内存地址,但这些内存地址不能操作(例如不能去读,更不能去修改其中的内容),否则程序就可能会运行不稳定、出错,甚至运行崩溃。

(6) *p++;

在前面曾经说过,这里再进行一次详细和扩展说明。

自增运算符和指针运算符优先级相同,并且是自右至左结合的,所以等价于"*(p++);",++在变量名 p 的后面表示先用后加,所以整个语句的作用是得到 p 指向的变量的值(*p),然后再使 p 指针自加 1,指向下一个数组元素。看看如下范例:

```
int a[5];                          //能够引用的数组元素 a[0]~a[4]
int *p;
int i;
a[0] = 12;a[1] = 14;a[2] = 20;a[3] = 18;a[4] = 50;
p = a;
printf("%d\n", *p++);              //这里输出的是 12(a[0]的值),p 指向 a[1]了
```

那既然说到 *p++;,就顺便再说一下"*++p;",这相当于"*(++p);"。

*(p++) 和 *(++p)不同:

++在变量名 p 的后面,表示先用后加,++在变量名 p 的前面表示先加后用。整个的作用是先使 p 指针自加 1,然后再使用 p 所指向的变量的值,所以如果原来 p 指向的是 a[0],那么此时实际上输出的是 a[1]的值,当然 p 也指向 a[1]了。看看如下范例,只需要把上面范例中的 printf 语句行做如下改变:

```
printf("%d\n", *++p);              //这里输出的是 14(a[1]的值),p 指向 a[1]了
```

(7) (*p)++;

这条语句在前面也曾经说过,表示 p 所指向的元素加 1,如果 p 指向数组首地址,那么就等价于"a[0]++;"。这里注意,实际上这个是元素值加 1,不是指针值加 1。看看如下范例,只需要把上面范例的 printf 语句行做如下改变:

```
printf("%d\n", (*p)++);            //这里输出的是 13(a[0]的值),p 依旧指向 a[0]
```

上面(6)和(7)谈论了自加运算符++,其实自减运算符——也是一样的,只不过对于指针变量来讲,指针值-1,代表的不再是指针变量 p 往前指(指向下一个元素),而是往回指(指向前一个元素)。同时也看到,指针变量的书写形式灵活多样,用的时候一定要小心,各

种写法不必要死记硬背,建议可以画一张图供随时查阅参考即可。

9.3.3　数组名作为函数参数

前面已经说过,数组名代表的是数组的首地址,所以,可以想象,数组名作为函数参数,传递到函数里面去之后,就相当于可以直接操纵这个数组了。

在函数章节中,曾经讲过数组名作为函数参数,那时候重点强调了下面这句话:将数组名作为函数参数时,就不是"值传递"的概念了,不再是单向传递,而是把实参数组的开始地址(首地址)传递给了形参,这就相当于实参和形参代表了同一段内存单元,这其实叫地址传递,也就是说,形参数组中各个元素的值如果发生了改变,就等价于实参数组中对应元素的值发生了改变。

这里可以做个归纳:如果有一个实参数组,想在函数中改变此数组中元素的值,实参与形参的对应关系可以有如下 4 种。

(1)实参和形参都用数组名。

```cpp
void changevalue(int ba[])
{
    ba[3] = 27;                  //这是把这个内存赋值,所以这个新值会被带回到调用者
    ba[4] = 45;
    return;
}
int main()                       //主函数
{
    int a[5];                    //能引用的是 a[0]~a[4]
    a[0] = 85;a[1] = 70;a[2] = 98;a[3] = 92;a[4] = 78;
    changevalue(a);
    return 0;
}
```

总结:a 是实参,代表数组的首地址,那么 ba 是形参,a 和 ba 指向同一段内存,也就是说,在调用 changevalue 期间,a 和 ba 指的是同一个数组,那么修改数组 ba 元素的值就等价于修改数组 a 元素的值。

(2)实参用数组名,形参用指针变量。

```cpp
void changevalue(int * p)
{
    //注意,要知道数组 a 的数组元素范围是 a[0]~a[4],这意味着最多能够引用到 * (p + 4)
    * (p + 2) = 888;             //等价于给 a[2]赋值 888
    return;
}
int main()                       //主函数
{
    int a[5];                    //能引用的是 a[0]~a[4]
    a[0] = 85;a[1] = 70;a[2] = 98;a[3] = 92;a[4] = 78;
    changevalue(a);
    return 0;
}
```

（3）实参和形参都用指针变量（这个其实和上一个很类似）。

```
void changevalue(int * p)
{
    //注意,要知道数组 a 的数组元素范围是 a[0]～a[4],这意味着最多能够引用到 *(p+4)
    *(p + 2) = 888;             //等价于给 a[2]赋值
    return;
}
int main()                     //主函数
{
    int a[5];                  //能引用的是 a[0]～a[4]
    a[0] = 85; a[1] = 70; a[2] = 98; a[3] = 92; a[4] = 78;
    int * pa = a;              //把数组 a 的首地址给了 pa,然后传递 pa 到函数中
    changevalue(pa);
    return 0;
}
```

（4）实参为指针,形参为数组名。把指针传递给数组名,那这个数组名也就相当于这个数组的首地址了（也就相当于 ba 数组和 a 数组共用同一段内存）,不过这种用法比较少。换一种理解方式,这个 ba 数组名也可以看成一个指针,一个指向数组 a 的首地址的指针。

```
void changevalue(int ba[])
{
    //注意,ba 引用数组下标时也不能超过在 main 中定义的 a 数组,可引用的下标是 0～4
    ba[3] = 27;                //这是把该内存赋值,所以这个值会被带回到调用者
    ba[4] = 45;
    return;
}
int main()                     //主函数
{
    int a[5];                  //能引用的是 a[0]～a[4]
    a[0] = 85; a[1] = 70; a[2] = 98; a[3] = 92; a[4] = 78;
    int * pa = a;              //把数组 a 的首地址给了 pa,然后传递 pa 到函数中
    changevalue(pa);
    return 0;
}
```

9.3.4　回顾二维数组和多维数组的概念

请回顾一下,在数组章节中讲解了二维和多维数组,以二维数组为例,二维数组带两个下标,例如针对 a[3][4]这个二维数组,可以把 a 看成是一个一维数组,这个一维数组有三个元素：a[0]、a[1]、a[2],每个元素（都看成是一个一维数组名）又是一个包含 4 个元素的一维数组,参考图 6.4 所示。

所以,int a[3][4] 就相当于定义了 12 个元素（3 行 4 列）,第一维下标能引用的范围是 0～2,第二维下标能引用的范围是 0～3,所以整个二维数组能够引用的元素如下,可以参考图 6.5 所示：

```
a[0][0],a[0][1],a[0][2],a[0][3],
a[1][0],a[1][1],a[1][2],a[1][3],
a[2][0],a[2][1],a[2][2],a[2][3]
```

在 C 语言中,二维数组元素排列的顺序是按行存放的,即在内存中先存放第一行元素,再存放第二行元素,以此类推,所以,int a[3][4]这个二维数组在内存中存放起来应该是如图 6.6 所示,同样要注意,二维数组以及更多维数组在内存中都是连续存放的。

而对于多维数组,第一维下标变化最慢,最右边维度的下标变化最快。例如,对于数组 float a[2][3][4];在内存中的排列顺序应该是这样:

a[0][0][0],a[0][0][1],a[0][0][2],a[0][0][3], a[0][1][0],a[0][1][1],a[0][1][2],a[0][1][3],
a[0][2][0],a[0][2][1],a[0][2][2],a[0][2][3], a[1][0][0],a[1][0][1],a[1][0][2],a[1][0][3],
a[1][1][0],a[1][1][1],a[1][1][2],a[1][1][3], a[1][2][0],a[1][2][1],a[1][2][2],a[1][2][3]

9.3.5 指向多维数组的指针和指针变量探究

前面学习了用指针变量指向一维数组,其实指针变量也可以指向多维数组,但指向多维数组稍微难理解一点。

二维数组指针中的很多概念和一维数组中不一样,当然从常用和实用性来讲,二维数组指针用的也不多,建议有个印象,真要用的时候回头来再研究学习也不迟。例如,一维数组中 a[i]表示一个值,但二维数组中 a[i]表示的不是一个值,而是一个地址,这种情况比较多。

本节重点研究二维数组:看下面这个典型的二维数组,数组名 a 同样代表数组的首地址。

int a[3][4];

前面说过,可以把 a 看成是一个一维数组,这个一维数组有三个元素:a[0]、a[1]、a[2],每个元素又包含 4 个元素,那么听起来有如图 9.21 所示的这种感受。

图 9.21 二维数组地址、元素感受图

考虑到二维数组理解上的一些复杂性,为了进一步明确二维数组地址、值等概念,笔者把一些最重要的内容整理成表 9.1(横着看每一行),当某些表达式如何运算、结果是什么不确定的时候,直接查这个表格获取答案也许是最有效的学习和解决问题的方法。

表 9.1 二维数组的一些表现形式及对应的含义

表 现 形 式	含 义	补 充 说 明
a	二维数组名,数组首地址,第 0 行首地址	是个地址:1000
a+1	第 1 行首地址	是个地址:1016
a+2	第 2 行首地址	是个地址:1032
a[0],&a[0][0], * a, * (a+0),&a[0]	第 0 行首地址(第 0 行第 0 列元素地址)	是个地址:1000
a[1],&a[1][0], * (a+1),&a[1]	第 1 行首地址(第 1 行第 0 列元素地址)	是个地址:1016
a[2],&a[2][0], * (a+2),&a[2]	第 2 行首地址(第 2 行第 0 列元素地址)	是个地址:1032

续表

表 现 形 式	含　义	补 充 说 明
a[0]+1,&a[0][1] , * a+1	第 0 行第 1 列元素地址	是个地址：1004
a[1]+2,&a[1][2], * (a+1)+2	第 1 行第 2 列元素地址	是个地址：1024
* (a[0]+1),a[0][1], * (* a+1)	第 0 行第 1 列元素值	是个值
* (a[1]+2),a[1][2], * (* (a+1)+2)	第 1 行第 2 列元素值	是个值

结论

* (a+i)等价于 a[i]		是个地址

神奇的内容

a 和 * a,都是地址,而且地址值是相同的		是个地址
a+1 和 * (a+1),a+2 和 * (a+2)也是同理		
a[i]和 &a[i]都是地址,而且地址值也相同		是个地址

针对表 9.1 有几点说明：

（1）a 是二维数组名,也是整个二维数组的首地址,针对该二维数组,所有针对行的描述全部从第 0 行开始,所有针对列的描述全部从第 0 列开始。所以,a 可以认为是第 0 行的首地址(1000)。演示代码如下,可以自己设置断点跟踪调试一下：

```
int a[3][4];
int * p;
p = (int * )a;                //强制类型转换
```

（2）a+1、a+2 分别代表第 1 行首地址和第 2 行首地址。第 1 行首地址,因为每一行包含 4 个元素,每个元素占 4 字节,所以 4 个元素占 16 字节,所以 a+1 要跳过 16 字节,也就是 a+1 = 1016,而 a+2 要跳过 32 字节,也就是 a+2 = 1032。演示代码如下：

```
p = (int * )(a+1);
```

（3）前面说过,把 a 看成是一个一维数组,这个一维数组有三个元素：a[0]、a[1]、a[2],每个元素又是一个包含 4 个元素的一维数组。

这表示 a[0]、a[1]、a[2]是一维数组名,C 语言规定数组名代表数组的首地址,所以就有如下：a[0] == &a[0][0]==1000 是第 0 行首地址,a[1] == &a[1][0]==1016 是第 1 行首地址,a[2] == &a[2][0]==1032 是第 2 行首地址(注意==符号表示相等关系)。

演示代码如下：

```
p = a[0];
p = a[1];
```

（4）第 0 行第 1 列元素地址怎么表示？可以用 &a[0][1],也可以用 a[0]+1 表示,因为 a[0]是地址,所以+1 跳过一个整型的 4 字节,所以 a[0]+1 = 1004。举一反三,a[0]+

2，a[1]＋1就应该都会了。演示代码如下：

```
p = &a[0][1];
p = a[0]+1;
```

（5）回想讲解一维数组指针时，如一维数组"int a[5];"，回顾一下图 9.20，从中看到 a[0]和 *a 等价，a[1]和 *(a+1)等价，可以推出 a[i]和 *(a+i)等价，这个推论拿到二维数组中同样适用，所以，在这里直接给出一个二维数组的结论：

a[0]等价于 *a，注意，a 和 *a 地址都是 1000。

a[0]+1 等价于 *a + 1 等价于 &a[0][1] 等价于 1004。

a[1]等价于 *(a+1)等价于 1016。

a[1]+2 等价于 *(a+1) + 2 等价于 &a[1][2] 等价于 1024，注意不要把 *(a+1)+2 写成 *(a+3)，那就变成 a[3]了。

（6）刚才推导了一下，这三项等价：a[0]+1、&a[0][1]、*a+1，代表第 0 行第 1 列元素地址，那么显然 *(a[0]+1)就是 a[0][1]的值，*(*a+1)也是 a[0][1]的值。

也有：*(a[1]+2)、a[1][2]、*(*(a+1)+2)就是第 1 行第 2 列元素值的，这些听起来比较烦琐的内容，不用死记硬背，需要的时候看看表 9.1 就行了。

另外，针对 a[i]的性质，再做一下进一步的说明：

如果 a 是一维数组名，那么 a[i]代表的是 a 数组的第 i 个元素的内容。a[i]是有物理地址的，是占内存单元的。但如果 a 是二维数组，则 a[i]代表的是一维数组名，这意味着 a[i]本身并不占实际的内存单元，当然它也不会存放 a 数组中各元素的值，它只代表一个地址。所以，看表 9.1：a、a+i、a[i]、*(a+i)、*(a+i)+j、a[i]+j 都是地址，而 *(a[i]+j)、*(*(a+i)+j)是二维数组元素 a[i][j]的值。

另外，表 9.1 中也有一些比较有趣的内容值得关注：

① a 和 *a 都是地址，而且这两个地址值是相同的。

② a+1 和 *(a+1)，a+2 和 *(a+2)也是同样道理。

③ a[i]和 &a[i]都是地址，而且地址值也相同。

这些内容读者可以自己思考，并设置断点在计算机上执行程序观察结果，从而得出确切的结论。

说了这么多内容，可以进行一下实践了，试试用指针灵活地指向多维数组及其元素。看看如下范例：

```
int a[3][4];
for(int i = 0; i < 3; i++)
{
    for(int j = 0; j < 4; j++)
    {
        a[i][j] = 86;
    }
}
int * p;
p = (int *)(a+1);          //第 1 行首地址(注意首行称为第 0 行),第 1 行是首行的下一行
* p = 56;                  //这个相当于 a[1][0]给了 56
p++;                       //向后走 4 字节
* p = 78;                  //这个相当于 a[1][1]给了 78
```

9.3.6　指针数组和数组指针

首先，在面试中有可能会问到"指针数组"和"数组指针"这两个概念的区别，也可能给出一段代码判断是指针数组还是数组指针，所以要注意学习。

1. 指针数组

直接通过代码的形式看一看指针数组的定义：

```
int * p[10];
```

如何理解上面这行定义呢？首先这是一个数组，数组中有 10 个元素，每个元素都是一个指针，所以这相当于定义了 10 个指针，分别为 p[0]～p[9]，这个感觉如图 9.22 所示（横着绘制，以节省空间）。

图 9.22　指针数组 int * p[10];

看看如下范例：

```
int a[3][4];
for(int i = 0; i < 3; i++)
{
    for(int j = 0; j < 4; j++)
    {
        a[i][j] = 86;
    }
}
int * p[4];                    //指针数组,能引用的下标为 0～3
p[0] = &a[0][0];
p[1] = &a[0][1];
p[2] = &a[0][2];
p[3] = &a[0][3];
for(int i = 0; i < 4; i++)
{
    printf("value = % d\n", * p[i]); //value = 86
}
```

2. 数组指针

数组指针用的不算多，但也要做到基本掌握，以免在求职面试中变得被动。直接通过代码的形式看一看指针数组的定义：

```
int ( * p)[10];
```

这是一个指针变量，名字为 p，这个指针变量用来指向含有 10 个元素的一维数组。这个感觉如图 9.23 所示。

图 9.23　数组指针 int (* p)[10];

借助如下两个范例,对数组指针有一个更深入的理解。代码范例一:

```
int( * p)[10];
int a[10];
for (int i = 0; i < 10; i++)
{
    a[i] = i;
}
p = &a;                          //注意到这里要用 & 地址符,否则编译会报错
int * q;
q = (int * )p;                   //强制类型转换,如果不转,观察编译器会报什么错
for (int i = 0; i < 10; i++)
{
    printf("value = % d\n", * q);
    q++;
}
p++;                             //会跳过 40 字节
```

代码范例二:

```
int( * p)[10];
int a[3][10];
for (int i = 0; i < 3; i++)
{
    for (int j = 0; j < 10; j++)
    {
        a[i][j] = i + j;
    }
}
p = a;                           //二维数组名可以直接赋值给数组指针
int * q;
q = (int * )p;
for (int i = 0; i < 3; i++)
{
    for (int j = 0; j < 10; j++)
    {
        printf("% d ", * q);
        q++;
    }
    printf(" ------------- \n");
    p++;                         //会跳过 40 字节
    q = (int * )p;
}
```

上面范例代码最外层有两个 for 循环,把后一个 for 循环做适当修改,分析和感受一下:

```
for(int i = 0; i < 3; i++)
{
    q = * (p + i);
    for(int j = 0; j < 10; j++)
    {
        printf("% d ", * q);
        q++;
```

```
    }
    printf(" ------------ \n");
    //p++;                          //会跳过 40 字节
    //q = (int * )p;
}
```

后一个 for 循环再修改一下：

```
for(int i = 0; i < 3; i++)
{
    //q = * (p + i);
    for(int j = 0; j < 10; j++)
    {
        printf(" % d ", * ( * (p + i) + j) );
        //q++;
    }
    printf(" ------------ \n");
    //p++;                          //会跳过 40 字节
    //q = (int * )p;
}
```

9.3.7　多维数组的指针作为函数参数

一维数组的地址可以作为函数参数传递，多维数组的地址也可以作为函数参数传递，其实道理与一维数组很类似，因为基础的和必要的知识都讲解完了，这里就不进一步演示多维数组的指针作为函数参数的情形，在实际学习或者工作中如果有这样的需求，建议根据所学习到的知识，动手实际演练一下。

9.4　字符串的指针和指向字符串的指针变量

9.4.1　字符串表示形式

1. 用字符数组实现

前面章节学习过该范例，这里回顾一下，观察其输出结果，这就是字符数组，处理字符串就用这种字符数组的方式：

```
char mystr[] = "I love China!";        //这里没规定字符数组长度,系统会自动计算,
                                       //算'\0'长度共 14
printf(" % s\n",mystr);                //I love China!
char mystr1[] = "I love China!";
char mystr2[] = "I love China!";
printf(" % s\n",mystr1);               //I love China!
printf(" % s\n",mystr2);               //I love China!
```

设置一个断点，看一看上面的 mystr1、mystr2 内存的样子，注意字符串末尾的'\0'，是字符串结束标记，如图 9.24 所示。

其中，mystr1、mystr2 都是字符数组名，代表字符数组首地址。那显然 mystr1 == &mystr1[0]，而 mystr2 == &mystr2[0]，并且要注意，mystr1 和 mystr2 所代表的地址并不相同，这意味着字符串"I love China"被保存到了两块不同的内存中，也就是说，"I love

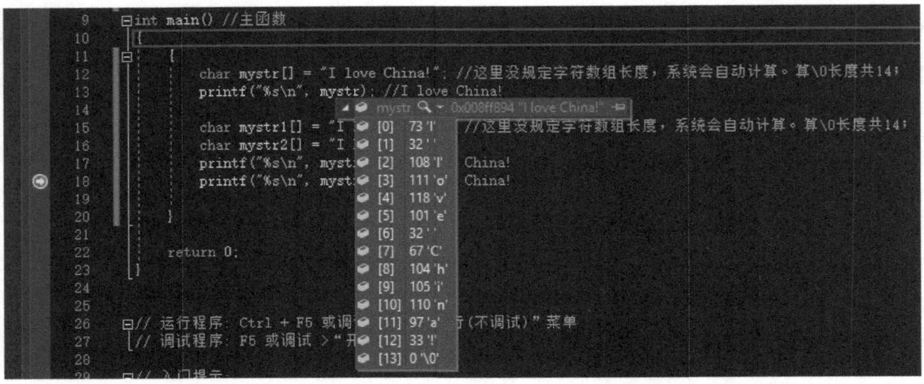

图 9.24　跟踪调试,查看字符串中的内容

China!"是字符串常量,把这个字符串常量分别复制到了这两个字符数组所代表的内存中去了。

2. 用字符指针实现

如下代码行:

```
const char * pmystr1 = "I love China!";   //这里 const 表示"常量"的概念,C++部分会讲
const char * pmystr2 = "I love China!";
printf(" % s\n",pmystr1);                  //I love China!
printf(" % s\n",pmystr2);                  //I love China!
```

跟踪调试,如图 9.25 所示。

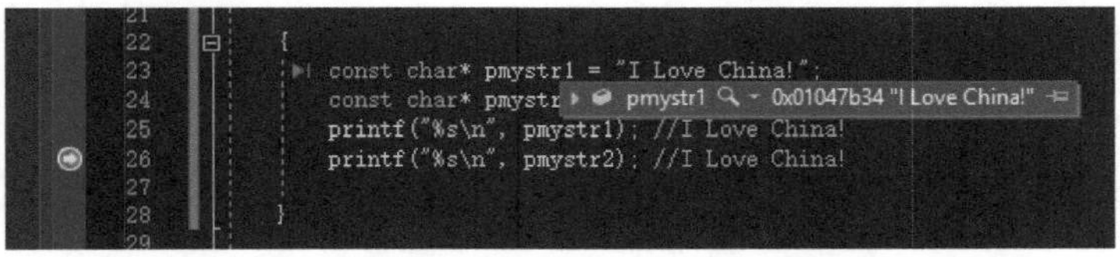

图 9.25　字符指针指向一个字符串常量

通过跟踪调试上面的代码,注意到这样一个事实,pmystr1 指向的地址等于 pmystr2 指向的地址,都指向这个字符串"I love China!",读者一定会有疑问,为什么在用字符数组实现时是把字符串常量"I love China!"分别复制到两个不同的字符数组中去了,而这里这两个字符指针却指向了一个相同的地址?

这是因为:这段代码没有定义字符数组,也就是没有内存来保存"I love China!"这一堆字符。实际上,读者要明白,首先"I love China"是字符串常量,C 语言中对字符串常量有特殊的处理,那就是在内存中会开辟出一块专门的地方来存放字符串常量。所以,这个"I love China"是存在于专门开辟出的这块内存中,并且有一个固定内存地址。

那"const char * pmystr1 = "I love China!";"这行相当于把内存中这个字符串常量的首地址赋给了指针 pmystr1 导致 pmystr1 指向该字符串常量。同理,"char * pmystr2 = "I love China!";"相当于把内存中这个字符串常量的首地址赋给了指针 pmystr2 导致 pmystr2 指向该字符串常量,因为都是同一个字符串常量"I love China",所以首地址必然相同,所以 pmystr1 和 pmystr2 指向的地址相同。同时,要注意,因为这块专门存放字符串常量的内存是只读的,所以,不能修改这块内存的内容,例如如果写"pmystr2[3] = 'c';",这

样的代码必然会使系统报错。

对字符串中字符的存取,可以用下标方法,也可以用指针方法。演示代码如下,先用下标方法尝试一下:

```
char a[] = "I love China!";
char b[100];                         //b 要保证比 a 中的实际内容长
int i;
for(i = 0; *(a + i) != '\0'; i++)    //*(a + i) 相当于 a[i]
{
    *(b + i) = *(a + i);             //*(b + i) 相当于 b[i]
}
*(b + i) = '\0';                     //此时 i = 13
printf("string a is %s\n",a);
printf("string b is %s\n",b);
//b 还可以逐个字符输出
for(i = 0; b[i] != '\0'; i++)
{
    printf("%c",b[i]);
}
printf("\n");
```

修改一下上面的范例,这回用指针变量来尝试一下。演示代码如下:

```
char a[] = "I love China!";
char b[100];                         //b 要保证比 a 中的实际内容长
char *p1, *p2;                       //字符型指针变量
int i;
p1 = a;
p2 = b;
for (; *p1 != '\0'; p1++, p2++)      //因为是 char 型,所以一次跳 1 字节
{
    *p2 = *p1;                       //第一次循环相当于 b[0] = a[0];
}
*p2 = '\0';
printf("string a is %s\n", a);       //string a is I love China!
printf("string b is %s\n", b);       //string b is I love China!
```

9.4.2　字符串指针作为函数参数

在第 7 章,曾经讲过数组作为函数参数,其中讲到了数组名作为函数参数,在函数中改变数组元素值,这个被改变了的值会被带回给调用者。

在这里,将一个字符串从一个函数传递到另一个函数(字符串就看成字符数组),可以用地址传递的办法,即用字符数组名作为参数,或者用指向字符串的指针变量作为参数,这样在被调用的函数中可以改变字符串的内容,在主调函数(调用者)中可以得到被改变了的字符串。下面是一个关于字符串内容复制的演示范例,可以设置一下断点跟踪调试观察:

```
void copystr(char from[],char to[])  //字符串内容复制函数
{
    int i = 0;
```

```
        while(from[i] != '\0')
        {
            to[i] = from[i];
            i++;
        }
        to[i] = '\0';
    }
    int main()                                      //主函数
    {
        char a[] = "this is source content";
        char b[] = "this is a special test hehe,look carefully";
        //必须保证b比a大,因为后续a内容往b里复制,否则程序会崩溃
        printf("a = %s\n",a);
        printf("b = %s\n",b);
        copystr(a,b);
        printf("a = %s\n",a);
        printf("b = %s\n",b);
        return 0;
    }
```

在 copystr 函数中,形参部分换成指针变量试试,只需要修改 copystr 函数定义的第一行(函数名这行)。修改成如下所示:

```
void copystr(char * from,char * to)
```

当然,在 copystr 函数的函数体中也可以换一种写法,代码如下:

```
void copystr(char * from,char * to)
{
    for(; * from != '\0'; from ++,to++)
    {
        * to = * from;                      //相当于b[i] = a[i];
    }
    * to = '\0';
}
```

再换一种 copystr 函数体的写法:

```
void copystr(char * from, char * to)
{
    while ( * from)                         //不遇到\0(ASCII 码为 0)就继续
    {
        * to++ = * from++;                  //同级,从右到左结合,先用后加
    }
    * to = '\0';
}
```

看得出来,这种字符串内容复制有很多种写法,选择一种自己认为最熟悉、最容易理解的方法来写,初学时可能不习惯这些写法,但熟练之后,就能够慢慢掌握这些方法了,不用急,慢慢来。

9.4.3 字符指针变量与字符数组

虽然用字符数组和字符指针变量都能够实现字符串的存储,但还是要对两者之间的区别有个详细的了解。

(1)字符数组由若干元素组成,每个元素中存放一个字符。而字符指针变量中存放的是字符串的首地址,仅仅是首地址,千万不要理解成将字符串放到字符指针变量中。

(2)赋值方式。

```
char str[100] = "I love China!";                //定义时初始化
```

如下这样写不可以:

```
char str[100];
str = "I love China! ";                         //不允许这样直接赋值
```

修改成如下这样才行:

```
strcpy(str,"I love China!");
```

如下字符指针的操作是可以的:

```
const char * a;
a = "I love China";   //I love China 是字符串常量,在内存中是有固定地址的,这行只是让字符指
                      //针 a 指向这个地址而已
```

(3)指针变量值是可以改变的,也就是说,指针指向的位置可以发生改变。例如:

```
const char * a = "I love China!";
a = a + 7;                          //原来指向字符'I',这里跳过 7 字节,正好指向 China
printf("%s",a);                     //China!
```

数组名虽然代表数组首地址,但其值不能改变:

```
char a[] = "I love China!";
a = a + 7;     //这不可以,因为数组名代表的数组首地址值是不能发生改变的
printf("%s",a);
```

可以看到,指针的应用非常灵活,其实也不复杂,多练习一下,很快就能熟练起来。

9.5 函数指针和返回指针值的函数

9.5.1 用函数指针变量调用函数

以往学习过,指针变量可以指向整型变量、字符串、数组,现在学习一下指针变量指向函数,这也是一个很重要的话题,是一些比较有技巧的程序代码中常用的编程手法,请认真学习。

函数,前面章节已经学习过,是一段代码,可以被调用,所以,首先看看如下范例,演示一个普通的函数调用范例——求最大值:

```
int max(int x, int y)                 //求最大值函数
{
```

```
        if(x > y)
            return x;
        return y;
    }
    int main()                                  //主函数
    {
        int c;
        c = max(5,19);
        printf("c = % d\n",c);                   //c = 19
        return 0;
    }
```

现在需要知道,这个函数 max 因为有它要执行的功能(比较大小,返回两个值中较大的值),所以会占用一段内存(函数中的代码是要占用内存的),实际上每个函数都会占用一段内存,因此有一个起始地址,可以用一个指针变量指向一个函数(实际就是指向函数的起始地址),从而可以通过指针变量来调用所指向的函数。

改造一下上面的代码:

```
int c;
//c = max(5,19);
int ( * p)(int x,int y); //定义一个函数指针变量,定义参数,定义返回值, * p 被()包裹,()不可省
                        //略,表示 * 和 p 先结合代表一个指针变量,然后再和后面的(int x,int y)
                        //结合表示此指针变量指向函数,写成"int ( * p)(int,int);",只有类型
                        //说明符没形参名也可以
p = max; //将函数 max 的入口地址赋给指针变量 p,函数名代表该函数的入口地址,类似地,数组名
        //代表数组起始地址,现在 p 就是指向函数 max 的指针变量,p 和 max 都指向函数的开头,
        //写成 p = &max;也可以
c = ( * p)(5,19); //调用 * p 就是调用函数 max,p 指向函数入口,等价于"c = max(5,19);",这里调用
                //只是用 * p 取代了函数名, p 不能指向函数中间某条语句,所以 * (p + 1)不合法,
                //其实这个 * 也可以省略
printf("c = % d\n", c); //c = 19
```

执行后,得到了和普通函数调用范例相同的结果,那么在应用函数指针这个范例中,一定要注意函数指针的定义方法,如果上面的函数指针变量的定义写成了如下这样:

```
int * p(int x,int y);
```

则因为"()"优先级高于" * ",那这就变成函数说明了:int * 表示这个函数的返回值是指向整型变量的指针,那和开发者的本意就天差地别了。

还有一个很重要的问题,设置一下断点,观察一下 p 的值和 max 的值,如图 9.26 所示。注意到了一个重要问题:语句"p=max;"执行后,为什么 max 和 p 两者值不相等?

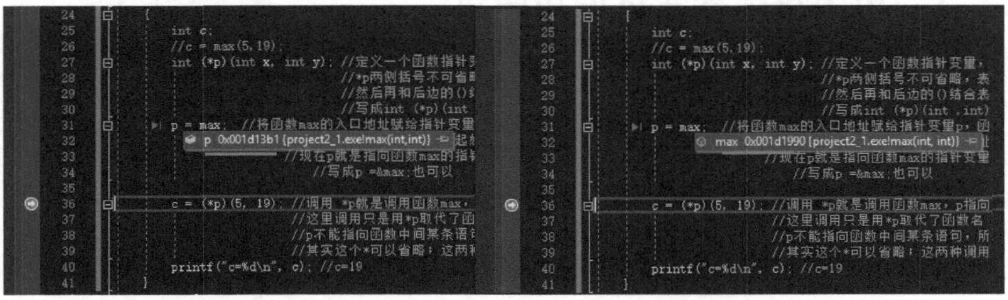

图 9.26　函数入口地址赋值给函数指针后的值比较,两个值并不相同

Visual Studio 等开发环境有一些内部处理手段：把 max 等许多这种函数的入口地址保存到一张表格中，函数调用的时候系统会到这张表格里取真实的函数入口地址然后再调用函数，所以看到 max 和 p 值不同。p 里面保存（指向）的是真正的函数入口地址，max 里存的是表格里面一个对应关系地址，通过 max 这里的地址可以找到真正的函数入口地址。

不过，如果用 printf 语句输出，即使是输出 max，也能输出真实的函数入口地址，例如如下两行得到的结果一样，看起来这确实有点奇怪，但知道就好：

```
printf("max = 0x%x\n",max);              //%x格式符代表以十六进制数形式输出
printf("p = 0x%x\n",p);
```

总结一下：

（1）函数指针变量定义的一般形式。

数据类型标识符（*指针变量名）（形参列表）；

其中，"数据类型标识符"是指函数的返回值类型；"形参列表"里可以只有类型说明符（不必带有形参名），多个类型说明符之间用逗号分隔。

在代码中，只要满足"数据类型标识符"，也满足"形参列表"的函数，其地址（函数名）都可以赋给该函数指针，哪个函数地址赋给了这个函数指针，这个函数指针就指向哪个函数，所以，可以通过该函数指针指向不同的函数来达到调用不同函数的目的，这是有实际用途的。以后随着读者写的代码以及看的代码渐渐的多起来，可能会看到这种程序写法。

（2）函数的调用，可以通过函数名调用，也可以通过函数指针调用。

（3）对指向函数的指针变量 p，做一些像 p++、p--、p+n（n 代表一个数字）等运算都不可以，也没有意义。

9.5.2　把指向函数的指针变量作为函数参数

以前都看到过，函数的参数可以是普通变量、指向普通变量的指针变量、数组名以及指向数组的指针变量，现在要说的是：指向函数的指针变量也可以作为参数，从而实现函数地址的传递，也就是将函数地址（函数名）传递给形参。看看如下范例：

```
int max(int x,int y)
{
    if(x > y)
        return x;
    return y;
}
int wwmax(int x,int y,int (*midfunc)(int,int)) //指向函数的指针变量作为函数形参
{
    int result = midfunc(x,y);
    return result;
}
int main()                               //主函数
{
    int c;
    c = wwmax(5,19,max);                 //可以设置断点跟踪,直接把函数名传进去
    printf("c = %d\n",c);                //c = 19
```

```
        int ( * p)(int,int);                    //定义函数指针变量
        p = max;
        c = wwmax(45,21,p);                      //可以设置断点跟踪
        printf("c = % d\n",c);                   //c = 45
        return 0;
    }
```

有人可能会问，为什么不在 wwmax 函数里直接调用 max 函数呢？当然可以在 wwmax 函数里直接调用 max 函数，而不必用函数指针变量作为实参和形参，但如果每次调用 wwmax 函数时，在 wwmax 函数中要调用的其他函数不是固定的，如这次调用 max 函数，下次可能调用 min 函数，那这个时候用函数指针变量作为形参和实参就方便多了，每次调用 wwmax 时只要传递进去不同的函数名就可以了，程序的灵活性和扩展性将会大大增加。

9.5.3　返回指针值的函数

C 语言中，一个函数可以直接用"return；"来表示该函数不返回值，也可以用 return 后面带一个值的写法来返回一个值。

一般从函数中返回的值类型比较普遍和好理解的是一些简单类型，如整型、字符型、实型等，其实也可以返回指针型数据，也就是地址，虽然这种情形用得不多，但还是要提及一下，以免日后看到这些写法时感到困惑。

返回指针值的函数的一般定义形式为：

数据类型 * 函数名(参数列表){…}

看看下面这行函数定义代码：

int * a(int x, int y){…}

这里务必要看清楚，a 作为函数名，因为()优先级高于" * "，因此 a 先与()结合，所以整个代码其实就是一个函数定义，返回的类型为指针类型。

看看如下范例，这段代码写法存在致命问题，请详细看代码中的注释：

```
int *  add( int x, int y)
{
    int sum = x + y;
    return &sum;        //隐藏致命问题,函数调用完毕后,这个内存地址会被系统回收
}
int main()                                      //主函数
{
    int * presult;
    presult = add(4,5);//执行后 presult 指向的内容已经被系统回收,不应该从中取得值或者给
                        //它赋值
    printf("result =  % d\n", * presult); //这种代码不稳定,虽然可能返回正确结果,但绝对是隐患
    return 0;
}
```

上面这段代码之所以不稳定、不安全，主要原因是从 add 函数中返回的地址已经被系统回收，此时，无论是往该地址中写数据还是从该地址中读数据都不可以，都会存在隐患，严重时甚至会导致程序崩溃。

解决这种问题的方法其实比较多,这里介绍一种解决方法,那就是使用全局变量。程序改造如下:

```
int sum; //全局变量,生存期一直到程序结束,占用的内存一直存在,不会被系统回收
int * add(int x, int y)
{
    sum = x + y;
    return &sum;   //这就是安全的,因为这块内存一直都在,不会被系统回收
}
```

其实,只要掌握了基本的指针概念,则万变不离其宗,怎么变都不会糊涂。

9.6 指针数组、指针的指针与 main 函数参数

9.6.1 指针数组概念回顾

先简单回顾一下前面讲过的指针数组与数组指针。

一个数组,其元素均为指针类型数据,称为指针数组,换句话说,指针数组中的每一个元素都是一个指针变量,指针数组的定义形式如下:

```
类型标识符 * 数组名[数组长度];
```

举个例子:

```
int * p[4];
```

看上面这行代码,因为[]优先级比"*"高,所以 p 与[4]先结合,构成 p[4],这是数组形式,表示有 4 个元素,然后与前面的"*"结合,"*"表示这个数组是指针类型的,每个数组元素都可以看成是一个指针变量,都可以指向一个整型普通变量。

再看看数组指针。数组指针的定义如下:

```
int ( * p)[4];
```

这行代码是定义一个指向一维数组的指针变量。也就是说,它首先是一个指针,注意区别指针数组和数组指针,精华的说法就是:以什么结尾它就是什么,"指针数组"是以"数组"这个词结尾,所以本质上是一个"数组",而"数组指针"是以"指针"这个词结尾,所以本质上是一个"指针"。在这里不多谈数组指针,主要谈一下指针数组。

指针数组有一个比较大的用处,就是比较适合用来指向若干个字符串,使字符串处理更加方便。看看如下范例:

```
//指针数组,共 5 个元素
const char * pName[] = {"C++","Java","PYTHON","GO","CSharp"};
//计算所有这个指针数组占多少字节,20 字节,因为每个指针占 4 字节(x86 平台)
int is1 = sizeof(pName);
//5 表示有 5 个数组元素,该行可以计算数组元素的数量
int isize = sizeof(pName) / sizeof(pName[0]);
//把字符串首地址赋给指针变量
const char * p2 = "JAVA";
```

针对上面这个范例,可以绘制如图 9.27 所示的指针指向示意图。

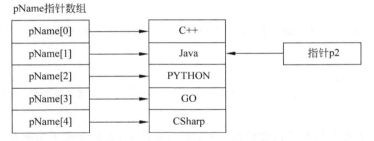

图 9.27　指针数组中指针指向示意图

继续增加一些代码:

```
int i;
for (i = 0; i < isize; i++)
{
    printf("pName[ % d] = % s\n", i, pName[i]);
}
printf(" -------------------- \n");
```

现在,如果希望 pName[0]不再指向"C++",而是指向"Java",希望 pName[1]不再指向"Java"而指向"C++",看看要如何来修改代码:

```
const char * ptmp;
ptmp = pName[0];                        //ptmp 指向了"C++"
pName[0] = pName[1];                     //pName[0]指向了"Java"
pName[1] = ptmp;                         //pName[1]指向了"C++"
for (i = 0; i < isize; i++)
{
    printf("pName[ % d] = % s\n", i, pName[i]);
}
```

运行并观察程序运行结果,可以绘制出如图 9.28 所示的指针指向示意图。

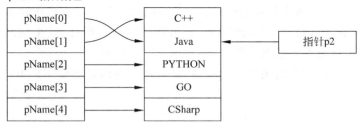

图 9.28　指针数组中指针指向示意图

9.6.2　指向指针的指针

指针是一种比较特殊的变量,它可以指向一个普通的变量,还有一种变量,这种变量能够指向一个指针变量,简称指向指针的指针,听起来有点绕。

例如,定义一个指向"字符串指针变量"的指针变量,应该这样写:

```
char ** p;
```

定义一个指向"整型指针变量"的指针变量,应该这样写:

```
int ** p;
```

如何解释上面的这种定义呢? 已知"*"指针运算符,是从右到左结合的,所以相当于
*(*p)。

括号里的 *p 是指针变量的定义形式。又在前面加了一个"*",表示指针变量 p 是指
向一个指针变量的,而 *p 是 p 所指向的另一个指针变量。

有些读者可能好奇,上面定义两个"*",那定义"***"可以吗? 定义"****"可以吗?
是的,可以,语法上没问题,但理解上显然就不好理解了,因为"**"都已经挺不好理解了。

接着上一个小节中的范例继续书写代码:

```
printf(" -------------------- \n");
const char ** pp;                      //定义一个指向指针的指针
pp = &pName[0];                        //那么 *pp 就是 pp 所指向的另一个指针变量
printf("pp = %s\n", *pp);              //pp = Java, 输出 *p 等价于输出 pName[0];
```

继续书写代码:

```
printf(" -------------------- \n");
int abc = 5;
int * pabc = &abc;
int ** ppabc = &pabc;
printf("abc = %d\n", abc);             //abc = 5
printf("abc = %d\n", * pabc);          //abc = 5
printf("abc = %d\n", ** ppabc);        //abc = 5,注意 * 的右结合性
```

指向指针变量的指针变量用的场合不太多,而且也属于比较深入的概念,可以通过多演示
来掌握,别被绕糊涂就行了。这里只做简单介绍,如果日后有实际需要,可以继续深入探索。

9.6.3　指针数组作为 main 函数参数

指针数组有个重要应用,就是能作为 main 函数参数。

前面说过,C 语言程序都是从 main 函数开始执行(由系统调用 main 函数)。当然,这个
是从普通编程者的角度去看待,实际上在执行 main 函数之前系统还做了很多事情,但这些
不需要去考虑。

目前程序中看到的 main 函数写法是这样的:

```
int main(){…}
```

可以看到,main 后面跟随的圆括号内是空的,没有内容。其实这个 main 函数是可以有
参数的,也就是说系统调用 main 函数时,可以给 main 函数传递参数。

把 main 函数改造一下,该函数就能够接收系统传递进来的参数。把 main 定义行修改
为如下内容:

```
int main(int argc,char * argv[])
```

请注意,main 函数增加了两个形参,这样,这个 main 函数就能够接收两个传递进来的数据:①第一个形参是整型数据;②第二个形参是一个指针数组,这里是指针数组作为函数形参。虽然没有专门讲解指针数组作为函数形参,但在这里见过就等于认识了。

现在设置一下断点,看看默认情况下,系统调用 main 函数时,会传递给 main 函数什么样的参数内容,如图 9.29 所示。

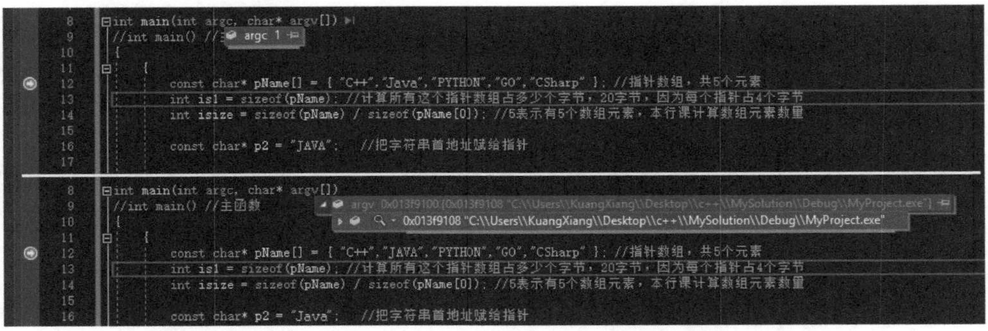

图 9.29 main 函数传递进来的两个形参

观察图 9.29,可以猜一下,argv 是一个指针数组,这个数组的长度现在是 1,那么观察一下可以看到,它这个元素的内容是可执行文件的完整路径文件名。

argc 是一个数字,目前是 1,目测好像 argc 里保存的是 argv 指针数组的长度,也就是 argv 指针数组的元素个数。

考虑一个问题:虽然 main 函数是系统调用的,并且系统可以给 main 函数传递形参,那么能不能人为地通过系统来给 main 函数传递额外的参数呢?其实是可以的,有两种方法。先讲述第一种。

第一种方法是可以专门在 Visual Studio 中进行实际操作的:

右击 Visual Studio 中左侧的"解决方案资源管理器"中的 MyProject 工程名,在弹出的快捷菜单中选择"属性"命令,这会弹出一个对话框,在对话框左侧单击"配置属性"下的"调试"选项,右侧在"命令参数"里就可以输入参数,根据上面看到的 argv 是一个字符型指针数组,可以猜到,能输入的参数就是很多个字符串,每个字符串之间要用空格隔开,例如这里输入 a1 b2 c3 并单击"确定"按钮,如图 9.30 所示。

然后写一段代码,就能够把在图 9.30 中在"命令参数"里输入的 a1、b2、c3 获取到并输出出来,这样就可以看到在程序中是可以接收到传递给 main 函数的参数的。

例如,Linux 操作系统中有一个列文件命令如下:

```
ls - la
```

这个命令中的"-la"就是一个参数,跟这里讲解的 a1、b2、c3 没有任何本质差别。现在把原来一些不需要的代码注释掉,写一些新代码如下:

```
int main( int argc, char * argv[ ])
{
    int i;
    printf("argc = % d\n", argc);
    for( i = 0; i < argc; i++)
```

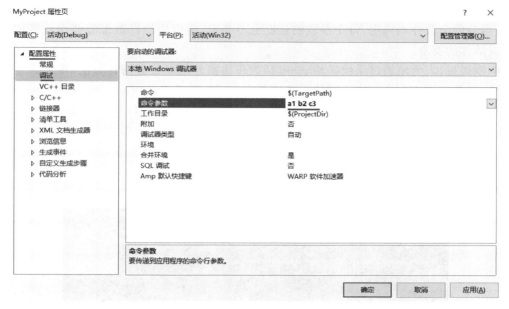

图 9.30　工程属性对话框

```
    {
        printf("argv[ % d] = % s\n",i,argv[i]);
    }
    return 0;
}
```

执行一下这段代码,看一看输出的结果,如图 9.31 所示。

```
argc = 4
argv[0] = C:\Users\KuangXiang\Desktop\c++\MySolution\Debug\MyProject.exe
argv[1] = a1
argv[2] = b2
argv[3] = c3
```

图 9.31　输出 main 函数中收到的各种参数内容

从这个结果猜测一下,刚刚在图 9.30 中输入了三个参数,分别是 a1、b2、c3,这里接收到的 argc = 4,表示实际收到了 4 个参数,其中收到的第一个参数 argv[0]已经看到了,它实际是这个可执行文件的完整路径文件名,据此可以断定,系统传递给 main 函数的 argv 参数(指针数组)中的第一个元素肯定是该可执行文件的完整路径文件名,而后系统才会依次把输入的参数 a1、b2、c3 传递给 main 函数的 argv 参数。

上面的代码,for 循环还可以修改一下。修改后的写法如下,如果看不太懂,及时设置断点调试观察:

```
for(i = 0; i < argc; i++)
{
    //printf("argv[ % d] = % s\n",i,argv[i]);
    printf("argv[ % d] = % s\n",i, * argv);
    argv++;
}
```

通过这个范例,可以看出指针数组作为函数参数的一个优势,因为向 main 函数传递参数时,参数的个数并不确定,每个参数的长度也不确定,所以用指针数组能够比较好地满足这种灵活性的要求。

刚刚说过,人为地通过系统来给 main 函数传递额外的参数有两种方法,现在讲述第二种方法,就是直接在命令行输入可执行文件名并在后面跟随着参数。

在目录 C:\Users\KuangXiang\Desktop\C++\My Solution\Debug 下有一个可执行文件 MyProject.exe,是刚刚编译生成的可执行文件(.exe 文件),可以用 cmd 命令打开一个 DOS 黑窗口,在黑窗口中用 cd 命令跳转到该 exe 文件所在的目录,直接通过命令行执行这个可执行文件并给这个可执行文件传递参数,如图 9.32 所示。

图 9.32　在命令行执行 exe 文件并为其传递运行时参数

可以看到,结果一样,程序接收到了通过命令行提供的参数,并且把接收到的参数内容输出了。

9.7　本章小结

指针这章即将结束,讲解了很多内容,其实指针并不难,只是有点烦琐。

(1) 指针数据类型小结,如表 9.2 所示。

表 9.2　指针数据类型小结

定　义	含　义
int i;	定义整型变量 i
int * p;	p 是指向整型数据的指针变量
int a[n];	定义整型数组 a,它有 n 个元素
int * p[n];	定义指针数组 p,它由 n 个指向整型数据的指针元素组成
int (* p)[n];	p 是指向包含 n 个元素的一维数组的指针变量

定 义	含 义
int f();	函数 f,返回一个整型值
int * p();	函数 p,返回一个指针,这个指针指向一个数型数据
int (* p)();	p 是一个指向函数的指针,这个函数返回一个整型值
int ** p;	p 是一个指针变量,它指向另外一个指向整型数据的指针变量

(2)指针运算小结。

① 指针变量加减。

p++、p−−都不是简单的加减 1,而是将指针变量的地址和它所指向的变量所占用的内存字节数相加减。

② 指针变量赋值。

```
int * p = 1000;          //不可以直接赋数字,不要认为可以将地址 1000 赋给 p,
                         //只能将变量的已分配地址赋给指针变量
int a;
int * p = &a;            //这样可以
```

③ 指针变量可以指向 NULL(空),表示不指向任何有效内容。

```
char * p;
p = NULL; //NULL 是一个宏,被定义为 0,就是使 p 指向地址为 0 的单元,同时系统也会保证地址为 0
          //的这个单元不存放有效数据
//有了这种赋值之后,在写程序时,就可以进行指针与 NULL 的比较
if(p == NULL) {…}        //这种写法还是比较常见的
```

(3)void * 型指针。

指针变量定义的时候都会定义它指向某种数据类型,如指向 int 型,可以这样写代码:

```
int * p;
```

但 void * 是属于万能型,也就是代表能够指向任意数据类型。看看如下代码:

```
int a = 3;
int * p = &a;
float bf = 5.6f;
float * pf = &bf;
//p = pf;                //报错,不可以
//p = (int *)pf; //强制类型转换虽然可以,但如果某些时候 p 和 pf 所指向的数据类型所占用的
                         //内存字节数不同,那么操作 p 就非常危险
void * pwn = NULL;       //pwn 可以指向任何类型的指针变量
pwn = p;                 //都不报错
pwn = pf;                //都不报错
//将来想要使用 pf 的时候,只要知道原类型,就可以通过 pwn 并使用强制类型转换运算符转换回去
pf = (float *)pwn;
```

(4)总结。

指针是 C 语言重要的概念和特色,优缺点都比较突出。

优点:效率高,通过传参方式在某个函数中改变的数据,在主调函数中能够感知到。

缺点:太过灵活,导致初学者容易犯错,所以使用中一定要小心谨慎。

第 10 章

结构体与共用体

结构体是一种数据类型,确切地说是将多种不同类型的数据组合起来构成的一个新数据类型,这个新数据类型能够表达更丰富、更全面的信息。例如,可以把学号、姓名、性别、年龄、家庭住址这五种类型的数据整合起来构成一个新的类型——学生,用于表示一名学员的完整信息。

结构体是后面学习 C++部分中最重要的概念"类"的基础,所以必须要学好。

10.1　结构体变量定义、引用与初始化

10.1.1　结构体简介

现在已经学习过了很多基本的数据类型,如整型、实型、字符型等,也学习了数组,数组中所有元素都是属于同一种类型,如都是整型或者都是实型等。

但是,单独一种数据类型所代表的数据能够保存的信息比较有限,如果能将多种类型的数据组合起来供外界使用,显然能够表达更丰富的信息。例如,把学号、姓名、性别、年龄、家庭住址等信息组合到一起,就能够完整地标识(记录)一名学员。

C 语言中就提供这样一种数据类型,叫作结构体。结构体就是把多种不同类型的数据放在一起,目的是能够表达更丰富的信息,结构体中的每个数据称为一个结构体成员。

看看如下范例,定义一个结构体类型:

```
struct student                   //定义一个结构体类型 student(学生)
{
    int num;                     //学号
    char name[100];              //姓名
    int sex;                     //性别 0: 女,1: 男
    int age;                     //年龄
    char address[100];           //地址
}; //这里的分号,不要忘记
```

结构体类型的感觉如图 10.1 所示。

根据上面定义的结构体类型,总结一下定义一个结构体类型的一般形式:

num	name	sex	age	address

图 10.1　结构体类型的感觉

```
struct 结构体名
{
    成员列表
};
```

10.1.2　定义结构体类型变量的方法

现在定义了一个结构体类型,此时,就可以把"结构体名"看成是一个类型名。怎样用这个结构体类型呢? 有三种使用方法。

(1) 结构体类型已经定义过的情况下,看看定义结构体变量的一般形式。

struct 结构体名 变量名列表;

例如,要定义两个结构体类型的变量 s1 和 s2,看如下代码:

struct student s1,s2;

(2) 定义结构体类型的同时也可以定义变量。

```
struct student
{
    int num;                     //学号
    char name[100];              //姓名
    int sex;                     //性别 0: 女,1: 男
    int age;                     //年龄
    char address[100];           //地址
} s1,s2;
```

一般形式为:

```
struct 结构体名
{
    成员列表
}变量名列表;
```

变量名如果有多个,则变量名之间以逗号分隔。

(3) 直接定义结构类型变量,也就是连结构体名都可以省略。

一般形式为:

```
struct
{
    成员列表
}变量名列表;
```

针对结构体,有几点说明:

① 使用结构体,一般要先定义一个结构体类型,然后定义某些变量为该结构体类型的变量,这其实可以看成是两个步骤。

② 结构体内可以套结构体。看如下代码:

```
struct date                      //定义一个结构体类型
{
    int month;
    int day;
    int year;
};
struct student                   //定义另一个结构体类型
{
```

```
        int num;                       //学号
        char name[100];                //姓名
        int sex;                       //性别 0:女,1:男
        int age;                       //年龄
        char address[100];             //地址
        struct date birthday;          //生日,是一个结构体
};
```

现在整个结构体类型的感觉如图 10.2 所示。

num	name	sex	age	address	birthday		
					month	day	year

图 10.2　结构体类型内嵌套结构体类型的感觉

③ 结构体内成员(成员变量)名可以与程序中的变量名相同,例如定义一个名字叫作 num 的普通变量,和结构体中定义的 int num;不冲突,彼此互不影响。下面会讲解结构体类型变量的引用,这样就更清楚了。

10.1.3　结构体类型变量的引用

前面定义了结构体类型,也定义了某些变量为该类型的变量,怎样使用这些变量呢?

(1)不能将结构体变量作为一个整体进行引用,如上面定义的 s1、s2,都是结构体变量,但不能拿来直接用,只能对结构体变量中的各个成员分别引用。引用的方式为:

结构体变量名.成员名

例如,s1.num 表示 s1 变量中的 num 成员,可以对该成员直接赋值。看如下代码:

```
s1.num = 1001;                      //将 1001 赋给 s1 变量中的成员 num
```

上面的".`"叫作结构体成员运算符,它的优先级非常高,与圆括号( )平级,优先级可以参考表 2.6,可以把 s1.num 当作一个整体来看待。

(2)如果成员本身又属于一个结构体类型,则要用若干个结构体成员运算符,一级一级找到最低级成员,只能对最低级成员进行赋值或者存取操作。例如,birthday 成员就是结构体类型,要存取这个成员,那么只能访问最低级的成员,也就是 month、day、year,无法直接访问 birthday。看如下代码:

```
s1.birthday.month = 12;
s1.birthday.day = 30;
s1.birthday.year = 2018;
```

(3)结构体中的成员又称为成员变量,可以直接看作普通变量,像普通变量一样进行各种运算。看如下代码:

```
s2.age = s1.age;                    //赋值
int agesum = s1.age + s2.age;       //求年龄和
s1.age++;   //年龄自 +1,因为"."这种结构体成员运算符优先级最高,所以 s1.age 是一个整体
```

(4)因为成员变量也相当于普通变量,所以它们也是有地址的。

```
int * p = &s1.num;
```

```
printf("%d\n", *p);
```

10.1.4 结构体变量的初始化

来看一段结构体变量初始化的代码：

```
struct student s5 = { 100,"王五",1,16,"3栋5楼",10,14,2018 };
s1.num = 1001;
int * p = &s1.num;
printf("%d\n", *p);                //1001
```

可以设置一个断点看一看结构中成员变量的值，如图10.3所示。

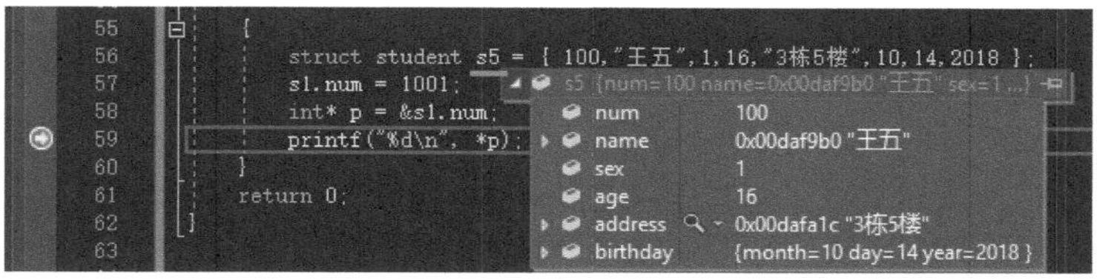

图10.3 结构体变量成员内容的观察

结构体比较好理解，请记住，结构体是以后学习 C++中"类"概念的基础，而"类"又是 C++中最重要的概念，类跟结构体很类似，甚至可以理解为：类是结构体功能的扩充。掌握好结构体，对将来掌握类会有极大的帮助。

10.2 结构体数组与结构体指针

10.2.1 结构体数组

一个结构体变量能存放一组数据，例如上一节所讲的一名学员的学号、姓名、性别、年龄、地址、出生年月。那如果想存放10名学员的数据呢？显然得用数组，这就是结构体数组。结构体数组与普通数组非常类似，可以把每个数组元素都看成是一个结构体变量，上一节定义了 student 结构，本节就以这个结构（结构体类型可以简称为"结构"）为基础进行代码演示。

那怎样定义这个结构体数组呢？

（1）单独写成一行来定义。

```
struct student stuArr[3];          //可用下标 0～2
```

（2）定义结构时顺便定义结构体数组。看如下代码的结构体末尾：

```
struct student                     //定义一个结构体类型
{
    int num;                       //学号
    .....
} stuArr[3];
```

当然，在定义结构体数组时，也可以顺便进行初始化。看如下代码：

```
struct student stuArr[3] = {       //可用下标 0～2
```

```
    {1001,"张三",1,18,"1 栋 1 单元",12,30,2000},
    {1002,"李四",1,20,"2 栋 2 单元",11,15,1998},
    {1003,"王五",1,22,"3 栋 3 单元",10,15,1996},
};
```

定义的时候初始化还可以不指定数组元素个数,此时系统根据初始化的这些值自动推断出数组的元素是多少个。看如下代码:

```
struct student stuArr[] = {
    {1001,"张三",1,18,"1 栋 1 单元",12,30,2000},
    {1002,"李四",1,20,"2 栋 2 单元",11,15,1998},
    {1003,"王五",1,22,"3 栋 3 单元",10,15,1996},
};
```

可以看到,定义时的初始化的一般形式为:

```
struct student stuArr[] = { {…}, {…}, {…} };
```

然后可以像使用普通结构体变量一样使用结构体数组。看如下代码:

```
stuArr[1].age++;                        //年龄 + 1
printf("name = % s\n", stuArr[1].name); //name = 李四
printf("age = % d\n", stuArr[1].age);   //age = 21
```

10.2.2　结构体指针

所谓结构体指针,就是结构体变量的指针,用于指向该结构体变量所占据的内存的起始地址。当然,结构体变量的指针也可以指向结构体数组中的元素,因为结构体数组中的每个元素就相当于一个结构体变量。看如下代码:

```
struct student stu;                     //结构体变量
struct student * ps;                    //结构体变量的指针
ps = &stu;
strcpy(stu.name, "小虎"); //如果这行编译失败记得在文件头加 # include < string. h >,
                //如果再编译失败,可以在文件头加 # pragma warning(disable : 4996)
stu. age = 16;
```

上面这段代码中,ps 指向了 stu,stu 里面的内容如果发生了改变,就等于 ps 所指向的内容发生了改变,那么如何通过结构体变量指针来访问结构体变量的成员呢?有两种方法,一种还是用结构体成员运算符".",另一种是用指向结构体成员运算符"—>"。看如下代码:

```
( * ps). num = 1008; //第一种用 * ps,因为" * "优先级不如结构体成员运算符"."高,所以这里用()
ps – > sex = 1; //第二种用"–>","–>"叫作指向结构体成员运算符,优先级也是最高的
printf("name= % s\n", ps – > name);     //name = 小虎
printf("age= % d\n", ps – > age);       //age = 16
printf("num = % d\n", ps – > num);      //num = 1008
printf("sex = % d\n", ps – > sex);      //sex = 1
```

再继续看代码,好好理解一下:

```
//定义并初始化结构体数组
struct student stuArr[3] = {                    //可用下标 0～2
    {1001,"张三",1,18,"1 栋 1 单元",12,30,2000},
    {1002,"李四",1,20,"2 栋 2 单元",11,15,1998},
    {1003,"王五",1,22,"3 栋 3 单元",10,15,1996}, //结尾这里有个"，"是没问题的
};
struct student * ps;                            //结构体变量的指针
ps = stuArr; //数组名作为数组首地址,前面说过,数组中的数据在内存中都是紧挨着存放的
for (int i = 0; i < 3; i++)
{
    printf("name = % s\n", ps - > name);
    printf("age = % d\n", ps - > age);
    printf("num = % d\n", ps - > num);
    ps++;                                       //这个++意味着一次跳过一个数组元素所占的字节数
    printf(" ---------------------- \n");
}
int ilen = sizeof(struct student);
printf("ilen =  % d\n", ilen);                  //224
```

上面代码中,注意 ps＋＋意味着 ps 指向下一个数组元素的开始地址。有几点说明:
(1)现在 ps 指向 stuArr,也就是数组的第一个元素。看如下代码:

```
ps = stuArr;                                //让 ps 指向数组 stuArr 的第一个元素
printf(" % d\n",(++ps) - > num);  //1002,++在 ps 前面,表示先加后用,可以设置断点并观察看 ps
                                   //指向哪里了(指向 1002 这个元素)
```

那如下代码,又是什么结果呢?

```
ps = stuArr;                                //让 ps 指向数组 stuArr 的第一个元素
printf(" % d\n",(ps++) - > num);  //1001,++在 ps 后面,表示先用后加,可以设置断点并观察看 ps
                                   //指向哪里了(指向 1002 这个元素)
```

(2)指针 ps 定义为指向 struct student 类型变量的指针,它只能指向一个结构体类型的变量或者指向一个结构体类型数组中的某个元素,不能指向其中的具体某个成员。例如,下面这些写法是不可以的:

```
ps = &stu.num;                              //不能指向结构体类型变量的成员
ps = & stuArr[0].num;                       //不能指向结构体类型数组中某个元素的成员
```

10.2.3 用指向结构体的指针作为函数参数

接着上面的代码,做一个结构体指针作为函数参数的演示:

```
void func1(struct student  * pd)
{
    pd - > age = 118;
}
int main()                                  //主函数
{
    struct student * ps;
    ps = stuArr;
```

```
    func1(ps);                           //执行后 stuArr[0]里的 age 就是 118 了
    printf("stuArr[0].age = %d\n",stuArr[0].age); //stuArr[0].age = 118
    return 0;
}
```

通过上面的代码能够看出,虽然函数的参数传递是值传递,但只要传递指针作为参数到函数中,就可以通过该指针来修改指定内存中的内容,这种修改就反馈到调用者函数如 main 函数中。当然,可以把整个结构体内容通过参数全部传递到函数中。是怎样做的?看如下代码:

```
void func1(struct student d)
{
    d.age = 118;
}
int main()                                //主函数
{
    stuArr[0].age = 12;                    //随便给个值,方便结果比较
    func1(stuArr[0]);
    printf("stuArr[0].age = %d\n", stuArr[0].age); //stuArr[0].age = 12
}
```

在上面这段代码中,通过设置断点调试观察,可以看到,func1 函数中的 d 变量(形参)地址和 stuArr[0](实参)地址并不同,那么若在 func1 函数中改变了形参 d 的值,当该函数调用执行完毕并返回后,改变的结果并不会反馈到 stuArr[0]中,这一点与将指向结构体的指针作为函数参数完全不同。

同时也要注意,这种把一个完整的结构体变量作为参数传递虽然合法,但结构体变量(结构体数组元素)的所有成员数据要全部复制到函数中,开销很大,既费时间又费空间,影响程序运行效率,所以,最好用指针作为函数参数,能提升程序执行效率。关于这种传参方式的开销和效率话题,在第 2 部分 C++语言中还会有非常详细的论述。

10.3 共用体、枚举类型与 typedef

10.3.1 共用体

共用体,也叫联合,有时候需要把几种不同类型的变量存放到同一段内存单元,例如,把一个整型变量、一个字符型变量、一个字符数组放在同一个地址开始的内存单元中。这三个变量在内存中占的字节数不同,但它们都从同一个地址开始,换句话说就是几个变量会互相覆盖。这种几个变量共同占用同一段内存的存储数据的方式,就叫共用体,这些变量也被称为共用体成员变量(简称"成员")。

可以看到,共用体和结构体有些类似,但共用体中的成员会占用同一段内存(会相互覆盖),而结构体中的成员会分别占用不同的内存(不存在相互覆盖的问题)。看一看共用体定义的一般形式:

```
union 共用体名
{
```

```
    成员列表
}变量列表;
```

看如下代码:

```
union myuni
{
    int carnum;                 //轿车的编号,4 字节
    char cartype;               //轿车的类型,如微型车、小型车、中型车、中大型车,1 字节够了
    char cname[60];             //轿车名,60 字节
}a,b,c;
```

也可以将类型定义和变量定义分开。例如,先定义一个共用体(有名字的共用体):

```
union myuni
{
    int carnum;                 //轿车的编号,4 字节
    char cartype;               //轿车的类型,如微型车、小型车、中型车、中大型车,1 字节够了
    char cname[60];             //轿车名,60 字节
};
```

因为共用体有名字,所以可以用共用体的名字来定义共用体变量:

```
union myuni a,b,c;
```

当然,在定义共用体的时候可以不给共用体命名,但这就需要在定义共用体的同时也一起定义属于该共用体类型的变量。看如下代码:

```
union
{
    int carnum;                 //轿车的编号,4 字节
    char cartype;               //轿车的类型,如微型车、小型车、中型车、中大型车,1 字节够了
    char cname[60];             //轿车名,60 字节
}a,b,c;
```

注意,从定义上看,共用体和前面讲的结构体非常类似,把共用体定义一般形式中的 union 替换成 struct 就是定义结构体,换回 union 就是定义共用体。但是结构体和共用体又明显不同:结构体占用的内存大小是各个成员占的内存大小之和,每个成员分别占用一段不同的内存。看如下结构体定义代码:

```
struct student
{
    int num;
    char name[52];
};
```

如果对这个结构用 sizeof 运算符做占用的内存大小计算,得到的结果是 56,因为 int 类型占 4 字节,字符数组占 52 字节:

```
int ilenstudent = sizeof(struct student);   //56
```

这里还需要额外进行一些说明,C 语言存在结构体成员的字节对齐问题(对齐的原因是

基于硬件或者效率,例如有些成员占 2 字节,但是为了运行效率,系统可能会额外多分配出
2 字节来),所以用 sizeof 运算符计算 student 结构体所占用的内存大小,得到的结果可能不
是 56,可能比 56 要多,但绝对不会低于 56。字节对齐问题如果笔者有兴趣可以通过搜索引
擎来了解。

而共用体因为成员占用同一段内存,所以占用的内存大小等于占用内存最大的成员所
占的内存大小,而不是每个成员所占内存大小之和:

```
int ilenunion = sizeof(union myuni);        //60 而不是 65
```

有几点说明:

(1) 共用体变量的引用方式。和结构体很类似,不能直接引用共用体变量,只能引用共
用体变量中的成员,如 a. cname、a. carnum,要知道,a 对应的内存空间中有好几种不同类型
的成员,每个成员占的内存大小都可能不同,所以必须明确写明引用的成员。

(2) 共用体变量的特点。同一段内存中存放几个不同类型的成员,但每一个瞬间只能
存放其中一个,换句话说,每个瞬间只能有一个成员起作用,其他成员不起作用。

程序中最后给哪个成员赋值,哪个成员就起作用。看如下代码:

```
union myuni a,b,c;
a.carnum = 1289234898;
strcpy(a.cname,"ab");                        //a.cname 起作用了,而 a.carnum 的值已经没意义了
```

所以,使用共用体变量时必须时刻注意当前存放在其中的数据,明确知道哪个成员当前
正在起作用。

(3) 共用体变量地址和其成员的地址都相同。也就是说,&a、&a. carnum、&a. cartype、
&a. cname 所代表的首地址都相同,共用体变量名也代表共用体变量的首地址,这一点与数
组名代表数组首地址的说法类似。

(4) 共用体变量不能在定义的时候给所有成员都进行初始化。看如下代码:

```
union myuni a = { 12,'A'," 小汽车"};        //这报错
```

但是在定义的时候初始化第一个成员是允许的。看如下代码:

```
union myuni b = {12};                       //定义时初始化第一个成员是可以的
```

共用体应用的场合不多,这里不做太多尝试和探讨。

10.3.2　枚举类型

如何理解枚举类型? 例如有 4 种颜色,分别是红色、绿色、蓝色、黄色,现在想表示这 4
种颜色,可以约定用数字来表示,如约定 0 表示红色,1 表示绿色,2 表示蓝色,3 表示黄色,
这当然可以,但 0、1、2、3 这样的数字看起来很不直观,如果能够用一些英文单词如用 Red
表示红色,Green 表示绿色,Blue 表示蓝色,Yellow 表示黄色,更直观、更容易让人看懂,此
时枚举类型就能发挥作用。看看怎样用枚举类型来定义这些颜色,代码如下:

```
enum color                              //color 是枚举类型名
{
    Red,                                //值
```

```
    Green,
    Blue,
    Yellow
};
```

这样就定义了一个名字叫作 color 的枚举类型，因为这是个类型，定义完之后，就可以使用这个类型了。看看如下代码：

```
enum color mycolor1,mycolor2;                //定义了两个枚举类型的变量 mycolor1 和 mycolor2
```

有几点说明：

（1）枚举，就是将值一一列举出来，那么上面的变量 mycolor1、mycolor2 的值只限于列举出来的这些值的范围内，也就是 Red、Green、Blue、Yellow 之一（当然后续还有 mycolor1、mycolor2 不限于这些值范围的讲述，后续再说）。例如：

```
mycolor1 = Red;
```

（2）可以直接定义枚举类型变量，不需要写枚举类型名。看看如下代码：

```
enum {Red,Green,Blue,Yellow} mycolor1,mycolor2;
```

（3）Red、Green、Blue、Yellow，这些叫作枚举常量，记住，它们是常量，用来给枚举型变量赋值，那么这些枚举型常量所代表的值是多少呢？C 语言编译器会按照它们定义时的顺序规定它们的值，并且值是从 0 开始，这说明，Red 等于 0、Green 等于 1、Blue 等于 2、Yellow 等于 3。看看如下代码：

```
int ilen = sizeof(color);              //4,用枚举类型名,得到值为 4,和 sizeof(int);一致
ilen = sizeof(Red);                    //4,用枚举类型中的枚举常量,得到值也为 4
printf("Red = %d\n", Red);             //0
printf("Yellow = %d\n", Yellow);       //3
```

（4）可以直接给枚举型变量赋值。看看如下代码：

```
mycolor1 = Red;
```

（5）定义枚举类型时，可以改变默认的枚举常量的值（默认的枚举常量值前面说过是从 0 开始）。看看如下代码：

```
enum color
{
    Red = 7,
    Green,                             //8,此值是前一个枚举常量值 + 1
    Blue = 2,
    Yellow                            //3,此值是前一个枚举常量值 + 1
};
printf("%d\n", Red);                   //7
printf("%d\n", Yellow);                //3
```

（6）枚举值，可以理解为整型值，只是在实际写代码时，有时写枚举值更容易让人懂，但不能把一个整数直接赋给一个枚举变量。看看如下代码：

```
enum color mycolor1;
mycolor1 = 2;                          //这不可以
```

但用强制类型转换是可以的：

```
mycolor1 = (enum color)1000;              //执行后,mycolor1 = 1000 了
printf("%d\n", mycolor1);                 //1000
```

这可能让人好奇,1000 这个数字并不对应于枚举类型 color 中的任何一个枚举型常量值,但像上面这样写代码依然没有任何问题,mycolor1 被成功赋予 1000 这个值,这进一步证明,枚举值其实是可以和整型值互通使用的。

此外,枚举值也可以进行比较判断操作：

```
if(mycolor1 == 1000)
{
    printf("很好,mycolor1 等于 1000\n");    //条件成立
}
mycolor1 = Blue;
if (mycolor1 == Blue)
{
    printf("很好,mycolor1 等于 Blue\n");     //条件成立
}
```

（7）枚举值可以赋值给一个整型变量。看看如下代码：

```
int abc = Green;
printf("%d\n",abc);                       //1
```

不妨就把枚举常量值当成整型值用,以后读代码时经常会看到这种枚举值,慢慢就会更加熟悉了。

10.3.3　用 typedef 定义类型

以往,代码中用的类型名都是 C 语言提供的标准类型名,如 int、char、float、double 等,当然,结构体、共用体、枚举类型等可以自己命名。

此外,还可以用 typedef 关键字来定义新的类型名以代替已有的类型名。注意,typedef 是用来定义新类型名的,不是用来定义变量的。看看如下代码：

```
typedef int INTEGER;
```

这相当于用 INTEGER 代表了 int,那么定义整型变量就可以这样定义：

```
INTEGER a,b,c;                            //定义了三个整型变量
```

也可以用 typedef 定义一个结构体类型：

```
typedef struct date                       //date 可以省略
{
    int month;
    int day;
    int year;
}DATE;
```

上面这段代码定义了一个新的类型名 DATE（不是定义结构体变量,因为前面有

typedef 关键字),代表上面定义的这个结构体类型。现在,可以用 DATA 来定义变量了。
看看如下代码:

```
DATE birthday; //以往要这样定义: struct date birthday,现在: struct date 简写成 DATE,注意不要
写成 struct DATE birthday;
DATE * p;                              //p 为指向此结构体类型数据的指针
```

针对 typedef 的用法,还有一些变形,这些变形可以适当记一记,以后也许会遇到:

```
typedef int NUM[100];                  //定义 NUM 为整型数组类型
NUM n;                                 //定义 n 为整型数组变量,原来要这样定义: int n[100];

typedef char * PSTRING;                //定义 PSTRING 为字符指针类型
PSTRING p,q;                           //原来要这样定义: char * p, * q;,注意比较

typedef int ( * POINTER)();      //定义 POINTER 为指向函数的指针类型,该函数返回整型值
POINTER p1,p2;
```

至此,可以总结一下 typedef 这样的语句是怎样写成的。这里以定义一个整型数组
为例。

（1）写出常规的整型数组定义方法:

```
int n[100];
```

（2）将变量名 n 替换成自己想用的类型名:

```
int NUM[100];
```

（3）在前面加上 typedef:

```
typedef int NUM[100];
```

（4）这三步完成后就可以用这个类型名来定义变量。如下:

```
NUM n;                                 //定义 n 为整型数组变量
```

这里有一些重要说明,请注意:

（1）习惯上把用 typedef 定义的类型名用大写字母表示,以便区别于 C 语言提供的标准
类型标识符,如 int、char 等。

（2）typedef 是用来定义各种类型名的,不是用来定义变量的,这一点一定不能搞错。

（3）typedef 只是对已经存在的类型增加一个类型名(相当于给类型起一个别名),并没
有创造新类型。

（4）typedef 是编译时处理的。

回忆一下前面讲解的内容:一个项目可以由一个或者多个源程序文件组成,一个项目
可以通过编译、链接最终形成一个可执行文件。而编译这个步骤可以拆开来看,它实际也是
做了好几件事情,包括:

- 预处理: ♯define、♯include、♯ifdef;
- 编译:词法和语法分析、目标代码生成、优化、typedef;
- 汇编:产生.o(.obj)目标文件。

（5）typedef 最主要的作用是什么？其最主要的作用是有利于程序的通用性与可移植性（当然还能简化书写，把一个很长的类型名简化成一个短类型名但这个不算最主要的作用）。

例如以往这样定义 int 型变量：

```
int a,b,c;
```

将来如果想将所有 int 型变量都变成 long 型变量，就得找到所有 int 型变量定义的位置并逐个修改。

但如果这样写代码定义，首先用一个 typedef，如下所示：

```
typedef int INTEGER;
```

然后在定义整型变量时不使用 int 来定义，而是使用 INTEGER 来定义。例如：

```
INTEGER a,b,c;
```

那以后若需要把 int 修改为 long，只需要修改 typedef 这一行。例如：

```
typedef long INTEGER;
```

这样所有的 int 类型变量就都被修改为 long 类型。

## 第 11 章

位 运 算

位运算在算法和密码学领域应用得最为广泛,而在常规的开发领域,应用相对较少。但是,通过一些巧妙、技巧性的位运算编程手段,可以大大简化一些复杂问题的处理。

在本章中,不但详细讲解位的概念,也通过举例详细介绍各种位运算的具体算法,同时,以一个网络游戏中每日任务数据的存储和读取作为演示范例,详细阐述位运算在实际开发中的具体用途。

11.1 位的概念和位运算符简介

11.1.1 位的概念

位对于人类,是一个不太好理解的概念,但却是一个计算机很喜欢也很容易理解的概念。前面章节多次提及,一个 int 型变量占 4 字节的内存,一个 char 型变量占 1 字节的内存。

下面给出一些基本概念,请开始思考和记忆:1 字节由 8 个二进制位组成,最左边的位称为最高位,最右边的位称为最低位,每个二进制位的值是 0 或者 1(二进制数,只有 0 和 1 两个数字,不能是其他数字)。

根据这些基本概念,1 字节能表示的数字范围,如果用二进制数来表示,能表示的最大二进制数是 11111111,最小二进制数是 00000000(就是 0)。

二进制数 11111111 等于十进制数的 255,如果读者对二进制数如何转换成十进制数不熟悉,建议通过搜索引擎搜索并了解一下,在这里不详细讲解如何转换。

也就是说,十进制数 255,对应的二进制数是 11111111(8 个 1)。

再想一想,一个 int 型(整型)变量占 4 字节,但其中保存的数据不仅有数字,还有符号位(正负号),因为整型变量不但可以保存正数,还可以保存负数,所以符号位是必须要有并且也包含在 int 型变量所占的这 4 字节中。为避免符号位影响对问题的讨论,所以在这里,只讨论 unsigned int 类型(无符号整型),这个类型数字没有符号位,所以不用考虑符号位,非常方便讨论。那请想一想,4 字节的 unsigned int 型变量,能表示的最大二进制数是多少?1 字节能表示 8 个二进制位,4 字节呢? 显然,能表示 32 个二进制位。看下面,等号左侧是二进制数(32 个二进制位),等号右侧是十进制数:

11111111,11111111,11111111,11111111 = 4294967295

所以,十进制数的 4294967295 就是 unsigned int 类型能够表示的最大数字。

11.1.2　位运算符简介

不难猜测,位运算符肯定是针对位进行运算的。上面说了位的概念,现在就要讲一讲位的运算了,看表 11.1,其中列出了位运算符及它们的含义。

表 11.1　位运算符及其含义

位 运 算 符	含　义	位 运 算 符	含　义
&	按位与	～	取反
|	按位或	<<	左移
^	按位异或	>>	右移

表 11.1 中位运算符一共有 6 个,除了"～"(取反)运算符之外,其他都是二目运算符,也就是运算符的左侧和右侧各有一个运算分量,而"～"是单目运算符,该运算符只有右侧有一个运算量。下面逐一介绍这些运算符。

1. 按位与运算符"&"

参加运算的两个运算量,如果两者相应的位都为 1,则该位的结果为 1,否则为 0(与逻辑运算符"&&"有点类似,逻辑运算符"&&"是参加运算的两个运算分量都为真,则结果为真,有一个为假则结果为假)。看公式:

```
0 & 0 = 0;  0 & 1 = 0;  1 & 0 = 0;  1 & 1 = 1
```

看看如下范例:

```
unsigned int tempvalue = 38 & 22;    //6
```

上面的范例结果为 6,重要问题是该结果是如何计算出来的,要转成二进制数进行计算才比较方便观察和学习。38 & 22 等价于如下:

```
100110  &  10110
```

看看计算步骤,注意看计算时需要右对齐,左侧不够的位都补 0:

```
100110
010110                          //左侧不够的位补 0
--------------- (&)
```

然后上面的每一位数字和下面对应位的数字按照上述公式来进行按位与运算,结果为:

```
000110(二进制) = 6(十进制)
```

上面"="代表两侧值相等,本章后面涉及"="时,如果不特别说明都代表相等关系。

2. 按位或运算符"|"

参加运算的两个运算量,如果两者相应的位有一个为 1,则该位的结果为 1,否则为 0(与逻辑运算符"||"有点类似,逻辑运算符"||"是参加运算的两个运算分量都为假,则结果为假,有一个为真则结果为真)。看公式:

```
0 | 0 = 0;  0 | 1 = 1;  1 | 0 = 1;  1 | 1 = 1
```

看看如下范例：

```
unsigned int tempvalue = 38 | 22;     //54
```

看看计算步骤：

```
100110
010110
-------------- (|)
110110(二进制) = 54(十进制)
```

3．按位异或运算符"^"

参加运算的两个运算量，如果两者相应的位相同，则结果为 0，否则结果为 1，总结一下：都一样出 0，不一样出 1。看公式：

```
0^0 = 0; 0^1 = 1; 1^0 = 1; 1^1 = 0
```

看看如下范例：

```
unsigned int tempvalue = 38 ^ 22;     //48
```

看看计算步骤：

```
100110
010110
-------------- (^)
110000(二进制) = 48(十进制)
```

请想一想，如果某个数字的某些二进制位想翻转（从 0 变成 1，从 1 变成 0），那这个位可以和 1 做异或运算，如果某些二进制位想保持不变，那这个位可以和 0 做异或运算。例如，有个二进制数 01111010，希望它的低 4 位翻转，高 4 位保持不变，那么可以像如下这样来进行按位做异或运算：

```
01111010
00001111
-------------- (^)
01110101
```

4．取反运算符"～"

取反运算符是单目运算符，只有一个运算量，用来对一个数字进行按位取反，也就是 0 变成 1，1 变成 0。

看看如下范例：

```
unsigned int tempvalue = ～38;        //4294967257
```

看看计算步骤：

```
00000000,00000000,00000000,00100110 //unsigned int 是 4 字节，一共 32 位二进制数
-------------------------------------------------------------- (～)
11111111, 11111111, 11111111,11011001(二进制) = 4294967257(十进制)
```

5．左移运算符"<<"

将一个数的二进制位左移若干位，右侧补 0，每左移一位都相当于把原来的数字乘以 2。

看看如下范例：

```
unsigned int tempvalue = 15 << 1;     //30
```

看看计算步骤：

```
01111
--------------- (<< 1)
11110(二进制) = 30(十进制)
```

再看一例：

```
unsigned int tempvalue = 15 << 2;     //60
```

看看计算步骤：

```
001111
--------------- (<< 2)
111100(二进制) = 60(十进制)
```

6. 右移运算符"＞＞"

将一个数的二进制位右移若干位，超出最低位的被舍弃，左侧高位补 0，每右移一位都相当于除以 2。

看看如下范例：

```
unsigned int tempvalue = 15 >> 1;     //7
```

看看计算步骤：

```
1111
--------------- (>> 1)
0111(二进制) = 7(十进制)
```

再看一例：

```
unsigned int tempvalue = 15 >> 2;     //3
```

看看计算步骤：

```
1111
--------------- (>> 2)
0011(二进制) = 3(十进制)
```

说明：位运算符和赋值运算符可以结合使用。例如：

```
& = ,| = ,>> = ,<< = ,^ =
```

请注意一些规律，"＝"总是在右侧，这些结合起来的运算符其实就是复合赋值运算符（前面章节讲解过），如 a &= b 等价于 a = a & b。看看如下范例：

```
int a = 35;
int b = 22;
a &= b;                     //a = a & b
```

先计算一下 a&b：

```
100011                                    //35
010110                                    //22
-------------- (&)
000010(二进制) = 2(十进制)
```

所以,最终,a = 2

本节讲了位的概念,也介绍了位运算符,但对位到底怎样用,有什么用途,可能读者还比较疑惑,下一节就具体讲一讲位运算的一个实际用途。

11.2　位运算的具体应用

通过上一节的讲解,位运算的概念已经不陌生了,读者可能会有一个疑问,在实际工作中,位运算到底有什么用途?

其实,位运算主要用在算法和密码学方面居多,但算法或密码学这些分类对于通常的开发者来讲接触的并不会太深入,而且这两个分类也有一定的难度,并不好理解,所以这里不准备介绍位运算在算法或者密码学中的用途。本节中准备举一个好理解又常用的利用位运算解决实际问题的场景。

许多读者朋友都玩网络游戏,许多网络游戏为了刺激玩家每天上线,都在游戏中设有"每日任务"——每天让玩家做一些任务,如杀怪、采集来赚取积分、金钱、经验等。每日任务根据游戏不同,数量也不同,每日任务比较少的网络游戏中,可能每日任务只有几个,每日任务多的网络游戏,可能每日任务有几十个。

现在假设要做一款网络游戏,其中每日任务有 10 个,例如给好友送一次礼物、花金币购买一次物品、和其他玩家进行一次 PK、杀死一个游戏中的怪等,都属于每日任务之一。现在的需求是:记录这 10 个任务是否完成,没完成的,用 0 表示,完成的,用 1 表示。

可能读者很快就能想到一个解决方法:定义 10 个变量,或者定义 10 个元素的整型数组,每个数组元素存一个任务标记 0 或者 1:

```
int task[10] = {0};
task[0] = 1;                        //如果任务 1 完成了把下标 0 修改为 1
task[1] = 1;                        //如果任务 2 完成了把下标 1 修改为 1
⋮
task[4] = 1;                        //如果任务 5 完成了把下标 4 修改为 1
⋮
task[9] = 1;                        //如果任务 10 完成了把下标 9 修改为 1
```

试想,如果往数据库中记录该玩家的每日任务是否完成,是要记录 10 条数据,这显然很浪费数据库的存储空间。

针对这个问题,有两个前提条件先约定一下:

- 每日任务只有 10 个。
- 只需记录该任务是否完成:0(未完成)或者 1(已完成)这两个状态之一。

由此,就想到了位运算。通过上一节学习,知道了一个 unsigned int 型数据有 4 字节,也就是 32 个二进制位,每个二进制位又都可以是 0 或者 1,这样看来,只需要用一个 unsigned int 型变量,就可以记录多达 32 种状态,每个状态要么是 0,要么是 1。也就是说,其实只需要用一个 unsigned int 型变量,就能记录下每日这 10 个任务是否完成,甚至一个 unsigned int 型变量能记录多达 32 个每日任务是否完成(因为有 32 个二进制位),远远超过 10 个每日任务这个数量,这样,往数据库中保存玩家每日任务数据时,就只需要记录一条数据。

一个 unsigned int 型数据,一共 32 个位,最右边代表第 1 位,逐渐往左边来,最左边代表第 32 位,上一节讲解时曾说过,最左边的称为最高位,最右边的称为最低位,如图 11.1 所示。

图 11.1　unsigned int 一共 32 位(最右边是第 1 位,最左边是第 32 位)

现在每日任务只有 10 个,那么只需要使用其中的 10 位表示这 10 个任务是否做完就可以了,用 0 表示任务没做完,用 1 表示任务已经做完,用最右边的最低位表示第 1 个任务,然后依次往左,表示第 2 个任务,第 3 个任务……,一直到第 10 个任务,如图 11.2 所示。

图 11.2　unsigned int 一共 32 位(只使用最右边的 10 位)

这里需要写一些代码来做一些基本操作,要实现两个功能:
- 判断某个任务是否做完。
- 标记某个任务已经做完了。

下面要讲解一些前提代码,请注意看下面的代码:

```
＃define BIT(x) (1 << (x))          //这段代码日后的工作中都有实用价值,
                                   //＃define 曾经讲过,是带参数的宏定义
```

分析一下这个带参数的宏定义,会得到如下结果:
- BIT(0)等价于 (1 <<(0)),代表 1 左移 0 位;
- BIT(1)等价于 (1 <<(1)),代表 1 左移 1 位;
- BIT(2)等价于 (1 <<(2)),代表 1 左移 2 位。

左移的概念上一节已经学过了,每左移一位相当于乘以 2,所以,上面这个 ＃define 的功能就能够推测出来:

$$BIT(0) = 1, BIT(1) = 1*2 = 2, BIT(2) = 1*2*2 = 4, BIT(3) = 1*2*2*2 = 8,\cdots$$

所以执行下面这段代码:

```
int i;
for(i = 0 ; i < 10; i++)
{
    printf("BIT( % d) = % d\n",i,BIT(i)); //1,2,4,8,16,32,…,512
}
```

结果如图 11.3 所示。

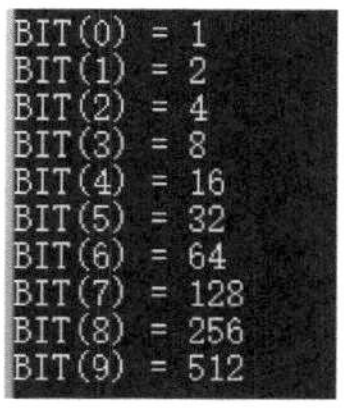

看一下结果数字,这些数字是 1、2、4、8、16、32、64、128、256、512,从表面看,可以观察到,每个数字都是前面的数字 * 2 得到的。现在把这些数字变成二进制数再观察一下:

图 11.3 宏定义 BIT 的
一些输出结果

(十进制)	(二进制)	(解释说明)
1	1	原始值 1(二进制)
2	10	左移 1 位是 10(二进制)
4	100	左移 2 位是 100(二进制)
8	1000	左移 3 位是 1000(二进制)
16	10000	左移 4 位是 10000(二进制)
32	100000	左移 5 位是 100000(二进制)
64	1000000	左移 6 位是 1000000(二进制)
128	10000000	左移 7 位是 10000000(二进制)
256	100000000	左移 8 位是 100000000(二进制)
512	1000000000	左移 9 位是 1000000000(二进制)

有了上面这些知识,就能判断某个任务是否做完了。定义一个无符号整型变量如下:

```
unsigned int task;
```

注意,这里给这个任务变量取名叫 task,task 变量一共 32 位长;如果想看第 7 个任务是否做完,怎么看呢? 如果第 7 个位置是 1,就说明第 7 个任务做完了;如果第 7 个位置是 0,就说明第 7 个任务没做完,如图 11.4 所示。

图 11.4 第 7 位设置为 1,表示第 7 个任务已经完成

现在,问题的关键就是要把这第 7 个位置的数据提取出来。如何提取,就需要用到位运算。回忆一下上一节的按位与运算符"&",如果两个相应的位都为 1,则该位的结果为 1,否则为 0。回忆一下按位与的公式:

```
0 & 0 = 0;  0 & 1 = 0;  1 & 0 = 0;  1 & 1 = 1
```

可以想象,如果把 task 与 1000000(这是二进制数,第 7 位为 1,其他位为 0)做按位与运算,会出现什么结果? 如果第 7 位为 1,则结果肯定会如图 11.5 所示。

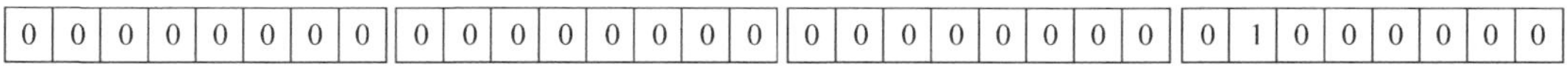

0	0	0	0	0	0	0	0	0	0	0	0	0	0	0	0	0	0	0	0	0	0	0	0	0	1	0	0	0	0	0	0

图 11.5 第 7 位为 1,与 1000000 做按位与运算得到的结果

那么,得到的结果描述如下:

如果 task 中(一共有 32 位)的第 7 位是 0,那么 task&1000000 = 0;如果第 7 位是 1,那么 task&1000000 = 1000000(二进制)= 64(十进制)= BIT(6)。

所以,要判断某个任务是否做完,完整的判断代码应该这样写,这些代码具备商用价值,

供读者参考和借鉴：

```
//10 个任务
enum EnumTask
{
    ETask1 = BIT(0),              //1 = 1
    ETask2 = BIT(1),              //2 = 10
    ETask3 = BIT(2),              //4 = 100
    ETask4 = BIT(3),              //8 = 1000
    ETask5 = BIT(4),              //16 = 10000
    ETask6 = BIT(5),              //32 = 100000
    ETask7 = BIT(6),              //64 = 1000000
    ETask8 = BIT(7),              //128 = 10000000
    ETask9 = BIT(8),              //256 = 100000000
    ETask10 = BIT(9),             //512 = 1000000000
};
unsigned int task = 0;            //刚开始所有任务都没执行过,所以任务变量先初始化为 0
                                  //判断第 7 个任务是否执行过了
if(task & ETask7)                 //按位与,不为 0 则表示任务 7 做过
{
    //任务 7 已经做过
    printf("任务 7 已经做过了\n");
}
else
{
    //任务 7 还没做过
    printf("任务 7 还没做过,现在做任务 7\n");
}
```

以上就判断出任务 7 做没做,核心代码就是这一句: if(task & ETask7)。

接着思考,如果任务 7 没做,如何把任务 7 做了,也就是让任务 7 这个位置标记上 1?
这就用到了按位或运算符“|”,参加运算的两个运算量,如果两个相应的位有一个为 1,则该
位的结果为 1,否则为 0。回忆一下按位或的公式:

```
0 | 0 = 0;  0 | 1 = 1;  1 | 0 = 1;  1 | 1 = 1
```

所以,如果把 task 与 1000000(这是二进制数,第 7 位为 1,其他位为 0)做按位或运算,会出
现什么结果呢? 结果就是其他位都不变,但是第 7 位肯定变为 1(不管原来是什么);把第 7
位标记为 1,就起到了标记任务 7 做完了的目的。所以代码继续完善如下:

```
unsigned int task = 0;            //刚开始所有任务都没执行过,所以任务变量先初始化为 0
//判断第 7 个任务是否执行过了
if (task & ETask7)                //按位与,不为 0 则表示任务 7 做过
{
    //任务 7 已经做过
    printf("任务 7 已经做过了\n");
}
else
{
    //任务 7 还没做过
```

```
        printf("任务 7 还没做过,现在做任务 7\n");
        //把任务 7 做了(标记任务 7 做完)
        task = task | ETask7;                //位操作运算符优先级高于赋值运算符
    }
    //再次判断任务 7 是否做过了
    if (task & ETask7)
    {
        printf("任务 7 已经做过了,可以把这个 task 变量值保存到数据库中去了\n");
    }
```

这里,总结一下:

通过按位与操作来判断某个二进制位是否被标记为 1,通过按位或操作将某个二进制位标记为 1,然后,就可以把上面的 task 变量中的内容保存到数据库里,下次该玩家再上线,再把这个内容从数据库中取出,就能判断该玩家的某个任务是否做过,做过的话就可以有一些其他的处理,如不让他再重复做了。

上面这个范例,就是通过位操作的方法,把原本需要 10 个变量(数字)记录 10 个任务是否完成缩减成了用一个 unsigned int 类型变量来记录,一下子就节省了 9 个变量,这就是位运算在实际工作中的主要用途之一。

第 12 章

文　件

文件，一般都是指硬盘、U 盘等存储介质中保存的数据，这些数据都是以文件为单位来进行组织和管理的。

在一些大型的项目中，文件的操作必不可少。例如，有许多复杂的程序运行时配置项需要保存在配置文件中，在程序刚启动的时候，要把这些配置文件中的内容全部读出来并保存到内存中供后续使用，所用到的技术就是本章将要讲解的内容。

12.1　文件简介及文本、二进制文件区别

12.1.1　文件简介

文件在程序设计中是一个比较重要的概念，这里所说的文件，是指保存在硬盘、U 盘等存储介质上的数据，这些存储介质（简称磁盘）上的数据就是以一个个文件的形式体现，每一个文件有一个对应的名字，称为文件名。

操作系统也是以文件为单位对数据进行管理，例如想在磁盘上找数据，需要先按照文件名在该磁盘上找到对应文件，然后把文件中的数据读出来。如果要把数据写到磁盘上，也必须先在磁盘上建立一个文件，然后向这个文件中写入数据。

以往程序执行输出的结果信息都是输出到屏幕上，而在程序执行中输入数据是通过键盘用诸如 scanf 等函数来输入。随着项目越来越庞大，编写的程序功能越来越复杂，不可避免地会将一些数据放到磁盘上长期存储，以后需要这些数据时再从磁盘上把数据读回到计算机内存中，而针对磁盘数据的存取操作，就要用到磁盘文件功能了。

文件可以看成字符序列，例如，"abcdefg"是一个字符串，也是一个字符序列，它是由一个一个的字符顺序排列组成，把这些数据存储到磁盘上，就形成一个文件。

12.1.2　文本文件和二进制文件区别详细解释

根据数据组织形式，把文件分为两种：文本文件（ASCII 文件）与二进制文件。

- 文本文件：也称为 ASCII 文件，文件中的每个字节存放一个 ASCII 码，代表一个字符，这种文件在打开后能够直接看懂其中的内容。
- 二进制文件：把内存中的数据按照其在内存中的存储形式原样输出到磁盘上存放。这种文件中一般会有很多不可见字符，打开后看到的可能是一堆乱码。

现在试举一例，以便加深对文本文件的理解。

打开记事本(执行 notepad),输入"10000 测试 abc200",这串内容中包含数字、中文、字母,保存这个记事本文件(保存路径可以任选)。笔者将它保存到桌面,如图 12.1 所示。

将图 12.1 所显示的文本文件关闭,然后双击桌面上的该文件图标再次将其打开,也能够再次显示出该文件中的内容,人类能够看懂。

但是,不管文件中是什么内容,对于计算机来讲都是二进制数。如果用二进制编辑器尝试把该文本文件打开,那么在二进制编辑器中能看到的文本内容是什么样子呢? 来看一看。

(1)首先在 Visual Studio 中以文本文件的方式打开上述的文本文件并进行观察。在 Visual Studio 中选择"文件"→"打开"→"文件"命令,选择刚刚建立并保存的记事本文件并单击"打开"按钮,就可以直接看到如图 12.2 所示的内容和用鼠标双击打开该文件看到的内容是一样的。

图 12.1 打开记事本输入一个文本字符串
并保存成文件(文本文件)

图 12.2 在 Visual Studio 中打开
一个文本文件

(2)在 Visual Studio 中再次用二进制编辑器打开该文本文件。在 Visual Studio 中选择"文件"→"打开"→"文件"命令,选择刚刚建立并保存的记事本文件,此时,注意右下侧的"打开"按钮上有一个下拉箭头,单击该箭头并选择"打开方式"选项,如图 12.3 所示。

图 12.3 用 Visual Studio 打开文件时选择不同的打开方式

此时系统会弹出一个"打开方式"对话框,选择其中的"二进制编辑器",如图 12.4 所示,并单击"确定"按钮。

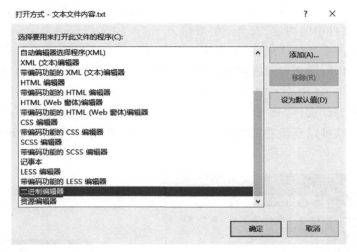

图 12.4　用 Visual Studio 的二进制编辑器打开文件

此时,就会以二进制方式打开该文本文件,如图 12.5 所示。

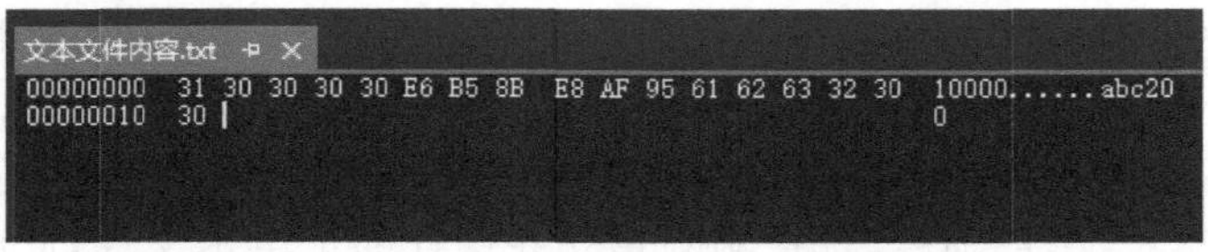

图 12.5　用 Visual Studio 的二进制编辑器打开文本文件后显示的文件内容

图 12.5 左侧显示的是二进制数据,右侧是与左侧对应的可显示的文本数据。可以感受到,实际上,文本文件也是二进制文件,其内容依旧是二进制数据,二进制数据分人类能看懂的和人类看不懂的,而文本文件可以理解成人类能看懂的二进制文件。

总结一下:

(1) 文件本身对于计算机来讲,并没有所谓的二进制文件、文本文件的说法,统一看成二进制文件。只有站在人类的角度,才人为地区分文本文件和二进制文件。

(2) 当通过编写代码往文件中写入内容,可以选择以文本形式写入或者以二进制形式写入(具体区别,后面通过范例代码演示)。当打开记事本来写入文件内容时,从人类理解的角度来讲就是以文本形式写入。

(3) 当打开文件从其中读出内容时,可以选择以文本形式打开读或者以二进制形式打开读。当双击一个文件时,从人类理解的角度来讲,可以理解成以文本形式打开读,如果通过编写代码并加一些二进制标记来读文件时,可以理解成以二进制形式打开文件读。

文本文件有如下几个特点:

(1) 文本文件中,每字节存放一个 ASCII 码,代表一个字符。

(2) 文本文件中的内容人类能够看懂。

(3) 一个整数 10000,按照文本文件格式保存,通过观察图 12.5,是占 5 字节。

文本文件有一些缺点：

（1）众所周知，10000 是一个整型数，在计算机中该数字用 short int 保存就足矣，short int 只占 2 字节，但是在文本文件中保存却需要 5 字节，所以这种保存形式占用的存储空间比较大。

（2）当双击一个文本文件时，甚至刚才用二进制编辑器打开文本文件时，系统都显示出来了人类能够读懂的文本内容。前面谈过，文本文件或者二进制文件是对于人类来说的，而对于计算机，并不区分是什么类型的文件，保存的都是二进制数据，所以，当用文本形式打开文件时，系统会多做一个工作，就是把二进制数据转换成人类能看懂的 ASCII 码数据，如图 12.5 中把如下的 31 30 30 30 30 这些二进制数据（实际这里显示的是十六进制数）转成右侧的 10000，所以这也需要花费转换时间。

细心的读者也许已经发现，31 这个十六进制数对应的十进制数是 49，通过参考表 2.4 所示的 ASCII 码表，49 这个十进制数对应的正是字符 1。

现在，为了简化问题，把上面文本文件中"10000 测试 abc200"中的"测试 abc200"这几个字符删除掉，只保留"10000"，这时虽然看上去这是一个数字，但实际在文本文件中它是字符串"10000"，一共包含 5 个字符，如图 12.6 所示。

图 12.6 用 Visual Studio 的二进制编辑器打开修改后的文本文件内容

现在，再说一说对二进制文件的理解。看如下代码：

```
short int a;
int ilen = sizeof(a); //2
a = 10000;
printf("断点掐在这里观察\n");
```

把断点设置在 printf 所在的行并开始调试跟踪，当断点停到 printf 行时，用前面章节所讲解的办法查看变量 a 在内存中的内容，如图 12.7 所示。

图 12.7 变量 a 在内存中的内容

通过观察图 12.7，发现变量 a 中保存的内容是 10 27，而通过观察上面范例中的代码，是给变量 a 赋值了 10000，那么 10 27 与 10000 是什么样的对应关系呢？也就是为什么

10000 存到 2 字节内存中会是 10 27 呢？分析如下：

（1）10000 是十进制数，而计算机内存中都是以字节保存的十六进制数，所以应该先把 10000 转成十六进制数，结果是 0x2710（十六进制数以 0x 开头）。

（2）十六进制数在内存中是两个数字占用 1 字节内存，内存中一个地址正好是保存 1 字节数据，也就是 27 会占 1 字节，10 会占 1 字节。

（3）观察图 12.7，可以看到 0x006FF984 这个地址保存的是十六进制的 10，0x006FF985 这个地址保存的是十六进制的 27。此外，还可以看到，10 跟 27 比是属于低字节，存储在了低地址（因为 0x006FF984 比 0x006FF985 低）；27 跟 10 比是属于高字节，存储在了高地址（因为 0x006FF985 比 0x006FF984 数字大），计算机中有个概念，叫大端存储和小端存储。

- 低字节存储在低地址，高字节存储在高地址，叫小端存储（正是此时这里的情形）。
- 低字节存储在高地址，高字节存储在低地址，叫大端存储。例如，在内存中如果存储成了 27 10，那就是大端存储。

大端存储还是小端存储与 CPU 体系结构有关，只需要简单理解大端、小端的概念即可，有专门的处理函数用于统一处理大端、小端存储问题。随着日后学习的深入（如学习一些网络编程知识），读者也会慢慢接触到，这里不做多谈。

继续谈 10 27 这 2 字节的数据，如果把这 2 字节的数据以二进制的形式保存到文件中，那就只占 2 字节。保存到文件中看起来和保存在内存中是一样的，直接在图 12.6 所示的二进制编辑器中来修改，把原内容删除，直接输入 10 27。修改之后的内容如图 12.8 所示。

再次提醒，对于计算机来讲，并没有文本文件、二进制文件的概念，都是数据（字节流）而已。

现在保存并双击这个文件，双击表示想用文本的形式（ASCII 形式）来查看这个文件内容，看到的第一个字符是乱字符，如图 12.9 所示。

图 12.8　将十进制数 10000（十六进制 0x2710）　　　图 12.9　以文本方式打开一个文件
　　　　　保存到文件中　　　　　　　　　　　　　　　　　　看到了乱字符

为什么第一个字符是乱字符呢？因为 10、27 这种十六进制数在 ASCII 码表中对应的十进制数是 16、39，如果查阅比较完整的 ASCII 码表，会发现 16 这个 ASCII 码对应的字符是不可显示字符（显示出来是乱的、看不懂），而 39 对应的字符是单引号（单引号是可显示字符，所以图 12.9 会把单引号显示出来）。同样，如果想在这个文件的末尾再增加一个可显示字符，也是可以的。例如，想加入一个字符 b，因为字符 b 的 ASCII 码是 98，转换成是十六进制的 62，那么修改图 12.8 所示文件（在二进制编辑器中修改），增加内容如图 12.10 所示。

现在保存并再次双击这个文件，看看文件内容，如图 12.11 所示，在文件末尾看到了可显示字符 b。

总体来说，如果以二进制文件形式保存 10000，得到的结果如图 12.8 所示，而如果以文本文件形式保存 10000，得到的结果就如图 12.6 所示。对照这两个图，做个总结：

图 12.10 将可显示字符 b 增加到 图 12.11 以文本方式打开一个文件
文件中去 看到了可显示字符 b

（1）如果在内存中或在文件中保存的实际内容是十六进制的 10 27（只占 2 字节），说明是将 10000 当成一个数字来保存的，这种保存方式比较节省空间。这种保存方式，人类并不需要能够看懂其中的内容，因此，打开这种文件，一般也不会以文本形式打开，而是直接以二进制形式打开（后面会讲解如何打开），然后直接读取其中的数据即可。

（2）如果像图 12.6 所示以文本形式保存 10000（占 5 字节，实际保存的十六进制数字是31 30 30 30 30），说明是将 10000 当成一个字符串来保存的，这种保存方式相对更耗费空间，但双击打开后人类能看懂。

12.2 文件的打开、关闭、读写与实战操练

12.2.1 文件的打开

文件在进行读或者写之前，必须要先打开，在读或者写结束之后，必须要关闭，否则会造成资源泄漏或读写失败。

文件的打开要调用 fopen 函数。一般形式如下：

```
FILE * fp; //FILE 是一个结构体,fp 是指向结构体 FILE 的指针变量(文件指针)
fp = fopen(文件名,文件使用方式);    //其实文件名和文件使用方式都是字符串
```

看如下代码：

```
FILE* fp;
fp = fopen("A1", "r");              //打开名字叫"A1"的文件,"r"表示文件使用方式为只读
```

如果上面的代码无法编译通过，提示类似"error C4996： 'fopen'：This function or variable may be unsafe"这样的错误，考虑在源程序文件头增加如下行：

```
#pragma warning(disable : 4996)
```

这里注意到，fopen 函数返回一个指向 A1 文件的指针，这个指针被赋值给了 fp。这样，就可以认为 fp 指向了 A1 文件。

FILE 结构体：每次用 fopen 函数打开一个文件，系统都会开辟出一块内存，这块内存大小是 sizeof(FILE)，这块内存用来存放和文件相关的信息，诸如文件名、文件使用方式、当前文件位置等。

通过调用 fopen 函数，可以告诉系统三个信息：

（1）需要打开的文件名。

（2）文件使用方式，如是读还是写，"r"表示读，后面会讲到。

（3）让哪个指针变量指向被打开的文件，这里是 fp 指针变量。

文件使用方式（只包含一部分）如表 12.1 所示。

表 12.1　常用的文件使用方式列举

文件使用方式	含　义
"r"（只读）	为从文件中读数据打开一个文本文件，文件必须存在
"w"（只写）	为将数据写入到文件打开一个文本文件，文件存在则长度清 0，即该文件内容被覆盖，文件不存在则创建该文件
"a"（追加）	向文本文件末尾增加数据
"rb"（只读）	为从文件中读数据打开一个二进制文件
"wb"（只写）	为将数据写入到文件打开一个二进制文件
"ab"（追加）	向二进制文件末尾增加数据
"r+"（读写）	为从文件中读入/向文件中写入数据打开一个文本文件
"w+"（读写）	为从文件中读入/向文件中写入数据建立一个新的文本文件

表 12.1 中的内容不必死记硬背，需要时查阅即可。但这里可以记几个比较常用的，如 r、w、a。当然，也有一些规律可循：

（1）有 w 表示往文件中写入。

（2）有 r 表示从文件中读出。

（3）有 b 表示二进制文件。

（4）有 a 表示追加内容到文件末尾。

（5）有"+"表示既能从文件中读出，又能往文件中写入。

此外，还需要知道的是，每个打开的文件都有一个当前位置指针，其实就是保存在 FILE 结构里的一个 char * 型的字符指针（不同版本编译器可能细节不同，但道理都相同）。这个位置指针的用途就是代表当前从文件的哪个位置开始读/写数据，对于读来讲，每读出 1 字节数据，这个位置指针会自动往后移动 1 字节，以指向下一字节，这样，下次再读时自然就从下一字节开始。

当用 fopen 函数打开文件时，有可能打开失败，例如文件不存在时一定会打开失败，此时 fopen 函数就会返回一个空（NULL）。看如下代码：

```
fp = fopen("A1", "r");
if(fp == NULL)
{
    //文件打开失败的处理代码
    //……
}
```

12.2.2　文件的关闭

文件只有在成功用 fopen 函数打开之后，才存在文件关闭的问题，否则，不存在关闭的问题。

在用 fopen 函数打开文件成功后，一般都会对文件进行读写操作，读写完毕之后，应该关闭这个文件。为什么要关闭这个文件呢？有两个原因：

（1）释放这个文件占用的内存资源，如果资源使用后却不释放，那么，当资源耗尽就会导致程序运行崩溃,所以必须养成资源用完后及时释放的好习惯。

(2)往文件中写数据时不会立即往磁盘上写,系统会把数据写到一个叫"缓冲区"的地方,缓冲区满时系统才往磁盘文件上写,写完之后把缓冲区清空继续等待用户往文件中写数据。试想,当把数据往文件中写时,假如缓冲区此时没满,那么在没有关闭文件的情况下退出了程序的运行(或者突然停电导致计算机关机),那么缓冲区中的数据就没来得及写到磁盘文件上,造成数据丢失。关闭文件这个动作会触发系统把缓冲区中的数据立即写到磁盘上,这就避免了缓冲区中的数据丢失问题。

所以,打开的文件在不使用时及时关闭,非常有必要。

文件的关闭要调用 fclose 函数,一般形式如下:

```
fclose(文件指针);
```

看如下代码:

```
if(fp != NULL)
    fclose(fp);                      //fp 就是 fopen 函数的返回值(文件指针)
```

文件关闭后,fp 就不能再被使用(读/写文件),否则程序会报异常。

fclose()函数有返回值,一般 0 表示关闭成功,非 0 表示关闭失败,但该返回值用处不大(例如如果文件关闭失败,再关闭一次应该也还会失败),所以一般不用去理会这个返回值。

12.2.3　文件的读写

文件读写有许多相关的函数,这里介绍几个常用的。

(1) fputc 函数:用于把一个字符写到磁盘文件。调用形式看如下代码——将字符 ch 输出到 fp 所指向的文件中:

```
fputc(ch,fp); //ch 是要输出的字符,可以是一个字符常量,也可以是一个字符变量,fp 是 fopen 返
             //回的文件指针
```

如果 fputc 执行成功,返回值就是输出字符的 ASCII 码值;如果执行失败,返回 EOF。EOF 是 End Of File(文件末尾)的缩写,是系统提供的一个宏定义,代表−1。如下:

```
#define EOF  (-1)
```

看看如下范例:

```
FILE * fp;                       //FILE 是一个结构,fp 是指向结构 FILE 的指针变量(文件指针)
fp = fopen("FTest.txt", "w");    //为写而打开文件
if (fp == NULL)
{
    printf("文件打开失败\n");
}
else
{
    //文件打开成功才走这里
    char reco = fputc('a', fp);
    if (reco == EOF)             //注意 fputc 失败时,会返回 EOF
    {
```

```
                            //写失败时的处理代码
    }
    else
    {
        reco = fputc('d', fp);      //这里并没有判断是否写成功,不建议这样写,不安全
        reco = fputc('e', fp);      //这里依旧没有判断是否写成功
    }
    fclose(fp);                     //文件打开成功的情况下,应该及时关闭文件
}
```

在上面的范例中有几点说明:

- 当执行到 fopen 这行代码时,文件写入方式指定为 w,表示为写而打开一个文本文件 FTest. txt,FTest. txt 刚开始是不存在的,因此,如果 fopen 执行成功,则系统会创建该文件,如果该文件存在,则 fopen 执行成功时该文件中原始的内容会被覆盖。
- 调用 fopen 函数时可以指定所要打开的文件路径,但范例中并没有指定路径,系统可能会到当前项目所在的目录(通过 Visual Studio 来运行时)或该可执行程序目录(双击直接运行可执行程序)寻找 FTest. txt 文件并尝试打开,如果该文件并不存在,系统会在当前项目所在的目录或该可执行程序所在的目录下创建 FTest. txt 文件。

(2) fgetc 函数:用于从指定文件读入一个字符。调用形式看如下代码——从 fp 所指向的文件中读入一个字符到 reco 中:

```
char reco = fgetc(fp);
```

如果 fgetc 执行成功,则返回读入的字符;如果执行失败或者整个文件读到末尾,则返回 EOF。

看看如下范例:

```
FILE * fp;                          //FILE 是一个结构,fp 是指向结构 FILE 的指针变量(文件指针)
fp = fopen("FTest.txt", "r");       //文件刚打开,文件当前位置指针指向开头
if (fp == NULL)
{
    printf("文件打开失败");
}
else
{
    //文件打开成功才走这里
    char reco = fgetc(fp);          //每读一个字符,文件当前位置指针自动向下走一个字符
    while (reco != EOF)             //读入失败或者到文件结束这个条件都成立
    {
        putchar(reco);              //在屏幕上输出一个字符
        reco = fgetc(fp);           //再次读一个字符
    }
    fclose(fp);
}
```

上面的范例有个弊端,该范例中是用 EOF(−1)来判断读入的内容是否到达文件结束。但一旦该文件中真存在一个值为−1的字符(该字符的十六进制是 FF,用 fgetc 读入进来就是−1),那么,用 EOF 这种判断方式来判断是否读到文件结束,就会出现错误,所以需要换一种范例写法,引入 feof 函数。

（3）feof 函数：用来判断文件是否结束（文件当前位置指针是否指向文件末尾）。调用形式看如下代码：

```
feof(fp);
```

如果文件结束，则返回1；如果文件没结束，则返回0。不管使用 fopen 函数时是以什么样的文件使用方式打开文件（例如用 r 还是用 rb 都没关系），feof 函数都能够正确地判断文件是否结束。

改造一下上面的范例代码，只需要修改范例中的 while 语句所在行，其他代码行不需要做任何修改。把 while 语句行修改为如下即可：

```
while (!feof(fp))                      //文件没有结束
```

上面的范例中，利用 fopen 函数打开文件时，如果在"文件使用方式"参数中增加 b 选项（打开一个二进制文件），代码如下：

```
fp = fopen("FTest.txt", "rb");
```

执行程序后会发现，整个程序的运行结果并没有发生什么改变，也就是说，是否增加 b 选项看起来并没有什么作用。

和文件操作相关的函数有不少，但多数都很少用到，不值得花费太多时间去学习，读者有了上面学习的基础，也就有了进一步研究其他文件相关函数的能力，在需要的时候可以自行研究。

12.2.4　文件读写实战操练

虽然没必要介绍太多很少用到的文件操作函数，但提供一个真实的范例供读者在实际工作中拿来就用却是非常有意义的一件事。

这里将展示一个有实用价值的功能：游戏在线升级功能中的配置文件读取功能。这种读取功能适合于读取各种配置文件，请读者举一反三，达到最好的学习效果。

网络游戏中经常用到游戏在线升级功能，该功能的工作原理是：从网络上下载一个游戏最新的配置文件到本地（配置文件一般都是文本文件），读取这个文件，然后跟原来的本地配置文件内容比较，通过发现的差异来决定是否进行游戏的在线升级功能。

如下就是一个配置文件：

```
https://play.google.com/store/apps/details?id=com.xx.yy
0|6
2|http://muf.xx.com/update/v30000_2.zip|2c4c29840ba8539baa3c4cf41ea4383a|7.19M
3|http://muf.xx.com/update/v30000_3.zip|6253e023b2f1050fbca18f4a5c9c0156|4.78M
4|http://muf.xx.com/update/v30000_4.zip|c582c3ade431a49210137109510d640b|0.04M
5|http://muf.xx.com/update/v30000_5.zip|6a77503350b0c49516791221d3a3467a|7.77M
6|http://muf.xx.com/update/v30000_6.zip|a292e0d1fb2aba30d6348c99e23ee182|3.73M
```

该配置文件一共有7行，其中第2行是一个版本信息描述，正是通过这个信息的比较，确定是否进行游戏的在线升级。

要进行这样的演示：假定该配置文件已经下载到当前文件夹下，现在需要把这个文件一行一行读出来，显示在屏幕上。因为该文件的每一行就是一条相对完整的信息，看看如何利用文件相关的函数来读取该文件。

当前，配置文件内容已经保存到 config.txt 文件中，用前面讲过的方法，以二进制的方式在 Visual Studio 中打开 config.txt 并进行观察，如图 12.12 所示。

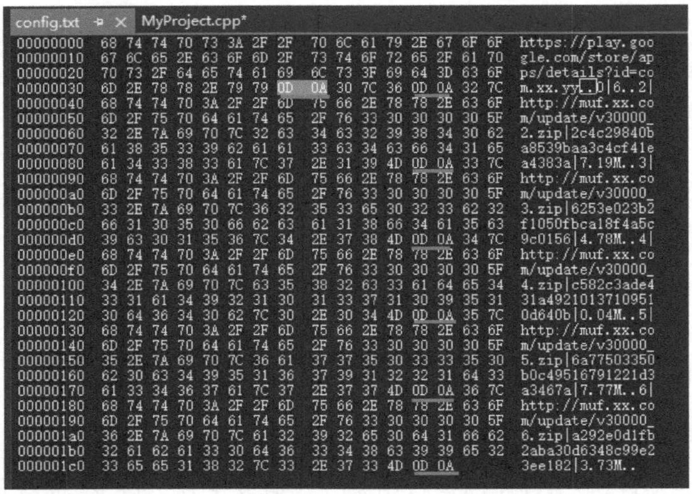

图 12.12   以二进制方式打开配置文件 config.txt 所看到的内容

观察图 12.12 可以看到，每个文本行的末尾都有两个二进制数——"0D 0A"，通过查询完整的 ASCII 码表，不难发现，0D 代表回车符，0A 代表换行符。这两个字符解释如下：
- 回车符(0D)：光标回到当前行开头，对应的转义字符是'\r'。
- 换行符(0A)：换到下一行，对应的转义字符是'\n'。

一般在 Windows 操作系统下的文本文件中，在一个文本行的末尾都会出现 0D 和 0A 连续使用的情形，代表换到下一行的开头，这就是在配置文件 config.txt 的每行的行尾都有一个"0D 0A"的原因。

现在开始写代码，这是商业级代码，写得非常严谨，读者在以后工作中甚至可以直接拿来使用。请仔细分析，细细品味这段代码，注意学习和掌握：

```cpp
FILE * fp = fopen("config.txt", "r");
if (!fp)
{
    printf("文件打开失败\n");
}
else
{
    char LineBuf[1024];              //足够一行长度
    while (!feof(fp))
    {
        LineBuf[0] = 0;              //第一个字符给 0,相当于给 LineBuf 清理成 0
        if (fgets(LineBuf, sizeof(LineBuf) - 1, fp) == NULL)  //注意学习 fgets 函数：读取
        //一行,遇到换行符结束发现 config.txt 文件中是有\r\n 的,但是 fgets 读进来只读到了
        //\n(换行),\r 被舍弃了,可以这样认为,fgets 中读到的\n 就同时具有\r\n 的能力,所以
        //fgets 在读一行时,遇到\r 就舍弃,只保留\n
            continue;
        if (LineBuf[0] == '\0') //文本文件中应该不会出现这种情况,但作为商业代码,这种判
```

```
                                        //断加上为好,防止出意外
        {
            continue;
        }
    lblprocstring:
        if (strlen(LineBuf) > 0)
        {
            if (LineBuf[strlen(LineBuf) - 1] == 10 || LineBuf[strlen(LineBuf) - 1] ==
13) //10(0x0A),13(0x0D):如果行尾是换行、回车等都截取掉
            {
                LineBuf[strlen(LineBuf) - 1] = 0;  //把这个设置为字符串结束标记 0
                goto lblprocstring;
            }
        }
        if (strlen(LineBuf) <= 0)    //如果一个空行则会出现这种情形
            continue;

        printf("% s\n", LineBuf);
    }
    fclose(fp);
}
```

以上就是本节提供的实战操练的一段商业代码,这段代码里主要看到了一个新函数 fgets,用来读取文本文件的一行是十分方便的。另外值得注意的是,成功打开文件后,不要忘记关闭。

12.3 将结构体写入二进制文件再读出

12.3.1 将结构体写入二进制文件

通过前面的讲解,相信读者对文件的基本操作都有了比较深入的了解,笔者还举了一个从文本文件读出每行内容的范例。

本节再讲解一个具体的针对文件的应用——将结构体写入二进制文件,用的时候再从二进制文件中读出来,在实际工作中也可能会用到类似的功能。

前面说过,文本文件或二进制文件是针对人类来讲的,而对于计算机,文件就是一堆字节流,并不区分文本文件还是二进制文件,这一点一定要记住。

首先,介绍一个新函数 fwrite:用于向文件中写入数据。其一般形式如下:

```
fwrite(buffer,size,count,fp);
```

- buffer:指针或者说是个地址,要写到文件中去的数据就在这个地址中保存着。
- size:要写入文件的字节数。
- count:要写入多少 size 字节的数据项。
- fp:文件指针,由 fopen 函数返回。
- 返回值:如果 fwrite 失败,则返回 0,否则返回 count 值。

现在,就可以看一看如何把一个结构体写入文件。开始写代码:

```
struct stu                          //定义一个结构体
{
    char name[30];
    int age;
    double score;
};
int main()                          //主函数
{
    struct stu student[2];

    strcpy(student[0].name, "张三 abc");
    student[0].age = 21;
    student[0].score = 92.1f;

    strcpy(student[1].name, "李四 def");
    student[1].age = 19;
    student[1].score = 86.2f;

    FILE * fp;
    fp = fopen("structfile.bin", "wb"); //文件名随意起,这里注意,文件使用方式为 wb,表示以
                                        //二进制形式写入
    if (fp == NULL)
    {
        printf("文件打开失败");
    }
    else
    {
        int struclen = sizeof(struct stu); //计算一下该结构的大小
        //文件打开成功,向文件中写数据
        int retresult = fwrite(&student, sizeof(struct stu), 2, fp);
                //如果第二个参数写成 sizeof(struct stu) * 2,第三个参数写成 1,也对
        fclose(fp);                     //关闭文件
    }
}
```

设置断点跟踪调试一下,看看写到文件中的内容,其实也就是内存中的内容,如图 12.13 所示。

有几个注意事项(坑点)说一下:

(1) 对于要保存到文件中去的结构体,结构体成员中不要出现指针类型成员。因为指针类型成员所指向的内存地址很可能会失效(如再次运行程序时该地址就会失效),一旦引用了失效的地址会导致程序运行崩溃。

(2) 结构体成员的字节对齐问题,这个问题与编译器有关,前面曾经提过。例如,上面代码中的 stu 结构体所占用的内存大小应该是 42 字节(char 数组占 30 字节+int 占 4 字节+double 占 8 字节),但用 sizeof 查看结构体 stu 大小时却是 48 字节。为什么? 就是因为 Visual Studio 编译器为了提高程序运行效率,有时候可能一个结构体成员变量所占的内存不够 8 字节整数倍时,会调整成 8 字节整数倍。

但问题来了,如果这段程序拿到 Linux 操作系统上并用 gcc 编译器来编译运行,gcc 编译器有可能不是调整成 8 字节整数倍,而是调整成 4 字节整数倍。所以在 Linux 操作系统上,用 sizeof 查看结构体 stu 大小时结果可能不是 48,而是 44。

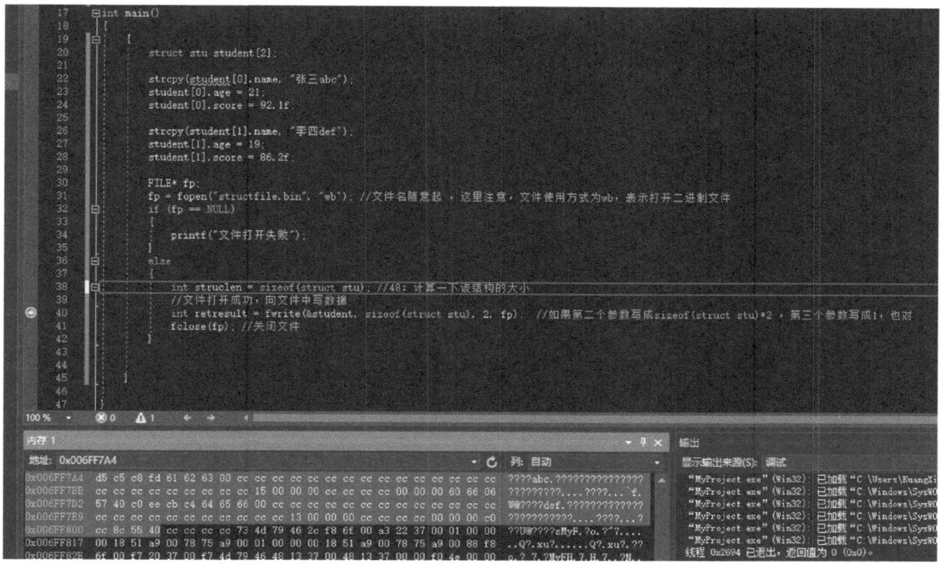

图 12.13 student 结构数组在内存中的内容会原样写到文件中

那请想一想，这段程序如果在 Windows 操作系统上执行，往 structfile.bin 文件里写数据时，写的是 $48 * 2 = 96$ 字节，但如果把这个 structfile.bin 拿到 Linux 操作系统平台上并从其中读数据，读出来的可能是 $44 * 2 = 88$ 字节，显然读出的数据肯定出错。如何解决这个问题？有两个办法：

① 在相同的操作系统平台上使用该程序，如都在 Windows 或者都在 Linux 上，不要跨平台。

② 定义结构体之前用"♯pragma pack(1)"代码行设置结构体对齐方式为 1 字节对齐，按 1 字节对齐的方式就等于告诉编译器不要去对齐，结构体成员实际是多少字节，就多少字节。如果想恢复默认的字节对齐方式，在定义完结构体之后可以使用"♯pragma pack()"代码行取消刚刚所设置的结构对齐方式(恢复为默认的字节对齐方式)。这样，不管什么操作系统平台，结构体 stu 都固定占 42 字节，写入文件是 $42 * 2 = 84$ 字节，读出来也是 $42 * 2 = 84$ 字节，那么，跨平台使用这段代码来读入或读出文件内容都不会出现问题。修改后的 stu 结构定义代码如下：

```
♯pragma pack(1)                    //按 1 字节对齐结构体
struct stu                         //定义一个结构体
{
    char name[30];
    int age;
    double score;
};
♯pragma pack()                     //恢复默认的字节对齐方式
```

12.3.2 从二进制文件中读出结构体数据

下面介绍一个新函数 fread：用于从文件中读出数据。其一般形式如下：

```
fread(buffer,size,count,fp);
```

- buffer：指针或者说是个地址，从文件中读出来的数据放到这个地址中。
- size：要读出的字节数。
- count：要读出多少个 size 字节的数据项。
- fp：文件指针，由 fopen 函数返回。
- 返回值：如果 fread 失败，则返回 0，否则返回 count 值。

现在，就可以看一看如何把一个结构体从文件中读出来。开始写代码：

```
FILE * fp;
fp = fopen("structfile.bin", "rb"); //二进制形式读出
if (fp == NULL)
{
    printf("文件打开失败");
}
else
{
    int t = sizeof(stu);
    struct stu studentnew[2];
    int retresult = fread(&studentnew, sizeof(struct stu), 2, fp);
    fclose(fp);                     //关闭文件
}
```

可以在 fclose 行设置一个断点并进行调试，能够发现可以正确从文件中读出数据，如图 12.14 所示。

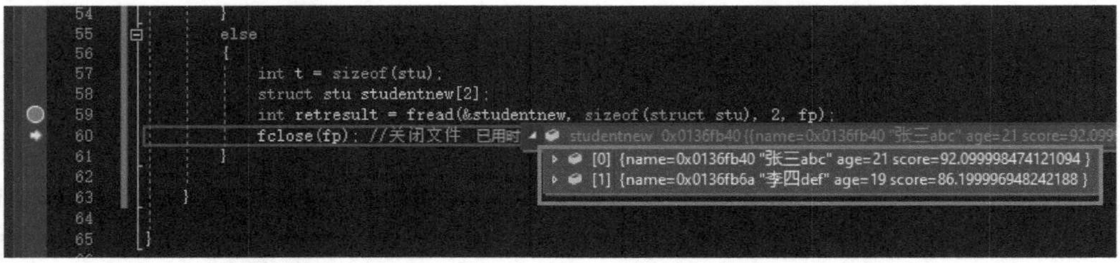

图 12.14　从文件中读出信息到 student 结构数组中

12.3.3　文件使用方式中"rb"和"r"、"wb"和"w"的区别

前面讲解的许多范例中频繁地使用 fopen 函数打开文件。从表面看起来，打开文件时有两点疑惑：

（1）使用"rb"或者"r"来打开文件读似乎效果上并没有什么不同。

（2）使用"wb"或者"w"来打开文件写似乎效果上也没有什么不同。

也就是说，这个代表二进制的"b"标记，使用或者不使用似乎没有明显不同。这里有一些坑点，请读者一定要注意：

（1）如果写和读是配套操作，写如果用了"b"标记，读一定要用"b"标记。例如，对于 12.3.1 节和 12.3.2 节讲解的将结构体写入二进制文件以及将结构体从二进制文件中读出时，都使用了"b"标记，确保以二进制的方式写入和读出。

虽然读者可能会发现，写和读如果同时不用"b"标记，仍然可以正确地写入和读出，但是，如果要确保将内存中的内容一模一样（1 字节不多，1 字节不少，完全一样）地写入到文件

中，然后再从文件中一模一样地读出来，就一定要使用"b"标记。

（2）在 12.2.4 节文件读写实战操练中，fopen 中是用"r"标记打开了一个文本文件并读取其中的数据，读者已经注意到，在 config.txt 文件中，每一行的末尾有"0D 0A"，也就是'\r'和'\n'，但是，当使用 fgets 函数从 config.txt 文件中读取一行数据时，读到的内容（读到了 LineBuf 中）却少了'\r'，只读到了'\n'，如图 12.15 所示。

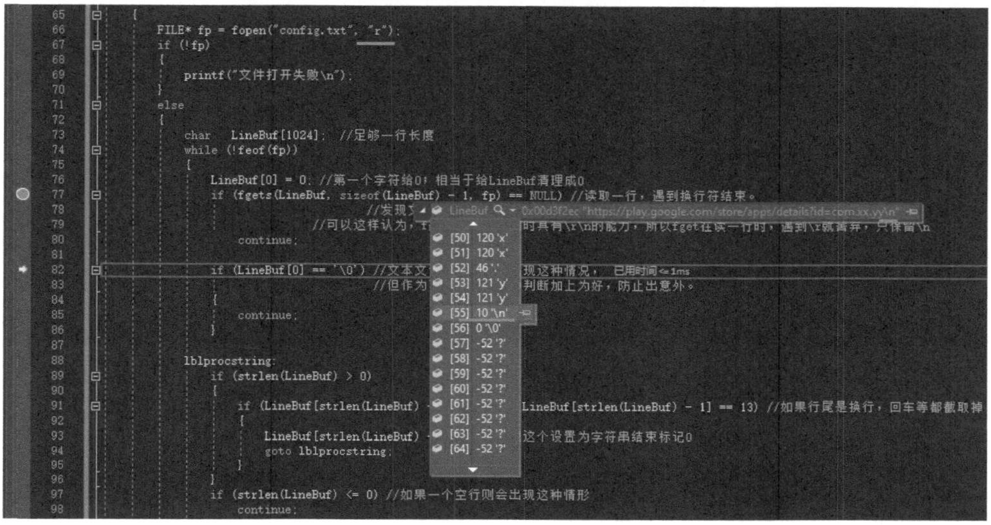

图 12.15　用"r"标记打开文件，通过 fgets 函数读文件内容，文件中本来的'\r'字符却没读到

但是，如果 fopen 中用"rb"标记打开了文本文件来读取其中的数据，看看会有什么不同。修改 12.2.4 节代码，只修改 fopen 函数所在行如下：

```
FILE * fp = fopen("config.txt", "rb");   //带 b 标记打开文件
```

这次再看看用 fgets 函数能够读取到的内容，如图 12.16 所示。

这次可以注意到，config.txt 文件中所有内容都原封不动地通过 fgets 函数读取到了，包括'\r'和'\n'。通过图 12.16，对带"b"标记有了一个猜测，为了进一步证实这个猜测，继续写一个测试范例。如下：

```
FILE * fp;                    //FILE 是一个结构,fp 是指向结构 FILE 的指针变量(文件指针)
fp = fopen("FTest.txt", "w");     //为写而打开文件
if (fp)
{
    char reco = fputc('a', fp);   //仅作为测试代码,就不判断返回值了
    reco = fputc('\r', fp);       //写这个回车符 0D 到文件,看究竟写进去是什么
    reco = fputc('b', fp);
    reco = fputc('\n', fp);       //写这个换行符 0A 到文件,看究竟写进去是什么
    reco = fputc('c', fp);
    fclose(fp);
}
```

上面这段代码运行后生成了 FTest.txt 文件，在二进制编辑器中打开该文件，观察文件内容，如图 12.17 所示。

图 12.16　用"rb"标记打开文件，通过 fgets 函数读文件内容，文件中所有字符原样读出

通过观察图 12.17 可以发现，用"w"标记打开文件并写入内容时，如果写入的是'\n'（0A），则实际写入的却是"0D 0A"（'\r'和'\n'），这种情况也许是 Windows 平台下独有的情况，并不一定适合其他操作系统平台，如 Linux 平台。

改造上面这段代码，这次用"wb"打开文件，仅修改如下代码行：

```
fp = fopen("FTest.txt", "wb");
```

再执行一次，看看 FTest.txt 的写入结果，如图 12.18 所示。

图 12.17　用"w"标记打开文件写入内容时，想写　　图 12.18　用"wb"标记打开文件写入内容时，原样
　　　　　入'\n'，实际写入的是'\r'和'\n'　　　　　　　　　写入所有字符，包括'\r'和'\n'

通过上述的分析和比较，打开文件时带"b"标记（二进制文件）或者不带"b"标记（文本文件）的区别自然就能够总结出来了：

（1）如果打开文件是用于读，则带"b"标记会原封不动地读出文件的全部内容。如果打开文件是用于写，则带"b"标记会原封不动地把内存中的内容写到文件中去。

（2）如果打开文件是用于读，则不带"b"标记可能会使读出的字符有所缺失，参考图 12.15（缺失了'\r'）。如果打开文件是用于写，则不带"b"标记可能会将一些额外的字符写入文件，参考图 12.17（本来只想写入'\n'，实际写入的却是'\r'和'\n'）。注意，当前的测试平台是 Windows 平台，其他操作系统平台也许不存在在本条中描述的情况。

结论：如果希望把看到的内容原封不动地写入文件中，请在 fopen 函数的文件使用方式参数中增加"b"标记来辅助；如果希望把文件中的内容原封不动地读出来，请在 fopen 函数的文件使用方式参数中增加"b"标记来辅助。

第3部分 C++语言

在开始本部分内容讲解之前,有三点学习忠告:

(1) C++语言虽然可以看成是 C 语言的超集,但 C++语言并不仅仅是扩充了 C 语言特性这样简单,从 C 语言的学习过渡到 C++语言学习中来,需要做出的改变主要是 C++程序设计要采用和 C 语言不一样的设计理念和实现风格。这个听起来有点玄,实际上是一种开发思路上的转变,有点只可意会不可言传的意思。有一句话叫"不要用 C++来写 C 程序",值得思考和玩味。随着日后学习的深入,对这句话的体会会逐步加深。

(2) 学习 C++的时候,不要贪大求全,也不要事无巨细地去学,绝大多数人只会用到 C++语言的一小部分功能,学得太细就要花大量的时间,除了学习语言本身之外,还要关注"用更好的技术来实现更好的程序设计"这件事,注意领悟编程思想、注意提高自己的程序设计综合能力。因为本书所讲解的知识具有相当的覆盖面,所以,只要读者跟着这本书的内容走,按部就班地学,就会有非常丰厚的学习收获,也完全能够满足绝大多数日常工作对 C++的需要。

(3) C++语言的学习过程中,有许多新的写法可以取代 C 语言中已有的写法,读者应该积极学习这些新写法,以往一些 C 语言中的写法在 C++中已经很少使用或者已经不适用的,那就尝试找最适用的写法,遇到具体情况再具体介绍。

## 第 13 章

C++基本语言

在开始 C++ 语言体系知识的讲解之前,有一些基础知识应该首先掌握和领会,以便为后续知识的领会打好基础和铺平道路。

13.1　语言特性、工程构成与可移植性

13.1.1　语言特性：过程式、对象式程序设计

1. 面向过程式的程序设计

C 语言的编程风格是属于过程式的程序设计,或者称为面向过程式的程序设计。那么,如何理解过程式的程序设计呢? 就是当编写代码解决一个问题时,代码的编写方法是从上到下,逐步求精,一些公用的功能写成函数,需要用到结构体时就定义结构体等。这属于按顺序一步一步把问题解决,例如要上班,得先起床、穿衣服、刷牙、吃早饭、上班,这得按顺序来,不能没穿衣服就上班。

C++语言对过程式的程序设计完全支持,并且支持的还非常好,这并不奇怪,因为 C++语言本身的特性也是在不断扩充和完善的。

2. 基于对象的程序设计和面向对象的程序设计

C++本身支持 C 语言风格的程序设计,同时也支持基于对象的程序设计和面向对象的程序设计。

无论基于对象的程序设计还是面向对象的程序设计,都没离开一个概念叫"对象"。那"对象"该如何解释呢?

在过程式程序设计中,例如要上班,得先起床、穿衣服、刷牙、吃早饭、上班,这个步骤是很清晰的。但是往往要解决的实际问题并不这么简单,也不是严格按照固定顺序走,比如正在吃早饭的时候,有个朋友突然打电话来借钱应急,那么上班的这个步骤就会被打乱。此时,这种过程式的程序设计就显得太过简单,不好应付一些意外事件,看看是否有更好的处理方式。

在 C 语言部分学习了结构(一个学生,把学号、名字、性别、成绩等成员变量放到一起,构成结构),也叫结构体,但在 C++中,不叫结构,而叫"类"。在 C 语言中,要使用结构,需要先定义一个属于该结构的变量(结构变量),在 C++中,不叫结构变量,叫"对象"。但是类比结构更强大的地方在于：在类中,不仅可以定义成员变量,还可以定义成员函数(也叫方法)以实现一些功能。看看如下范例(很多成员函数命名方法采用拼音方式,方便看懂)：

```
struct dagongzai                       //定义一个打工仔结构,也就是打工仔类
{
    //里面有些成员函数(方法)
    void qichuang();                   //起床
    void chuanyifu();                  //穿衣服
    void shuaya();                     //刷牙
    void chizaofan();                  //吃早饭
    void shangban();                   //上班

    //提供对外接口,供其他人调用,突发事件
    void tufashijian(int eventtype);   //事件类型
}
struct dagongzai zhangsan;             //定义一个属于该类的变量(对象)
zhangsan.qichuang();                   //通过对象调用成员变量
zhangsan.chuanyifu();
……
```

请看这种设计,把起床、穿衣服等功能包到一个类中去,然后定义一个属于该类的变量(对象),那么这个变量就可以调用这个类中的各种成员函数,如起床(qichuang)、穿衣服(chuanyifu)等。其他变量是没法调用起床、穿衣服等成员函数的。

但是这个类也提供一些对外接口,如上面的tufashijian(突发事件)成员函数,外界通过满足一定的条件,也能调用这个成员函数,如借钱的人,是你很好的朋友,才来借钱,大马路上随便一个陌生人是不会来借钱的,也就是说你的好朋友能调用tufashijian成员函数,而陌生人不能调用这个成员函数。

这种把功能包到类中,定义一个类对象并通过该对象调用各种成员函数实现各种功能的程序书写方式,称为基于对象的程序设计。

随着发展,需求也在变更,不断出现了许多新需求。假如将来有一种新打工仔职业,如推销员tuixiaoyuan,老板要求推销员在每天正式上班之前,必须要在公司操场前面集合,先集体唱一次国歌,然后再开始手头工作。那么,可以增加一个 tuixiaoyuan 类,继承自dagongzai类,这一继承,dagongzai类的很多方法,如起床、穿衣服、刷牙、吃早饭、上班等,tuixiaoyuan类就都继承过来了,而且 tuixiaoyuan 类还可以增加自己的新成员函数changguoge(唱国歌),这在C++中称为继承性。

C++中还有一种特性叫多态性,后面会学习到,读者可以暂时这样理解:父类dagongzai和子类tuixiaoyuan都有一个同名的成员函数,那么,在做该成员函数调用时,到底是调用父类的还是调用子类的该函数呢? 就会有一些说法了,这种说法就是所谓的多态性。

当把继承性和多态性技术融入程序设计中去时,基于对象的程序设计就升华了,也就是变得更高级了,此时就叫作面向对象的程序设计。

所以基于对象和面向对象程序设计的主要区别是:在基于对象的程序设计中额外运用了继承性和多态性技术,从而变成了面向对象程序设计。

那么,面向对象的程序设计优点也就显而易见了:

(1)易维护。现在只有一个打工仔类,将来如果有个体户(getihu)类、教师(jiaoshi)类、大老板(dalaoban)类,他们的作息规律和上班的人不同,会有不同的接口,那每个接口的维护修改都在自己的类中进行,这就更清晰、更好维护了。

（2）易扩展。通过继承性和多态性，可以少写很多代码，实现很多变化。

（3）模块化。通过设置各种访问级别来限制别人的访问。例如，dagongzai 类的 shangban 方法，如果不想让个体户访问到，那么通过设置，个体户就访问不到。这也保护了数据的安全。

面向对象程序设计其实就是一种程序设计理念，这种程序设计理念包含着许多不同的特性，后面会慢慢讲。因为这些特性在程序设计的过程中带来了更多的便利，大大提高了工作效率，等等。

3．其他特性

当然，C++不仅仅支持面向过程、基于对象、面向对象的程序设计，还有很多其他特性，这些其他特性仅仅用面向过程、基于对象、面向对象这种用词还无法完全包容进来，读者就理解成：C++的设计目标，就是各种程序设计风格的综合，不会局限在只会是一个什么样子。

C++的版本更新速度越来越快，C++11、14、17，每过几年就出现一个新的标准，所以对C++的认识也不能仅仅停留在面向对象程序设计上。在今后的学习中，随着学习到的新知识的增多和经验积累的增加，慢慢会有更多体会。

13.1.2　C++程序和项目文件构成谈

在 2.1.1 节中，用 Visual Studio 创建了一个最基本的能运行的 C 程序，这个创建步骤在 C++中完全适用。

快捷键 Ctrl＋F5，用于编译、链接、生成可执行程序并开始执行。当然，这个快捷键只有在 Windows 操作系统的 Visual Studio 环境下才能够使用，如果是在 Linux 操作系统下，可能就需要用到一些命令行工具如 g++等来进行编译、链接、生成可执行程序。因为本书将一直采用 Visual Studio 2019 进行讲解和演示，所以这里不会涉及 Linux 下的 g++等工具的用法。如果读者有这方面的需求，请通过搜索引擎搜索相关的用法话题。

在前面章节中对项目的组成进行了一个相对比较详细的说明，在这里再进行一些适当的补充说明：

（1）一个项目（工程）中可以包含多个.cpp 文件和多个.h 头文件，一般.cpp 叫源文件，.h 叫头文件。一些公共的定义一般都会放在头文件中（如函数声明，一些类、结构的定义，一些♯define 等），然后在源文件中用♯include 把头文件包含进来使用。

（2）以往见过的源文件名是以.cpp 后缀结尾，头文件名是以.h 后缀结尾，这些后缀用来告诉编译器这是一个 C++的源程序或者是 C++的头文件。不同的 C++编译器会使用不同的文件后缀名，如有.c、.cpp、.cc、.cxx 这些源文件后缀，.cc、.cxx 一般在 GNU 编译器上比较常见。此外，还有.m、.mm——如果在 Mac OS 苹果电脑上用 Xcode 进行开发，它们用的是 Objective-C 语言，但里面有时也会嵌入 C 或者 C++代码。一般.m 就暗示代码含有 Objective-C 和 C 语言语句，.mm 就暗示代码含有 Objective-C 和 C++语句。

（3）C++语言的头文件扩展名一般以.h 居多，此外，还有.hpp。.hpp 一般来讲就是把定义和实现都包含在一个文件里，有一些公共开源库就是这样做，主要是能有效地减少编译次数，读者在日后学习类的定义和实现时会慢慢理解把定义和实现都包含在一个文件里的情形，也会慢慢领会这种开发思想和精神。

（4）还能够发现，很多 C++ 提供的头文件已经不带扩展名。以往在 C 语言中经常用到的头文件，如比较熟悉的 stdio.h 等，在 C++98 标准之后，都变成了以 c 开头并去掉扩展名的文件，如 stdio.h 就变成了 cstdio 文件，但是 cstdio 和 stdio.h 是两个文件，用 ♯include 命令表示的时候只需要写成 ♯include＜cstdio＞，至于 cstdio 里面做的事，肯定包含 stdio.h 中做的事，而且额外还做了一些其他事，细节可以不必关心。

13.1.3　编译型语言概念与可移植性问题

C++ 本身是属于编译型语言。什么叫编译型语言呢？程序在执行之前需要一个专门的编译过程，把程序编译成二进制文件（可执行文件），执行的时候，不需要重新翻译，直接使用编译的结果就行了。

相对于编译型语言，还有解释型语言。解释型语言编写的程序不进行预先编译，以文本方式存储程序代码。但是，在执行程序的时候，解释型语言必须先解释再执行。

显然，编译型语言执行速度快，因为它不需要解释。而像 Lua 等语言，就属于解释型语言。

请考虑一个问题，在 Windows 操作系统上生成的可执行程序到 Linux 操作系统上去能执行吗？当然是执行不了的。因为不同操作系统平台的可执行程序的结构不同、接口不同等有太多的不同。

如果从编写程序的角度谈到可移植性，实际上是针对源代码而言的，也就是源代码的可移植性，相同的一份源代码，在 Windows 操作系统上能够成功地编译和运行（如借助 Visual Studio），在 Linux 操作系统上也能够成功地编译和运行（如借助 g++ 工具）。当然，在不同的操作系统上，这份代码生成的可执行文件执行后能够实现相同的功能，那么这份源代码就被称为可移植的。

13.2　命名空间简介与基本输入/输出精解

13.2.1　命名空间简介

设想一种场景：要做一个很大型的项目，项目中包含数百个 .cpp 文件（源代码文件）。这数百个 .cpp 文件当然不是一个人开发的，项目经理把这些文件分配给了 10 个人，每个人负责开发其中的几个 .cpp 文件。

但是发生了很尴尬的事，张三写了一个函数，起了个名字叫 radius，李四也写了一个函数，名字也叫 radius，当编译的时候，可以发现，因为这两个 radius() 函数不但同名，而且参数和返回值完全相同，所以无法成功编译。

怎么办呢？将函数名定义的长点，如 zhangsan_radius、lisi_radius？虽然也解决了问题，但是整体感觉这种解决方法不太让人满意——这么长的名字，书写和阅读都很不便。

不但函数名面临同名的问题，类名、变量名同样存在同名问题。那能否引入一种更好的处理同名实体的一种机制呢？有，这就叫"命名空间"。

命名空间就是为了防止名字冲突而引入的一种机制。系统中可以定义多个命名空间，每个命名空间都有自己的名字，不可以同名。可以把命名空间看成一个作用域，这个命名空间里定义的函数与另外一个命名空间里定义的函数，即便同名，也互不影响（因为命名空间名不同）。有几点说明：

（1）命名空间定义：

```
namespace 命名空间名
{
    void radius()
    {
        //……
    }
} //这里无须分号结尾
```

（2）命名空间定义可以不连续，可以写在不同的位置，甚至写在不同的源文件中。如果以往没有定义该命名空间，那么这就相当于定义了一个命名空间，如果以往已经定义了该命名空间，那这就相当于打开已经存在的命名空间并为其添加内容。

（3）外界访问某个命名空间中的实体的方法：

访问格式如下，其中两个冒号叫"作用域运算符"：

```
命名空间名::实体名
```

看看如下范例，现在希望在 main 函数中调用命名空间 NMZhangSan 中的 radius 函数：

```
//MyProject.cpp 源文件代码如下
namespace NMZhangSan                    //定义命名空间
{
    void radius()
    {
        printf("NMZhangSan::radius 函数被执行.\n");
    }
}
int main()                              //主函数
{
    NMZhangSan::radius();               //调用 NMZhangSan 命名空间下的 radius 函数
}
```

现在将 MyProject2.cpp 加入到当前项目中来（在 7.6.3 节中详细讲过）：

```
//MyProject2.cpp 源文件代码如下
namespace NMLiSi
{
    void radius()
    {
        printf("NMLiSi::radius 函数被执行.\n");
    }
}
```

此时，希望也在 main 函数中调用 NMLiSi 命名空间下的 radius 函数，于是在 main 函数中增加如下代码：

```
NMLiSi::radius();                       //调用 NMLiSi 命名空间下的 radius 函数
```

但是,编译出错,无法调用成功,系统不认识 NMLiSi 命名空间下的 radius 函数。为什么?

- 在 main 中调用 NMZhangSan::radius 之所以成功,是因为该函数和 main 函数处于同一个文件(MyProject.cpp)中。
- 但是 NMLiSi::radius 函数却在 MyProject2.cpp 文件中,所以 main 中调用 NMLiSi::radius 会失败(因为缺少该函数的声明)。

为了能够调用成功 NMLiSi::radius,就需要对源代码进行细致认真的组织,组织得好,看起来和用起来就都方便,也能够体现出开发者的整体开发素质,所以,请读者一定要重视源代码的组织。该如何进行源代码的组织呢?

(1)把函数声明,包括以后学习类,要把类的定义等内容放到一个头文件中。

这里新建立一个 MyProject2.h 的头文件,内容如下:

```
namespace NMLiSi
{
    void radius();                    //函数声明
}
```

(2)在 MyProject.cpp 文件开头增加如下代码把 MyProject2.h 这个头文件包含进来:

```
#include "MyProject2.h"
```

再次编译链接整个项目,成功,并能够正确执行。

(3)现在在 main 函数中可以成功调用 NMLiSi::radius 函数,但是每次调用都要在函数名之前写 NMLiSi::前缀,感觉比较多余。是否可以简化书写,当然是可以的,通过 using namespace 来声明 NMLiSi 这个命名空间,声明后,调用 NMLiSi 命名空间中的函数就不再需要使用 NMLiSi::前缀了。using namespace 的使用格式如下:

```
using namespace 命名空间名;
```

现在在 MyProject.cpp 源文件中的 main 函数之前加入如下代码:

```
using namespace NMLiSi;              //声明 NMLiSi 命名空间
```

此时,把 main 函数中的"NMLiSi::radius();"修改为"radius();",发现也能正确地调用 NMLiSi 命名空间中的 radius 函数。当前 MyProject.cpp 文件的代码如图 13.1 所示。

(4)试想,现在在"using namespace NMLiSi;"代码行的下面增加如下代码行,会出现什么情况呢?

```
using namespace NMZhangSan;          //声明 NMZhangSan 命名空间
```

此时编译代码,就会报错,报错的源头是 main 函数中的"radius();"代码行。因为在 NMZhangSan 命名空间和 NMLiSi 命名空间中都包含 radius 函数,而通过 using namespace 既声明了 NMLiSi 命名空间又声明了 NMZhangSan 命名空间,此时,系统就无法分辨出到底调用 NMLiSi 命名空间中的 radius 函数还是 NMZhangSan 命名空间中的 radius 函数。所以,①要么不要同时声明两个命名空间;②要么不同命名空间中的函数不要同名;③要么调用 radius 函数时增加诸如"NMLiSi::"前缀。

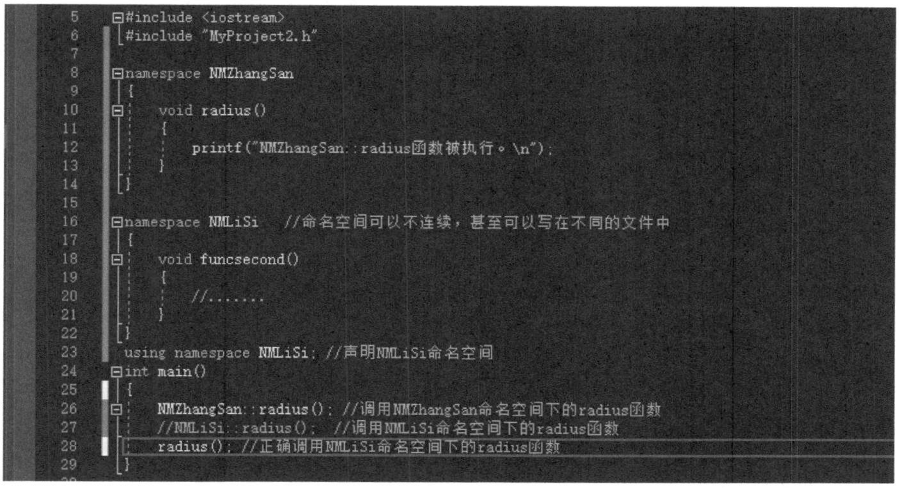

图 13.1　MyProject.cpp 中的命名空间演示

13.2.2　基本输入/输出

1. 基本输出

C 语言中，通常往屏幕上输出一条信息会用到 printf 函数，但在 C++中，通常不用 printf 进行输出，而是用 C++提供的标准库，这样才显得专业。

特别提醒：在学习 C++语言的过程中，不要排斥 C++标准库，不要把针对 C++语言的学习和针对 C++标准库的学习割裂开来，而是要把学习 C++标准库当作学习 C++语言的重要组成部分。许多程序功能都要通过标准库来实现，所以，从现在起，每学习一个标准库功能，就是一个新的收获，就往更高水平又迈进了一步。

C++中输入/输出用的标准库是 iostream 库（输入/输出流）。什么叫流？流就是一个字符序列。那怎样在程序中使用这个标准库呢？只需要包含一个头文件就可以了：

```
# include < iostream >                    //C++中包含的许多头文件并不带扩展名
```

看看如下范例：

```
# include < iostream >
int main( )
{
    std::cout << "很高兴大家一起学习 C++\n";
    return 0;
}
```

请注意，上面代码中使用 std::cout 来输出一条信息。如果不想在 cout 前面每次都写"std::"（显然 std 也是一个系统定义的命名空间名），可以在源代码文件开头位置增加下面代码行：

```
using namespace std;
```

分解一下 std::cout 这条语句。

（1）std：这是标准库中定义的一个命名空间，请读者记住这个名字。

（2）cout：是一个对象，一个与 iostream 相关的对象。cout 对象被称为"标准输出"，一般用于向屏幕输出一些内容，索性把 cout 当成屏幕也是可以的。

也许读者不太理解 cout 是怎样定义出来的，看看如下范例，该范例定义了一个叫作 cout1 的对象，借此理解 cout 是如何定义的：

```
struct student                      //定义一个类,C 语言中也叫结构
{
    char name[10];
    int number;
};
namespace std
{
    int itest;
    struct student cout1;           //定义了一个叫作 cout1 的对象,后续可以使用 cout1 了
}
```

（3）<<（往左扎）：在第 1 部分 C 语言中讲到位运算时看到过——左移运算符。但与 cout 一起使用的时候，就不是左移运算符，而是一个"输出"运算符，它的样子像锥子，直接扎到 cout 中去，表示将"<<"右侧的内容写到 cout（屏幕）中去。

后面学习"类"时，会看到如何在类中写一个运算符，就好像写一个类中的成员函数一样。所以看到运算符"<<"时，可以看成是一个函数调用。既然是函数调用，那这个"<<"就有参数。可以把左侧的 std::cout（对象）当成是"<<"的第一个参数，把"很高兴大家一起学习 C++\n"当成是"<<"的第二个参数，"<<"运算符就是把第二个参数写到第一个参数里去。第二个参数是一个字符串，第一个参数是一个标准输出对象（屏幕）。所以，就把这个字符串输出到屏幕上了。

（4）\n：换行符，在 C 语言中已经多次用到过了。

看看如下范例，演示一下输出运算符的连用：

```
int x = 3;
std::cout << x << "的平方是" << x * x << "\n"; //3 的平方是 9
x++;
std::cout << x << "的平方是" << x * x << "\n"; //4 的平方是 16
```

将上述范例换一种写法，不再使用\n 来换行，而是使用 endl。例如：

```
int x = 3;
std::cout << x << "的平方是" << x * x << std::endl; //3 的平方是 9
x++;
std::cout << x << "的平方是" << x * x << std::endl; //4 的平方是 16
```

std::endl 是一个函数模板名，相当于函数指针，建议暂时理解成函数，以后会详细讲解函数模板。有两点可以总结一下：

（1）一般来讲，能看到 std::endl 的地方都有 std::cout 的身影。

（2）std::endl 一般都在语句的末尾，有两个作用。

· 输出换行符\n。

- 刷新输出缓冲区，调用 flush（理解成函数）强制输出缓冲区中所有数据（也叫刷新输出流，目的就是显示到屏幕），然后把缓冲区中数据清除。

什么叫输出缓冲区？可以理解成一段内存，使用 std::cout 输出的时候实际上是往输出缓冲区中输出内容。那么输出缓冲区什么时候把内容输出到屏幕上呢？有如下几种情况：

（1）缓冲区满了。

（2）程序执行到 main 函数中的 return，要正常结束了。

（3）使用 std::endl 了，因为使用后会调用 flush()。

（4）系统不太忙的时候，会查看缓冲区内容，发现新内容就正常输出。所以有时使用 std::cout 时，语句行末尾是否增加 std::endl 都能将信息正常且立即输出到屏幕。

（5）可能还有其他情况，这里不做进一步探讨。

读者可能还有一个疑问，为什么要有这个输出缓冲区？用 std::cout 直接输出信息到屏幕时，缓冲区的作用体现的不太明显，那如果是输出信息到一个文件中，那么输出缓冲区作用就明显了，总不能输出一个字符，就写一次文件，因为文件是保存在硬盘上，速度和内存比实在是慢太多了，所以很有必要将数据临时保存到输出缓冲区，然后一次性地将这些数据写入硬盘。

还有一个问题可能让读者不解：为什么一行代码中可以带很多个"<<"呢？如下面这行代码：

```
std::cout << x << "的平方是" << x * x << std::endl;
```

不防看一看"<<"的定义，看不懂也没关系：

```
ostream& std::cout.operator <<(…);
```

注意到"<<"的返回值了吗？它返回的是一个写入了给定值的 cout 对象，所以第一个"<<"运算符的结果就成了第二个"<<"运算符左侧的运算对象：

```
std::cout << x << "的平方是" << x * x << std::endl;
```

等价于：

```
(std::cout << x) << "的平方是" << x * x << std::endl;
```

等价于：

```
( (std::cout << x) << "的平方是") << x * x << std::endl;
```

等价于：

```
( ( (std::cout << x) << "的平方是") << x * x) << std::endl;
```

此外，再看一个"<<"运算符的右结合性问题。看看如下范例：

```
int i = 3;
std::cout << i-- << i--;            //23
```

分析一下输出结果，因为是右结合性，所以末尾的 i－－先计算，－－在 i 的后面，属于先用后减，因此先输出 3，i 值本身再变成 2，然后再计算中间的 i－－，同样，－－在 i 的后面,属于先用后减,因此输出 2,i 值本身再变成 1。所以最终输出结果是 23(这里没加其他分隔符,因此这两个数字连在一起输出了),然后 i 的值变成了 1。

上面范例中,"<<"到底是左结合性还是右结合性,其实跟编译器有关,不同的编译器可能结果会不同,所以,尽量不要像上面这样写代码——避免在一行代码中多次(超过 1 次)改变一个变量的值(i 值)。

2. 基本输入

cin 也是一个对象,被称为"标准输入"。在 C 语言部分曾经讲过 scanf 函数,用于从键盘输入一些数据,在 C++中,cin 对象同样能够做这件事。看看如下范例:

```
std::cout << "请输入两个数:" << std::endl;
int value1 = 0, value2 = 0;
//C 中用 scanf 时需要地址符 &,但此处不需要
std::cin >> value1 >> value2;          //输入多个值之间用空格分开
std::cout << value1 << "和" << value2 << "相加的结果为:" << value1 + value2 << std::endl;
                                       //12 和 15 相加的结果为:27
```

有几点说明:

(1) cin 也是一个 iostream 相关对象,被叫作"标准输入",可以理解成键盘。

(2) >>(往右扎):在第 1 部分 C 语言中讲到位运算时看到过——右移运算符。但与 cin 一起使用的时候,就不是右移运算符,而是一个"输入"运算符,它的样子也像锥子,但是是从 cin 往外扎(扎向变量,表示把值传递给变量),和 cout 中的"<<"方向刚好相反。

">>"的左侧运算对象是 cin(键盘),也就是把从键盘上输入的数据放入了">>"右侧的变量中,于是,变量便有了值。

">>"返回其左侧运算对象作为其计算结果,所以

```
std::cin >> value1 >> value2;
```

等价于

```
(std::cin >> value1) >> value2;
```

也因为">>"返回其左侧运算对象作为其结算结果,所以可以把多个要输入的数据都用">>"连起来写到一个 std::cin 语句中。

另外,类似下面这行 std::cout 代码,可以注意到,又能输出整型数,又能输出字符串。为什么呢?

```
std::cout << x << "的平方是" << x * x << std::endl;
```

之所以 std::cout 可以支持很多种不同类型数据的输出,是因为:

(1) 在类中写一个运算符(<<)就好像写一个类中的成员函数一样,可以把运算符"<<"看成一个函数。

(2) 对于形如"ostream& std::cout.operator <<(…);"这种针对"<<"运算符的定义,其实,"<<"的定义有很多个版本,用来处理不同的类型的参数,有处理 int 类型参数的,有处理字符串类型参数的,所以,在使用 std::cout 进行数据输出时,通过使用"<<",可以混合输出多种不同类型的值。

13.3　auto、头文件防卫、引用与常量

C++语言与C语言比起来多了一些基本知识,这里进行一些必要的补充,当将来再遇到基本知识时,也会随时补充讲解。

13.3.1　局部变量和初始化

严格来讲,在C语言中,如果某个函数中需要用到一些局部变量,那么局部变量都会集中定义在函数开头,而在C++中不必遵循这样的规则,随时用随时定义即可。当然,作用域一般就是从定义的地方开始到该函数结束为止。当然,也有例外,例如如果在一个循环中定义的变量就只在循环内有效,在一个{}包着的语句块中定义的变量就只能在该语句块内有效。典型的如for(int i = 0;i < 100;i++){…},i的作用域就仅仅限制在for循环体内。

传统编码方式中,可以使用"="在定义变量的时候进行初始化。代码如下:

```
int abc = 5;
```

在C++新标准中,可以使用"{}"在定义变量的时候进行初始化。代码如下:

```
int abc {5};
```

所以,针对刚才的for语句,可以换一种写法。代码如下:

```
for (int i{0}; i < 100; i++){…}
```

在看到了C++新标准中"{}"的用法后,需要额外说明的是,在"{}"之前还可以增加一个"="号。如下代码:

```
int abc = {5};
for (int i = {0}; i < 100; i++){…}
```

在上面的"{}"用法中,只涉及一个数据,因为只有一个变量来接收数据。实际上,如果定义一个数组,那么是可以在"{}"中包含一组数据的。代码如下:

```
int a[]{11,12,34};              //这里没使用等号
int b[] = {11,12,34};           //这里使用了等号
```

建议在学习的时候,把这些新标准的写法单独整理和记录一下,新标准中引入"{}"这种给变量初值的方法也是有一些考虑和好处的。例如下面这行语句:

```
int abc = 3.5f;
```

上面这行代码是可以编译通过的,但执行起来后会发现,实际上abc因为是int类型,所以3.5的小数部分会被截断,结果是abc的值等于3。那下面这种C++新标准语法呢?

```
int abc{3.5f};
```

上面这行代码根本无法编译通过,直接报语法错,这样做的好处是不会使数据被误截断,进一步保证所写的代码的健壮性。

再看一例,用"()"也可以对变量进行初始化:

```
int abc(12);                    //通过()初始化变量
```

当然,C++新标准中增加了不少初始化变量的方式,但这里无须一一提及,随着后面内容的展开,不久之后都会见面。

13.3.2 auto 关键字简介

auto 关键字其实在 C++98 中就已经有了,只是那时候这个关键字没什么作用,但是到了 C++11 中,auto 被赋予了全新的含义——变量的自动类型推断。

auto 可以在声明变量的时候根据变量初始值的类型自动为此变量选择匹配的类型(这表明在声明变量的同时也要给变量初始值)。auto 的自动类型推断发生在编译期,所以使用 auto 并不会造成程序运行时效率的降低。

换句话说,在定义一个变量的时候,如果变量类型能够由系统推断出来,就不需要显示指定类型。看看如下范例:

```
auto bvalue = true;
auto ch = 'a';
auto dv = 1.2;
auto iv = 5;
```

有些类型名很长,如后面要学习到的泛型,那么,使用 auto 就能避免书写很长的类型名。暂时先掌握这么多,后面会不断深入学习 auto。

13.3.3 头文件防卫式声明

C/C++头文件中有关于♯ifndef、♯define、♯endif 的用法,前面第 8 章已经学习过,那么,看一看在这里如何使用。

通过下面的语言描述创建一个范例:

(1) 头文件 head.h 中有如下定义:

```
int g_globalh1 = 8;
```

(2) 头文件 head2.h 中有如下定义:

```
int g_globalh2 = 5;
```

(3) 在主源文件(MyProject.cpp)中需要用这两个全局变量,代码如下:

```
# include "head.h"
# include "head2.h"
int main()                      //主函数
{
    cout << g_globalh1 << endl;     //8
    cout << g_globalh2 << endl;     //5
}
```

执行上面这段代码,目前为止并没有什么问题。

(4) 随着项目的增大,需要定义更多复杂的数据类型,假如现在因为一些原因需要在头文件 head2.h 中包含头文件 head.h，于是头文件 head2.h 内容修改如下：

```
# include "head.h"
int g_globalh2 = 5;
```

此时编译，出现重定义错误。这是因为在源文件 MyProject.cpp 文件中有如下内容：

```
# include "head.h"
# include "head2.h"
```

如果上面这两行代码都展开，则结果如下：

```
int g_globalh1 = 8;
int g_globalh1 = 8;
int g_globalh2 = 5;
```

显然 globalh1 被定义了两次，因此编译的时候提示出现重定义错误。

这非常让人头疼，因为保不准哪个头文件就 #include 了其他头文件，也保不准哪个 .cpp 源文件无意中就 #include 两次同一个头文件，上面这种是间接通过 head2.h 重复 #include 了 head.h，那直接重复 #include 也是不可以的。例如如下代码，系统编译时也会报错：

```
# include "head.h"
# include "head.h"
```

既然重复 #include 的问题时有发生，无法避免，那么如何解决这个问题呢？这就要从 .h 头文件本身入手，通过使用 #ifndef、#define、#endif 解决这个问题。

首先，改造头文件 head.h。改造后的内容如下：

```
# ifndef __ HEAD __
# define __ HEAD __
int g_globalh1 = 8;
# endif
```

接着，改造头文件 head2.h。改造后的内容如下：

```
# ifndef __ HEAD2 __
# define __ HEAD2 __
# include "head.h"
int g_globalh2 = 5;
# endif
```

有一点必须说明：每一个 .h 头文件的 #ifndef 后面定义的名字都不一样，不可以重名。

如此修改后再次编译，不难发现，编译通过并能成功执行，奥妙在哪里？就在于通过使用 #ifndef、#define、#endif 的组合，避免了 .h 头文件中的内容被多次 #include。例如当 head.h 第一次被 #include 到 MyProject.cpp 中时，#ifndef __ HEAD __ 条件成立，因此下面两行代码都被 #include 到 MyProject.cpp 中：

```
# define __ HEAD __
int g_globalh1 = 8;
```

但是假如第二次 head.h 被 #include 到 MyProject.cpp 中时，#ifndef __ HEAD __ 条

件就不成立了(因为♯define ＿HEAD＿代码行的存在),这样,上面两行内容就不会再次被♯include 到 MyProject. cpp 中,从而避免了重定义等错误的发生。

所以要求读者在书写. h 头文件的时候,要习惯性地在文件头部增加♯ifndef、♯define语句行,在文件末尾增加♯endif 语句行。出现在. h 头文件中的这三行代码,被习惯性地称为"头文件防卫式声明"。

13.3.4　引用

引用是为变量起的另外一个名字(别名),一般用"&"符号(以往看到过该符号,但含义与这里并不相同)表示。之后,该引用和原变量名代表的变量看成是同一个变量。所以,在理解时要理解成:定义引用并不额外占用内存。或者也可以理解成,引用和原变量占用的是同一块内存。当然,有细致的研究者通过研究编译器,认为引用是占内存的,但是作为学习者,只需要理解成引用不额外占用内存即可。

看看如下范例:

```
int value = 10;
//refval 就是引用(其类型是引用类型)
int& refval = value; //value 的别名是 refval, & 在此不是取地址运算,而是起标识作用
refval = 13;                      //就等价于 value = 13;
```

定义引用类型的时候必须进行初始化,不然给哪个变量起别名呢? 看看如下范例,找找代码行中的错误:

```
int& refval2;                    //错误:定义引用类型时必须初始化
int& refval3 = 10;               //引用必须绑定到变量或对象上,不能绑定到常量上
int bvalue = 89;
float& refbvalue = bvalue;       //错误,类型要相同
```

看看如下范例,注意比较,看看"&"作为引用和作为取地址符时的使用区别:

```
int a = 3;
int &b = a;                      //引用,注意 & 符号在 = 的左边侧
int *p = &a;                     //取地址符,注意 & 符号在 = 的右侧
```

再看一个比较完整的范例——引用作为函数形参:

```
void func(int &ta, int &tb)      //形参类型都是引用类型(整型引用)
{
    ta = 4;                      //改 ta 和 tb 值直接影响到 main()中的 a 和 b
    tb = 5;
}
int main()                       //主函数
{
    int a = 13;
    int b = 14;
    func(a, b);
    cout << a << "  " << b << std::endl;  //4      5
    return 0;
}
```

13.3.5　常量

常量就是不变的量。前面讲解的常量一般都是具体的数值,如 10、23.5 等。

1. const 关键字

该关键字有很多作用,但这里不准备多介绍,主要是先熟悉一下。const 表示不变的意思。定义变量时,可以在前面增加 const 关键字,一旦增加该关键字,该变量的值就不可以发生改变。看看如下范例:

```
const int var = 17;              //一种承诺,表示这个变量的值不会发生改变
var = 18;                        //修改其值,导致编译的时候就会报错,编译器会检查这个 const 承诺
```

那么,var 的值到底是否可以修改? 实际上可以修改,但强烈建议不要这样做,以免产生问题,既然承诺为 const,就不要修改它的值。但作为探索,如何修改 var 值,看如下代码:

```
const int var = 17;
int &var2 = (int&)var;
var2 = 5;                        //会发现 var 的值确实变成了 5
```

上面代码如果通过设置断点观察,能够看到 var 的值已经变成了 5,但有意思的是,如果增加下面两行代码来分别输出 var 和 var2 的值,发现实际输出的 var 值和调试时看到的 var 值不一样:

```
cout << var << endl;             //17
cout << var2 << endl;            //5,这从侧面论证引用实际上不是别名这么简单
```

再看一例:

```
int func()
{
    return 3;
}
int main()                       //主函数
{
    int v1 = 12;
    const int v2 = v1 + func();   //运行的时候求值也是可以的,但很少人会这样写代码吧
    return 0;
}
```

2. constexpr 关键字

这是 C++11 引入的关键字,也代表一个常量的概念,意思是在编译的时候求值,所以能够提升运行时的性能。编译阶段就知道值也会带来其他好处,例如更利于做一些系统优化工作等。

看看如下范例:

```
constexpr int var1 = 1;
constexpr int var2 = 11 * func1(12);
```

上面代码用到了 func1 函数,那 func1 函数要怎样写呢? 这里必须注意,因为 var2 是常量,初始化时调用了 func1 函数,所以 func1 也得定义成 constexpr。代码如下:

```
constexpr int func1(int abc)
{
    abc = 16;
    int a3 = 5;
    return abc * a3;
}
```

但是,在书写 func1 函数时必须小心,其中的代码尽可能简单。而且,某些代码出现在 func1 函数中还会导致编译无法通过。例如,在 func1 函数中定义一个未初始化的变量就会导致编译出错,必须在定义的时候初始化:

```
int unvar;                          //编译时会引发错误,必须在定义的时候初始化
```

再如,如果下面的 for 循环语句出现在 func1 函数中,那么 for 循环中的 printf 语句也同样会引发编译错误,读者可以自行尝试:

```
for (int i = 0; i < 100; i++)
{
    //这句 printf 也会导致编译不过.不是这个函数有问题,而是 constexpr 关键字的问题
    printf("good");
}
```

还可以进行一些尝试:

```
int k = 3;
constexpr int var = 11 * func1(k);    //编译错误,不可以用变量 k 作为参数
int k2 = func1(k);                    //用变量 k 调用 constexpr 函数不会有问题,
                                      //此时该函数相当于普通函数,结果当然也是在执行期间产生
```

可以看到,加了 constexpr 修饰的函数不但能用在常量表达式中,也能用在常规的函数调用中。

再看一段比较奇怪的代码:

```
constexpr int var = 3;
cout << var << endl;
int& var2 = (int&)var;
var2 = 5;   //该值也能修改,通过设置断点调试可以看到 var 值也被修改为 5 了
cout << var2 << endl;                //5
cout << var << endl;                 //3,但实际输出结果时 var 输出为 3
```

如果再接着写这样的判断代码:

```
if (var == var2){…}
```

不难发现,尽管设置断点调试时,var 和 var2 看起来值相等,但是上面这个条件却不成立,这几乎可以肯定是编译器内部进行了一些特殊的处理。虽然在 Visual Studio 2019 中 var 和 var2 代表同一块内存(跟踪调试时观察到的),但应该只是假象,原变量(var)应该和别名(var2)处于不同的内存中。

常量表达式概念要重视,例如在 switch 语句中,其里面的 case 语句后面跟随的值在语法上要求必须提供一个常量表达式。换句话说,有些场合,语法要求必须提供常量表达式而

不是变量。

目前，对 const 和 constexpr 关键字只需要进行简单了解和认识，无须深究，随着日后学习的深入和更进一步的时候，也许会有更多的认识和体会。

13.4　范围 for、new 内存动态分配与 nullptr

13.4.1　范围 for 语句

C 语言部分学习过了 for 语句，在 C++11 中 for 语句的能力被进一步扩展，引入了范围 for 语句，用于遍历一个序列。看看如下范例：

```
int v[]{ 12,13,14,16,18 };
//数组 v 中每个元素依次放入 x 并打印 x 值.相当于把 v 的每个元素值复制到 x 中,然后打印
for (auto x : v)
{
    cout << x << endl;
}

//{}中是一个元素序列,for 就是应用于任意的这种元素序列
for (auto x : { 11,34,56,21,34,34 })
{
    cout << x << endl;
}
```

上面范例中第一个 for 语句的写法有个缺点，多了一个复制的动作，也就是把数组 v 中的元素值依次复制（赋值）到了 x 中，然后循环输出 x 值。那如何修改一下以避免这种复制动作，提高程序运行效率呢？非常简单，只需要把 for 这行代码修改成如下即可：

```
for (auto &x : v)                    //使用引用的方式,避免数据的复制动作
```

一般来讲，一个容器只要其内部支持 **begin 和 end** 成员函数用于返回一个迭代器，能够指向容器的第一个元素和末端元素的后面，**这种容器就可以支持范围 for 语句**（容器后面讲）。

13.4.2　动态内存分配问题

在 C 语言部分的 7.6.1 节学习了内存中供用户使用的存储空间，包括程序代码区、静态存储区、动态存储区。程序执行所需的数据都放在静态存储区和动态存储区。例如，全局变量放在静态存储区，局部变量放在动态存储区。

在 C++ 中，把内存进一步更详细地分成 5 个区域：

（1）栈。函数内的局部变量一般在这里创建，由编译器自动分配和释放。

（2）堆。由程序员使用 malloc/new 申请，free/delete 释放。malloc/new 申请并使用完毕后要及时 free/delete 以节省系统资源，防止资源耗尽导致程序崩溃。如果程序员忘记 free/delete，程序结束时会由操作系统回收这些内存。

（3）全局/静态存储区。全局变量和静态变量放这里，程序结束时释放。

（4）常量存储区。存放常量，不允许修改，如用双引号包含起来的字符串。

（5）程序代码区。相当于 C 语言中的程序代码区。

这 5 个区域重点关注堆和栈，其他几个区域简单理解即可。堆和栈都相当于 C 语言部分所说的动态存储区，但用途不同。下面总结一下堆和栈的区别：

（1）栈空间有限（这是系统规定的），使用便捷。例如代码行 int a＝4;，系统就自动分配了一个 4 字节给变量 a 使用。分配速度快，程序员控制不了它的分配和释放。

（2）堆空间是程序员自由决定所分配的内存大小，大小理论上只要不超出实际拥有的物理内存即可，分配速度相对较慢，可以随时用 new/malloc 分配、free/delete 释放，非常灵活。

下面介绍 new/malloc 与 free/delete。

1. malloc 和 free

在 C 语言（不是 C++）中，malloc 和 free 是系统提供的函数，成对使用，用于从堆（堆空间）中分配和释放内存。malloc 的全称是 memory allocation，翻译成中文含义是"动态内存分配"。一般形式为：

```
void * malloc(int NumBytes);
```

说明：malloc 向系统申请分配指定 NumBytes 字节的内存空间。返回类型是 void * 类型。void * 表示未确定类型的指针。C/C++规定，void * 类型可以强制转换为任何其他类型的指针。如果分配成功则返回指向被分配内存的指针，如果分配失败则返回空指针 NULL。分配成功后且当内存不再使用时，应使用 free() 函数将内存释放。

free 函数的一般形式为：

```
void free(void * Ptr);
```

说明：该函数是将之前用 malloc 分配的内存空间还给程序或者操作系统，也就是释放先前分配的内存，这样这块内存就被系统回收并在需要的时候由系统自由分配出去再使用。

看看如下范例：

```
int * p = NULL;
p = (int * )malloc(10 * sizeof(int)); //分配了 40 字节
if (p != NULL)
{
    * p = 5;                    //这种写法其实只会用到分配的 40 字节中的 4 字节
    cout << * p << endl;
    free(p);                    //千万不要忘记,否则就是内存泄漏.如果泄漏多了,程序就会崩溃
}
```

再继续看范例：

```
char * point = NULL;
point = (char * )malloc(100 * sizeof(char)); //100 个位置
if (point != NULL)
{
    strcpy_s(point, 20, "hello world!");
    cout << point << endl;
    free(point);
}
```

上面的 strcpy_s 看起来有点熟悉，第 1 部分学习过 strcpy 函数，但这里多了一个 _s，代表的是 strcpy 函数的安全版本，能够检测所容纳的元素是否越界，如果越界则会停止程序运行并弹出警告窗口。有兴趣的读者可以用搜索引擎学习该函数，类似的函数还有 strcat_s 等。

再继续看范例：

```
int * p = (int *)malloc(sizeof(int) * 100); //分配可以放得下 100 个整数的内存空间
if (p != NULL)
{
    int * q = p;
    * q++ = 1;
    * q++ = 5;
    cout << * p << endl;              //1
    cout << * (p + 1) << endl;        //5
    free(p);
}
```

2. new 和 delete

new 和 delete 是运算符，不是函数。C++中使用 new 和 delete 从堆中分配和释放内存，两者成对使用。

new 有很多用法和特性，因为现在学习的知识点还不多，所以这里简单地提一提用法，深入的用法在后续章节讲解中再逐步深入。

首先读者要理解一点，那就是 new/delete 做了和 malloc/free 同样的事情——分配和释放内存，同时，new/delete 还做了更多的事情。这里先看一看，new/delete 在分配内存方面的用法。new 一般使用格式有如下几种：

- 指针变量名 = new 类型标识符;
- 指针变量名 = new 类型标识符(初始值);
- 指针变量名 = new 类型标识符[内存单元个数];

看看如下范例：

```
//开辟一个存放整数的存储空间,返回一个指向该存储空间的地址.将一个 int 类型的地址给整型指
//针 myint
int * myint = new int;
if (myint != NULL)                    //其实如果 new 失败可能不会返回 NULL,而是直接报异常
{
    * myint = 8;                      // * myint 代表指针指向的变量
    cout << * myint << endl;          //8
    delete myint;                     //释放
}
```

再继续看范例：

```
int * myint = new int(18);           //分配内存同时将该内存空间的内容设置为 18
if (myint != NULL)
{
    * myint = 8;                      // * myint 代表指针指向的变量
    cout << * myint << endl;          //8
    delete myint;                     //释放
}
```

再继续看范例：

```
int * a = new int[100];              //开辟一个大小为100的整型数组空间
if (a != NULL)
{
    int * p = a;
    * p++ = 12;
    * p++ = 18;
    cout << * a << endl;             //12
    cout << * (a + 1) << endl;       //18
    //new时用了[],delete时就要用[],否则回收的内存就是第一个数组元素空间而不是整个数
    //组,[]起了回收整个数组的作用,delete中[]内不用写数组中元素个数,保持空着,系统有办
    //法知道这个数组大小,写了数字也会被系统忽略
    delete[] a;                      //释放int数组空间
}
```

有几点说明：

（1）配对使用，有 malloc 成功必有 free，有 new 成功必有 delete。

（2）free/delete 不要重复调用，因为 free/delete 的内存可能被系统立即回收后再利用，再 free/delete 一次很可能把不是自己的空间释放掉了，导致程序运行出现异常甚至崩溃。

后面章节学习类的时候还会看到很多 new 的用法。

malloc/free 与 new/delete 的区别：

new 不但分配内存，还会额外做一些初始化工作，后面会学习到，而 delete 不但释放内存，还会额外做一些清理工作，后面同样会学习到。这就是 new/delete 这一对比 malloc/free 这一对多做的事情。所以，在 C++ 中，不要再使用 malloc/free，而是使用 new/delete。

13.4.3 nullptr

nullptr 是 C++11 引入的新关键字，代表"空指针"。

看看如下范例：

```
char * p = NULL;                     //NULL 实际就是 0
char * q = nullptr;                  //设置断点观察发现 p 和 q 都是 0x00000000,似乎都一样
int * a = nullptr;
if (p == nullptr)                    //条件成立
{
    cout << "nullo" << endl;
}
```

有资料指出：使用 nullptr 能够避免在整数和指针之间发生混淆。但笔者认为这句话说得有点模棱两可。看看下面的演示范例：

```
cout << typeid(NULL).name() << endl;  //int
cout << typeid(nullptr).name() << endl;   //std::nullptr_t
```

上面范例中，typeid 先不深入解释，后面章节会详细学习，这里只理解成"用于取类型"。然后.name()可以打印出类型名，通过结果可以看到，NULL 和 nullptr 两者的类型是不同的。

在后面学习函数重载时,因为 NULL 和 nullptr 类型不同,所以如果把这两者当函数实参传递到函数中去,则会导致因为实参类型不同而调用不同的重载函数。看看如下范例:

```
void myfunc(void * ptmp)
{
    printf("myfunc(void * ptmp)\n");
}
void myfunc(int tmpvalue)              //重载函数,函数名相同但参数不同
{
    printf("myfunc(int tmpvalue)\n");
}
int main()
{
    myfunc(NULL);                      //调用 void myfunc(int tmpvalue)
    myfunc(nullptr);                   //调用 void myfunc(void * ptmp)
    return 0;
}
```

上面范例也展示了 NULL 和 nullptr 的区别,读者先简单理解着。当然还有其他的区别,不过现在不需要深究太多。

给出一些结论:

(1) 对于指针的初始化,能用 nullptr 的全部用 nullptr。

(2) 以往用到的与指针有关的 NULL 的场合,能用 nullptr 取代的全部用 nullptr 取代。

13.5 结构、权限修饰符与类简介

13.5.1 结构回顾

在 C 语言部分已经学习了结构,结构是属于一种自定义的数据类型。看看如下范例:

```
struct student                        //定义一个结构体类型 student(学生)
{
    int number;
    char name[100];
};
student student1;                     //这里可以省略 struct,直接用 student
student1.number = 1001;
strcpy_s(student1.name, sizeof(student1.name), "zhangsan");
cout << student1.number << endl;      //1001
cout << student1.name << endl;        //zhangsan
```

在 C 语言部分学习过用指向结构体的指针作为函数参数。看看如下范例:

```
//形参实参地址不同,加断点看,这里肯定做了参数值复制,效率低
void func(student tmpstu)
{
    tmpstu.number = 2000;
    strcpy_s(tmpstu.name, sizeof(tmpstu.name), "who");
    return;
```

```
    }
    student student1;
    student1.number = 1001;
    strcpy_s(student1.name, sizeof(student1.name), "zhangsan");
    cout << student1.number << endl;        //1001
    cout << student1.name << endl;          //zhangsan
    func(student1);
    cout << " --------------------- " << endl;
    cout << student1.number << endl;        //1001,值没被函数 func 改变
    cout << student1.name << endl;          //zhangsan,值没被函数 func 改变
```

上面这个范例,如果把 func 函数定义这行换一种写法:形参类型变成引用。那么,在 func 函数中所改变的值,在主调函数中值也会发生相应的改变,因为此时实参和形参代表的是同一段内存地址,调用函数传递参数时,不存在参数值复制(把实参的内容复制给形参)的问题,程序执行效率会提高。看看 func 函数定义行如何修改:

```
void func(student &tmpstu) {…}
```

上面范例中,再给 func 函数换一种写法,这次把函数的形参变为指针。此时,函数 func 的函数体也要修改了,这就是 C 语言部分学习过的用指向结构体的指针作为函数参数。看如何修改 func 函数:

```
void func(student * ptmpstu)
{
    ptmpstu -> number = 2000;
    strcpy_s(ptmpstu -> name, sizeof(ptmpstu -> name), "who");
    return;
}
```

在函数调用处,也需要修改函数调用代码:

```
func(&student1);
```

同样不难发现,在 func 函数中所改变的值在主调函数中也会发生相应的改变。

对于在 C 中的称呼"结构",在 C++ 中仍然可以称呼为结构,当然也可以称呼为"类"。但是 C++ 中的结构和 C 中的结构有什么区别呢?

C++ 中的结构除了具备 C 中结构的所有功能外,还增加许多扩展功能,其中最突出的扩展功能之一就是 C++ 的结构中不仅仅有成员变量,还可以在其中定义成员函数(方法)。看看如下范例:

```
struct student
{
    int number;                 //成员变量
    char name[100];             //成员变量
    void func()                 //成员函数
    {
        number++;
        return;
    }
};
```

成员函数可以用"对象名. 成员函数名(实参列表)"的格式来调用。下面演示成员函数的调用：

```
student student1;
student1.number = 1001;
strcpy_s(student1.name, sizeof(student1.name), "zhangsan");
cout << student1.number << endl;        //1001
cout << student1.name << endl;          //zhangsan
student1.func();                        //调用成员函数
cout << " --------------------- " << endl;
cout << student1.number << endl;        //1002
cout << student1.name << endl;          //zhangsan
```

13.5.2　public 和 private 权限修饰符

在结构和类中，有三个重要的权限修饰符，分别是 public(公有)、private(私有)、protected(保护)。本节只谈 public 和 private，而 protected 后面讲解。

(1) public："公有/公共"的意思。用这个修饰符修饰的成员(成员变量、成员函数)，可以被外界访问。换句话说，一般需要能够被外界访问的成员定义为 public，就好像是该结构或类的外部接口一样。

(2) private："私有"的意思。用这个修饰符修饰的成员，只能被该结构或类内部定义的成员函数使用。

对于用 struct 定义的结构来讲，默认的情况下，所有的成员变量和成员函数都是 public 的，所以，前面定义的 student 结构等价于如下：

```
struct student
{
public:
    int number;                         //成员变量
    ......                              //其他成员
};
```

注意 public 的书写位置，而且，public 后面需要跟一个冒号。

对于 public 的成员变量和成员函数，可以直接通过对象来引用。看如下代码：

```
student student1;
student1.number = 1001;                 //public 成员变量可以直接引用
strcpy_s(student1.name, sizeof(student1.name), "zhangsan");   //直接引用
student1.func();                        //public 成员函数可以直接引用/调用
```

现在如果把 student 结构中的成员全部定义成 private，如下所示，注意 private 的书写位置，而且 private 后面也需要跟一个冒号。

```
struct student
{
private:
    int number;                         //成员变量
    ......                              //其他成员
};
```

那么,就不可以通过对象名引用结构或者类的成员,否则在编译时会出现错误提示。例如如下代码行都不会被允许:

```
student student1;
student1.number = 1001;                        //不可以通过对象名 student1 直接引用 private 成员
strcpy_s(student1.name, sizeof(student1.name), "zhangsan");   //不可以引用
student1.func();                               //不可以引用 private 成员
```

不过,虽然不能通过 student1. number 的方式引用 number 成员变量,但是,在成员函数 func 中仍然可以直接引用 number,因为成员函数是可以直接访问成员变量而不管成员变量是否是 private 的。

另外,因为一个结构或类中可能有多个 public、private、protected 权限修饰符,一个权限修饰符也可以修饰多个成员,所以要看一个成员变量或者成员函数是属于 public 还是 private,只需要沿着该成员往编号更小的代码行方向(上方)看代码,最先看到哪个权限修饰符,则该成员就对应哪个权限。看看如下范例:

```
struct student
{
public:
    int number;                    //该成员变量属于 public
private:
    char name[100];                //该成员变量属于 private
public:
    void func()                    //该成员函数属于 public
    {
        number++;
        return;
    }
private:
    int ioperct;                   //该成员变量属于 private
    void funcoper(){}              //该成员函数属于 private
};
```

13.5.3　类简介

刚刚谈了结构,现在谈谈类,类也是一种用户自定义的数据类型。

现在已经知道的是:

(1) 不管 C 语言还是 C++中,结构都用 struct 定义。

(2) 为了方便读者理解,前面曾经说过:把 C 语言中的结构当成 C++中的类。这个说法并不全面,只是方便理解才这样表达。现在,既然讲到了类,那就必须要谈一谈结构和类到底有什么区别。

关于结构和类,有几点说明:

(1) 类,只在 C++中才有的概念,C 语言中并没有类的概念。

(2) 结构用 struct 定义,类用 class 定义。

在 C 语言中,定义一个属于某个结构的变量,会称其为"结构变量"。

在 C++中,定义一个属于某个类的变量,会称其为"对象",其实读者在理解的时候,直接

把对象理解成结构变量即可,不管"结构变量"还是"对象",无非就是一块"能存储数据并具有某种类型的内存空间"。

把刚才范例中 student 的定义从 struct 修改为 class,读者会发现其他代码几乎不用改动,这说明 C++ 中结构和类绝对是极其类似的。

```
class student
{
public:
    int number;
    char name[100];
};
```

(3) C++ 中的结构和类确实极其类似,区别有以下两点。

① C++ 中结构体内部成员变量及成员函数默认的访问级别是 public,而 C++ 中类的内部成员变量及成员函数的默认访问级别是 private。这就是刚才的代码在定义 student 这个 class 时增加 public 的原因,不然外界就不能直接用"对象名. 成员"的方式来访问类中的成员。

② C++ 中结构体的继承默认是 public,而 C++ 中类的继承默认是 private。后面讲解类继承时再进一步讨论。

综合结论:C++ 中,如果定义结构或者类的成员变量或者成员函数时,都明确地写出访问级别 public、protected、private 等,那么 C++ 中的结构和类就没什么区别,定义的时候写成 struct 也可以,写成 class 也行。

(4) 注意。

① C++ 标准库里包含了大量丰富的类和函数,供开发者使用。甚至以类的形式定义了一些更加复杂的数据类型,如向量等。

② 在书写 C++ 程序的时候,无论代码想实现一个什么样的功能,都应该设法通过写一个或多个类来达到这个目的,因为 C++ 语言中最核心的部件就是类。

13.5.4　类的组织

无论结构还是类,都是程序员(开发者)自己定义的数据结构,定义了一个类就等于定义了一个新的类型,而且这个类型里还关联了一组操作(成员函数)。

在开发一个大型项目的时候,很可能会写多个类去实现各种功能,显然,如此多的类,在书写的时候肯定要有一个规范。

一般来讲,类的定义代码放到一个 .h 头文件中,头文件的主文件名可以和类名相同,类的具体实现代码(一般都是成员函数的实现代码)放到一个(或多个).cpp 文件(源程序文件)中,这个 .cpp 文件的主文件名一般也和类名相同。

如果有任何其他 .cpp 文件想使用这个类的时候,就在其文件的头部使用 #include 命令把这个类定义相关的 .h 头文件包含进来。

请读者看一看这种组织结构的感觉:

(1) 定义一个叫作 student 的类,定义代码放到 student.h 头文件中,实现代码放到 student.cpp 文件中。

（2）现在另外有一个 other. cpp 文件，想在其代码中使用 student 类，那么就需要在 other. cpp 文件的开头包含♯include "student. h"语句，如图13.2所示。

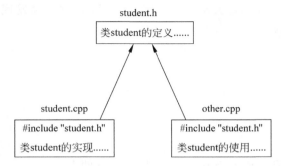

图 13.2　other. cpp 文件中使用 student. h 中定义的类代码书写示意图

13.6　函数新特性、inline 内联函数与 const 详解

13.6.1　函数回顾与后置返回类型

在 C 语言部分学习到了函数，也掌握了什么叫函数声明、函数定义的概念。请注意：函数定义中如果有形参则形参应该有名字，而不光是只有类型，但是如果并不想使用这个形参，换句话说这个形参并不在这个函数中使用，则不给形参名也可以，但在调用这个函数的时候，该位置的实参是必须要明确给出的。

看看如下范例，函数定义中的第二个形参只给出了类型，并没有给出名字：

```
int func(int a, int)
{
    return 4;
}
```

但是，在进行函数声明的时候，是可以没有形参名的。虽然写形参名会帮助自己和其他读代码的人更好地理解代码，但是编译器会忽略形参名。看如下函数声明的代码：

```
int func(int ,int);
```

上面这种写法叫作"前置返回类型"，也就是说函数的返回类型位于函数声明或者函数定义语句的开头。

在 C++11 中还引入了一种新的语法，叫后置返回类型，也就是在函数声明或定义中把返回类型写在参数列表之后，对于有一些返回类型比较复杂的情形，这种写法可能更容易让人看懂，同时，有一些比较特殊的场合，还必须采用这种语法来书写，后面会讲解到。请读者先知道有这样的写法即可，当前不需要深究其他。看看如下范例：

```
auto func(int, int) -> int;           //函数声明中的后置返回类型写法
auto func(int a, int b)  -> int       //函数定义中的后置返回类型写法
{
    return 1;
}
```

总结一下"后置返回类型"的写法：前面放置 auto 关键字,表示函数返回类型放到参数列表之后,而放在参数列表之后的返回类型是通过"→"开始的。此外,补充一点函数书写时的说明：一个函数内包含的代码不要太长,不同的功能尽量分解到多个函数中去写,一般一个函数内(函数体)建议包含几十到上百行代码,尽量不要书写上千行代码,函数体太过冗长也增加了他人阅读这段代码的理解难度和时间。

13.6.2　inline 内联函数

先看一个范例：

```
inline int myfunc(int testv)              //函数定义,这里必须加 inline
{
    return testv * (5 + 4) * testv;
}
```

注意上面这段代码,在该函数定义之前增加了一个 inline 关键字,增加了这个关键字的函数,叫作内联函数。那么,inline 有什么作用呢？

每个人都知道,调用函数是要消耗系统资源的,尤其是一些函数体很小但却频繁调用的函数,调用起来很不划算,因为要频繁地进行压栈、出栈动作以处理函数调用和返回的问题,这也意味着要频繁地为它们开辟内存。为了解决这种函数体很小、调用又很频繁的函数所耗费的系统性能问题,引入了 inline 关键字。该关键字的效果如下：

(1)影响编译器,在编译阶段完成对 inline 函数的处理,系统尝试将调用该函数的动作替换为函数的本体(不再进行函数调用)。通过这种方式,来提升程序执行性能。

(2)inline 关键字只是程序员(开发者)对编译器的一个建议,编译器可以尝试去做,也可以不去做,这取决于编译器的诊断功能,也就是说决定权在编译器,无法人为去控制。

(3)传统书写函数时一般将函数声明放在一个头文件中,将函数定义放在一个.cpp 源文件中,如果要把函数**定义**放在头文件中,那么超过 1 个.cpp 源文件要包含这个头文件,系统会报错,但是内联函数恰恰相反,内联函数的定义就放在头文件中,这样需要用到这个内联函数的.cpp 源文件都能通过 #include 来包含这个内联函数的源代码,以便找到这个函数的本体(源代码)并尝试将对该函数的调用替换为函数体内的语句。

那么,使用内联函数的优缺点是什么呢？

用函数本体取代函数调用,显然可以增加效率。但同时带来的问题是函数代码膨胀了。所以内联函数函数体要尽可能短小,这样引入 inline 才有意义。请读者想一想,调用一个函数时需要压栈开辟内存等动作,假如这些动作需要花费 1s 的时间,如果在这个函数中代码的执行需要花费 1000s 的时间,那这个函数写成内联函数之后,也就节省了 1s 的时间,但是源文件代码却膨胀的很大。如果在多个地方调用这个函数,那就相当于多个地方出现代码的重复膨胀,代码在程序运行时也是要占用内存的,因为内存中有代码段专门保存程序代码。

请注意：

(1)编译器不同,可能内联的结果也不同,有些编译器很聪明,优化好了只剩下一个结果,有些编译器差了一点,优化成一些表达式,再差一点的编译器就真变成直接把函数体中的语句拿来替换到函数调用处了。

（2）inline 函数尽量简单，代码尽量少，尤其是各种复杂的循环、分支、递归调用等，尽量少出现在内联函数中，否则，编译器可能会因为这些代码的原因拒绝让这个函数成为内联函数。

（3）前面讲解 constexpr 函数时，回忆一下给函数加 constexpr 的目的，就是因为要将该函数用在常量表达式中。当时曾经说过，这种 constexpr 函数，函数体必须要写的特别简单，如果写了某些多余的语句，那么编译就会出错，所以，可以把 constexpr 函数看成是更严格的一种内联函数，因为 constexpr 自带 inline 属性。

（4）内联函数有点像宏展开（♯define），宏展开和内联函数有各种差别，如类型检查等。如果读者有兴趣，可以通过搜索引擎了解一下，不过此时可以先不了解这些，以后慢慢探究，笔者担心的是探究的内容太多往往会适得其反，容易使读者糊涂和记忆混乱，所以在学习中，笔者比较赞同少就是多的原则。

其实，内联函数本身也是一个庞大和复杂的话题，有些说法也不一，五花八门的编译器都做了很多内部的额外处理，读者也就不需要一一追究，暂时先记住笔者给出的这些结论，以后如果遇到其他情况，再具体问题具体分析。

13.6.3　函数特殊写法总结

（1）函数返回类型为 void 表示函数不返回任何类型。但是，可以调用一个返回类型为 void 的函数让它作为另一个返回类型为 void 的函数的返回值。看看如下范例：

```
void funca()
{
    //……
}
void funcb()
{
    return funca();
}
```

（2）函数返回指针和返回引用的情况。看看如下范例：

```
int * myfunc()
{
    int tmpvalue = 9;              //要变成全局量
    return &tmpvalue;              //语法上没错,但留下巨大隐患.tmpvalue 应该为全局量
}
int * p = myfunc();
* p = 6;
```

再继续看范例：

```
int &myfunc2()
{
    int tmpvalue = 9;
    cout << &tmpvalue << endl;     //009DFDD4
    return tmpvalue;               //不管怎么说这都是隐患
}

int &k = myfunc2();
```

```
//k 地址中的内容不属于你,千万不可以去读或者写
cout << &k << endl;                    //009DFDD4,这个地址和 tmpvalue 的地址相同,
                                       //这种返回相当于返回地址
```

针对上面这段调用 myfunc2 函数的代码,如果用下面这段代码替换,会怎样呢?

```
int k = myfunc2();
cout << &k << endl;                    //形如 00BBFC98,这个地址和 tmpvalue 的地址不同
```

可以看到,此时输出的 &k 和 myfunc2 中输出的 &tmpvalue 的结果是不同的,这种对 myfunc2 的调用方式,相当于返回了一个新的值。请读者先记住:有时从函数中返回内容时,系统会临时构造一些必需的东西并做一些并不为人熟知的操作来实现 return 目的。

（3）不带形参的函数定义也可以写成如下,或者形参列表直接空着更好。

```
int myfunc3(void){return 1;}
```

（4）如果一个函数不调用,则该函数可以只有声明部分,没有定义部分。

（5）回忆:函数声明一般放在头文件中,函数定义一般放在源文件中,所以函数只能定义一次,但可以声明多次,因为多个源文件可能都包含一个头文件,而且习惯上,函数定义的源文件中也把函数声明的头文件包含进来。

（6）在 13.3.4 节曾经讲过引用类型作为函数的形参——void func(int &ta,int &tb),在函数中改变值会直接影响到外界实参的值(所以通过这种手段相当于间接实现函数能够返回多个值的能力)。否则实参和形参之间就是值传递,那就存在实参值复制给形参(值复制的问题)。试想,如果传递的参数是很大的类对象(结构变量),这种值复制的效率是很低的,此时,就要考虑通过“引用型形参来进行函数调用参数的传递”。看看如下范例:

```
struct student { int num; };
void fs(student &stu)
{
    stu.num = 1010;
}
student abc;
abc.num = 100;
fs(abc);
cout << abc.num << endl;          //1010
```

请注意:C++中,更习惯使用引用类型的形参来取代指针类型的形参,所以提倡读者在 C++中多使用引用类型形参。

（7）C 语言中,函数允许同名,但是形参列表的参数类型或者数量应该有明显区别,这叫函数重载。

试比较如下每对重载的函数是否可以呢?

```
void fs1(const int i) {}
void fs1(int i) {}
```

上面这对重载的函数不可以,因为 const 关键字在比较同名函数时会被忽略掉。这两个函数相当于参数类型和数量完全相同,因此函数重载不成立,编译链接时会报错。

再比较如下这对：

```
void fs2(const int i){}
void fs2(float i){}
```

上面这对重载的函数可以，没有问题，因为形参的类型并不相同，一个是 int 类型，一个是 float 类型。

再比较如下这对：

```
void fs3(const int i){}
void fs3(const int i, const int j){}
```

上面这对重载的函数可以，没有问题，因为形参的数量不相同。

13.6.4　const char ＊、char const ＊ 与 char ＊ const 三者的区别

根据前面学习到的知识，可以理解下面的代码了：

```
const int abc = 12;                    //不能改变 abc 的值
```

上面这种 const 比较简单，下面这种带类型又带"＊"的相对复杂一些，请读者注意看和注意区分。

现在来区分几种写法：读者都已经知道 char ＊ ，那么 const 分别在 char 之前、在 char 和"＊"之间以及在"＊"之后，有什么区别呢？

（1）const char ＊ p；

看看如下范例：

```
char str[] = "I Love China!";
char * p;
p = str;
*p = 'Y';
p++;                                   //p 可以指向不同的位置，只要这些位置的内存归我们管即可
```

若将 p 的定义修改为：

```
const char * p;
```

则表示 p 指向的内容不能通过 p 来修改（p 所指向的目标，那个目标中的内容不能通过 p 来改变）。因此，有人把 p 称为**常量指针**（**p 指向的内容不能通过 p 来修改**）。

那么，如下代码就是错误的：

```
*p = 'Y';                              //错误
```

当然，通过 str 修改内容则没问题：

```
str[0] = 'Y';                          //正确
```

（2）"char const ＊ p；"等价于"const char ＊ p；"

（3）char ＊ const p；

看看如下范例，密切注意注释中的内容：

```
char str[] = "I Love China!";
char * const p = str;                 //定义的时候必须初始化
p++; //这不可以,p指向一个内容后,不可以再指向其他内容(p不可以指向不同目标)
* p = 'Y';                            //但可以修改指向的目标中的内容
```

因此,有人把 p 称为**指针常量(p 不可以再指向其他内容)**。

(4)"const char ＊ const p ＝ str;"或"char const ＊ const p;"

结合了(1)～(3),表示 p 的指向不能改变,p 指向的内容不能通过 p 来改变。

(5)还有一些引用类型的 const 用法读者也应该熟悉起来。看看如下范例:

```
int i = 100;
const int &a = i;                //表示 a 代表的内容不能修改,所以 a = 200;非法
const int &b = 156;              //可以(字面值初始化常量引用),但 int &b = 156;错误,
                                 //b 看起来是分配了内存,后面讲解左值、右值概念时会再次详细探讨
b = 157;                         //错误,b 看成常量,值不能修改
```

13.6.5　函数形参中带 const

在函数中,形参和实参之间的值传递关系和上面讲解的各种常量、变量定义时的初始化是比较像的。接着上面讲解过的范例讲解:

```
struct student { int num; };
void fs(student &stu)
{
    stu.num = 1010;
}
student abc;
abc.num = 100;
fs(abc);
cout << abc.num << endl;     //1010
```

上面这段代码,可以注意到,在 fs()函数中可以修改 stu 里的 num 成员,修改后,该值会被带回到主调函数中,也就是说,fs()函数中对形参 stu 的修改实际就是对实参 abc 的修改,因为这里形参采用的是引用类型。

如果不希望在函数 fs 中修改形参 stu 里的值,建议形参最好使用常量引用(这种习惯希望读者去学习,因为这种习惯经常被用到)。

```
void fs(const student &stu)
{
    stu.num = 1010;          //这句就错误了,不能修改 stu 中的内容
}
```

再继续看范例:

```
void fs (const int i)        //实参可以是正常的 int,形参可以用 const int 接,这都没问题
{
    i = 100;                 //这也不行,不能给常量赋值
}
```

这种把形参写成 const 形式的习惯有许多好处:

（1）可以防止无意中修改了形参值导致实参值被无意中修改掉。

（2）实参类型可以更加灵活。看看如下范例：

```
struct student { int num; };
void fs(student &stu)
{
}
```

那如下在主函数 main 中的调用就是错误的：

```
student abc;
abc.num = 100;
const student& def = abc;
fs(def);                    //错误,因为 def 类型是 const &,而函数 fs 的形参不带 const
```

但如果像下面这样修改 fs 函数的形参：

```
void fs(const student &stu)
{
}
```

可以看到，const student& 这种类型的形参可以接受的实参类型更多样化（程序代码更灵活），可以接收普通引用作为实参，也可以接收常量引用作为实参。那么，看如下代码：

```
fs(def);                    //正确
fs(abc);                    //形参加了 const,不影响从实参中接收普通对象
```

再继续看代码：

```
void func2(int &a){}        //定义函数 func2
```

那么，如果这样调用 func2 函数，是不可以的：

```
func2(156);                 //不可以,必须传递进去一个变量
```

但是如果像下面这样修改函数 func2 的定义：

```
void func2(const int &a){}
```

读者可以发现，下面代码行就没问题了：

```
func2(156);                 //可以,可以传递进去一个常量了
```

13.7　string 类型

13.7.1　总述

在 C 语言部分讲解了很多 C 语言的内置类型，如 int、float、char 等，这些是属于语言本身提供的。在 C++ 中，因为标准库的存在，还会接触到很多标准库中定义的类型。其中有一些标准库中所提供的类型非常常用，如 string 类型、vector 类型等。string 是用来处理可变长字符串用的，vector 是一种集合、容器或者动态数组的概念。后续都会学到。

　　另外要补充的是,标准库里有很多的东西都是现成的,尽量使用它们,而不是自己去重复开发标准库中已经提供的功能,一来是重复劳动,二来标准库里的代码都很优秀,如果自己开发,要想超越标准库中这些代码的性能、效率、稳定性等,虽然不是说不可能,但一般人也很难做到。

13.7.2　string 类型简介

　　string 类型是一个标准库中的类型,代表一个可变长字符串。

　　在 C 语言中,一般会用字符数组来表示字符串。例如:

```
char str[100] = "I love China";
```

　　那么在 C++中,依然可以用字符数组来表示字符串,也可以用本节所讲的 string 类型来表示字符串,而且,字符数组和 string 类型之间还可以相互转换,后面都会学到。到底用字符数组还是用 string,笔者觉得还是取决于个人习惯,但 string 类型里提供了更多的操作字符串的方法,可能更多的人会觉得使用 string 更加方便。

　　string 也位于 std 命名空间中。所以,要使用 string 类型,在 .cpp 源文件前面也增加 using namespace std;代码行,后续就可以直接使用 string 类型。如果不加这行代码,每次都要使用 std::string 的形式,比较麻烦。

　　另外可能还需要(也可能不需要)在 .cpp 源文件开头包含 string 头文件:

```
#include <string>
```

　　string 类型,读者就把它看成是一个类类型,后面会详细讲解类的概念。

13.7.3　定义和初始化 string 对象

　　看一看常用的初始化 string 对象的一些方法:

```
string s1;                   //默认初始化,结果是 s1 = "",代表一个空串,里面没有字符
string s2 = "I love China!"; //把 I love China!这个字符串内容复制到了 s2 代表的一段内存中
string s3("I love China!");  //这个其实跟 s2 的写法效果一样
string s4 = s2;              //把 s2 中的内容复制到了 s4 所代表的一段内存中
int num = 6;
string s5(num, 'a');         //把 s5 初始化为连续 num 个字符'a'组成的字符串,
                             //不过这种方式系统内部会创建临时对象,不太推荐
```

　　可以看到,这有很多种字符串的初始化方式,如直接初始化、复制初始化等,后续章节讲解类的时候会重点讲解这些概念和初始化方式,现在先不用理会太多,只需要知道,这些初始化方式都能够达到初始化字符串的目的。

13.7.4　string 对象上的常用操作

　　(1) 判断是否为空 empty(),返回布尔值。

```
string s1;
if (s1.empty())                    //成立
{
    cout << "s1 为空" << endl;
}
```

（2）size()或者 length()：返回字节/字符数量，可以理解成返回的是一个无符号数 unsigned int。

```
string s1;
cout << s1.size() << endl;          //0
cout << s1.length() << endl;        //0
string s2 = "我爱中国";
cout << s2.size() << endl;          //8,一个汉字占 2 字节
cout << s2.length() << endl;        //8
```

（3）s[n]：返回 s 中的第 n 个字符(n 是一个整型值)，字符位置从 0 开始计算，位置值 n 也必须小于.size()，如果用下标引用超过这个范围，或者用下标访问一个""的 string，都会产生不可预测的结果。

```
string s3 = "I love China";
if (s3.size() > 4)
{
    cout << s3[4] << endl;          //v
    s3[4] = 'w';
}
cout << s3 << endl;                 //I lowe China
```

（4）s1＋s2：字符串连接，返回连接后的结果，其实就是得到一个新 string 对象。

```
string s4 = "abcd";
string s5 = "hijk";
string s6 = s4 + s5;
cout << s6 << endl;                 //abcdhijk
```

（5）s1 = s2：字符串对象赋值，用 s2 里面的内容取代原来 s1 里面的内容。

```
string s7 = "abcd";
string s8 = "de";
s7 = s8;
cout << s7 << endl;                 //de
```

（6）s1 == s2：判断两个字符串是否相等(长度相同，字符也全相同)，大小写敏感，也就是大写字符与小写字符是两个不同的字符。

```
string s9 = "abc";
string s10 = "abc";
if (s9 == s10)                      //条件成立
{
    cout << "s9 == s10" << endl;
}
```

上面这个范例如果把 s10 字符串中任意字符修改为大写，那么 s9 和 s10 就不相等了。

（7）s1!＝ s2：判断两个字符串是否不相等。

```
string s9 = "abc";
string s10 = "abC";
if (s9 != s10)                      //条件成立
```

```
{
    cout << "s9!= s10" << endl;
}
```

（8）s.c_str()：返回一个字符串 s 中的内容指针（也就是说这个内容实际上就是 string 字符串里的内容），返回的是一个指向正规 C 字符串的常量指针，所以是以"\0"结尾的。

这个函数是为了与 C 语言兼容，在 C 语言中没有 string 类型，所以得通过 string 类对象的成员函数 c_str 把 string 对象转换成 C 中的字符串样式。

```
string s9 = "abc";
string s10 = "abC";
const char * p = s10.c_str();          //现在 p 指向 s10 里边的字符串了,可以跟踪查看
char str[100];
strcpy_s(str, sizeof(str), p);          //字符串内容复制到 str 中
cout << str << endl;                   //abC
```

（9）读写 string 对象。

```
string s1;
cin >> s1;                            //输入 abc 回车
cout << s1 << endl;                    //输出 abc
```

（10）字面值和 string 相加。

```
string s1 = "abc";
string s2 = "defg";
string s3 = s1 + " and " + s2 + 'e';
cout << s3 << endl;                    //abc and defge
```

以后讲解类的时候会讲到隐式类型转换，实际上在这里"and "和'e'（字符串和单个字符）都被转换成了 string 对象参与加法运算。

但有一点还是要注意一下：

```
string s1 = "abc";
string s2 = "defg";
string s5 = "abc" + "def";             //语法上不允许
string s5 = "abc" + s1 + "def";        //中间夹杂一个 string 对象,语法上就允许
string s5 = "abc" + "def" + s2;        //错误,看来两个字符串不能挨着相加,否则会报语法错
```

其中：

```
string s5 = "abc" + s1 + "def" ;
```

可以理解成"abc " + s1 结果肯定是生成一个临时的 string 对象，然后又跟 def 相加，再生成临时对象，然后复制给 s5。

（11）范围 for 针对 string 的使用。

13.4.1 节学习了范围 for 语句，能够遍历一个序列中的每个元素，这里 string 就可以看成是一个字符序列。看看如下范例：

```
string s1 = "I Love China";
for (auto c : s1)
```

```
{
    cout << c << endl;                    //每次输出一个字符,后边跟一个换行
}
```

auto 前面已经学过——变量类型的自动推断。这里相当于让编译器自动推断 c 的类型,其实这里 c 的类型就是 char。

还可以修改 s1 里的值,例如把小写字母变成大写字母。这里需要调整一下这个 c 类型了,把这个类型调整成引用就可以了。请注意看,这里可以设置断点调试,观看 c 的地址,其实是 s1 中字符串的地址。

```
string s1 = "I love China";
const char * p = s1.c_str();
for (auto& c : s1)
{
    c = toupper(c);                       //因为 c 是一个引用,所以这相当于改变 s 中的值
}
cout << s1 << endl;                        //I LOVE CHINA
```

其实,针对字符串 string 还有很多的操作函数,这里只是先让读者认识一下 string,后面在深入学习过程中遇到其他各种 string 操作函数时再继续讲解。

13.8 vector 类型

13.8.1 vector 类型简介

vector 类型是一个标准库中的类型,代表一个容器、集合或者动态数组这样一种概念。既然是容器,那就可以把若干个对象放到里面。当然,这些对象的类型必须相同。简单来说,可以把一堆 int 型数字放到 vector 容器中去,复杂点说,可以把一堆相同类型的类对象放到 vector 容器中去。

所以,如果换个角度考虑,vector 能把其他对象装进来,所以称为容器非常合适。容器这个概念经常被提及,读者要知道和理解这个概念。

要想使用这种类型,需要在.cpp 源文件开头包含 vector 头文件:

```
# include < vector >
```

另外,为了方便引用这种类型,也要书写:

```
using namespace std;
```

定义一个 vector 类型对象。显然,一旦定义出来,这个对象就是容器了。例如想在里面保存 int 型数据(容器里面所要装的元素类型),看如下代码:

```
vector < int > vjihe;
```

上面的代码定义了一个 vector 类型的对象,名字叫作 vjihe,这个对象里面保存的就是 int 型数据。为什么是 int 型数据呢?读者可以看到,vector 后面有一对"< >","< >"里面是 int,表示这个 vector 类型的对象(容器)里面存放的是 int 型对象(int 型数据/元素)。

这个<int>的写法读者可能第一次见到，会觉得是一种奇怪的写法，在后面章节中会讲到"类模板"的概念，其实vector就是一个类模板，这里的"<>"实际上是类模板的一个实例化过程。但是类模板的实例化过程眼下对于读者来讲，理解起来还比较生涩，后面学习模板的时候再详细阐述，所以这里笔者换一种说法来帮助读者理解类模板。

vector理解成一个残缺的类类型，这意味着使用时光有类名vector还不够，还需要额外给vector类模板提供其要在其中保存什么类型数据的信息，这个信息就是通过<int>来提供（模板名后跟一对"<>"，"<>"内放入类型信息），所以，在使用vector时，一定要在它后面跟一对"<>"并在其中跟一个该vector容器中要保存的数据（元素）类型的信息，这才算一个完整的类型（完整的类类型）。例如，vector不是一个完整类型，而vector<int>却是一个完整的类型。看看如下范例：

```
struct student
{
    int num;
};
vector < student > studlist;        //可以
vector < vector < string >> strchuan;  //可以,该集合里的每个元素都是一个 vector 对象,
                                    //这样用有点绕,因为里面又包了一层,
                                    //所以理解起来难度又加大了一些,不提倡这样用
```

一般来讲，vector容器里面可以装很多种不同类型的数据作为其元素（容器中装的内容简称"元素"）。看看如下范例：

```
vector < int * > vjihe2;            //没问题
```

但是vector不能用来装引用。请记住，引用只是一个别名，不是一个对象。所以，下面的写法会报语法错误：

```
vector < int & > vjihe3;            //语法错误
```

13.8.2　定义和初始化 vector 对象

（1）空vector。
定义如下：

```
vector < string > mystr;            //创建一个 string 类型的空 vector 对象(容器),
                                    //现在 mystr 里不包含任何元素
```

后续就可以用相关的一些操作函数往这个空对象里增加数据了。
例如，可以往这个容器的末尾增加一些数据。这里可以使用vector的成员函数push_back往容器末尾增加数据。看看如下范例，注意看它的下标[0]，[1]，[2]，…不断增长，如图13.3所示。

```
mystr.push_back("abcd");
mystr.push_back("def");
```

（2）在vector对象元素类型相同的情况下，进行vector对象元素复制（新副本）。

```
vector < string > mystr2(mystr);    //把 mystr 元素复制给了 mystr2
vector < string > mystr3 = mystr;   //把 mystr 元素复制给了 mystr3
```

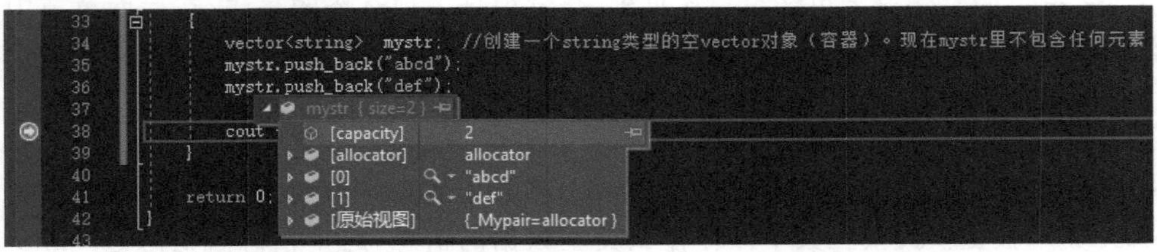

图 13.3　向 vector 容器末尾增加两个 string 类型对象（元素）

（3）在 C++11 中，还可以用初始化列表方法给初值，这个时候用"{}"括起来。

```
vector < string > def = { "aaa","bbb","ccc" };
```

当然"{}"里面为空也可以，那就相当于没有初始化，是一个空的 vector 了。

（4）创建指定数量的元素。请注意，有元素数量概念的初始化，用的都是"( )"。

```
vector < int > ijihe(15, - 200);        //创建 15 个 int 类型元素的集合,每个元素值都是 - 200
vector < string > sjihe(5, "hello");    //创建 5 个 hello
```

如果不给元素初值，那么元素的初值要根据元素类型而定，例如元素类型为 int，系统给的初值就是 0，元素类型为 string，系统给的初值就是""，但也存在有些类型，必须给初值，否则就会报错。

如下范例演示不给元素初值的情况：

```
vector < int > ijihe2(20);        //20 个元素,下标[0]～[19],每一个元素值都为 0
vector < string > sjihe2(5);      //5 个元素,下标[0]～[4],每一个元素值都为""
```

（5）多种初始化。"( )"一般表示对象中元素数量这种概念，"{}"一般表示元素的内容这种概念，但又不是绝对。看看如下范例：

```
vector < int > i1(10);      //圆括号括住的单个数字 10,表示元素数量,每个元素值是默认的 0
vector < int > i2{ 10 };                //{}括住的单个数字 10,表示一个元素,
                                        //该元素的值为 10,所以用{}括住一般里面表示的是元素内容
vector < string > snor{ "hello" };      //一个元素,内容 hello
vector < string > s22{ 10 };    //10 个元素,每个元素为"",因为 10 这个数字不能作为 string 对象的
                                //内容,所以系统把它处理成了元素的数量了,不过不提倡这种写法
vector < string > s23{ 10 ,"hello" };   //10 个元素,每个元素内容都是"hello"
vector < int > i3(10, 1);               //先数量后内容: 10 个元素,每个元素值为 1
vector < int > i4{ 10, 1 };     //2 个元素,第 1 个元素值为 10,第 2 个元素值为 1,等同于初始化列表
vector < int > i22{ "hello" };          //系统直接报编译错
```

看上面这些范例，通过"{}"正常初始化的只有 i2 和 snor，snor 和 s22 看起来挺像——都带"{}"，但 s22 里面是一个数字，不是一个 string 类型值，所以无法通过"{}"这种初始化列表进行正常初始化。所以，结论就是：要想正常通过"{}"进行初始化，那么"{}"里面的值类型得跟 vector 后边的"< >"里面的元素类型相同。否则，"{}"里面提供的值就无法作为元素初始值，如 s22 和 s23 里面。

其实还有很多初始化方法，这里也不需要一一介绍，后面遇到再详细解释，基本上这里提到的初始化方法日常应用已经非常足够。

13.8.3　vector 对象上的操作

其实，在使用 vector 时，最常见的情况是并不知道 vector 里会有多少个元素，使用时会根据需要动态地增加和减少。

所以一般来讲，使用者是先创建一个空的 vector 对象，然后通过代码向这个 vector 里增加或减少元素。这里将要介绍一些 vector 类型提供的常用方法。vector 上很多的操作和 string 很相似。

（1）判断是否为空 empty()，返回布尔值。

```
vector < int > ivec;
if (ivec.empty())                      //条件成立
{
    cout << " ivec 为空" << endl;
}
```

（2）push_back：一个非常常用的方法，用于向 vector 末尾增加一个元素。

```
vector < int > ivec;                    //先声明成空的 vector 对象
ivec.push_back(1);
ivec.push_back(2);
for (int i = 3; i <= 100; i++)
{
    ivec.push_back(i);
}
```

在上面的范例中，注意观察，能够发现，值 2 在值 1 的后面（最后插入的元素在 vector 容器的最末尾）。调试结果如图 13.4 所示。

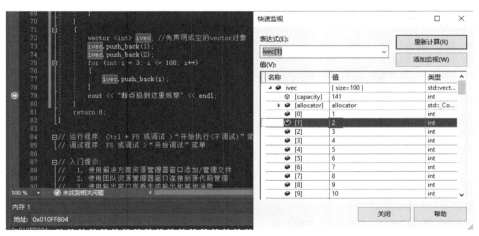

图 13.4　观察调用 push_back 向 vector 容器末尾增加元素时的顺序问题

（3）size：返回元素个数。

```
cout << ivec.size() << endl;           //100
```

（4）clear：移除所有元素，将容器清空。

```
ivec.clear();
```

```
cout << ivec.size() << endl;              //0
```

（5）v[n]：返回 v 中的第 n 个字符（n 是一个整型值），位置从 0 开始计算，位置值 n 也必须小于 .size()，如果下标引用超过这个范围，或者用下标访问一个空的 vector，都会产生不可预测的结果（因为编译器可能发现不了这种错误）。

```
ivec.clear();
ivec.push_back(1);
ivec.push_back(2);
cout << ivec[1] << endl;                  //2
```

（6）赋值运算符（＝）。

```
vector < int > ivec;                      //先声明成空的 vector 对象
ivec.push_back(1);
ivec.push_back(2);
for (int i = 3; i <= 100; i++)
{
    ivec.push_back(i);
}
vector < int > ivec2;
ivec2.push_back(111);
ivec2 = ivec; //也得到了 100 个元素，用 ivec 中的内容取代了 ivec2 中原有内容，上行这个 111 就
              //被冲掉了
ivec2 = { 12,13,14,15 };                  //用{}中的值取代了 ivec2 原有值
cout << ivec2.size() << endl;             //4
```

（7）相等和不等（＝＝ 和！＝）。

两个 vector 对象相等：元素数量相同，对应位置的元素值也都相同。否则就是不相等。

```
vector < int > ivec;                      //先声明成空的 vector 对象
ivec.push_back(1);
ivec.push_back(2);
for (int i = 3; i <= 100; i++)
{
    ivec.push_back(i);
}
vector < int > ivec2;
ivec2 = ivec;
if (ivec2 == ivec)
    cout << "ivec2 == ivec" << endl;      //成立
ivec2.push_back(12345);
if (ivec2 != ivec)
    cout << "ivec2 != ivec" << endl;      //成立
```

（8）范围 for 的应用：和讲解 string 时对范围 for 的应用类似。

```
vector < int > vecvalue{ 1,2,3,4,5 };
for (auto& vecitem : vecvalue) //为了修改 vecvalue 内部值，这里是引用，引用会绑定到元素上，达
                               //到通过引用改变元素值的目的
    vecitem * = 2;                        //扩大一倍
for (auto vecitem : vecvalue)
    cout << vecitem << endl;
```

针对范围 for 语句,这里希望引申一步进行讲解。

如果在范围 for 中,增加改变 vector 容量的代码,则输出就会变得混乱:

```
vector < int > vecvalue{ 1,2,3,4,5 };
for (auto vecitem : vecvalue)
{
    vecvalue.push_back(888);              //导致输出彻底混乱
    cout << vecitem << endl;
}
```

范围 for,在这里用来遍历 vector 容器中的元素。这里的 vecitem 是定义的一个变量,后面的 vecvalue 是一个序列(容器),for 语句中使用 auto 来确保序列中的每个元素都能够转换成变量 vecitem 对应的类型,所以一般在范围 for 语句中习惯使用 auto(编译器来指定合适的 vecitem 类型)。

那为什么上述代码会产生混乱的输出呢?

因为每次执行 for 循环,都会重新定义 vecitem,并且把它的值初始化成 vecvalue 序列中的下一个值。在刚刚进入这个 for 循环时,在系统内部会记录序列结束的位置值,但一旦在这个范围 for 里面改动这个序列的容量(如增加/删除元素),那么这个序列结束的位置值就肯定会发生改变,这个改变会导致 for 语句的混乱,其输出的值也就乱了。

所以,请记住一个结论,在 for 语句中,**不要改变 vector 的容量,增加、删除元素都不可以**。请读者千万千万不要写出这种错误代码,否则隐患无穷,切记切记!

其实,针对 vector,还有很多其他的操作函数,这里只是先认识一下 vector,后面在深入学习过程中遇到其他各种 vector 操作函数再继续讲解。

13.9　迭代器精彩演绎、失效分析及弥补、实战

13.9.1　迭代器简介

迭代器是一个经常听到和用到的概念。

上一节学习了 vector,笔者说过,这是一个容器,里面可以容纳很多对象。那迭代器是什么呢? 迭代器是一种遍历容器内元素的数据类型。这种数据类型感觉有点像指针,读者就理解为迭代器是用来指向容器中的某个元素的。

string 可以通过"[]"(下标)访问 string 字符串中的字符,vector 可以通过"[]"访问 vector 中的元素。但实际上,在 C++ 中,很少通过下标来访问它们,一般都是采用迭代器来访问。

除了 vector 容器外,C++ 标准库中还有几个其他种类的容器。这些容器都可以使用迭代器来遍历其中的元素内容。string 其实是字符串,不属于容器,但 string 也支持用迭代器遍历。

通过迭代器,可以读取容器中的元素值、修改容器中某个迭代器所代表(所指向)的元素值。此外,迭代器可以像指针一样——通过 ++、-- 等运算符从容器中的一个元素移动到另一个元素。

许多容器如上述的 vector,在 C++ 标准库中,还有其他容器如 list、map 等都属于比较常用的容器,C++ 标准库为每个这些容器都定义了对应的一种迭代器类型,有很多容器不支持"[]"操作,但容器都支持迭代器操作。写 C++ 程序时,笔者也强烈建议读者不要用下标访问

容器中的元素,而是用迭代器来访问容器中的元素。

13.9.2　容器的迭代器类型

刚刚讲过,C++标准库为每种容器都定义了对应的迭代器类型。这里就以容器 vector 为例,演示一下:

```
vector < int > iv = { 100,200,300 };        //定义一个容器
vector < int >::iterator iter;              //定义迭代器,也必须是以 vector < int >开头
```

上面的语句是什么意思呢? 后面这条语句定义了一个名为 iter 的变量(迭代器),这个变量的类型是 vector < int >::iterator 类型,请注意这种写法“::iterator”。iterator 是什么? 它是每个容器(如 vector)里面都定义了的一个成员(类型名),这个名字是固定的,请牢记。

在理解的时候,就把整个 vector < int >::iterator 理解成一种类型,这种类型就专门应用于迭代器,当用这个类型定义一个变量的时候,这个变量就是一个迭代器。

13.9.3　迭代器 begin/end、反向迭代器 rbegin/rend 操作

1. 迭代器

每一种容器,如 vector,都定义了一个叫 begin 的成员函数和一个叫 end 的成员函数。这两个成员函数正好用来返回迭代器类型。看看如下范例。

(1) begin 返回一个迭代器类型(就理解成返回一个迭代器)。

```
iter = iv.begin();//如果容器中有元素,则 begin 返回的迭代器指向的是容器中的第一个元素,这
                  //里相当于 iter 代表着元素 iv[0]
```

(2) end 返回一个迭代器类型(就理解成返回一个迭代器)。

```
iter = iv.end(); //end 返回的迭代器指向的并不是末端元素,而是末端元素的后面,这个后面怎么
                 //理解?就理解成 end()指向的是一个不存在的元素
```

对上面的代码进行跟踪调试,观察 begin 和 end 结果可以看到,end()指向了一个乱数字,如图 13.5 所示。

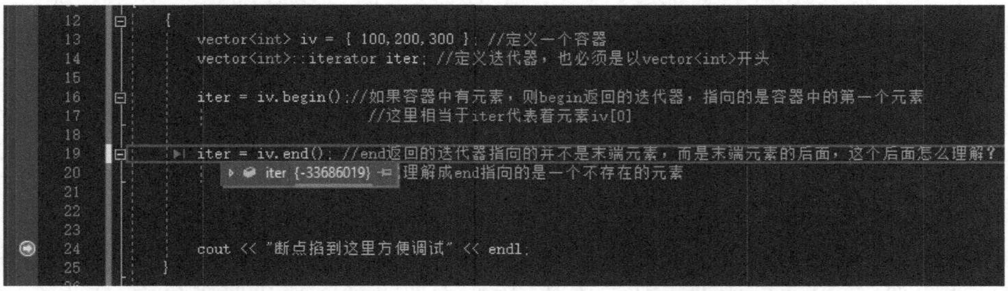

图 13.5　迭代器 end 操作指向的是容器末端元素的后面(一个乱内容)

begin 和 end 成员函数指向的容器位置示意图如图 13.6 所示。

(3) 如果容器为空,则 begin 返回的迭代器和 end 返回的迭代器相同。看看如下范例:

```
vector < int > iv2;
vector < int >::iterator iterbegin = iv2.begin();
```

```
vector < int >::iterator iterend = iv2.end();
if (iterbegin == iterend)                    //条件成立
{
    cout << "容器为空" << endl;
}
```

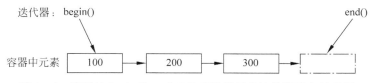

图 13.6 容器的 begin 和 end 成员函数返回的迭代器指向示意图

所以,end 返回的迭代器并不指向容器 vector 中的任何元素,它起到实际上是一个标志(岗哨)作用,如果迭代器从容器的 begin 位置开始不断往后游走,也就是不断遍历容器中的元素,那么如果有一个时刻,iter 走到了 end 位置,那就表示已经遍历完了容器中的所有元素。

(4) 写一段代码,传统的通过迭代器访问容器中元素的方法如下:

```
vector < int > iv = { 100,200,300 };         //定义一个容器
//经典传统用法,这里用++、!= 等运算符来对迭代器进行操作
for (vector < int >::iterator iter = iv.begin(); iter != iv.end(); iter++)
{
    cout << * iter << endl;
}
```

运行起来看结果: 100、200、300。

2. 反向迭代器

如果想从后面往前遍历一个容器,那么,用反向迭代器就比较方便。反向迭代器使用的是 rbegin 成员函数和 rend 成员函数。

(1) rbegin 返回一个反向迭代器类型,指向容器的最后一个元素。

(2) rend 返回一个反向迭代器类型,指向容器的第一个元素的前面位置。

rbegin 和 rend 成员函数指向的容器位置示意图如图 13.7 所示。

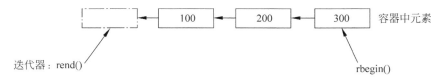

图 13.7 容器的 rbegin 和 rend 成员函数返回的反向迭代器指向示意图

看看如下范例:

```
vector < int > iv = { 100,200,300 };
for (vector < int >::reverse_iterator riter = iv.rbegin(); riter != iv.rend(); riter++)
{
    cout << * riter << endl;
}
```

运行起来看结果: 300、200、100。

13.9.4　迭代器运算符

（1）＊iter：返回迭代器 iter 所指向元素的引用。必须要保证该迭代器指向的是有效的容器元素，不能指向 end，因为 end 是末端元素后面的位置，也就是说，end 已经指向了一个不存在元素。前面的 cout ＜＜ ＊iter ＜＜ endl；就是使用 ＊iter 的演示范例，这里不做进一步演示了。

（2）＋＋iter：和 iter＋＋是同样的功能——让迭代器指向容器中的下一个元素。但是已经指向 end 的迭代器，不能再＋＋，否则运行时报错。

（3）－－iter：和 iter－－是同样的功能——让迭代器指向容器中的前一个元素。了解＋＋自然也就能了解－－。看看如下范例：

```
vector < int > iv = { 100,200,300 };        //定义一个容器
vector < int >::iterator iter;
for (iter = iv.begin(); iter != iv.end(); ++iter)
{
    cout << * iter << endl;
}
//++iter;                                   //已经指向 end 的迭代器,不能再++,否则运行时报错
-- iter;                                    //等价于 iter --
cout << * iter << endl;                     //300
```

（4）iter1 ＝＝ iter2 或 iter1 ！＝ iter2：判断两个迭代器是否相等。

如果两个迭代器指向的是同一个元素，就相等，否则就不相等。

（5）结构成员的引用。看看如下范例：

```
struct student
{
    int num;
};
vector < student > sv;
student mystu;
mystu.num = 100;
sv.push_back(mystu); //把对象 mystu 复制到了 sv 容器中(是复制,此时 mystu 和容器 sv 中的
                     //student 没有直接关系)
mystu.num = 200;     //在这里修改 mystu 中的内容不会对容器中元素值造成影响,因为容器中内容
                     //是复制进去的
vector < student >::iterator iter;
iter = sv.begin();                          //指向第一个元素
cout << ( * iter).num << endl; //100,注意引用方法: * iter 是一个结构变量,所以用“.”成员来引
                               //用成员
cout << iter -> num << endl;   //100,注意引用方法:iter 想象成一个指针,所以用“->”引用成员
```

请注意，一定要确保迭代器指向有效的容器中的元素，否则范例中的这些行为可能会导致意想不到的结果。

还有很多其他运算符，例如迭代器之间可以相减表示两个迭代器之间的距离，迭代器加一个数字表示跳过多少个元素，不过这些都不常用，不准备逐一介绍，意义也不大。读者如果以后遇到，有了现在所学的基础，再简单学习一下即可。

13.9.5　const_iterator 迭代器

前面学习了 iterator 这种迭代器类型,实际上每种容器还有另外一种迭代器类型,叫作 const_iterator,从名字上能感觉到其含义:有 const 在,一般都表示常量,也就是说值不能改变的意思。这里的值不能改变表示该迭代器指向的元素的值不能改变,并不表示该迭代器本身不能改变,该迭代器本身是能改变的,也就是说,该迭代器是可以不断地指向容器中的下一个元素的。

所以该迭代器只能从容器中读元素,不能通过该迭代器修改容器中的元素。所以说,从感觉上来讲,const_iterator 更像一个常量指针,而 iterator 迭代器是能读能写的。看看如下范例:

```
vector < int > iv = { 100,200,300 };        //定义一个容器
vector < int >::const_iterator iter;
for (iter = iv.begin(); iter != iv.end(); ++iter)
{
    * iter = 4;                             //不可以
    cout << * iter << endl;                 //可以,常量迭代器也可以正常地从容器中读元素值
}
```

什么时候用 const_iterator 呢? 如果这个容器对象是一个常量,那么就必须使用 const_iterator,否则报错:

```
const vector < int > iv = { 100,200,300 }; //定义一个容器,注意前面的 const
vector < int >::const_iterator iter;
for (iter = iv.begin(); iter != iv.end(); ++iter) //这里 begin 和 end 返回的是 const_iterator,
    //返回的是 iterator 还是 const_iterator,取决于这个容器对象是否是 const 对象
{
    cout << * iter << endl;
}
```

这里再额外看一看 cbegin 和 cend 成员函数。这是 C++11 引入的两个新函数,与 begin、end 非常类似。但是,不管容器是否是常量容器,cbegin、cend 返回的都是常量迭代器 const_iterator。看看如下范例:

```
vector < int > iv = { 100,200,300 };        //定义一个容器
for (auto iter = iv.cbegin(); iter != iv.cend(); ++iter)
{
    * iter = 58;   //错误,不能给常量赋值,这说明 cbegin 返回的是常量迭代器
    cout << * iter << endl;
}
```

13.9.6　迭代器失效

上一节在讲 vector 容器时谈过范围 for 循环语句——在遍历容器的时候,如果在 for 循环中,通过 push_back 等手段往容器中增加元素,范围 for 循环输出的容器中元素就会混乱。其实,范围 for 语句等价于常规的用迭代器对容器进行操作。看如下代码:

```
vector < int > vecvalue{ 1,2,3,4,5 };
for (auto vecitem : vecvalue)
{
    cout << vecitem << endl;
}
```

等价于迭代器这种操作方式：

```
for (auto beg = vecvalue.begin(), end = vecvalue.end(); beg != end; ++beg)
{
    cout << * beg << endl;
}
```

但如果一旦在 for 循环中增删容器中的元素，就会导致迭代器失效，整个结果就混乱了。

其实，任何一种能够改变 vector 对象容量的操作，如 push_back，都会使当前的 vector 对象迭代器失效，所以请读者谨记：在操作迭代器的过程中（使用了迭代器的这种循环体），千万不要改变 vector 对象的容量，也就是不要增加或者删除 vector 容器中的元素。看如下代码：

```
for(auto beg = vecvalue.begin(),end = vecvalue.end();beg != end; ++beg)
{
    //这种循环内千万不要改变 vecvalue 对象的容量
}
```

对于向容器中添加元素和从容器中删除元素操作要小心，因为这些操作可能都会使指向容器元素的迭代器（也包括指针、引用等）失效。这种失效就表示它不能再代表任何容器中的元素，一旦使用这种失效的迭代器，就表示程序的书写犯了严重错误，很多情况下都会导致程序崩溃，就好比使用了没有被初始化的指针一样。

不同的容器实现机理不同（例如有的容器内部数据是连续存储的，插入元素时一旦原有内存不够用，则可能就会导致容器中原有数据全部迁移到一个新内存去，如 vector 等容器），不同的插入操作、不同的插入位置，会导致迭代器、指针、引用部分或者全部失效，甚至在循环体中的诸如 vecvalue.end()代码都会因为插入数据操作导致失效。

另一种情况是删除操作。如果从容器中删除一个元素，那么，当前指向这个被删除元素的迭代器、指针、引用肯定是立即失效，绝不能再引用它们。

此外，不同的容器，针对删除操作，不同的删除位置，也会导致迭代器、指针、引用部分或者全部失效，甚至在循环体中的诸如 vecvalue.end()代码都会因为删除数据操作导致失效。

解决方法就是：如果在一个使用了迭代器的循环中插入元素到容器，那只插入一个元素后就应该立刻跳出循环体，不能再继续用这些迭代器操作容器。看看如下范例：

```
for (auto beg = vecvalue.begin(), end = vecvalue.end(); beg != end; ++beg)
{
    vecvalue.push_back(888);
    break;   //立刻跳出循环,这里的 beg、end 都不能再使用,以免出问题.后续重新用循环重新拿
             //begin 和 end 来使用
}
//重新定位迭代器
```

```
for (auto beg = vecvalue.begin(), end = vecvalue.end(); beg != end; ++beg)
{
    //......
}
```

下面将进行一些灾难程序演示。

（1）灾难程序演示 1

下面代码目前一切没有问题：

```
vector < int > vecvalue{ 1,2,3,4,5 };
auto beg = vecvalue.begin();
auto end = vecvalue.end();
while (beg != end)
{
    //……一些处理
    cout << * beg << endl;
    ++beg;                          //注意这个不要忘记,并且要放在循环末尾
}
```

接着，往循环中增加代码，注意 while 循环体中代码的变化：

```
vector < int > vecvalue{ 1,2,3,4,5 };
auto beg = vecvalue.begin();
auto end = vecvalue.end();
while (beg != end)
{
    //……一些处理
    cout << * beg << endl;

    //假如想在 begin 这个位置插入新值,可以用 insert
    //插入新值,第一个参数为插入位置,第二个参数为插入的元素.这一插入,肯定会导致哪个迭代
器失效,比如说上面的 end 已经失效,或者是 beg 失效,但具体是哪个失效,取决于容器 vector 内部
的实现原理,可能需要查资料才能搞明白到底哪个迭代器失效,如果搞不明白,最明智的做法是插入
一个数据就跳出循环体,若要再次使用 beg 和 end,要给 beg 和 end 重新赋值
    vecvalue.insert(beg, 80);
    break;                          //这是明智的做法,否则肯定程序崩溃
    ++beg;                          //上行是 break;,执行不到这行,这行其实没存在的意义
}
```

有些人可能有更多需求，例如就是想不断地插入多条数据，并且还希望迭代器不失效，那就得查资料研究，如研究针对 vector 容器，如何写 insert 这段代码，才能让迭代器不失效，让程序安全地运行。看如下代码，是一种满足连续插入多条数据的解决方案：

```
auto beg = vecvalue.begin();
int icount = 0;
while (beg != vecvalue.end())
{
    beg = vecvalue.insert(beg, icount + 80);  //insert 的返回结果要保存
    icount++;
    if (icount > 10)                //有个跳出循环体的条件.不能无限制地一直插入下去
        break;
```

```
        ++beg;                          //注意这个不要忘记,并且要放在循环末尾
    }
```

太细节的东西就不过多涉及,迭代器会失效的道理读者都懂了,笔者一般的做法就是如果这个循环和迭代器有关,笔者基本都只会做插入或删除操作一次,然后会立即 break,因为保不准插入或删除操作导致哪个迭代器失效,所以立即 break 到循环体到外面去。

容器,如 vector,还有很多的成员函数都不常用,并且这些成员函数和容器的实现相关,这方面的学习从简单应用层面来讲,可以不关注。

(2) 灾难程序演示 2

在一个程序运行结束之前,可能会习惯性地释放掉 vector 里面的内容。有些人可能会写出这样的代码来在程序的最后进行释放处理:

```
vector < int > iv = { 100,200,300 };
//……
//在程序执行最后,要退出时
for (auto iter = iv.cbegin(); iter != iv.cend(); ++iter)
{
    iv.erase(iter); //erase 函数,移除 iter 位置上的元素,返回下一个元素位置
}
```

运行后程序崩溃。肯定是迭代器失效导致崩溃。那就一定得要小心这种释放代码。

经过分析,erase 会返回下一个元素位置,这个位置肯定要想办法保存,但因为这里用的是 for 循环,for 循环里每次还有 ++iter 这种操作,所以怎样改造能够让它安全释放,这是一个问题。经过思考和研究,找到了一种写法能够让容器顺利释放:

```
vector < int >::iterator iter = iv.begin();
while (iter != iv.end())
{
    iter = iv.erase(iter);
}
```

所以,如果说要把容器一下全部清空,用 clear 还是其他方法也好,都还算简单。但是如果需要用和迭代相关的循环来一个元素一个元素地删除,那一定更要注意。这里笔者推荐一个简单直接且有效的方法:

```
while (!iv.empty())
{
    auto iter = iv.cbegin();            //因为不为空,所以返回第一个元素肯定安全有效
    iv.erase(iter);                     //移除该位置上的元素,肯定没啥问题
}
```

13.9.7　范例演示

(1) 用迭代器遍历 string 类型数据。看看如下范例:

```
string str("I love China!");
for (auto iter = str.begin(); iter != str.end(); ++iter) //auto 用着比较方便,一个字符一个字
                                                         //符遍历
```

```
{
    * iter = toupper( * iter);
}
cout << str << endl;                          //I LOVE CHINA!
```

（2）vector 容器常用操作与内存释放。

做一个小小的实践程序：假设有一些配置项，配置项里记录一些配置数据，当然这些配置项正常来讲应该写在文件中，这样方便随时修改，但因为是演示目的，就写在代码中即可。

配置项如下：

```
ServerName = 1 区                          //表示服务器名是什么
ServerID = 100000                          //表示服务器 id 是什么
```

现在开始写代码：

```
struct conf
{
    char itemname[40];
    char itemcontent[100];
};


char * getinfo(vector < conf * > & conflist, const char * pitem)
{
    for (auto pos = conflist.begin(); pos != conflist.end(); ++pos)
    {
        if (_stricmp(( * pos) -> itemname, pitem) == 0)
        {
            return ( * pos) -> itemcontent;
        }
    }
    return nullptr;
}
int main()                              //主函数
{
    conf * p_conf1 = new conf;
    strcpy_s(p_conf1 -> itemname, sizeof(p_conf1 -> itemname), "ServerName");
    strcpy_s(p_conf1 -> itemcontent, sizeof(p_conf1 -> itemcontent), "1 区");

    conf * p_conf2 = new conf;
    strcpy_s(p_conf2 -> itemname, sizeof(p_conf2 -> itemname), "ServerID");
    strcpy_s(p_conf2 -> itemcontent, sizeof(p_conf2 -> itemcontent), "100000");

    vector < conf * > conflist;
    conflist.push_back(p_conf1);
    conflist.push_back(p_conf2);

    //现在 conflist 里就有数据了，以后要查询 ServerName、ServerID 的时候就可以查询了
    char * p_tmp = getinfo(conflist, "ServerName");
    if (p_tmp != nullptr)
    {
        cout << p_tmp << endl; //1 区
    }
```

```
//要释放内存,自己 new 就要自己 delete,否则会造成内存泄漏
std::vector < conf * >::iterator pos;
for (pos = conflist.begin(); pos != conflist.end(); ++pos)
{
    //注意,这里并没有破坏迭代器,因为没有往 conflist 容器里增加/删除数据,只是删除迭
    //代器里元素所指向的由我们自己分配的内存
    delete ( * pos);                    // * pos 才是那个指针,所以这里要 delete ( * pos)
}
conflist.clear(); //这个要不要都可以,因为容器本身里边的内容,在容器失效后系统会自动释放
return 0;
}
```

看一看 conflist 容器结构示意图,如图 13.8 所示。

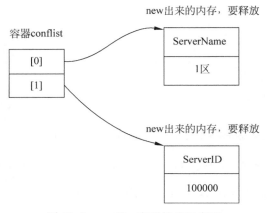

图 13.8　conflist 容器结构示意图

13.10　类型转换：static_cast、reinterpret_cast 等

13.10.1　隐式类型转换

在 C 语言部分已经对类型转换有了一定的了解,图 2.21 还提供了不同类型变量做混合运算时的转换规则图。例如,一个 double 和一个 int 做加法运算,那么 int 会转换成 double,然后再和 double 做运算,这个类型转换是系统自动进行的,不需要人为介入,所以这种转换叫隐式类型转换。

但如果用一个整型变量保存这个结果,因为是整型变量,不能保存小数部分,所以系统会把小数部分舍弃,把整数部分赋予这个变量,这也可以看作隐式类型转换。看如下代码:

```
int m = 3 + 45.6;                       //48
double n = 3 + 45.6;                    //48.6
```

13.10.2　显式类型转换(强制类型转换)

显式类型转换,也叫强制类型转换。最简单的例子如下:

```
int k = 5 % 3.2;                        //语法错,系统要求 % 两侧必须都为整型
int k = 5 % (int)3.2;                   //没问题
```

上面这个属于 C 语言风格的强制类型转换——直接把类型用"（ ）"括起来。没有类型方面的检查，直接硬转，转的是对还是错，程序员必须提供保障。除了把类型用"（ ）"括起来之外，其实，如果不括类型，括数字也可以，括数字也称为函数风格的强制类型转换（看起来有点像函数调用）：

```
int k = 5 % int(3.2);                    //没问题
```

在 C++ 中，强制类型转换分为 4 种。当然，C 语言中的强制类型转换依然支持，但这种支持只是为了语言兼容性的考虑。C++ 中的 4 种强制类型转换分别用于不同的目的，这 4 种强制类型转换，每一种都有一个不同的名字，C++ 中分这么细是为了提供更丰富的含义和功能以及更好的类型检查机制，方便代码的书写和维护。

下面来认识一下这 4 种强制类型转换（有时也称它们为强制类型转换运算符或者强制类型转换操作符）：static_cast、dynamic_cast、const_cast 和 reinterpret_cast。

可以注意到，这 4 种强制类型转换的名字都以 _cast 结尾，并且这 4 种强制类型转换都被称呼为"命名的强制类型转换"（因为它们每一个都有名字而且名字都不同）。

看一下这些命名的强制类型转换的通用形式：

```
强制类型转换名< type >(express);
```

其中，强制类型转换名就是 static_cast、dynamic_cast、const_cast、reinterpret_cast 这 4 个名字之一，用来指定是哪种转换；type 是转换的目标类型；express 是要转换的值。

下面介绍一下这 4 种强制类型转换。

（1）static_cast：静态转换。读者就理解成正常转换，属于编译的时候就会进行类型转换的检查，用的时候要小心，代码中要保证转换的安全性和正确性，与 C 语言中的强制类型转换的感觉差不多，不要想太复杂了。一般的编译器能够执行的隐式的类型转换也都可以用 static_cast 来显式完成。

可用于：

① 相关类型转换，如整型和实型之间的转换。看看如下范例：

```
double f = 100.34f;
int i = (int)f;                          //C 风格的
int i2 = static_cast< int >(f);          //100,C++风格的
```

② 后续学习类的时候子类转成父类类型（有继承关系）也能用 static_cast。这里简单看一下代码，日后学习类和子类章节的时候就能理解得更深刻一点：

```
class A                                  //父类
{
};
class B :public A                        //子类
{
};
int main()
{
    B b;
```

```
    A a = static_cast < A >(b);                //把子类转成父类可以,但父类转成子类是不可以的
    return 0;
}
```

③ void * 与其他类型指针之间的转换：void * 是属于"无类型指针",也就是可以指向任何的指针类型。

```
int i = 10;
int * p = &i;
void * q = static_cast < void *>(p);
int * db = static_cast < int *>(q); //原本就是 int 指针还要转回 int,否则可能转完里面的值就
                                    //是错的
```

不可用于：

一般不能用于指针类型之间的转换,如 int * 转 double * 、float * 转 double * 等。

```
double f = 100.0;
double * pf = &f;
int * i = static_cast < int *>(pf);        //不可以,无法编译通过
float * fd = static_cast < float *>(pf);   //不可以,无法编译通过
```

(2) dynamic_cast：该转换应用在运行时类型识别和检查(与 static_cast 不一样,static_cast 是编译时类型检查)方面,主要用来进行父类型转成子类型,后面章节会详细讨论。但是因为要做类型检查,所以检查的代价很昂贵,但也保证了转换的安全性。

(3) const_cast：去除指针或者引用的 const 属性。换句话说,这个转换能够将 const 性质转换掉,这个类型转换只能做这件事(功能比较有限)。同样,也属于编译的时候就会进行类型转换的检查。

```
const int ai = 90;
int ai2 = const_cast < int >(ai);         //ai 不是指针,不是引用,所以不能转
const int * pai = &ai;
int * pai2 = const_cast < int *>(pai);    //正确
* pai2 = 120; //通过这个写值是未定义行为,不要这么干,因为这里实际上是 const 的
cout << ai << endl;                       //调试下断点观察是 120,打印出来实际是 90
cout << * pai << endl;                    //调试下断点观察是 120,打印出来实际也是 120
```

其实上面的代码也可以写成类似的 C 语言风格：

```
const int ai = 90;
int * pai = (int *)&ai;
* pai = 120; //通过这个写值是未定义行为,不要这么干,因为这里实际上是 const 的
cout << ai << endl;                       //调试下断点观察是 120,打印出来实际是 90
cout << * pai << endl;                    //调试下断点观察是 120,打印出来实际也是 120
```

请注意,如果本来是一个常量,若强硬地用 const_cast 去掉了常量性质并往里面写值,这是一种未定义行为,不要这样做,以免产生无法预料的后果。除非它原来不是常量,后来被变为常量,再后来又用 const_cast 给它变回非常量,这个时候能往里写值。

const_cast 很特殊,只有这个转换能去掉表达式的常量属性,所以这个转换的能力是其他类型转换运算符无法替代的。

另外,const_cast 也不能改变表达式类型。例如:

```
int i = 10;
double d = const_cast < double >(i);          //这不可以,用 static_cast 才行
```

(4) reinterpret_cast:也属于编译的时候就会进行类型转换的检查。但这是一个很奇怪的类型转换。reinterpret 表示重新解释、重新解读的意思(将所操作的内容解释为另一种不同的类型),用来处理无关类型的转换,也就是两个转换的类型之间没有什么关系,那就等于乱转、瞎转、自由转的意思,就是怎么转都行,所以这个类型转换相当随意。

常用于如下两种转换:

① 将一个整型(地址)转换成指针、一种类型指针转成另外一种类型指针,按照转换后的类型重新解释内存中的内容。

② 也可从一个指针类型到一个整型进行转换:

```
int i = 10;
int * pi = &i;
int * p2 = reinterpret_cast < int * >(&i);
char * pc = reinterpret_cast < char * >(pi);
```

这种转换本身不报错,但这个地址本身存的是 int,却把它转成字符指针,虽然转换成功(语法上对),但要是当成字符指针用,肯定程序会出错。

当然,转成 void * 再转换回来还是可以的:

```
int i = 10;
int * pi = &i;
void * pvoid = reinterpret_cast < void * >(pi);   //可以
int * pi2 = reinterpret_cast < int * >(pvoid);    //可以
```

笔者不建议读者轻易使用这个类型转换,这个类型转换被认为是一种危险的类型转换,似乎功能非常强大,类型之间任意转,编译器都不会报错,但从写程序的角度来讲,如果随便乱转显然没有意义,只会导致程序运行出错。所以这个类型转换安全性很差(只在一些很特殊的场合下会用)。但是以后在读他人代码时,看到这个类型转换可以观察观察别人是怎样使用的。看看如下范例:

```
int iv1 = 100;
long long lv1 = 8898899400;                    //8 字节的, 88 亿多,十六进制为 2,126A,6DC8
int * piv1 = (int * )iv1;                      //C 语言风格 = 0x00000064 {???}
int * piv2 = reinterpret_cast < int * >(iv1);  // = 0x126a6dc8 {???}
piv2 = reinterpret_cast < int * >(lv1); //0x126a6dc8 {???} 最前面的 2 丢了. int * 这里是 4 字节
long long ne = reinterpret_cast < long long >(piv2); //从指针类型到整型,十进制的 308964808
                                               //等于十六进制的 0x126a6dc8
```

13. 10. 3　总结

（1）强制类型转换一般不建议使用。因为会干扰系统的正常类型检查。很多异常转换本来编译器会报错的，但是一旦用了这些类型转换，就会抑制编译器的报错行为。

（2）如果读者有兴趣，可以对这些类型转换做任意自己能想到的尝试，也许能够发现一些很诡异的内容或者有一些新发现也说不定。本节的主要目的还是带着读者先认识一下这些类型转换符，以免以后遇到它们时不知所措。

（3）有句话叫使用 reinterpret_cast 非常危险，而使用 const_cast 总是意味着设计缺陷。笔者觉得尤其要注意后面这半句话——读者如果真用到 const_cast，就要检查检查自己代码的设计问题了，因为平白无故地利用 const_cast 去掉 const 属性是很让人费解的设计。

（4）如果实在需要用到类型转换，则写 C++程序时就不建议再使用老式的 C 语言风格类型转换，建议全部用本节讲解的新风格。一般的，static_cast 和 reinterpret_cast 就能很好地取代 C 语言风格的类型转换。

第 14 章

类

类的概念,在本章中会详细地进行介绍。整体来讲,本章讲解的内容很基础、很全面,也极其重要。基本上 C++语言必须掌握的基础内容都会在本章出现,希望广大读者认真阅读,尽量不要错过每一个知识点。只有基础打得牢,后面的路才会越走越顺。

14.1 成员函数、对象复制与私有成员

14.1.1 总述

类是一种自定义的数据类型,也就是一个新类型。类与类之间,又不是彼此孤立的,例如说一个类可以派生出子类,那么这个派生出子类的类就变成了该子类的父类。

在设计一个类的时候要站在很多角度去考虑,这里先列举出几个比较简单容易理解的角度。

(1)站在设计和实现者的角度来考虑,也就是自己。如何理顺在设计一个类的时候这个类里的数据存储布局,有哪些必要的成员变量和成员函数要定义和实现。

(2)站在使用者的角度来考虑,需要给使用者提供哪些可以访问的接口,而哪些接口不对外开放,只供类内的其他成员函数使用。

(3)在设计一个父类供子类继承的时候,如何设计这个父类。例如设计一个车的类,然后将来可能很多子类会继承该类,如轿车、卡车、摩托车等,那么,设计父类时,可能就要把一些车的公共特性抽取出来放到父类中,如都用油来驱动、都要在机动车道上行驶等这些公共特性。

因为可以有很多的角度来考虑类的设计,所以就产生了很多的设计思想和设计概念,这些设计概念比较抽象,读者刚刚接触类,先不必了解这些思想,而是把类的基础知识学好。

14.1.2 类基础

(1)一个类就是一个用户自己定义的数据类型,可以把类想象成一个名字空间,包着一堆内容(成员函数、成员变量)。

(2)一个类的构成,最常见的就是成员变量、成员函数这两种。当然,也有很多特殊的成员函数,它们的名字也特殊,功能也特殊,后续会慢慢讲。

(3)访问类的成员(成员函数、成员变量)时,如果用类的对象来访问,就使用"对象名.成员名"来访问成员。如果用指向这个对象的指针来访问,就使用"指针名—>成员名"来访

问成员。

```
struct student
{
    int number;
    char name[100];
    void func() {};
};
student student1; //定义结构变量.这里可以省略 struct,直接用结构名 student
student1.number = 1001;
strcpy_s(student1.name, sizeof(student1.name), "zhangsan");
student1.func();                        //调用成员函数

student * pstudent1 = &student1;
pstudent1 -> number = 1005;
cout << student1.number << endl;        //1005
```

（4）类中 public 修饰符修饰的成员提供类的访问接口，暴露给外界，供外界调用，private 成员提供各种实现类功能的细节方法，但不暴露给外界（使用者），外界无法使用这些 private 成员。

（5）struct(结构)是成员默认为 public 的 class(类)。struct 的定义一般如下：

struct A{…};

（6）class 成员默认是 private 的。class 的定义一般如下：

class A{…};

上面定义了一个名为 A 的类，所以，A 就成了一个类型，后续就可以拿来使用。如此看来：

struct A{…};

等价于

class A{public: …};

建议写代码时尽量不要将 class 和 struct 混用，否则代码会显得比较混乱。当然，如果把没有成员函数只有成员变量的数据结构定义为 struct，而把有成员函数的数据结构定义为 class 也是可以的，那就在编写代码中一直遵循这个规则。总之，有一个共同遵循的标准，而不是随意混用 struct 和 class 就好。

14.1.3　成员函数

看如下代码：

```
//定义一个 Time 类
class Time
{
public:
    int Hour;
    int Minute;
    int Second;
```

```
};
//定义一个函数 initTime
void initTime(Time& stmptime, int tmphour, int tmpmin, int tmpsec)
{
    stmptime.Hour = tmphour;
    stmptime.Minute = tmpmin;
    stmptime.Second = tmpsec;
}
//看看如何使用类
Time myTime;
initTime(myTime, 11, 14, 5);
cout << myTime.Hour << endl;                //11
cout << myTime.Minute << endl;              //14
cout << myTime.Second << endl;              //5
```

可以注意到,这样写程序是 C 语言中的写法,类 Time 和 initTime 函数之间没有什么直接的关联关系。但显然,Time 类和 initTime 函数之间应该有关联关系。如果把 initTime 函数设计为类 Time 的成员函数,那么两者就有关联关系了。调整 Time 类代码:

```
class Time {
public:
    int Hour;
    int Minute;
    int Second;
    void initTime(int tmphour, int tmpmin, int tmpsec) //成员函数
    {
        Hour = tmphour;
        Minute = tmpmin;
        Second = tmpsec;
    }
};
//看看如何调用成员函数
Time myTime;
myTime.initTime(11, 14, 5);                 //这就是调用成员函数(使用成员函数)
cout << myTime.Hour << endl;                //11
cout << myTime.Minute << endl;              //14
cout << myTime.Second << endl;              //5
```

如果遵从常规的书写规范,把类定义和类实现放在分开的 .h 头文件和 .cpp 源文件中,看看应该怎样写。在 Time.h 文件中,内容如下:

```
# ifndef __MYTIME__
# define __MYTIME__
class Time {
public:
    int Hour;
    int Minute;
    int Second;
    void initTime(int tmphour, int tmpmin, int tmpsec);
};
# endif
```

在 Time.cpp 文件中,内容如下(记得要把 Time.cpp 加入到项目中来):

```
♯ include "Time.h"
//其中这两个冒号叫作用域运算符,表示 initTime 函数属于 Time 类.可能有多个不同的类,其他类
//中也可能有叫 initTime()的成员函数,所以这里必须用 Time::来表明该函数属于 Time 类
void Time::initTime(int tmphour, int tmpmin, int tmpsec)
{
    Hour = tmphour; //注意到,成员函数中可以直接使用成员变量名,哪个对象调用的该成员函数,
                    //那么这些成员变量就属于哪个对象.可以理解成类成员函数知道哪个对象
                    //调用的成员函数自身
    Minute = tmpmin;
    Second = tmpsec;
}
```

主 cpp 文件(MyProject.cpp)的上面位置也要增加如下代码:

```
♯ include "Time.h"
```

其他代码都不变,编译链接后,程序可以正常执行。

读者可能会有一点疑惑:类定义放在一个头文件中,多个.cpp 文件都包含这个头文件,那不就相当于这个类定义了多次吗?读者都知道,一个全局变量不允许定义多次,一个类难道允许定义多次?

确实允许定义多次,类是一个特殊的存在,在多个不同的.cpp 源文件中用♯include 重复类定义是被系统允许的,这一点与定义一个全局变量不同。所以许多人把类定义也称为"类声明"。

14.1.4 对象的复制

看如下代码:

```
Time myTime2 = myTime;
Time myTime3(myTime);
Time myTime4{ myTime };
Time myTime5 = { myTime };
myTime5.Hour = 8;

Time myTime6;
myTime6 = myTime5;                      //通过赋值操作来复制对象
```

可以注意到,对象是可以复制的,上面这几种写法都是对象复制,复制后,每个对象都有不同的地址(每个对象的内容都保存在不同的内存中,彼此互不影响),而且成员变量的值都相等。

对象的复制,就是定义一个新对象时,用另外一个老对象里面的内容进行初始化。在写法上,观察上面的代码,对象的复制可以使用"="")"""{ }"""={ }"等运算符进行。同时,上面的代码也演示了通过赋值运算符来做对象的复制。

默认情况下,这种类对象的复制是每个成员变量逐个复制,如 Time 类中的 Hour、Minute、Second。那能否控制对象的这种逐个成员变量复制的行为呢?能!只要给这个类定义一个恰当的"赋值运算符(或类似的内容)",就能够控制对象的复制行为,这个后面再讲,读者先有个印象,这里提到的这个恰当的赋值运算符可以理解为一个成员函数,这个成员函数负责控制复制哪些成员变量。

14.1.5　私有成员

在 Time 类(Time.h)中增加一些成员,看如下代码:

```
class Time {
    //……
private:
    int Millisecond;
private:
    void initMillTime(int mls);
    //……
}
```

类的私有成员变量和私有成员函数都只能在类的成员函数内调用,外界是无法直接调用的。

修改 Time.cpp 中的 Time::initTime 成员函数,在其中增加对 initMillTime 成员函数的调用,同时,增加 initMillTime 成员函数的实现代码:

```
void Time::initTime(int tmphour, int tmpmin, int tmpsec)
{
    Hour = tmphour;
    Minute = tmpmin;
    Second = tmpsec;

    initMillTime(0);
}
void Time::initMillTime(int mls)
{
    Millisecond = mls;
}
```

私有成员的设置目的,主要是希望这些接口不暴露在外面,不被其他使用者所知和所用(假设自己所开发的类即将被他人使用),只为类内部的其他成员函数使用。

所以,在设计类成员的时候要好好思考,对外暴露哪些接口,哪些接口是类内部使用的。这样才更利于设计出优质的类结构和写出优质的代码。

在类定义内部,private 和 public 修饰符修饰其下面的所有成员,一直遇到其他的 public 或者 private 修饰符。因为定义 class 时,默认所有成员为 private,所以不加 public 修饰的成员全部都是 private 的。

此外,一个类的定义中可以出现多个 public、多个 private,这都被系统所允许。

14.2　构造函数详解、explicit 与初始化列表

14.2.1　称呼上的统一

为了书中后面内容描述的一致性,这里要做一些称呼上的统一。

(1) 如果一个成员函数在 class 定义的内部将该成员函数完整地写出来,包括该成员函

数的所有实现代码,对于这种写法的成员函数,称为"成员函数的定义"。例如:

```
class A
{
public:
    void myfunc()    //这种带有实现代码的成员函数称为成员函数的定义
    {
        //实现代码写在这里
        //……
    }
};
```

(2) 如果一个成员函数在 class 定义的内部(一般位于一个.h 文件中)只写出其声明,而具体的函数体代码写在了 class 定义的外部(一般位于一个.cpp 文件中),那么,写在 class 内部的这部分称为"成员函数的声明",写在 class 外部的这部分称为"成员函数的实现",请注意区分。例如:

```
class A
{
public:
    void myfunc();                      //成员函数的声明
};

void A::myfunc()                        //成员函数的实现
{
    //实现代码写在这里
    //……
}
```

当然,不管是(1)还是(2)中对成员函数的写法,都是允许的。

14.2.2　构造函数

上一节建立了一个 Time 类,写了一个 public 的 initTime 成员函数用于初始化成员变量的值,但问题是定义一个对象(也叫类对象)之后必须要手工调用这个成员函数,如果忘了调用,那么该对象里面的成员变量的值就变得不确定(未被初始化),如果不小心使用了这些不确定值的成员变量,就会出现代码编写错误。

在类中有一种特殊的成员函数,它的名字与类名相同,在创建类对象的时候,这个特殊的成员函数会被系统自动调用,这个成员函数叫作"构造函数"。显然,如果把一些成员变量的初始化代码放入构造函数中,就摆脱了需要手工调用 initTime 成员函数来初始化成员变量之苦了——因为构造函数会被系统自动调用。所以,可以简单理解成:构造函数的目的(存在的意义)就是初始化类对象的数据成员(成员变量)。构造函数是一个有些复杂但很重要的话题,希望读者能够认真学习。

在 Time.h 中的 Time 类内部,声明(有时也把写在.h 头文件中的成员函数的声明说成是"定义")一个 public 类型的构造函数:

```
public:
    Time(int tmphour, int tmpmin, int tmpsec);
```

在 Time.cpp 中，实现这个构造函数：

```
//构造函数的实现
Time::Time(int tmphour, int tmpmin, int tmpsec)
{
    Hour = tmphour;
    Minute = tmpmin;
    Second = tmpsec;
    initMillTime(0);
}
```

这里要注意几点：

（1）构造函数无返回值，以往书写无返回值函数时总在函数返回类型位置书写 void，如 void func(⋯)，而构造函数是确确实实在函数头什么也不写，这也是构造函数的特殊之处。

（2）不可以手工调用构造函数，否则编译会报错。

（3）正常情况下，构造函数应该被声明为 public，因为创建一个对象时系统要调用构造函数，这说明构造函数是一个 public 函数，能够被外界调用，因为 class（类）默认的成员是 private（私有）成员，所以必须说明构造函数是一个 public 函数，否则就无法直接创建该类的对象了（创建对象代码编译时报错）。

（4）构造函数中如果有参数，则在创建对象的时候也要指定相应的参数。

现在把所有的初始化代码放在了构造函数中，那么所有对象都会通过调用构造函数完成创建和初始化。因为构造函数的存在，类对象的初始化方式也就确定了，要带 3 个参数。看如下代码：

```
Time myTime = Time(12, 13, 52);        //执行此行时调用构造函数
Time myTime2(12, 13, 52);              //执行此行时调用构造函数
Time myTime3 = Time{ 12, 13, 52 };     //执行此行时调用构造函数
Time myTime4{ 12, 13, 52 };            //执行此行时调用构造函数
Time myTime5 = { 12, 13, 52 };         //执行此行时调用构造函数

Time myTime6(); //这不可以，没参数，而且该行可能被编译器误认为是函数声明
Time myTime7(12, 13);                  //不可以，缺少参数
```

上面代码中提供了多种 Time 对象的初始化方式，读者可以在类的构造函数中设置断点并进行调试，可以发现，每次创建 Time 对象时，都会自动调用 Time 类的构造函数。

在上一节内容中，如下这几种写法是进行对象的复制。对象的复制也是用来生成新对象，但是可以注意到，如下这些复制相关代码并没有调用传统意义上的构造函数，调用的实际是"拷贝构造函数"（后面会讲解）。下面的代码为防止对象重名，对对象名进行了适当的修改：

```
Time myTime2_l = myTime;               //执行此行时并不调用构造函数
Time myTime3_l(myTime);                //执行此行时并不调用构造函数
Time myTime4_l{ myTime };              //执行此行时并不调用构造函数
Time myTime5_l = { myTime };           //执行此行时并不调用构造函数
```

14.2.3　多个构造函数

一个类中是否可以同时存在多个构造函数呢？可以。如果提供多个构造函数，那么就可以为该类对象的创建提供多种创建的方法。但是，多个构造函数之间总要有些不同的地方，如参数数量上或者参数类型上的不同。

下面在 Time.h 中的 Time 类内部再声明一个 public 类型的构造函数：

```
Time();
```

在 Time.cpp 中实现这个新增的构造函数：

```
//构造函数的实现
Time::Time()
{
    Hour = 12;
    Minute = 59;
    Second = 59;
    initMillTime(59);
}
```

现在换一种方法来创建类对象——创建对象时不再提供参数：

```
Time myTime10 = Time();      //执行此行时调用无参的构造函数
Time myTime12;               //执行此行时调用无参的构造函数,注意写法:只有对象名
Time myTime13 = Time{};      //执行此行时调用无参的构造函数
Time myTime14{};             //执行此行时调用无参的构造函数,注意写法:跟了一个空{}
Time myTime15 = {};          //执行此行时调用无参的构造函数
```

从上面代码中可以发现，每次创建 Time 对象时，都会自动调用 Time 类的构造函数，但这次调用的是无参的构造函数。

14.2.4　函数默认参数

改造一下 Time 类中带 3 个参数的构造函数，在 Time.h 中，将第 3 个参数的默认值改为 12。

```
Time(int tmphour, int tmpmin, int tmpsec = 12);
```

此时，tmpsec 参数就叫作函数的默认参数，也就是说如果生成 Time 对象时，不给这个参数传递值，那么，这个参数的值就是 12。

任何函数都可以有默认参数，对于传统函数，默认参数一般放在函数声明中而不放在函数定义（实现）中，除非该函数没有声明只有定义。

对于类中的成员函数，默认参数写在类的成员函数声明而非实现（注意称谓：成员函数的实现等价于传统函数的函数定义）中，也就是一般会写在.h 头文件中。

函数默认参数的规定：

在具有多个参数的函数中指定参数默认值时，默认参数都必须出现在非默认参数的右侧，一旦开始为某个参数指定默认值，则它右侧的所有参数都必须指定默认值。例如：

```
Time(int tmphour, int tmpmin = 59, int tmpsec = 12);    //可以,这没问题
Time(int tmphour, int tmpmin = 59, int tmpsec);         //不可以,这不行
```

有了默认参数之后,初始化对象的时候,就可以只给该对象提供两个参数:

```
Time myTime1_q{ 12, 13 };
```

但是新问题来了:如果现在在 Time.h 中声明一个只有两个参数的构造函数会怎样呢?

```
Time(int tmphour, int tmpmin);
```

那么,提供两个参数生成 Time 对象时,编译会报错:系统搞不清楚构造这个对象时是应该调用带三个参数(含一个默认参数)的构造函数还是带两个参数的构造函数。

那怎么解决呢? 其实很简单,在 Time.h 中,把带三个参数的构造函数中的默认参数值删掉即可:

```
Time(int tmphour, int tmpmin, int tmpsec); //带三个参数的构造函数不带默认参数了
```

当然,要想让 Time myTime1_q{ 12,13 };这行代码能够正确地编译链接并生成可执行程序,在 Time.cpp 中还要把带两个参数的 Time 构造函数实现一下:

```
//构造函数的实现
Time::Time(int tmphour, int tmpmin)
{
    Hour = tmphour;
    Minute = tmpmin;
    Second = 59;
    initMillTime(59);
}
```

14.2.5 隐式转换和 explicit

在 C 语言部分曾经学习过:一个 float 和一个 int 做运算的时候,系统会把 int 型转换成 float 型然后两者再做运算。在类中,这种情况也可能发生。

这里谈一谈单参数的构造函数带来的隐式转换,编译系统其实背着开发者在私下里还是做了很多事情的。如下两个对象定义和初始化,会发现出现语法错误:

```
Time myTime23 = 14;                  //现在语法错
Time myTime24 = (12, 13,14,15,16);   //现在语法错,不管()中有几个数字
```

但是,当声明了单参数的构造函数时(修改 Time.h 文件中的 Time 类定义):

```
Time(int tmphour);
```

修改 Time.cpp 增加单参数构造函数的实现代码:

```
//单参数的构造函数
Time::Time(int tmphour)
{
    Hour = tmphour;
```

```
        Minute = 59;
        Second = 59;
        initMillTime(0);
}
```

可以发现，上面两种定义对象的方式不再出现语法错误，而且每一个对象在定义和初始化时，都调用了单参数构造函数（尤其是括号里有很多数字的，只有最后一个数字作为参数传递到单参数构造函数中去了）。

猜测一下上面的代码，把一个 14 给了 myTime23，而 myTime23 是一个对象，14 是一个数字，那么编译系统应该是有一个行为，把 14 这个参数类型转换成了 Time 类类型，这种转换被称为隐式转换或简称隐式类型转换。

现在再来写一个普通函数，它的形参类型就是 Time 类类型，格式如下：

```
void func(Time myt)
{
    return;
}
```

现在可以发现，用一个数字就能够调用 func 函数：

```
func(16);                                    //这里依旧调用了 Time 类的单参数的构造函数
```

这说明系统进行了一个从数字 16 到对象 myt（func 函数的形参）的一个转换，产生了一个 myt 对象（临时对象），函数调用完毕后，对象 myt 的生命周期结束，所占用的资源被系统回收。

此外，接着上面的代码行继续书写，如下代码行也调用了 Time 类的单参数构造函数：

```
myTime23 = 16;   //这句也调用了 Time 类的单参数构造函数，生成一个临时对象，然后把这个临时
                 //对象的值复制到了 myTime23 的成员变量去了
```

上面这些代码容易让人迷惑，也有点含糊不清，总结一下：

```
Time myTime100 = { 16 }; //这种写法认为正常，带一个参数 16，可以让系统明确调用带一个参数的
                         //构造函数
Time myTime101 = 16;                //代码比较含糊不清，这就存在临时对象或者隐式转换的问题
func(16);                           //这显然也是含糊不清的代码，存在临时对象或者隐式转换的问题
```

上面这种隐式转换让人糊涂，是否可以强制系统，明确要求构造函数不能做隐式转换呢？可以。如果构造函数声明中带有 explicit（显式），则这个构造函数只能用于初始化和显式类型转换，来尝试一下。

现在，14.2.2 节中构造的 5 个对象 myTime、myTime2、myTime3、myTime4、myTime5 都能够成功。此时，把带有 3 个参数的 Time 构造函数的声明前面加上 explicit（修改 Time.h），如下：

```
explicit Time(int tmphour, int tmpmin, int tmpsec);
```

此时，编译项目，发现如下这行代码出现语法错误：

```
Time myTime5 = { 12, 13, 52 };
```

把鼠标放到红色波浪线提示的错误处，可以看到，出现的错误提示信息如图 14.1 所示。

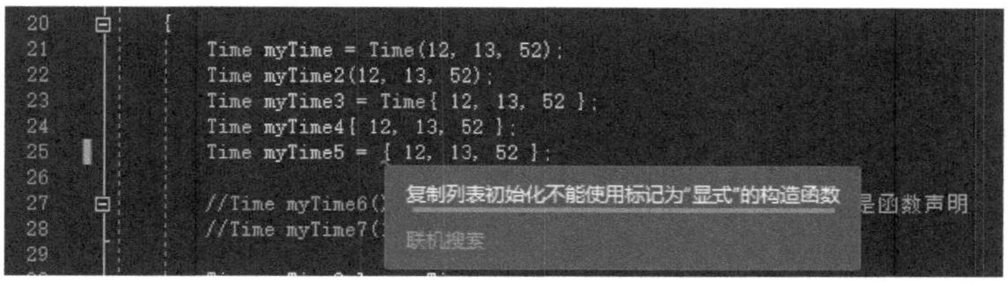

图 14.1　构造函数加 explicit 修饰后 Visual Studio 出现一些对象构造时的语法错误提示

但是，myTime4 这行代码比起 myTime5 只少了一个"＝"，却能够成功创建对象。

```
Time myTime4{ 12, 13, 52 };                 //能够成功创建对象
```

这说明一个问题：有了这个等号，就变成了一个隐式初始化（其实是构造并初始化），省略了这个等号，就变成了显式初始化（也叫直接初始化）。

现在，再理顺一下单参数的构造函数。目前如下调用都正常：

```
Time myTime100 = { 16 };
Time myTime101 = 16;
func(16);
```

此时，把带有单参数的 Time 构造函数的声明前面加上 explicit（修改 Time.h）。

```
explicit Time(int tmphour);
```

可以看到，上面三种写法都报错，这说明三种写法都进行了隐式转换。那如何进行修改呢？

```
Time myTime100 = Time(16);                 //或者 Time{16}
func(Time(16));                            //临时构造一个对象
```

建议：一般来说，单参数的构造函数都声明为 explicit，除非有特别的原因。当然，explicit 也可以用于无参或者多个参数的构造函数中。看如下代码：

```
explicit Time();                           //explicit 用于无参的构造函数中
```

那么，对无参的构造函数使用了 explicit 之后，看看下面两行代码，分析一下：

```
Time time1{};                              //可以，显式转换
Time time2 = {}; //不可以，隐式转换，就比上行多了一个"＝"就表示隐式初始化了
```

继续看代码：

```
func({});                                  //不可以，隐式转换了
func({ 1,2,3 });                           //不可以，隐式转换了
func(Time{});                              //显式转换，生成临时对象，调用无参构造函数
func(Time{ 1,2,3 });                       //显式转换，生成临时对象，调用三个参数的构造函数
```

14.2.6　构造函数初始化列表

在调用构造函数的同时，可以初始化成员变量的值，注意这种写法：笔者称它为冒号括号逗号式写法，位于构造函数定义（实现）中。注意，这种写法只能用在构造函数中。修改

Time.cpp 中的内容：

```
Time::Time(int tmphour, int tmpmin, int tmpsec)
                    :Hour(tmphour),Minute(tmpmin) //这就叫构造函数初始化列表
```

初始化列表的执行是在函数体执行之前就执行了的。上面这种写法和下面的写法类似，但下面的写法叫作函数体内赋值：

```
Time::Time(int tmphour, int tmpmin, int tmpsec)
{
    Hour = tmphour;
    Minute = tmpmin;
}
```

在这个范例中，用"构造函数初始化列表"和"函数体内赋值语句"都可以实现对数据成员的初始化，日后随着学习的深入，会遇到一些必须通过"构造函数初始化列表"来进行初始化的一些操作，到时候再详细讲解和分析，目前先不涉及这么琐碎和深入的问题。

但是提倡优先考虑使用构造函数初始化列表，原因如下：

（1）构造函数初始化列表写法显得更专业，有人会通过此来鉴别程序员的水平。

（2）一种写法叫作初始化，一种写法叫作赋值，叫法不同。对于内置类型如 int 类型的成员变量，使用构造函数初始化列表来初始化和使用赋值语句来初始化其实差别并不大。但是，对于类类型的成员变量，使用初始化列表的方式初始化比使用赋值语句初始化效率更高（因为少调用了一次甚至几次该成员变量相关类的各种特殊成员函数，如构造函数等）。这一点在后续的学习中可以更进一步体会。

避免写出下面的代码：

```
Time::Time(int tmphour, int tmpmin, int tmpsec)
                    :Hour(tmphour),Minute(Hour)
                    //Hour、Minute 谁先有值谁后有值是一个问题
```

上面代码段的问题在于：某个成员变量（Minute）值不要依赖其他成员变量（Hour），因为成员变量的给值顺序并不是依据这里的初始化列表的从左到右的顺序，而是依据类定义中成员变量的定义顺序（从上到下的顺序），如果 Hour 定义在 Minute 下面（后面），那么，给 Minute 值的时候 Hour 值还尚未确定，所以上面的写法会让 Minute 中的值变得不确定。

14.3 inline、const、mutable、this 与 static

14.3.1 在类定义中实现成员函数 inline

接着上一节的 Time.h 和 Time.cpp 说，在 Time.h 中增加 addhour 成员函数。注意，整个成员函数的定义都写在其中：

```
public:
    void addhour(int tmphour)
    {
        Hour += tmphour;
    }
```

这种直接在类的定义中实现的成员函数(14.2.1 节所称的"成员函数的定义")会被当作 inline 内联函数来处理。回忆一下内联函数：系统将尝试用函数体内的代码直接取代函数调用代码,以提高程序运行效率。但还是老话：内联函数只是对编译器的建议,能不能 inline 成功,依旧取决于编译器,所以,成员函数的定义体尽量写得简单,以增加被 inline 成功的概率。

14.3.2 成员函数末尾的 const

读者对许多 const 的用法已经不陌生。const 是"常量"的概念。这里再介绍一种 const 的常用用法,就是在成员函数的末尾增加一个 const。请注意,对于成员函数的声明和实现代码分开的情形下,不但要在成员函数的声明中增加 const,也要在成员函数的实现中增加 const。

那么这个成员函数末尾的 const 起什么作用呢？告诉系统,这个成员函数不会修改该对象里面的任何成员变量的值等,也就是说,这个成员函数不会修改类对象的任何状态。

这种在末尾缀了一个 const 的成员函数也称为"常量成员函数"。在 Time. h 中增加一个新的成员函数,定义如下：

```
void noone() const
{
    Hour += 10;                          //错误,常量成员函数不可以修改成员变量值
}
```

从上面的代码可以看到,如果在 noone 成员函数中修改成员变量 Hour 的值,是不被允许的。看看如下范例：

```
const Time abc;     //定义 const 对象,这种对象有限制
abc.addhour(12);    //不可以,addhour 成员函数是非 const 的,只能被非 const 对象调用
abc.noone();        //可以,因为 noone 成员函数是 const 的

Time def;
def.noone(); //noone 是 const 成员函数,则不管 const 对象还是非 const 对象都可以调用 const
             //成员函数(万人迷,性格好),而非 const 成员函数不能被 const 对象调用,只能被
             //非 const 对象调用
```

普通函数(非成员函数)末尾是不能加 const 的。编译都无法通过,因为 const 在函数末尾的意思是"成员函数不会修改该对象里面任何成员变量值",普通函数没有对象这个概念,所以自然不能把 const 放在普通函数末尾。

14.3.3 mutable

mutable,翻译成中文,表示不稳定的、容易改变的意思。与 const 正好是反义词。而且 mutable 的引入也正是为了突破 const 的限制。

刚刚已经看到,在末尾有 const 修饰的成员函数中,是不允许修改成员变量值的。那在设计类成员变量的时候,假如确实遇到了需要在 const 结尾的成员函数中希望修改成员变量值的需求,怎么办呢？

也许有人会说,那就把函数末尾的 const 去掉,变成一个不以 const 结尾的成员函数。那这个时候可能面临上面曾提到过的另外一个问题——如果这个成员函数从 const 变成非

const 了,那么就不能被 const 对象调用了。

所以,引入了 mutable 修饰符(关键字)来修饰一个成员变量。一个成员变量一旦被 mutable 所修饰,就表示这个成员变量永远处于可变状态,即使是在以 const 结尾的成员函数中。

在 Time 类定义中增加一个 mutable 成员变量的定义:

```
mutable int myHour;
```

现在可以在 noone 成员函数中增加修改 myHour 成员函数的代码了:

```
void noone() const
{
    myHour += 3;                             //可以修改成员变量 myHour 了
}
```

这里先简单认识 mutable,以后随着看到的程序越来越多,会对它具体有什么实用价值有更深刻的理解和体会。

14.3.4 返回自身对象的引用——this

在 Time.h 的 Time 类定义中增加如下代码来进行一个新成员函数 rtnhour 的声明:

```
public:
    Time& rtnhour(int tmphour);            //返回自身的引用
```

在 Time.cpp 中,增加成员函数 rtnhour 的实现:

```
Time& Time::rtnhour(int tmphour)
{
    Hour += tmphour;
    return * this;                          //把对象自身返回了
}
```

在 main 主函数中书写如下代码:

```
Time mytime;
mytime.rtnhour(3);                          //可以设置断点,跳入该成员函数内查看 this 和 * this 值
```

现在要谈一谈 this 了。

this 用在成员函数中是一个隐藏起来的函数参数,表示的是指向本对象的指针。那么, * this 表示该指针指向的对象也就是本对象。换句话说, * this 表示调用这个成员函数的那个对象。

如何具体理解 this 呢?调用成员函数时,编译器负责把调用这个成员函数的对象的地址传递给这个成员函数中一个隐藏的 this 形参中。例如上面 mytime.rtnhour(3);这种调用,编译器在内部实际是重写了这个 rtnhour 成员函数的。编译器写成这样了:

```
Time& Time::rtnhour(Time * const this, int tmphour){…}
```

调用的时候编译器实际是这样调用的:

```
mytime.rtnhour(&mytime, 3);
```

注意,上面的代码传入的第一个实参是 mytime 对象的地址。

这也解释了为什么在 rtnhour 成员函数体中可以直接使用诸如 Hour 成员变量,就是因为从系统的角度看来,任何对类成员的直接访问都被看作通过 this 做隐式调用。所以在 rtnhour 中的代码"Hour += tmphour;"等价于"this->Hour += tmphour;"。

this 是系统保留字,所以参数名、变量名等都不能起名叫 this,系统不允许。

其实,this 本身是一个指针常量(不是常量指针,参考 13.6.4 节的说法),总是指向这个对象本身,不可以让 this 再指向其他地方。

关于 this 有一些说法,请注意:

(1) this 指针只能在成员函数(普通成员函数,后面会讲解比较特殊的成员函数)中使用,全局函数、静态函数等都不能使用 this 指针。

(2) 在普通成员函数中,this 是一个指向非 const 对象的指针常量。例如,类类型为 Time,那么 this 就是 Time * const 类型的指针(指针常量),表示 this 只能指向 Time 对象。笔者认为:"指针常量"这个名字起的不好,因为这个名字听起来更像是一个常量而不是一个指针。

(3) 在 const 成员函数中,this 指针是一个指向 const 对象的 const 指针。例如,类类型为 Time,那么 this 就是 const Time * const 类型。

既然能返回对象本身,那么如果再写一个类似 rtnhour 这样的函数,这两个函数就能串起来调用。

在 Time.h 的 Time 类定义中增加如下代码来进行一个新成员函数 rtnminute 的声明:

```
public:
    Time& rtnminute(int tmpminute);          //返回自身的引用
```

在 Time.cpp 中,增加成员函数 rtnminute 的实现:

```
Time& Time::rtnminute(int tmpminute)
{
    Minute += tmpminute; //如果传递进来的形参也叫 Minute,那么成员变量 Minute 可以写成
//this.Minute 以和形参做区别,代码就变成 this.Minute += Minute
    return * this;                           //把对象自身返回了
}
```

在 main 主函数中书写如下代码:

```
Time mytime;
mytime.rtnhour(3).rtnminute(5); //可以设置加断点调试,会发现:先调用 rtnhour,再调用 rtnminute
```

另外值得强调的是:this 一般不写在代码中。当然,读者以后也许能见到一些使用 this 的代码,但一般来讲,还是很少直接使用 this 的。换句话说,代码中其实是在隐式使用 this,并没有写到明面来使用,因为多数情况下摆到明面使用 this 属于画蛇添足。例如,非要写如下代码(把针对成员的引用前面都加上 this->)也是可以的:

```
Time::Time()
{
    this->Hour = 12;
    this->Minute = 59;
```

```
    this->Second = 59;
    this->initMillTime(59);
}
```

14.3.5 static 成员

static 关键字在 C 语言部分已经详细讲解过,参考 7.6.5 节。

现在看一看 static 关键字在类中的能力。看如下代码:

```
Time mytime1;                              //调用的是无参构造函数
mytime1.Minute = 15;

Time mytime2;
mytime2.Minute = 30;
```

设置断点并跟踪调试可以看到,mytime1 对象的 Minute 成员变量值是 15,而 mytime2 对象的 Minute 成员变量值是 30。不同对象的成员变量 Minute 有不同的值,彼此互不影响。为什么互不影响? 因为 Minute 这种成员变量是属于对象的(跟着对象走),mytime1 和 mytime2 是两个不同的对象,所以它们的 Minute 成员变量自然可以理解成是两个不同的变量——各自占用不同的内存地址。

那有没有这样一种成员变量,不属于某个对象的,而是属于整个类的(跟着类走)? 有。这种成员变量就叫 static 成员变量(静态成员变量),其特点是:不属于某个对象,而是属于整个类,这种成员变量可以通过对象名来修改(也可以通过类名来修改),但一旦通过该对象名修改了这个成员变量的值,则在其他该类对象中也能够直接看到修改后的结果。

例如上面的 Minute 成员变量,每个对象针对该成员变量都有个副本,可以保存不同的值,而 static 成员变量是所有该类的对象共享同一个副本。也就是说,这种成员变量只有一个副本。同时,可以用"类名::成员变量名"的方式对这种成员变量进行引用。

当然,不仅对于成员变量,成员函数也可以在其前面增加 static 关键字,增加了这种关键字的成员函数同样不隶属于某个对象,而是隶属于整个类,调用的时候可以用"类名::成员函数名(……)"这种调用方式。当然,在 static 成员函数中,一般也只能操作和类相关的成员变量(static 成员变量),不能操作和对象相关的成员变量,如 Minute。

看如下代码,在 Time.h 中的 Time 类内部,声明一个静态成员变量和一个静态函数:

```
public:
    static int mystatic;                  //声明静态成员变量但没有定义
    static void mstafunc(int testvalue);  //声明静态成员函数
```

静态成员变量和普通成员变量不同,普通成员变量在定义一个类对象时,就已经被分配内存了。那静态成员变量什么时候分配内存呢?

其实,上面的"static int mystatic;"这行代码是对静态成员变量的声明,这代表着还没有给该静态成员变量分配内存,这个静态成员变量还不能使用。为了能够使用,必须定义这个静态成员变量,也就是给静态成员变量分配内存。

那一般怎样定义这个静态成员变量呢? 一般会在某一个.cpp 源文件的开头来定义这个静态成员函数,这样能够保证在调用任何函数之前这个静态成员变量已经被成功初始化,从而保证这个静态成员变量能够被正常使用。

在 MyProject.cpp 最上面写如下代码：

```
int Time::mystatic = 5; //可以不给初值,则系统默认会给 0,定义时这里无须用 static
```

现在可以在主函数中直接打印该静态成员变量的值：

```
cout << Time::mystatic << endl;          //5
```

虽然上面的代码是用"类名::成员变量名"的方式来访问静态成员变量,但也可以使用"对象名.成员变量名"的方式来访问静态成员变量。看如下代码：

```
Time mytime1;
Time mytime2;
mytime1.mystatic = 12;                    //可以用对象名来引用静态成员变量
cout << Time::mystatic << endl;           //12
cout << mytime1.mystatic << endl;         //12
cout << mytime2.mystatic << endl;         //12
```

回头再说一说静态成员函数的实现。在 Time.cpp 源文件中来书写,注意,静态成员函数实现时就不需要在前面加 static 关键字了：

```
void Time::mstafunc(int testvalue)
{
    //Minute = testvalue;                 //错误,和对象相关的成员变量不能出现在静态成员函数中
    mystatic = testvalue;                 //这个可以
}
```

再来看一看如何调用。看如下代码：

```
Time::mstafunc(1288);                     //用类名::静态成员函数名的方式来调用静态成员函数
cout << Time::mystatic << endl;           //1288
```

当然,依旧可以用"对象名.静态成员函数名"的方式来调用静态成员函数。看如下代码：

```
Time mytime1;
mytime1.mstafunc(2000);
cout << Time::mystatic << endl;           //2000
```

14.4 类内初始化、默认构造函数、"=default;"和"=delete;"

14.4.1 类相关非成员函数

在实际编写代码中,有时候也会遇到一些额外的功能函数,例如某个功能函数是打印某个类中一个成员变量的值,这种额外的功能函数虽然和这个类有点关系,但感觉这种函数又不应该定义在类里面,那么这种函数应该怎样写,怎样调用呢?

这种函数的定义可以放在该类成员函数实现的代码中(Time.cpp 中)。看如下代码：

```
#include <iostream>
//注意这是普通函数,不是成员函数
```

```
void WriteTime(Time& mytime)
{
    std::cout << mytime.Hour << std::endl;
}
```

在 Time. h 中,在 Time 类定义的后面,加入函数 WriteTime 的声明代码:

```
void WriteTime(Time& mytime);    //函数声明,形参是引用,避免了对象复制产生的效率损耗
```

在 main 主函数中加入如下代码:

```
Time mytime(12, 15, 17);
WriteTime(mytime);
```

14.4.2　类内初始值

在 C++11 新标准里,可以为新成员变量提供一个类内的初始值,那么在创建对象的时候,这个初始值就用来初始化该成员变量。对于没有初始值的成员变量,系统有默认的初始策略,如读者熟知的整型成员变量,系统会随便扔个值进去。

在 Time. h 中的 Time 类内部,修改一下成员变量 Second 的定义:

```
int Second{ 0 };                       //或者 int Second = 0; 两种写法都可以
```

如果使用构造函数初始化列表或在构造函数中给 Second 值,该值会覆盖掉初始值:

```
Time::Time(int tmphour, int tmpmin, int tmpsec)
                 :Second(tmpsec)        //通过初始化列表来给 Second 值或者
{
    Second = tmpsec;                    //通过赋值来给 Second 值
}
```

14.4.3　const 成员变量的初始化

对于类的 const 成员,只能使用初始化列表来初始化,而不能在构造函数内部进行赋值操作。在 Time. h 中的 Time 类内部,增加如下内容:

```
const int testvalue;                   //当然这里可以给初值,如 const int testvalue = 19;
```

那么在 Time. cpp 类的构造函数中,代码应该如下:

```
Time::Time(int tmphour, int tmpmin, int tmpsec)
                 :Hour(tmphour),Minute(tmpmin),testvalue(18)
{
    testvalue = 6;                      //不可以在这里初始化 testvalue
    //……
}
```

解释一下:上面创建 testvalue 这种常量属性的变量时,Time 构造函数完成初始化之后,也就是 Time::Time(…) …,testvalue(18)这行执行完后,testvalue 才真正具备了 const 属性,在构造 testvalue 这个 const 变量(对象)过程中,Time 构造函数可以向其内部写值,如上面的 testvalue(18)。

因为构造函数要进行很多看得见和看不见的写值操作,所以构造函数不能声明成 const 的,这一点读者朋友可以自己尝试。

14.4.4 默认构造函数

前面已经学习过了构造函数,并且知道了一个类中可以有多个构造函数,其中,没有参数的构造函数称为默认构造函数。

为了方便演示,照葫芦画瓢,创建 Time2.h 和 Time2.cpp,并把 Time2.cpp 加入到当前项目中。特别留意 Time2.h 中类定义最后面的分号不能少,否则会出现语法错误。

先定义一个无参的构造函数(Time2.h 中):

```
#ifndef __MYTIME2__
#define __MYTIME2__

//类定义,有人也叫类声明
class Time2 {
public:
    explicit Time2();               //explicit 禁止隐式转换
public:
    int Hour;
    int Minute;
    int Second{ 0 };
}; //分号不要忘记
#endif
```

再看 Time2.cpp 文件:

```
#include <iostream>
#include "Time2.h"
Time2::Time2()                      //构造函数
{
    Hour = 12;
}
```

在 MyProject.cpp 文件的开头部分包含 Time2.h:

```
#include "Time2.h"
```

在 main 主函数中增加如下代码:

```
Time2 mytime2;                      //生成对象会调用构造函数
```

现在分别在 Time2.h 和 Time2.cpp 中把 Time2 类的构造函数注释掉,不难发现,上面的代码也能成功地生成 mytime2 对象。

所以得到一个结论:如果一个类中没有构造函数,那么也是能够成功生成一个对象的。

这里要特别指出,有的资料认为(或者说:许多读者认为),如果一个类没有自己的构造函数,编译器会生成一个所谓"合成的默认构造函数",正是因为这个"合成的默认构造函数"的存在,才使 Time2 mytime2;这句代码能够执行成功。

其实,读者需要知道的是,编译器只有在满足一定情形之下才会生成这个"合成的默认构造函数"。而即便一个类没有自己的构造函数,编译器也没有生成"合成的默认构造函数",“Time2 mytime2;”这句代码依然能够执行成功。

　　所以,创建类对象(mytime2)并不需要类(Time2)一定存在构造函数,这一点可能超出了读者以往的认知。如果读者要确认到底是否生成了构造函数,可以观察编译器生成的目标文件MyProject. obj(以及其他所有本项目相关的. obj文件)来寻找诸如 Time2::Time2 的字样。

　　现在增加一个新的构造函数,带一个参数。在 Time2. h 中,代码如下:

```
Time2(int itmpvalue){};
```

　　但此时可以发现,刚才的“Time2 mytime2;”代码行报错。报错截图如图 14.2 所示。

图 14.2　增加带一个参数的构造函数引起定义类对象出错

　　从图 14.2 可以看到,提示的错误是类 Time2 不存在默认构造函数,也就是无参的构造函数。因为“Time2 mytime2;”这句代码的执行成功必须要有一个无参的构造函数存在,而现在的 Time2 类中并没有这样的构造函数。

　　有的资料认为,一旦程序员自己写了一个构造函数,不管这个构造函数带几个参数,编译器就不会创建合成的默认的构造函数了。笔者经过严格测试,确认这句话是真实的。这里有两个意思,需要强调:

　　(1)如果一个类没有自己的构造函数,编译器可能会生成一个"合成的默认构造函数",也可能不生成一个"合成的默认构造函数",生成与否取决于具体需要。但不管如何,生成该类的对象都会成功,例如“Time2 mytime2;”这句代码都会执行成功。

　　(2)假设编译器因为需要,原本是能够生成一个"合成的默认构造函数"。但是,如果程序员自己写了一个构造函数,那么编译器就不会生成这个"合成的默认构造函数"。

　　其实,编译器是否生成"合成的默认构造函数"并不需要去关心,但问题是,此时代码“Time2 mytime2;”无法执行成功了。

　　所以,不难得出结论,**一旦程序员书写了自己的构造函数,那么在创建对象的时候,必须提供与书写的构造函数形参相符合的实参,才能成功创建对象**。那么,此时要成功创建Time2 对象,就要写如下这样的代码:

```
Time2 mytime2(1);                        //因为构造函数带一个形参,这里必须提供一个实参
```

　　回头再说一说编译器只有在满足一定情形之下才会生成这个"合成的默认构造函数"这件事。现在把带一个参数的构造函数注释掉,使整个 Time2 类都不存在任何构造函数。main 主函数中的代码“Time2 mytime2(1);”恢复为“Time2 mytime2;”,现在整个项目是能够编译成功的,证明目前代码没有错误。

　　那么,此时此刻,编译器到底是否生成了"合成的默认构造函数"呢? 答案是肯定的,编

译器生成了"合成的默认构造函数"（观察编译器生成的目标文件 MyProject. obj，会发现
Time2::Time2 的字样）。为什么？其实只是因为在 Time2.h 的 Time2 类定义中有一行代
码"int Second{0};"，因为这行代码的存在，导致编译器需要生成"合成的默认构造函数"，并
且往这个"合成的默认构造函数"中插入代码来把 Second 成员变量的值初始化为 0。这就
是这个"合成的默认构造函数"的使命。太细节的论述超出了本书的研究范围，笔者会在
《C++新经典：对象模型》书籍中专门论述，这里就不多谈。

显然，这种"合成的默认构造函数"做不了太多事，如果这个类很简单，没有几个成员变
量需要初始化，那么不写自己的构造函数，用这种"合成的默认构造函数"也还可以。但是对
于比较复杂的类，可能需要初始化很多成员变量等。此时，一般来讲，就都要写自己的构造
函数来进行初始化处理，而不是用编译器创建的"合成的默认构造函数"，因为这种"合成的
默认构造函数"无法正确地处理很多成员变量的初始化问题。当然，还有一些琐碎的情况要
求必须写自己的构造函数而无法使用"合成的默认构造函数"。例如，如果这个类中包含一
个其他类类型的成员变量，而这个其他类中存在唯一的构造函数并且是带单参数的，那么编
译器就无法初始化该成员变量，开发者必须定义自己的构造函数。

在 Time2.h 的最上面，Time2 类定义之外，创建一个新类，取名 OneClass。看如下代码：

```
class OneClass
{
public:
    OneClass(int)
    {
    }
};
```

还是在 Time2.h 中，在 Time2 类定义中增加如下代码：

```
OneClass oc;                          //定义一个类类型 OneClass 的成员变量 oc
```

此时编译工程能够发现，在 main 主函数中的"Time2 mytime2;"代码行会报错，如图 14.3
所示。

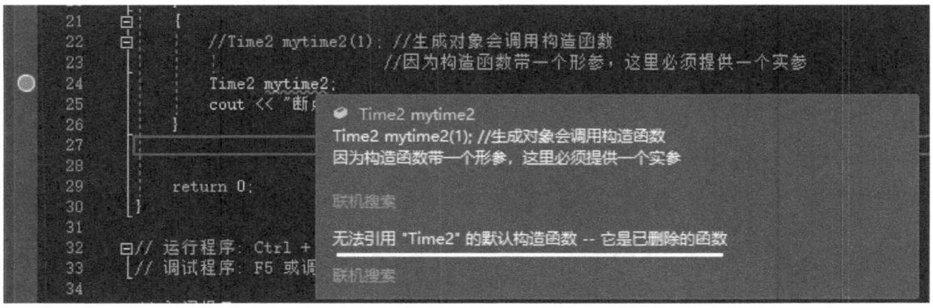

图 14.3 增加一个类类型成员变量导致的编译错误

看得出来，如果 Time2 不提供构造函数，则生成 Time2 对象 mytime2 无法成功。究其原
因，是因为无法构造成员变量 oc（因为构造 oc 需要为 OneClass 的构造函数提供一个参数）。

此时，必须为 Time2 提供自己的构造函数而无法再使用编译器创建的"合成的默认构
造函数"。需要进行如下操作：

（1）取消 Time2.h 中对默认构造函数声明行的注释：

```
explicit Time2();
```

（2）取消 Time2.cpp 中对默认构造函数实现的注释并在初始化列表中为成员变量 oc 的创建提供一个实参：

```
Time2::Time2():oc(18)                    //构造函数
{
    Hour = 12;
}
```

此时编译整个项目，不会再出现问题。

在 14.2.6 节中，笔者谈到过一些必须通过"构造函数初始化列表"来进行初始化的操作，那么 14.4.3 节中 const 成员变量的初始化以及本小节刚刚谈到的类类型成员变量 oc 的初始化，都属于必须通过"构造函数初始化列表"来进行初始化的操作。

14.4.5 "＝default；"和"＝delete；"

在 C++11 中，引入了两种新的写法"＝default；"和"＝delete；"。这两种新的写法将通过演示的方式来讲解。

1．＝default；

为了顺利演示，现在调整一下代码。

（1）在 Time2.h 中，注释掉默认构造函数，取消对单参数构造函数的注释，注释掉成员变量 oc 定义这行。现在 Time2.h 有用的代码看起来如下：

```
class Time2 {
public:
    Time2(int itmpvalue) {};
public:
    int Hour;
    int Minute;
    int Second{ 0 };
};
```

（2）在 Time2.cpp 中，注释掉无参构造函数 Time2::Time2 的实现代码。

（3）此时编译工程能够发现，在 main 主函数中的"Time2 mytime2;"代码行会报错。这种错误有两种解决方法，任选一种即可：

① 在创建 Time2 对象的时候必须为该 Time2 的单参构造函数提供一个参数。例如，类似"Time2 mytime2(1);"是可以的。

② 为 Time2 类写一个默认（不带参数）构造函数。看看这个默认构造函数如何书写：

在 Time2.h 的 Time2 类定义中，增加下面这行语句：

```
Time2() = default;
```

请注意这个写法，这相当于在默认构造函数声明的末尾，分号之前增加了一个"＝default"。这样写了之后，Time2 默认构造函数就带有了"＝default"特性——编译器能够为这种"＝default"的函数自动生成函数体（等价于空函数体"{ }"）。此时，在 main 主函数中的

"Time2 mytime2；"代码行就不会再报错了。可以看到，增加"＝default"是一种偷懒写法，让开发者不用自己写默认构造函数的函数体。

一般这种"＝default"写法只适合一些比较特殊的函数，如默认构造函数（不带参数），普通成员函数就不能这样写，例如如下写法是错误的：

```
int ptfuncX() = default;
```

而带参数的构造函数，系统也不认为是特殊函数，所以如下写法也是错误的：

```
Time2(int, int) = default;
```

以后还会看到一些特殊的函数，如析构函数、拷贝构造函数等，遇到了再讲解。

上面是把"＝default"放在 Time2 类声明（Time2.h）中，所以，这个无参构造函数具备了 inline 特性。其实，把"＝default"放在 Time2 类定义（Time2.cpp）中也可以。当然此时这个无参构造函数就不具备 inline 特性了。

（1）在 Time2.h 的 Time2 类定义中，修改 Time2 默认构造函数。修改后如下：

```
Time2();                                    //默认构造函数声明
```

（2）在 Time2.cpp 中，放默认构造函数的实现代码。如下：

```
Time2::Time2() = default;
```

2. ＝delete；

现在再来看看"＝delete；"，这个写法是用来让程序员显式地禁用某个函数而引入的。

为了演示方便，在 Time2.h 和 Time2.cpp 中，注释掉所有和 Time2 类构造函数相关的代码，无论是带几个参数的构造函数。

现在在 main 主函数中的代码行"Time2 mytime2；"是可以成功执行的。

刚刚讲过，因为没有书写任何构造函数，又因为 Time2.h 中代码行"int Second{0}；"的存在，导致编译器需要生成"合成的默认构造函数"，并且往这个"合成的默认构造函数"中插入代码来把 Second 成员变量的值初始化为 0。

那如果想禁用编译器生成这个"合成的默认构造函数"，怎么做到呢？这就需要用到"＝delete；"了。在 Time2.h 文件中书写如下代码：

```
Time2() = delete;
```

此时会发现，main 主函数中的代码行"Time2 mytime2；"再次报错，如图 14.4 所示。

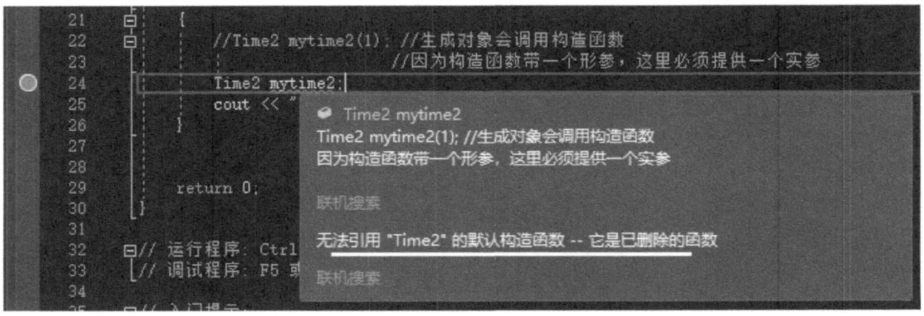

图 14.4 禁用编译器生成"合成的默认构造函数"导致生成 Time2 对象出错

按照上面的讲解,在生成 Time2 对象时,因为要把 Second 成员变量初始化为 0,所以编译器需要生成"合成的默认构造函数",但是现在,通过"Time2()＝delete;"代码行禁止编译器生成"合成的默认构造函数",所以代码行"Time2 mytime2;"报错并不奇怪。

但是,聪明的读者也许想到了另外一个问题:如果把类 Time2 定义中的"int Second{0};"代码行注释掉,那么编译器就不需要生成"合成的默认构造函数"来初始化 Second 成员变量,那么是不是此时代码行"Time2 mytime2;"就不报错了呢?

通过实践发现,代码行"Time2 mytime2;"依旧报错,而且错误提示和图 14.4 一样。

这样看起来会给读者造成一种理解(误解):要成功构造 mytime2 对象,必须存在一个默认构造函数,如果程序员自己不写默认构造函数,编译器必然会生成"合成的默认构造函数"。

但如果读者观察编译器生成的目标文件 MyProject.obj(以及其他所有本项目相关的.obj 文件),可以发现一个事实,即便去掉"Time2()＝delete;"代码行,也只有在类 Time2 定义中存在代码行"int Second{0};"时编译器才会生成"合成的默认构造函数",否则编译器不会生成"合成的默认构造函数"。

所以笔者认为:"**Time2()＝delete;**"代码行导致"**Time2 mytime2;**"代码行报错的问题焦点不在于编译器是否生成了"合成的默认构造函数",而在于**在编译器看来,这两行代码就是不能共存**。

本小节的内容是经过笔者详细测试后整理的内容,可能与很多读者的以往了解和认知,甚至一些权威 C++ 著作上的观点并不相同。如果读者在阅读时有什么不同的观点,欢迎与笔者交流。在探索一些知识点的过程中,笔者会尽全力来保证书写正确的内容,并非常期望将自己真实的理解传达出来,这是笔者的一种责任感使然,但一旦笔者犯错,也请读者海涵!

14.5 拷贝构造函数

14.1.4 节中曾经讲解过对象的复制问题。对象因为本身比较复杂,内部有很多成员变量等,所以对象的复制和普通变量的复制显然不同。普通变量复制类似如下代码:

```
int a = 3;
int b = a;                          //普通的复制行为
```

14.1.4 节曾经提过,默认情况下,类对象的复制是每个成员变量逐个复制(赋值)。

本节依旧使用上一节用到的范例代码中的 Time 类。但在 Time.h 中,为方便演示,先把"const int testvalue;"代码行注释掉,在 Time.cpp 中也把涉及 testvalue 的代码全部注释掉。

下面这些代码都是和对象复制相关的代码,设置断点并观察可以看到,执行完下述代码后,每个对象里的内容都和 myTime 对象一样:

```
Time myTime;                         //这会调用默认构造函数(不带参的)
Time myTime2 = myTime;               //没有调用构造函数,但 myTime2 的成员变量值也等于 myTime 了
Time myTime3 (myTime);
Time myTime4 {myTime};
Time myTime5 = {myTime};
Time myTime6;                        //这会调用默认构造函数(不带参的)
myTime6 = myTime5;
```

下面就要引出拷贝构造函数的概念。

如果一个类的构造函数的第一个参数是所属的类类型引用,若有额外的参数,那么这些额外的参数都有默认值。该构造函数的默认参数必须放在函数声明中,除非该构造函数没有函数声明,那么这个构造函数就叫拷贝构造函数。这个拷贝构造函数会在一定的时机被系统自动调用。

在 Time.h 中的 Time 类内部,再声明一个 public 类型的构造函数(拷贝构造函数):

```
Time(const Time& tmptime,int a = 3);
```

在 Time.cpp 中实现这个构造函数:

```
Time::Time(const Time& tmptime, int a)
{
    std::cout << "调用了 Time::Time(const Time& tmptime)拷贝构造函数" << std::endl;
}
```

那如果在 Time.h 中的 Time 类内部再定义另外一个拷贝构造函数是否可以呢?

```
Time(const Time& tmptime, int a = 3, int b = 6) {} //错误,提示指定了多个拷贝构造函数
```

再次执行本节开始提到的这些代码,设置断点注意跟踪观察:

```
Time myTime;                    //这会调用默认构造函数(不带参的)
Time myTime2 = myTime;          //调用了拷贝构造函数
Time myTime3 ( myTime);         //调用了拷贝构造函数
Time myTime4 { myTime };        //调用了拷贝构造函数
Time myTime5 = { myTime };      //调用了拷贝构造函数
Time myTime6;                   //这会调用默认构造函数(不带参的)
myTime6 = myTime5;              //没有调用拷贝构造函数
```

可以注意到一些问题:

(1) const 问题。这个拷贝构造函数的第一个参数是带了 const 的。一般来讲,拷贝构造函数的第一个参数都是带 const 修饰的(请习惯这种写法),带 const 修饰的好处在 13.6.5 节详细讲过。当然,这不是绝对的,不带 const 也是可以的。

(2) explicit 问题。14.2.5 节讲过隐式转换和 explicit,当时说过:只要在构造函数声明前面增加 explicit,那么在定义对象时一些进行了隐式转换的构造对象方法就会失败,这里可以测试一下在拷贝构造函数声明之前增加 explicit 后,上面这些语句哪些会失败,凡是失败的说明都进行了隐式转换,如图 14.5 所示。

图 14.5　为拷贝构造函数增加 explicit 修饰后观察到的一些失败的构造对象方法

从图 14.5 中可以看到,对象 myTime2 和 myTime5 的构建都会失败。所以这里给出一些使用上的常用习惯:①单参数的构造函数,一般声明为 explicit,以防止出现代码模糊不清的问题;②拷贝构造函数,一般都不声明为 explicit。

所以这里就把拷贝构造函数声明前面的 explicit 去掉吧。

现在可以设置断点并仔细观察。在本节开始尚未创建拷贝构造函数时，这种"Time myTime2 = myTime;"代码是能够把 myTime 对象里的各种成员变量的值逐个复制到 myTime2 里面去的，但是在创建了拷贝构造函数之后，这种"Time myTime2 = myTime;"代码的执行结果却发生了变化，也就是说，myTime 里面成员变量的值居然一个也没有复制到 myTime2 里面去，如图 14.6 所示。

图 14.6　增加拷贝构造函数后对象 myTime 的成员变量值居然无法正确复制给 myTime2

显然，"成员变量逐个复制"的功能因为定义了自己的拷贝构造函数而失去了作用，或者说，"成员变量逐个复制"的功能被自己的"拷贝构造函数"取代了。所以，自己写的拷贝构造函数就值得研究一下了：

（1）如果一个类没有自己的拷贝构造函数，编译器可能会合成一个"拷贝构造函数"，也可能不会合成一个"拷贝构造函数"，是否合成取决于具体需要。但上面代码的情况下，如果不书写自己的拷贝构造函数，编译器并不会合成"拷贝构造函数"，编译器内部只需要简单按对象成员变量的值复制到新对象对应的成员变量中去就行。

（2）如果是编译器合成的拷贝构造函数，大概应该长这个样子，看上去和自己书写的拷贝构造函数非常类似：

```
Time::Time(const Time& tmptime…){…}
```

这个合成的拷贝构造函数一般也是会将参数 tmptime 的成员等逐个复制（利用赋值语句）到正在创建的对象中，这里要说明的是，每个 Time 类成员变量的类型决定了该成员如何复制，例如说成员变量如果是整型这种简单数据类型，那么直接就进行值复制（利用赋值语句），如果成员变量是类类型呢？那就会调用这个类的拷贝构造函数来进行复制。

在 Time.h 的最上面，Time 类定义之外，创建一个新类，取名 Tmpclass。看如下代码：

```
class Tmpclass
{
public:
    Tmpclass()
    {
        std::cout << "调用了 Tmpclass::Tmpclass()构造函数" << std::endl;
    }
    Tmpclass(const Tmpclass& tmpclass)
    {
        std::cout << "调用了 Tmpclass::Tmpclass(const Tmpclass& tmpclass)拷贝构造函数" << std::endl;
    }
};
```

同时,在 Time.h 和 Time.cpp 中,将刚刚声明和实现的拷贝构造函数代码注释掉,并在 Time.h 的 Time 类中定义一个 public 的成员变量:

```
Tmpclass tmpcls;
```

运行整个程序,看到如图 14.7 所示的结果。从中可以看到,Tmpclass 类的构造函数执行了 2 次,Tmpclass 类的拷贝构造函数执行了 4 次。

```
调用了Tmpclass::Tmpclass()构造函数
调用了Tmpclass::Tmpclass(const Tmpclass& tmpclass)拷贝构造函数
调用了Tmpclass::Tmpclass(const Tmpclass& tmpclass)拷贝构造函数
调用了Tmpclass::Tmpclass(const Tmpclass& tmpclass)拷贝构造函数
调用了Tmpclass::Tmpclass(const Tmpclass& tmpclass)拷贝构造函数
调用了Tmpclass::Tmpclass()构造函数
```

图 14.7 Time 对象复制时因 Time 类内含有类类型对象 tmpcls,
Tmpclass 拷贝构造函数也会执行

其实,此时因为类 Time 的拷贝构造函数已经被注释掉,又因为类类型对象 tmpcls 所在的类 Tmpclass 存在拷贝构造函数,所以,此时编译器会合成一个 Time 类的拷贝构造函数,编译器合成这个拷贝构造函数的目的就是向其中插入能够去调用类 Tmpclass 中拷贝构造函数的代码。

(3) 如果定义了自己的拷贝构造函数,那么就取代了编译器合成的拷贝构造函数(假如编译器合成了拷贝构造函数),这时就必须在自己的拷贝构造函数中给类中成员逐个赋值(前面也称为值复制),以免出现类成员没有被赋值就拿来使用的情况。

另外,如果定义了自己的拷贝构造函数,并希望在其中执行 Tmpclass 类的拷贝构造函数以正确构造 tmpcls 对象,那么在 Time.cpp 的拷贝构造函数实现代码中应该写成如下的样子(注意初始化列表的修改):

```
Time::Time(const Time& tmptime, int a) :tmpcls(tmptime.tmpcls), Hour(tmptime.Hour), Minute
(tmptime.Minute)
{
    //其他成员变量赋值语句放在这,当然也可以放在初始化列表中
    Second = tmptime.Second;
    std::cout << "调用了 Time::Time(const Time& tmptime)拷贝构造函数" << std::endl;
}
```

笔者建议:如果定义对象时搞不太清楚是调用构造函数还是拷贝构造函数,可以向自己定义的构造函数或者拷贝构造函数中增加一些打印语句来确认是否调用。例如,上面代码的 std::cout 语句就是专门用来打印一些信息辅助观察和思考的。

上面介绍了一些调用拷贝构造函数的情形,还有一些情形也会调用拷贝构造函数:

(1) 将一个对象作为实参传递给一个非引用类型的形参(因为要进行复制构造,因此这种写法效率低,不提倡使用):

```
void func(Time tmptime)
{
    return;
}
//main 主函数中如下
```

```
Time myTime;
func(myTime);
```

（2）从一个函数中返回一个对象。

```
Time func()
{
    Time linshitime;
    return linshitime;
}
//main 主函数中如下
func();
```

执行上面的代码，可以看到调用了 Time 类的拷贝构造函数。如果改造一下主函数：

```
Time mytime = func();
```

发现执行的结果是一样的。

上面这个写法可能会让读者感到好奇：在 func 函数中，linshitime 是一个局部对象（临时对象），然而却把这个临时对象 return 出去了，并且此时系统调用了拷贝构造函数。

可能读者的疑问在于局部的临时对象也能 return 吗？离开 func 函数后对象 linshitime 不是失效了吗？确实能 return，请注意这种写法，而且因为可以看到系统调用了拷贝构造函数，这说明 return 回去的这个对象并不是在 func 函数里产生的这个临时对象 linshitime。实际可以这样理解：func 函数 return 的时候，系统会产生一个临时对象，这个临时对象的内容来源是 linshitime 对象，然后系统把这个临时对象当作上面的 mytime 来用。

关于临时对象的深入探讨，在本章的后面会有专门的章节来论述。如果读者在这里稍感困惑，并不要紧，后面的论述一定会让读者印象深刻。

（3）还有一些其他情况系统也会调用拷贝构造函数，以后遇到时再探究，这里并不做太深入的讲解。

14.6　重载运算符、拷贝赋值运算符与析构函数

14.6.1　重载运算符

运算符的种类非常多，判断两个整数是否相等，可以用"＝＝"。判断大小关系可以用"＞""＞＝""＜""＜＝""！＝"。还有各种算术运算符，如"＋＋""－－""＋＝""－＝""＋""－"等。输出、输入可以用 cout ≪、cin ≫等。赋值可以用"＝"。

这些运算符都已经很熟悉了，例如如果进行两个整数是否相等的比较，看看如下代码：

```
int a = 4, b = 5;
if(a == b){…}
```

但如果进行两个对象是否相等的比较，看看如下代码：

```
Time myTime;
Time myTime2;
if (myTime == myTime2)
```

```
{
    //......
}
```

编译上面的代码发现编译报错。系统对通过"＝＝"来比较两个对象是否相等很茫然，系统不知道两个对象相等的比较应该怎样比，比较成员变量吗？如果成员变量都是整型的还好说，如果是指针类型的成员变量，如何判断它们是否相等呢？

难道真不能比较两个对象是否相等吗？能比！通过重载"＝＝"运算符，就可以让两个对象（如两个 Time 对象）进行比较。什么叫重载"＝＝"运算符呢？也就是说，需要程序员写一个成员函数，这个成员函数名就叫"＝＝"，这个成员函数里面有一些比较逻辑。比较逻辑是什么，由程序员自己决定。就拿 Time 对象而言，例如如果两个 Time 对象的成员变量 Hour 相等，那么就认为这两个对象相等，那么在这个名为"＝＝"的成员函数里只要进行 Hour 相等的判断，然后返回一个 bool 值就可以了。当把"＝＝"这个成员函数写出来后，这两个 Time 对象就可以用"＝＝"进行比较了。重载的"＝＝"运算符大概看起来如下：

在 Time.h 中的 Time 类内可以用 public 修饰符来声明：

```
bool operator == (Time& t);
```

在 Time.cpp 中重载的"＝＝"运算符的实现代码大概看起来如下：

```
//重载" == "运算符
bool Time::operator == (Time& t) //当执行 if (myTime == myTime2)时,会被自动调用这个成员函
                                 //数(operator == 其实也是一个成员函数)
{
    if (Hour == t.Hour)
        return true;
    return false;
}
```

总结一下：上述的很多运算符如果想要应用于类对象中，就需要对这些运算符进行重载，也就是以这些运算符名为成员函数名来写成员函数，以实现这些运算符应用于类对象时应该具备的功能。

所以，重载运算符本质上是函数，函数的正式名字是：operator 关键字后面接这个运算符。既然本质上是函数，那么这个函数当然也就具有返回类型和参数列表。

有些类的运算符如果不自己重载，某些情况下系统（编译器）会帮助我们重载，如赋值运算符。看看如下代码：

```
Time myTime5;
Time myTime6;
myTime6 = myTime5;                       //能赋值成功,系统不报错
```

从上面代码已经看到，当把 myTime5 赋值给 myTime6 的时候，并没有报错，能够成功赋值。有些资料上会解释成系统替我们重载了赋值运算符使得"myTime6 = myTime5;"能成功执行，其实，这种说法并不完全正确。

（1）如果一个类没有重载赋值运算符，编译器可能会重载一个"赋值运算符"，也可能不会重载一个"赋值运算符"。是否重载取决于具体需要。但上面代码的情况下，如果程序员

没有重载赋值运算符,编译器并不会重载一个"赋值运算符",编译器内部只需要简单将对象成员变量的值复制到新对象对应的成员变量中去就可以完成赋值。

（2）如果 Time 类中有另外一个类类型（Tmpclass）的成员变量,代码如下：

```
Tmpclass tmpcls;
```

而这个 Tmpclass 类类型内部却重载了赋值运算符：

```
class Tmpclass
{
public:
    Tmpclass& operator = (const Tmpclass&) //重载赋值运算符
    {
        //……
        return * this;
    }
};
```

这种情况下,当执行类似"myTime6 = myTime5;"代码行时,因为 Time 类中并没有重载赋值运算符,编译器就会在 Time 类中重载"赋值运算符"并在其中插入代码来调用 Tmpclass 类中重载的赋值运算符中的代码。

回过头,假设程序员没有重载"＝＝"运算符,那么如下的代码：

```
Time myTime;
Time myTime2;
if (myTime == myTime2){…}              //报错
```

上面几行代码在编译器遇到"＝＝"时报错,显然,编译器内部没有针对"＝＝"的默认处理动作,也没有重载"＝＝",这意味着,除非程序员自己重载"＝＝",否则编译一定会报错。

这说明编译器对待"＝"和"＝＝"有不同的待遇,对待更常用的"＝",显然要比"＝＝"友好得多。接下来看一看针对类 Time 对象的赋值运算符的重载应该怎样写。

14.6.2 拷贝赋值运算符（赋值运算符）

拷贝构造函数已经很熟悉,请注意,下面的代码行中有两行是调用了拷贝构造函数的：

```
Time myTime;                          //这会调用默认构造函数(不带参数)
Time myTime2 = myTime;                //调用了拷贝构造函数
Time myTime5 = { myTime };            //调用了拷贝构造函数
```

但是如下代码不调用拷贝构造函数：

```
Time myTime6;                         //这会调用默认构造函数(不带参数)
myTime6 = myTime5;                    //这是一个赋值运算符,并不调用拷贝构造函数
```

现在笔者要说的是,如果给对象赋值,那么系统会调用一个拷贝赋值运算符（简称赋值运算符）,就是刚刚提到的重载的赋值运算符,也就是一个函数。可以自己进行赋值运算符的重载,如果不自己重载这个运算符,编译器会用默认的对象赋值规则为对象赋值,甚至在必要的情况下帮助我们重载赋值运算符（上面已经说过）,看来编译器格外喜欢赋值运算符。当然,编译器重载的赋值运算符功能上可能会比较粗糙,只能完成一些简单的成员变量赋值

以及调用类类型成员变量所对应类中提供的拷贝赋值运算符（如上面类 Tmpclass 中重载的 operator＝＝）。

但为了精确地控制 Time 类对象的赋值动作，往往会由程序员自己来重载赋值运算符。

赋值运算符既然是一个函数，就有返回类型和参数列表，这里的参数就表示运算对象，如上面 myTime5 就是运算对象（因为是 myTime5 要把值赋给 myTime6，所以 myTime5 就是运算对象）。

每一个运算符怎样重载，参数、返回类型都是什么，比较固定，读者可以通过搜索引擎来搜集和整理，建议可以适当地记忆，至少在需要的时候要能够随时查阅到。下面是一个赋值运算符重载的声明，可以将其写在 Time.h 文件的 Time 类定义中（实现代码后面再谈）并用 public 修饰符来修饰：

```
Time& operator = (const Time&);              //赋值运算符重载
```

那么，在执行诸如"myTime6 ＝ myTime5;"这种针对 Time 对象赋值的语句时，系统就会调用这里的赋值运算符重载的实现代码。

针对"myTime6 ＝ myTime5;"这行代码，对照 Time 类中针对赋值运算符的重载"Time& operator＝(const Time&);"，有几点说明：

（1）左侧对象 myTime6 就是这个 operator＝运算符里的 this 对象。myTime5 就是 operator＝里面的形参。也就是说，调用的"＝"重载运算符实际上是对象 myTime6 的"＝"重载运算符（而不是 myTime5 的，这一点读者千万不要搞糊涂）。

另外，operator＝中的形参写成了 const 类型，目的是防止误改 myTime5 里面的值，本来代码是 myTime5 给 myTime6 赋值，万一写出来的代码一个不小心把 myTime5 内成员值给修改了，那就太不科学了，所以形参中加入了 const，防止把 myTime5 值无意中修改掉。

（2）operator＝运算符的返回值通常是一个指向其左侧运算符对象的引用，也就是这个 myTime6 的引用。读者是否还记得 14.3.4 节谈到过的 return * this? 把对象自己返回去。

（3）如果想禁止 Time 类型对象之间的赋值，又该怎么做呢？显然在 Time.h 中声明赋值运算符重载时，用 private 修饰就行了。例如：

```
private:
    Time& operator = (const Time&);
```

当然，这里并不需要禁止 Time 类型对象之间的赋值。所以，显然上面这行赋值运算符重载的声明的代码应该用 public 来修饰。

下面把这个赋值运算符重载的函数体写到 Time.cpp 文件中：

```
Time& Time::operator = (const Time& tmpTime)
{
    Hour = tmpTime.Hour;
    Minute = tmpTime.Minute;
    //……可以继续增加代码来完善,把想给值的成员变量全部写进来
    return * this;                      //返回一个该对象的引用
}
```

此时,可以在代码行 myTime6 = myTime5;设置断点,并开始跟踪,当断点停止到这行的时候,按快捷键 F11(对应"调试"→"逐语句"命令)跟踪进去会发现,程序会自动调用上述的 operator=,请读者在跟踪过程中注意观察 myTime6 对象的地址(&myTime6)和 myTime5 对象的地址,再继续观察 operator=中的形参 tmpTime 的地址,从而确认调用的是 myTime6 的 operator=函数以及确定传递进来的形参是 myTime5 的引用。

这样就重载了 Time 类的赋值运算符,下次再给一个 Time 对象赋值的时候,系统就会自动调用这里书写的赋值运算符重载(实际就是 operator=函数)。

14.6.3　析构函数(释放函数)

析构函数与构造函数正好是相对的,或者说是相反的,定义对象的时候,系统会调用构造函数,对象销毁的时候,系统会调用析构函数。析构函数也没有返回值。

如果不写自己的析构函数,编译器可能会生成一个"默认析构函数",也可能不会生成一个"默认析构函数",是否生成取决于具体需要。例如,如果上面的 Tmpclass 类中有析构函数如下:

```
~Tmpclass()   //Tmpclass 类的析构函数,以"~"开头并跟着类名,没有返回值
{

}
```

并在 Time 类定义中有如下代码表明 tmpcls 是类类型成员变量:

```
Tmpclass tmpcls;
```

那么,编译器会生成一个 Time 类的"默认析构函数",并在该"默认析构函数"中插入代码来调用 Tmpclass 类的析构函数。这样,当销毁(也叫"释放"或者"析构")一个 Time 类对象的时候,也同时能够顺利地销毁 Time 类中的类类型成员变量 tmpcls。

那么,在什么情况下有必要书写自己的析构函数呢?

例如,在构造函数里如果 new 了一段内存,那么,一般来讲,就应该写自己的析构函数。在析构函数里,要把这段 new 出来的内存释放(delete)掉。请注意,即便编译器会生成"默认析构函数",也绝不会在这个"默认析构函数"里释放程序员自己 new 出来的内存,所以,如果不自己写析构函数释放 new 出来的内存,那就会造成内存泄漏。久而久之,程序将会因内存耗尽而运行崩溃。

析构函数也是类中的一个成员函数,它的名字是由波浪线连接类名构成,没有返回值,不接受任何参数,不能被重载,所以一个给定的类,只有唯一一个析构函数。当一个对象在离开其作用域被销毁的时候,那么该对象的析构函数就会被系统调用。

再提一下函数重载这个概念。系统允许函数名字相同,但是这些同名函数带的参数个数或者参数类型不同,系统允许这些同名函数同时存在,但调用这些函数的时候,系统根据调用这个函数时提供的实参个数或实参类型,就能区别出来到底想调用哪个函数。

但在这里,因为析构函数压根就不允许有参数存在,所以也就不存在针对析构函数的重载。

现在来为 Time 类写一个析构函数。

在 Time. h 中的 Time 类内部,声明 public 修饰的析构函数(注意用 public 修饰否则编译会报错):

```
public:
    ~Time();                          //声明 Time 类的析构函数
```

在 Time. cpp 中书写类 Time 的析构函数实现代码:

```
Time::~Time()
{
    //这里随便写一点代码
    int abc;
    abc = 0;
}
```

可以在析构函数中设置断点,发现 main 函数执行完成后,释放局部的 myTime5 和 myTime6 对象时系统都会调用自己所写的析构函数。

注意,在断点落到 Time 析构函数中的时候,可以通过"调用堆栈"窗口并单击该窗口的第 2 行,就能够看到谁调用的 Time 析构函数,如图 14.8 所示。

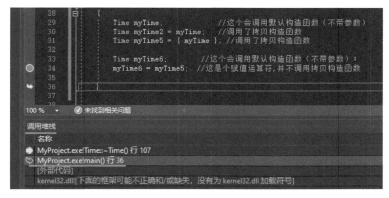

图 14.8　当程序运行停到断点处,利用调用堆栈可以看到函数的调用关系

如果没有看到"调用堆栈"窗口,请在程序执行停在某个断点处时使用"调试"→"窗口"→"调用堆栈"命令打开"调用堆栈"窗口观察函数关系,双击该窗口中的某一行,可以随时查看某个函数的调用关系和调用时的上下文状态。请读者自己尝试和熟悉。

"调用堆栈"窗口也是调试程序时常用的一个窗口,要求熟练掌握。

14.6.4　几个话题

1. 构造函数的成员初始化

对于构造函数的实现,例如如下这个带两个形参的构造函数实现代码:

```
Time::Time(int tmphour, int tmpmin, int tmpsec)
            :Hour(tmphour), Minute(tmpmin)    //初始化列表
{
    //这里是函数体……
}
```

这个构造函数做的事其实可以看成两部分：函数体之前和函数体之中。

根据上面的代码，成员 Hour、Minute 的初始化是在函数体开始执行之前进行的（初始化列表先执行），如上面的 Hour(tmphour)、Minute(tmpmin)。但要注意这两个成员变量的初始化顺序——按照它们在 Time 类中定义的顺序来初始化而不是按照这里的书写顺序来初始化。

然后再执行函数体（也就是{}包着的部分），如果在函数体中给成员变量值，如形如 Hour＝tmphour;，那就成了赋值而不是成员变量初始化了。

在 14.2.6 节中已经提到过，对于一个基本数据类型的成员变量，如上面的 Hour，无论是通过初始化列表的方式给值，还是通过赋值的方式给值，对于系统来讲，所执行的代码几乎没差别。

但是，对于类类型的成员变量，使用初始化列表的方式初始化比使用赋值语句初始化效率更高。为什么？这是一个让很多读者朋友都很费解的问题，笔者这里试图用最简单的举例来说明。

（1）当用诸如"Time myTime3c(10,20,30);"这行代码生成一个 Time 类型对象的时候，所有人都会注意到这会导致 Time 类带三个参数的构造函数的执行，但是请往下看。

（2）因为 Time 类中有一个类类型成员变量 tmpcls(Tmpclass tmpcls;)的存在，细心的读者一定能够观察到，在执行 Time 类的带三个参数的构造函数的初始化列表的那个时刻，tmpcls 所属的类 Tmpclass 的构造函数(Tmpclass())被执行了一次。这表明，在执行 Time 类的带三个参数的构造函数的初始化列表的那个时刻，**系统会给一次构造类类型对象 tmpcls 的机会**。

（3）现在为了演示得更丰满，笔者修改 Tmpclass 类的构造函数，为其新增一个 int 类型的形参并给一个默认值（带默认参数）。

```
Tmpclass(int itmpvalue = 0)
{
    std::cout << "调用了 Tmpclass::Tmpclass(int itmpvalue)构造函数" << std::endl;
}
```

之所以要给 Tmpclass 这个构造函数形参一个默认值，是因为这样可以保证构造 Tmpclass 类对象时无论是否带实参都能够成功。例如，代码"Tmpclass a;"或者"Tmpclass a(100);"都能够成功构造出类 Tmpclass 对象 a。

（4）读者可以试想一下，在执行"Time myTime3c(10,20,30);"这行代码的时候，如果想用带一个参数的 Tmpclass 构造函数来初始化 Time 的成员变量 tmpcls，那就**绝对不应该放过"执行 Time 类的带三个参数的构造函数的初始化列表的那个时刻系统给的那次构造类类型对象 tmpcls 的机会"**，那 Time 的带三个参数的构造函数就应该这样写：

```
Time::Time(int tmphour, int tmpmin, int tmpsec)
        :Hour(tmphour), Minute(tmpmin)
        ,tmpcls(100)     //不放过这次构造 tmpcls 对象的机会,在初始化列表里直接构造
{
    //这里是函数体……
}
```

上面的 tmpcls(100)会导致 Tmpclass(int itmpvalue)构造函数被执行一次。但是就算没有 tmpcls(100)，Tmpclass(int itmpvalue)构造函数也会被执行一次，因为这次是系统自动给的，不要也不行。

（5）但是如果像下面这样写代码：

```
Time::Time(int tmphour, int tmpmin, int tmpsec)
        :Hour(tmphour), Minute(tmpmin)
{
    //这里是函数体……
    tmpcls = 100;
}
```

那就不但浪费了系统给的那次构造类类型对象 tmpcls 的机会，而且还会因为代码行 Tmpcls = 100;的存在导致 Tmpclass 类的构造函数、operator=、析构函数分别被执行了一次（读者可以设置断点细致地跟踪观察），这是完全没必要的，并且浪费了效率。

所以，读者一定可以看出，对于类类型成员变量的初始化，能放在构造函数的初始化列表里进行的，千万不要放在构造函数的函数体里来进行，这样可以节省很多次不必要的成员函数调用，从而提高不少程序的执行效率。

2．析构函数的成员销毁

这里谈如下几个问题：

（1）析构函数做的事情，其实也可以看成两部分：函数体之中和函数体之后。

当释放一个对象的时候，首先执行该对象所属类的析构函数的函数体，执行完毕后，该对象就被销毁，此时对象中的各种成员变量也会被销毁。

所以，在理解的时候千万不要认为对象中的成员变量是在析构函数的函数体里面销毁的，而是函数体执行完成后由系统隐含销毁的。

（2）另外一个问题是成员变量的初始化和销毁顺序问题。

成员变量初始化的时候是在类中先定义的成员变量先进行初始化，销毁的时候是先定义的成员变量后销毁。

（3）如果是用 malloc/new 等分配的内存，则一般都需要自己释放（通过在析构函数中使用 free/delete 来释放内存）。例如，如果有一个 Time 类的成员变量如下：

```
char * m_p;
```

在 Time 的构造函数中有如下代码：

```
m_p = new char[100];                    //分配内存
```

那么，在 Time 的析构函数中，就应该有如下代码：

```
delete[]m_p;                            //释放内存
```

不要指望系统帮助释放 m_p 指针成员变量所指向的内存，系统不会做这件事。

（4）对象销毁这种操作一般不需要人为去干预，如果是一个类类型成员变量，那么对象销毁的时候，系统还会去调用这个成员变量所属类的析构函数。所以说，成员销毁时发生的事情是依赖于成员变量类型的，如果成员变量是 int 这种系统内置类型，那销毁的时候也不需要干什么额外的事情,系统可以自行处理,因为这些内置类型也没有析构函数,所以系统就会直接把它们销毁掉。

3. new 对象和 delete 对象

现在展示的范例都是生成一个临时对象,例如:

```
Time myTime5;
```

可以看到,当执行这行代码时,系统调用 Time 类的构造函数,当整个 main 主函数执行完时,也就是 myTime5 所在的函数执行完毕,那么 myTime5 这个变量的作用域也就到此结束,这时系统调用 Time 的析构函数。析构函数执行完毕后,系统会把这个 myTime5 对象销毁掉。

这里介绍另外一种生成对象的方法,就是使用 new。new 在 13.4.2 节中讲解过。例如:

```
Time * pmytime5 = new Time;          //调用不带参数的构造函数
Time * pmytime6 = new Time(); //调用不带参数的构造函数,带括号的 new Time 和不带括号的 new
                             //Time 有点小区别,有兴趣可以通过搜索引擎了解一下,暂时建议
                             //可以先认为这两者没什么区别
```

可以注意到一个事实,用 new 创建一个对象的时候,系统调用了该 Time 类的构造函数。

但是必须要注意,自己 new 出来的对象,自己必须想着释放,否则会造成内存泄漏,所以,在程序停止运行之前的某个时刻,一定要用如下代码:

```
delete pmytime5;                     //调用 Time 类的析构函数
delete pmytime6;                     //调用 Time 类的析构函数
```

把这两个 new 出来的对象释放掉。注意,什么时候 delete 了 new 出来的对象,系统就会在什么时候去调用 Time 类的析构函数。

所以,这种 new 和 delete 创建和销毁对象的方式,必须配对使用(有 new 必然要有 delete),不要想当然地认为 pmytime5 是一个局部指针,一旦离开作用域了它指向的内存会被自动释放。手工 new 出来的对象(占用内存)必须手工调用 delete 去释放(释放内存)。也只有手工 delete 的时候,Time 类的析构函数才会被系统调用,一旦 new 一个对象,用完后忘记了 delete,就会造成内存泄漏,如果泄漏的内存多了,后果严重,整个程序可能会因为内存资源耗尽而最终崩溃。为什么许多人写 C++ 程序不稳定? 忘记释放内存导致内存不断泄漏,也是一个很大的诱因。

14.7 子类、调用顺序、访问等级与函数遮蔽

14.7.1 子类概念

很多类之间有一种层次关系,有父亲类(简称父类/基类/超类),有孩子类(简称子类/派生类)。例如卡车和轿车,它们都是车,既然是车,就有一些共性,比如说都烧油,都有轮子,都在机动车道上行驶。

细想一想,可以定义一个车的类,把这个车的类当成父类,从这个父类派生出卡车、轿车等,那么,卡车类、轿车类就属于子类。

有父类,有子类,这种层次关系就叫"继承"(也叫"继承性")! 也就是说子类能够从父类那里继承很多东西,"继承"这种概念(或者称为"性质")是面向对象程序设计的核心思想之一。在13.1.1节也曾提及过。

这种继承需要先定义一个父类,父类中主要是定义一些公共的成员变量和成员函数,然后通过继承这个父类来构建新的类,这个新的类称为子类,通过继承,父类中的很多成员变量和成员函数就自动继承到了子类中,那么,在书写子类的时候就减少了很多编码工作量——只写子类中独有的一些内容即可。所以,通常来讲,子类会比父类有更多的成员变量以及成员函数,换句话说,子类一般比父类更庞大(创建子类对象时占用的内存空间更多)。

现在来定义一个父类,名字为 Human。专门创建 Human.h 和 Human.cpp 来定义和实现这个父类。

Human.h 中,内容如下:

```
# ifndef __ HUMAN __
# define __ HUMAN __
# include < iostream >
class Human
{
public:
    Human();
    Human(int);
public:
    int m_Age;
    char m_Name[100];
};
# endif
```

Human.cpp 中,内容如下(记得要把 Human.cpp 加入到项目中来):

```
# include "Human.h"
# include < iostream >
Human::Human()
{
    std::cout << "执行了 Human::Human()构造函数" << std::endl;
}
Human::Human(int age)
{
    std::cout << "执行了 Human::Human(int age)构造函数" << std::endl;
}
```

再来定义一个子类,名字为 Men。专门创建 Men.h 和 Men.cpp 来定义和实现这个子类。注意观察子类的写法。

Men.h 中,内容如下:

```
# ifndef __ MEN __
# define __ MEN __
# include "Human.h"
class Men : public Human
{
```

```
public:
    Men();
};
#endif
```

Men.cpp 中,内容如下(记得要把 Men.cpp 加入到项目中来):

```
# include "Men.h"
# include < iostream >
Men::Men()
{
    std::cout << "执行了 Men::Men()构造函数" << std::endl;
}
```

编译一下整个项目,没有什么错误,一切正常。

现在,请注意 Men.h 中的下面这行代码:

```
class Men : public Human
```

上面这行代码的含义是定义一个子类 Men,派生自父类 Human。定义子类的一般形式为:

```
class 子类名:继承方式 父类名
```

* 继承方式(访问等级/访问权限):public、protected、private 之一,后面会详细介绍。
* 父类名:已经定义了的一个类名。一个子类可以继承自多个父类,但比较少见。一般的继承关系都是子类只继承自一个父类。所以这里就先只研究继承一个父类的情形。

14.7.2 子类对象定义时调用构造函数的顺序

在 MyProject.cpp 的开头部分包含 Men.h 文件:

```
# include "Men.h"
```

main 主函数中,编写如下代码:

```
Men men;                    //定义一个 Men 类对象 men
```

读者可以任意设置断点并进行逐行跟踪,可以看到,整个程序的运行结果是先执行父类构造函数的函数体,再执行子类构造函数的函数体。这个执行顺序,请牢记,如图 14.9 所示。

图 14.9　创建子类对象时执行构造函数体的顺序是:先执行父类构造函数体再执行子类构造函数体

14.7.3 访问等级(public、protected 与 private)

前面曾经讲解过 public 和 private 这两种访问权限(访问等级/访问权限),专门用于修饰类中的成员,public 表示"公共"的意思,private 表示"私有"的意思,当时没有提及 protected,其实 protected 是"保护"的意思,访问等级介于 public 和 private 之间,一般有父子关系的类谈 protected 才有意义。

现在对这三种访问权限修饰符(专用于修饰类中的成员变量、成员函数)进行一下总结:

* public:可以被任意实体所访问。

- protected：只允许本类或者子类的成员函数来访问。
- private：只允许本类的成员函数访问。

现在再来看看刚刚讲到的类继承时的继承方式（专用于子类继承父类），也依然是这三种：

- public 继承。
- protected 继承。
- private 继承。

针对三种访问权限以及三种继承方式，笔者总结了一张比较详细的表 14.1，这个表不要求死记硬背，但要求能够理解，在需要的时候随时查阅即可。

表 14.1　访问权限及继承方式总结

三种访问权限		三种继承方式
public：可以被任意实体所访问		public 继承
protected：只允许本类或者子类的成员函数来访问		protected 继承
private：只允许本类的成员函数访问		private 继承
父类中的访问权限	子类继承父类的继承方式	子类得到的访问权限
public	public	public
protected	public	protected
private	public	子类无权访问
public	protected	protected
protected	protected	protected
private	protected	子类无权访问
public	private	private
protected	private	private
private	private	子类无权访问

总结：

（1）子类 public 继承父类，则父类所有成员在子类中的访问权限都不发生改变；

（2）protected 继承将父类中 public 成员变为子类的 protected 成员；

（3）private 继承使得父类所有成员在子类中的访问权限变为 private；

（4）父类中的 private 成员不受继承方式的影响，子类永远无权访问；

（5）对于父类来讲，尤其是父类的成员函数，如果你不想让外面访问，就设置为 private；如果你想让自己的子类能够访问，就设置为 protected，如果你想公开，就设置为 public。

现在有了表 14.1，可以在 Human 类的定义中增加一些代码以方便进一步学习研究。修改 Human.h 文件以定义一些 protected 和 private 修饰的成员变量和成员函数，修改后的 Human.h 文件看起来如下：

```
class Human
{
public:
    Human();
    Human(int);
```

```
public:
    int m_Age;
    char m_Name[100];
    void funcpub() {};

protected:
    int m_pro1;
    void funcpro() {};

private:
    int m_priv1;
    void funcpriv() {};
};
```

而后,可以将 Men 类对 Human 类的继承方式分别从原来的 public 修改为 protected、private,并在 main 主函数中书写一些代码,测试一下对类中各种成员变量、成员函数的访问权限。

举个例子:假如 Men 类继承 Human 类的继承方式是 protected,也就是如下:

```
class Men : protected Human{…}
```

那么,如果在 main 主函数中书写如下测试代码,是否会有问题?

```
Men men;
men.m_Age = 10;                        //有问题
cout << men.m_Age << endl;             //有问题

men.m_priv1 = 15;                      //有问题
cout << men.m_priv1 << endl;           //有问题
```

上面的代码针对 m_Age 成员变量的访问和针对 m_priv1 成员变量的访问都有问题。因为:

(1) m_Age 在 Human 中被定义为 public 类型,而 Men 类是用 protected 继承方式来继承 Human 类的。查表 14.1 中间部分(竖着查看每一列),父类的访问权限为 public,子类的继承方式为 protected,从而得到子类的访问权限是 protected,继续查表 14.1 左上角,protected 访问权限只允许在本类或者子类的成员函数中访问,不允许在 main 主函数中直接访问,也就是说,如下两行语句都是有问题的:

```
men.m_Age = 10;                        //有问题
cout << men.m_Age << endl;             //有问题
```

(2) 同理,m_priv1 在 Human 中被定义为 private 类型,而 Men 类是用 protected 继承方式来继承 Human 类的。查表 14.1,父类的访问权限为 private,子类的继承方式为 protected,从而得到子类无权访问,这意味着 m_priv1 就好像完全不存在于子类 Men 中(无法用 Men 类对象访问 m_priv1),所以,在 main 主函数中出现下面两行代码是绝不可以的:

```
men.m_priv1 = 15;                      //有问题,m_priv1 完全不存在于 Men 类中
cout << men.m_priv1 << endl;           //有问题,m_priv1 完全不存在于 Men 类中
```

14.7.4　函数遮蔽

正常情况下,父类中的成员函数只要是用 pubic 或者 protected 修饰的,子类只要不采

用 private 继承方式来继承父类,那么子类中都可以调用。

但是,在 C++ 的类继承中,子类会遮蔽父类中的同名函数,不论此函数的返回值、参数。也就是说,父类和子类中的函数只要名字相同,子类中的函数就会遮蔽掉父类中的同名函数。

看如下代码,在父类 Human.h 的 Human 类定义中,增加两个 public 修饰的成员函数的声明:

```
public:
    void samenamefunc();
    void samenamefunc(int);
```

在 Human.cpp 中,增加这两个成员函数的实现代码:

```
void Human::samenamefunc()
{
    std::cout << "执行了 Human::samenamefunc()" << std::endl;
}
void Human::samenamefunc(int)
{
    std::cout << "执行了 Human::samenamefunc(int)" << std::endl;
}
```

在子类 Men.h 的 Men 类定义中,增加一个 public 修饰的成员函数的声明:

```
public:
    void samenamefunc(int);
```

在 Men.cpp 中,增加这个成员函数的实现代码:

```
void Men::samenamefunc(int)
{
    std::cout << "执行了 void Men::samenamefunc(int)" << std::endl;
}
```

在 main 主函数中,增加如下代码:

```
Men men;
men.samenamefunc(); //报错,无法调用父类中不带参数的 samenamefunc 函数
men.samenamefunc(1); //遗憾,只能调用子类中带一个参数的 samenamefunc 函数,无法调用父类
                    //带一个参数的 samenamefunc 函数
```

通过上面的范例可以看到,只要子类中有一个和父类同名的成员函数,那么,通过子类对象,完全无法调用(访问)父类中的同名函数。

如果确实想调用父类中的同名函数,能办到吗?可以,可以借助子类的成员函数 samenamefunc 来调用父类的成员函数 samenamefunc,只要在子类的成员函数 samenamefunc 中使用"父类::成员函数名(…)"的方式就可以调用父类的 samenamefunc 函数。例如,修改 Men.cpp 中 Men 类的成员函数 samenamefunc 的代码:

```
void Men::samenamefunc(int)
{
    Human::samenamefunc();             //可以调用父类的无参的 samenamefunc 函数
    Human::samenamefunc(120);          //可以调用父类的带一个参数的 samenamefunc 函数
```

```
        std::cout << "执行了 void Men::samenamefunc(int)" << std::endl;
    }
```

当然，如果子类 Men 是以 public 继承方式来继承 Human 父类，那么也可以在 main 主函数中用"子类对象名.父类名::成员函数名(…)"的方式来调用父类的同名成员函数。看如下代码：

```
men.Human::samenamefunc();              //调用父类中不带参数的 samenamefunc 函数
men.Human::samenamefunc(160);           //调用父类中带一个参数的 samenamefunc 函数
```

另外，通过 13.2.1 节的学习已经知道，using namespace 一般用于声明（使用）命名空间。在 C++11 中，还可以通过 using 这个关键字让父类同名函数在子类中可见。换句话说就是"让父类的同名函数在子类中以重载方式使用"。

现在，在 Men.h 中的 Men 类内书写如下代码行，注意用 public 修饰符：

```
public:
    using Human::samenamefunc;          //using 声明让父类函数在子类可见
```

现在，在 main 主函数中写如下代码：

```
Men men;
men.samenamefunc(1); //执行子类的 samenamefunc 函数,虽然父类也有带一个参数的该函数,但
                     //子类函数还是覆盖了父类同名函数
men.samenamefunc();                     //执行父类的不带参数的 samenamefunc 函数
```

通过上面的代码可以看到，可以直接调用父类的 samenamefunc 不带参数的方法了。有几点说明：

（1）这种 using 声明只能指定函数名，不能带形参列表，并且父类中的这些函数必须都是 public 或者 protected（只能在子类成员函数中调用），不能有 private 的，否则编译会出错。换句话说，是让所有父类的同名函数在子类中都可见，而无法只让一部分父类中的同名函数在子类中可见。

（2）using 声明这种方法引入的主要目的是实现可以在子类实例中调用到父类的重载版本的函数。

再回忆一下重载函数的概念：重载函数就是函数名字相同，但函数的参数类型或者参数个数并不相同。

如果子类中的成员函数和父类中的同名成员函数参数个数、参数类型完全相同，那么是无法调用到父类中的该函数的。例如，上面 men.samenamefunc(1);是无法调用到父类的带一个参数的成员函数 samenamefunc 的。这时如果要在 main 主函数中调用父类的带一个参数的成员函数 samenamefunc，就应该这样调用：

```
men.Human::samenamefunc(160);
```

如果是在 Men 子类的成员函数中调用父类的带一个参数的成员函数 samenamefunc，就应该这样调用：

```
Human::samenamefunc(120);
```

虽然子类确实可以调用父类的同名函数，但这样做的实际意义值得商榷，如果子类覆盖

了父类的同名成员函数，一般来讲子类对象都应该不想调用父类的同名成员函数吧！

14.8　父类指针、虚/纯虚函数、多态性与析构函数

14.8.1　父类指针与子类指针

14.6.4 节中讲解过，对象是可以 new 出来的。看如下代码（本节演示的范例代码，接着上一节来）：

```
Human * phuman = new Human();          //完全没问题
Men * pmen = new Men;                  //完全没问题
```

当学习了子类的概念之后，又遇到了新的 new 对象的方法——父类指针可以 new 一个子类对象：

```
Human * phuman2 = new Men;             //这个可以（父类指针 new 一个子类对象）
```

但是反过来可不行——子类指针 new 一个父类对象是不可以的。例如如下代码，编译器会报错：

```
Men * pmen2 = new Human;               //这个报错，子类指针 new(指向)父类对象不可以
```

通过以上的演示说明，父类指针很强大，不仅可以指向父类对象，也可以指向子类对象。

现在，在 Human.h 文件的 Human 父类定义中，增加一个用 public 修饰的成员函数定义（注意：函数体保持为空即可）：

```
void funchuman() {};
```

再在 Men.h 文件的 Men 子类定义中，增加一个用 public 修饰的成员函数定义：

```
void funcmen() {};
```

在 main 主函数中，增加如下代码：

```
phuman2 -> funchuman();//可以，父类类型，可以调用父类的成员函数
phuman2 -> funcmen();  //不可以，虽然 new 的是子类对象，但 phuman2 毕竟是父类指针，无法调用子
                       //类成员函数
```

上面的情形似乎比较尴尬，既然父类指针没有办法调用子类的成员函数，那为什么还允许父类指针 new(指向)一个子类对象呢？有什么用处吗？这就是下面要讲到的问题。

14.8.2　虚函数

现在，再来定义一个 Human 类的子类，名字为 Women。专门创建 Women.h 和 Women.cpp 文件来定义和实现这个子类。注意观察子类的写法。

Women.h 文件中，内容如下：

```
# ifndef __ WOMEN __
# define __ WOMEN __
# include < iostream >
```

```
# include "human.h"
class Women : public Human
{
public:
    Women();                          //构造函数声明
};                                    //末尾的分号不要忘记
# endif
```

Women.cpp 文件中,内容如下(记得要把 Women.cpp 加入到项目中来):

```
# include "women.h"
# include < iostream >
Women::Women()                        //构造函数实现
{
}
```

现在,在父类 Human 和两个子类 Men、Women 的定义中,都加入如下的用 public 修饰的同名成员函数 eat 定义(都加在各自类定义的.h 头文件中):

```
void eat() {}
```

完善 eat 成员函数,增加一些输出语句,当该函数被调用的时候可以输出一些信息。
在 Human 类(Human.h)中,完整的 eat 成员函数定义如下:

```
void eat()
{
    std::cout << "人类吃各种粮食" << std::endl;
}
```

在 Men 类(Men.h)中,完整的 eat 成员函数定义如下:

```
void eat()
{
    std::cout << "男人喜欢吃米饭" << std::endl;
}
```

在 Women 类(Women.h)中,完整的 eat 成员函数定义如下:

```
void eat()
{
    std::cout << "女人喜欢吃面食" << std::endl;
}
```

在 main 主函数中,代码如下:

```
Human *  phuman = new Human;
phuman -> eat();                      //人类吃各种粮食
```

从上面这行代码可以看到,调用的是 Human 类的成员函数 eat,因为 phuman 是 Human 类型指针,而 new 的时候 new 的也是 Human 类对象(Human 类指针指向 Human 类对象)。

那么,如何调用 Men 和 Women 类中的 eat 成员函数呢? 有的读者说,很简单,定义两个子类对象,每个子类对象调用自己的 eat 成员函数不就行了。此外,上一节也讲过"函数遮蔽"问题——子类可以遮蔽父类的同名函数。

在 MyProject.cpp 的开头,把 Women.h 头文件包含进来:

```
#include "Women.h"
```

在 main 主函数中,增加如下代码:

```
Men * pmen = new Men;
pmen->eat();                          //调用了 Men 类的 eat 函数
Women * pwomen = new Women;
pwomen->eat();                        //调用了 Women 类的 eat 函数
```

能够感觉到,上面的解决方案并不好,为了调用不同子类的同名函数,竟然又定义了两个子类的对象指针。

有没有一个解决办法,能够做到只定义一个对象指针,就能够调用父类以及各个子类的同名成员函数 eat 呢?有,这个指针就是刚才说过的父类对象指针。请注意,该指针定义时的类型必须是父类类型。看如下代码:

```
Human * phuman2 = new Men;            //父类类型指针 phuman2 指向子类对象
phuman2->eat();                       //依旧调用的是 Human 类的 eat 函数,即便指向的是 Men 子类对象
```

现在的需求是想通过一个父类指针(定义时的类型是父类类型,phuman2 就是一个父类类型的指针),既能够调用父类,也能够调用子类中的同名同参成员函数(eat),这是可以做到的。但是对这个同名同参的成员函数有要求:在父类中,这个成员函数的声明的开头必须要增加 virtual 关键字声明,将该成员函数声明为虚函数。当然,如果该成员函数直接定义在.h 文件中,则在成员函数定义的行首位置加 virtual 关键字即可。

这里注意,virtual 关键字是增加在父类的成员函数(eat)的声明中,这是必须的要求。否则通过父类指针就没有办法调用子类的同名同参成员函数了。

那么在子类中,该函数(eat)声明前是否增加 virtual 没有强制要求,但笔者建议加上,不加也可以。因为一旦某个类中的成员函数被声明为虚函数,那么所有子类中(被子类覆盖后)它都是虚函数。所以,子类中在 eat 函数声明前面是否加 virtual 都一样,但为方便他人阅读,建议增加 virtual。

另外,值得强调的是,子类的虚函数(eat)的形参要和父类的完全一致。否则会被认为是和父类中的虚函数(eat)完全不同的两个函数了。

为了演示得更清晰,对范例程序做一些改造,现在把 Human 类中的 eat 成员函数的声明和实现分开。

在 Human.h 文件的 Human 类定义中,只保留 eat 成员函数的声明部分,注意,在声明的时候前面增加 virtual 关键字,表明 eat 成员函数是虚函数:

```
virtual void eat();
```

在 Human.cpp 中,增加成员函数 eat 的实现代码,不过在实现代码中,不需要在前面增加 virtual 关键字:

```
void Human::eat()
```

```
{
    std::cout << "人类吃各种粮食" << std::endl;
};
```

按照同样的方式来修改 Men 类。

在 Men.h 文件的 Men 类定义中,保留 eat 成员函数的声明部分:

virtual void eat();

在 Men.cpp 中,增加成员函数 eat 的实现代码:

```
void Men::eat()
{
    std::cout << "男人喜欢吃米饭" << std::endl;
};
```

按照同样的方式来修改 Women 类。

在 Women.h 文件的 Women 类定义中,保留 eat 成员函数的声明部分:

virtual void eat();

在 Women.cpp 中,增加成员函数 eat 的实现代码:

```
void Women::eat()
{
    std::cout << "女人喜欢吃面食" << std::endl;
}
```

好了,现在可以在 main 主函数中增加代码进行演示了:

```
Human * phuman = new Men;              //父类 Human 指针指向子类 Men 对象
phuman -> eat();                       //男人喜欢吃米饭,调用的是 Men 类的 eat 函数
delete phuman;

phuman = new Women;                    //父类 Human 指针指向子类 Women 对象
phuman -> eat();                       //女人喜欢吃面食,调用的是 Women 类的 eat 函数
delete phuman;

phuman = new Human;                    //父类 Human 指针指向父类(本身)对象
phuman -> eat();                       //人类吃各种粮食,调用的是 Human 类的 eat 函数
delete phuman;
```

观察上面的代码,当执行"Human * phuman = new Men;"后,调用"phuman -> eat();"调用的是 Men 子类的 eat 成员函数(指针始终是父类类型,而 new 的是哪个对象,执行的就是哪个对象的 eat 虚函数),那么,当 phuman 指向一个子类(Men 类)对象时,能否实现用 phuman 调用 Human 类的 eat 成员函数(而不是 Men 类的 eat 成员函数)呢? 当然也是可以的。看如下代码,注意实现方法:

```
Human * phuman = new Men;              //父类 Human 指针指向子类 Men 对象
phuman -> eat();                       //男人喜欢吃米饭,调用的是 Men 类的 eat 函数
phuman -> Human::eat();          //人类吃各种粮食,调用的是 Human 类的 eat 函数,注意调用格式
delete phuman;
```

为了避免在子类中写错虚函数,在 C++11 中,可以在函数声明所在行的末尾增加一个 override 关键字。注意,这个关键字是用在子类中,而且是虚函数专用的。修改 Men.h 和 Women.h 的相关类定义中的 eat 成员函数声明(成员函数实现中不需要加):

virtual void eat() **override**;

override 这个关键字主要就是用来说明派生类中的虚函数,用了这个关键字之后,编译器就会认为这个 eat 是覆盖了父类中的同名的虚成员函数(virtual)的,那么编译器就会在父类中找同名同参的虚成员函数,如果没找到,编译器就会报错。这样,如果不小心在子类中把虚函数写错了名字或者写错了参数,编译器就会帮助开发者找出错误,方便开发者的修改。

例如,如果在 Men.h 的 eat 虚成员函数中加一个参数,编译器一定会报错,如图 14.10 所示。

图 14.10 末尾用 override 修饰的子类虚成员函数声明中,函数名、形参都必须和父类相同

与 override 关键字相对的还有一个 final 关键字,final 关键字也是用于虚函数和父类中的。如果在函数声明的末尾增加 final,那么任何在子类中尝试覆盖该成员函数的操作都将引发错误。

假如,在 Human.h 文件的 Human 类定义中将 eat 成员函数的声明这样修改:

virtual void eat() **final**;

那么无论在 Men 类还是在 Women 类中的 eat 成员函数的声明语句都会引发编译错误:

virtual void eat() override;   //这将引发编译错误,因为用 final 声明的函数不能被覆盖

另外,子类的虚函数返回类型一般也和父类所要覆盖的虚函数返回类型一样,也可以有点小差别。这里详细描述以下这件事:

(1)例如随便一个类 CSuiBian,它有一个子类名字为 CSuiBian_Sub。

(2)如果 Human 父类中有一个虚函数 ovr,返回的类型是 CSuiBian *,代码如下:

virtual CSuiBian * ovr() {return NULL;}

(3)那么子类 Men 或者 Women 中,对应的虚函数可以返回 CSuiBian * 类型,也可以返回 CSuiBian_Sub * 类型(CSuiBian 的子类类型指针)。看如下代码,两种写法都可以:

virtual CSuiBian_Sub * ovr() {return NULL;}
virtual CSuiBian * ovr() {return NULL;}

通过上面的演示，已经看到 virtual 关键字定义的虚函数的作用了。总结一下：

（1）用父类的指针调用一个虚成员函数时，执行的是动态绑定的 eat 函数。什么叫动态绑定呢？所谓动态，表示的就是在程序运行的时候（运行到调用 eat 函数这行代码时）才能知道调用了哪个子类的 eat 函数（虚成员函数）。读者知道，一个函数如果不去调用，编码时可以只写该函数的声明部分，不写该函数的定义部分。但是虚函数，因为是在程序运行的时候才知道调用了哪个虚函数，所以虚函数必须写它的定义部分（以备编译器随时使用随时就存在），否则会编译出错。

可以看到，程序运行的时候，作为父类的指针 phuman，如果 new 的是 Men 子类对象（也叫实例），那么调用的 eat 函数就是 Men 类的虚函数 eat；如果 new 的是 Women 子类对象，那么调用的 eat 函数就是 Women 类的虚函数 eat，这就叫动态绑定——运行的时候（根据 new 的是哪个类的对象）才决定 phuman 调用哪个 eat 函数。

（2）如果不是用 phuman 父类类型指针，而是用普通对象来调用虚函数，那虚函数的作用就体现不出来了，因为这就不需要运行时（根据 new 的是哪个类的对象）决定绑定哪个 eat 函数，而是在编译的时候就能确定。看如下代码：

```
Men men;
men.eat();                              //调用的就是 Men 的 eat 函数

Women women;
women.eat();                            //调用的就是 Women 的 eat 函数

Human human;
human.eat();                            //调用的就是 Human 的 eat 函数
```

14.8.3　多态性

多态性只是针对虚函数说的，这一点请读者牢记——非虚函数，不存在多态的说法。

"多态"（也叫"多态性"）这种概念（或者称为"性质"）是面向对象程序设计的核心思想之一。在 13.1.1 节也曾提及过。随着虚函数的提出，"多态性"的概念也就浮出了水面。

多态性的解释有如下两方面：

（1）体现在具有继承关系的父类和子类之间。子类重新定义（覆盖/重写）父类的成员函数 eat，同时父类和子类中又把这个 eat 函数声明为了 virtual 虚函数。

（2）通过父类的指针，只有到了程序运行时期，根据具体执行到的代码行，才能找到动态绑定到父类指针上的对象（new 的是哪个具体的对象），这个对象有可能是某个子类对象，也有可能是父类对象，而后，系统内部实际上是要查类的"虚函数表"，根据虚函数表找到函数 eat 的入口地址，从而调用父类或者子类的 eat 函数，这就是运行时期的多态性。

"虚函数表"的概念超出了本书的研究范围，笔者会在《C++新经典：对象模型》书籍中专门论述，这里就不多谈。

14.8.4　纯虚函数与抽象类

就算是没有子类，也可以使用虚函数，而且，如果子类中不需要自有版本的虚函数，可以不在子类中声明和实现（定义）该虚函数。如果不在子类中定义该虚函数，则调用该虚函数时，调用的当然是父类中的虚函数。

纯虚函数是在父类中声明的虚函数，它在父类中没有函数体（或者说没有实现，只有一个声明），要求任何子类都要定义该虚函数自己的实现方法，父类中实现纯虚函数的方法是在函数原型后面加"＝0"，或者可以说成是在该虚函数的函数声明末尾的分号之前增加"＝0"。

为了方便演示，在 Human.h 文件中的 Human 类定义前面，增加个新类（临时类）定义，取名为 Human2。其内容如下：

```
class Human2
{
public:
    virtual void eat() = 0;                //这是一个纯虚函数
};
```

这时请注意，一个类中一旦有了纯虚函数，那么就不能生成这个类的对象了。例如如下代码都不合法：

```
Human2 * phuman2 = new Human2;          //不合法,含纯虚函数的类不允许创建对象
Human2 human2;                          //不合法,含纯虚函数的类不允许创建对象
```

抽象类：这种带有纯虚函数的类（Human2）就叫抽象类。抽象类不能用来生成对象，主要目的是统一管理子类（或者说建立一些供子类参照的标准或规范）。

请记住几点：

（1）含有纯虚函数的类叫抽象类。抽象类不能用来生成对象，主要当作父类用来生成子类。

（2）子类中必须要实现父类（抽象类）中定义的纯虚函数（否则就没法用该子类创建对象——创建对象就会编译错误）。在 Human.h 文件中的 Human2 类定义的后面，再新定义一个新类 Human2_sub，这个新类继承 Human2 类，并且必须要实现 Human2 类中的 eat 纯虚函数：

```
class Human2_sub : public Human2
{
public:
    virtual void eat()   //子类必须实现父类的纯虚函数,才能用该子类创建对象
    {
        std::cout << "Human2_sub::eat()" << std::endl;
    }
};
```

（3）这样在 main 主函数中，就可以用类 Human2_sub 来创建对象了：

```
Human2_sub * psubhuman2 = new Human2_sub;//没问题
Human2_sub subhuman;                      //没问题
```

在抽象类这个问题上可以这样理解：

（1）抽象类不是必须用，不用当然也可以。

（2）抽象类中的虚函数不写函数体，而是推迟到子类中去写。抽象类（父类）就可以"偷懒"少写点代码。

（3）抽象类主要是用来做父类，把一些公共接口写成纯虚函数，这些纯虚函数就相当于一些规范，所有继承的子类都要实现这些规范（重写这些纯虚函数）。

当然，有些读者可能会认为，压根就不需要有抽象类（父类），每个类（子类）都实现自己的 eat 接口不就可以了吗？如果是这样，那还怎么实现多态功能？

（1）请不要忘记，多态的实现是：父类指针指向子类对象。如果没有父类，也就不存在多态。

（2）请不要忘记，纯虚函数也是虚函数，因此是支持多态的。

14.8.5　父类的析构函数一般写成虚函数

为了后面讲解的方便，这里来完善一下代码。

在 Human.h 文件的 Human 类定义中已经有了默认构造函数的声明，在 Human.cpp 中已经有了默认构造函数的实现。

在 Human.h 文件的 Human 类定义中增加析构函数的声明：

```
public:
    ～Human();
```

在 Human.cpp 文件中增加析构函数的实现代码：

```
Human::～Human()
{
    std::cout << "执行了 Human::～Human()析构函数" << std::endl;
}
```

在 Men.h 文件的 Men 类定义中增加析构函数的声明：

```
public:
    ～Men();
```

在 Men.cpp 文件中增加析构函数的实现代码：

```
Men::～Men()
{
    std::cout << "执行了 Men::～Men()析构函数" << std::endl;
}
```

继续在 Women.h 文件的 Women 类定义中增加析构函数的声明：

```
public:
    ～Women();
```

在 Women.cpp 文件中增加析构函数的实现代码：

```
Women::～Women()
{
    std::cout << "执行了 Women::～Women()析构函数" << std::endl;
}
```

完善一下 Women.cpp 中 Women 构造函数的实现代码——增加一条输出语句如下：

```
Women::Women()
{
    std::cout << "执行了 Women::Women()构造函数" << std::endl;
}
```

现在,在 Human 父类、Men 子类和 Women 子类中都有了构造函数和析构函数,而且在每个构造函数和析构函数中都有输出语句 std::cout,这样,当执行这些函数的时候,可以看到一些输出结果。

在 main 主函数中,增加如下代码:

```
Men men;
```

程序执行后,显示结果如图 14.11 所示。

从图 14.11 不难看出,当定义一个子类对象时,先执行的是父类的构造函数体,再执行子类的构造函数体。当对象超出作用域范围被系统回收时,先执行的是子类的析构函数体,再执行父类的析构函数体。

继续测试,在 main 主函数中,增加如下代码:

```
Men * pmen = new Men;                    //先调用父类构造函数,再调用子类构造函数
```

程序执行后,上面这行代码显示结果如图 14.12 所示。

图 14.11　创建子类对象,分别执行了父类、
　　　　　子类构造函数,释放时分别执行子
　　　　　类、父类析构函数

图 14.12　用 new 创建子类对象,分别执
　　　　　行了父类、子类构造函数

从图 14.12 不难看出,当用 new 的方式创建子类对象时,也是先执行父类的构造函数体,再执行子类的构造函数体。但是,new 出来的对象内存并没有释放(没有被系统回收),这需要程序员自己释放。继续在 main 主函数中增加如下代码来释放内存,回收对象:

```
delete pmen;                    //先调用子类的析构函数,再调用父类的析构函数
```

程序执行后,上面这行代码显示结果如图 14.13 所示。

请读者注意执行构造函数的顺序以及执行析构函数的顺序,千万不要记错。

以上这些显示结果都在意料之中,也是开发者所需要的——开发者正需要创建对象时系统既调用父类的构造函数,也调用子类的构造函数,释放时既调用子类的析构函数,也调用父类的析构函数。

图 14.13　delete 用 new 创建的
　　　　　子类对象,分别执行了
　　　　　子类、父类析构函数

但是,现在请读者注意了,如果像下面这样创建对象,在 main 主函数中增加如下代码(父类指针,指向子类对象):

```
Human * phuman = new Men;                    //先调用父类构造函数,再调用子类构造函数
```

程序执行后,上面这行代码显示结果如图 14.14 所示。

继续,请读者再次注意了,继续在 main 主函数中增加如下代码来释放内存,回收对象:

```
delete phuman;   //只调用了父类析构函数,这就坏了,没有调用子类的析构函数
```

程序执行后,上面这行代码显示结果如图 14.15 所示。

```
执行了Human::Human()构造函数
执行了Men::Men()构造函数
```

图 14.14　用 new 创建子类对象(父类指针指向的子类对象),分别执行了父类、子类构造函数

```
执行了Human::~Human()析构函数
```

图 14.15　delete 用 new 创建的对象(父类指针指向的子类对象),只执行了父类析构函数,没有执行子类析构函数

上面的执行结果预示着麻烦来了(因为子类析构函数没有被执行),请读者设想一下,如果在子类 Men 的构造函数中 new 了一块内存,并且在 Men 的析构函数中 delete 这块内存,如果系统能够正常调用 Men 的析构函数,那这段代码是没问题。但是,此时此刻,赫然发现,delete phuman;这行代码没有调用 Men 类的析构函数,只调用了 Human 类的析构函数,这一定会导致内存泄漏。

那么,可以得到一个结论:用父类指针 new 一个子类对象,在 delete 的时候系统不会调用子类的析构函数。这肯定是有问题的,不但是程序员自己在 Men 构造函数中 new 的内存没有在 Men 的析构函数中 delete 掉(因为 Men 析构函数压根没执行),就是站在系统的角度看,没有正常地调用子类的析构函数说明 phuman 这个对象也只删除了一半,肯定没删干净,肯定是泄漏了内存,只有 Men 析构函数也被调用,phuman 这个对象才算完整地删除。

如何解决上述的问题? 很简单,只需要把父类 Human 的析构函数声明为虚函数即可。修改 Human.h 文件中 Human 类定义里的析构函数声明:

```
virtual ~Human();
```

其他代码一概不需要改动,再次执行程序。运行到 delete phuman;代码时所得到的结果如图 14.16 所示。

不难发现,图 14.16 所示的结果比图 14.15 多做了一件事——执行了 Men 类的析构函数。这样,子类 Men 和父类 Human 的析构函数都被调用了,那就再也不担心在 Men 类的构造函数中 new 出来一块内存,而不能在 Men 类的析构函数中释放的问题(因为 Men 的析构函数能够被执行),只需要把 delete 这块内存的代码放在 Men 类的析构函数中即可。

所以请记住:

(1) 只有虚函数才能做到用父类指针 phuman 调用到子类的虚函数 eat。也是因为这种虚函数的调用特性,所以只要把析构函数声明为虚函数,系统内部就能够正确处理调用关系,从而在图 14.16 中可以看到,子类 Men 和父类 Human 的析构函数都被执行,这是非常

```
执行了Men::~Men()析构函数
执行了Human::~Human()析构函数
```

图 14.16　delete 用 new 创建的对象(父类指针指向的子类对象),只要父类析构函数被声明为虚函数,就可以正常调用子类析构函数

正确的。

（2）另外，父类中析构函数的虚属性也会被继承给子类，这意味着子类中的析构函数也就自然而然地成为虚函数了（就算不用 virtual 修饰也没关系），虽然名字和父类的析构函数名字不同。所以，Men 类和 Women 类的析构函数～Men 和～Women 其实都是虚函数。等价于如下代码：

```
virtual ~Men();
virtual ~Women();
```

总而言之，delete phuman 时肯定是要调用父类 Human 的析构函数体，但在调用父类析构函数之前要想让系统先调用子类 Men 的析构函数，那么 Human 这个父类中的析构函数就要声明为 virtual 的。也就是说，C++ 中为了获得运行时的多态行为，所调用的成员函数必须得是 virtual 的，这些概念在前面讲虚函数时其实已经讲过。

所以给出如下结论，请读者牢记：

（1）如果一个类想要做父类，务必要把这个类的析构函数写成 virtual 析构函数。只要父类的析构函数是 virtual（虚）函数，就能够保证 delete 父类指针时能够调用正确的析构函数。

（2）普通的类可以不写析构函数，但如果是一个父类（有孩子的类），则必须要写一个析构函数，并且这个析构函数必须是一个虚析构函数（否则肯定会出现内存泄漏）。

（3）虚函数（虚析构函数也是虚函数的一种）会增加内存和执行效率上的开销，类里面定义虚函数，编译器就会给这个类增加虚函数表，在这个表里存放虚函数地址等信息。

（4）读者将来在寻找 C++ 开发工作时，遇到面试官考核诸如"为什么父类（基类）的析构函数一定要写成虚函数"的问题时，一定要慎重回答，简而言之的答案就是：唯有这样，当delete 一个指向子类对象的父类指针时，才能保证系统能够依次调用子类的析构函数和父类的析构函数，从而保证对象（父指针指向的子对象）内存被正确地释放。

14.9 友元函数、友元类与友元成员函数

14.9.1 友元函数

友元，或者称为朋友，翻译成英文是 friend，这个概念偶尔也会被提及，需要有一定的掌握。友元函数显然是一个函数。

14.7.3 节提到了三种访问权限修饰符，回顾一下：

- public：可以被任意实体所访问。
- protected：只允许本类或者子类的成员函数访问。
- private：只允许本类的成员函数访问。

本节演示的范例代码接着上一节来。

在 Men.h 文件的 Men 类定义中，增加一个 public 成员函数定义。看如下代码：

```
public:
    void funcmen2()
    {
        std::cout << "Men:funcmen2" << std::endl;
    };
```

在 MyProject.cpp 文件的 main 主函数上面写一个普通函数。看如下代码：

```
void func(const Men &tmpmen)
{
    tmpmen.funcmen2();                    //这行报错
}
```

编译，发现上述代码行报错——"void Men::funcmen2(void)"：不能将"this"指针从 "const Men"转换为"Men &"。这个错误在 14.3.2 节中讲过，修改一下 Men 类中的 funcmen2 成员函数的定义，在其末尾增加 const 即可：

```
public:
    void funcmen2() const
    {
        std::cout << "Men:funcmen2" << std::endl;
    };
```

在 main 主函数中，增加如下代码：

```
Men men;
func(men);
```

可以看到，代码可以成功运行。

现在，把 Men 类中的 funcmen2 成员函数变成用 private 来修饰。

```
private:
    void funcmen2() const
    {
        std::cout << "Men:funcmen2" << std::endl;
    };
```

再次编译，发现函数 func 内部的"tmpmen.funcmen2();"代码行报错，原因是 funcmen2 是类 Men 的私有函数，不可以在外界通过"类名.成员函数名"的方式来调用，也就是说，只能在类 Men 的其他成员函数中调用。

那么，是否还有其他方法让 func 函数依旧能够通过"类名.成员函数名"的方式来调用类 Men 的私有成员函数 funcmen2 呢？有。只要 func 函数成为 Men 类的友元函数，那么 func 函数就能够访问 Men 类中的所有成员（成员变量、成员函数），而不管这些成员是用什么修饰符（private、protected、public）来修饰的。

现在，重新组织一下代码，创建一个新文件 func.h 文件。内容如下：

```
#ifndef __FUNC__
#define __FUNC__
#include "Men.h"
void func(const Men& tmpmen);
#endif
```

再创建一个新文件 func.cpp 并加入到项目中。内容如下：

```
#include "Men.h"
#include <iostream>
```

```
void func(const Men& tmpmen)
{
    tmpmen.funcmen2();
}
```

当然,还需要将原来在 MyProject.cpp 文件的 main 主函数上面写的 func 函数(内容已经放到 func.cpp 文件中)删除。在 MyProject.cpp 的前面,增加如下代码:

```
#include "func.h" //有些编译器可以不加这行,因为下面会有类 Men 对友元函数 func 的声明
```

现在,请读者注意,要让 func 函数成为 Men 类的友元函数,在 Men.h 文件的 Men 类定义中,增加如下代码:

```
friend void func(const Men& tmpmen);          //一个声明,表明该函数是本类的友元函数
```

上面这行友元函数声明代码不受 public、protected、private 的限制,只有类成员的声明或者定义才需要 public、protected、private 来修饰。

再次执行程序,发现已经能够成功执行。

做一个总结:友元函数本身是一个函数,通过将其声明为某个类的友元函数,它就能够访问这个类的所有成员,包括任何用 private、public、protected 修饰的成员。

14.9.2　友元类

上面看到了普通的非成员函数(func)可以成为类(Men)的友元函数。那么类还可以把其他类定义成友元类。如果类 B 是类 A 的友元类,那么 B 就可以在 B 的成员函数中访问类 A 的所有成员(成员变量、成员函数),而不管这些成员是用什么修饰符(private、protected、public)来修饰的。

在 Men.h 文件的 Men 定义外部上面位置定义一个新类 A。代码如下:

```
class A
{
private:
    int data;
};
```

从上面代码可以看到,类 A 有一个私有的成员变量 data,如果定义一个类 B,内含一个成员函数,该成员函数想访问类 A 的私有成员变量 data,代码如下(类 B 的定义写在类 A 定义下面即可):

```
class B
{
public:
    void callBAF(int x, A& a)
    {
        a.data = x;                      //正常情况肯定无法访问类 A 的私有成员变量
        std::cout << a.data << std::endl;
    }
};
```

现在编译项目，肯定报错，因为类 B 的成员函数 callBAF 无法访问类 A 的私有成员变量 data。这就需要修改类 A 的定义，让类 B 成为类 A 的友元类，这样，类 B 的成员函数 callBAF 就可以访问类 A 的私有成员变量 data。修改后的类 A 完整代码如下：

```
class A
{
    friend class B;    //友元类的声明,不需要 public、protected、private 修饰.尽管此时还没定义
                       //类 B,系统也不报错
private:
    int data;
};
```

现在重新编译项目，就不会报任何编译错误。在 main 主函数中，加入如下代码：

```
A a;
B b;
b.callBAF(3, a);                        //3
```

运行程序后，显示结果为 3，一切正常。

每个类都负责控制自己的友元类和友元函数，所以，有一些注意点要说明：

（1）友元关系是不能被子类继承的。

（2）友元关系是单向的，例如上面类 B 是类 A 的友元类，但这并不表示类 A 是类 B 的友元类。

（3）友元关系也没有传递性，例如类 B 是类 A 的友元类，类 C 是类 B 的友元类，这并不代表类 C 是类 A 的友元类。友元类关系的判断，最终还是要看类定义中有没有对应的 friend 类声明。

14.9.3 友元成员函数

刚才讲解了让类 B 成为类 A 的友元类。这样，在类 B 中就可以访问类 A 里的私有成员变量。

但是，这种让整个类 B 成为类 A 友元类的方式，有点显得太霸道，范围太广泛（影响太广），因为这样做，类 B（类 A 的友元类）的所有成员函数都可以访问类 A 的私有成员变量。那么，考虑换一种解决方式：不让整个类 B 成为类 A 的友元类，而是只让类 B 中的某些成员函数成为类 A 的友元函数，这样，只有这些成为了类 A 友元函数的类 B 中的成员函数才能访问类 A 中用 private、protected、public 修饰的成员。

写这种友元成员函数，就需要注意代码的组织结构了，否则很容易写错，请读者认真参考笔者的写法。现在把类 A 的定义和实现代码放入 A.h 文件和 A.cpp 文件中，把类 B 的定义和实现代码放入 B.h 文件和 B.cpp 文件中（原来类 A 和类 B 定义相关的代码，当然要从 Men.h 中移除）。然后，把 A.cpp 和 B.cpp 文件加入项目中。

A.h 文件的内容如下：

```
#ifndef __A__
#define __A__
#include <iostream>
#include "B.h"
```

```
class A
{
    friend void B::callBAF(int x, A& a); //声明类 B 的 callBAF 成员函数是本类(A 类)的友元成员
                                          //函数
private:
    int data;
};
# endif
```

A. cpp 文件的内容如下:

```
# include "A.h"
```

B. h 文件的内容如下,请注意最上面一行类声明(前置声明)的写法:

```
# ifndef __ B __
# define __ B __
# include < iostream >
class A;//类声明,仅仅声明了有 A 这样一个类型,因为可能类 A 的定义在类 B 之后,而在本.h 文件
        //中类 B 的定义又用到了类 A,所以这里先做个类声明,这样编译就不会报错
class B
{
public:
    void callBAF(int x, A& a);
};
# endif
```

B. cpp 文件的内容如下:

```
# include "A.h"
# include "B.h"
void B::callBAF(int x, A& a)
{
    a.data = x;
    std::cout << a.data << std::endl;
}
```

在 MyProject. cpp 文件的开头包含两个头文件,如下:

```
# include "A.h"
# include "B.h"
```

在 main 主函数中,测试代码依旧不变:

```
A a;
B b;
b.callBAF(3, a);                        //3
```

运行程序后,显示结果为 3,一切正常。

现在,总结一下友元概念的优缺点。

(1) 优点:允许在特定情况下某些非成员函数访问类的 protected 或者 private 成员,从而提出"友元"概念,使访问 protected 和 private 成员成为可能。

（2）缺点：这也破坏了类的封装性（例如本来 private 修饰的成员用意就是不允许外界访问），降低了类的可靠性和可维护性。

面向对象的三大特性：封装性、继承性、多态性。请注意，面向对象程序设计有哪三个特性也是在 C++ 面试中常考的问题。

使用或者不使用友元，可以依据自己的实际需求来决定。

14.10　RTTI、dynamic_cast、typeid、type-info 与虚函数表

14.10.1　RTTI 是什么

RTTI(Run Time Type Identification)，翻译成中文的意思是"运行时类型识别"。也就是通过运行时类型识别，程序能够使用父类（基类）的指针或引用来检查这些指针或引用所指的对象的实际子（派生）类型。

14.8.2 节讲解了父类指针和虚函数，当时谈及：父类指针可以指向（new）一个子类对象。看如下代码：

```
Human * phuman = new Men;
Human &q = * phuman;                        // * phuman 表示指针 phuman 所指向的对象

Men mymen;
Human &f = mymen;                           //父类引用指向(引用/代表)子类对象
```

现在遇到了一个问题，在上面这段代码执行时，phuman 指针指向了一个对象，那 phuman 到底指向哪个类（父类还是子类）对象？要得到所指向的对象相关的类信息就比较困难。所以 RTTI 就是要来解决这类问题的——获取 phuman 所指向的对象相关的类的信息。

RTTI 可以看作系统提供出来的一种功能，或者说是一种能力。这种功能或者能力通过两个运算符来实现。

（1）dynamic_cast 运算符：能将父类的指针或者引用安全地转换为子类的指针或者引用。在 13.10.2 节中提起过该运算符。

（2）typeid 运算符：返回指针或者引用所指对象的实际类型。

这里特别值得注意的是：上述两个运算符要能够正常的如所期望的那样工作，父类中至少要有一个虚函数，不然这两个运算符工作的结果很可能与预期的不一样。因为只有虚函数的存在，这两个运算符才会使用指针或者引用所指对象的类型（new 时的类型）。

在学习虚函数的时候已经知道，如果父类中有一个虚函数，并且在子类中覆盖了这个虚函数，那么，当父类指针指向子类对象的时候，调用的虚函数是子类里的虚函数。

再继续思考，如果子类中有一个父类中没有的普通成员函数（非虚函数），那么，即便是父类指针指向了该子类对象，但也没办法用父类指针调用子类中的这个普通成员函数。那么如果就想用父类指针调用子类中的这个普通成员函数，该怎样做呢？能够想到的办法可能是：

（1）把这个函数在父类和子类中都写成虚函数（其实在父类中只要是虚函数，在子类中自然就是虚函数），但是，这样做比较啰唆，而且显然，子类中每增加一个新成员函数就要在

父类中增加等同的虚函数,不管怎样说,这种解决方案虽然可以,但不太让人满意。

(2)既然虚函数这种解决方案不太让人满意,那么 RTTI 运算符就能派上用场了。可以使用 dynamic_cast 运算符进行类型转换,在写程序时必须要很小心,要清楚地知道转换的目标类型并且转换类型后还需要检查这种转换是否成功。

14.10.2 dynamic_cast 运算符

刚才说过:dynamic_cast 运算符能将父类指针或者引用安全地转换为子类的指针或者引用。

本节演示的范例代码接着上一节来。

在 Men.h 文件的 Men 类定义内部,增加如下 public 修饰的成员函数定义:

```cpp
public:
    void testfunc()
    {
        std::cout << "testfunc" << std::endl;
    }
```

在 main 主函数中若通过父类指针调用这个成员函数,看如下代码:

```cpp
Human * phuman = new Men;
Men * p = (Men *)(phuman); //用 C 语言风格的强制类型转换,强制把指针转成 Men * 型
p->testfunc();                       //正常调用 Men 类的成员函数
```

上面这种转换属于强制转换(硬转),因为程序代码是自己写的,所以程序员知道 phuman 是可以正常地转成 Men * 类型的。当然因为是强制转换,所以这里就算是强制转换成 Women 类型,也是不会报语法错误的。看如下代码:

```cpp
Women * p1 = (Women *)(phuman);        //这种写法不报语法错
```

假如开发中使用的是别人写的库,那传递过来一个指针,想区分这个指针是父类类型还是子类类型,使用 dynamic_cast 运算符就能够判断出来——用 dynamic_cast 能转换成功,就说明这个指针实际上是要转换到的那个类型(如上面的 phuman 实际上就是 Men 类型指针)。所以 dynamic_cast 运算符是帮助开发者做安全检查。

看看如下范例,在运行时将父类指针转换成子类指针:

```cpp
Human * phuman = new Men;
Men * pmen = dynamic_cast < Men * >(phuman);
if (pmen != nullptr)
{
    cout << "phuman 实际指向一个 Men 类型对象" << endl;
    //在这里操作 Men 类里的成员函数、成员变量等都是安全的
}
else
{
    //转换失败
    cout << "phuman 实际指向的不是一个 Men 类型对象" << endl;
}
```

请读者再次注意,使用 dynamic_cast 运算符的前提条件是：父类中必须至少有一个虚函数。否则,使用 dynamic_cast 运算符,要么编译时就会报错(最新编译器),要么无法得到正确的运行结果(较老版本编译器)。

下面再看一个演示：针对引用类型,dynamic_cast 运算符如何使用。"引用类型"判断类型转换是否成功和"指针类型"不太一样,指针类型是判断是否为空指针,而引用是没有空引用这个说法的。所以,对于引用这种情况,如果转换失败,程序会抛出一个 std::bad_cast 异常,这个异常在标准库头文件里是有定义的。捕捉异常常用 try{}和 catch(){}。看如下代码：

```cpp
Men mymen;
Human&myhuman_y = mymen;                    //父类引用指向子类对象
try
{
    Men& ifment = dynamic_cast < Men& >(myhuman_y);
    //走到这里,表示转换成功
    cout << "myhuman_y 实际是一个 Men 类型" << endl;
    //在这里操作 Men 类里的成员函数、成员变量等都是安全的
}
catch (bad_cast)
{
    //转换失败
    cout << "myhuman_y 不是一个 Men 类型" << endl;
}
```

成功转换后,就可以调用子类的成员函数、引用子类的成员变量等。

14.10.3　typeid 运算符

typeid 运算符有两种形式：

* typeid(类型)。
* typeid(表达式)。

通过这个运算符,可以获取到对象的类型信息。这个运算符会返回一个常量对象的引用。这个常量对象的类型一般是标准库类型 type_info,其实 type_info 就是一个类(类类型)。

看看如下范例：

```cpp
Human * phuman = new Men;
Human& q =  * phuman;
cout << typeid( * phuman).name() << endl;   //class Men
cout << typeid(q).name() << endl;           //class Men
```

其实,typeid 运算符里面可以给任意类型的表达式。再继续看范例：

```cpp
char a[10] = { 5,1 };
int b = 120;
cout << typeid(a).name() << endl;           //char [10]
cout << typeid(b).name() << endl;           //int
cout << typeid(19.6).name() << endl;        //double
cout << typeid("asd").name() << endl;       //char const [4]
```

一般来讲,使用 typeid 运算符其实是为了比较两个指针是否指向同一种类型。继续看

下面几个范例,各不相同,注意写法:

(1)只要两个指针定义时的类型(静态类型)相同(都是 Human ＊),不管它们指向的是父类还是子类实例(不管 new 的是什么对象),typeid 就相等:

```
Human ＊ phuman = new Men;
Human ＊ phuman2 = new Women;
if (typeid(phuman) == typeid(phuman2))   //成立
{
    cout << "phuman 和 phuman2 指针的定义类型相同" << endl;
}
```

(2)只要两个指针运行时指向的类型相同(new 的对象类型相同),typeid 就相等,不管它们定义时的类型是否相同:

```
Human ＊ phuman = new Men;
Men ＊ phuman2 = new Men;
Human ＊ phuman3 = phuman2;
if (typeid( ＊ phuman) == typeid( ＊ phuman2))      //成立,都指向 Men
{
    cout << "phuman 和 phuman2 指向同一种类型对象【看运行时实际 new 出来的或者指向的对象】" <<
endl;
}
if (typeid( ＊ phuman2) == typeid( ＊ phuman3))      //成立,都指向 Men
{
    cout << "phuman2 和 phuman3 指向同一种类型对象【看运行时实际 new 出来的或者指向的对象】"
<< endl;
}
```

还有一种写法如下:

```
Human ＊ phuman = new Men;
if (typeid( ＊ phuman) == typeid(Men))     //成立
{
    cout << "phuman 指向 Men【看运行时实际 new 出来的或者指向的对象】" << endl;
}
```

切记:要想让上面这些范例得到正确的结果,父类必须要有虚函数。只有当父类含有虚函数时,编译器才会对 typeid 中的表达式进行求值,否则,typeid 返回的是表达式(参数)定义时的类型(静态类型)。定义时的类型,编译器根本不需要对表达式求值(根本不需要运行代码),在编译阶段就可以知道。看如下代码,如果父类中没有虚函数时就会成立:

```
Human ＊ phuman = new Men;
if (typeid( ＊ phuman) == typeid(Human))
{
    cout << "父类(Human 类)没有虚函数时就成立" << endl;
}
```

14.10.4　type_info 类

前面说过,typeid 运算符会返回一个常量对象的引用,这个对象的类型一般是标准库类型 type_info,这其实是一个类。下面看看该类的一些成员。

（1）成员函数 name：用于获取类型名字信息。看如下代码：

```
Human * phuman = new Men;
const std::type_info& tp = typeid( * phuman);
```

```
//.name:返回一个 C 风格字符串,表示类型名字的可显式形式.类型名的生成方式因系统而异,甚至
//可能与在程序中使用的名字不一致.但不管怎么说,类型不同,返回的字符串肯定不同
cout << tp.name() << endl; //父类有虚函数,结果就是 class Men; 没虚函数,结果就是 class Human
```

（2）==和!=：这是 type_info 类中的两个重载运算符,重载运算符概念参考 14.6.1 节。

==：两个 type_info 对象表示同一种类型则返回 true,否则返回 false。

!=：两个 type_info 对象表示不同种类型则返回 true,否则返回 false。

继续上面的范例代码来写：

```
Human * phuman2 = new Men;
const std::type_info& tp2 = typeid( * phuman2);
if (tp == tp2)
{
    cout << "类型相同" << endl;              //成立,都是 Men
}
Human * phuman3 = new Women;
const std::type_info& tp3 = typeid( * phuman3);
if (tp == tp3)
{
    cout << "tp == tp3 类型相同" << endl; //不成立,因为是 Men 和 Women 比较,但同样,如果基类
                                        //中没有虚函数,则就成立
}
```

14.10.5　RTTI 与虚函数表

在 C++中,如果这个类里要含有虚函数,编译器就会针对该类产生一个虚函数表,虚函数表里有很多表项,每一项都是一个指针,每个指针指向这个类里的各个虚函数的入口地址。

有些编译器比较特殊,虚函数表的第一项并不指向虚函数的入口地址,而是指向这个类所关联的 type_info 对象信息。

另外有些编译器,虚函数表第一项的上面（位于虚函数表第一项之前的内存位置）这个位置依旧是一个指针,指向这个类所关联的 type_info 对象信息。

所以,上面这些范例代码所取得的 type_info 对象信息其实是来自于这里。

关于虚函数表细节的论述超出了本书的研究范围,笔者会在《C++新经典：对象模型》书籍中专门论述,这里就不多谈。

14.11　基类与派生类关系的详细再探讨

14.11.1　派生类对象模型简介

特别提示,为了描述方便和描述术语上的不重复,本节很多地方会把以往的"父类"称为"基类",把以往的"子类"称为"派生类",这一点请读者注意。

本节演示的范例代码接着上一节来。

看看下面这行代码：

```
Men mymen;
```

一个派生类对象，其实是包含多个组成部分（多个子对象）的：

- 一个是含有派生类自己定义的成员变量、成员函数的子对象。
- 一个是该派生类所继承的基类的子对象，这个子对象中包含的是基类中定义的成员变量、成员函数（这代表派生类对象中含有基类对应的组成部分）。

那为什么基类指针可以 new 一个派生类对象呢（或者说基类引用可以指向/引用一个派生类对象）？因为派生类对象含有基类部分，所以可以把派生类对象当成基类对象来使用，换句话说就是可以用基类指针 new 一个派生类对象。当然，一个是基类指针，一个是派生类对象，肯定涉及一个类型转换问题，请不用担心，编译器会在内部隐式执行这种派生类到基类的类型转换。这种转换的好处就是有些需要基类引用的地方可以用派生类对象的引用来代替，如果有些需要基类对象指针的地方可以用派生类对象的指针来代替。

14.11.2　派生类构造函数

前面已经看到，构造一个派生类对象时，基类的构造函数会被调用，派生类的构造函数也会被调用，这说明一个问题：虽然在派生类中含有从基类继承而来的成员变量、成员函数，但是，派生类并不能直接初始化这些成员，派生类实际上是使用基类的构造函数来初始化它的基类部分。所以这个感觉就是：基类控制基类部分的成员初始化，派生类控制派生类部分的成员初始化，各司其职。

如果构造派生类对象时，基类的构造函数需要参数，怎样通过派生类把基类构造函数的参数传递给基类构造函数呢？通过派生类构造函数的初始化列表可以达到此目的。当然，如果基类构造函数不带参数，那事情就简单了，不需要额外做什么，基类部分自己会去执行默认的初始化。

看看如下范例，可以将这些测试代码放入 Men.h 文件中 Men 类定义的上面（外面）：

```
class A                          //定义类 A
{
public:
    A(int i) :m_valuea(i) {};        //构造函数带一个参数
    virtual ~A() {}
    void myinfoA()
    {
        std::cout << m_valuea << std::endl;
    }
private:
    int m_valuea;
};
```

现在定义子类 B，看如下代码：

```
class B :public A
{
```

```
public:
    B( int i, int j, int k) :A(i), m_valuec(k) {};  //注意因为父类 A 的构造函数要求参数,所以在
                                                     //子类的构造函数初始化列表里要提供参数。
                                                     //这里格式是:类名加上圆括号,圆括号内部是
                                                     //实参列表,以这样的形式为类 A 的构造函数提
                                                     //供初始值


    virtual ~B() {}
    void myinfoB()
    {
        std::cout << m_valuec << std::endl;
    }
private:
    int m_valuec;
};
```

在 main 主函数中,增加如下代码:

```
B btest(10,20,50);
btest. myinfoB();                      //50
btest. myinfoA();                      //10
```

另外一点要说明的是,要注意构造函数和析构函数的调用顺序:当定义一个派生类对象时,基类的构造函数会先执行(也就是说基类部分会先被初始化),然后再执行派生类的构造函数。而释放的时候,是派生类的析构函数先执行,基类的析构函数后执行。这在 14.8.5 节中已经讲解过,这里又强调了一次。

14.11.3　既当父类又当子类

一个类可以既是某个类的父类,同时又是另外一个类的子类。
例如:

```
class gra{…};
class fa:public gra{…};
class son:public fa{…};
```

这里的 fa 是 gra 的子类,同时也是 son 的父类,所以 gra 称为 fa 的直接基类,同时 gra 也是 son 的间接基类(爷爷类)。

因为每个类都会继承直接基类的所有成员,所以对于最终派生类 son 来讲,它继承直接基类 fa 的成员,而 fa 又继承 fa 的父类也就是 gra 的成员,这种继承关系依次传递下来,就构成了一种继承链,所以,最终结果就是派生类 son 会包含它的直接基类的成员以及每个间接基类的成员。

14.11.4　不想当基类的类

某些类可能不想当基类,C++11 中提供了 final 关键字,加在类名后面,有这个关键字的类,不可以作为基类。看看如下范例:

```
class AA final{};                      //AA 不可以作为基类
class BB : public AA{};                //编译报错,因为 AA 不能作为基类
```

再继续看范例：

```
class AA {};
class BB final : public AA {};                //如果 BB 不想作为基类
class CC :public BB {};                       //编译错误,BB 不能作为基类
```

14.11.5 静态类型与动态类型

在讲多态的时候,静态类型和动态类型的概念其实已经遇到过多次,只是那个时候并没有正式提出这两个概念。在这里,正式提一下。

看看如下范例：

```
Human * phuman = new Men();                   //基类指针指向一个派生类对象
Human &q =  * phuman;                          //基类引用绑定到派生类对象上
```

这里的静态类型指的是什么呢？静态类型就是变量声明时的类型,静态类型编译的时候就是已知的,如上面代码中的 phuman、q,它们的静态类型就是 Human 类型指针和 Human 类型引用。

动态类型指的是什么呢？动态类型就是这个指针或者引用所代表的(所表达的)内存中的对象的类型,phuman 的动态类型是 Men 类型指针,而 q 的动态类型是 Men 类型引用。显然,动态类型只有在运行的时候(执行到这行代码的时候)才能知道。

所以,只有基类指针或者引用才存在这种静态类型和动态类型不一致的情况。如果不是基类的指针或者引用,那么静态类型和动态类型永远都应该是一致的。

14.11.6 派生类向基类的隐式类型转换

看看如下范例：

```
Human * phuman = new Men();                   //基类指针指向一个派生类对象
Human &q =  * phuman;                          //基类引用绑定到派生类对象上
```

上面这两行代码之所以成立,是因为编译器会隐式地执行这种派生类到基类的转换。这种转换之所以能够成功,是因为每个派生类对象都包含一个基类对象部分,所以基类的引用或者指针是可以绑到基类对象这部分上的。能够看得出来：基类对象能独立存在,也能作为派生类对象的一部分而存在。

但是这个说法不能反过来,也就是说,不存在从基类到派生类的自动类型转换。因为基类只含有基类定义的成员,不含有派生类定义的成员,所以不能从基类转到派生类。看看如下范例：

```
Men *  pmen = new Human();                    //这是不可以的,非法
Human human;
Men& my =  human;                             //不可以,非法,不能将基类转成派生类
Men *  pmy = &human;                          //不可以,非法,不能将基类转成派生类
```

上面比如最后一行代码,要真转成功的话,那就不妙了。例如,用 pmy 访问子类中的成员就肯定出错,因为该指针指向的实际是一个 Human 类对象,很多 Men 子类中的成员 Human 类根本就没有,能够访问的只有基类 Human 中的成员。

再继续看范例：

```
Men men;
Human * phuman = &men; //可以
Men * pmen = phuman; //不可以,编译器通过静态类型来推断转换的合法性,发现基类不能转成派
                     //生类
//如果基类中有虚函数,则下面的代码没问题
Men * pmen2 = dynamic_cast < Men * >(phuman);
if (pmen2 != nullptr)
{
    //……
}
```

14.11.7　父类、子类之间的复制与赋值

看看如下范例：

```
Men men;                              //派生类对象
Human human(men); //用派生类对象定义并初始化基类对象.这会导致基类拷贝构造函数的执行
```

14.5 节学习过拷贝构造函数,拷贝构造函数有一个形参,上面的代码相当于把 men 这个实参传输给了 Human 类型的形参。写一下 Human 类的拷贝构造函数。

在 Human.h 文件的 Human 类定义中,增加 public 修饰的拷贝构造函数声明：

```
public:
    Human(const Human& tmphuman);
```

在 Human.cpp 文件中,增加拷贝构造函数的实现：

```
Human::Human(const Human& tmphuman)
{
    std::cout << "执行了 Human::Human(const Human& tmphuman)拷贝构造函数" << std::endl;
};
```

运行程序,看看执行结果,注意拷贝构造函数的执行。

当执行这个拷贝构造函数的时候,形参 tmphuman 代表的就是 men 对象的引用,但 Human 类作为基类,它只能处理基类自己的成员,无法处理派生类中的成员,尽管 men 是一个派生类对象。

赋值运算符也是一样,在 Human.h 文件的 Human 类定义中,增加 public 修饰的赋值运算符的重载声明：

```
public:
    Human& operator = (const Human& tmphuman);
```

在 Human.cpp 文件中,增加赋值运算符重载的实现：

```
Human& Human::operator = (const Human& tmphuman)
{
    std::cout << "执行了 operator = (const Human& tmphuman)" << std::endl;
    return * this;
}
```

在 main 主函数中,增加如下代码:

```
Men men;
Human human;
human = men;
```

运行程序,看看执行结果,注意赋值运算符重载代码段的执行。

当执行赋值运算符重载(相当于一个成员函数)时,形参 tmphuman 代表的就是 men 对象的引用,但 Human 类作为基类,它只能处理基类自己的成员,无法处理派生类中的成员,尽管 men 是一个派生类对象。

所以得到一个结论:用派生类对象为一个基类对象初始化或者赋值时,只有该派生类对象的基类部分会被复制或者赋值,派生类部分将被忽略掉。也就是说,基类部分只做基类部分自己的事,多余的部分不会去操心。

14.12 左值、右值、左值引用、右值引用与 move

14.12.1 左值和右值

左值、右值的概念偶尔就会听到,但是能理解好并不容易,尤其是对于初学者。建议读者多阅读几遍本节的内容,能理解多少算多少,随着越来越熟练地运用书中的知识,可能会有一种豁然开朗、突然明白的感觉。不必强求自己一定要当时弄懂。

一般来讲,需要名字来表示内存中的某些数据。看看下面这行代码:

```
int i = 10;
```

其实这里的 i 是一个整型变量,也可以称呼它为对象。对象就是指一块存储区域。

那么,左值和右值又是什么意思呢?

左值,从字面意思来讲,就是"能用在赋值语句等号左侧的内容(它得代表一个地址)"。为了把左值这个概念阐述的更清楚,又定义了"右值"的概念。右值就是"不能作为左值的值"。所以,右值不能出现在赋值语句中等号的左侧。

不难得出一个结论:C++中的一条表达式,要么就是右值,要么就是左值,不可能两者都是。

但是一个左值有时又能够被当作右值使用。看看下面这行代码:

```
i = i + 1;
```

i 出现在赋值语句等号的左侧,所以 i 是左值。但是又可以注意到,i 在赋值语句等号的右侧也出现了,但这并不表示 i 是右值,因为 i 已经是左值了,所以它不会同时又是右值。

归纳一下这个说法:i,这里就将它看成一个对象。这个对象在赋值语句等号的右侧时,用的是这个对象的值,此时可以称这个对象有一种右值属性(注意不是右值)。当这个对象在赋值语句等号左侧时,用的是对象在内存中的地址,此时可以称这个对象有一种左值属性,所以**一个左值它可能同时具有左值属性和右值属性**。

回忆一下需要用到左值的运算符。

(1)赋值运算符"="。

赋值运算符左侧的对象就是一个左值,其实整个赋值语句的结果仍然是左值。只不过进行输出的时候被当作右值使用(这就是刚刚说的左值具有右值属性)。

```
int a;
printf("%d\n", a = 4);                    //4
```

那为什么说整个赋值语句的结果仍然是左值呢?因为下面这行代码可以正常执行:

```
(a = 4) = 8;                              //正常执行没问题,最终结果 a = 8
```

(2)取地址运算符"&"。

```
int a = 5;
&a; //& 肯定要作用于一个左值对象.但它返回的是一个地址(指针),这个指针是一个右值,如
    //0x008ffdd4,如 &123 肯定不成立
```

(3)string、vector 的下标运算符[]等都要用到左值。迭代器的递增、递减运算符也要用到左值。

```
string abc = "I love China!";
abc[0];                                   //如 123[0]肯定不成立

vector<int>::iterator iter;
//……
iter++; iter--;                           //如 9-- 肯定不成立
```

(4)还有很多运算符都要用到左值。怎么判断一个运算符是否要用到左值呢?如果这个运算符在一个字面值上不能操作,那这个运算符基本上就是用到左值的。例如,i++可以,但是 3++可以吗?不可以。如果弄不清,就写个字面值上来判断,就比较容易判断出来。

另外请注意,有的时候会听到一种叫法:"左值表达式"和"右值表达式"。上面阐述了"左值"和"右值"的概念,现在多出来"表达式"三个字,其实,不要被"表达式"三个字迷惑,如一个变量,也可以叫它为一个表达式。所以,这样理解:**左值表达式就是左值,右值表达式就是右值**。

左值代表一个地址,所以左值表达式求值的结果就得是一个对象,得有地址。那 100 这个数字是左值还是右值?显然它是右值。

14.12.2 引用分类

通过前面的学习已经知道,引用就是变量的别名。看如下代码:

```
int value = 10;
int& refval = value; //value 的别名是 refval, & 在此不是求地址运算,而是起标识作用(标识是一
                     //个引用)
refval = 13;         //等价于 value = 13;
```

其实,细分起来,引用是有三种形式的。

(1)左值引用(绑定到左值):引用那些希望改变值的对象,如上面的 refval 就是左值引用,左值引用带一个"&"。看刚刚的范例。

(2)const 引用(常量引用):也是左值引用,引用那些不希望改变值的对象,如常量等。

继续刚才的范例：

```
const int& refval2 = value;
refval2 = 18;                          //错,编译器提示：表达式必须是可修改的左值
```

（3）右值引用（绑定到右值）：这是一个新概念，是属于 C++11 新标准中的概念。首先它也是一个引用，但右值引用所侧重表达的意思往往是表示所引用对象的值在使用之后就无须保留了（如临时变量）。其实读者这里不用管右值引用到底表达啥意思以免难以理解。右值引用带两个"&&"。简单看个范例：

```
int&& refrightvalue = 3;               //绑定到一个常量
refrightvalue = 5;                     //还可以修改值
```

具体为什么要引入右值引用这个概念，有什么用途，后续会逐步深入地学习，这里只是希望读者有个简单的印象。

14.12.3 左值引用

从表面理解起来，左值引用就是引用左值的，换句话说，就是绑定到左值的引用。

刚刚讲解了左值，左值代表一个地址、一个变量的这种感觉，所以左值引用比较好理解了，以往学习的引用就是左值引用。

引用不像指针，指针可以指向 NULL 或者 nullptr 以表示指针指向一个空，或者说是空指针，但是引用没有空引用这个说法，引用是一定要对应或者说绑定一个对象的，所以必须要初始化引用。看看如下范例：

```
int a = 1;
int& b{ a };                           //b 绑到 a,当然可以
int& c;                                //不可以,引用必须要初始化(绑定一个对象)
int& c = 1;                            //不可以,c 要绑到左值上,不能绑定到右值 1 上
const int& c = 1;   //可以,const 引用可以绑定到右值上,所以 const 引用可以说比较特殊
```

上面这段代码最后一行等价于下面这两行：

```
int tempvalue = 1;                     //可以把 tempvalue 看成一个临时变量
const int& c = tempvalue;
```

14.12.4 右值引用

从表面理解起来，右值引用就是引用右值的，换句话说就是绑定到右值的引用。

先把"右值引用"这个概念尽量好好理解一下，至于右值引用有什么用处和怎样用，后面会介绍。

右值引用就是必须绑定到右值的引用，要通过"&&"而不是"&"来获得右值引用。一般来讲，右值引用其实主要是用来绑定到那些"即将销毁/临时的对象"上（笔者几乎可以肯定大多数人理解不了这句话，随着后续的深入学习，可能慢慢就能理解了）。

右值引用也是引用，读者还是要将它理解成某个对象的另一个名字。例如上面的：

```
int&& refrightvalue = 3; //其实把 refrightvalue 理解成一个 int 型变量也可以
```

　　在本节之前谈到的所有引用,其实全部都是指左值引用,而这里讲的是右值引用,两者名字不同,请读者要区分开。

　　左值引用绑左值,右值引用绑右值,两者正好相反,能绑定左值引用上的内容一般绑不到右值引用上去,反之亦然。看如下范例:

```
int value = 10;
int& refval = value;                  //refval 能绑到左值 value 上去
int& refval2 = 5;                     //不可以,能绑到左值上的绑不到右值
```

　　下面还是研究一下各种范例来加强和巩固理解。

```
string strtest{ "I love China!" };
string& r1{ strtest };                //可以,左值引用绑定左值
string &r2{"I love China!"};          //不可以,左值引用不能绑定到临时变量上
const string& r3{ "I love China!" };  //可以,创建一个临时变量,绑定到左值 r3 上,const 引用不但
                                      //可以绑定到右值,还可以执行到 string 的隐式类型转换并
                                      //将所得到的值放到 string 临时变量中
string &&r4{ strtest };               //不可以,右值引用不能绑到左值上去
string&& r5{ "I love China!" };       //可以,绑定一个临时变量,临时变量内容是 I love China!
int i = 10;
int& ri = i;                          //可以,左值引用,没问题
int &&ri2 = i;                        //不可以,不能将一个右值引用绑定到一个左值上
int &ri3 = i * 100;                   //不可以,左值引用不能往右值上绑,i*100 是右值
const int& ri4 = i * 100;             //可以,const 引用可以绑定到右值
int&& ri5 = i * 1000;                 //可以,乘法结果是右值
```

　　总结一下:

　　返回左值引用的函数,连同赋值、下标、解引用和前置递增递减运算符等,都是返回左值表达式(左值)的例子,可以将一个左值引用绑定到这类表达式的结果上。

　　下面范例顺便解释一下什么叫解引用:

```
int a = 8;
int * p = &a;
( * p) = 5; //* 操作符为解引用操作符,它返回指针 p 所指的地址所保存的值,这里等价于 a = 5
int& q = ( * p); //将左值引用绑定到左值表达式,因为( * p)返回的是左值
```

　　返回非引用类型的函数,连同算术、关系、位以及后置递增运算符,都生成右值,不能将一个左值引用绑定到这类表达式上,但可以将一个 const 的左值引用或者一个右值引用绑定到这类表达式的结果上。

　　这里要额外解释一下前置递增递减运算符和后置递增递减运算符。

　　前置递增递减运算符,如＋＋i、－－i,在 C 语言部分已经学习过,是先加/减后用的意思。那为什么它们是左值表达式(返回左值表达式)呢?这里以＋＋i 为例来说明。

　　＋＋i 是直接给 i 变量加 1,然后返回 i 本身,因为 i 是变量,所以可以被赋值,因此是左值表达式。看看如下范例:

```
int i = 5;
(++i) = 20;                           //i 被赋值成 20
```

　　后置递增递减运算符,如 i＋＋、i－－,是先用后加/减的意思,那为什么它们是右值表

达式呢？这里以 i＋＋为例来说。

i＋＋先产生一个临时变量来保存 i 的值用于使用目的，再给 i 加 1，接着返回临时变量，之后系统再释放这个临时变量，临时变量被释放掉了，不能再被赋值，因此是右值表达式。看看如下范例：

```
int i = 5;
(i++) = 20;                          //语法错误,提示:表达式必须是可修改的左值
```

但是，再继续看范例：

```
int i = 1;
int&& r1 = i++;                      //可以,成功绑定右值,但此后 r1 的值和 i 的值没有关系
int &r2 = i++;                       //不可以,左值引用不能绑定右值表达式
int& r3 = ++i;                       //可以,r3 是 i 的别名,此后 r3 的值改变就等于 i 值改变
int &&r4 = ++i;                      //不可以,右值引用不能绑定左值表达式
```

这里有几点要重点强调一下：

（1）如上范例中，**虽然 ＆＆r1 绑定到了右值，但 r1 本身是左值**（要把它看成一个变量），因为它位于等号左边，这是其一。其二，因为它是左值，所以一个左值引用能成功绑定到它。

```
int& r5 = r1;                        //可以,说明它是一个左值
int&& r6 = r1;                       //不可以,r6 是右值引用,但 r1 是左值
```

（2）所有变量都要看成左值，因为它们是有地址的，而且用右值绑定也绑不上。看看如下范例：

```
int i = 5;
i = i + 1;
int &&r11 = i;                       //不可以
```

（3）任何函数里的形参都是左值，就算是诸如"void f(int ＆＆w);"这种写法，这里的**形参 w 的类型是右值引用**（需要绑定到右值），但 **w 本身是左值**。

（4）临时对象都是右值，后面章节会详细讲解什么是临时对象。

下面要详细探讨一下右值引用的引入目的。

这是一段极其重要的话，请认真阅读。

读者肯定很疑惑：右值引用到底有什么用？为什么要学习这个概念？现在来解释。

（1）右值引用是 C++11 引入的新概念，用两个"＆＆"来代表，所以，可以认为这是一个新的数据类型，既然是一个新的数据类型，引入肯定是有目的的。什么目的呢？请往下看。

（2）右值引用引入的目的是提高程序运行效率问题，提高的手段是把复制对象变成移动对象从而提高程序运行效率。

复制对象读者很清楚了，因为 14.5 节已经学习过拷贝构造函数，14.6.2 节学过拷贝赋值运算符，如对象 A，这个对象对应一段内存，里面保存着各种成员数据。那么如果要把对象 A 复制给对象 B，则要给对象 B 分配内存，并把对象 A 里面的数据逐个往对象 B 里复制，这需要书写拷贝构造函数或者拷贝赋值运算符中的代码来做这件事。但显然，复制对象效率很低，因为要给 B 开辟内存，还要把 A 的数据往 B 里复制，效率肯定高不了，这就是复制对象的概念。那再看移动对象的概念。

移动对象这个概念是这样的：假设对象 A 不再使用了，那么就可以把对象 A 里面有一些如用 new 分配的内存块的所有权转给对象 B，对于 B 来讲，就不用 new 出一些内存块了，把对象 A 中 new 的内存块直接转给 B，然后对象 A 再把指向这些内存块的指针清空一下（因为这个内存块属于 B，A 就应该切断和这些内存块的联系）。这就相当于把对象 A 中的一些内存块转给了对象 B，而对象 B 就不用自己再重新分配一块内存块，而直接用在 A 中分配的内存块就好了，这就叫移动对象（把老对象里面的一些东西转给了新对象）。也就是说，很多分配出去的内存并没有被回收而是转移给了新对象 B，这种把某一些内存块从原来的主人 A 转成了现在的主人 B 这种动作就叫移动。

不难想象，这种移动的动作效率肯定要比复制高。试想如果对象 A 要复制给对象 B，那么很多对象 A 中 new 分配内存的动作在对象 B 中也要用 new 来分配内存，然后还要把对象 A 中对应内存的内容复制到对象 B 的 new 出的内存中来。当回收对象 A 时还要把 A 中 new 出来的内存释放掉。这一来一回折腾好几轮。如果 A 中 new 出来这段内存直接给了 B，那么 B 就不用重新 new 内存了，效率显然会高很多。也有人把这种对象 A 中的一些数据移交给对象 B 的行为叫"偷"，其实这个叫法也行。就好像有个东西，原来是 A 的，现在 A 把这个东西给了 B，那这个东西现在就属于 B 的了。

当把对象 A 的一些数据移动给对象 B 之后，程序员自己写的代码中要保证不再使用对象 A（因为 A 中的很多东西都已经给 B 了），否则可能会导致意想不到的问题。

（3）那么，移动对象是如何发生的呢？通过前面的学习已经知道，当定义一个对象并用另外一个同类型对象初始化时，系统会调用拷贝构造函数，当用另外一个对象给一个对象赋值时，系统会调用拷贝赋值运算符。

同样，有两个特殊的类成员函数叫作移动构造函数和移动赋值运算符，外观看起来与拷贝构造函数和复制赋值运算符非常像，只不过移动构造函数和移动赋值运算符需要的参数类型是"&&"这种右值引用类型，而拷贝构造函数和拷贝赋值运算符需要的参数类型是"&"这种左值引用类型。说到这里各位读者就明白了右值引用类型的用处：一旦一个构造函数带右值引用类型参数，系统就明白这是一个移动构造函数，系统就会在一定的时机像调用拷贝构造函数那样来调用移动构造函数。至于什么时机调用，后面讲移动构造函数和移动赋值运算符时会详细讲解。

14.12.5　std∷move 函数

std∷move 是一个 C++11 标准库里的新函数，因为 move 这个名字比较容易和其他函数名重名，所以使用的时候，往往都把前面的 std∷带上，而不是因为使用了 using namespace std 就把前面的 std∷省略了。

move 翻译成中文是"移动"的意思，但实际上这个函数并没有做任何移动的操作，所以笔者认为这个函数名字起得比较糟糕。

这个 move 函数就是把一个左值强制转换成一个右值（带来的结果就是一个右值引用可以绑到这个转换成的右值上去了）。本来一个右值引用是绑不到左值上去的，但是经过 move 一处理，这个右值引用就能够绑定到原本的一个左值上去了。有些函数的参数是一个右值引用，需要绑定到右值，此时就可以用这个 move 把左值转成右值，就可以当作实参传递给该函数了。

看看如下范例：

```
void fff(int&& brv) {}                    //这是一个函数,形参是一个右值引用,需要绑右值
//下面的代码可以写在 main 主函数中
int i = 10;
int&& ri20 = i;                           //不可以,因为 i 是左值,不能绑到右值引用上去
int&& ri20 = std::move(i);                //可以,所以 move 是把一个左值转换为一个右值
ri20 = 15;                                //可以,现在 ri20 就代表 i 了,执行后 i 的值也变成 15 了
i = 25;                                   //可以,i 也就代表 ri20,执行后 ri20 也就变成 25 了
fff(std::move(i)); //用 std::move 将左值转换成右值,就可以传递给右值引用的形参类型了
```

再继续看范例：

```
int&& ri6 = 100;                          //可以
int &&ri8 = ri6;                          //不可以,ri8 是右值引用,但 ri6 是左值
int&& ri8 = std::move(ri6);               //可以,所以 move 是把一个左值转换为一个右值
ri6 = 68;                                 //可以,执行后 ri8 也跟着变成 68 了
ri8 = 52;                                 //可以,执行后 ri6 也跟着变成 52 了
```

再继续看范例,这个范例就有点与众不同了：

```
string st = "I love China!";
const char* p = st.c_str();               //0x008ff9d8
string def = std::move(st);//string 里的移动构造函数把 st 的内容转移到了 def 中去.这个转移
                                          //并不是 std::move 干的
const char* q = def.c_str();              //0x008ff9b4
```

上面两行运行起来看一下结果,读者会发现,执行 std::move 后,st 中的内容变为空("")了,而 def 的内容变为"I love China!"了。此时读者可能就会对 std::move 产生一些误解,误以为 st 的值被移动到了 def 中去。其实不是这么回事,因为前面明确地说过了,std::move 根本没有移动的能力,那为什么执行了上面的 std::move 后,st 变为空,而 def 的内容变为"I love China!"呢？其实,整个 std::move(st)就是一个右值,而语句 string def = std::move(st);会导致 string 这个类里面的移动构造函数的执行,而这个移动构造函数的功能就是把 st 的内容清空,并且把原来 st 里的值移动到了 def 所代表的字符串中去了。

而且,因为 string 有一个比较令人尴尬的限制,虽然看起来上面的代码是把 st 清空,把"I love China!"这个字符串保存到了 def 中去,实际上,string 这个类因为设计上的一些限制会导致系统没有办法把 st 中对应的"I love China!"这一段内存的操作权移交给 def,在 def 中,实际是重新开辟了一块内存,然后把"I love China!"给复制进去的(看上面代码行中的 p 和 q 指针指向不同的内存地址也能得到这个结论)。所以,语句"string def = std::move(st);"这行语句和"string def = st;"比,并没有节省什么成本(也没提高什么效率)。

再继续看范例：

```
string st = "I love China!";
std::move(st); //执行后,st 没变为空(因为 std::move 没有移动能力),其实是值压根没变,这更进
               //一步证明前面范例中的 st 变为空是 string 这个类中的移动构造函数所致
```

再继续看范例：

```
string st = "I love China!";
```

```
string&& def = std::move(st); //这个不会触发 string 的移动构造函数,st 值不会变为空,这行代
                             //码只是将 st 转成右值并绑到 def 上
st = "abd";                   //执行后 def 也就变成"abd"了
def = "cde";                  //执行后 st 也变成"cde"了
```

这里必须再次严肃提醒读者,对于代码"string def = std::move(st);"是触发了 string 类的移动构造函数的(因为这种写法涉及对象的移动构造),而对于代码"string&& def = std::move(st);"并没有触发 string 类的移动构造函数,那么如下说法必须注意:

(1)这种触发了 string 类移动构造函数的代码行"string def = std::move(st);"执行完后,后续的代码就不应该再去使用 st 对象了,因为 st 对象里面的有些内容被移动走了,st 已经残缺不全了。

(2)而"string&& def = std::move(st);"代码并没有触发 string 类的移动构造函数,只是一个单纯的绑定动作,所以后续的代码无论使用 st 对象还是使用 def 这种右值引用都可以,两者其实代表同一个对象。

有资料上说,调用 move 意味着承诺:除了对 move 中的参数赋值或者销毁外,将不再使用它。在调用 move 之后,不能对移动后原对象(移动之后的原对象如上面代码行"string def = std::move(st);"中的 st)的值做任何假设。不知读者是否可以理解这句话?

这句话可以理解成:系统希望/建议在调用 move 时,程序员自己应该如何看待 move 函数中的形参(如代码行"string def = std::move(st);"中的 st),希望程序员以一种什么样的态度或者眼光去看 move 中的形参。

后续学习移动构造函数的时候,读者会对左值、右值、左值引用、右值引用、std::move 有更进一步的认识。

这里提供一段 std::move 可能的源码,供读者参考和理解:

```
template< typename T >
decltype(auto) move(T&& param) //decltype 用于推导类型,后面会详细讲解;T&& 是万能引用,后面
                              //会详讲
{
    using ReturnType = remove_reference_t< T > &&; //就看成是一个右值引用类型即可
    return static_cast< ReturnType >(param);
}
```

这段源码读者现在读不懂,需要学习完后面的章节才能理解,但不代表完全不能理解这段代码做了什么事情,其实这段代码(std::move 函数)就类似于一个**强制类型转换运算符**(把一个左值转成一个右值——强制类型转换),好理解吧!

14.12.6 左值、右值总结说明

C++提出左值、右值、左值引用、右值引用概念的时候,强制给左值、右值施加了很多让人比较疑惑的概念,如谈到左值、右值的区别时,资料上这样说:

一般来讲,左值是一个持久的值,右值是一个短暂的值。为什么说右值短暂呢?因为右值要么就是字面值常量,要么就是一个表达式求值过程中创建的临时对象,这个临时对象的特性:

• 所引用的对象将要被销毁。

- 该对象没有其他用户。

所以,右值引用能自由地接管所引用的对象资源。

资料描述这段话的本意是希望读者按照资料上提的思想去看待左值、右值、左值引用、右值引用,而不是必须得这样看待。读者可以完全按照自己的方式去理解而不必拘泥于资料上的理解方式。下一节就来深入谈一谈临时对象。

14.13 临时对象深入探讨、解析与提高性能手段

14.13.1 临时对象的概念

临时对象是一种经常被忽略的对象,它不太容易理解。

回顾上一节内容,讲解了i++和++i,其中++i是返回左值表达式,而i++是返回右值表达式。

读者应该还记得笔者讲解i++为何返回的是右值表达式。笔者说:i++先产生一个临时变量来保存i的值用于使用目的,再给i加1,接着返回临时变量,之后系统再释放这个临时变量,临时变量被释放掉了,不能再被赋值,因此是右值表达式。

这里提到的临时变量是系统自己产生的,程序员看不见,但是通过右值引用,就可以把这个临时变量绑过来,绑过来之后,当然就可以理解成系统就不会再释放这个临时变量了。换句话说,这个右值引用(看成一个变量名)的有效范围是多少,就等于绑到这个右值引用上的临时变量的有效范围是多少。当时还举了一个例子:

```
int i = 1;
int &&r1 = i++;                    //可以,成功绑定右值,但此后r1的值和i的值没有关系
```

现在,r1就绑定了临时变量,那么临时变量就不会再被释放,只要是在变量r1(右值引用)的有效范围内,就等于这个临时变量一直有效。

可以看到,i++因为功能需要产生的这种临时变量或者叫临时对象,因为其固有的工作机制(有兴趣的读者可以搜索一下"++"这种运算符的实现源码)问题,系统会创建出来以实现功能,比较难以避免,除非不用i++,否则肯定会产生出临时变量来。当然,这类临时变量可能还有很多,但是本节重点讨论的不是这种很难避免的临时对象,而是另外一些临时对象。

又有一些临时对象,却是因为代码的书写问题而产生的,因为临时对象会额外消耗系统资源,所以编写代码的原则就是产生的临时对象越少越好。本节的侧重点在于讲解一些因为代码的书写原因造成系统产生临时对象,同时讲解如何通过优化代码把这些临时对象优化掉,尽量不让它们产生,以提高程序性能。

回顾以往讲过的堆和栈的概念,一般用new分配的内存会在堆上,需要自己用delete来手工释放这块内存。而栈上一般用来放局部变量,由编译器自动分配和释放,那么临时对象也是编译器产生的,一般来讲也是放在栈上。所以,临时对象一般不用程序员手工去释放。

为什么要了解临时对象呢?因为临时对象的产生和销毁都是有成本的,都会影响程序执行性能和效率,所以如果能有效地减少临时对象的产生,那么无疑意味着程序性能和效率

的提升。所以,临时对象值得研究。

往长远了说一下临时对象的重要性:临时对象,构成后面学习一些更深入概念的基础,所以读者一定要先把临时对象的概念学会,这也是本节的主要目的。

除了一些必要的情况系统必须要生成临时对象以应付一些特殊需求之外,多数情况下,临时对象的产生是因为程序员的代码写的不够好导致的,所以为了提升程序性能和效率,读者在学习了本节,了解了临时对象产生原因的情况下,要尽可能避免产生临时对象。

14.13.2 产生临时对象的情况和解决方案

下面将逐一论述系统产生临时对象的几种情况和解决方案。

1. 以传值的方式给函数传递参数

在讨论临时对象的时候,笔者要做的就是尽量让读者感知到临时对象的存在,所以,笔者通过书写代码来达到这个目的。

在 MyProject. cpp 文件的上面,创建一个新类 CTempValue,代码如下:

```
class CTempValue
{
public:
    int val1;
    int val2;
public:
    CTempValue(int v1 = 0, int v2 = 0);  //构造函数
    CTempValue(const CTempValue& t) : val1(t.val1), val2(t.val2)
    {
        cout << "调用了拷贝构造函数!" << endl;
    };
    virtual ~CTempValue()
    {
        cout << "调用了析构函数!" << endl;
    };

public:
    int Add(CTempValue tobj);              //普通成员函数
};

CTempValue::CTempValue(int v1, int v2) :val1(v1), val2(v2)
{
    cout << "调用了构造函数!" << endl;
    cout << "val1 = " << val1 << endl;
    cout << "val2 = " << val2 << endl;
}

int CTempValue::Add(CTempValue tobj)
{
    int tmp = tobj.val1 + tobj.val2;
    tobj.val1 = 1000;                      //这里修改对外界没什么影响
    return tmp;
}
```

在 main 主函数中,加入如下代码:

```
CTempValue tm(10, 20);                    //调用构造函数
int Sum = tm.Add(tm);                     //这会导致拷贝构造函数的执行
cout << "Sum = " << Sum << endl;          //Sum = 30
cout << "tm.val1 = " << tm.val1 << endl;  //tm.val1 = 10
```

执行一下程序可以看到,结果如下:

```
调用了构造函数!
val1 = 10
val2 = 20
调用了拷贝构造函数!
调用了析构函数!
Sum = 30
tm.val1 = 10
调用了析构函数!
```

请注意,结果中调用了拷贝构造函数,为什么会调用 CTempValue 类的拷贝构造函数呢? 这是因为调用 Add 成员函数时把对象 tm 传递给了 Add 成员函数,此时,系统会调用拷贝构造函数创建一个副本 tobj(成员函数 Add 的形参),用于在函数体 Add 内使用,因为这是一个副本(复制),所以可以注意到,修改副本的 val1 的值为 1000,并不会影响到外界 tm 对象的 val1 值(tm 对象的 val1 值仍旧为 10)。

不难看出,"int CTempValue::Add(CTempValue tobj)"代码行中的形参 tobj 是一个局部对象(局部变量),从程序功能的角度来讲,函数体内需要临时使用它一下,来完成一个程序上的功能,就是求和运算,但它确实又是一个局部变量,只能在 Add 函数体里使用。所以严格意义上来讲,它又不能称为一个临时对象,因为真正的临时对象往往指的是真实存在,但又感觉不到的对象(至少从代码上是不能直接看到的对象)。

所以在这里,上面这个 tobj 对象,笔者称之为"假临时对象"。

不管真临时对象还是假临时对象,代码生成 tobj 对象,调用了 CTempValue 类的拷贝构造函数,有了复制的动作,就会影响程序执行效率,那可以改造一下代码,不调用拷贝构造函数来达到目的,以提升程序执行效率。很简单,在定义和实现中,把对象修改为引用。修改后的代码如下:

类 CTempValue 的 Add 成员函数声明代码如下:

```
int Add(CTempValue& tobj);
```

类 CTempValue 的 Add 成员函数实现代码如下:

```
int CTempValue::Add(CTempValue &tobj)
{
    int tmp = tobj.val1 + tobj.val2;
    tobj.val1 = 1000;                     //这里修改对外界直接产生影响
    return tmp;
}
```

执行一下程序可以看到,结果如下:

```
调用了构造函数!
val1 = 10
val2 = 20
Sum = 30
tm.val1 = 1000
调用了析构函数!
```

观察上面的结果可以发现,少了一次调用拷贝构造函数和析构函数[提升了效率,如果对象很大,并且还从其他父类继承(继承会导致父类的拷贝构造函数也执行),那效率也许会提升很大],但是 tm.value1 的值在函数内部修改,直接被带到了函数外部,影响了函数外部 tm 对象的值,这就是引用的能力(能影响外界的实参),读者们已经不陌生了。

2. 类型转换生成的临时对象/隐式类型转换以保证函数调用成功

这里要讲的是一个真临时对象,因为这个临时对象确实存在,但是从程序代码的角度不能直接看到它。在 main 主函数中写如下代码:

```
CTempValue sum;
sum = 1000;
```

执行一下程序可以看到,结果如下:

```
调用了构造函数!
val1 = 0
val2 = 0
调用了构造函数!
val1 = 1000
val2 = 0
调用了析构函数!
调用了析构函数!
```

不妨好好跟踪一下上述代码,其中代码行 CTempValue sum;执行后的结果如下:

```
调用了构造函数!
val1 = 0
val2 = 0
```

上面的执行结果说明调用了构造函数,这是对的,因为构造了 sum 这个对象。继续执行代码行"sum = 1000;"。

这一条语句使结果突然多出如下 4 行(不同的编译器因为优化选项不同,所以下面这个结果只供参考,不一定完全一样):

```
调用了构造函数!
val1 = 1000
val2 = 0
调用了析构函数!
```

从这 4 行结果看得出来,系统调用了一次 CTempValue 类的构造函数和析构函数,这说明系统肯定产生了一个对象,但这个对象在哪里,通过代码完全看不到,所以这个对象是一个真正的临时对象。

产生这个临时对象的原因是什么呢？是因为把 1000 赋给 sum,而 sum 本身是一个 CTempValue 类型的对象,1000 是一个数字,那怎样把数字能转化成 CTempValue 类型的对象呢？所以编译器这里帮助我们以 1000 为参数调用了 CTempValue 的构造函数创建了一个临时对象,因为 CTempValue 构造函数的两个参数都有默认值,所以这里的数字 1000 就顶替了第一个参数,而第二个参数系统就用了默认值,所以从 1000 是可以成功创建出 CTempValue 对象的。

为了方便进一步观察,往 CTempValue 类中增加 public 修饰的拷贝赋值运算符的定义代码,如下:

```
CTempValue& operator = (const CTempValue& tmpv)
{
    //不能用初始化列表,只有构造函数才有初始化列表
    val1 = tmpv.val1;
    val2 = tmpv.val2;
    cout << "调用了拷贝赋值运算符!" << endl;
    return * this;
}
```

再次执行程序,当执行 sum = 1000;这一条语句时,出现了如下 5 行结果:

```
调用了构造函数!
val1 = 1000
val2 = 0
调用了拷贝赋值运算符!
调用了析构函数!
```

这个结果比上一个结果多了一个"调用了拷贝赋值运算符!",而且也注意到了 sum 对象的成员变量 val1 的值变成了 1000,这是因为"拷贝赋值运算符"里面的代码所致。

总结"sum = 1000;"这行代码系统做了哪些事:

- 用 1000 这个数字创建了一个类型为 CTempValue 的临时对象。
- 调用拷贝赋值运算符把这个临时对象里面的各个成员值赋给了 sum 对象。
- 销毁这个刚刚创建的 CTempValue 临时对象。

既然产生了临时对象,那是否能够想办法把代码优化一下？可以的。把 main 主函数中刚刚写的两行代码优化成下面一行:

```
CTempValue sum = 1000;
```

通过设置断点调试跟踪的手法执行这行代码,出现了如下 3 行结果:

```
调用了构造函数!
val1 = 1000
val2 = 0
```

通过这 3 行结果可以真正看到,系统没有生成临时对象,所以系统少调用了一次构造函

数，少调用了一次拷贝赋值运算符、少调用了一次析构函数。

针对"CTempValue sum = 1000;"代码行，这里的"="不是赋值运算符，而是"定义时初始化"的概念，笔者已经多次强调过。这行代码的工作过程是怎么样的呢？可以这样理解：在这里定义了 sum 对象，系统就为 sum 对象创建了预留空间，然后用 1000 调用构造函数来构造临时对象的时候，这种构造是在为 sum 对象创建的预留空间里进行的，所以并没有真的产生临时对象。

再举一例，看一看"隐式类型转换以保证函数调用成功"的例子，与上个例子异曲同工，写法有点区别：

```
//统计字符 ch 在字符串 strsource 里出现的次数,把次数返回去
int calc(const string& strsource, char ch)
{
    const char * p = strsource.c_str();
    int icount = 0;
    //……具体的统计代码
    return icount;
}
```

在 main 主函数中代码如下：

```
char mystr[100] = "I love China,oh,yeah!";
int result = calc(mystr, 'o');
```

上面这两行代码调用了 calc 函数，显然 mystr 的类型和 calc 函数中形参 strsource 的类型不同，一个是 char 数组，一个是 constr string&，但是这个函数能调用成功。这说明什么呢？这说明编译器帮助我们做了一些事情，解决了这里类型不匹配的问题。那编译器是怎样做的呢？那就是编译器产生了一个类型为 string 的临时对象，这个临时对象的构造方式就是**用 mystr 作为参数，调用了 string 的构造函数**，这样形参 strsource 就绑定到这个 string 临时对象上了。当 calc 函数返回的时候，这个临时对象会被自动销毁。

这种临时对象的产生和销毁就是成本，对效率肯定是有一定影响，所以应该尽量好好设计代码，避免这种临时对象的产生。

同时，还要注意到另外一个问题，上面的代码如果简单修改一下 calc 函数，把第一个形参中的 const 去掉，会发现编译出现错误。为什么？反过来想就想通了：这个 string &strsource 表示一个引用，如果前面不加 const，系统就会认为，程序员可能会修改 strsource 所绑定的对象的值，或者程序员有修改 strsource 对象所绑定的值的倾向（如果没有这个倾向为啥不在前面加 const?）。

但是不要忘了，系统产生的是一个临时 string 对象，系统当然不能容许有修改临时 string 对象的情形发生，所以系统一定要将这种修改 string 临时对象的倾向或者想法消灭在萌芽之中。怎么消灭在萌芽之中呢？那就是：C++语言**只会为 const 引用**（如上面这个 calc 成员函数中的形参 const string &strsource）**产生临时对象**，而不会为非 const 引用（如 string &strsource）产生临时对象，这一点在 17.3.3 节中还有一个更详细一点的描述。

所以，如果不加 const，就会导致系统产生不了临时 string 类型对象。那显然 char []和 string 类型不兼容，那就自然而然地产生编译错误。如果非不加这个 const 在 string

&strsource 之前,那么代码只能这样修改:

```
string mystr = "I love China,oh,yeah!";
int result = calc(mystr, 'o');
```

最终,笔者写了两个 calc 函数(重载关系),分别如下:

```
int calc(const string& strsource, char ch)
{
    const char * p = strsource.c_str();
    int icount = 0;
    //……具体的统计代码
    return icount;
}

int calc(string& strsource, char ch)
{
    const char * p = strsource.c_str();
    int icount = 0;
    //……具体的统计代码
    return icount;
}
```

而后在 main 主函数中写了三段测试代码,读者可以一一测试,看一看调用了哪个 calc 函数:

```
{
    char mystr[100] = "I love China,oh,yeah!";
    int result = calc(mystr, 'o');          //看调用的是哪个 calc 函数(第一个)
}
{
    string mystr = "I love China,oh,yeah!";
    int result = calc(mystr, 'o');          //看调用的是哪个 calc 函数(第二个)
}
{
    const string mystr = "I love China,oh,yeah!";
    int result = calc(mystr, 'o');          //看调用的是哪个 calc 函数(第一个)
}
```

3. 函数返回对象的时候

这是一个真临时对象,因为这个临时对象确实存在,但是从程序代码的角度又无法直接看到它。

继续以刚才的类 CTempValue 来讲解,现在这个类已经有了构造函数、析构函数、拷贝构造函数、拷贝赋值运算符。对于演示来讲,已经足够。

在 MyProject.cpp 的前面增加一个普通的全局函数:

```
CTempValue Double(CTempValue& ts)
{
    CTempValue tmpm;                        //这里会消耗一次构造和一次析构函数的调用
    tmpm.val1 = ts.val1 * 2;
```

```
        tmpm.val2 = ts.val2 * 2;
        return tmpm; //断点到这里,会发现调用了拷贝构造函数和析构函数,这表示生成了临时对象
    }
```

在 main 主函数中增加如下代码:

```
CTempValue ts1(10, 20);
Double(ts1);                          //为简单,先不接收函数 Double 返回的结果
```

设置断点,运行起来,进行跟踪和调试,可以发现,在上面的 Double 函数中,return tmpm;这行代码一执行,结果会立即多出如下两行输出结果,这两行输出结果表示肯定生成了一个临时对象:

> 调用了拷贝构造函数!
> 调用了析构函数!

看上面的结果:

- 其中,"调用了拷贝构造函数!",认为是系统生成了一个临时 CTempValue 对象所导致,同时,系统还把 tmpm 对象信息复制给临时对象了,因为 tmpm 对象的生命周期马上要结束,在销毁之前,系统要把 tmpm 的信息复制出来(复制到临时对象中去)。
- 其中,"调用了析构函数!",认为是 Double 函数里面的 tmpm 对象销毁时系统调用了 CTempValue 类的析构函数所致。

继续跟踪程序运行,当程序执行流程从 Double 函数返回,可以看到程序又输出了一行结果信息:

> 调用了析构函数!

目前整个的程序输出信息如图 14.17 所示。

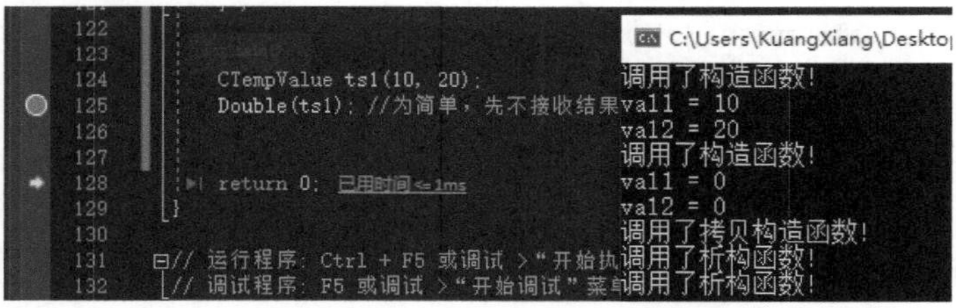

图 14.17　函数返回临时对象结果演示

上面结果中多出来的"调用了析构函数!"又是哪个对象被销毁(释放)所致?这个其实就是上面提到的临时对象的,因为 Double 函数中返回了一个临时对象,但是这个临时对象并没有被用到(也就是 Double 函数返回的结果并没有变量来接收),所以从 Double 函数返回后,这个临时对象直接就被系统释放了。

所以,通过上面分析不难看到,这个临时对象又导致多调用了一次拷贝构造函数和一次析构函数。

现在修改一下 main 主函数中的代码。修改后的代码如下,用 ts3 来接 Double 函数返回的值:

```
CTempValue ts1(10, 20);
CTempValue ts3 = Double(ts1);
```

　　继续加断点调试，看看这次的结果和上面的区别是什么。可以发现，唯一区别就是当执行"CTempValue ts3 ＝ Double(ts1)；"这行，并且正好从 Double 函数返回时，输出结果中并没有多出一行"调用了析构函数"这个信息，如图 14.18 所示（注意和图 14.17 进行比较）。

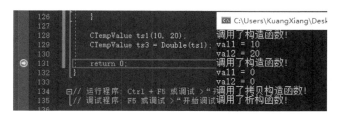

图 14.18　函数返回临时对象但该临时对象有变量来接收结果演示

　　所以，通过分析这个结果可以看到，函数 Double 返回的临时对象实际是被直接构造到 ts3 里面去了，并不是说构造了一个临时对象，然后把临时对象的值再复制到 ts3 里，最后再把临时对象释放掉，相当于临时对象被 ts3 接管了或者说 ts3 其实就是这个临时对象了（这就属于编译器内部的一些优化手段和措施）。所以，Double 函数返回的这个临时对象直接使用了为 ts3 预留的空间，这些概念很重要，又不太好理解，请读者更多一些细心和耐心。

　　这里可以根据前面讲解的左值、右值概念，进一步思考一下，前面说过：右值引用一般绑一些即将销毁的临时对象上。那么 Double 函数返回了一个临时对象，可以尝试用一个右值引用去绑一下看看。修改 main 主函数中的代码如下：

```
CTempValue ts1(10, 20);
CTempValue&& ts3 = Double(ts1);
```

　　上面代码运行起来没问题，可以成功绑定，而且 Double 函数调用这行代码执行完后，得到的结果和图 14.18 一样（输出结果中同样比图 14.17 少一行）。这同样说明，Double 函数返回的临时对象的生命周期并没有完结，而是被 ts3 接管去了，只要在 ts3 的作用域范围内，这个临时对象就一直有效。从这个角度来讲，感觉右值引用 ts3 和如下行效果差不多：

```
CTempValue ts3 = Double(ts1);
```

　　这里请读者记住一个结论：**临时对象就是一种右值**。
　　现在把调用 Double 函数会消耗的内容汇总一下：

```
CTempValue tmpm;    //这行会消耗一次构造函数和一次析构函数的调用
return tmpm;        //返回临时对象最终它又占用了一次拷贝构造函数和一次析构函数的调用
```

　　分析并弄明白这些来龙去脉之后，不禁要问一个问题，代码有没有优化的空间？其实是有的，尝试把这两行调用构造函数的代码合成一行。改造一下 Double 函数如下：

```
CTempValue Double(CTempValue& ts)
{
    return CTempValue(ts.val1 * 2, ts.val2 * 2);
}
```

设置断点并进行跟踪调试可以看到,在执行"return CTempValue(ts.val1 * 2, ts.val2 * 2);"代码行时,系统调用 CTempValue 类构造函数构造了一个对象,这个对象能从代码里看到(假临时对象)。如果有一个变量用来接收 Double 函数返回的值,则不会立即调用这个对象(假临时对象)的析构函数,否则会立即调用这个对象(假临时对象)的析构函数。

```
CTempValue &&ts3 = Double(ts1);          //这表示 Double 函数返回的值由 ts3 来接
```

所以,通过优化代码,用了一次构造函数一次析构函数的代价取代了"一次构造函数、一次拷贝构造函数、两次析构函数",也就是省下了"一次拷贝构造函数、一次析构函数"的代价。

4. 类外的运算符重载之中的优化

这里先介绍一个额外的知识点:类外的运算符重载。

14.6.2 节曾讲过拷贝赋值运算符的重载,当时是把赋值运算符写在类的里面作为类的成员函数,这种感觉如下:

```
Time& Time::operator = (const Time& tmpTime)
{
    ......
    return * this;
}
```

其实运算符的重载不非要依托于类,也可以写成一个独立的函数,只不过写成独立的函数时,参数有一定的变化。

如果写成一个独立的函数,那这个函数就应该有两个参数(谁赋值给谁的问题),当然函数也得修改。这里笔者并不准备带着读者写这种独立的赋值运算符,为了讲解临时对象的概念,笔者准备写一个独立的"+"运算符。看看代码应该怎样写(不太推荐这种写法,这种运算符还是应该写在类里边,体现出代码的一种封装性。笔者之所以会讲这种写法是防止读者日后看到这样的代码不知所措),可以将下面的代码添加在 MyProject. cpp 文件的上面:

```
class mynum
{
public:
    mynum()                          //构造函数
    {
        cout << "调用了构造函数!" << endl;
    }
    mynum(const mynum& t)            //拷贝构造函数
    {
        cout << "调用了拷贝构造函数!" << endl;
    };
    virtual ~mynum()                 //析构函数
    {
        cout << "调用了析构函数!" << endl;
    };
public:
    int num1;
```

```
        int num2;
};
//类外的运算符重载,针对两个 mynum 类对象的加法运算符
mynum operator + (mynum& tmpnum1, mynum& tmpnum2)
{
    mynum result;
    result.num1 = tmpnum1.num1 + tmpnum2.num1;
    result.num2 = tmpnum1.num2 + tmpnum2.num2;
    return result;
}
```

在 main 主函数中：

```
mynum tm1;
tm1.num1 = 10;
tm1.num2 = 100;
mynum tm2;
tm2.num1 = 20;
tm2.num2 = 200;
mynum tm3 = tm1 + tm2;                    //会执行 operator + (…)
```

重点看 operator＋这个函数中的代码,其中有个局部的对象 result 被 return 出去了,这种函数返回一个对象的情况也会导致产生临时对象。这里 operator＋必须返回一个对象,这个对象表示两个类对象相加的和(而"和"这个对象是局部的,不可能带到外面去,所以编译器肯定会通过生成临时对象来处理结果的返回问题)。

所以,这种临时对象,系统肯定是要付出调用构造函数、拷贝构造函数和析构函数成本的。

如何优化呢? 相信通过上一个例子的讲解,读者已经找到了本例子的优化方法,就是从 operator＋入手,修改该函数。修改后的代码如下：

```
mynum operator + (mynum &tmpnum1, mynum &tmpnum2)
{
    return mynum(tmpnum1.num1 + tmpnum2.num1, tmpnum1.num2 + tmpnum2.num2);
}
```

当然,还需要在 mynum 类的定义中修改原来的构造函数。修改后的构造函数如下(注意带两个默认参数)：

```
mynum(int x = 0, int y = 0) :num1(x), num2(y)   //构造函数
{
    cout << "调用了构造函数!" << endl;
}
```

执行起来,经过这样的优化之后,少调用了一次拷贝构造函数,也少调用了一次析构函数。

给出两点建议：

- 在写代码的时候,尽量用本节所讲的写代码的方法,减少甚至避免临时对象的产生。
- 要锻炼眼神,能够尽量看出哪些地方可能会产生临时对象,一般来讲以上述讲到的几种情况居多,尤其是一个函数只要返回一个对象,一般都会产生临时对象。

14.14 对象移动、移动构造函数与移动赋值运算符

14.14.1 对象移动的概念

14.5 节详细讲过对象复制的概念，而 14.13 节也详细讲了临时对象的概念。可以想象到，临时对象的产生肯定要面临大量数据的复制，例如把数据复制给临时对象，然后又把数据从临时对象复制出来等。这种复制显然会极大地影响程序运行效率，所以 C++11 中引入了一种新概念，叫作"对象移动"。

如何理解"对象移动"这个概念？或者说这个概念/特性有什么优点呢？

读者都知道，临时对象的生存期一般都很短，一旦过了生存周期，系统会把它们销毁。如果在它们将要销毁之前，把这些临时对象中的某些有价值的数据如 new 的一块内存接管过来，那么创建该类新对象时就不用再 new 一块新内存。也就是说，把临时对象中一些内容的所有权转移给自己的其他对象（如 new 出来的内存从 A 对象的变成 B 对象的）。所有权转移之后，销毁临时对象时，已经转移出去的数据当然就不需要随之一起销毁了。

总结：对象移动，就是把一个不想用了的对象 A 中的一些有用的数据提取出来，在构建新对象 B 的时候就不需要重新构建对象中的所有数据——从不想用了的对象 A 中提取出来的有用数据在构建对象 B 时都可以拿来使用。

这里不太明白并没有关系，后面会写详细的实现代码，相信届时读者就会明白对象移动是如何运作的。

14.14.2 移动构造函数和移动赋值运算符概念

移动构造函数和移动赋值运算符都是 C++11 中引入的新概念。

14.12 节学习了左值、右值、左值引用、右值引用的概念，还学习了 std::move 函数，该函数强制把一个左值转成一个右值。

读者肯定有一个疑问，搞出这么多概念是用来做什么的？其实引入这些主要就是为了解决一个问题：效率问题。程序的高效运行是每位程序员所希望看到的，但是程序员也会遇到尴尬的问题，如对象之间的复制、对象之间的赋值等操作，这些操作无疑效率不会很高，所以，为了程序运行效率的进一步提高，引入了一种新的构造函数——移动构造函数。

前面学习了拷贝构造函数、拷贝赋值运算符等，相信每位读者都有一个感觉：对象复制的成本是很高的，尤其是容器，里面如有几千个元素，那么如果对这个容器对象进行复制，里面的元素都要逐个复制，非常影响程序运行效率。

为此，提出了移动构造函数和移动赋值运算符的概念，与拷贝构造函数和拷贝赋值运算符有些类似。有两点要说明：

（1）如果复制数据，如要把对象 A 复制给对象 B，那对象 A 里面的数据还能使用，但如果把对象 A（实际上是对象 A 中部分数据）移动给对象 B（对象 A 的数据就会出现残缺），那显然对象 A 就不能再被使用，否则因为数据的残缺可能会导致出现问题。

（2）这里移动的概念并不是把内存中的数据从一个地址倒腾到另外一个地址，因为倒腾数据这个动作工作量很大（跟复制没啥区别），影响效率。所以，这里所讲的移动，指的是

把一块内存地址中的数据的所有者从原来的所有者标记为新所有者,如原来这块数据的所有者是对象 A,经过所谓的"移动"后,这块数据的所有者就变成对象 B 了。此时对象 A 就变得残缺了,原则上就不要再去使用对象 A 了。

显然,移动这件事效率会很高,比复制效率高得多,如果源对象 A 不再使用,那么,直接把源对象 A 中的某些 new 出来的数据移动给目标对象 B,那就相当于数据还是这一堆数据,只是属主换了另外一个人,这种数据移动的效率,显然比数据复制就高,甚至某些情况下会高很多。

移动构造函数与拷贝构造函数很类似,拷贝构造函数的写法可以回忆一下:

```
Time::Time(const Time& tmptime){…}
```

请注意这里拷贝构造函数里的形参是一个 const 引用,也是一个左值引用带一个"&"。

在移动构造函数中,这个形参是一个右值引用而不是左值引用,也就是带两个"&"(&&)的引用。其实,右值引用这个概念,就是为了支持这里所说的对象移动的操作的。所以 C++11 这个标准才新创造出来一个带两个"&&"的类型。

很多资料上都说:右值引用主要是用来绑定到那些即将销毁/一些临时的对象上。笔者不常提这种说法,因为这种说法会让读者感到疑惑,因为没有上下文环境,单独就说右值绑定到那些即将销毁的对象上,很让人难以理解,为什么要绑定到即将销毁的对象上?

但是,结合这里讲解的移动构造函数,就不难理解了,移动构造函数,形参是带两个"&&"的引用,也就是右值引用,C++就是这样规定的:移动构造函数的第一个参数就是一个右值引用参数(那实参就得传递进来一个右值,因为右值引用形参正是要绑右值的,所以,右值作为实参),C++就是根据传递进来的是否是一个右值实参来确定是不是要调用移动构造函数或者是不是要调用移动赋值运算符。

又因为,例如说要把对象 A 移动给对象 B,这意味着对象 A 的某些数据移动给对象 B,那意思就很明显:对象 A 并不准备再使用了,今后只使用对象 B 了。所以,在移动构造函数/移动赋值运算符中,传递进来的这第一个参数(右值),换句话说就是对象 A,那么读者可能会明白为什么很多资料说,右值引用主要是用来绑定到那些即将销毁/一些临时的对象上,因为这里的对象 A 就是程序员不想在后续再使用的对象,也就是这个即将销毁的或者说临时的对象。

移动构造函数除了第一个参数是右值引用之外,如果有其他额外的参数,那么这些额外的参数都要有默认值,这一点和拷贝构造函数完全相同。

因为移动构造函数和移动赋值运算符都是函数,函数体代码要由程序员自己来写,当然代码可以随意书写,甚至可以在这个函数中一行代码都不写,如拷贝构造函数,虽然名字上来说它叫拷贝构造函数,但如果程序员不往里面写任何一行代码,那实际上这个拷贝构造函数就没有完成它自己应该完成的使命——没有真正实现拷贝构造函数应该实现的数据复制功能。

移动构造函数和移动赋值运算符也一样,这些函数的代码是系统在一定时机调用,但代码内容却是由程序员自己来写,程序员应该写出负责任的代码,这些代码应该规范地完成移动构造函数和移动赋值运算符本来应该完成的使命。

所以写移动构造函数或者移动赋值运算符时,要实现一些主要的功能:

（1）要完成资源的移动（对于对象 A 中要移动给对象 B 的内存，让对象 B 指向这块内存，斩断对象 A 和这段内存的关系，防止后续对象 A 误操作这块内存，这块内存已经不再属于对象 A 了）。

（2）确保移动后源对象处于一种"即便被销毁也没有什么问题"的状态，这个就是上面所说的对象 A。在程序代码中要自动自觉地确保执行完移动构造函数后，不再使用对象 A，因为对象 A 的数据有一部分已经转移给了对象 B，本身已经残缺。而且，对于程序员来讲，一般也是在不需要继续使用对象 A 的情况下才会把对象 A 的一些数据移动给对象 B。

14.14.3　移动构造函数演示

在文件 MyProject.cpp 的 main 主函数上面定义一个类 B，类 B 中包含一个构造函数和一个拷贝构造函数：

```cpp
class B
{
public:
    B() :m_bm(100)
    {
        std::cout << "类 B 的构造函数执行了" << std::endl;
    }
    B(const B& tmp)
    {
        m_bm = tmp.m_bm;
        std::cout << "类 B 的拷贝构造函数执行了" << std::endl;
    }

    virtual ~B()
    {
        std::cout << "类 B 的析构函数执行了" << std::endl;
    }
    int m_bm;
};
```

在 main 主函数中，增加如下代码：

```cpp
B* pb = new B();                    //new 时，系统会调用 B 类的构造函数
pb->m_bm = 19;
B* pb2 = new B(*pb);                //这种给参数的 new 系统会调用 B 类的拷贝构造函数
delete pb;
delete pb2;
```

上面这几行代码通过设置断点跟踪调试不难发现，pb 和 pb2 指向的是不同的内存，这意味着这两个对象指针分别指向了两个不同的类 B 对象。

下面在已经定义好的类 B 下面再定义一个类 A，类 A 中有个 B* 类型的成员变量 m_pb 用来指向 B 类对象，请注意 m_pb 成员的初始化代码怎样写：

```cpp
class A
{
public:
```

```
    A() :m_pb(new B())                  //这要调用类 B 的构造函数
    {
        std::cout << "类 A 的构造函数执行了" << std::endl;
    }
    A(const A& tmpa) : m_pb(new B( * (tmpa.m_pb))) //这要调用类 B 的拷贝构造函数
    {
        std::cout << "类 A 的拷贝构造函数执行了" << std::endl;
    }
    ~A()
    {
        delete m_pb;
        std::cout << "类 A 的析构函数执行了" << std::endl;
    }
private:
    B *  m_pb;
};
```

在类 A 定义的下面,再写一个普通的函数 getA:

```
static A getA()
{
    A a;
    return a;
}
```

在 main 主函数中,看如下代码:

```
A a = getA();
```

执行代码,注意观察输出结果(此时可以把类 B 成员函数中显示的输出信息暂时注释掉,防止信息太多影响观看):

```
类 A 的构造函数执行了
类 A 的拷贝构造函数执行了
类 A 的析构函数执行了
类 A 的析构函数执行了
```

通过执行结果不难发现,调用了一次构造函数,调用了一次拷贝构造函数(这个拷贝构造函数实际上就是用于产生临时对象的),这里目前实际上是生成了临时对象,这些内容在14.13 节已经详细讲解过。

现在给类 A 增加一个移动构造函数,在类 A 定义中增加用 public 修饰的移动构造函数代码。代码先这样写:

```
A(A&& tmpa)   //移动构造函数定义代码和拷贝构造函数定义代码,非常类似,只有参数不同
{
    std::cout << "类 A 的移动构造函数执行了" << std::endl;
}
```

再次执行代码,注意观察输出结果:

> 类 A 的构造函数执行了
> 类 A 的移动构造函数执行了
> 类 A 的析构函数执行了
> 类 A 的析构函数执行了

通过执行结果不难发现,上次执行时调用了一次拷贝构造函数,而本次执行没有调用拷贝构造函数,而是调用了一次移动构造函数。这说明系统的工作比较智能,有它自己的考量和判断,它发现调用移动构造函数更合适的时候它会调用移动构造函数,尤其是生成了临时对象这种情形,更应该调用移动构造函数而不是拷贝构造函数,因为临时对象是右值(14.13.2 节详细说过),而移动构造函数的形参正好是右值引用,所以调用移动构造函数比调用拷贝构造函数更合适。

结合此时的输出结果,再分析函数 getA 的代码,很显然,getA 函数中的代码就相当于对象 a 中的数据移动给临时对象(要返回的这个对象)。注意下面为 getA 函数代码增加了一行注释:

```
static A getA()
{
    A a;
    return a;   //这里会执行类 A 的移动构造函数,把对象 a 的数据移动给要返回的临时对象
}
```

现在虽然类 A 的移动构造函数已经写出来了,但是其中没有实质性的代码,程序员要负责在其中加入有实际意义的工作代码,完成应该完成的功能。在类 A 的移动构造函数中,应该完成什么功能呢?

思考后不难发现,在类 A 的移动构造函数中应该处理 m_pb 成员变量。因为我们是希望用 m_pb 来产生一个类 B 对象的,所以在类 A 的构造函数和拷贝构造函数中都有 new B 的相关代码。读者都知道,new 分配的内存是在堆上,其释放的时间是程序员来控制的,所以假如有 a1、a2(临时对象)两个类 A 对象,如果要用 a1 移动构造 a2,那么 a1 所指向的 m_pb 这块内存就要转让给 a2,这样构造 a2 的时候,就不需要创建 m_pb 这块内存了。

图 14.19 所示是对象 a1 原始的样子。注意,对象 a1 的 m_pb 成员变量正指向一个 new 出来的类 B 对象(堆中对象,只有堆中的对象的所有权才能被转移)。

当使用对象 a1 移动构造对象 a2 后,示意图如图 14.20 所示。注意,此时对象 a1 的 m_pb 成员变量的指向已经被打断,而对象 a2 的 m_pb 成员变量指向由原来对象 a1 的 m_pb 成员变量所指向的 B 类对象内存。

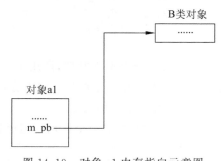

图 14.19　对象 a1 内存指向示意图

观察图 14.20 不难看出,移动构造函数中应该做两件事:

- 让临时对象 a2 中的 m_pb 指向对象 a1 中的 m_pb 所指向的内存。
- 打断对象 a1 中的 m_pb 所指向的内存(如图 14.20 中的叉标记),否则对象 a1 释放的时候会把 m_pb 所指向的内存(对象 b)给释放掉(因为类 A 的析构函数里有 delete)。

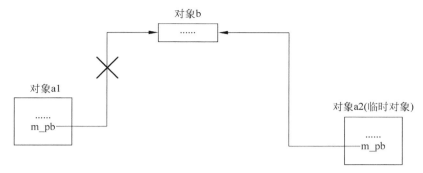

图 14.20 用对象 a1 移动构造对象 a2 后的内存指向示意图

现在看一看类 A 的移动构造函数里的代码应该怎样写。改造一下类 A 的移动构造函数：

```
//形参 tmpa 就是 a1 对象
A(A&& tmpa) :m_pb(tmpa.m_pb) //原来对象 a1 中 m_pb 指向的内存由临时对象(a2)的 m_pb 接管(指向)
{
    tmpa.m_pb = nullptr;                  //打断原对象 a1 中 m_pb 所指向的内存
    std::cout << "类 A 的移动构造函数执行了" << std::endl;
}
```

在写自己的移动构造函数时要小心，指针类型的成员要仔细处理，因为一旦处理不好，程序就会运行崩溃。

运行一次整个程序，感觉没什么问题。

改造一下 main 主函数，往里面增加一行代码。现在 main 主函数的代码看起来是下面这个样子：

```
A a = getA();
A a1(a);
```

再次运行整个程序，结果如下：

类 A 的构造函数执行了
类 A 的移动构造函数执行了
类 A 的析构函数执行了
类 A 的拷贝构造函数执行了
类 A 的析构函数执行了
类 A 的析构函数执行了

其中，前 3 行输出是执行"A a = getA();"代码行所产生的结果。简单分析一下：

- 第 1 行结果，是因为 getA 函数中的"A a;"代码行所产生。
- 第 2 行结果，是因为 getA 函数中的"return a;"代码行所产生，这行代码导致产生临时对象，调用临时对象的移动构造函数。
- 第 3 行结果，是因为离开了 getA 函数导致该函数中的对象 a 被释放从而调用了析构函数。

再继续看另外 3 行结果，最后两行是程序退出的时候对象 a 和对象 a1 释放时调用了析构函数,所以最后两行不用管。重点聚焦在结果的第 4 行输出——"类 A 的拷贝构造函数执行了"这行。

第 4 行结果显然是代码行"A a1(a);"的执行引起的,这说明构造对象 a1 的时候用到了类 A 的拷贝构造函数。

根据类 A 的拷贝构造函数的实现代码,类 A 的拷贝构造函数中 new 出来一个 B 对象,这个执行效率就差一些。如果在执行完代码行"A a1(a);"之后,后续代码不准备再使用对象 a 了,那可以把对象 a 中的信息移动给对象 a1,这种构造对象 a1 的效率(程序执行效率)肯定更高。

现在继续改造一下类 A 的移动构造函数,在函数后面增加 noexcept 关键字(这也是 C++11 新标准引入的一个关键字)。注意,如果移动构造函数的函数声明和函数实现分开的话,那么在声明和实现部分都加 noexcept 关键字。这个 noexcept 关键字用来通知编译器该移动构造函数不抛出任何异常(提高编译器工作效率,否则编译器会为可能抛出异常的函数做一些额外的处理准备工作)。如果加了 noexcept 关键字,但是该函数里抛出了异常("异常"用得比较少,抛出异常可以用一些专门的代码。不过这里并不准备专门讲解异常,读者有兴趣的话可以借助搜索引擎来了解),那么整个程序会被终止运行。

读者目前不用想太多,就记住移动构造函数习惯性地加 noexcept 在末尾,所以就遵照习惯,把它加上,注意 noexcept 的位置。修改后的类 A 的移动构造函数如下:

```
A(A&& tmpa) noexcept :m_pb(tmpa.m_pb)
{
    tmpa.m_pb = nullptr;
    std::cout << "类 A 的移动构造函数执行了" << std::endl;
}
```

现在注释掉 main 主函数中的所有代码,重新写过,准备生成一个对象 a2,通过对象 a 来生成。这里的需求是希望通过类 A 的移动构造函数来生成对象 a2,也就是说把对象 a 的数据转移给 a2,那如何做到让系统调用类 A 的移动构造函数来生成对象 a2 呢?这时就需要用到 std::move。通过前面的学习,已经知道 std::move 的功能并不是用来移动什么,而是能够把一个左值变成一个右值,因为移动构造函数的形参正好需要右值,所以在 main 主函数中重新写过的代码行如下:

```
A a = getA();
A a2(std::move(a));
```

再次运行整个程序,结果如下:

```
类 A 的构造函数执行了
类 A 的移动构造函数执行了
类 A 的析构函数执行了
类 A 的移动构造函数执行了
类 A 的析构函数执行了
类 A 的析构函数执行了
```

观察 main 主函数中的代码,本例中对象 a2 的构造和上例中对象 a1 的构造相比,a1 对象的构造调用的是类 A 的拷贝构造函数,而对象 a2 的构造调用的是类 A 的移动构造函数。

也就是说,当系统判断到构造 a2 对象时圆括号后面的实参是一个右值时就会帮助调用移动构造函数来构造对象了(因为移动构造函数的形参正好是一个右值引用,专接收右值)。

通过跟踪调试不难发现,执行完"A a2(std::move(a));"这行代码后,a. m_pb 已经等于 nullptr 了(这是类 A 移动构造函数中代码行"tmpa. m_pb = nullptr;"执行的结果),如图 14.21 所示。

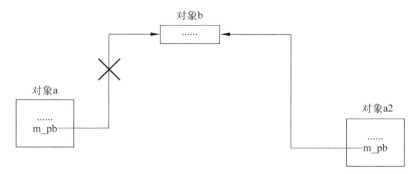

图 14.21 对象 a 的(某些)数据移动到了对象 a2 后的内存指向示意图

现在读者对移动构造函数何时会被调用,以及移动构造函数中应该做一些什么事情,应该有了一个比较清晰和直观的理解和认识了。

现在笔者要换一种写法,把刚才 main 主函数中的"A a2(std::move(a));"代码行注释掉,变成如下代码行:

```
A &&a2(std::move(a));
```

请各位读者仔细看上面的代码行,不要被迷惑。这行代码根本不产生新对象,当然也不会调用类 A 的移动构造函数,可以通过跟踪调试观察,这行代码的效果等同于把对象 a 的名修改为 a2,或者说对象 a 和对象 a2 代表同一个对象。

现在把话题转回去,还是看"A a2(std::move(a));"代码行,这个代码行通过对象 a 构造对象 a2,构造对象过程中调用了类 A 的移动构造函数,从而节省了一定的构造对象的效率(因为对象 a2 的成员变量 m_pb 所指向的内存不用重新开辟了)。

此时,把 main 主函数中所有代码行注释掉,增加全新的代码行如下:

```
A &&ady = getA();
```

执行程序,得到如下输出结果:

```
类 A 的构造函数执行了
类 A 的移动构造函数执行了
类 A 的析构函数执行了
类 A 的析构函数执行了
```

设置断点并跟踪调试不难发现,代码行"A &&ady = getA();"执行完毕后产生的结果是前面的 3 行。这意味着从 getA 函数中返回的临时对象被绑定到 ady 上了(被 ady 接管了),那么这个临时对象的生命周期就持续到 ady 结束(ady 的生命周期是整个 main 主函数结束时才结束)。

14.14.4　移动赋值运算符演示

14.6.2 节学习了拷贝赋值运算符,所以这里要讲的移动赋值运算符也就不难理解。
现在在原有基础上向类 A 中增加拷贝赋值运算符和移动赋值运算符:

```
//拷贝赋值运算符
A& operator = (const A& src)
{
    if (this == &src)
        return * this;

    delete m_pb;                    //把自己原来这块内存释放掉
    m_pb = new B( * (src.m_pb));    //重新分配一块
    std::cout << "类 A 的拷贝赋值运算符执行了" << std::endl;
    return * this;
}
//移动赋值运算符,末尾也增加 noexcept
A& operator = (A&& src) noexcept
{
    if (this == &src)
        return * this;

    delete m_pb;                    //把自己原来这块内存释放掉
    m_pb = src.m_pb;                //对方的内存直接拿过来
    src.m_pb = nullptr;             //斩断源(也就是对方和该内存的关联)
    std::cout << "类 A 的移动赋值运算符执行了" << std::endl;
    return * this;
}
```

在 main 主函数中,增加全新的代码(以往的代码注释掉):

```
A a = getA();               //移动构造,临时对象直接构造在 a 上
A a2;                       //普通构造
//a2 = a;                   //拷贝赋值运算符,换成如下
a2 = std::move(a);          //移动赋值运算符
```

运行程序,可以看到相关的输出结果,"a2 = a;"代码行会调用类 A 的拷贝赋值运算符,而"a2 = std::move(a);"调用的是类 A 的移动赋值运算符。

请注意拷贝赋值运算符和移动赋值运算符的写法。程序代码并不复杂,可以运用前面讲过的知识,设置断点并进行跟踪调试来不断加强理解。

14.14.5　合成的移动操作

通过前面的学习已经知道,如果不生成自己的拷贝构造函数和拷贝赋值运算符,那么,在某些情况下,编译器会合成拷贝构造函数和拷贝赋值运算符,同样道理,在某些情况下,编译器会合成移动构造函数和移动赋值运算符。针对合成问题有一些说法,总结如下:

(1) 如果一个类定义了自己的拷贝构造函数、拷贝赋值运算符或者析构函数(这三者之一,表示程序员要自己处理对象的复制或者释放问题),编译器就不会为它合成移动构造函

数和移动赋值运算符。这说明只要程序员有自己复制对象和释放对象的倾向，编译器就不会帮助程序员生成移动动作的相关函数（所以有一些类是没有移动构造函数和移动赋值运算符的），这样就可以防止编译器合成出一个完全不是程序员自己想要的移动构造函数或者移动赋值运算符。

（2）回顾前面范例中的类 A，如果类 A 中没有提供移动构造函数和移动赋值运算符，那么前面调用类 A 中移动构造函数和移动赋值运算符的代码行都会变成去调用类 A 的拷贝构造函数和拷贝赋值运算符来代替。这一点是很有意思的事（虽然移动构造函数与拷贝构造函数的形参并不相同以及移动赋值运算符和拷贝赋值运算符的形参并不相同）。这一点读者可以自行尝试。

（3）只有一个类没定义任何自己版本的拷贝构造函数、拷贝赋值运算符、析构函数，且类的每个非静态成员都可以移动时，编译器才会为该类合成移动构造函数或者移动赋值运算符。那什么叫成员可以移动呢？

- 内置类型（如整型、实型等）的成员变量可以移动。
- 如果成员变量是一个类类型，如果这个类有对应的移动操作相关的函数，则该成员变量可以移动。

此时编译器就会依据具体的代码来智能地决定是否合成移动构造函数和移动赋值运算符。看看如下范例。

在 MyProject. cpp 上面定义一个简单的 struct，代码如下：

```
struct TC
{
    int i;                          //内置类型可以移动
    std::string s;                  //string 类型定义了自己的移动操作
};
```

在 main 主函数中，加入如下代码：

```
TC a;
a.i = 100;
a.s = "I love China!";
const char * p = a.s.c_str();

TC b = std::move(a); //导致结构/类 TC 移动构造函数的执行,数据移动不是 std::move 所为,而是
                     //string 的移动构造函数所为
const char * q = b.s.c_str();
```

增加断点调试观察可以看到，执行完上面的代码后，a. s 已经为空（""），这是执行了 string 类移动构造函数的结果。同时，注意到 b. s 结果为"I love China!"（如果此时读者往 TC 结构中增加一个析构函数，就会发现 a. s 不再为空，因为系统不会为 TC 合成移动构造函数）。

另外，p 和 q 指向的内存位置也是不同的，这应该是 string 类的特性所导致，所以这里虽然执行了 string 的移动构造函数，但是似乎也没节省什么性能。

其实，从上面的代码看，编译器之所以会为 TC 合成移动构造函数，完全是因为代码行"TC b = std::move(a);"的存在，编译器为 TC 合成移动构造函数的目的是往该函数中插入代码以调用 string 类的移动构造函数。这段话有点晦涩，请读者慢慢理解！

14.14.6　总结

（1）在有必要的情况下，应该考虑尽量给类添加移动构造函数和移动赋值运算符，达到减少拷贝构造函数和拷贝赋值运算符调用的目的，尤其是需要频繁调用拷贝构造函数和拷贝赋值运算符的场合。当然，一般来讲，只有使用 new 分配了大量内存的这种类才比较需要移动构造函数和移动赋值运算符。

（2）不抛出异常的移动构造函数、移动赋值运算符都应该加上 noexcept，用于通知编译器该函数本身不抛出异常。否则有可能因为系统内部的一些运作机制原本程序员认为可能会调用移动构造函数的地方却调用了拷贝构造函数。此外，此举还可以提高编译器的工作效率。

（3）一个对象移动完数据后当然不会自主销毁，但是，程序员有责任使这种数据被移走的对象处于一种可以被释放（析构）的状态。因此，上面范例中，诸如类 A 的移动构造函数中的"tmpa. m_pb ＝ nullptr;"语句以及移动赋值运算符中的"src. m_pb ＝ nullptr;"语句存在的意义都是使被移走的对象处于一种可以被释放的状态。

（4）一个本该由系统调用移动构造函数和移动赋值运算符的地方，如果类中没有提供移动构造函数和移动赋值运算符，则系统会调用拷贝构造函数和拷贝赋值运算符代替。

14.15　继承的构造函数、多重继承、类型转换与虚继承

14.15.1　继承的构造函数

特别提示，为了描述方便和描述术语上的不重复，父类在这里有时也会被称为基类，子类在这里有时也会被称为派生类。

以一个范例开始，在 MyProject. cpp 的前面增加如下两个父子关系的类的定义：

```
class A
{
public:
    A( int i, int j, int k) {};
};
class B :public A
{
public:
    B(int i,int j,int k):A(i,j,k){}
};
```

在 main 主函数中，加入如下代码：

```
B ad(3,4,5);
```

编译、链接并运行程序，没有任何问题。

C++11 中，派生类能够重用其直接基类定义的构造函数，这种感觉有点像派生类继承了基类的构造函数。

一个类只继承其直接基类（父类）的构造函数（不能继承间接基类如爷爷类的构造函数）。

看一看类 B 是怎样继承类 A（父类）的构造函数的。现在全部重写类 B 的代码如下：

```
class B :public A
{
public:
    using A::A;                              //继承 A 的构造函数
};
```

using 已经见过多次了，14.7.4 节中讲函数遮蔽时就是用这个关键字使父类中的同名函数在子类中可见。所以，using 的功能就是让某个名字在当前作用域内可见。

那么 using 在这里是做什么的呢？在这里，当 using 作用于（后面的代码是）父类的构造函数时，编译器碰到这条 using 语句就会产生代码。产生什么代码呢？编译器会把父类的每个构造函数都生成一个与之对应的子类构造函数，也就是说，父类中的每一个构造函数，编译器都在子类中生成一个形参列表相同的构造函数（但函数体为空）。

可以设想一下编译器生成的子类构造函数的样子：

B(构造函数形参列表……):A(照抄的构造函数形参列表){}

所以，上述的代码，编译器生成的构造函数应该是下面的样子：

B(int i,int j,int k):A(i,j,k){}

请注意，如果父类的构造函数有默认参数，那么编译器遇到这种 using A::A;代码的时候，就会在子类 B 中构造出多个构造函数：
- 第一个构造函数是带所有参数的构造函数。
- 其余的构造函数，每个分别省略掉一个默认参数。

例如，如果父类构造函数如下：

A(int i, int j, int k = 5){…}

那么在子类中的"using A::A;"代码相当于构造了两个子类的构造函数：

```
B(int i,int j,int k):A(i,j,k){};
B(int i,int j):A(i,j){};
```

那么，在 main 主函数中，就可以用两个实参来构造类 B 的对象：

B ad(3,4);

如果父类含有多个构造函数，多数情况下子类会继承所有这些构造函数。当然，如果在子类中定义的构造函数与父类中定义的构造函数有相同的参数列表，那从父类中继承过来的构造函数会被在子类中的定义覆盖掉（其实这就相当于只继承了一部分父类中来的构造函数）。

这种继承构造函数的机制，其实就相当于系统帮助程序员在子类中写了一个构造函数，如果父类的构造函数有默认参数，那么就相当于系统帮助程序员在子类中写了几个构造函数，而且这些函数体都是空的。

继承的构造函数应用的场合不算特别多，但是如果父类中构造函数特别多，用于简化子类中构造函数的书写还是有一定用处的。更多的关于"继承的构造函数"话题，笔者在这里不准备多谈，有兴趣的读者可以做更深入的研究。

14.15.2 多重继承

1. 多重继承的概念

在前面学习子类时已经看到,多数子类都只继承自一个父类,这种形式的继承称为"单继承"。

如果从多个父类产生出子类,就叫"多重继承",以往一个子类只有一个父类,现在多重继承相当于一个子类有多个父类。既然有多个父类,子类就继承了所有父类的内容。

多重继承概念上说起来简单,但内部实现起来很复杂:因为有多个父类,多个父类之间以及父类与子类之间的交织关系使多重继承内部的设计和实现都很烦琐。当然,对于程序员来讲,如果不关心内部工作机制,只是单纯使用,则并不复杂(对于广大读者,能够使用好就可以了,不做更多要求)。

这里直接通过范例来讲解多重继承。

先注释掉 MyProject.cpp 以往的各种测试代码,在 MyProject.cpp 的前面先定义一个 Grand 类(爷爷类):

```cpp
class Grand                              //爷爷类
{
public:
    Grand(int i) :m_valuegrand(i) {}
    virtual ~Grand() {}
    void myinfo()
    {
        cout << m_valuegrand << endl;
    }
public:
    int m_valuegrand;
};
```

再定义一个类 A 继承自 Grand 类:

```cpp
class A : public Grand
{
public:
    A(int i) :Grand(i), m_valuea(i) {}; //每个子类的构造函数,负责解决自己父类的初始化问题
    virtual ~A() {}
    void myinfo()
    {
        cout << m_valuea << endl;
    }
public:
    int m_valuea;
};
```

再定义一个独立的 B 类:

```cpp
class B                                  //该类没继承自任何类
{
public:
    B(int i) :m_valueb(i) {};
    virtual ~B() {}
```

```
    void myinfo()
    {
        cout << m_valueb << endl;
    }
public:
    int m_valueb;
};
```

现在定义子类 C,同时继承父类 A 和父类 B:

```
//类C,公有继承父类A,公有继承父类B,如果这个public不写,默认继承的话,则看C.如果C是
//class(类)则默认是private继承;如果C是struct(结构)则是public继承
class C :public A, public B            //C++语言没明确规定父类可以有多少个
{
public:
    C(int i, int j, int k) :A(i), B(j), m_valuec(k) {}; //注意,因为父类A、B的构造函数都要求
        //参数,所以在子类的构造函数初始化列表里要提供参数.这里格式是类名加上圆括号,
        //内部是实参列表,以这样的形式为类A和类B的构造函数提供初始值
    virtual ~C() {}
    void myinfoC()
    {
        cout << m_valuec << endl;
    }
public:
    int m_valuec;
};
```

在 main 主函数中,增加如下代码:

```
C ctest(10, 20, 50);                    //跟踪调试,发现分别调用了类A和类B的构造函数
ctest.myinfoC();                        //50
```

运行程序,结果一切正常。读者可以注意到,Grand 类、A 类、B 类、C 类的构造函数都被执行了。

但是,在 main 主函数中,如果像下面这样调用,就会出现问题:

```
ctest.myinfo(); //系统不明白是调用父类A还是B的成员函数,因而编译会报错
```

此时必须要添加作用域,明确地告诉系统调用的是 A 类的还是 B 类的成员函数:

```
ctest.A::myinfo();                      //10
```

这种不明确(二义性)在多重继承中偶尔就能碰到,因为基类比较多,保不准哪两个基类就有同名函数。前面是通过添加作用域来明确调用哪个函数,还有一个解决方法是在这个派生类中给该函数定义一个新版本,这个新版本就会遮蔽父类中的同名函数,这在 14.7.4 节讲解函数遮蔽时已经讲解过。例如在 C 类中增加如下用 public 修饰的成员函数:

```
public:
    void myinfo()
    {
        cout << m_valuec << endl;
    }
```

这样的话,再调用 ctest. myinfo();代码就不会存在不明确的问题了。

再看看成员函数内如何调用基类的成员函数。改造一下 C 类的 myinfoC 成员函数，分别调用父类 A 和父类 B 的 myinfo 成员函数。修改后的代码如下：

```
void myinfoC()
{
    cout << m_valuec << endl;
    A::myinfo();                    //调用父类 A 的 myinfo 函数
    B::myinfo();                    //调用父类 B 的 myinfo 函数
    myinfo();
}
```

多重继承与单一继承一个道理，派生类对象会包含每个基类的子对象。上面范例类的继承关系体系结构如图 14.22 所示，而 C 类对象的内存模型如图 14.23 所示。

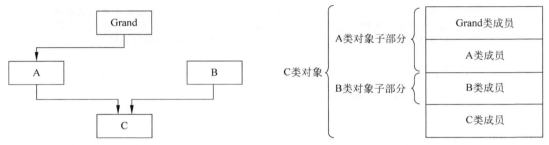

图 14.22 类的多重继承关系体系结构图   图 14.23 C 类对象内存模型

2. 静态成员变量

静态成员变量并不包含在对象中，因为静态成员属于类，不属于某个类的对象。所以说，静态成员变量是跟着类走的。

在 Grand 类中声明一个 public 修饰的静态成员变量：

```
public:
    static int m_static;
```

为了能够使用静态成员变量，光声明是不行的，还必须定义这个静态成员变量，也就是给静态成员变量分配内存，这一点在 14.3.5 节中曾经讲过。定义方法如下。

在 Grand 类定义的下面加入如下代码行：

```
int Grand::m_static = 5; //如果在代码中没有用到该静态成员变量，则可以不定义，但用到了必须
                         //定义，否则链接时会报错
```

在 main 主函数中，继续增加如下代码，读者可以认真研读：

```
Grand::m_static = 1;              //可以用类名来引用静态变量，此时用"::"
A::m_static = 2;
//B::m_static = 3;                //不可以，这个静态量不属于 B
C::m_static = 4;
ctest.m_static = 5;              //可以用对象名来引用静态变量，此时用"."
```

3. 派生类构造函数与析构函数

现在，为了观察方便，在每个类的构造函数和析构函数中都增加一条打印信息。

注释掉原来 main 主函数中的所有代码,只写如下这一行代码:

```
C ctest(10, 20, 50);
```

执行程序,得到如下输出结果:

```
Grand 类构造函数执行了
A 类构造函数执行了
B 类构造函数执行了
B 类析构函数执行了
A 类析构函数执行了
Grand 类析构函数执行了
```

通过上面的结果,可以得到一些结论:

(1)构造一个派生类对象将同时构造并初始化它的所有基类子对象(子部分)。

(2)派生类的构造函数初始化列表中能初始化它的直接基类。每个类的构造函数初始化列表都负责初始化它的直接基类,就会让所有类都得到初始化。

(3)派生类构造函数的初始化列表将实参分别传递给每个直接基类。基类的构造顺序与派生类定义时列表(派生列表)中基类的出现顺序保持一致。例如:

```
class C :public A, public B{…}; //基类的构造顺序由这里的基类出现顺序决定
```

而与派生类构造函数初始化列表中基类的初始化顺序无关,例如如下先出现类 A 还是类 B 无所谓:

```
C( int i, int j, int k):A(i),B(j), m_valuec(k){};
```

下面看一看显式的初始化基类与隐式的初始化基类概念。

(1)如下这样的代码就是显式的初始化基类:

```
C( int i, int j, int k):A(i),B(j), m_valuec(k){};
```

(2)如果 B 类有一个不带参数的默认构造函数:

```
public:
    B()
    {
        cout << "B 类默认构造函数执行了" << endl;
    };
```

则可以把上面的 C 类构造函数初始化列表代码行修改为如下,不出现 B,那么就是隐式地使用 B 的默认构造函数(不带参数的构造函数)来初始化 B 子对象:

```
C( int i, int j, int k) :A(i), m_valuec(k) { };
```

可以设置断点并跟踪调试,虽然初始化列表中没有出现 B()字样,但依旧会执行 B 的默认构造函数。

从上面调用析构函数的顺序来看,还可以得到以下结论:

派生类的析构函数只负责清除派生类本身分配的资源,然后会看到,就像有一种传导关系一样,系统会自动调用派生的父类、爷爷类等的析构函数,每个类都负责销毁类本身分配

的资源。特别值得注意的是，如果程序员 new 了一块内存，程序员要负责在析构函数中 delete 这块内存以免造成内存泄漏。

另外要注意的是构造函数的函数体执行顺序和析构函数的函数体执行顺序，构造函数函数体的执行顺序是爷爷、父亲、孩子，析构函数则正好相反，是孩子、父亲、爷爷。

4．从多个父类继承构造函数

刚刚谈过"继承的构造函数"这个话题，那么请想一想，如果一个派生类继承了多个基类，如 C 类继承了 A、B 两个基类，而 A、B 两个基类的构造函数恰好参数相同。这时如果 C 类从 A、B 类中继承相同的构造函数，程序就会产生错误。例如如下代码：

```cpp
class A
{
public:
    A(int tv) {};
};
class B {
public:
    B(int tv) {};
};
class C :public A, public B {

public:
    using A::A;                      //继承 A 的构造函数
                                     //等价于 C (int tv):A(tv){}
    using B::B;                      //这行会产生错误
                                     //等价于 C (int tv):B(tv){}
};
```

这种错误就相当于函数已经定义过了，再定义就变成重复定义了。

所以，如果一个类从它的基类中继承了相同的构造函数，这个类必须为该构造函数定义自己的版本。自己的版本自然就覆盖了所继承的基类的版本：

```cpp
class C :public A, public B {
public:
    using A::A;                      //继承 A 的构造函数
    using B::B;                      //这行会产生错误
    C(int tv):A(tv),B(tv) {};        //定义自己的版本
};
```

总之，使用多重继承时要十分小心，经常会出现二义性问题。本书中所举的范例是比较简单的，如果派生的类再复杂一些，层次再多一些，继承的基类再多一些，就很容易把人搞糊涂了。所以多重继承的使用不太提倡，只有在比较简单和不易出现二义性的情况下或实在是非常必要时才使用多重继承，能用单一继承解决的问题就不要使用多重继承。

14.15.3　类型转换

前面曾经说过，基类指针可以指向一个派生类对象，这是因为编译器会帮助我们隐式地执行派生类到基类的转换，这种转换之所以能够成功，是因为每个派生类对象都包含一个基

类对象子部分,所以基类的引用或指针是可以绑到派生类对象中的基类对象这部分上。

这个结论在多重继承中一样成立。因为派生类会包括所有直接基类甚至间接基类子部分,所以如下这些写法都是合理的:

```
Grand * pg = new C(1, 2, 3);
A * pa = new C(1, 2, 3);
B * pb = new C(4, 5, 6);
C myc(6, 7, 8);
Grand mygrand(myc);
```

如果读者对上述代码有兴趣,可以自行尝试更多类似的写法。

14.15.4 虚基类与虚继承(虚派生)

派生列表中,同一个基类只能出现一次。例如如下这种写法是不行的:

class C :**public A**, public B,**public A**{…};　　 //A 出现 2 次是不可以的

但如下两种情况是例外的:

- 派生类可以通过它的两个直接基类分别继承同一个间接基类。
- 直接继承某个基类,然后通过另一个基类间接继承该类。

读者知道,默认情况下,派生类中含有继承链上的每个类对应的子部分,那如果某个类在派生过程中多次出现,派生类岂不是会包含该类的子内容(子对象)多次了吗? 而且,包含多次,不但多余,占空间,还可能产生名字冲突。

为了演示这个问题,笔者增加一个 A2 类并来实现一个如图 14.24 所示的继承关系体系结构图(Grand 类通过 A 类和 A2 类被间接继承了2 次)。

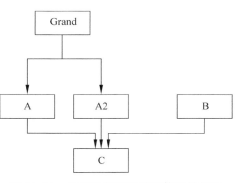

图 14.24　类的重复继承关系体系结构图

看一看类 A2 的定义:

```
class A2 : public Grand
{
public:
    A2(int i) :Grand(i), m_valuea2(i)
    {
        cout << "A2 类构造函数执行了" << endl;
    };
    virtual ~A2()
    {
        cout << "A2 类析构函数执行了" << endl;
    }
    void myinfo()
    {
        cout << m_valuea2 << endl;
    }
public:
```

```
        int m_valuea2;
};
```

修改一下 C 类的定义如下，增加类 C 针对类 A2 的继承：

```
class C :public A, public A2, public B{......};
```

再修改一下 C 类的构造函数，修改后内容如下：

```
C(int i, int j, int k) :A(i), A2(i),B(j), m_valuec(k) {};
```

在 main 主函数中，写入全新的测试代码：

```
C ctest(10, 20, 50);
```

执行程序，得到如下输出结果：

```
Grand 类构造函数执行了
A 类构造函数执行了
Grand 类构造函数执行了
A2 类构造函数执行了
B 类构造函数执行了
B 类析构函数执行了
A2 类析构函数执行了
Grand 类析构函数执行了
A 类析构函数执行了
Grand 类析构函数执行了
```

通过结果发现 Grand 的构造函数被执行 2 次，这表示 Grand 子内容（子对象）被构造了多次。

在 main 主函数中，继续增加如下代码：

```
ctest.m_valuegrand = 10;
```

编译项目，报错，系统表示对 m_valuegrand 的访问不明确。为什么不明确呢？这是因为定义类 C 的对象时 Grand 会被继承两次，一次是从 C→A→Grand 这个路线来继承，一次是从 C→A2→Grand 这个路线来继承。笔者刚刚也说了，继承两次 Grand 是多余的，占空间，还可能产生名字冲突（也就会产生诸如"ctest.m_valuegrand = 10;"代码行访问不明确的错误）。

观察图 14.24 这个继承体系结构可以看到，如果仅仅观察类 Grand、A、A2 这三个类，并不存在类的多次继承问题，但是一旦加入了类 C 这个从类 A、A2 派生而来的类，立即就出现了 Grand 被多次继承的情形，所以问题的起因在于类 C 的出现。

那怎样避免出现类 C 后定义类 C 的对象时类 Grand 被继承两次的问题呢？就是"虚继承"的机制。

讲虚继承就离不开一个概念叫"虚基类（virtual base class）"，虚基类的特点就是无论这个类在继承体系中出现多少次，派生类中都只会包含唯一一个共享的该类子内容（子对象），那么显然 Grand 就应该符合一个虚基类的身份，如果 Grand 符合了虚基类身份，那么派生类中就只会包含一个 Grand 子内容（子对象），那么，代码行"ctest.m_valuegrand = 10;"编译时就不会出现访问不明确的问题,因为无论走 C→A→Grand 这个路线,还是走 C→A2→Grand 这个路线,反正 Grand 子内容只有一份。

现在即将增加虚继承,改造一下图 14.24。改造完毕后的类继承关系体系结构如图 14.25 所示。

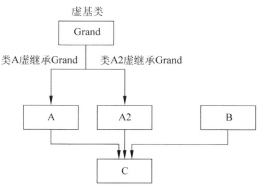

图 14.25 类的虚继承关系体系结构图

可以看到,在设计 Grand、A、A2 类的时候,这种虚继承关系就得事先设计好,这样以后出现 C 类的时候(在设计 C 类的时候),这种虚继承的作用才能体现出来,如果事先没有设计好类 A、A2 从 Grand 虚继承,这个 C 类就避免不了包含 Grand 类子内容多次(多次继承)的命运。

所以,能够观察到一个现象,这种虚继承只对 C 类有意义,其实对于 C 的父类 A、A2 没有意义。换句话来说,A、A2 从 Grand 类的虚继承,只影响到从 A、A2 这些类中进一步派生出来的类,如类 C,而对 A、A2 本身没有什么影响。

同时必须提醒读者,类 A 和类 A2 都得从 Grand 虚继承,一个都不能少。如果只有某一个从 Grand 虚继承(如类 A 或者类 A2),另外一个没有虚继承,则类 C 还是摆脱不了产生两份 Grand 类子内容的命运。扩展开来说,就是所有从 Grand 而来的派生类都要虚继承 Grand 类。

那么,下一步就涉及具体代码了。如何让类 A 虚继承类 Grand 呢? 类 A 的定义修改为:

class A : **virtual** public Grand{…};//表示类 A 从 Grand 虚继承.virtual 和 public 的顺序可以互换

继续改造,让类 A2 也虚继承类 Grand。类 A2 的定义修改为:

class A2 : public **virtual** Grand{…}//public 和 virtual 顺序互换没关系

现在,类 Grand 就是类 A 和类 A2 的虚基类了(因为类 A 和类 A2 都从类 Grand 虚继承了)。virtual 关键字表达了一种意愿,表示后续派生自本类(如这里的类 A、A2)的派生类(类 C)中应该共享虚基类(类 Grand)的同一份子内容/实例(就不会出现多次继承 Grand 的情形了)。

此时,定义类 C 的写法依旧不变。还是:

class C :public A, public A2, public B{…};

但是 C 类的构造函数中初始化列表的写法要发生改变了。以往 C 类的构造函数只需要对其直接基类(如类 A、A2、B)初始化即可。但是,因为虚基类(类 Grand)在派生类(类 C)中只有一份子内容了,所以这份子内容由虚基类 Grand 的直接子类 A 和 A2 谁来初始化呢? 难以抉择,所以系统规定,干脆这个虚基类 Grand 的初始化工作也必须由这个派生类 C 来做(有点爷爷类的初始化工作由孙子类来做的感觉——中间隔了一个辈分),于是就有了如下修改过后的类 C 构造函数代码:

```
public:
    C(int i, int j, int k) :A(i), A2(i),B(j),Grand(i), m_valuec(k) {};
```

有两点说明：

（1）现在由 C 类来初始化 Grand 类，这里可以拓展一下，如果以后 C 类还有派生类怎么办呢？那么则由 C 类的派生类初始化 Grand 类。换句话说，虚基类 Grand 是由最底层的派生类来初始化，目前在现有的代码中，C 类就是最底层的派生类。

（2）在上面的初始化列表中，初始化类 A、A2、B、Grand 的顺序问题。

前面讲过，派生类构造函数的初始化列表将实参分别传递给每个直接基类。基类的构造顺序跟派生类定义时列表（派生列表）中基类的出现顺序保持一致而与派生类构造函数初始化列表中基类的初始化顺序无关。

但是，含有虚基类时有点不一样：虚基类子部分会被最先初始化（不管这个虚基类在继承体系中是什么位置、什么次序等），然后再按派生列表中基类的出现顺序来初始化其他类。

例如，即便定义 C 类的代码修改成如下：

```
class C :public B,public A, public A2{…};
```

那么依旧是 Grand 类的构造函数比 B 类的构造函数先执行。

但如果继承体系中有多个虚基类，那多个虚基类的初始化顺序则还是按照派生类定义时列表（派生列表）中基类的出现顺序来追溯，看这些直接基类是否含有虚基类。总之，先追溯到哪个虚基类，就先构造哪个虚基类子内容。销毁顺序和构造顺序正好相反。

现在，类 C 通过类 A、A2 继承了 Grand，类 A、A2 是以虚继承的方式来继承 Grand 类的，所以在类 C 中只有一份 Grand 子内容/实例。

现在，代码行"ctest. m_valuegrand ＝ 10;"就没问题了，因为只有一份 Grand 子内容，再也不存在对 m_valuegrand 的访问不明确问题。

有一个问题可以思考一下：

如果在类 A 中也有 m_valuegrand 定义，则 A 中的 m_valuegrand 会覆盖掉 Grand 类的，也就是说，类 A 中 m_valuegrand 的优先级比虚基类 Grand 中 m_valuegrand 优先级高（父类比爷爷类更亲近），所以，代码行"ctest. m_valuegrand ＝ 10;"依然没有什么问题。

但是，如果同时 A2 类中也有 m_valuegrand 定义，那系统就会报错，搞不清楚 m_valuegrand 是来自类 A 还是来自类 A2 了，这样不明确性（二义性）就又产生了。当然，可以在 C 中重新定义 m_valuegrand 来解决，因为 C 类会覆盖父类 A、A2 中的 m_valuegrand。

另外值得一提的是，一旦 Grand 成为虚基类之后，Grand 类的初始化工作就不会再由它的直接子类 A、A2 来初始化了。也就是说，在类 A 和类 A2 中看到的如下构造函数初始化列表中的代码行：

```
A(int i) :Grand(i), m_valuea(i)
A2(int i) :Grand(i), m_valuea2(i)
```

不会再去调用 Grand 类的构造函数，所以 Grand 类的初始化不会被多次进行。Grand 类的初始化工作只会由派生类 C 来进行。所以，最终 Grand 类构造函数还是只会被执行一次。

虽然上面代码中的诸如 Grand(i) 不会去调用 Grand 类的构造函数，但也不可以删除，一旦删除，编译时会报语法错，这一点读者可以自行尝试。

14.16　类型转换构造函数、运算符与类成员指针

对于类类型,也能进行类型转换,这一点可能不太好想象,但确实可以做到。这就需要通过类型转换构造函数和类型转换运算符来做到。

14.16.1　类型转换构造函数

类型转换构造函数其实并不陌生,在14.2.5节讲隐式转换的时候已经见到过了类型转换构造函数,例如可以把一个数字转成一个类对象,后面会举例。

迄今为止,已经见过、写过各种各样的构造函数。构造函数的主要特点如下:

- 以类名作为函数名。
- 没有返回值。

构造函数可以写很多个,可以带不同数量、不同类型的参数等。甚至前面也学习了拷贝构造函数、移动构造函数等。

在这么多的构造函数中,有一种构造函数被称为"类型转换构造函数",这种构造函数主要是可以将某个其他的数据类型数据(对象)转换成该类类型的对象。

类型转换构造函数有如下特点:

- 该构造函数只有一个形参,该形参又不是本类的const引用(不然就成拷贝构造函数了)。其实,形参是待转换的数据类型(就是把哪种其他类型数据转换成该类类型对象),所以显然待转换的数据类型都不应该是本类类型。
- 在类型转换构造函数中,需要指定转换的办法。

下面看一个范例。这个范例在前面已详细讲过,但这里为了突出介绍类型转换构造函数的概念,做一下回顾。

在 MyProject.cpp 文件上面,增加类 TestInt 的定义:

```
class TestInt                          //一个类,里面保存 0~100 之间的数字
{
public:
    TestInt(int x = 0) :m_i(x) //类型转换构造函数,本构造函数可以将数字转换成类类型对象
    {
        if (m_i < 0)     m_i = 0;        //限制一下范围
        if (m_i > 100)   m_i = 100;      //限制一下范围
    }
public:
    int m_i;
};
```

在 main 主函数中,加入如下代码:

```
TestInt ti = 12; //隐式类型转换,将数字转换成 TestInt 对象(调用类型转换构造函数)
TestInt ti2(22); //调用类型转换构造函数,但这个不是隐式类型转换
```

如果不希望发生隐式类型转换,可以在 TestInt 的类型转换构造函数前增加 explicit,这表示禁止进行隐式类型转换:

```
explicit TestInt( int x = 0 ) :m_i(x)
```

如果此时编译项目,会发现编译器针对代码行 TestInt ti = 12;报错,这说明该行是做了隐式类型转换的,编译器通过类型转换构造函数把数字 12 转换成一个 TestInt 对象并构造在 ti 对象预留的空间里。

那么既然禁止了隐式类型转换,现在代码就要做调整才能编译通过:

```
TestInt ti = TestInt(12);               //这也是调用类型转换构造函数的
```

其实,可以把这种构造函数看作普通的构造函数,因为它就是带了一个形参的构造函数,长相不太出奇,但是要把其他类型数据转换成类类型对象,就会调用这个构造函数来实现。

14.16.2 类型转换运算符(类型转换函数)

类型转换运算符也有人叫它类型转换函数,因为它看起来是一个成员函数,所以这两种叫法都可以。

类型转换运算符和类型转换构造函数的能力正好相反:类型转换运算符是类的一种特殊成员函数,它能将一个类类型对象转成某个其他类型数据。这种成员函数的一般形式为:

```
operator 类型名() const;
```

有几点说明:

- 末尾的 const 是可选的项,表示不应该改变待转换对象的内容,但不是必须有 const。
- "类型名"表示要转换成的某种类型,一般只要是能作为函数返回类型的类型都可以。所以一般不可以转成数组类型或者函数类型(把一个函数声明去掉函数名剩余的部分就是函数类型,如 void (int a,int b)),但是转换成数组指针、函数指针、引用等都是可以的。
- 类型转换运算符,没有形参(形参列表必须为空),因为类型转换运算符是隐式执行的,所以无法给这些函数传递参数。同时,也不能指定返回类型,但是却会返回一个对应类型("类型名"所指定的类型)的值。
- 必须定义为类的成员函数。

为继续测试,去掉 TestInt 类类型转换构造函数前面的 explicit 以允许隐式类型转换,然后完善一下上面的 TestInt 类,增加 public 修饰的类型转换运算符:

```
public:
    //类型转换运算符,可以从本类类型转换成其他类型
    operator int() const
    {
        return m_i; //返回的就是一个 int 类型,就可以把该类对象转成 int 类型
    }
```

在 main 主函数中,继续增加代码:

```
ti2 = 6; //隐式转换把 6 转成一个临时的 TestInt 对象,然后调用赋值运算符把临时对象给 ti2
int k = ti2 + 5; //k=11,这里调用 operator int()将 ti2 转成 int,结果为 6,再和 5 做加法运算,
                 //结果给 k
int k2 = ti2.operator int() + 5; //也可以显式地调用.注意写法,没有形参,所以括号内为空
```

这里给出类型转换运算符的使用建议：请谨慎使用，至少要在类类型和要转换的目标类型之间存在明显的关系时才使用。一般来讲，通过定义类成员函数来解决实际的问题感觉比使用类型转换运算符要更好一些。

1. 显式的类型转换运算符

观察刚刚在 main 主函数中书写的"int k ＝ ti2 ＋ 5;"代码行，可以发现，这里做了 ti2 转 int 的隐式类型转换，当然这种场合下这种隐式类型转换是可以的，也是所希望的。但也存在某些时候或者某种场合下，开发者并不希望 ti2 转换成 int 类型，但编译器却把 ti2 转成了 int 类型的情况，这时就要用到 explicit 关键字，在 14.2.5 节曾经学习过这个关键字，当时是把这个关键字用到了类的构造函数上，以防止进行隐式类型转换，也就是说，用了 explicit，则只能进行显式类型转换。

修改上面的类型转换运算符，增加 explicit 关键字：

```
explicit operator int() const
{
    return m_i;
}
```

这样编译的时候代码行"int k ＝ ti2 ＋ 5;"就会报错，这表示 ti2 无法被隐式转换为 int 类型了。

怎样解决这个问题呢？这就要用到 static_cast 转换符了，这个转换符在 13.10.2 节讲解过，它是一个静态转换，也就是正常转换的意思。注意下面代码的写法：

```
int k ＝ static_cast < int >(ti2) + 5; //11,调用 operator int()将 ti2 转成 int,结果为 6,再和 5
                                       //做加法运算,结果给 k
```

可以看到，上面的类型转换运算符已经是显式的了。所以要执行类型转换，就要通过显式的强制类型转换运算符 static_cast 来做到。当然，不难发现，main 主函数中的"int k2 ＝ ti2 .operator int() ＋ 5;"代码行依然可以正确调用（因为这本身就等价于成员函数的正常调用）。

2. 有趣范例——类对象转换为函数指针

引入这个范例的主要目的是让读者看一下这个类型转换运算符的写法，写法上还是挺值得学习的。在原来 TestInt 类中继续增加 public 修饰的内容：

```
//typedef void( * tfpoint)(int) ; //类型定义(函数指针类型),这个 * 后的 tfpoint 是类型名
using tfpoint = void( * )(int); //类型定义(函数指针类型),这个 using 后的 tfpoint 是类型名,
                                // * 后不能有 tfpoint,本行等价于上面 typedef 行,以后会详细
                                //讲 using 的格式,这里只需要记住是类型定义

//一个静态成员函数
static void mysfunc(int v1)                 //静态成员函数
{
    //随便写几句测试代码
    int test;
    test = 1;
}
//类型转换运算符,能把本类类型对象转换成一个函数指针类型
operator tfpoint()                          //const 不是必加的
```

```
{
    //那就必须要返回一个函数指针
    return mysfunc;                        //函数地址作为函数指针类型返回了
}
```

在 main 主函数中，写入全新的代码观察结果：

```
TestInt myi(12);
myi(123); //执行 operator tfpoint()，然后会执行 mysfunc 成员函数
```

读者可以设置断点并跟踪调试这里的"myi(123);"代码行，跟踪调试会发现该代码行会执行 operator tfpoint()，然后再执行 static void mysfunc(…)。

此外，myi(123);代码行也可以写成如下代码行：

```
myi.operator TestInt::tfpoint()(123); //tfpoint 是 TestInt 中定义的类型，所以其前面要增加
                                       //TestInt::进行限定
```

效果是一样的。观察一下这种写法，前面这段（myi. operator TestInt::tfpoint()）是返回一个函数指针，然后以 123 为参数去调用对应的函数（mysfunc），因为 operator tfpoint() 没有形参，所以圆括号内为空。

14.16.3　类型转换的二义性问题

类型转换这件事，无论把其他类型转换为类类型，还是把类类型转换为其他类型，建议都少用，因为这种代码看起来比较难读，也比较难懂，这只是一方面。另外，这样写代码也很容易出现一些无法预料的二义性问题，所谓二义性就是这样做也行，那样做也行，导致编译器不知道该怎样做，所以只能报错。

例如要把一个类类型转换为一个数字，那在类中定义的类型转换一般只建议一个就够了。如果定义两个，就可能出现二义性问题。例如：

```
operator int(){};                      //定义一个转换成整型数字的类型转换运算符
operator double(){};                   //又定义一个转换成实型数字的类型转换运算符
```

如果在 main 主函数中，写下如下代码：

```
TestInt aa;
int abc = aa + 12;                     //会报二义性(不明确)错误
```

一旦出现二义性错误，建议尽量查看编译器返回的错误提示信息，以定位到底是哪些代码行产生了二义性行为。

再继续看范例，分别定义两个新类 CT1 和 CT2 如下：

```
class CT1
{
public:
    CT1(int ct) {};                    //类型转换构造函数
};
class CT2
{
public:
```

```
    CT2(int ct) {};                    //类型转换构造函数
};
```

再定义两个重载函数:

```
void testfunc(const CT1& C) {};
void testfunc(const CT2& C) {};
```

在 main 主函数中,写入如下代码:

```
testfunc(101); //会报二义性,int 可转换成 CT1 对象,也可以转换成 CT2 对象
```

修改后的代码如下:

```
testfunc(CT1(101)); //能明确调用"void testfunc(const CT1 &C) {};",但是这种手段表明代码
                    //设计的不好
```

14.16.4　类成员函数指针

讲解类成员函数指针的主要目的是让读者熟悉一下这种写法,因为以后有可能会遇到,虽然用到的场合不太多,但一旦遇到也要能够理解。

类被需要的时候会被载入内存。当然,类的成员函数也会一并被载入内存,所以类的成员函数是有真正的内存地址的。这个地址一般跟具体的类对象没有什么关系。

而类成员函数指针,通俗地讲,是一个指针,指向类成员函数。

1. 对于普通成员函数

使用"类名::＊函数指针变量名"来定义(声明)普通成员函数指针,使用"＆类名::成员函数名"来获取类成员函数地址,这是一个真正的内存地址。

直接看演示,定义名字叫作 CT 的类:

```
class CT
{
public:
    void ptfunc(int tmpvalue) { cout << "ptfunc 普通成员函数被调用,value = " << tmpvalue <<
endl; }
    virtual void virtualfunc(int tmpvalue) { cout << "virtualfunc 虚成员函数被调用,value = " <<
tmpvalue << endl; }
    static void staticfunc(int tmpvalue) { cout << "staticfunc 静态成员函数被调用,value = " <<
tmpvalue << endl; }
};
```

在 main 主函数中,写入如下代码:

```
void (CT::＊myfpointpt)(int); //一个类成员函数指针变量的定义,变量名字为 myfpointpt
myfpointpt = &CT::ptfunc;     //类成员函数指针变量 myfpointpt 被赋值
```

上面代码可以设置断点跟踪调试,看一看 myfpointpt 中的内容,如图 14.26 所示。

图 14.26　普通的类成员函数指针值

可以注意到,类的成员函数地址和类对象(类实例)没有关系,是归属于类的(有类在就有成员函数地址在),所以类的成员函数在内存中是有地址的(读者不要理解成必须要创建出个类对象/类实例才会有成员函数地址)。可以直接用类成员函数指针来获取类成员函数地址。

虽然类的成员函数指针可以获取到类的成员函数地址,但是要使用这个成员函数指针就必须要把它绑定到一个类对象。

对于类对象,使用"类对象名.＊函数指针变量名"来调用成员函数,对于类对象指针,使用"指针名—>＊函数指针变量名"来调用成员函数。

在 main 主函数中,继续加入如下代码:

```
CT ct, * pct;
pct = &ct;
(ct. * myfpointpt)(100); //对象 ct,调用成员函数指针变量 myfpointpt 所指向的成员函数
(pct -> * myfpointpt)(200);//对 pct 所指的对象,调用成员函数指针变量 myfpointpt 所指向的成
                          //员函数
```

请注意,上面的代码中用"( )"把前面的内容括上,后面这个函数调用运算符"( )"的优先级高于".＊"与"—>＊",因此成员函数指针所指向的成员函数被调用时,必须把类对象或对象指针和后面的".＊"或"—>＊"运算符以及成员函数指针名这三者的组合用圆括号"( )"括起来。

2. 对于虚成员函数

虚成员函数(虚函数)与普通成员函数一样的写法,在 main 主函数中,继续加入如下代码:

```
void (CT:: * myfpointvirtual)(int) = &CT::virtualfunc;
```

上面代码可以设置断点跟踪调试,看一看 myfpointvirtual 中的内容,如图 14.27 所示。

图 14.27　虚函数指针值

请注意,这个地址其实也是一个真正的内存地址。类中一旦有虚函数,就会自动产生一个虚函数表,虚函数表里有许多表项,每个表项是一个指针,每个指针指向一个虚函数地址。

也必须要把这个指针绑定到一个类对象才能调用,在 main 主函数中,继续加入如下代码:

```
(ct. * myfpointvirtual)(100); //对象 ct,调用指针变量 myfpointvirtual 所指向的虚成员函数
(pct -> * myfpointvirtual)(200);//对 pct 所指的对象,调用指针变量 myfpointvirtual 所指向的虚
                               //成员函数
```

3. 对于静态成员函数

使用"＊函数指针变量名"来声明静态成员函数指针,使用"& 类名::成员函数名"来获取类成员函数地址,这个地址也是一个真正的内存地址。

14.3.5 节中讲过静态成员，因为静态成员函数是跟着类走的，与具体的类对象无关，这表示静态成员函数被看作全局函数，因此并没有用"类名::"这种作用域限定符来限定。看看如下范例：

```
void( * myfpointstatic)(int) = &CT::staticfunc;//定义一个静态的类成员函数指针并给初值
myfpointstatic(100);      //直接使用静态成员函数指针名即可调用静态成员函数
```

14.16.5 类成员变量指针

讲解类成员变量指针的主要目的也是让读者熟悉一下这种写法，因为以后可能会遇到这种写法，虽然用到的地方不太多。

1. 对于普通成员变量

在前面定义的 CT 类中增加 public 修饰的成员变量如下：

```
public:
    int m_a;
```

在 main 主函数中，写入如下代码：

```
int CT:: * mp = &CT::m_a;                //定义一个类成员变量指针,注意这种写法
```

设置断点并跟踪调试，可以看到如图 14.28 所示的结果。

图 14.28　类成员变量的指针值

读者可能很奇怪看到的数字居然是 0x00000004。其实，这个指针并不是真正意义上的指针，也就是说，它不是指向内存中的某个地址，而是该成员变量与该类对象首地址之间的偏移量（这里偏移量为 4）。假设一个类里面只有两个 int 型成员变量 m_a 和 m_b，那么 m_a 与该类对象首地址之间的偏移量就应该是 0，而 m_b 与该类对象首地址之间的偏移量就应该是 4。因为 int 型正好占 4 字节，所以 m_b 与 m_a 之间也正好隔 4 字节，如图 14.29 所示。

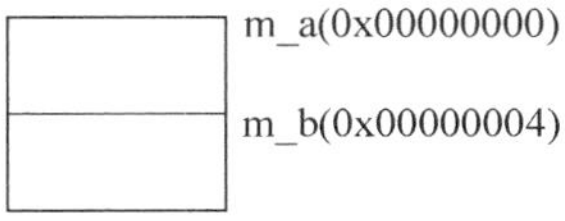

m_a(0x00000000)

m_b(0x00000004)

图 14.29　类成员变量的偏移值

那回归到现在的 CT 类，为什么图 14.28 中的 m_b 成员变量指针值是 0x00000004 呢？这是因为 CT 类因为虚函数的存在，因此该类也会伴随一个虚函数表，当生成一个 CT 类对象时，该对象中会包含一个虚函数表指针，用于指向 CT 类的虚函数表，而这个虚函数表指针正好占对象内存空间的前 4 字节（0x00000000～0x00000003），所以，CT 类中 m_a 成员变量的偏移量是 0x00000004（太细节的论述超出了本书的研究范围，笔者会在《C++新经典：对象模型》书籍中专门论述，这里就不多谈）。

因为成员变量指针要附着在一个对象上，才能指向成员变量的真正地址，所以在 main 主函数中，继续加入如下代码：

```
CT ct;
ct. * mp = 189; //通过类成员变量指针来修改成员变量值,等价于ct.m_a = 189
```

```
cout << ct. * mp << endl;                    //189
cout << ct.m_a << endl;                      //189
```

2. 对于静态成员变量

和普通成员变量不同,C++的静态成员变量是属于类的,和类的对象没有关系。所以静态成员变量指针的地址不是一个偏移量,而是一个真正意义上的地址。

现在,向 CT 类中增加一个 public 修饰的静态成员变量:

```
public:
    static int m_stca;                       //声明静态成员变量
```

上面这行代码只是对静态成员变量的声明,在 main 主函数的上面还要进行定义:

```
int CT::m_stca = 1;                          //定义类 CT 的静态成员变量
```

在 main 主函数中,写入如下代码:

```
int * stcp = &CT::m_stca;                    //定义一个静态成员变量指针
```

设置断点并跟踪调试,可以看到如图 14.30 所示的结果。

图 14.30　类静态成员变量的指针值

从图 14.30 中可以看到,静态成员变量 m_stca 指向的是一个真正的内存地址(而不是偏移量/偏移值)。在 main 主函数中,继续加入如下代码:

```
* stcp = 796;                                //等价于 CT::m_stca = 796
cout << * stcp << endl;                       //796
```

第 15 章

模板与泛型

模板与泛型编程是现代 C++ 编程中的重要内容,很多大型的项目、工程中都大量运用模板与泛型编程技术,即便读者在实际的开发中不常运用本章的内容,但是在阅读一些源码、库的时候,仍旧不可避免地要面对模板与泛型编程。所以,本章内容要求广大读者尽量掌握,尤其是前 6 节的内容。

15.1 模板概念与函数模板的定义、调用

15.1.1 模板概念

模板与泛型的概念,在具体的 C++ 开发中经常能够听到或用到。包括 C++ 标准库里的很多内容都使用了模板技术,例如,前面曾经学习过的容器 vector,使用时总会在 vector 后面跟一对尖括号,尖括号里指定该容器中的元素类型。

其实 vector 就是类模板,通过尖括号,给这个类模板传递进去一个类型参数,如 vector <int>,编译器就通过传递进去这个类型参数 int 生成一个真正的类,也就是 vector<int>类。

有一些比较传统的概念,在这要提前说一下,这些概念并不指望读者一下就理解,随着学习的深入,慢慢就会理解了:

- 泛型编程是以独立于任何特定类型的方式编写代码。使用泛型编程时,需要提供具体程序实例所操作的类型或者值。
- 模板是泛型编程的基础。模板是创建类或者函数的蓝图或者公式。通过给这些蓝图或者公式提供足够的信息,让这些蓝图或公式真正地转变为具体的类或者函数,这种转变发生在编译时。
- 模板支持将类型作为参数的程序设计方式,从而实现了对泛型程序设计的直接支持。也就是说,C++模板机制允许在定义类、函数时将类型作为参数。

模板一般分为函数模板和类模板,本节重点是学习函数模板。

15.1.2 函数模板的定义

创建一个函数,能将两个 int 类型的形参相加,将结果值返回。在 MyProject.cpp 的上面,增加如下代码:

```
int funcadd(int i1, int i2)              //求和函数
{
```

```
    int addhe = i1 + i2;
    return addhe;
}
```

如果是两个 float 类型的形参相加呢？那么还要再写一个函数版本：

```
float funcadd(float d1, float d2)
{
    float addhe = d1 + d2;
    return addhe;
}
```

可以看到，上面是两个同名函数，属于函数重载。

那这两个函数的区别有多大呢？除了参数类型，函数体的代码基本是一样的，重复写这种代码完全没必要，如果将来参数类型再发生改变，还得再写一个类似的函数，那么，这种场合就是使用函数模板的最好场合。

这里不想为每种类型都定义一个不同的函数，所以采取定义一个通用的函数模板的策略。看一看怎样利用模板写出一个适合多种数据类型的求和函数。在 MyProject.cpp 中，将刚才的两个重载函数全部注释掉，增加如下代码来定义一个函数模板：

```
template < typename T >                    //定义函数模板
T funcadd(T a, T b)
{
    T addhe = a + b;
    return addhe;
}
```

上面这段代码就定义了一个函数模板（也称模板函数），相当于定义了一个公式，或者相当于定义了一个样板。有几点说明：

（1）模板的定义是用 template 关键字开头的，后面是尖括号，尖括号里面是**模板参数列表**，如果这里的模板参数有多个，则用逗号分开，尖括号里至少要有一个模板参数。模板参数前有个 typename 关键字，这里可以写成 typename，也可以写成 class（这里的 class 显然不是用来定义类的），这是固定写法，请读者硬记即可。如果这里的模板参数有多个，那就得写多个 typename 或者 class，甚至如果有多个模板参数时混用 typename 和 class 都行。不过一般来讲更常用 typename。

（2）模板参数列表里面表示在函数定义中用到的"类型"或者"值"，也和函数参数列表类似，使用的时候有时得指定模板实参，指定的时候也得用"＜＞"把模板实参包起来。有时又不需要指定模板实参，系统自己能够根据一些信息推断出来，后续都会举例。

（3）funcadd 这个函数声明了一个名字为 T 的**类型参数**，注意，这个 T 是类型，这个 T 到底代表什么类型，编译器在编译的时候会根据针对 funcadd 的调用来确定。

15.1.3　函数模板的调用

函数模板和函数一样，都是需要去调用，而且调用起来与对正常函数的调用没什么区别，调用的时候，编译器会根据调用这个函数模板时提供的实参去推断模板参数列表里的形参类型，所以请读者一定要注意措辞：模板参数是推断出来的，推断的依据是什么呢？是根据程序员调用这个函数模板时所提供的实参来推断的。当然有时候，**光凭所提供的实参推断不出模板参数**，此时就要用"< >"来主动提供模板参数了。

所以调用的时候先不用看函数模板定义中 template < > 这里有多少个模板参数，看的还是函数模板定义里面的函数名后面的参数数量。

在 main 主函数中，增加如下调用：

```
int he = funcadd(3,1);
```

上面这行代码的实参类型是 int，所以编译器能推断出来模板的形参是一个 int 类型。也就是说，那个参数 T 是 int 类型。编译器在推断出来这个模板的参数类型后，就会**实例化**一个特定版本的函数。所谓实例化，就是指生成了一个特定类型的函数版本，如代码行"int he = funcadd(3,1);"的调用，编译器就会实例化出下面这个函数：

```
int funcadd(int a, int b) //或者理解成 int funcadd < int >(int a, int b)也行
{
    int addhe = a + b;
    return addhe;
}
```

而代码行"float he = funcadd(3.1f, 1.2f);"的调用，编译器就会实例化出下面这个函数：

```
float funcadd(float a, float b)
{
    float addhe = a + b;
    return addhe;
}
```

那如果是对于如下代码行呢？

```
float he = funcadd(3, 1.2f);
```

上面代码行会导致编译出错——不知道模板参数类型应该推断为 int 类型还是 float 类型。

15.1.4　非类型模板参数

看一看上述案例的模板参数列表：

```
template < typename T >
```

这里的 T，因为前面是用 typename 来修饰，所以 T 代表一个类型，是**类型参数**。在这个模板参数列表里，还可以定义**非类型参数**。

类型参数表示的是一个类型，而非类型参数表示的是一个值。既然非类型参数表示的是一个值，当然就不能用 typename/class 来修饰，而是要用以往学过的传统类型名来指定非类型参数，例如非类型参数 s 是一个整型，那就写成 int s，就是如此简单。

当模板被实例化之后，这种非类型模板参数的值或者由**用户提供**，或者由**编译器推断**，都可以。但这些值必须都得是**常量表达式**，因为实例化这些模板是编译器在编译的时候来

实例化的(只有常量表达式才能在编译的时候把值确定下来)。

在 MyProject.cpp 中,增加另外一个版本的函数模板定义:

```
template < int a, int b >                    //定义函数模板
int funcaddv2()
{
    int addhe = a + b;
    return addhe;
}
```

这个例子读者看到了,这里没有类型模板参数,只有非类型模板参数,那怎样调用这个函数模板呢?换句话说,如何给这个非类型模板参数提供值?这里用的就是尖括号"< >"(用的位置是在函数名之后)。看如下写法代码:

```
int result = funcaddv2 < 12, 13 >(); //要通过"< >"来传递参数,就得看函数模板的"< >"里有几个
//参数.这种"< >"写法就是显式指定模板参数,在尖括号中提供额外信息
cout << result << endl; //25
```

请注意这种"< >"的写法,是属于显式指定模板参数的一种写法,用"< >",非类型模板参数有的时候系统能推断出来,有的时候推断不出来(或者说有的时候需要显式传递非类型模板参数),就需要用到"< >"。

换一种写法看看行不行?

```
int a = 12;
int result = funcaddv2 < a, 14 >(); //这不可以,非类型模板参数必须是常量表达式,值必须是在
//编译的时候就能确定,因为实例化模板是在编译的时候做的事
```

再看一个例子。在 MyProject.cpp 中,增加第 3 个版本的函数模板定义:

```
template < typename T, int a, int b >
int funcaddv3(T c)
{
    int addhe = (int)c + a + b;
    return addhe;
}
```

如何调用?看如下写法代码:

```
int result = funcaddv3 < int, 11, 12 >(13);
cout << result << endl;                    //36
```

上面这行 funcaddv3 调用的代码,类型参数为 int,实参为 13,int 和 13 正好类型一致,如果类型不一致会怎样?看看下面的代码行:

```
int result = funcaddv2 < double, 11, 12 >(13);
cout << result << endl;                    //36
```

此时,系统会以用"< >"**传递进去的类型为准**,而不是以 13 推断出来的类型为准。

再看一个例子。在 MyProject.cpp 中,增加一个新的函数模板定义:

```
template < unsigned L1, unsigned L2 >        //本例依旧没有类型参数
```

```
int charscomp(char const (&p1)[L1], char const (&p2)[L2])
{
    return strcmp(p1, p2);
}
```

如何调用? 看如下写法代码:

```
int result = charscomp("test2", "test"); //根据 test2 能推断出大小是 6 个(算末尾的\0)取代
                                          //L1,L2,同理,推断出大小是 5 个
cout << result << endl;                   //1
```

上面这行针对 charscomp 的调用,编译器会实例化出来的版本是:

```
int charscomp(const char(&p1)[6], const char(&p2)[5]){…}
```

再次提醒,非类型模板参数必须是一个常量表达式,否则编译会出错。

另外,函数模板也可以写成 inline 的。inline 的位置放在模板参数列表之后:

```
template < unsigned L1, unsigned L2 >
inline int charscomp(const char(&p1)[L1], const char(&p2)[L2])
{
    return strcmp(p1, p2);
}
```

　　函数模板的定义并不会导致编译器生成相关代码,只有调用这个函数模板时,编译器才会实例化一个特定版本的函数并生成函数相关代码。

　　编译器生成代码的时候,需要能够找到函数模板的函数体部分,所以函数模板的定义通常都是在.h 头文件中。

　　关于模板参数,有一个简单的总结,如图 15.1 所示。

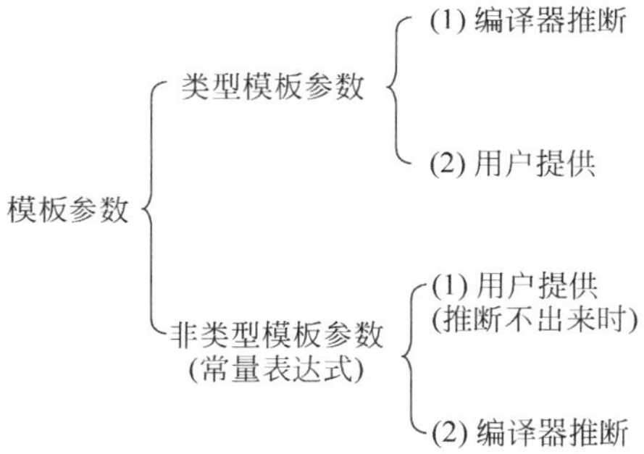

图 15.1　模板参数分类总结

15.2　类模板概念与类模板的定义、使用

15.2.1　类模板概念

　　上一节学习了函数模板,本节学习类模板。类模板,也是产生类的模具,通过给定的模板参数生成具体的类,也就是实例化一个特定的类,这个概念听起来与函数模板差不多。

　　函数模板中,有时需要提供模板参数,有时编译器自己推断模板参数。但是类模板有点不一样:编译器不能为类模板推断模板参数。所以,为了使用类模板,必须在模板名后面用尖括号"< >"提供额外信息,这些信息其实就是对应着模板参数列表里的参数。

　　例如读者已经非常熟悉的 vector < int >,这里面的 vector 是类模板,尖括号里的 int 就理解成模板参数,通过这个模板参数指出容器 vector 中所保存的元素类型。

　　考虑一个问题,C++中为什么会出现类模板这个概念呢? 当然这也与函数模板一个道理,一个容器,如 vector 容器,可以往里面放整型元素、实型元素、字符串,甚至还可以装其

他类对象,能往里装的内容很多,但若每装一个不同类型的元素,就写一个新类来处理,那就把人累死了,也烦死了(因为如果真要写成不同的类,那么这些不同的类肯定会有很多重复的代码)。

所以,为了避免出现很多重复的代码,引入了类模板,然后通过模板参数,往这个类模板中传递不同的类型或者非类型参数,从而实现同一套代码,可以应付不同的数据类型,这样,代码就显得精简和通用多了。

15.2.2 类模板的定义

类模板(也称模板类)定义的一般形式如下:

```
template < typename 形参名 1, typename 形参名 2, …,typename 形参名 n>
class 类名
{
    //……
};
```

请注意,template 后面的"< >"中如果有多个模板参数的话,参数之间要用逗号分隔。

演示一下,写一个比较正规的类模板,可以考虑模拟 C++标准库提供的 vector,写一个自己的 vector,起名为 myvector。

以往实现一个类的时候可以写一个.h 文件来进行类定义,然后再写一个.cpp 文件实现类的各种成员函数。但是对于类模板,因为实例化具体类的时候必须有类模板的全部信息,包括类模板中成员函数的函数体具体内容等,所以,类模板的所有信息,不管是声明,还是实现等内容,都必须写到一个.h 文件中去,其他的要用到类模板的源程序文件(如.cpp文件),只要 #include 这个类模板的.h 文件即可。

创建一个 myvector.h 文件,内容如下:

```
#ifndef __ MYVECTOR __
#define __ MYVECTOR __

//自己的容器类模板
template< typename T > //名字为 T 的模板参数,表示 myvector 这个容器所保存的元素类型
class myvector
{
public:
    typedef T * myiterator;             //迭代器

public:
    myvector();                          //构造函数
    myvector& operator = (const myvector&);//赋值运算符重载,在类模板内部使用模板名 myvector
//并不需要提供模板参数。当然提供也行,可以写成 myvector < T >

public:
    //迭代器接口
    myiterator mybegin();               //迭代器起始位置
    myiterator myend();                 //迭代器结束位置
};
#endif
```

在 MyProject.cpp 中,如何实例化这个类模板呢? 首先在开头部分包含类模板的.h 头文件:

```
# include "myvector.h"
```

在 main 主函数中,要给这个类模板用尖括号“<>”提供明白无误的模板参数(也就是提供容器中的元素类型),所以加入如下代码:

```
myvector < int > tmpvec;                    //T 被替换成了 int
```

上面这行就是实例化类模板,编译器就会生成一个具体的类(类名为 myvector < int >),类模板参数中的 T 就被替换成了通过“<>”传递进来的具体的类型,这里就是 int 类型。也就是说,每种类型,编译器都会生成一个不同的类。再往 main 主函数中增加两行代码:

```
myvector < double > tmpvec2;                //T 被替换成了 double
myvector < string > tmpvec3;                //T 被替换成了 string
```

所以,读者必须要明确:

myvector 是类模板名,不是一个类型名(或者说是一个残缺的类型名),类模板是用来实例化类型的。所以 myvector < int >、myvector < double >或者 myvector < string >才是真正的类型名(实例化了的类模板)。所以可以看出,一个通过类模板实例化了的类类型总会用尖括号包含着模板参数。

编译一下项目,在进行链接这个环节时报错,发现构造函数没写,那就在下一个话题中写一写。

15.2.3　类模板的成员函数

类模板成员函数可以写在 myvector.h 的 vector 类模板定义中,这种写在类模板定义中的成员函数就被隐式声明为内联函数。

当然,类模板的成员函数也可以在 vector 类模板定义中声明,而在 vector 类模板定义之外实现。

下面在 myvector.h 的 myvector 类模板中,增加如下成员函数的定义(定义:声明和实现写在一起):

```
public:
    void myfunc() {};
```

观察一下,类模板的成员函数和普通类的成员函数也没什么区别,该怎么写就怎么写。但是类模板一旦被实例化之后,这个类模板的每个实例都会有自己版本的成员函数。所以,类模板的成员函数具有和这个类模板相同的模板参数(这句话的核心意思是:类模板的成员函数是有模板参数的)。

那么类模板成员函数的模板参数是怎样体现出来的呢? 如果这个类模板的成员函数定义在类模板里面,那么这个成员函数的模板参数体现不出来,但假如把类模板的成员函数的实现写在类模板定义的外面,那么这个成员函数的模板参数就体现出来了。也就是说,定义在类模板之外的成员函数必须以关键字 template 开始,后面接类模板参数列表。同时,在类名后面要用尖括号“<>”把模板参数列表里面的所有模板参数名列出来,如果是多个模板参数,则用“,”分隔。

现在看一看,如果 myfunc 的实现要是写在类模板定义外面,怎样写? 首先,在 myvector 类模板内部,书写 myfunc 成员函数的声明:

```
public:
    void myfunc();
```

然后,在 myvector.h 的类模板 myvector 定义的外部(下面),写一下 myfunc 成员函数的实现:

```
template < typename T >
void myvector < T >::myfunc()
{
}
```

继续在类模板 myvector 定义的外部,写一下构造函数的实现:

```
template < typename T >
myvector < T >::myvector()
{
}
```

有一点值得注意,一个类模板虽然里面可能有很多成员函数,但是,当实例化模板之后,如果后续没有使用到某个成员函数,则这个成员函数是不会被实例化的。换句话说,一个实例化的模板,它的成员只有在使用的时候才会被实例化(程序员编写的代码中出现了调用该成员函数的代码)。

再次编译一下项目,没有问题,编译链接都成功。

15.2.4　类模板名字的使用

在类模板 myvector 中有一个赋值运算符的重载代码:

```
myvector& operator = (const myvector&);
```

上面的赋值运算符重载返回一个 myvector 的引用。请注意,在类模板内部,可以直接使用类模板名,并不需要在类模板名后跟模板参数。因为在类模板定义内部,如果没提供类模板参数,编译器会假定类模板名带与不带模板参数等价(也就是 myvector 等价于 myvector < T >)。

当然,非要在类模板名后面跟模板参数也可以:

```
myvector < T > & operator = (const myvector < T > &);      //赋值运算符重载
```

但是,假如要在类模板定义之外实现这个赋值运算符重载。看看要怎样写:

```
template < typename T >
myvector < T > & myvector < T >::operator = (const myvector < T > &) //第一个 < T > 表示返回的是一个
                                                                    //实例化了的 myvector,第三个
                                                                    // < T > 不是必加
{
    //......
    return * this;
}
```

可以发现,如果在类模板定义之外实现这个赋值运算符重载,就不能光写类模板名,一定要带上模板参数,表示这个赋值运算符返回的是一个实例化了的 myvector。类模板的赋值运算符重载一般就这样写,套路写法比较固定,记一记就行了。

15.2.5　非类型模板参数的使用

模板参数并不局限于类型,普通的值也能作为模板参数,也就是非类型模板参数。

上一节讲解函数模板时曾经讲过非类型模板参数,myvector 类模板中是一个类型模板参数。那么看看非类型模板参数怎样用,为了清晰,这里创建一个新的类模板来演示。

创建一个新文件 myarray.h,模拟一个类似数组行为的类模板。内容如下:

```
#ifndef __MYARRAY__
#define __MYARRAY__
template< typename T, int size = 10 >
class myarray {
private:
    T arr[size];
};
#endif
```

从上面代码可以看到非类型模板参数 size 的存在,而且还给了一个默认值,模板参数给默认值一般也是可以的。

在 MyProject.cpp 的开头部分包含类模板的.h 头文件:

```
#include "myarray.h"
```

在 main 主函数中,增加如下代码:

```
myarray< int, 100 > tmparr;
```

当然,也可以使用默认的非类型模板参数值,这样就可以少传递进一个模板参数:

```
myarray< int > tmparr;
```

同时也要注意,myarray 类模板里面有两个模板参数,在类定义之外书写成员函数实现的时候也要注意写法。首先,在类模板内增加一个用 public 修饰的 myfunc 成员函数的声明。代码如下:

```
public:
    void myfunc();
```

在类模板外面实现这个成员函数的时候要注意书写方式:成员函数的前面先加上 template< typename T, int size >,同时,在类名后面要用尖括号把模板参数列表中的所有模板参数名列出来,因为这里是多个模板参数,参数之间用“,”分隔。

在 myarray.h 的类模板 myarray 定义的外部(下面),写一下 myfunc 成员函数的实现:

```
template< typename T, int size >
void myarray< T, size >::myfunc()
{
    std::cout << size << std::endl;
}
```

```
        return;
    }
```

在 main 函数中,加入如下代码来做一下调用:

```
myarray < int > tmparr;
tmparr.myfunc();                          //10

myarray < int, 50 > tmparr2;
tmparr2.myfunc();                         //50
```

注意,这种非类型的模板参数,参数的类型还是有一定限制的。

(1)浮点型一般不能作为非类型模板参数。例如下面的代码不可以:

```
template < typename T, double size >
class myarray{…};
```

(2)类类型也不能作为非类型模板参数。例如下面的代码也不可以:

```
class a {
    ……
};
template < typename T, a size >
class myarray{…};
```

15.3　使用 typename 的场合、函数模板、默认模板参数与趣味写法分析

15.3.1　typename 的使用场合

typename 主要用来表明"其后面跟的是一个类型"。

(1)在模板定义里,表明其后的模板参数是类型参数,这个前面讲解中已经见过。看一个函数模板的定义:

```
template < typename T, int a, int b >
int funcaddv2(T c){…}
```

再看一个类模板的定义:

```
template < typename T > //名字为 T 的模板参数,表示 myvector 容器所保存的元素类型
class myvector{…};
```

这里,typename 也可以写成 class,这两个关键字在这里功能一样。但需要注意的是,这里如果写成 class,和类定义时用的 class 完全是两个不同的含义,不要混为一谈。

(2)用 typename 标明这是一个类型(类型成员):

"::"是作用域运算符,读者已经很熟悉了,当访问类中的静态成员变量时需要用到,即类名::静态成员变量名,这在 14.3.5 节中讲解过。例如,定义一个类的静态成员变量并赋初值:"int Time::mystatic = 5;"。

另外，"::"还可以用来**标明类型成员**，本节范例接上一节来，查看一下 myvector. h 文件。现在把其中的 mybegin 成员函数（迭代器接口）的实现放到类模板 myvector 定义之外。看代码：

```
template < typename T >
typename myvector < T >::myiterator myvector < T >::mybegin()
{
    //……
}
```

上面的代码首先要强调作用域运算符"::"的第二个用法——访问类型成员。可以看到，myiterator 是一个类型（因为它是用 typedef 定义出来的），mybegin 成员函数返回的正好是这种类型。所以，在类模板定义之外要书写这种类型就要用到"::"，就是上面看到的这种 myvector < T >::myiterator 写法来代表一个类型。

继续观察不难看到，在 myvector < T >::myiterator 之前，额外用到了一个 typename。为什么要用这个 typename 呢？首先，普通类用不到，类模板才会用到。为什么？可以看到，类模板中有个模板参数 T（其实 T 这个名字可以随便叫，叫 T 是一种习惯），因为这个 T 可能是任意一种类型，编译器在遇到这种 T::后面跟着一些内容的时候或者说只要 T 和"::"一起出现的时候，都会导致编译器无法区分"::"之后的内容（也就是这里的 myvector < T >::myiterator）到底表示一个**类型**还是表示一个**静态成员变量**，直到遇到实例化这个类模板的实例化代码时才会确定它到底是一个类型还是一个静态成员变量。但是编译器在处理这个类模板时，它还必须要知道这个 myiterator 到底是一个静态数据成员变量名还是一个类型，因为解释成这两种东西都是可能的。而默认情况下，C++假定通过作用域运算符访问的是**静态成员变量**而不是类型，所以，这里如果不加 typename 来修饰，编译器会给出一个警告和一些错误。这个警告是："myiterator"：依赖名称不是类型，解决办法就是显式地告诉编译器 myiterator 是一个类型，所以在其前面用 typename 来修饰。

所以，typename 的第二个用法总结为：通知编译器，某个名字代表的是一个类型。但请注意，这里的 typename 不能用 class 来替换。

再看一个范例，写一个函数模板（代码可以直接写在 MyProject. cpp 的上面）：

```
template < typename T >
typename T::size_type getlength(const T& c)      //前面要加 typename,否则报错
{
    if (c.empty()) //这些诸如 empty、size 等成员函数,在函数模板未被实例化之前,谁也不知道
//这些成员函数到底写得对还是不对,但一旦被实例化,自然可知
        return 0;
    return c.size();
}
```

在 main 主函数中，加入如下代码：

```
string mytest = "I love China!";
//size_type 类似 unsigned int 类型.定义于 string 类中,一般和 string 配套使用,考虑到各种机器
//中数据类型的差异,所以引入这个类型,保证程序与实际的机器匹配的目的
//string::size_type size = mytest.size();
string::size_type size2 = getlength(mytest);
cout << size2 << endl;                       //13
```

可能 typename 还有其他使用场合，这里先描述两个，以后遇到新的使用场合再继续讲解。

15.3.2　函数指针作为其他函数的参数

有下面这样一个函数：

```
int mf(int tmp1, int tmp2)
{
    //......
    return 1;
}
```

假如现在要把函数指针作为某个函数的参数进行传递，那怎样来写代码呢？请注意写法，这里主要要讲的就是函数指针作为函数参数时的写法。在 MyProject.cpp 文件开头来定义一个函数指针类型：

```
typedef int( * FunType)(int,int);//可以在一个头文件中定义一个函数指针类型和函数本身的参
//数,返回值类型都一致,这里定义在 cpp 文件开头就可以
```

有了这些，函数指针就可以作为某个函数的参数进行传递了。可以看到，上述写法用到了 typedef，这说明有的时候用 typedef 是很必要的。现在来定义一个函数：

```
void testfunc(int i, int j, FunType funcpoint) //最后一个参数为函数指针类型
{
    //可以通过函数指针调用函数
    int result = funcpoint(i, j);          //这个就是通过函数指针调用函数
    cout << result << endl;
}
```

在 main 主函数中，加入如下代码：

```
testfunc(3, 4, mf); //调用 testfunc,其中第三个参数为另外一个函数的函数名,函数名被作为函
//数首地址可以传递到函数 testfunc 的第三个参数里,而 testfunc 的第三个参数正好是函数指针
//(函数指针代表函数首地址)
```

继续观察，在 testfunc 函数里，因为拿到了函数 mf 的函数指针，所以可以通过这个指针调用函数 mf。

以上就是函数指针作为其他函数形参的一个用法，请注意这种写法。下一小节讲解一个函数模板范例，其中的模板参数类型就是一个函数指针类型。

15.3.3　函数模板趣味用法举例

笔者从资料中找了一个范例，比较有代表性，因此拿出来讲解一下，主要目的是展示一下模板参数的用法和写法。

上面回顾了一下函数指针，现在把上面的 testfunc 函数改写成函数模板。如下：

```
template < typename T, typename F >
void testfunc(const T& i, const T& j, F funcpoint)
{
```

```
        cout << funcpoint(i, j) << endl;
}
```

其他都不变,运行看效果,打印出的结果为 1。

这里不妨分析一下代码,因为 main 主函数中做了如下调用:

```
testfunc(3, 4, mf);
```

系统通过第一个参数 3 和第二个参数 4,推断出 testfunc 的模板参数 T 是 int 类型,推断出模板参数 F 是函数指针类型,所以 funcpoint 就是函数指针,从而可以直接使用 funcpoint 来进行函数调用。

现在引入"可调用对象"的概念,这个概念后面章节会详细讲解。这里先简单了解一下:如果一个类,重载了"( )"运算符,那么如果生成了该类的一个对象,就可以用"对象名(参数……)"的方式来使用该对象,看起来就**像函数调用一样**,那么用这个类生成的对象就是一种可调用对象(可调用对象有很多种,这里先只说这一种)。

现在写一个可调用对象所代表的类,只要重载"( )"运算符即可。

在 MyProject.cpp 的上面,创建一个新类如下:

```
class tc
{
public:
    tc() { cout << "构造函数执行" << endl; }
    tc(const tc& t) { cout << "拷贝构造函数执行" << endl; }
    //重载圆括号
    int operator()(int v1, int v2) const
    {
        return v1 + v2;
    }
};
```

在 main 主函数中,加入如下代码:

```
tc tcobj;
testfunc(3, 4, tcobj);                      //这里调用拷贝构造函数
```

看上面第 2 行代码,函数 testfunc 的第 3 个参数传递进去了一个 tcobj 对象,系统推断模板参数 F 的类型应该为 tc(类类型),因此 testfunc 函数模板这里会调用 tc 类的拷贝构造函数来生成一个叫作 funcpoint 的 tc 类型的对象。

然后,在 testfunc 这个函数模板中,代码行"cout << funcpoint(i, j) << endl;"实际执行的就是可调用对象(把类对象当成函数一样调用),也就是 tc 类中重载的"( )"运算符。所以这行代码打印出来的结果为 7。

在 main 主函数中,现在换一种写法:

```
testfunc(3, 4, tc());
```

跟踪调试一下不难发现,上面代码行调用了 tc 类的构造函数,生成了一个 tc 类的对象(临时对象),直接传递到函数模板 testfunc 的 funcpoint 形参里面去了。可以看到,这里并没有执行 tc 类的拷贝构造函数,只执行了一次 tc 类的构造函数。这说明系统推断 F 类型

应该为 tc(类类型),然后直接把代码 tc()生成的临时对象构造到 funcpoint 对象(形参)中去了,这样就节省了一次拷贝构造函数的调用,自然也就节省了一次对析构函数的调用。这里涉及临时对象这个概念,如果不熟悉,请参考 14.13 节。

总结一下:

同一个函数模板 testfunc,根据传递进去的参数不同,就能够推断出不同的类型,上面的演示推断出了两种类型:

- 推断出的是函数指针。
- 推断出的是一个对象,而且是一个可调用对象。

这两种类型一个是"函数指针",一个是"对象",在这里共用同一个函数模板,是一个很有趣味的范例。

必须要提醒读者的是,tc 类对象必须是一个可调用对象,也就是 tc 类本身必须重载"( )"运算符,并且这个运算符里面的参数和返回值类型必须要与函数模板里面进行函数或可调用对象调用时所需要的参数类型以及返回值类型匹配。

15.3.4 默认模板参数

函数参数可以有默认值,模板参数也可以有默认值。

1. 类模板

前面讲过,类模板名后面必须用尖括号"< >"来提供额外信息,这和函数模板不一样,函数模板有很多时候是不需要用"< >"(编译器能够推断出类型)的,而类模板中的尖括号"< >"必须有,"< >"表示类必须是从一个类模板实例化而来,所以"< >"有一个表示"这是一个模板"的强调作用。

上一节所讲解的类模板 myarray,如果第一个模板参数也给一个默认值,代码如下:

```
template< typename T = string, int size = 5 >
class myarray {…};
```

这里要注意的是,如果某个模板参数有默认值,那么从这个有默认值的模板参数开始,后面的所有模板参数都得有默认值(这一点和函数的形参默认值规则一样)。

调用的时候,如果完全用默认值,则可以直接使用一个空的尖括号(空的尖括号不能省):

```
myarray <> abc;
```

一般来讲,在程序中遇到这种类名后面带"< >"的形式,都表示这是一个类模板并且使用的是默认模板参数。

如果想提供一个模板参数,而另外一个模板参数要用默认值,可以这样写代码:

```
myarray < int > def;
```

2. 函数模板

老的 C++标准只允许为类模板提供默认模板参数,C++11 新标准也可以为函数模板提供默认模板参数。

现在有这样一个需求,希望用如下调用方式:

```
testfunc(3, 4);
```

就可以调用函数模板 testfunc。也就是说，最后一个模板参数并没有提供。这里就要给函数模板 testfunc 提供默认参数，让上面的调用能够实现调用 tc 类里重载的"（ ）"的能力，看应该如何改造函数模板 testfunc。如下：

```
template < typename T, typename F = tc >
void testfunc(const T & i, const T & j, F funcpoint = F())
{
    cout << funcpoint(i, j) << endl;
}
```

注意上面的写法，这里不但为模板参数 F 提供默认参数 tc（类名），还为函数模板 testfunc 的第三个形参提供了默认值，注意这个默认值的写法 F funcpoint＝F()。这个等于默认在这里构造（定义）了一个临时的类 tc 的对象，直接构造到 funcpoint 所代表的空间，现在 funcpoint 就是一个类 tc 的对象。有几点说明：

（1）必须同时为模板参数和函数参数指定默认值，一个也不能少，否则语法通不过且语义也不完整。

（2）这种产生一个临时对象作为默认值的写法，在函数里以往没这样写过，所以感觉比较新鲜（甚至可能一时没反应过来，看不懂），请注意解读，见到过一次后就熟悉了。其实这等价于如下代码：

```
void testfunc(const int &i, const int &j, tc funcpoint = tc())
{
    cout << funcpoint(i, j) << endl;
}
```

（3）tc 类必须重载"（ ）"运算符，也就是说，必须保证 funcpoint 是一个可调用对象，否则代码行"cout << funcpoint(i, j) << endl;"编译时会报错。

（4）有一点不要忘记，一旦给函数提供了正常参数，那默认参数就不起作用了。例如，虽然上面 testfunc 函数模板中写了 F funcpoint＝F()，但是一旦给进去一个函数名，例如：

```
testfunc(3, 4, mf);
```

那么函数模板 testfunc 的默认模板参数 F＝tc 以及函数默认参数 funcpoint ＝ F() 就没有任何作用了。

现在考虑一下，针对函数模板 testfunc 换一种默认参数，也要保证代码 testfunc(3，4)；能够正常执行。但希望 testfunc 函数模板默认情况调用的是 mf 函数，那这个函数模板怎样给默认参数呢？代码如下：

```
template < typename T, typename F = FunType >
void testfunc(const T & i, const T & j, F funcpoint = mf)
{
    cout << funcpoint(i, j) << endl;
}
```

有几点说明：

（1）必须同时为模板参数和函数参数指定默认值，一个也不能少，否则语法通不过且语义也不完整。

（2）默认模板参数 F 是一个函数指针类型（FuncType），函数参数 funcpoint ＝ mf 中的 mf 是函数名，代表函数首地址。

15.4　成员函数模板，模板显式实例化与声明

15.4.1　普通类的成员函数模板

不管一个普通类，还是一个类模板，它的成员函数本身可以是一个函数模板，这种成员函数称为"成员函数模板"，但是这种成员函数模板不可以是虚函数，如果写一个虚函数模板，编译器就会报错。

在 MyProject.cpp 开头的位置，增加如下类 A 的定义：

```
class A
{
public:

    template < typename T >
    void myft(T tmpt)
    {
        cout << tmpt << endl;
    }
};
```

可以注意到，myft 就是成员函数模板，前面已经学习过函数模板，这里成员函数模板的样子和函数模板相同，也是以模板参数列表开始。在用的时候也比较简单，在 main 主函数中，增加如下代码：

```
A a;
a.myft(3);                              //3
```

在调用 myft 成员函数模板时，编译器就会实例化这个成员函数模板，这里编译器会自动根据传递进来的实参推断模板参数 T 的类型，这里大概就能推断出这是一个 int 类型，然后把 tmpt 的值打印出来。

15.4.2　类模板的成员函数模板

类模板，也是可以为它定义成员函数模板的，这种情况就是类模板和其成员函数模板都有各自独立的模板参数。

把刚才的类 A 改造一下，改造成一个类模板。注意这里构造函数也引入了自己的模板参数，该模板参数和整个类的模板参数没有任何关系：

```
template < typename C >
class A
{
public:
    template < typename T2 >
    A(T2 v1, T2 v2) //构造函数也引入自己的模板参数 T2,和整个类的模板参数 C 没有关系
    {
```

```
    }

    template < typename T >
    void myft(T tmpt)
    {
        cout << tmpt << endl;
    }
    C m_ic;
};
```

在 main 主函数中,增加如下代码:

```
A < float > a(1, 2);    //类模板的模板参数必须用"<>"指定,函数模板的模板参数可以推断
A < float > a2(1.1, 2.2);
a.myft(3);                              //3
```

从上面范例可以看到,类模板本身有自己的模板参数 C,而成员函数模板 A、myft 也有自己的模板参数 T2、T,两者之间互不打扰。

现在考虑一个问题:如果要把这个成员函数模板的实现代码写到类模板定义之外去,怎样写? 例如,要把这里的构造函数模板移到类模板定义之外,看一看写法。

首先在类模板内部写下构造函数模板的声明:

```
template < typename T2 >
A(T2 v1, T2 v2);
```

然后在类模板定义的下面,书写构造函数模板的实现:

```
template < typename C >          //先跟类模板的模板参数列表,要排在上面(如果排在下面会报错)
template < typename T2 >         //再跟构造函数模板自己的模板参数列表
A < C >::A(T2 v1, T2 v2)
{
    cout << v1 << v2 << endl;
}
```

main 主函数中代码不变,还是下面这两句,注意看代码的注释部分:

```
A < float > a(1, 2);             //实例化了一个 A < float >类,并用 int 型来实例化构造函数
A < float > a2(1.1f, 2.2f); //A < float >已经被上面代码行实例化过了,这里用 float 来实例化构造函数
```

请记住下面的说法:

- 类模板中的成员函数,只有源程序代码中出现调用这些成员函数的代码时,这些成员函数才会出现在一个实例化了的类模板中。
- 类模板中的成员函数模板,只有源程序代码中出现调用这些成员函数模板的代码时,这些成员函数模板的具体实例才会出现在一个实例化了的类模板中。

15.4.3　模板显式实例化与声明

前面已经说过,模板只有被使用时才会被实例化。

但是现在有这样一个问题,一个项目中可能有多个. cpp 源码文件(也可能是其他扩展名的源码文件)。这里为讲解方便,再创建一个叫作 test. cpp 的源码文件并加入到项目中来。

再创建一个 ca. h 头文件,把刚才这个类模板 A 的定义放到头文件里。而后在 MyProject. cpp 和 test. cpp 的顶部,♯include 这个头文件。这样两个 .cpp 源文件就都可以使用这个类模板了。现在分别确定一下几个文件的内容。

ca. h 头文件内容如下:

```cpp
#ifndef __CAH__
#define __CAH__
template < typename C >
class A
{
public:
    template < typename T2 >
    A(T2 v1, T2 v2);
    template < typename T >
    void myft(T tmpt)
    {
        std::cout << tmpt << std::endl;
    }
    C m_ic;
};
template < typename C >
template < typename T2 >
A < C >::A(T2 v1, T2 v2)
{
    std::cout << v1 << v2 << std::endl;
}
#endif
```

test. cpp 源文件内容如下(注意其中有一个新函数 mfunc):

```cpp
#include < iostream >
#include < vector >
#include "ca.h"
using namespace std;
void mfunc()
{
    A < float > a(1, 2);
}
```

MyProject. cpp 源文件内容如下:

```cpp
#include < iostream >
#include < vector >
#include "ca.h"
using namespace std;
int main()
{
    A < float > a(1, 2);
    A < float > a2(1.1, 2.2);
    a.myft(3); //3
    return 0;
}
```

现在要编译这个项目,已经知道的事实是:这些.cpp 源文件对于编译器来讲都是独立编译的(每个.cpp 编译后可能生成一个.obj 文件,多个.cpp 编译后自然生成多个.obj 文件)。

当这两个.cpp 代码中的"A<float> a(1, 2);"这行代码在编译的时候,因为每个.cpp 文件独立编译,所以编译器在 MyProject.cpp 中会实例化出一个 A<float>类(也可以叫模板类 A 的一个实例),在 test.cpp 中也会实例化出一个 A<float>类,可想而知,多个.cpp 都实例化出来了相同的类模板,如果项目很大,.cpp 文件很多,那这个额外的开销比较大,增加了很多编译时间并且没有必要,这并不是我们想看到的情况。

可以通过"**显式实例化**"来避免这种生成多个相同类模板实例的开销。看一看怎样写这个显式实例化。

可以在 test.cpp 文件头写入如下代码:

template A<float>;//这叫"实例化定义",只有一个.cpp 文件里这样写,编译器为其生成代码

上面这行代码的意思就是让编译器实例化出一个 A<float>。然后,在其他的.cpp 文件中,当然不需要再实例化了,只需要在其他的.cpp 的头上声明这个实例化出来的类就行了。可以这样写:

extern template A<float>;   //其他所有.cpp 文件都这样写

为什么要在.cpp 文件头上写这些呢?因为编译器遇到使用类模板的代码会自动对模板实例化,所以在.cpp 文件头上写的代码肯定比那些使用该类模板的代码先执行到。

这个带 extern 的代码行被称为**模板实例化声明**,当编译器遇到 extern 模板实例化声明时,就不会在本.cpp 源文件中生成一个 extern 后面所表示的类模板的实例化版本代码。这个 extern 的意思就是告诉编译器,在其他的.cpp 源文件中已经有一个该类模板的实例化版本了,所以这个 extern 一般写在多个.cpp 源文件的文件开头位置。

读者可以注意到这个写法:模板实例化定义的格式是以 template 开头,而模板实例化声明的格式是以 extern template 开头。

函数模板也是一样的。在 ca.h 中,首先可以定义一个函数模板,增加在文件开头位置:

```
template < typename T>
void myfunc(T v1, T v2)
{
    std::cout << v1 + v2 << std::endl;
}
```

然后可以在 test.cpp 中的上面位置这样写:

template void myfunc(int& v1, int& v2); //函数模板实例化定义,编译器会为其生成实例化代码

在 MyProject.cpp 中的上面位置这样写:

extern template void myfunc(int& v1, int& v2); //函数模板实例化声明

通过上面这些步骤,float 版本的 A 类模板(A<float>)以及 int 版本的 myfunc 函数模板就都会在 test.cpp 文件中实例化,而不会在 MyProject.cpp 文件中实例化。

当然，如果此时在 MyProject.cpp 的 main 主函数中使用了 int 作为模板参数的类模板 A，那这个 int 作为模板参数的类模板 A 还会在 MyProject.cpp 中被实例化：

```
A<int> d(6,7);                        //int 版本的 A(A<int>)会被实例化
```

特别注意：模板的实例化定义只有一个，模板的实例化声明可以有多个。实例化定义不要忘记写，否则就达不到减少系统额外开销的效果或者会造成链接出错。

针对本节讲解的内容，笔者这里做了一定的测试，如果读者朋友有兴趣也可以自己测试，笔者估计，不同编译器测试结果可能不一样。笔者测试的时候其实是观察编译生成的.obj 目标文件（用文本编辑器直接打开就可以观察），就是想看看到底.obj 文件里是否存在通过类模板实例化出来的具体类。

笔者在 Visual Studio 2017 和 Visual Studio 2019 中分别做了测试（不一定 100％对，但可以供参考），测试的结论是：extern 是有作用的，尤其是如果在.cpp 文件中调用一个成员函数，可以很明显地看到，使用了 extern template 的.cpp 文件没有实例化出这个成员函数。

另外请注意，一旦利用代码行"template A<float>;"进行显式实例化，那么系统会把这个类模板以及所有成员函数都给实例化出来（感觉这样并不好），包括内联的成员函数。同时，如果代码中调用了哪个函数模板，那么系统也会把这个函数模板根据所调用的参数实例化出来。

那为什么会实例化类模板的所有成员函数呢？因为像"template A<float>;"代码行这种实例化方式，编译器并不了解程序使用了哪些成员函数，所以就一股脑地把类模板的所有成员函数都给实例化了，不管代码中用到的，还是没用到的。

做一个总结：

（1）使用 Visual Studio 2017 或者 Visual Studio 2019 的读者，不推荐使用类模板显式实例化特色，因为该特色虽然有作用但也会把所有成员函数都实例化出来，增加了编译时间和代码长度。其他平台编译器，读者有条件可以自行测试来验证一下本节所讲的内容。另外，毕竟我们不是编译器的开发者，所以可能对"模板显式实例化"实现的复杂性有所低估。

（2）笔者讲解本节内容的另外一个目的就是希望读者日后遇到这种写法的程序代码能够看得懂，例如如下这种语句：

```
template A<float>;
extern template A<float>;
```

15.5 using 定义模板别名与显式指定模板参数

15.5.1 using 定义模板别名

通过前面的学习，已经认识了 typedef——一般用来定义类型别名。例如：

```
typedef unsigned int uint_t;          //相当于给 unsigned int 类型起了个别名 uint_t
```

现在有这样一个类型 std::map < std::string，int >，想给它起个别名，方便在程序中书写，那应该怎样写呢？注意，这里 std::map 类似于 std::vector，也是一个容器，里面的每个元素都是一个键（key）/值（value）对，后面章节会对这个容器做进一步讲解。如果读者想立即详细了解 std::map 容器，可以借助搜索引擎来搜索学习。

```
typedef std::map < std::string, int > map_s_i;    //现在这么长的类型名可以换成一个短类型,写
                                                  //起来方便多了
```

后面就可以以下面这种方式来定义这种类型的变量（对象）并进行正常的使用：

```
map_s_i mymap;
mymap.insert({ "first",1 });                      //插入元素到容器,容器中每个元素都是一个键值对
```

如果还有一种类型 std::map < std::string，std::string >，也想给它起个别名，方便在程序中书写，就要这样写：

```
typedef std::map < std::string, std::string > map_s_s;
```

后面就可以这样使用该类型：

```
map_s_s mymap2;
mymap2.insert({ "first","firstone" }); //key 是 first,value 是 firstone
```

如果在实际开发中有这样一个需求：希望定义一个类型，但这个类型不固定，例如对于 map 类型容器中的元素，元素的键（key）固定是 std::string 类型，但值（value）不希望固定为 int 或者固定为 string 类型，希望可以自己自由指定。

这个需求通过 typedef 是很难办到的，因为 typedef 一般都是用来给固定类型起别名，而这里的类型名不固定，像一个模板一样，typedef 真是有点无能为力。

于是 C++98 标准那个时代，开发者就想了一个变通的办法来达到这个目的——通过一个类模板来实现。看一看代码，这段代码可以增加到 MyProject.cpp 的上面位置：

```
template < typename wt >
struct map_s
{
    typedef std::map < std::string, wt > type; //定义了一个类型
};
```

在 main 主函数中，增加如下代码：

```
map_s < int >::type map1;                        //等价于"std::map < std::string, int > map1;"
map1.insert({ "first",1 });
```

可以看到，为了实现这种比较通用的以 string 类型为 key，以任意类型为 value 的 map 容器，不得不写一个类模板（map_s）来达到此目的，这种实现手段并不是那么让人满意。

现在 C++11 的新标准使类似的问题解决起来变得非常简单，不用定义类模板了，如下两行代码就解决问题：

```
template < typename T >
using str_map_t = std::map < std::string, T >;
```

在 main 主函数中，增加如下代码：

```
str_map_t < int > map1;
map1.insert({ "first",1 });
```

分析一下上面的代码：

既然是 template 开头，肯定是用于定义模板的，然后通过 using 关键字给这个模板起了一个名字（别名模板），这里叫 str_map_t。后面这个"std::map < std::string, T >;"是类型，所以不难猜测，using 是用来**给一个跟类型有关的模板起名字**用的，有了名字，后续才能使用。

其实以往已经看到过多次 using 的不同用法，如用它来暴露子类中同名的父类函数（14.7.4 节）、子类继承父类的构造函数（14.15 节），而这里的 using 所起的作用是什么？

读者也许猜到了，using 在这里的用法和 typedef 很类似。

实际上 using 包含了 typedef 的所有功能，只不过语法上两者不太一样。比较一下下面两行代码：

```
typedef unsigned int uint_t;
using uint_t = unsigned int;          //typedef 后的两个内容的位置反过来
```

再比较：

```
typedef std::map < std::string, int > map_s_i;
using map_s_i = std::map < std::string, int >;
```

可以看到，using 也可以定义普通类型，但在语法格式上，正好和 typedef 定义类型的顺序相反。

typedef 这种定义类型的顺序，就好像定义一个变量一样，typedef 后面先写上系统的类型名，然后接一个空格，再接自己要起的类型别名。但是总感觉这种语法顺序不太符合感受和习惯。

15.3.2 节曾经用 typedef 来定义过一个函数指针类型，写法如下：

```
typedef int( * FunType)(int,int);
```

这里，该函数指针代表的函数的返回类型是 int 类型，后面"()"里是两个形参的类型。看一看换成 using 该怎样写。using 这个写法感觉像赋值语句，似乎更符合书写习惯：

```
using FunType = int( * )(int,int);     //注意第一个圆括号中间的内容变成( * )了
```

总之，在这里根据个人的习惯来选择使用 typedef 或者 using 即可。笔者更倾向于 using 这种写法。

这里再看一个例子，看看 using 如何定义**类型相关的模板**（给函数指针类型模板起别名）：

```
template < typename T >
using myfunc_M = int( * )(T, T);
```

在 main 主函数中，增加如下代码：

```
myfunc_M < int > pointFunc; //函数指针,该函数返回一个 int,参数是两个 int.注意 myfunc_M < int >
                            //是类型名(类型别名),并不是一个类模板实例化后的类
```

在 MyProject.cpp 的前面再增加一个函数定义：

```
int RealFunc(int i, int j)
{
    return 3;
}
```

在 main 主函数中，继续增加如下代码：

```
pointFunc = RealFunc;                  //把函数地址赋给函数指针
cout << pointFunc(1, 6) << endl;       //3：通过函数指针调用函数
```

总结一下：

- 用 using 定义类型相关模板与定义普通类型差不太多，只是在前面要增加一个 template 开头的模板参数列表。
- 在 using 中使用的这种模板，既不是类模板，也不是函数模板，可以看成是一种新的模板形式——别名模板。

15.5.2 显式指定模板参数

前面已经学习过，类型模板参数是可以显式指定的，这里再巩固一下这方面的知识。

现在写一个函数模板来求和，可以指定返回的结果类型从而控制显示的精度。看看代码：

```
template < typename T1, typename T2, typename T3 >
T1 sum(T2 i, T3 j)
{
    T1 result = i + j;
    return result;
}
```

在 main 主函数中，增加如下代码：

```
auto result = sum(2000000000, 2000000000); //报错
cout << result << endl;
```

编译代码，发现报错，提示"未找到匹配的重载函数"。观察一下：这里的 T2 和 T3 类型可以通过调用 sum 函数时的实参推断出来，但是 T1 没有办法通过函数实参推断出来。所以这里必须要至少给进来一个模板参数 T1：

```
auto result = sum < int >(2000000000, 2000000000);
```

另外两个模板参数 T2 和 T3 可以不提供，不提供的话系统会自己推断，但若是提供则一定要提供正确的类型，如果提供错误的类型如需要 int 类型却提供了一个 char 类型，那么就会按照 char 类型进行计算，计算结果很可能会出错（因为 char 才 1 字节，而 int 占 4 字节）。计算出错而不是编译器报错，是因为 char 类型和 int 类型兼容，可以转换，所以这里只会出现计算结果错误。但若是类型给的完全不对，则编译器也会直接报错。例如：

```
auto result = sum < int, string, string >(2000000000, 2000000000); //编译器直接报错
```

还是把代码修改回来：

```
auto result = sum < int >(2000000000, 2000000000);
```

现在的问题是结果不对，result 被推断为 int 类型，而 int 类型是保存不下这两个数字的和值的。所以修改一下代码：

```
auto result = sum < double >(2000000000, 2000000000);
```

虽然 double 类型能够保存下这两个数字的和值，但结果也不对，为什么？如果跟踪调试一下，不难发现，在 sum 函数模板里面的代码行"T1 result = i + j;"计算的和值结果就已经出错了。

20 亿＋20 亿，每个都是 int 型，但是这两个 int 相加的结果是 40 亿，显然超过了每个 int 类型能保存的范围了，系统并不理会 result 变量是什么类型，系统处理的时候 20 亿＋20 亿肯定是溢出了，得到了错误的结果。所以这里如果将加法操作的每个操作数类型都指定为 double 类型，则两个 double 类型相加的结果当然还会是 double 类型。所以修改代码：

```
auto result = sum < double, double, double >(2000000000, 2000000000); //4e + 09,指数形式显
                                                                      //示,结果正确
```

通过观察不难发现，提供显式的类型模板实参的方法是从左到右按顺序与对应的模板参数匹配。对于能推导出来的模板参数，可以省略，不过如果这个参数省略了，那后面的参数也得省略。例如如下写法，也都是能编译通过的：

```
auto result = sum < double, double >(2000000000, 2000000000);
auto result = sum < double >(2000000000, 2000000000); //这个写法虽然编译运行没问题,但求和
                                                      //结果不正确
```

但是，如果像下面这样设计函数模板，那必须三个模板参数都得提供模板实参：

```
template < typename T1,typename T2,typename T3 >
T3 sum(T1 i, T2 j){…}
```

因为 T3 是必须要给进去模板实参的（无法推断出来），而系统并不支持把 T1 和 T2 参数空着只提供 T3 参数的语法格式。例如如下格式是不可以的：

```
auto result = sum <, ,double >(12,13);
```

15.6 模板全特化与偏特化（局部特化）

提到特化这个概念，不免让人想到了一个和特化相对的概念——泛化。什么叫泛化？模板就是一种泛化的表现，因为模板在用的时候可以为其指定任意的模板参数，这就叫泛化（更宽广的范围）。

那特化呢？

例如，写一个类模板或者函数模板，传递进去一个类型模板参数。这个传递进去的类型可以自己指定，但是存在这样一种情况，给进去一个 A 类型，这个模板能够正常实例化，但给进去一个 B 类型，这个模板就无法正常实例化，如编译报错等。或者换句话说，B 类型是

一种比较独特的类型,程序员要针对这种类型给这个模板做单独的设计和代码编写,原来的这种模板代码(通用模板代码或者叫泛化模板代码)不适合这种比较独特的类型。所以引出了模板特化的概念,也就是程序员要对这种类型进行特殊对待,为其开小灶,为其编写专门的代码。

15.6.1　类模板特化

1. 类模板全特化

1)常规全特化

看下面这个类模板的定义,可以写在 MyProject. cpp 的上面:

```
template < typename T, typename U >
struct TC
{
    TC()
    {
        cout << "TC 泛化版本构造函数" << endl;
    }
    void functest() {
        cout << "TC 泛化版本" << endl;
    }
};
```

这里定义了一个 TC 类模板,这就属于一个泛化的类模板(以往实现的类模板也都属于泛化的类模板),得先有泛化版本才能有特化版本,所以,只要涉及特化,一定先存在泛化。

现在有了泛化的类模板(TC),怎样特化呢? 例如要针对"int,int"类型做专门的处理,那这里的类型模板参数 T 和 U 就可以都用 int 类型代表。既然 T 和 U 用 int 类型来代表了,T 和 U 类型就不存在了(被绑定成一个具体类型了)。

注意"全特化"这个称呼,就是所有类型模板参数(这里是 T 和 U)都得用具体的类型代替。

针对 T 和 U 都为 int 类型的特化版本要这样写,下面代码要放在 TC 类模板泛化版本代码的下面(因为所有类型模板参数都用具体类型代表,因此下面版本是一个全特化版本):

```
template<>　　//全特化所有类型模板参数都用具体类型代表,所以"<>"里就空了
struct TC < int,int > //上面的 T 绑定到这里的第一个 int,上面的 U 绑定到这里的第二个 int
{
    TC()
    {
        cout << "TC < int,int >特化版本构造函数" << endl;
    }
    //在这里可以对该特化版本做单独处理
    void functest() {
        cout << "TC < int,int >特化版本" << endl;
    }
};
```

再写一个"double,int"版本的全特化:

```
template <>
struct TC < double, int > //上面的 T 绑定到这里的 double,上面的 U 绑定到这里的 int
{
    TC()
    {
        cout << "TC < double,int >特化版本构造函数" << endl;
    }
    //在这里可以对该特化版本做单独处理
    void functest() {
        cout << "TC < double,int >特化版本" << endl;
    }
};
```

现在,如果抛开这两个特化的版本,那生成任何 TC 类模板的对象并调用 functest 成员函数,都应该执行泛化版本的 functest() 函数。但现在,因为有了两个 **TC 类模板的特化版本**,分别是 TC < int,int >和 TC < double,int >,那么如果使用 TC 类模板并指定了"int,int"或者"double,int"类型,编译器就会执行这些特化版本的代码(特化版本代码具有优先被选择权)。

在 main 主函数中,写入如下代码:

```
TC < char, int > tcchar;                //TC 泛化版本构造函数
tcchar.functest();                      //TC 泛化版本

TC < int, int > tcint;                  //TC < int,int >特化版本构造函数
tcint.functest();                       //TC < int,int >特化版本

TC < double, int > tcdouble;            //TC < double,int >特化版本构造函数
tcdouble.functest();                    //TC < double,int >特化版本
```

这种特化版本可以有任意多,随便写多少个都行,目前写了两个特化版本。

2)特化类模板的成员函数

继续在 MyProject.cpp 中书写:

```
//特化类模板的成员函数
template <>                             //全特化
void TC < double, double >::functest()
{
    cout << "TC < double,double >的 functest()特化版本" << endl;
}
```

在 main 主函数中,写入如下代码:

```
TC < double, double > tdbldbl;          // TC 泛化版本构造函数
tdbldbl.functest();                     //TC < double,double >的 functest()特化版本
```

注意观察上面这两行代码的结果,笔者并没有为"double,double"来特化 TC 类模板(特化的只有"int,int"和"double,int"),所以,构造 tdbldbl 对象调用的是泛化版本的 TC 类模板的构造函数。但是,因为专门为成员函数 functest 进行了一个"double,double"类型的特化,所以,虽然 tdbldbl 对象执行的构造函数是泛化版本的,但调用 functest 时调用的依旧是

"double,double"的 functest 特化版本。

2. 类模板偏特化(局部特化)

上面讲解的是全特化,也就是把所有类型模板参数都用具体类型代表。这里讲解的是偏特化,也叫局部特化。这里要从两个方面说,一个是模板参数数量上的偏特化,一个是模板参数范围上的偏特化。

1) 模板参数数量上的偏特化

在 MyProject.cpp 的上面,创建一个新的 TCP 类模板,带三个模板参数,以方便观察和讲解:

```
template < typename T, typename U, typename W >
struct TCP
{
    TCP()
    {
        cout << "TCP 泛化版本构造函数" << endl;
    }
    void functest() {
        cout << "TCP 泛化版本" << endl;
    }
};
```

上面的 TCP 类模板有三个模板参数,如果想特化(绑定到具体类型)其中的两个模板参数,留一个模板参数(因为有留下来的,所以称为局部特化,也叫偏特化)。代码要这样写:

```
template < typename U >   //另外两个模板参数被绑定了,所以这里只剩一个模板参数 U 了,当然必须
                          //写出来
struct TCP < int, U, double > //注意,这里绑了第一个和第三个模板参数,留下了第二个模板参数
{
    TCP()
    {
        cout << "TCP < int,U,double >偏特化版本构造函数" << endl;
    }
    void functest() {
        cout << "TCP < int,U,double >偏特化版本" << endl;
    }
};
```

在 main 主函数中,写入如下代码:

```
TCP < double, int, double > tcpdi;        //TCP 泛化版本构造函数
tcpdi.functest();                         //TCP 泛化版本

TCP < int, int, double > tcpii;           //TCP < int,U,double >偏特化版本构造函数
tcpii.functest();                         //TCP < int,U,double >偏特化版本
```

2) 模板参数范围上的偏特化

首先理解一下参数范围的概念,例如原来是 int 类型,如果变成 const int 类型,是不是这个类型的范围上就变小了!再如,如果原来是任意类型 T,现在变成 T *(从任意类型缩小为指针类型),那这个类型从范围上也是变小了! 还有 T &(左值引用)、T&&(右值引用)针对 T 来说,从类型范围上都属于变小了。

先写一个接收任意类型(泛化)的类模板(得先有泛化版本才能有特化版本,所以,只要涉及特化,一定先存在泛化),在 MyProject.cpp 的上面,创建一个新的 TCF 类模板:

```
template < typename T >
struct TCF
{
    TCF()
    {
        cout << "TCF 泛化版本构造函数" << endl;
    }
    void functest() {
        cout << "TCF 泛化版本" << endl;
    }
};
```

写一个模板参数范围上的特化版本(const T 特化版本):

```
//模板参数范围上的特化版本
template < typename T >
struct TCF < const T >                     //const 特化版本
{
    TCF()
    {
        cout << "TCF < const T >特化版本构造函数" << endl;
    }
    void functest() {
        cout << "TCF < const T >特化版本" << endl;
    }
};
```

再写一个模板参数范围上的特化版本(T * 特化版本):

```
template < typename T >
struct TCF < T * > //T * 特化版本,告诉编译器,如果使用者用指针,则调用这个版本
{
    TCF()
    {
        cout << "TCF < T *特化版本构造函数" << endl;
    }
    void functest() {
        cout << "TCF < T *特化版本" << endl;
    }
};
```

再写一个模板参数范围上的特化版本(T & 左值引用特化版本):

```
//左值引用
template < typename T >
struct TCF < T& >                          //左值引用特化版本
{
    TCF()
    {
```

```
        cout << "TCF < T & >特化版本构造函数" << endl;
    }
    void functest() {
        cout << "TCF < T & >左值引用特化版本" << endl;
    }
};
```

再写一个模板参数范围上的特化版本(T && 右值引用特化版本):

```
//右值引用
template < typename T >
struct TCF < T&& >                    //右值引用特化版本
{
    TCF()
    {
        cout << "TCF < T &&>特化版本构造函数" << endl;
    }
    void functest() {
        cout << "TCF < T &&>右值引用特化版本" << endl;
    }
};
```

在 main 主函数中,写入如下代码:

```
TCF < double > td;                    //TCF 泛化版本构造函数
td.functest();                        //TCF 泛化版本

TCF < double * > tcfd;                //TCF < T  *>特化版本构造函数
tcfd.functest();                      //TCF < T *>特化版本

TCF < const int > tcfi;               //TCF < const T>特化版本构造函数
tcfi.functest();                      //TCF < const T>特化版本

TCF < int& > tcfyi;                   //TCF < T & >特化版本构造函数
tcfyi.functest();                     //TCF < T & >左值引用特化版本

TCF < int&& > tcfyii;                 //TCF < T &&>特化版本构造函数
tcfyii.functest();                    //TCF < T&&>右值引用特化版本
```

所以可以看到,即便是偏特化(局部特化),特化完了它本质上还是一个模板。

15.6.2 函数模板特化

1. 函数模板全特化

这里直接来一个泛化版本的函数模板范例,写在 MyProject.cpp 的前面:

```
template < typename T, typename U >
void tfunc(T& tmprv, U& tmprv2)
{
    cout << "tfunc 泛化版本" << endl;
    cout << tmprv << endl;
    cout << tmprv2 << endl;
}
```

在 main 主函数中,写入如下代码:

```
const char * p = "I love China!";
int i = 12;
tfunc(p, i);
```

运行看结果：

```
tfunc 泛化版本
I love China!
12
```

从上面这个范例不难看出，执行"tfunc(p，i);"代码行时，会实例化 tfunc 函数模板 tfunc＜const char ＊，int＞，所以，在该实例化中，T 代表着 const char ＊，形参 tmprv 就应该是 const char ＊ & 类型，U 代表着 int，形参 tmprv2 就应该是 int & 类型。

现在写一个全特化版本——两个类型模板参数一个为 int 的，一个为 double 的，位置接在刚才的泛化版本的函数模板 tfunc 的后面：

```
template<>                           //全特化"<>"里就是空的
void tfunc(int& tmprv, double& tmprv2) //替换原来的 T,U,这格式要与泛化版本一一对应,不然编
                                       //译就报错,例如第二个参数写成 double tmprv2 就会报错
{
    cout << " ------------ begin ------------- " << endl;
    cout << "tfunc < int,double>特化版本" << endl;
    cout << tmprv << endl;
    cout << tmprv2 << endl;
    cout << " ------------ end -------------- " << endl;
}
```

在 main 主函数中，写入如下代码：

```
int k = 12;
double db = 15.8f;
tfunc(k, db);                        //这里调用的就是特化版本
```

运行看结果：

```
 ------------ begin -------------
tfunc < int,double>特化版本
12
15.8
 ------------ end ----------------
```

全特化实际上等价于实例化一个函数模板，并不等价于一个函数重载。注意比较下面两行代码：

```
void tfunc < int, double >(int& tmprv, double& tmprv2){…}; //全特化长这样, 等价于实例化一个
                                                            //函数模板
void tfunc(int& tmprv, double& tmprv2){…} //重载的函数长这样
```

上面已经存在了"int，double"类型的函数模板 tfunc 全特化，如果再存在一个"int，double"类型形参的重载函数，代码如下：

```
void tfunc(int& tmprv, double& tmprv2)
{
    cout << " ------------ begin ------------ " << endl;
    cout << "tfunc 普通函数" << endl;
    cout << " ------------ end -------------- " << endl;
}
```

那么此时前面 main 主函数中的代码行"tfunc(k，db)；"就不会调用 tfunc 函数模板的特化版本，而是会去调用 tfunc 重载函数。再次执行程序，结果如下：

```
------------ begin --------------
tfunc 普通函数
------------ end --------------
```

这说明一个问题，如果将来读者遇到一个函数调用，选择普通函数也合适，选择函数模板（泛化）也合适，选择函数模板特化版本也合适的时候，编译器考虑顺序是最优先选择普通函数，没有普通函数，才会考虑函数模板的特化版本，如果没有特化版本或者特化版本都不合适，才会考虑函数模板的泛化版本。

针对函数模板的特化版本的选择问题，如果恰好碰到两个模板特化版本都合适的，那编译器会选择那种**最**最合适的特化版本。例如，如果传递一个字符串给函数模板，函数模板特化版本中有数组类型模板参数和指针类型模板参数都可以接字符串类型，但在系统看来，很可能数组版本类型模板参数比指针类型模板参数更合适，所以系统会选择那个数组类型的模板参数的特化版本。

2．函数模板偏特化

函数模板不能偏特化。例如如下代码，编译会出现错误，所以只有类模板才能偏特化：

```
//函数模板不能偏特化，下列代码编译报错
template < typename U >
void tfunc < double, U >(double& tmprv, U& tmprv2)
{
    cout << " ------------ begin ------------ " << endl;
    cout << "tfunc < double,U >偏特化版本" << endl;
    cout << tmprv << endl;
    cout << tmprv2 << endl;
    cout << " ------------ end -------------- " << endl;
}
```

15.6.3 模板特化版本放置位置建议

前面已经说过，模板定义和实现一般都放在 .h 文件中。本节又讲解了模板特化，所以模板的特化版本应该和模板泛化版本等都放在同一个 .h 文件中，并且特化版本一般放在泛化版本的后面即可。

15.7 可变参模板与模板模板参数

前面学习了函数模板和类模板，在其中看到了模板参数，这些参数的数量都是固定的。在 C++11 中，引入了可变参模板，英文名叫作 Variadic Templates。这种可变参模板允许模

板定义中含有0到多个(任意个)模板参数,这种模板在语法上也和传统模板不太一样,多了一个"..."符号,这个符号代表省略号的意思。

15.7.1　可变参函数模板

1. 简单范例

看看如下范例,代码可以写在 MyProject.cpp 的上面位置:

```
template < typename... T >
void myfunct1(T... args)                //T: 一包类型,args: 一包形参
{
    cout << sizeof...(args) << endl; //sizeof...属于固定语法,用在可变参模板内部,用来表示
                                     //收到的模板参数个数,只能针对这种...的可变参
    cout << sizeof...(T) << endl;        //本行和上行效果一样
}
```

在 main 主函数中加入如下代码:

```
myfunct1();                          //0
myfunct1(10, 20);                    //2
myfunct1(10, 25.8, "abc",68);        //4,注意参数类型不同
```

运行起来看到,输出结果为0、2、4,这就是对可变参函数模板的一个最简单的认识——能够把传递进去的参数的数量打印出来。有几点说明:

(1) 一般把上面的 args 称为**一包或者一堆参数**,而且每个参数的类型可以各不相同。所以理解 T 这个名字的时候,不能把它理解成一个类型,而是要理解成 0 到多个不同的类型。

(2) 这包参数中可以容纳 0 个到多个模板参数,而且这些模板参数可以为任意的类型。

(3) 注意,名字要理顺一下:

代码行 void myfunct1(T... args) 中,因为 T 后面带了"...",所以,将 T 称为"可变参类型",看起来是一个类型名,实际上里面包含的是 0 到多个不同的类型(**一包类型**)。

args:可变形参,既然 T 代表的是一包类型,那显然 args 代表的是**一包形参**。

有了上面的认识,再看一个范例,加深一下认识:

```
template < typename T, typename...U >
void myfunct2(const T& firstarg, const U& ...otherargs)
{
    cout << sizeof...(firstarg) << endl; //编译会出错,说明 sizeof...只能用在一包类型或者一
                                         //包形参上
    cout << sizeof...(otherargs) << endl;
}
```

在 main 主函数中加入如下代码:

```
//myfunct2();                        //语法错,必须要有一个 firstarg
myfunct2(10);                        //firstarg 对应第一个参数,因为没有其他参数,
                                     //所以 sizeof...(otherargs) = 0
myfunct2(10, "abc", 12.7);           //firstarg 对应第一个参数,剩余两个参数,
                                     //所以 sizeof...(otherargs) = 2
```

（4）注意，这三个点（…）出现的位置：

在 template 中出现在了 typename 的后面。在具体的函数形参中，出现在了类型名的后面，如果这个类型后面有引用符号，则出现在引用符号的后面。

2．参数包的展开

通过上面的演示，对可变参函数模板有了一个基本的认识。接下来，面临的另外一个问题是在获得了这一包参数之后，必须要把这一包参数逐个地拿到手来进行处理，也就是参数包的展开（一包参数怎样展开），对这种可变参函数模板，展开的套路也是比较固定的。一般都是用递归函数的方式展开参数包。

这种方式展开参数包，要求在代码编写中有一个**参数包展开函数**和一个同名的**递归终止函数**，通过这两个函数把参数包展开。

为了避免在参数包展开时引入更多的复杂代码，一般会把可变参函数模板写成上面范例中的 myfunct2 形式，这种形式的可变参函数模板具备如下特点：①带一个单独的参数；②后面跟一个"一包参数"。

因而最适合参数包的展开，所以日后在书写可变参函数模板时，也建议写成 myfunc2 的形式（一个单独的参数跟着一包参数）。看一看如何书写展开相关的代码。

（1）参数包展开函数。注意写法，继续调整和完善 myfunct2 中的代码。完整的代码如下：

```
template < typename T, typename...U>
void myfunct2(const T& firstarg, const U& ...otherargs)
{
    cout << "收到的参数值为:" << firstarg << endl;
    myfunct2(otherargs...); //递归调用,注意塞进来的是一包形参,这里...不能省略
}
```

（2）一个同名的递归终止函数（是一个函数，不是一个函数模板）。一般带 0 个参数的同名函数，就是递归终止函数，这个递归终止函数放在刚才 myfunct2 可变参函数模板的上面位置：

```
//因为参数是被一个一个剥离,剥离到最后,参数个数就为 0 个,所以此时就会调用到这个版本的
//myfunct2()
void myfunct2()                          //这是一个普通函数,而不是函数模板
{
    cout << "参数包展开时执行了递归终止函数 myfunc2()" << endl;
}
```

在 main 主函数中，保留下面这行代码：

```
myfunct2(10,"abc",12.7);
```

执行起来，看一看结果：

```
收到的参数值为:10
收到的参数值为:abc
收到的参数值为:12.7
参数包展开时执行了递归终止函数 myfunc2()
```

解释一下这个结果：

第一次调用 myfunct2，firstarg 拿到 10，剩余 2 个参数被 otherargs 拿到了，输出 10。

第二次调用 myfunct2，otherargs 里面的 2 个参数一个被拆分给了 firstarg，剩余 1 个被 otherargs 拿到了，输出 abc。

以此类推，每次调用 myfunct2，otherargs 中的参数数量就减少 1 个。最终当这一包参数为空的时候，此时 firstarg 和 otherargs 都为空，就会调用 void myfunct2()。此时，就看到了这个终止函数被执行了。

通过这种把第一个和其余的参数分开的手段把可变参函数模板中的参数逐个拿到手。这个调用过程拆开后其实就是：①myfunct2(10,"abc",12.7)；②myfunct2("abc",12.7)；③myfunct2(12.7)；④myfunct2()；。

现在很容易想到，如果不把 myfunct2 函数模板写成①带一个单独的参数；②后面跟一个"一包参数"，那恐怕要展开参数还需要引入另外一个包含①带一个单独的参数；②后面跟一个"一包参数"的可变参函数模板，那就多此一举了。

另外，除了递归函数的方式展开参数包，还有没有其他展开参数包的方式呢？其实还有，但笔者不准备在这里介绍，因为这种展开方式最好理解，其他方式不是那么好理解。读者先认识这么多，以后工作中真要用到了，再进一步学习不迟。

15.7.2 可变参类模板

演示了可变参函数模板之后，再看一看可变参类模板。

和上面讲解的一样，可变参类模板也同样允许模板定义中含有 0 到多个（任意个）模板参数。

但是可变参类模板参数包的展开方式和可变参函数模板不一样，理解上来讲也不如可变参函数模板好理解。可变参类模板的用途应该定位成中高级应用，一般写程序用到的不多，这里进行适当深度的讲解，笔者尝试通过写代码来帮助读者理解可变参类模板。

1. 通过递归继承方式展开参数包

看一个可变参类模板的范例，先写一个可变参类模板的偏特化：

```
template < typename First, typename... Others >
class myclasst < First, Others...> : private myclasst < Others...> //偏特化
{
};
```

上面代码注意观察，观察继承的是谁，参数也是分开成一个和一包，这种写法比较固定。

如果此时编译，会报错，因为要先写一个泛化版本的类模板，然后才能写特化版本的类模板。所以在上面代码的更前面，书写如下代码：

```
//主模板定义(泛化版本的类模板)
template < typename ...Args >
class myclasst
{
};
```

现在编译，就不会报错了。

实际上也有人像下面这么写：

```
template < typename ...Args > class myclasst; //主模板声明
```

按照上面这行修改，再次编译，发现也没问题。这样写就不是类模板定义，而是类模板声明。当然，这种声明写法能编译成功的前提条件是不用声明的这个类模板来创建对象。但显然，后续肯定会用该类模板来创建对象，所以在本范例中，还是要进行类模板定义而不是声明。

现在继续改造上面的可变参类模板的偏特化写法，在其中增加构造函数和一个成员变量：

```
template < typename First, typename... Others >
class myclasst < First, Others...> : private myclasst < Others...>  //偏特化
{
public:
    myclasst() :m_i(0)
    {
        printf("myclasst::myclasst()偏特化版本执行了,this =  % p,sizeof...(Others) = % d\
n", this,sizeof...(Others));
    }
    First m_i;
};
```

然后改造一下主模板的定义，也加入一个构造函数：

```
//主模板定义(泛化版本的类模板)
template < typename ...Args >
class myclasst
{
public:
    myclasst()
    {
        printf("myclasst::myclasst()泛化版本执行了,this =  % p\n", this);
    }
};
```

在 main 主函数中，加入如下代码：

```
myclasst < int, float, double > myc;
```

执行起来，看一看结果：

```
myclasst::myclasst()泛化版本执行了,this = 012FFE44
myclasst::myclasst()偏特化版本执行了,this = 012FFE44,sizeof...(Others) = 0
myclasst::myclasst()偏特化版本执行了,this = 012FFE44,sizeof...(Others) = 1
myclasst::myclasst()偏特化版本执行了,this = 012FFE44,sizeof...(Others) = 2
```

这里执行了 4 个构造函数，那就要猜测一下，系统实例化出来了 4 个类。先来说其中的后三个类，因为分析源码不难分析出来：执行代码行 myclasst < int，float，double > myc；时，系统会去实例化的是三个类型模板参数的类模板。根据写法 class myclasst < First，Others...> ：private myclasst < Others...>，它继承的是两个类型模板参数的类，而两个类型

模板参数的类模板继承的是一个类型模板参数的类模板,因此,系统首先会去实例化带一个类型模板参数的类模板(从最老的开始,没有老的哪里有小的),然后实例化带两个类型模板参数的类模板,最后实例化带三个类型模板参数的类模板。

描述一下继承关系,如图 15.2 所示。

想象一下,这种继承方法是:把一包拆成一个和一包,那剩余这一包,因为每次都分出去一个,就会变得越来越小。拆到第三次,所继承的这个父类(myclasst < Others...>),就会是继承一个模板参数为 0 个的这么一个很**特殊的特化版本**,而这个特化版本并不满足 class myclasst < First, Others...>这种格式(因为这种格式要求必须带至少一个模板参数),而现在带的是 0 个模板参数。

结合刚才程序的运行结果,编译器遇到带 0 个模板参数的类模板时,就**停止了类模板的继承**。同时,这种带 0 个模板参数的类模板是通过 myclasst 的泛化版本(也就是 myclasst 主模板的定义)实例化出来的。

所以,最终得到的完整的可变参类模板递归继承方式层次图应该如图 15.3 所示。

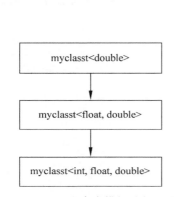

图 15.2 可变参类模板递归继承
方式层次关系

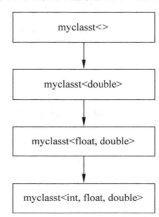

图 15.3 完整的可变参类模板递归
继承方式层次关系

结合图 15.3,完整的实例化顺序应该是:

(1) 实例化带 0 个类型模板参数的类(先执行的是主模板类的构造函数)。

(2) 实例化带 1 个类型模板参数的类。

(3) 实例化带 2 个类型模板参数的类。

(4) 实例化带 3 个类型模板参数的类。

上面说过,这种带 0 个模板参数的类模板的实例化是通过 myclasst 的泛化版本实例化出来的,那如果自己写一个模板参数为 0 的特化版本当然也是可以的。看看怎么写:

```
template <> class myclasst <>          //一个特殊的特化版本
{
public:
    myclasst()
    {
        printf("myclasst <>::myclasst()特殊的特化版本执行了,this = %p\n", this);
    }
};
```

再次执行起来,看一看结果(注意结果第一行,发生了变化):

```
myclasst<>::myclasst()特殊的特化版本执行了,this = 001AF940
myclasst::myclasst()偏特化版本执行了,this = 001AF940,sizeof...(Others) = 0
myclasst::myclasst()偏特化版本执行了,this = 001AF940,sizeof...(Others) = 1
myclasst::myclasst()偏特化版本执行了,this = 001AF940,sizeof...(Others) = 2
```

通过上面的学习可以注意到,myclasst<>做了老祖宗类。

现在在上面的偏特化代码中,增加一个有参数的构造函数,让它变得更实用一些,看看代码怎么写。这里要在初始化列表中给成员变量赋值,还要调用父类的有参构造函数,注意写法(完整的偏特化写法代码):

```
template< typename First, typename... Others>
class myclasst<First, Others...> : private myclasst<Others...> //偏特化
{
public:
    myclasst() :m_i(0)
    {
        printf("myclasst::myclasst()偏特化版本执行了,this = %p,sizeof...(Others) = %d\
n", this,sizeof...(Others));
    }

    //注意第二个参数,这一包东西的写法
    myclasst(First parf, Others... paro) :m_i(parf), myclasst<Others...>(paro...)
    {
        cout << " ---------------- begin ----------------- " << endl;
        printf("myclasst::myclasst(parf,...paro)执行了,this = %p\n", this);
        cout << "m_i = " << m_i << endl;
        cout << " ---------------- end----------------- " << endl;
    }
    First m_i;
};
```

在 main 主函数中代码如下:

```
myclasst< int, float, double> myc(12, 13.5, 23);
```

执行起来,看一看结果:

```
myclasst<>::myclasst()特殊的特化版本执行了,this = 012FFE40
---------------- begin----------------
myclasst::myclasst(parf,...paro)执行了,this = 012FFE40
m_i = 23
---------------- end----------------
---------------- begin----------------
myclasst::myclasst(parf,...paro)执行了,this = 012FFE40
m_i = 13.5
---------------- end----------------
---------------- begin----------------
myclasst::myclasst(parf,...paro)执行了,this = 012FFE40
m_i = 12
---------------- end----------------
```

其实,这里讲解的范例的代码取材于标准库中的 tuple(元组)。tuple 就是把各种不同类型的数据组合起来,构成 tuple(本节后面会提供一个 tuple 用法的简单范例)。如果读者有兴趣,可以通过搜索引擎了解一下 tuple。从上面代码中可以看到,tuple 的实现代码理解和适应起来还是需要一个过程的。

2. 通过递归组合方式展开参数包

前面讲解了通过递归继承方式展开参数包,把前面的代码做个调整,调整成通过递归组合方式展开参数包。回忆一下组合关系(也称复合关系),其实就是一种包含关系:

```cpp
class B
{
public:
    //……
}
class A
{
public:
    B b;                        //A中包含B对象,b作为类A的成员变量
}
```

A 与 B 之间就是一种组合关系,如图 15.4 所示。

这个实心菱形在哪个类这边,就表示哪个类中包含另

图 15.4 组合关系示意图

外一个类的对象(这里是 A 类包含 B 类的对象)作为成员变量。那么,如何调整上一部分的可变参数类模板 myclasst 的偏特化代码,来达成本部分的"通过递归组合方式展开参数包"的目的呢? 如下:

```cpp
template < typename First, typename... Others >
class myclasst < First, Others...> //: private myclasst < Others...> //偏特化
{
public:
    myclasst() :m_i(0)
    {
        printf("myclasst::myclasst()偏特化版本执行了,this = %p,sizeof...(Others) = %d\n", this, sizeof...(Others));
    }
    //注意第二个参数,这一包东西的写法
    myclasst(First parf, Others... paro) :m_i(parf), m_o(paro...)//, myclasst < Others...>(paro...)
    {
        cout << " ---------------- begin ------------------ " << endl;
        printf("myclasst::myclasst(parf,...paro)执行了,this = %p\n", this);
        cout << "m_i = " << m_i << endl;
        cout << " ---------------- end ------------------ " << endl;
    }
    First m_i;
    myclasst < Others...> m_o;
};
```

上面的代码和继承相关的那部分代码已经注释掉,而后增加了一个 m_o 成员变量,在构造函数初始化列表中对 m_o 进行初始化,注意观察。

main 主函数中代码不变,依旧是:

```
myclasst < int, float, double > myc(12, 13.5, 23);
```

执行起来，看一看结果：

```
myclasst <>::myclasst()特殊的特化版本执行了,this = 002AFD04
---------------- begin ------------------
myclasst::myclasst(parf,...paro)执行了,this = 002AFCFC
m_i = 23
---------------- end ----------------
---------------- begin ------------------
myclasst::myclasst(parf,...paro)执行了,this = 002AFCF4
m_i = 13.5
---------------- end ----------------
---------------- begin ------------------
myclasst::myclasst(parf,...paro)执行了,this = 002AFCEC
m_i = 12
---------------- end ----------------
```

这个结果跟改造之前（通过递归继承方式展开参数包）代码的结果进行比较，能发现一些问题：

（1）通过递归继承方式展开参数包执行的结果中，打印出的 this 值都相等，这说明实例化出来的这个对象由很多子部分构成（如图 15.3 所示的几个子部分）。

（2）通过递归组合方式展开参数包执行的结果中，打印出的 this 值都不相等，这说明产生了几个不同的对象。

看一看可变参类模板递归组合方式展开参数包所形成的层次关系，如图 15.5 所示。

图 15.5　可变参类模板递归组合方式层次关系

可以观察一下，在编译生成的 obj 目标文件中，编译器为上面的 myclasst 可变参类模板实例化出了几个类。

在安装诸如 Visual Studio 2019 等开发环境的过程中，也会伴随安装命令行提示符工具，如如图 15.6 所示的 Developer Command Prompt for VS 2019。

单击并执行这个工具，会打开一个黑色的命令行窗口。在编译当前项目的过程中，会生成 .obj 目标文件，如本项目会产生一个 MyProject.obj 文件（位于 MyProject.cpp 文件所在目录的 Debug 子目录下）。

在黑色窗口命令行中切换到这个 .obj 文件所在的目录并输入：

图 15.6　伴随 Visual Studio 2019 一起安装的命令行提示符工具

```
dumpbin /all MyProject.obj > MyProject.txt
```

操作界面如图 15.7 所示。

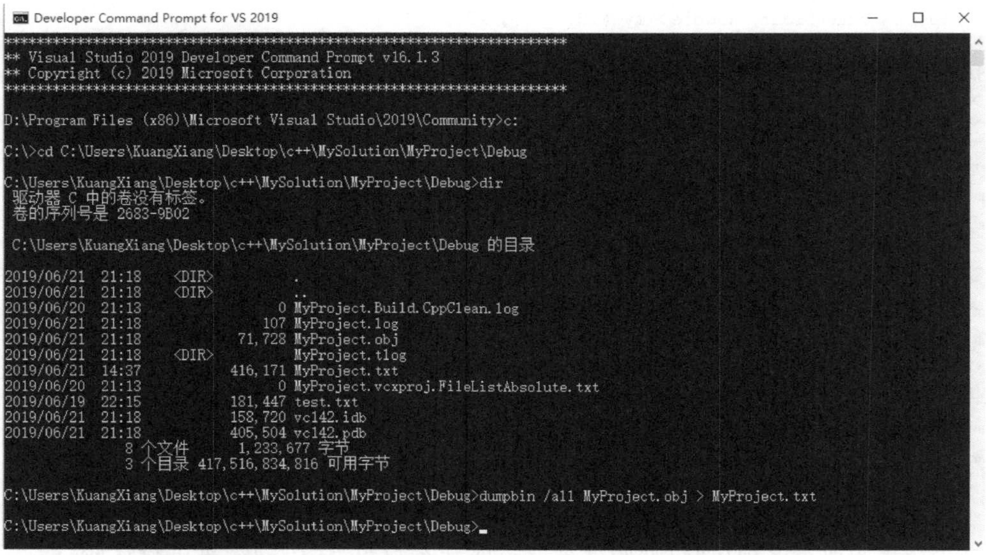

图 15.7　利用 dumpbin 命令行工具将 .obj 文件中的一些信息输出到文本文件

这样就可以把 MyProject.obj 中的一些有用的信息输出到一个叫作 MyProject.txt 的文本文件中,方便查看(因为 MyProject.obj 是二进制文件,不方便查看)。

然后打开生成的 MyProject.txt 文件,搜索 myclasst 字样,就可以在其中查看到编译器为这个可变参类模板实例化出了哪些具体的类。

3. 通过 tuple 和递归调用展开参数包

(1) tuple 的概念和简单演示。

前面说过,tuple 也叫元组,里面能够装各种不同类型的元素(数据)。可以将下面代码放入 main 主函数中演示并观察结果,增加对 tuple 的认识:

```cpp
tuple < float, int, int > mytuple(12.5f, 100, 52); //一个 tuple(元组):一堆各种类型数据的组合
//元组可以打印,用标准库中的 get(函数模板)
cout << get < 0 >(mytuple) << endl;              //12.5
cout << get < 1 >(mytuple) << endl;              //100
cout << get < 2 >(mytuple) << endl;              //52
```

继续演示,在 main 主函数上面(外面)写一个可变参函数模板:

```cpp
template < typename...T >
void myfunctuple(const tuple < T...> & t)        //可变参函数模板
{
    //……
}
```

在 main 函数中,继续增加如下代码,可以设置断点并观察程序的执行:

```cpp
myfunctuple(mytuple);                            //成功调用 myfunctuple
```

(2) 有了上面 tuple 使用的简单认知,就可以回归正题,看一看如何通过 tuple 和递归调用展开参数包。

这种方式展开参数包需要写类的特化版本,整体有一定难度,认识一下就好。具体的实

现思路就是有一个计数器(变量)从 0 开始计数,每处理一个参数,这个计数＋1,一直到把所有参数处理完,最后提供一个模板偏特化,作为递归调用结束。这里就创建一个新的可变参类模板,取名为 myclasst2(和前面的 myclasst 名字不同,以示区别):

```
//类模板的泛化版本
template < int mycount, int mymaxcount, typename ...T >  //mycount 用于统计,从 0 开始,mymaxcount
                                                        //表示参数数量,可以用 sizeof...取得

class myclasst2
{
public:
    //下面的静态函数借助 tuple(类型)、借助 get(函数)就能够把每个参数提取出来
    static void mysfunc(const tuple < T...> & t)  //静态函数.注意,参数是 tuple
    {
        cout << "value = " << get < mycount >(t) << endl; //可以把每个参数取出来并输出
        myclasst2 < mycount + 1, mymaxcount, T...>::mysfunc(t); //计数每次 + 1,这里是递归调
                                                              //用,调用自己
    }
};
```

然后必须要有一个特化版本,用于结束递归调用:

```
//偏特化版本,用于结束递归调用
template < int mymaxcount, typename ...T >
class myclasst2 < mymaxcount, mymaxcount, T...> //注意"<>"中前两个都是 mymaxcount
{
public:
    static void mysfunc(const tuple < T...> & t)
    {
        //这里其实不用干啥,因为计数为 0、1、2 是用泛化版本中的 mysfunc 处理,到这里时是 3,不
        //用做什么处理了
    }
};
```

然后,继续完善上面的可变参函数模板 myfunctuple 的代码,在其中将使用刚刚定义的 myclasst2 类模板:

```
template < typename...T >
void myfunctuple(const tuple < T...> & t) //可变参函数模板
{
    myclasst2 < 0, sizeof...(T), T...>::mysfunc(t); //注意第一个参数是 0,表示计数从 0 开始
}
```

main 主函数中代码保持不变,还是:

```
tuple < float, int, int > mytuple(12.5f, 100, 52);
myfunctuple(mytuple);
```

执行起来,看一看结果:

```
value = 12.5
value = 100
value = 52
```

非常好,成功地利用 tuple 展开了参数包。

4. 总结

展开(获取)可变参模板参数包中参数的方式有很多种,并不限于上面列举的范例,但一般来说,都离不开递归的手法。以后各位读者在查阅各种资料或者观看他人代码时也可能发现更多的可变参模板参数包展开方式。这里就不一一列举了。

15.7.3 模板模板参数

这个名字比较绕嘴,理解起来有一定难度。前面已经讲解过类模板,这里先看一个最简单的类模板范例:

```
template < typename T, typename U >
class myclass
{
public:
    T m_i;
};
```

读者已经知道,上面的 T 和 U 都称为模板参数,在这里它们代表类型,因为它们前面都有 typename,所以又叫类型模板参数。

这里引入一个新概念——**模板**模板参数。这表示这个模板参数本身又是一个模板(而**类型**模板参数表示的是这个模板参数本身是一个类型)。

上面这段代码中的 U 这个类型模板参数在 myclass 中还没有用到,如果把 U 这个**类型**模板参数改成**模板**模板参数,看一看代码应该怎样写:

```
template <
    typename T,                              //类型模板参数
    template < class > class Container //这就是一个模板模板参数,写法比较固定.这里的名字叫
                                         //Container,实际上叫 U 也可以,因为模板模板参数一般是
                                         //做容器用,所以这里取名 Container
>
class myclass
{
public:
    T m_i;
};
```

上面的范例最重要的就是理解这一行:template < class > class Container。为了让读者理解这一行,笔者在 class myclass 里面增加使用这个 Container 的代码行,在 myclass 类模板定义中增加如下代码:

```
public:
    Container < T > myc;
```

这样就看到用法了,Container 作为一个类模板来使用(因为它的后面带着< T >,所以它是一个类模板)。所以看到这个用法读者也许就明白了,如果想把 Container 当成一个类模板来用,就必须把它变成一个模板模板参数。

从整体来看,template < class > class Container 是 myclass 这个类模板的**模板参数**,而 Container 本身也是一个**模板**,所以 Container 的完整名字就叫**模板模板参数**。

下面的代码和刚刚所写的代码效果完全相同,读者将来阅读他人所写代码时,一旦遇到

这种写法也要能够认识：

```
template <
    typename T,
    //template < class > class Container
    template < typename W > typename Container //可否理解这种写法?
>
class myclass
{
    ……
}
```

上面代码中的 W 没有什么用，可以省略。

只有用这种模板模板参数的技术才能够在 myclass 中写出这种"Container < T > myc;"语法，各位读者可以试试，用其他手法能不能让"Container < T > myc;"这行代码正常编译。

可能有人认为，既然 Container 是一个类型，那就这样写：

```
template <
    typename T,
    //template < class > class Container
    //template < typename W > typename Container
    typename Container
    > ……
```

如果像上面这样写代码，编译就会报错。提示：error C2059： 语法错误:"<"。

然后继续，在 myclass 类模板中增加一个 public 修饰的构造函数：

```
public:
    myclass()                             //构造函数
    {
        for (int i = 0; i < 10; ++i)
        {
            myc.push_back(i); //这行代码是否正确取决于实例化该类模板时所提供的模板参数类型
        }
    }
```

编译一下，没有问题。

在 main 主函数中，增加如下代码：

```
myclass < int, vector > myvecobj; //本意: 这里 int 是容器中的元素类型,vector 是容器类型
```

编译一下，发现报错：类模板"std::vector"的模板参数列表与模板参数"Container"的模板参数列表不匹配(C++17 新标准已不会再报错)。

正常来讲，感觉这个代码应该没问题，之所以报错，是因为其实容器 vector 还有个分配器作为第二个参数(分配器的概念后面章节会讲解)，如图 15.8 所示。

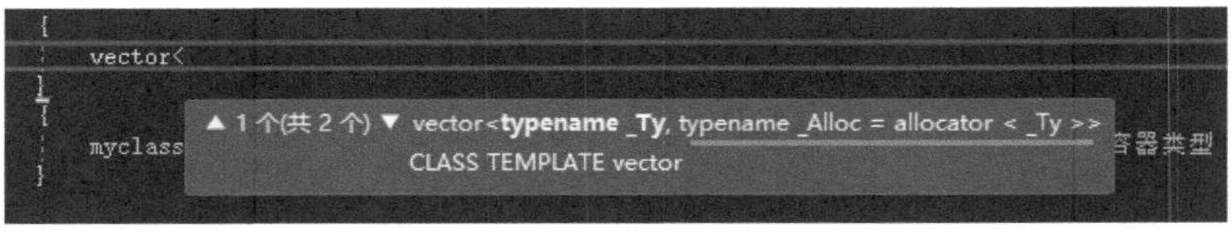

图 15.8　vector 容器的第二个参数是一个分配器

第二个参数一般来说不需要提供，是有默认值的，但是在这里涉及模板模板参数传递，似乎这个默认值就失灵了，编译器也有编译器的难处——它可能推导不出这个分配器的类型。那就得靠程序员解决这个编译错误。怎样解决呢？

15.5.1节讲过"using定义模板别名"，此时就需要用到这个技术。下面看一看如何用using定义模板别名来解决这个问题。

在main主函数的上面找个位置，给容器定义别名。代码如下：

```
template < typename T >
using MYVec = vector < T, allocator < T >>; //这个写法其实也很固定

template < typename T >
using MYList = list < T, allocator < T >>; //list容器，理解成和vector功能类似即可
```

同时，在MyProject.cpp的最上面包含两个必需的C++标准库提供的头文件：

```
# include < vector >
# include < list >
```

在main主函数中加入如下代码：

```
myclass < int, MYVec > myvecobj;
myclass < int, MYList > mylistobj;
```

编译通过，问题解决。读者可以自行增加断点并调试运行来观察运行过程和结果。

第 16 章

智　能　指　针

对于许多程序员,尤其是新手程序员,代码中经常会出现内存泄漏的情形,当程序长期运行时,这些内存泄漏就会积少成多,从而导致内存资源的不足直至最后整个程序运行崩溃。

智能指针的引入正是为了防止无意之间写出有内存泄漏的程序。内存释放的工作将交给智能指针来完成,在很大程度上能够避免程序代码中的内存泄漏。

当然,智能指针的使用也有一定的复杂性和陷阱,一旦错用或误用,比不用更加糟糕。本章的主要目的在于让读者能够正确地认识 C++ 中智能指针的设计思想以及正确使用 C++ 中的智能指针。

16.1　直接内存管理(new/delete)、创建新工程与观察内存泄漏

16.1.1　直接内存管理(new/delete)

在一个函数内定义一个变量(对象),那么一旦离开这个函数,这个变量的生命周期就结束了,如"int i;"中的变量 i。而局部静态变量(static 变量/对象)是在第一次使用前分配内存,这个变量的内存即使离开这个函数也不释放,一直到程序结束的时候释放,如"static int i;"中的变量 i。

上面谈的变量(对象)一般都是在栈或者静态内存上分配和释放变量所需要的空间,不需要程序员去干预。

再如有一个叫作 A 的类,定义一个属于该类的对象很简单:

```
A a;                        //系统来处理对象的创建和销毁
```

13.4.2 节曾讲过栈和堆的概念,14.6.4 节曾讲过"new 对象和 delete 对象",读者已经知道,对象也可以 new 出来,new 一个对象实际上是在堆上分配内存。而且自己 new 出来的对象也必须自己想着用 delete 释放,以回收内存,否则就会造成内存泄漏,如果泄漏内存的次数太多,导致泄漏的内存过大,那程序就会因为缺少内存而运行崩溃。

由程序员自己用 new 来为对象分配内存(new 返回的是该对象的指针)的方式叫作**动态分配**。这种动态分配内存的方式就相当于对内存直接进行管理,具体地说就是针对 new 和 delete 的应用。看如下代码:

```
int * pointi = new int;              //pointi 指向一个 int 对象
```

这个分配的 int 对象其实没有名，或者说是一个**无名对象**，但是 new 可以返回一个指向该对象的指针，可以通过这个指针操作这个无名的 int 对象。

动态分配的对象是否可以给初值呢？

很多内置类型（如 int 类型）对象，如若不主动提供初值，其初值就是未定义的（不确定的），设置断点并跟踪调试，如图 16.1 所示的 −842150451 就是一个不确定的值。

图 16.1　动态 new int 对象若未给初值则初值是不确定的

如果 new 一个类类型的对象，就会用这个类的构造函来对类的成员进行初始化。看如下代码：

```
string * mystr = new string;
```

设置断点并跟踪调试，会看到 mystr 代表的是一个空的字符串""，这说明调用了 string 的构造函数来对 string 中保存的字符串内容进行了初始化，如图 16.2 所示。

图 16.2　动态 new string 对象若未给初值则初值为空("")

看一看 new 一个对象的同时进行初始化：

```
int * pointi = new int(100);          //跟踪调试,指针指向的值变成了 100
string * mystr2 = new string(5, 'a'); //生成 5 个 a 的字符串,调用的是符合给进去的参数的
                                      //string 构造函数来构造出合适的字符串内容
vector < int > * pointv = new vector < int >{ 1,2,3,4,5 }; //一个容器对象,里面有 5 个元素,分别
                                                          //是 1,2,3,4,5
```

还有一种初始化的说法叫**值初始化**。看一看值初始化的写法：

```
string * mystr2 = new string();//"值初始化",感觉和 string * mystr = new string;效果一样,总
                               //之最终字符串内容为空("")
int * pointi3 = new int(); //值被初始化为 0, 这个"()"加与不加确实不一样,只有加了"()"值才
                           //会被初始化为 0
```

但是请注意，如果自己建一个类，例如：

```cpp
class A
{
public:
    A()
    {
        cout << "A" << endl;
    }
    int m_i;
};
```

那么,在 main 主函数中如下的两行代码:

```
A * pa1 = new A;
A * pa2 = new A();
```

效果一样,都是调用 A 的构造函数,也就是说,自己定义的类,在 new 该类的对象时,所谓的值初始化是没有意义的。所以有意义的是这种内置类型,如上面的 int 类型。

　　所以,笔者的建议是对于动态分配的对象,能进行初始化的就初始化一下为好,防止它的值没有被初始化。而一旦使用这种没有被初始化的值,可能就会导致程序执行错误。

　　C++11 新标准中,auto 也可以和 new 一起使用。例如:

```
string * mystr2 = new string(5, 'a');
auto mystr3 = new auto(mystr2); //注意这种写法,mystr3 会被推断成 string ** 类型
```

上面这两行代码可以加断点调试,但是仍然有点复杂。实际上,mystr3 会被推断成 string ** 类型(指针的指针类型),所以上面的 auto 这行代码的感觉类似于如下:

```
string** mystr3 = new (string * )(mystr2);
```

这里不用深究,最终不要忘记释放内存。下面两行必不可少:

```
delete mystr2;
delete mystr3;
```

const 对象也可以动态分配:

```
const int * pointci = new const int(200); //new 后面这个 const 可以不写,似乎都差不多;当然
                                          //const 对象不能修改其值
* pointci = 300;                          //不合法
```

关于 new 和 delete 的说明:

　　(1) new 和 delete 成对使用,有 new,必然要有 delete。delete 的作用是回收一块用 new 分配的内存,也就是释放内存。没用 new 分配的内存,不能用 delete 来释放。前面有些范例代码段中 new 后并未 delete,因为这些代码段只是为了演示 new 用法的目的,而在实际开发的项目中,有 new 必须要有 delete,不然一定会造成内存泄漏。

　　(2) 但是要注意,delete 一块内存,只能 delete 一次,不可以 delete 多次(因为第一次 delete 之后,这块内存就不是自己的了,不是自己的内存当然不能乱 delete),否则报告异常或者是产生未预测的情况。而且 delete 时所带的参数是 new 出来的那个指针(代表所 new 出来的内存的首地址),一旦 delete 了这个指针,那这个指针就不能再继续使用了。

　　当然,可以给 delete 传递一个空指针,这样确实能 delete 指针(空指针)多次。但 delete 一个空指针多次并没有什么实际意义:

```
char * p = nullptr;
delete p;
delete p;
```

再看下面这段错误的代码:

```
int i;
int * p = &i;
delete p; //不是 new 出来的不能 delete,否则编译不报错,但执行时会出现异常
```

再看一例：

```
int * p = new int();
int * p2 = p;
delete p2; //没问题
delete p; //异常,因为 p 和 p2 指向同一块内存,该内存已经通过 delete p2 释放了,所以两个指针指
         //向同一块内存这种情形也比较麻烦,释放了 p 就不能再释放 p2,释放了 p2 就不能再释放
         //p,换句话说,如果释放了 p2,也就不能再使用 p
```

const 对象值不能被改变,但可以被 delete。看下面的范例：

```
const int * pci = new const int(300);
delete pci;                          //可以 delete const 对象
```

注意事项总结：

（1）new 出来的内存千万不要忘记 delete,否则内存泄漏,泄漏的内存累积到一定程度,程序会因为内存耗尽而崩溃,而且这种错误不到程序崩溃时发现不了,例如有的程序连续运行数天甚至数十天才崩溃,所以这种错误非常难以发现。

（2）delete 后的内存不能再使用,否则编译不报错,但执行报告异常：

```
int * pci = new int(300);
delete pci;
* pci = 900;                         //异常
```

有人在 delete 一个指针后会把该指针设置为空（pci = nullptr;）,笔者提倡这种写法。因为一个指针即便被 delete,该指针中依然保存着它所指向的那块动态内存的地址,此时该指针叫**悬空指针**（程序员不能再操作这个指针所指向的内存）,那么如果给该指针一个nullptr,表示该指针不指向任何内存,是一个好的习惯。

（3）内存被释放后千万不可以再对其读或者写,且同一块内存千万不可释放两次：设想两个指针指向同一块内存的情形。如果 delete 一个指针从而回收该指针所指向的内存,然后把该指针设置为 nullptr。那么另外一个指向这块内存的指针依然不能再操作这块内存,当然也不可以再次 delete 这块内存。

所以,使用 new/delete 来直接进行内存操作（管理）要非常小心,新手往往容易犯错,而一旦所写的程序很重要,要服务于大量用户,那么不难想象所写的程序一旦出现这些内存问题而运行崩溃,就会给公司造成损失：轻则,客户流失,重则,公司倒闭。这种血淋淋的例子在笔者的职业生涯中屡见不鲜。

也正是因为这些问题的产生,C++新标准开始出现了智能指针,能够很好地解决直接内存管理带来的各种风险。所以,对于所写代码没有太大把握的程序员或者初学者,推荐使用智能指针（后面会详细讲解）。

16.1.2　创建新工程与观察内存泄漏

前面的各种演示代码创建的是"控制台应用"来做演示（参考图 2.1 所示）。

现在,笔者希望能够演示一下内存泄漏的情况。所以,这里将创建一个新项目,但这个新项目不是"控制台应用",而是"MFC 应用"。这个"MFC 应用"的特点是：在程序**运行结束（退出）**的时候,如果这个程序有内存泄漏,"MFC 应用"能够报告出来。所以"MFC 应用"

能够在一定程度上帮助程序员检测程序代码中是否有内存泄漏。

MFC 是微软公司推出的一个基础程序框架（MFC 基础类库），适用于开发一些界面程序。而"MFC 应用"可以自动帮助程序员生成一个可执行的带窗口（带界面）的程序框架，程序员可以向里面增加自己的功能代码。目前，MFC 框架的应用场合相对不算太多，MFC 中也封装了很多功能，例如，C++写界面比较麻烦，MFC 能够比较大地简化用 C++开发界面程序的工作量。如果读者对 MFC 有兴趣，可以通过搜索引擎进一步了解。但在这里只是为了演示内存泄漏的问题，因为 MFC 框架里面包装着一些能够发现内存泄漏的功能模块，笔者只是借用这个功能，所以并不会对 MFC 有更多的讲述。

当然，在实际项目中，不能太依赖它（MFC 应用），因为很多项目的内存泄漏都是在程序运行之中产生的，到程序运行结束的时候才发现泄漏就已经晚了。这里就不过多地讲解发现内存泄漏的手段，只是强调通过这种"MFC 应用"，可以在一定程度上发现自己代码中可能产生的内存泄漏，这比自己用眼睛一行一行地看代码能更方便快捷地定位代码中的内存泄漏问题。

参考图 2.1（创建新项目），首先观察右侧是否有"MFC 应用"（图 2.1 上面部分有搜索编辑框，可以在其中输入 mfc 来辅助搜索），如果没有，则说明当前的 Visual Studio 2019 并没有安装 MFC，需要手工安装 MFC。

如何手工安装 MFC（这段内容对于已经安装了"MFC 应用"的读者可以忽略）？

（1）单击 Windows 操作系统左下角的"开始"菜单，寻找一个叫作 Visual Studio Installer 的图标并单击执行，如图 16.3 所示，这是一个 Visual Studio 安装器，用来向 Visual Studio 2019 中增加一些新的安装选项。

如果没找到该图标，可以尝试到 C:\Program Files（x86）\Microsoft Visual Studio\Installer 目录去寻找 vs_installer.exe 并双击执行。

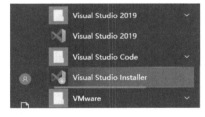

图 16.3 Visual Studio Installer 运行图标

（2）弹出如图 16.4 所示的对话框，因笔者计算机中既安装了 Visual Studio 2017 也安装了 Visual Studio 2019，因此图 16.4 中会出现两个大的已安装条目（Visual Studio Community 2017 和 Visual Studio Community 2019）。

图 16.4 Visual Studio Installer 运行结果

（3）单击 Visual Studio Community 2019 中的"修改"按钮为 Visual Studio 2019 补充安装 MFC 相关选项。在弹出的对话框中单击右侧的"使用 C++ 的桌面开发"以展开其中的选项，向下看到"C++MFC for v142 生成工具（x86 和 x64）"选项，将该选项勾选，等待几秒钟并单击右下角的"修改"按钮，如图 16.5 所示。

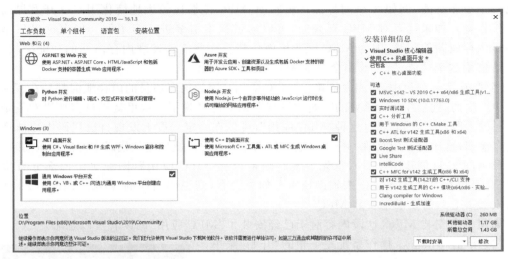

图 16.5　通过 Visual Studio Installer 为 Visual Studio 2019 补充安装 MFC 相关选项

（4）此时建议手工退出所有先前正在运行的 Visual Studio 2019（如果不手工退出系统也会提示退出），并开始等待下载安装，如图 16.6 所示。

Visual Studio Installer

已安装　　可用

◀ Visual Studio Community 2017	修改
15.9.13	启动
适用于学生、开放源代码和个体开发人员的免费、全功能型 IDE	更多 ▾
发行说明	

◀ Visual Studio Community 2019	暂停
正在下载并验证: 778 KB/259 MB　　　　（361 KB/秒）	
0%	
正在安装: 包0/0	
0%	
创建 Windows 恢复点…	
发行说明	

图 16.6　等待 Visual Studio Installer 安装新选项

（5）根据网络下载速度和安装速度，大概等待 10 分钟，新的安装选项就可以安装完毕。此时再次单击图 16.4 中针对 Visual Studio Community 2019 的"启动"按钮来再次启动 Visual Studio Community 2019。启动后的界面如图 1.4 所示，单击图 1.4 右下角的"创建新项目"选项,弹出"创建新项目"对话框,因为该对话框中的选项太多,直接在对话框上面的编辑框中输入 mfc,搜索结果中会立即出现"MFC 应用"(这里可以把"MFC 应用"看成是一个创建**样板**,Visual Studio Community 2019 会依据该样板创建 MFC 应用项目),如图 16.7 所示。

图 16.7　Visual Studio Community 2019 创建"MFC 应用"项目

现在单击图 16.7 中的"MFC 应用",并单击右下角的"下一步"按钮,出现配置新项目对话框,如图 16.8 所示。这个对话框不陌生,类似于图 2.2。填入必需的信息后单击"创建"按钮。

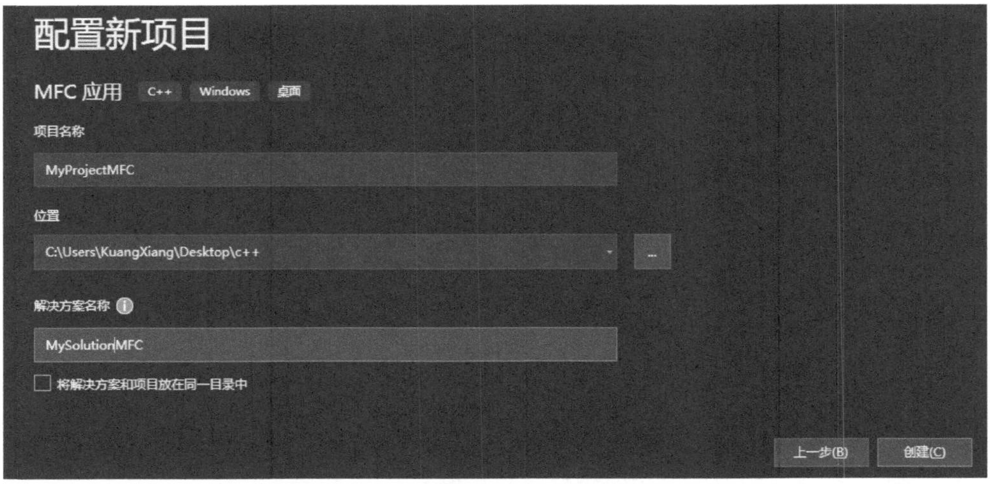

![配置新项目对话框截图]

图 16.8　创建"MFC 应用"项目中的一些配置信息

出现如图 16.9 所示的对话框(看左侧显示的是"应用程序类型")。在这个应用程序类型对话框中间偏左上位置"应用程序类型"下拉框中选择"基于对话框",其他内容不变,单击"下一步"按钮。

进入"文档模板属性"对话框,不需要改动任何内容,直接单击"下一步"按钮。进入"用户界面功能"对话框,如图 16.10 所示。在该对话框中取消任何勾选项并单击"下一步"按钮。

图 16.9 创建"MFC 应用"项目中的一些设置信息(应用程序类型)

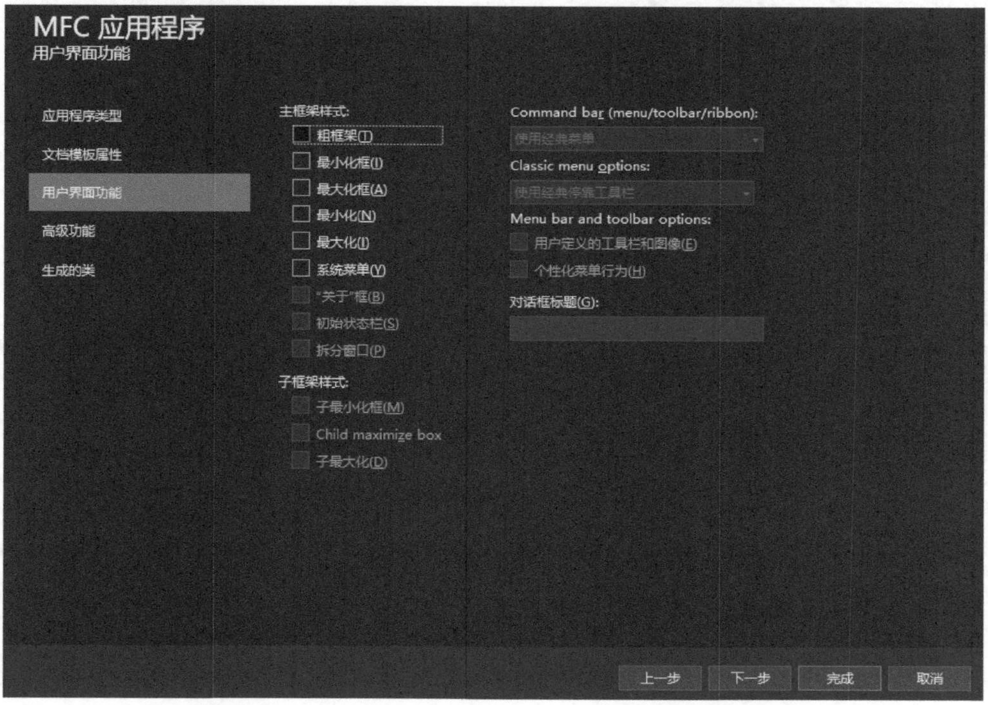

图 16.10 创建"MFC 应用"项目中的一些设置信息(用户界面功能)

进入"高级功能"对话框，如图 16.11 所示。在该对话框中，同样取消任何勾选项并单击
"下一步"按钮。

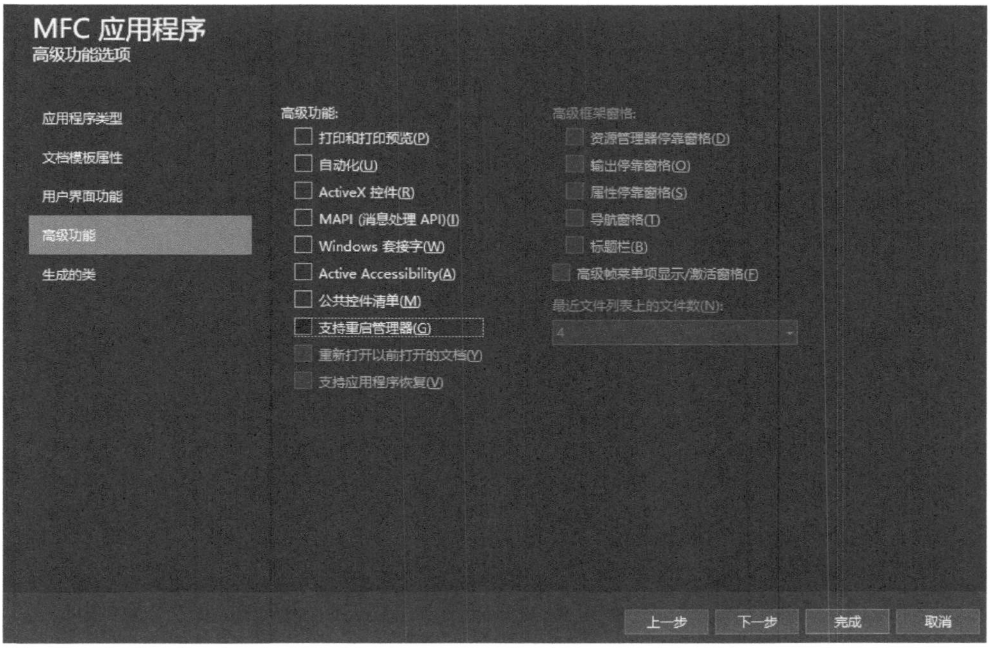

图 16.11　创建"MFC 应用"项目中的一些设置信息（高级功能）

进入"生成的类"对话框，如图 16.12 所示。在该对话框中，将中间偏左上位置"生成的
类"下拉框中的 App 选项修改为 Dlg，其他内容不变，单击右下角的"完成"按钮。

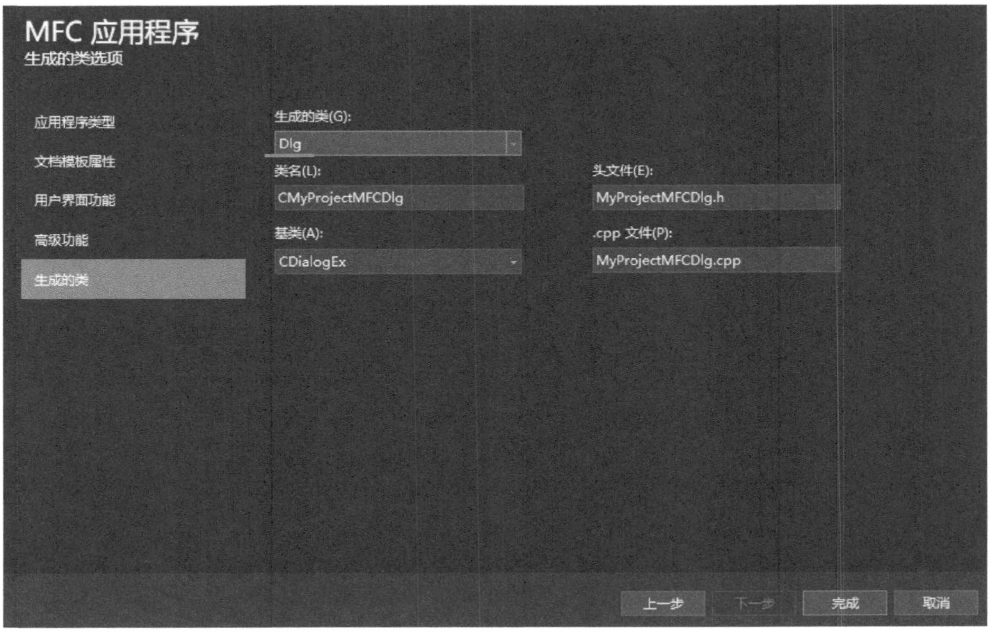

图 16.12　创建"MFC 应用"项目中的一些设置信息（生成的类）

稍等数秒钟时间,系统创建好了一个叫 MyProjectMFC 的项目,位于 MySolutionMFC 解决方案之下,如图 16.13 所示。因版本不断升级变化,读者的界面内容可能会略有差异,这不要紧,不要随意改动内容以免出错。

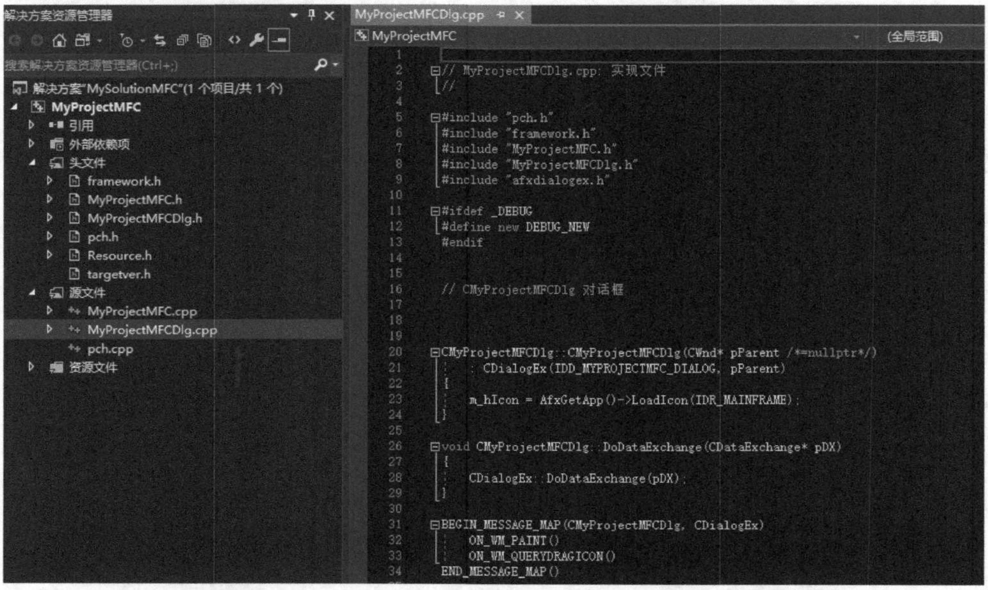

图 16.13　成功创建了一个 MFC 新项目

至此,一个 MFC 应用程序被系统自动创建出来。现在生成的这个程序是能够运行的。按 Ctrl＋F5 键或选择"调试"→"开始执行(不调试)"命令,运行结果界面如图 16.14 所示。

图 16.14　"MFC 应用"生成的程序框架运行结果

可以看到,一个最简单的带窗口应用程序已经成功运行。单击图 16.13 左侧的 MyProjectMFCDlg.cpp,将其源码显示出来,后续的一些测试代码将写在该文件中。

现在 MyProjectMFCDlg.cpp 的源码内容都是系统生成的,需要把自己的代码穿插写入到该文件中。

首先,在 MyProjectMFCDlg.cpp 源码文件的开头包含一些必要的头文件并增加命名空间的声明。代码如下：

```
#include <iostream>
#include <string>
using namespace std;
```

然后，可以借助快捷键 Ctrl＋F 打开搜索框，输入搜索内容并按 Enter 键，在本文件中从上往下寻找 OnInitDialog 字样，会找到类似下面这段成员函数的实现代码：

```
BOOL CMyProjectMFCDlg::OnInitDialog()
{
    CDialogEx::OnInitDialog();

    //设置此对话框的图标.当应用程序主窗口不是对话框时,框架将自动执行此操作
    SetIcon(m_hIcon, TRUE);              //设置大图标
    SetIcon(m_hIcon, FALSE);             //设置小图标

    //TODO: 在此添加额外的初始化代码

    return TRUE;                         //除非将焦点设置到控件,否则返回 TRUE
}
```

当程序执行并显示对话框时，上面这段代码（OnInitDialog 成员函数）会被系统自动调用。所以，下面的测试代码也将写在 OnInitDialog 成员函数中，具体的书写位置是在下面这行注释代码行的下面：

```
//TODO: 在此添加额外的初始化代码
```

现在写一条用 new 分配内存但并没有用 delete 释放内存从而导致内存泄漏的代码。看一看如何利用 MFC 应用查看内存泄漏：

```
std::string * ppts = new std::string("I love China!");
```

写完上述代码行之后，使用 F5 键（或选择"调试"→"开始调试"命令）来运行程序，F5 键的功能是运行程序，运行到断点，但是因为并没有给这个程序加断点，所以程序会以调试的状态运行起来。这样，当程序退出时，一些内存泄漏信息可以通过下方的输出窗口看到。

按 F5 键运行程序，等待几秒钟，就会出现图 16.14 所示的运行窗口界面。此时，单击"确定"按钮来结束程序运行。在 Visual Studio 2019 下面的"输出"窗口中就能看到该程序在结束运行（退出）时是否有内存泄漏发生，如图 16.15 所示。

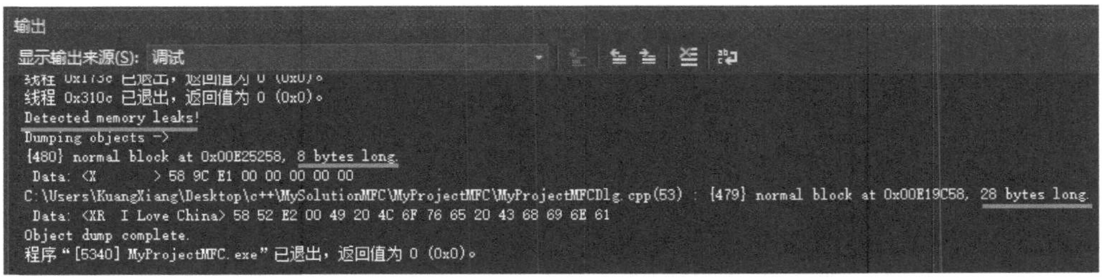

图 16.15　内存泄漏出现时输出窗口会给出泄漏的字节数

观察图 16.15 可以看到"Detected memory leaks!"字样,翻译成中文表示出现了内存泄漏。而且泄漏的地方有 2 处,1 处是 8 字节,1 处是 28 字节,总共泄漏 36 字节。

当然,如果把"std::string * ppts = new std::string("I love China!");"代码行注释掉,再次用 F5 键运行程序并单击"确定"按钮来结束程序运行会发现,在"输出"窗口不会出现报告内存泄漏的字样,因为没有发生内存泄漏了。请读者自行尝试。

这就是笔者讲解的通过"MFC 应用"项目来让 Visual Studio 2019 编译器(其他版本的 Visual Studio 也类似)帮助程序员发现内存泄漏。下面就可以在这个框架里书写必要的测试代码了。

16.2　new/delete 探秘、智能指针总述与 shared_ptr 基础

16.2.1　new/delete 探秘

现在读者对 new/delete 有了一定深度的了解,也能够进行一定的使用,接下来就有必要做一个更加深入的了解,这种了解对于打牢基础、方便后续内容的学习非常必要。

1. new/delete 是什么

new 和 delete 都是关键字(也叫运算符/操作符),都不是函数。当然 new、delete 背后的工作机制非常复杂,这里把握一个研究的度,不准备研究太深,但一些基本的知识还是要知道的。

13.4.2 节讲过 new 和 delete,同时谈到过 malloc 和 free,当时说过: malloc 和 free 用于 C 语言编程中,而 new 和 delete 用于 C++ 编程中。

new/delete 这一对组合与 malloc/free 这一对组合都用于在堆中动态分配内存,这两对有什么区别呢? 13.4.2 节曾经说过: new/delete 这一对比 malloc/free 这一对多做了不少事情,例如 new 相比于 malloc 不但分配内存,还会额外做一些初始化工作,而 delete 相比于 free 不但释放内存,还会额外做一些清理工作。

这两对组合最明显的区别是什么呢? 在 MyProject.cpp 的上面增加如下代码来定义一个类 A:

```
class A
{
public:
    A()
    {
        cout << "A()构造函数被调用" << endl;
    }
    ～A()
    {
        cout << "～A()析构函数被调用" << endl;
    }
};
```

在 main 主函数中,加入如下的代码:

```
A * pa = new A();                        //类 A 的构造函数被调用
delete pa;                               //类 A 的析构函数被调用
```

通过上面的代码可以得到一个结论：new/delete 和 malloc/free 最明显的区别之一就是使用 new 生成一个类对象时系统会调用该类的构造函数,使用 delete 删除一个类对象时系统会调用该类的析构函数(释放函数)。既然有调用构造函数和析构函数的能力,这就意味着 new 和 delete 具备针对堆所分配的内存进行初始化(把初始化代码放在类的构造函数中)和释放(把释放相关的代码放在类的析构函数中)的能力,而这些能力是 malloc 和 free 所不具备的。当面试中问起 new/delete 与 malloc/free 的区别时,这是非常重要的一个答案。

2. operator new()和 operator delete()

在 MyProject 项目的 main 主函数中,加入如下的代码：

```
int * pi = new int;
delete pi;
```

将鼠标分别放到 new 和 delete 上,会看到图 16.16 所示字样的悬浮提示。

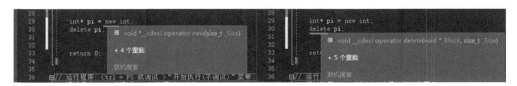

图 16.16　鼠标放到 new、delete 上所出现的悬浮提示信息

这里见到了以往没见到过的内容：operator new(…)和 operator delete(…)。

其实 operator 并不陌生,14.6.1 节讲解重载运算符与 14.13.2 节讲解类外运算符重载中都见过。

重载运算符实际的表现就是一个函数,所以 operator new(…)与 operator delete(…)实际上是函数。那么,这两个函数和 new/delete 操作符有什么关系呢? 可以这样理解。

(1) new 运算符做了两件事：①分配内存；②调用构造函数初始化该内存。

new 运算符是怎样分配内存的呢? new 运算符就是通过调用 operator new(…)来分配内存的。这个函数能直接调用,但一般很少有人这样做：

```
void * myorgpoint = operator new(100); //分配 100 字节内存,一般没人这样做
```

(2) delete 运算符也做了两件事：①调用析构函数；②释放内存。

delete 运算符就是通过调用 operator delete()来释放内存的。

3. new 如何记录分配的内存大小供 delete 使用

不同编译器的 new 内部都有不同的实现方式。看如下代码：

```
int * p = new int;                    //分配出去 4 字节
delete p;//回收内存的时候,编译器怎样知道要回收 4 字节?这就是 new 内部有记录机制,它分配出
         //去多少,它会找个地方记录下来,回收的时候就按这个字节数回收
```

4. 申请和释放一个数组

上面在 MyProject 项目中演示了 new 和 delete 一个类对象,也演示了 new 和 delete 一个 int 对象。

这里先说出一个结论：为数组动态分配内存时,往往需要用到[],如 new[…],而释放数组时,往往也要用到[],如 delete[…],这意味着,往往 new[]**和** delete[]**要配套使用**。

下面的代码在 MyProjectMFC(MFC 应用)项目中进行演示,以方便观察内存泄漏。首先将刚才在 MyProject 项目中类 A 的定义代码原封不动地搬到 MyProjectMFC 项目中,放在 MyProjectMFCDlg. cpp 文件的开头位置,然后加入如下测试代码并逐一观察:

```
int * p = new int(100); //不 delete,发现泄漏了 4 字节内存
int * p = new int[2]; //动态分配一个整型数组,有 2 个元素,如果不释放,猜测是 8 字节泄漏,发
                      //现确实是 8 字节泄漏,2 个 int = 8 字节
int ilen = sizeof(A); //1 字节,为什么不是 0 字节?类 A 里明明没有任何成员,为什么不是 0 字节?
                      //因为一个类对象肯定有地址,一个内存地址至少能保存 1 字节,所以这里
                      //是 1 字节不会是 0 字节.这就跟买房子一样,不可能买得到 0 平方米面积
                      //的房子,只要它是个房子,它肯定大于 0 平方米
A * pA = new A(); //不 delete,发现泄漏了 1 字节内存
A * pA = new A[2](); //给对象数组分配内存但不 delete,发现泄漏了 6 字节内存,这里为什么是
                     //6 字节,而不是 2 字节?多出的 4 字节是用来干吗的?为什么 int * p = new
                     //int[2];不多泄漏 4 字节呢?这就是 int 内置类型和 A 类类型的差别.多出
                     //来这 4 字节后面会解释
```

下面说一下内存的释放。读者都知道,new[]分配的内存要用 delete[]来释放,对于代码行:

```
int * p = new int[2];
```

如何释放为这个整型数组分配的内存? 看下面两行代码的两种释放方式:

```
delete p; //没有使用[]释放内存,似乎也可以直接释放 p 这个 int 数组,并没有内存泄漏
delete []p; //这种释放方法是规范的,没有问题的
```

对于代码行:

```
A * pA = new A[2]();
```

如何释放为这个 A 类对象数组所分配的内存? 看下面两行代码的两种释放方式:

```
delete pA; //系统报异常,为什么系统报异常呢?
delete[]pA; //这种释放方法是规范的,没有问题的,调用了两次析构函数(因为分配内存时调用了
            //两次构造函数)
```

这里出现一个问题:"delete []pA;"为什么这个调用会导致调用两次类 A 的析构函数? 系统如何知道 new 的时候 new 出了几个数组元素(类 A 对象)呢?

请读者记住:C++的做法是在分配数组空间时**多分配了 4 字节**的大小(这就是上面"A * pA = new A[2]();"为什么多分配出 4 字节内存的原因),**专门保存数组的大小**,在 delete []时就可以取出这个数组大小的数字,就知道了需要调用析构函数多少次了。

5. 为什么 new/delete、new []/delete[] 要配对使用

刚才看到了,对于 new 一个 int 型数组"int * p = new int[2];""delete p;""delete []p;"似乎效果一样。它们真一样吗? "delete p;"这种释放内存的方式会不会有什么后遗症?

上面已经注意到了,代码行"int * p = new int[2];"并没有多分配出 4 字节内存,否则,忘记释放内存时泄漏的就不是 8 字节而是 12 字节。

这种内置类型如 int 类型,delete 的时候不存在调用类的析构函数的说法(只有类对象或类对象数组 delete 的时候才存在调用类的析构函数的说法),所以 new 的时候系统并没

有多分配4字节内存,系统在调用operator delete(…)函数来释放内存时,因为new内部还有一些深入的在这里并不打算太细深究的工作原理,系统能够知道要释放的内存大小究竟是多少。

所以对于int类型,上面的"delete p;"和"delete []p;"效果一样,从而得出一个结论:

如果一个对象,是用new[]分配内存,而却用delete(而不是delete[])来释放内存,那么这个对象满足的条件是:对象的类型是**内置类型**(如int类型)或者是无**自定义析构函数**的类类型。

现在,如果把**类A**的析构函数注释掉,就会发现:

```
A * pA = new A[2];          //这里不再分配6字节,而是2字节了
delete pA;                   //这里不再出现内存泄漏,也不再报异常
```

那事情反过来看,如果类A书**写了自己的析构函数**,则用new[]为对象数组分配内存,而用单独的delete来释放内存,就会报异常:

```
A * pA = new A[2];          //这里分配6字节
delete pA;                   //这里报异常,为什么异常?
```

报异常的原因是,代码行"delete pA;"做了两件事:

(1)调用一次类A的析构函数。new的时候创建的是两个对象,调用的是两次构造函数,而释放的时候调用的是一次析构函数,虽然不致命,但也存在后遗症(如类A的构造函数中如果分配了内存,指望在析构函数中释放内存,那么如果少执行一次析构函数,就会直接导致内存的泄漏)。

(2)调用"operator delete(pA);"来释放内存。系统所报的异常,其实就是执行这行代码的调用导致的。就是因为多分配这4字节的问题导致释放的内存空间错乱。例如,明明应该释放一个 0x00000012 作为开始地址的内存,因为内存空间错乱,导致释放了0x00000016 作为开始地址的内存,从而导致出现异常。

以此类推,如果new一个类A的对象但用delete[]释放,也同样会发生不可预料的问题,如程序无法正常运行或者运行后报异常、执行错乱等。例如,如果类A带析构函数,在MyProject项目(非MyProjectMFC项目)下测试,可能会出现不断调用类A析构函数的错乱行为。演示代码如下:

```
A * pA = new A;
delete[] pA;                 //出现不断调用类A析构函数的错乱行为
```

所以,new/delete、**new []/delete[]要配对使用**,否则程序运行出错,程序员也会自食恶果。

new和delete的工作机制比较复杂,在这里并不准备进行太过深入的探讨,后面还有内存高级话题相关的章节,届时还会更多地介绍一些内存相关的内容。

16.2.2　智能指针总述

通过前面的讲解能够体会到,new出来一个内存后,在合适的位置、合适的时机delete掉这块内存并不容易,一不小心就容易出错。

许多初学者经常new出来内存后就忘记了delete。还有一些人过早地把一些new出来的对象delete掉,然后又去用已经delete掉的对象,从而造成程序运行时的错误。此外,

如果多个指针指向同一个对象,那就更加啰唆,什么时候释放该对象还是一个问题了,只有最后一个指向该对象的指针被销毁时才应该释放该对象。所以不难看出,通过 new 动态分配出来的内存并不容易管理。

这种直接 new 一个对象的方式返回的是一个对象的指针,这个对象的指针很多人称其为**裸指针**。请注意这个字,所谓裸,指的就是这种直接 new 出来的指针没有经过任何包装的意思。显然,这种指针功能强大,使用灵活,同时开发者也必须全程负责维护,一不小心就容易犯错,一旦使用错误,造成的问题可能就极大。例如一个程序运行了 2 个小时后,突然崩溃,弹出一个出错提示框,更有甚者,这个程序运行一段时间后,完全消失不见了,再也找不到,这种事情让程序员或者开发者很崩溃。

为了解决这种裸指针可能造成的各种使用问题,C++ 中引入了智能指针的概念。毫无疑问,智能指针肯定是有一定的智能性,智能指针读者就可理解成是对**"裸指针"进行了包装**,给裸指针外面包了一层。包装成智能指针之后,为程序员带来了方便,最突出的就是智能指针能够"自动释放所指向的对象",程序员从此再也不用担心自己 new 出来的对象或内存忘记释放了。

所以在开发程序的时候,笔者建议优先选择智能指针,基本上裸指针能做的事情,智能指针也都能做,但是却能让程序员少犯很多错误,很多事情智能指针帮程序员做了,所以使用智能指针的程序更健壮。

C++ 标准库中有 4 种智能指针,即 std::auto_ptr、std::unique_ptr、std::shared_ptr、std::weak_ptr。每一个都有适用的场合,它们的存在就是为了帮助程序员管理动态分配的对象(new 出来的对象)的生命周期,既然智能指针能够管理对象的生命周期,所以能够有效地防止内存的泄漏。

这 4 种智能指针中,std::auto_ptr 是 C++98 就有的(其实 C++98 中也只有这一种智能指针),而其他几种则是 C++11 标准中推出的,目前 std::auto_ptr 已经完全被 std::unique_ptr 所取代,所以不要再使用 std::auto_ptr。C++11 标准中也反对再使用(弃用)std::auto_ptr 了,该升级编译器就要及时升级,用新标准里的新内容来进行日常的开发工作,笔者在本章中会简单提及 std::auto_ptr,但讲解的重点还是会放在其余三种 C++11 标准中推出的智能指针上。

这三种智能指针其实都是类模板,可以将 new 获得的地址赋给它们。

- shared_ptr 是共享式指针的概念。多个指针指向同一个对象,最后一个指针被销毁时,这个对象就会被释放。
- weak_ptr 这个智能指针是用来辅助 shared_ptr 工作的,后面都会详细介绍。
- unique_ptr 是一种独占式指针的概念,同一个时间内只有一个指针能够指向该对象,当然,该对象的拥有权(所有权)是可以移交出去的。
- 作为智能指针,程序员不用再担心内存的释放问题,即便忘记了 delete,系统也能够帮助程序员 delete,这是智能指针的本职工作。

16.2.3　shared_ptr 基础

shared_ptr 指针采用的是**共享所有权**来管理所指向对象的生存期。所以,对象不仅仅能被一个特定的 shared_ptr 所拥有,而是能够被多个 shared_ptr 所拥有。多个 shared_ptr

指针之间相互协作，从而确保不再需要所指对象时把该对象释放掉。

在决定是否采用这种智能指针时首先得想一个问题：所指向的对象是否需要被共享，如果需要被共享（类似于多个指针都需要指向同一块内存），那就使用 shared_ptr，如果只需要独享（只有一个指针指向这块内存），就建议使用后面即将讲到的 unique_ptr 智能指针，因为 shared_ptr 虽然额外开销不大，但毕竟为了共享还是会有一些额外开销。

shared_ptr 的工作机制是使用引用计数，每一个 shared_ptr 指向相同的对象（内存），所以很显然，只有最后一个指向该对象的 shared_ptr 指针不需要再指向该对象时，这个 shared_ptr 才会去析构所指向的对象。所以说到这里，读者可以想象一下最后一个指向该对象的 shared_ptr 在什么情况下会释放该对象呢？

- 这个 shared_ptr 被析构时。
- 这个 shared_ptr 指向其他对象时。

说到这里，感觉智能指针与一些编程语言中的垃圾回收机制有些类似，从此就不必再担心对象或内存何时要 delete 了。

智能指针是一个类模板，需要用到尖括号"< >"。"< >"中是指针可以指向的类型，后面跟智能指针名字。看一看使用 shared_ptr 的一般形式：

shared_ptr<指向的类型> 智能指针名；

看看如下范例：

shared_ptr < string > p1; //这是一个指向 string 的智能指针,名字为 p1

这种默认初始化的情形，该智能指针里面保存的是一个空指针 nullptr（可以指向类型为 string 的对象）。

1. 常规初始化（shared_ptr 和 new 配合使用）
看看如下范例：

```
shared_ptr < int > pi(new int(100)); //pi 指向一个值为 100 的 int 型数据
shared_ptr < int > pi2 = new int(100); //这个写法不行,智能指针是 explicit,是不可以进行隐式
                                       //类型转换的,必须用直接初始化形式.而带等号一般都表
                                       //示要隐式类型转换
```

对于返回值为 shared_ptr < int >类型，看看如下范例：

```
shared_ptr < int > makes(int value)
{
    return new int(value); //不可以,因为无法把 new 得到的 int * 转换成 shared_ptr
}
```

所以要修改成如下，注意写法：

```
shared_ptr < int > makes(int value)
{
    return shared_ptr < int >(new int(value)); //可以,显式用 int * 创建 shared_ptr < int >
}
```

裸指针可以初始化 shared_ptr，但这是一种不被推荐的用法（智能指针和裸指针不要穿插使用，一不小心容易出问题，尽量采用后续要讲解到的 make_shared），后续章节还会讲解

裸指针初始化 shared_ptr 可能遇到的陷阱。现在先看一下如下的代码：

```
int * pi = new int;
shared_ptr < int > p1(pi);
```

上面的写法并不推荐，虽然内存也能够被正常释放，但即便用裸指针，也应该直接传递 new 运算符而不是传递一个裸指针变量。修改为如下，原因后续讲解陷阱时再细谈：

```
shared_ptr < int > p1(new int);
```

2. make_shared 函数

这是一个标准库里的函数模板，被认为是最安全和更高效的分配和使用 shared_ptr 智能指针的一个函数模板。

它能够在动态内存（堆）中分配并初始化一个对象，然后返回指向此对象的 shared_ptr。看看如下范例：

```
shared_ptr < int > p2 = std::make_shared < int >(100); //这个 shared_ptr 指向一个值为 100 的整型
                                                        //的内存,类似 int * pi = new int(100);
shared_ptr < string > p3 = std::make_shared < string >(5, 'a'); //5 个字符 a,类似于 string mystr
//(5, 'a');,注意到,make_shared 后圆括号里的参数的形式取决于"<>"中的类型名,此时这些参数
//必须和 string 里的某个构造函数匹配
shared_ptr < int > p4 = make_shared < int >(); //p4 指向一个 int,int 里保存的值是 0; 这个就是
                                                //值初始化
p4 = make_shared < int >(400); //p4 释放刚才的对象,重新指向新对象
auto p5 = std::make_shared < string >(5, 'a'); //用 auto 保存 make_shared 结果,写法上比较简单
```

make_shared 使用起来虽然不错，但是后续会讲到一个知识，就是可以自定义删除器，如果使用 make_shared 方法生成 shared_ptr 对象，那就没有办法自定义删除器了，后续讲自定义删除器时还会提到。

16.3　shared_ptr 常用操作、计数与自定义删除器等

16.3.1　shared_ptr 引用计数的增加和减少

通过上一节的学习已经知道了 shared_ptr 是共享式指针，使用引用计数，每一个 shared_ptr 的复制都指向相同的对象（内存），只有最后一个指向该对象的 shared_ptr 指针不需要再指向该对象时，这个 shared_ptr 才会去析构所指向的对象（释放内存）。

1. 引用计数的增加

每个 shared_ptr 都会记录有多少个其他 shared_ptr 指向相同的对象：

```
auto p6 = std::make_shared < int >(100); //目前 p6 所指的对象只有 p6 一个引用者
auto p7(p6); //写成 auto p7 = p6;也可以,智能指针复制,p7 和 p6 指向相同的对象,此对象目前有
             //两个引用者
```

设置断点并进行调试，把鼠标放在 p7 上观察一下，会发现对象有两个引用计数（分别是 p6 和 p7），如图 16.17 所示。

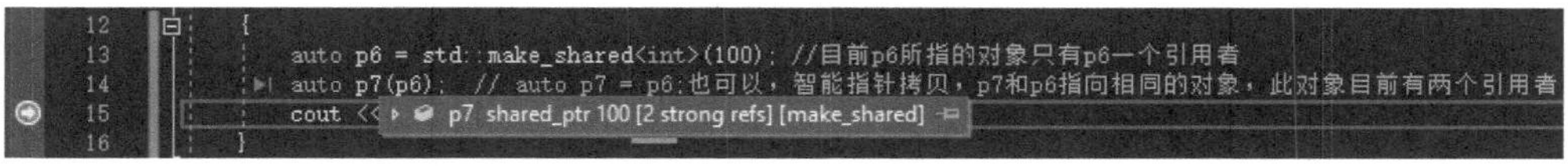

图 16.17 鼠标放到 p7 上观察所指向对象的引用计数

前面说过,shared_ptr 的工作机制就是使用引用计数,可以这样理解:每个 shared_ptr 都关联着一个引用计数,当在下述几种情况下,所有指向这个对象的 shared_ptr 引用计数都会增加 1。

(1)像上面的代码这样,用 p6 来初始化 p7 智能指针,就会导致所有指向该对象(内存)的 shared_ptr 引用计数全部增加 1。

(2)把智能指针当成实参往函数里传递。看如下代码:

```
void myfunc(shared_ptr < int > ptmp) //如果传递引用作为形参进来,则引用计数不会增加
{
    return;
}
```

在 main 主函数中,继续增加如下代码:

```
myfunc(p7); //当然,这个函数执行完毕后,这个指针的引用计数会恢复
```

(3)作为函数的返回值。看如下代码:

```
shared_ptr < int > myfunc2(shared_ptr < int > & ptmp) //这里是引用,所以计数还是为 2
{
    return ptmp;
}
```

在 main 主函数中,继续增加如下代码:

```
auto p8 = myfunc2(p7); //如果有 p8 接收 myfunc2 函数返回值,那么此时引用计数会变成 3
```

上面代码可以设置断点,调试观察,如图 16.18 所示。

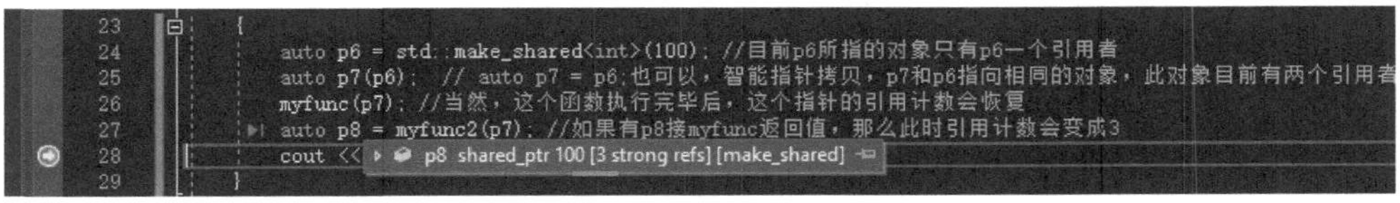

图 16.18 鼠标放到 p8 上观察所指向对象的引用计数

但如果没有变量来接收 myfunc2 的返回值,则引用计数保持 2 不变。例如如下代码:

```
myfunc2(p7); //引用计数保持 2 不变,因为没有变量来接收 myfunc2(p7)调用的返回值
```

2. 引用计数的减少

(1)给 shared_ptr 赋一个新值,让该 shared_ptr 指向一个新对象。在 main 主函数中,继续增加如下代码:

```
p8 = std::make_shared < int >(200); //p8 指向新对象计数 1,p6、p7 计数恢复为 2
p7 = std::make_shared < int >(200); //p7 指向新对象计数 1,p6 指向的原对象恢复计数为 1
```

```
p6 = std::make_shared< int >(200); //p6 指向新对象计数 1,p6 指向的原对象内存被释放
```

（2）局部的 shared_ptr 离开其作用域。回顾一下刚刚演示过的下面三行代码：

```
auto p6 = std::make_shared< int >(100); //目前 p6 所指向的对象只有 p6 一个引用者
auto p7(p6);            //p7 和 p6 指向相同的对象,此对象目前有两个引用者
myfunc(p7); //进入函数体 myfunc 中时有 3 个引用计数.从 myfunc 中返回时引用计数恢复为 2
```

（3）当一个 shared_ptr 引用计数变为 0,它会自动释放自己所管理的对象：

```
auto p9 = std::make_shared< int >(100); //只有 p9 指向该对象
auto p10 = std::make_shared < int >(100);
p9 = p10; //给 p9 赋值让 p9 指向 p10 所指向的对象,该对象引用计数为 2;而原来 p9 指向的对象引
         //用计数会变成 0,所以会被自动释放
```

16.3.2　shared_ptr 指针常用操作

1. use_count 成员函数

该成员函数用于返回多少个智能指针指向某个对象。该成员函数主要用于调试目的，效率可能不高。看如下代码：

```
shared_ptr< int > myp(new int(100));
int icount = myp.use_count();          //1
shared_ptr< int > myp2(myp);
icount = myp.use_count();              //2
shared_ptr< int > myp3;
myp3 = myp2;
icount = myp.use_count();              //3
icount = myp3.use_count();             //3
```

2. unique 成员函数

是否该智能指针独占某个指向的对象,也就是若只有一个智能指针指向某个对象,则 unique 返回 true,否则返回 false：

```
shared_ptr< int > myp(new int(100));
if (myp.unique())                      //本条件成立
{
    //"myp"独占所指向的对象
    cout << "myp unique ok" << endl;
}
shared_ptr< int > myp2(myp);
if (myp.unique())                      //本条件不再成立
{
    cout << "myp unique ok" << endl;
}
```

3. reset 成员函数

（1）当 reset 不带参数时。

若 pi 是唯一指向该对象的指针,则释放 pi 指向的对象,将 pi 置空。

若 pi 不是唯一指向该对象的指针,则不释放 pi 指向的对象,但指向该对象引用计数会减 1,同时将 pi 置空。

```
shared_ptr < int > pi(new int(100));
pi.reset();                          //释放 pi 指向的对象,将 pi 置空
if (pi == nullptr)                   //条件成立
{
    cout << "pi 被置空" << endl;
}
```

继续演示若 pi 不是唯一指向该对象的指针的情形:

```
shared_ptr < int > pi(new int(100));
auto pi2(pi);                        //pi2 引用计数现在为 2
pi.reset();                          //pi 置空,pi2 引用计数变为 1
```

（2）当 reset 带参数（一般是一个 new 出来的指针）时。

若 pi 是唯一指向该对象的指针,则释放 pi 指向的对象,让 pi 指向新内存。

若 pi 不是唯一指向该对象的指针,则不释放 pi 指向对象,但指向该对象的引用计数会减 1,同时让 pi 指向新内存。

```
shared_ptr < int > pi(new int(100));
pi.reset(new int(1)); //释放原内存(内容为 100 的内存),指向新内存(内容为 1 的内存)
```

继续演示若 pi 不是唯一指向该对象的指针的情形。

```
shared_ptr < int > pi(new int(100));
auto pi2(pi);                        //pi2 引用计数为 2
pi.reset(new int(1));                //现在 pi 引用计数为 1,上面的 pi2 引用计数为 1
if (pi.unique())                     //本条件成立
{
    cout << "pi unique ok" << endl;
}
if (pi2.unique())                    //本条件成立
{
    cout << "pi2 unique ok" << endl;
}
```

（3）空指针也可以通过 reset 来重新初始化。

```
shared_ptr < int > p;                //p 现在是空指针
p.reset(new int(100)); //释放 pi 指向的对象,让 pi 指向新内存,因为原来 pi 为空,所以就等于啥
                       //也没释放
```

4. * 解引用

* p:解引用的感觉,获得 p 指向的对象。

```
shared_ptr < int > pother(new int(12345));
char outbuf[1024];
sprintf_s(outbuf, sizeof(outbuf), "% d", * pother); //outbuf 中的内容就是 12345,pother 不发
                                                    //生任何变化,引用计数仍旧为 1
OutputDebugStringA(outbuf); //在 MyProjectMFC 工程中使用 F5 运行,执行到这行时可以在"输出"
                            //窗口中打印出 outbuf 中的内容,但在 MyProject 工程中,这行无法编译通过
```

5. get 成员函数

p.get():返回 p 中保存的指针。小心使用,若智能指针释放了所指向的对象,则返回

的这个指针所指向的对象也就变得无效了。看如下代码：

```
shared_ptr < int > myp(new int(100));
int * p = myp.get();
*p = 45;
```

为什么要有这样一个函数呢？主要是考虑到有些函数的参数需要的是一个内置指针（裸指针），所以需要通过 get 取得这个内置指针并传递给这样的函数。但要注意，不要 delete 这个 get 到的指针，否则会产生不可预料的后果。

6. swap 成员函数

用于交换两个智能指针所指向的对象。当然，因为是交换，所以引用计数并不发生变化：

```
shared_ptr < string > ps1(new string("I love China1!"));
shared_ptr < string > ps2(new string("I love China2!"));
std::swap(ps1, ps2);                    //可以
ps1.swap(ps2);                          //也可以
```

7. = nullptr；

- 将所指向对象的引用计数减 1，若引用计数变为 0，则释放智能指针所指向的对象。
- 将智能指针置空。

```
shared_ptr < string > ps1(new string("I love China!"));
ps1 = nullptr;
```

8. 智能指针名字作为判断条件

```
shared_ptr < string > ps1(new string("I love China1!"));
//若 ps1 指向一个对象，则条件成立
if (ps1)                                //条件成立
{
    cout << "ps1" << endl;              //执行
}
```

9. 指定删除器和数组问题

1）指定删除器

智能指针能在一定的时机自动删除它所指向的对象。那么，它是怎样自动删除所指向的对象呢？这其实比较好想象，delete 它所指向的对象就应该可以了。默认情况下，shared_ptr 正是使用 delete 运算符作为默认的删除它所指向的对象的方式。

同时，程序员可以指定自己的删除器，这样当智能指针需要删除一个它所指向的对象时，它不再去调用默认的 delete 运算符来删除对象，而是调用程序员为它提供的删除器来删除它所指向的对象。

shared_ptr 指定删除器的方法比较简单，一般只需要在参数中添加具体的删除器函数名即可（注意，删除器是一个单形参的函数）。

通过如下代码，看一看如何指定删除器：

```
void myDeleter(int * p) //自己的删除器，删除整型指针用的，当 p 的引用计数为 0，则自动调用
                        //这个删除器删除对象，释放内存
    {
```

```
        delete p;
    }
```

在 main 主函数中，加入如下代码：

```
shared_ptr < int > p(new int(12345), myDeleter); //指定删除器
shared_ptr < int > p2(p);                    //现在两个引用计数指向该对象
p2.reset();                                  //现在一个引用计数指向该对象,p2 为 nullptr 了
p.reset();//此时只有一个指针指向该对象,所以释放指向的对象,调用自己的删除器 myDeleter,
          //同时 p 置空
```

如果注释掉 myDeleter 删除器中的代码行 delete p;，则意味着没有真正地删除该智能指针所指向的对象，那么显然上面代码会导致泄漏 4 字节（1 个 int 类型是 4 字节）的内存。读者可以在 MyProjectMFC 工程中跟踪调试并观察泄漏的字节数量。

删除器也可以是一个 lambda 表达式，lambda 表达式后面章节（20.8 节）会讲，暂时可以把 lambda 表达式理解成一个匿名函数（是一个表达式，但使用起来也比较像一个匿名函数）。注意，用{}包着的部分都是 lambda 表达式的组成部分，直接作为一个参数来用：

```
shared_ptr < int > p(new int(12345), [](int * p){
    delete p;
});
p.reset();                                   //会调用删除器(lambda 表达式)
```

读者可能有一个疑问，就是自己指定删除器有什么用途呢？ shared_ptr 提供的默认的删除器不是用得挺好的吗？

常规情况下，默认的删除器工作的是挺好，但是有一些情况需要自己指定删除器，因为默认的删除器处理不了——用 shared_ptr 管理动态数组的时候，就需要指定自己的删除器，默认的删除器不支持数组对象。看如下代码：

```
shared_ptr < int[]> p(new int[10], [](int * p) {
    delete[] p;
});
p.reset();
```

结合 16.2.1 节的内容，回忆一下：如果一个类定义中带有析构函数，那么程序员必须指定自己的删除器，否则会报异常。

例如有如下类 A 的定义：

```
class A
{
public:
    A()
    {
        cout << "A()构造函数被调用" << endl;
    }
    ～A()
    {
        cout << "～A()析构函数被调用" << endl;
    }
};
```

在 main 主函数中,加入如下代码,运行起来就会报异常:

```
shared_ptr<A> pA(new A[10]); //异常,因为系统释放 pA 是使用 delete pA 而不是使用 delete[]pA,
                            //所以必须自己写删除器
```

像如下这样修改,问题就可以解决了:

```
shared_ptr<A> pA(new A[10], [](A* p) {
    delete[] p;
});                                        //一切正常
```

此外,可以将 default_delete 作为删除器,这是一个标准库里的类模板,注意写法。这个删除器的内部也是通过 delete 来实现功能的:

```
shared_ptr<A> pA(new A[10],std::default_delete<A[]>());
```

正如上面这些范例,当遇到数组的时候,程序员做的很多工作都是为了**保证数组能够正常释放**。其实,在定义的时候如果像下面这样,即使不写自己的删除器,也能正常释放内存:

```
shared_ptr<A[]> pA(new A[10]); //<>中加个[]就行了
shared_ptr<int[]> p(new int[10]); //<>中加个[]就行了,而且加了[]后,引用也方便,如 p[0],
                                 //p[1],…,p[9]直接拿来用
```

所以笔者建议,**定义数组时在尖括号"<>"中都加"[]"**。

另外,**自己写一个函数模板来封装 shared_ptr 数组**,也是可以的:

```
//定义一个函数模板,解决 shared_ptr 管理动态数组的情形
template<typename T>
shared_ptr<T> make_shared_array(size_t size)
{
    return shared_ptr<T>(new T[size], default_delete<T[]>()); //指定了删除器
}
```

在 main 主函数中,加入如下代码:

```
shared_ptr<int> pintArr = make_shared_array<int>(5);//末尾数字代表数组元素个数
shared_ptr<A> pAArr = make_shared_array<A>(15); //末尾数字代表数组元素个数
```

2)指定删除器的额外说明

就算是两个 shared_ptr 指定的删除器不相同,只要它们所指向的对象相同,那么这两个 shared_ptr 也属于同一个类型:

在 main 主函数中,加入如下代码:

```
auto lambda1 = [](int* p)
{
    delete p;
};
auto lambda2 = [](int* p)
{
    delete p;
};
shared_ptr<int> p1(new int(100), lambda1); //指定 lambda1 为删除器
shared_ptr<int> p2(new int(200), lambda2); //指定 lambda2 为删除器
```

```
p2 = p1; //p2 会先调用 lambda2 把自己所指向对象释放,然后指向 p1 所指对象,现在该对象引用计
         //数为 2.整个 main 函数执行完毕之前还会调用 lambda1 释放 p1、p2 共同指向的对象
```

上面的代码读者可以在 lambda 表达式中设置断点并运行观察。

同一个类型有个明显的好处是可以放到元素类型为该对象类型的容器里,方便操作。继续在 main 主函数中增加如下代码:

```
vector < shared_ptr < int >> pvec{ p1,p2 }; //在.cpp 源文件头 # include < vector >
```

前面介绍过 make_shared,make_shared 是一种被提倡的生成 shared_ptr 的方法,但是如果使用 make_shared 方法生成 shared_ptr 对象,那就没有办法自定义删除器了。这一点从上面这些范例代码中能够看得出来。

16.4　weak_ptr 简介、weak_ptr 常用操作与尺寸问题

16.4.1　weak_ptr 简介

16.2.2 节曾经说过,weak_ptr 这个智能指针是用来辅助 shared_ptr 工作的。那么,现在就来介绍一下 weak_ptr。

weak 翻译成中文是"弱"的意思,弱和强是反义词,那"强"指的又是谁呢? 容易想象,强指的就是 shared_ptr,弱指的就是 weak_ptr。后续谈强或者弱的时候,读者就能够知道笔者说的是哪类智能指针了。

weak_ptr 是一个智能指针,也是一个类模板。这个智能指针指向一个由 shared_ptr 管理的对象,但是这种指针并不控制所指向的对象的生存期。换句话来说,将 weak_ptr 绑定到 shared_ptr 上并不会改变 shared_ptr 的引用计数(更确切地说,weak_ptr 的构造和析构不会增加或者减少所指向对象的引用计数)。当 shared_ptr 需要释放所指向的对象时照常释放,不管是否有 weak_ptr 指向该对象。这就是 weak"弱"的原因——能力弱(弱共享/弱引用:共享其他的 shared_ptr 所指向的对象),控制不了所指向对象的生存期。

弱引用可以理解成是监视 shared_ptr(强引用)的生命周期用的,是一种对 shared_ptr 的扩充,不是一种独立的智能指针,不能用来操作所指向的资源,所以它看起来像是一个 shared_ptr 的助手(旁观者)这种感觉。所以它的智能也就智能在能够监视到它所指向的对象是否存在了。当然还有些额外用途,后续也会讲解。

看一看 weak_ptr 的创建。

创建 weak_ptr 的时候,一般是用一个 make_shared 来初始化。看看用法:

```
auto pi = make_shared < int >(100);
weak_ptr < int > piw(pi); //piw 弱共享 pi,pi 引用计数(强引用计数)不改变,弱引用计数会从 0 变
//成 1; pi 和 piw 两者指向相同位置
```

这里要强调一下,前面谈到的 shared_ptr 指向的对象代表的引用统统指的都是**强引用**,而 weak_ptr 所指向的对象代表的引用统统都是**弱引用**。上面两行代码可以设置断点并将鼠标放到 pi 或者 piw 上观察,如图 16.19 所示。

从图 16.19 中不难发现,其中 1 strong ref 翻译成中文的意思就是"1 个强引用",而后面的 1 weak ref 翻译成中文的意思就是"1 个弱引用"。整体的意思就是表示当前这个对象

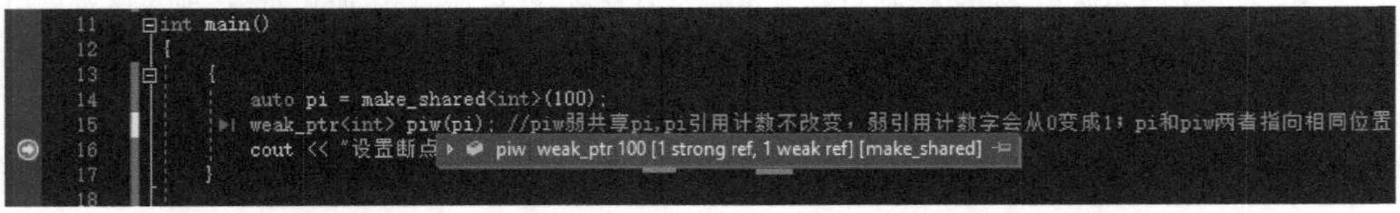

图 16.19　强引用、弱引用辨识

有一个强引用和一个弱引用同时指向它。

上面两行代码中的第二行可以拆成两行来写：

```
weak_ptr < int > piw;
piw = pi; //pi 这里是一个 shared_ptr,赋值给一个 weak_ptr.pi 和 piw 两者指向相同位置
```

继续增加如下代码：

```
weak_ptr < int > piw2;
piw2 = piw; //把 weak_ptr 赋给另外一个 weak_ptr,现在 pi 是一个强引用两个弱引用
```

可能读者也想到了，既然 weak_ptr 所指向的对象有可能会不存在，所以，程序员是不能使用 weak_ptr 来直接访问对象的，必须要使用一个叫作 lock 的成员函数，lock 的功能就是检查 weak_ptr 所指向的对象是否还存在，如果存在，lock 能够返回一个指向共享对象的 **shared_ptr**(当然原 shared_ptr 引用计数会＋1)，如果不存在，则返回一个空的 shared_ptr。

继续增加如下代码：

```
auto pi2 = piw.lock(); //强引用(shared_ptr)计数会加 1,现在 pi 是两个强引用两个弱引用
if (pi2 != nullptr)                    //条件成立; 写成 if(pi2)也可以
{
    cout << "所指对象存在" << endl;
}
```

如果修改一下代码，看一看所指对象不存在的情形：

```
auto pi = make_shared < int >(100);
weak_ptr < int > piw(pi); //piw 弱共享 pi,pi 强引用计数不改变,弱引用计数会从 0 变成 1
pi.reset();        //因为 pi 是唯一指向该对象的指针,则释放 pi 指向的对象,将 pi 置空
auto pi2 = piw.lock(); //因为所指向的对象被释放了,所以 piw 弱引用也属于"过期"的了
if (pi2 != nullptr)    //条件不再成立
{
    cout << "所指对象存在" << endl;
}
```

所以可以看到，weak_ptr 具备能够判断所指向的对象是否存在的能力。

16.4.2　weak_ptr 常用操作

1. use_count 成员函数

获取与该弱指针共享对象的其他 **shared_ptr** 的数量，或者说获得当前所观测资源的引用计数(强引用计数)。看如下代码：

```
auto pi = make_shared < int >(100);
auto pi2(pi);                        //pi2 类型是一个 shared_ptr
```

```
weak_ptr < int > piw(pi);
int isc = piw.use_count();            //2:与本 piw 共享对象的 shared_ptr 数量
```

2. expired 成员函数

是否过期的意思,若该指针的 use_cout 为 0(表示该弱指针所指向的对象已经不存在),则返回 true,否则返回 false。换句话说,判断所观测的对象(资源)是否已经被释放。继续增加如下代码:

```
pi.reset();
pi2.reset();
if (piw.expired())                    //是否过期,此时成立
{
    cout << "piw 已过期" << endl;
}
```

3. reset 成员函数

将该弱引用指针设置为空,不影响指向该对象的强引用数量,但指向该对象的弱引用数量会减 1。看如下代码:

```
auto pi = make_shared < int >(100);
weak_ptr < int > piw(pi);
piw.reset();                          //pi 是 1 个强引用,无弱引用
```

4. lock 成员函数

获取所监视的 shared_ptr。上面曾演示了一下,这里再看一个完整的演示:

```
auto p1 = make_shared < int >(42);
weak_ptr < int > pw;
pw = p1;   //可以用 shared_ptr 给 weak_ptr 值,现在 p1 是 1 个强引用 1 个弱引用
if (!pw.expired())                    //条件成立
{
    //没过期
    auto p2 = pw.lock(); //返回的 p2 是一个 shared_ptr,现 p1 是 2 个强引用 1 个弱引用
    if (p2 != nullptr)                //条件成立
    {
        cout << "所指对象存在" << endl;
    }
    //离开这个范围,p1 的强引用计数恢复为 1,弱引用保持为 1
}
else
{
    cout << "pw 已经过期" << endl;
}
//走到这里,p1 是 1 个强引用 1 个弱引用
```

把上面代码改造一下,看如下这个比较完整的演示,引入一个"{}":

```
weak_ptr < int > pw;
{
    auto p1 = make_shared < int >(42);
    pw = p1;                          //可以用 shared_ptr 给 weak_ptr 值
} //离开这里时 p1 就失效了,那么 pw 会变成啥情况?
//这里 pw 这个 weak_ptr 就会过期了
```

```
if (pw.expired())                          //条件成立
{
    cout << "pw 已经过期" << endl;
}
```

16.4.3　尺寸问题

其实 weak_ptr 尺寸（就是大小或者 sizeof）和 shared_ptr 对象尺寸一样大，后续章节里会提到 shared_ptr 的尺寸问题，这里先提一下 weak_ptr 对象尺寸问题。

weak_ptr 的尺寸是裸指针的 2 倍。看如下代码：

```
shared_ptr < int > p1(new int(100));
weak_ptr < int > pw(p1);
int ilen = sizeof(p1);                    //8
int ilen2 = sizeof(pw);                   //8
```

在当前 Visual Studio 的 x86 平台下，一个裸指针的 sizeof 值是 4 字节。从上面代码可以看到，weak_ptr 或 shared_ptr 的尺寸都是 8 字节，其实，这 8 字节中包含了两个裸指针，如图 16.20 所示。

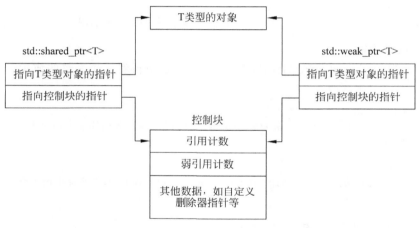

图 16.20　std::shared_ptr 和 std::weak_ptr 布局

可以看到：

（1）第一个裸指针指向的是该智能指针所指向的对象。

（2）第二个裸指针指向一个很大的数据结构（控制块）。这个控制块里面有：

- 所指对象的引用计数。
- 所指对象的弱引用计数。
- 其他数据，如自定义的删除器的指针（如果指定了自定义删除器）等。

控制块实际是由 shared_ptr 创建出来的，而后，当使用 shared_ptr 对象创建 weak_ptr 对象时，weak_ptr 对象也指向了这个控制块。具体后面还会讲到 shared_ptr 的控制块，到时再细讲。

在本节中虽然讲解了 weak_ptr 的用途，但笔者并没有介绍在实际工作中的应用。一般来讲，智能指针的实战代码还是有点复杂的，读者在学习了这些基本知识后，能够具备读懂实战代码的能力，也就能够通过自身的扩展学习来进一步成长和提高了，这其实就是笔者的初衷。

16.5　shared_ptr 使用场景、陷阱、性能分析与使用建议

前面已经对智能指针 shared_ptr 和 weak_ptr 有了一定的了解，那么本节就对 shared_ptr 这种共享式的智能指针做更进一步的讲解。

16.5.1　std::shared_ptr 使用场景

直接看一个范例：

```
shared_ptr < int > create0( int value)
{
    return make_shared < int >(value);    //返回一个 shared_ptr
}
void myfunc( int value)
{
    shared_ptr < int > ptmp = create0(10);
    return; //ptmp 离开了作用域(ptmp 是局部变量)，因此它指向的内存会被自动释放
}
```

在 main 主函数中，加入如下代码：

```
myfunc(12);
```

上面代码比较简单，分析一下即可明白含义。现在改造一下上面的 myfunc 函数，如下：

```
shared_ptr < int > myfunc( int value)
{
    shared_ptr < int > ptmp = create0(10);
    return ptmp; //这个 return 会导致引用计数递增，所以 ptmp 指向的内存不会释放.这相当于返
                 //回了一个 ptmp 的复制.ptmp 销毁计数 - 1,return ptmp;使计数 + 1
}
```

在 main 函数中调用 myfunc 函数，如果不用一个变量接收该函数返回的结果，那么 myfunc 返回的 shared_ptr 会被销毁，它指向的对象也会被销毁。例如下面的代码：

```
myfunc(12); //如果这里不用变量接收返回结果,则调用 myfunc 返回的 shared_ptr 会被销毁,该
            //shared_ptr 指向的对象也会被销毁
```

或者，如果用一个变量接收该函数返回的结果，那么 myfunc 返回的 shared_ptr 就不会被销毁，当然，它所指向的对象也就不会被销毁。例如下面的代码：

```
auto p11 = myfunc(12); //这里用了变量接收 myfunc 返回结果,所以 myfunc 返回的 shared_ptr 不
                       //会被销毁,指向的对象也不会被销毁,此时 p11 是 1 个强引用
```

16.5.2　std::shared_ptr 使用陷阱分析

智能指针虽然智能，但使用是有陷阱和禁忌的，不要以为用了智能指针就高枕无忧了，一旦用错了，也是致命的。

1. 慎用裸指针

看如下代码：

```
void proc(shared_ptr < int > ptr)
{
    return;
}
```

在 main 主函数中,加入如下代码:

```
int * p = new int(100);            //裸指针
//proc(p);                         //语法错 int * p 不能转换成 shared_ptr < int >
proc(shared_ptr < int >(p));       //参数是一个临时 shared_ptr,用一个裸指针显式构造的
 * p = 45;                         //不可以预料到的结果;因为 p 指向的内存已经被释放了
```

所以要注意,把一个普通裸指针绑到了一个 shared_ptr 上,那内存管理的责任就交给了这个 shared_ptr,这时就不应该再使用裸指针(内置指针)访问 shared_ptr 指向的内存了。

那么如何修改上述的问题呢?只修改 main 中内容即可。修改为如下:

```
shared_ptr < int > myp(new int(100));
proc(myp);
 * myp = 45;                       //myp 可是 shared_ptr <...>类型, * 代表解引用
```

另外请注意,裸指针虽然可以初始化 shared_ptr,不要用裸指针初始化多个 shared_ptr。看如下代码:

```
int * pi = new int;
shared_ptr < int > p1(pi);
shared_ptr < int > p2(pi); //p1 一个引用,p2 一个引用,会导致 p1、p2 两个指针之间无关联关系(每
                           //个的强引用计数都是 1),所以释放时 pi 所指向的内存释放 2 次,这显
                           //然会出问题
```

为了避免这个问题,即便用裸指针,直接传递 new 运算符而不是传递一个裸指针变量。修改为如下:

```
shared_ptr < int > p1(new int);    //这种写法至少大大降低了用 pi 来创建 p2 的可能性
```

2. 慎用 get 返回的指针

16.3.2 节讲解过 get 成员函数。get 返回的指针不能 delete,否则会产生异常。看如下代码:

```
shared_ptr < int > myp(new int(100));
int * p = myp.get();               //返回 myp 中保存的指针
delete p;                          //不可以这样,会导致异常
```

也不能将其他智能指针绑到 get 返回的指针上。看如下代码:

```
shared_ptr < int > myp(new int(100));
int * p = myp.get(); //这个指针千万不能随便释放,否则 myp 就没有办法正常管理该指针了
{
    shared_ptr < int > myp2(p); //这行代码万万不可,现在 myp 和 myp2 引用计数都为 1,但是一旦
                                //跳出这个程序块,往下看,其实测试中发现,这句代码本身就会在
                                //程序执行结束时产生异常
}
//离开上面这个 myp2 的有效范围,导致 myp 指向的内存也被释放了
 * myp = 100; //该内存已经释放,赋值会导致不可预料的后果
```

在上面这个范例中,因为 myp 和 myp2 彼此是独立创建的,每一个都有自己的独立引

用计数（都是 1），myp2 跑出作用域后导致其所指向的对象（内存）被销毁，而这块内存恰好也是 myp 所指向的内存。

如何修改呢？修改"{}"中的内容如下：

```
{
    shared_ptr < int > myp2(myp); //执行后 myp 和 myp2 引用计数都为 2,跳出程序块后,myp2 失效,
                                  //myp 引用计数恢复为 1,myp 可以正常使用
}
```

所以结论就是：永远不要用 get 得到的指针来初始化另外一个智能指针或者给另外一个智能指针赋值。

3. 用 enable_shared_from_this 返回 this

看如下代码：

```
class CT
{
public:
    shared_ptr < CT > getself()
    {
        return shared_ptr < CT >(this);
    }
};
```

在 main 主函数中，加入如下代码：

```
shared_ptr < CT > pct1(new CT);
shared_ptr < CT > pct2 = pct1;          //这没问题,2 个强引用
```

但若把上面的代码进行如下修改：

```
shared_ptr < CT > pct1(new CT);
shared_ptr < CT > pct2 = pct1 -> getself();      //问题出现
```

上面这两行代码是用同一个指针构造了两个智能指针 pct1 和 pct2，这两个智能指针之间没有任何关系。这类似于上面讲过的：用裸指针初始化多个 shared_ptr 的感觉。也就是在释放时一个对象内存会释放两次。

那怎样能够让 pct1 和 pct2 产生关联关系（换句话说，也就是安全地通过 this 指针创建一个 shared_ptr）呢？这里就得用到一个 C++ 标准库里的类模板 enable_shared_from_this。直接看代码——修改 CT 类：

```
class CT:public std::enable_shared_from_this < CT > //这是 C++ 标准库里提供的一个类模板
{
public:
    shared_ptr < CT > getself()
    {
        //return shared_ptr < CT >(this);
        return shared_from_this();       //这个是 enable_shared_from_this 类中方法,要通过此
                                         //方法返回智能指针
    }
};
```

main 主函数中代码不变,依旧是如下:

```
shared_ptr < CT > pct1(new CT);
shared_ptr < CT > pct2 = pct1->getself(); //现在强引用计数就是 2 了
```

现在在类外创建 CT 对象的智能指针以及通过 CT 对象返回的 this 智能指针都是安全的了。这个问题其实也就是如何让多个 shared_ptr 安全地指向同一个类对象的问题。

这里解释一下 shared_from_this 的工作原理:

enable_shared_from_this 是一个类模板,它的类型模板参数就是继承它的子类的类名。该类模板中有一个弱指针 weak_ptr,这个弱指针能够观测 this,调用 shared_from_this 方法的时候,这个方法内部实际是调用了这个 weak_ptr 的 lock 方法,lock 方法会让 shared_ptr 指针计数+1,同时返回这个 shared_ptr。

4.避免循环引用

循环引用会导致内存泄漏。这个问题在 MyProjectMFC 项目中方便观察一些,因此下面的演示在 MyProjectMFC 项目中进行。

在 MyProjectMFCDlg.cpp 的前面位置,加入如下代码:

```
class CA;                              //声明一下 CA
class CB;                              //声明一下 CB
class CA
{
public:
    shared_ptr < CB > m_pbs;
    ~CA()
    {
        cout << "~A()执行了" << endl;
    }
};
class CB
{
public:
    shared_ptr < CA > m_pas;
    ~CB()
    {
        cout << "~B()执行了" << endl;
    }
};
```

在前面介绍的 BOOL CMyProjectMFCDlg::OnInitDialog()的指定位置,加入要测试的代码:

```
shared_ptr < CA > pca(new CA);
shared_ptr < CB > pcb(new CB);
pca->m_pbs = pcb;
pcb->m_pas = pca;
```

这是一段很诡异的代码(笔者搜集到的一个范例),能写出这样一段代码不容易,执行的结果就是 CA 和 CB 的析构函数都没执行,也就是 pca 和 pcb 这两个智能指针所指向的对象都没删除,那显然程序退出的时候,new 出来的对象没删除,就等于内存泄漏。

这个代码演示了一个循环引用问题,主要是如下两行代码:

```
pca - > m_pbs = pcb;                //现在等价于指向 CB 对象的有两个强引用
pcb - > m_pas = pca;                //现在等价于指向 CA 对象的有两个强引用
```

　　导致这两个对象的引用计数都变成 2 了,离开作用域时,计数－1,－1 变成 1 了,没有变成 0,所以导致 pca 和 pcb 这两个对象都没被释放,产生内存泄漏,如图 16.21 所示。

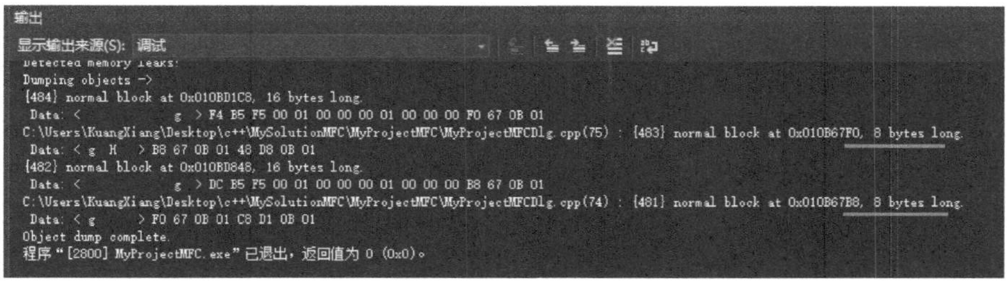

图 16.21　shared_ptr 的循环引用导致内存泄漏的问题

　　那该如何解决呢?

　　可以把 CA 类或者 CB 类里面的任何一个成员变量修改为 weak_ptr,这里就把 CB 里面的成员变量 m_pas 修改为 weak_ptr 吧:

```
class CB
{
public:
    //shared_ptr < CA > m_pas;
    weak_ptr < CA > m_pas;
    ~CB( )
    {
        cout << "~B( )执行了" << endl;
    }
};
```

　　其他不用动(main 主函数中还是下面的代码),运行起来正常,不泄漏内存,两个智能指针都能正确释放,正确调用析构函数:

```
shared_ptr < CA > pca(new CA);
shared_ptr < CB > pcb(new CB);
pca - > m_pbs = pcb; //现在等价于指向 CB 对象的有两个强引用
pcb - > m_pas = pca; //因为 m_pas 是弱引用,所以指向 CA 对象的只有 1 个强引用,离开作用域后 pca
                     //引用计数变成 0,所以先执行 CA 的析构函数.CA 析构函数执行完后,CA 内的 m_
                     //pbs 引用计数减少 1,也就是指向 CB 对象的引用计数减少 1,pcb 离开作用域后
                     //指向 CB 的引用计数再减少 1,到 0,析构 CB 对象
```

　　上面代码的执行结果是先执行 CA 类的析构函数,再执行 CB 类的析构函数。

　　如果把弱指针的修改放到 CB 类中,那么显然执行的结果应该是先执行 CB 类的析构函数,再执行 CA 类的构造函数,读者可以试试。

16.5.3　性能说明

1. 尺寸问题

　　16.4.3 节简单谈过 shared_ptr 的尺寸问题,shared_ptr 的尺寸是裸指针的 2 倍。看如下演示:

```
char * p;
int ilenp = sizeof(p);                  //4 字节
shared_ptr < string > p1;
int ilensp = sizeof(p1);                //8 字节
```

这 8 字节的内容包括两个裸指针,如图 16.20 所示。看起来 shared_ptr 和 weak_ptr 的指向没有什么不同。

这个控制块是跟着类的,它的大小可能十几字节甚至更多,如指定了删除器等,那么这里的字节数可能会稍微变大一些。这个控制块是**由第一个指向某个指定对象的 shared_ptr来创建**,这个控制块内部比较复杂,这里不准备深究。因为 weak_ptr 对象也是通过 shared_ptr 创建出来的,因此 weak_ptr 对象也使用这个由 shared_ptr 创建的控制块。

这里可以总结一下这个控制块创建的时机:

(1) make_shared:分配并初始化一个对象,返回指向此对象的 shared_ptr。所以 make_shared 总是创建一个控制块。

```
shared_ptr < int > p2 = std::make_shared < int >(100);
```

(2) 使用裸指针来创建一个 shared_ptr 对象时。

前面讲解 shared_ptr 使用陷阱时强调,不要用裸指针初始化多个 shared_ptr,否则会产生多个控制块,也就是多个引用计数,导致析构所指向的对象时会析构多次,彻底混乱,导致程序运行异常。

```
int * pi = new int;
shared_ptr < int > p1(pi);
```

这里不难发现一个事实,即便指定自己的删除器,也不会影响 shared_ptr 智能指针的大小,它始终都是裸指针的 2 倍。

2. 移动语义

14.14 节学习了移动语义、对象移动、移动构造函数与移动赋值运算符等概念。在 shared_ptr 智能指针里,也存在移动语义的概念。看如下代码:

```
shared_ptr < int > p1(new int(100)); //p1 指向该对象(内存)
shared_ptr < int > p2(std::move(p1)); //移动语义,移动构造 p2,p1 不再指向该对象而变成空,
                                      //p2 指向了该对象,引用计数保持为 1
shared_ptr < int > p3;
p3 = std::move(p2); //移动赋值,p2 指向空,p3 指向该对象,整个对象引用计数依旧为 1
```

可以看到,复制会使 shared_ptr 的强引用计数递增,而移动并不会使 shared_ptr 的强引用计数递增。

16.5.4　补充说明和使用建议

学习到这里,已经掌握了绝大部分 shared_ptr 使用方法。当然,讲解不会面面俱到,有些很晦涩也不常用的内容,并没有讲出来。例如不但可以给 shared_ptr 提供删除器,还可以给它提供分配器来解决内存分配问题,内存分配器的信息其实也是保存在控制块中。例如:

```
shared_ptr < int > p( (new int), myDeleter(), myMallocator < int >() );…
```

但是这种分配器涉及一些很罕见的内存分配语法,用处也比较小,所以在这里就不讲了。读者如果今后工作中遇到,可以通过搜索引擎进一步了解和学习。

另外一点,凡是笔者没讲解的一些用法,请一定要慎重使用,不要轻易去尝试违反常理的用法。例如,不要去 new shared_ptr＜T＞,不要去 memcpy shared_ptr＜T＞等,这些都是属于违反常理,会导致错误的用法。一旦读者自我感觉对 shared_ptr 的用法不是那么大众,值得商榷,那么自己就一定要注意分析,千万别用错,以免给自己带来麻烦甚至造成灾难。

下面这一小段关于 make_shared 的内容为查阅资料所得,笔者并未亲自通过阅读代码得出结论,仅供读者借鉴。

优先使用 make_shared 构造智能指针,编译器内部会有一些针对内存分配的特殊处理,所以会使 make_shared 效率更高,如消除重复代码、改进安全性等。看如下代码:

```
shared_ptr＜string＞ ps1(new string("I love China!"));
```

上面这行代码会至少分配两次内存,第一次是为 string 类型的实例分配内存(从而保存字符串"I love China!"),第二次是在 shared_ptr 构造函数中给该 shared_ptr 控制块分配内存。

而如下代码,针对 make_shared,编译器只会分配一次内存,这个内存分配的足够大,既能保存字符串("I love China!")又能够同时保存控制块:

```
auto ps2 = make_shared＜string＞("I love China!");
```

16.6　unique_ptr 简介与常用操作

16.6.1　unique_ptr 简介

虽然讲解了不少 shared_ptr 的知识,但是谈到使用智能指针,一般来说,最先想到和优先考虑选择使用的还是 unique_ptr 智能指针。

unique_ptr 智能指针是一种独占式智能指针,或者理解成专属所有权这种概念也可以,也就是说,同一时刻,只能有一个 unique_ptr 指针指向这个对象(这块内存)。当这个 unique_ptr 被销毁的时候,它所指向的对象也会被销毁。

看一看使用 unique_ptr 的一般形式:

unique_ptr＜指向的对象类型＞ 智能指针变量名;

1. 常规初始化(unique_ptr 和 new 配合)
看看如下范例:

```
unique_ptr＜int＞ pi;                    //可以指向 int 对象的一个空指针
if (pi == nullptr)                      //条件成立
{
    cout << "pi目前还是空指针" << endl;
}
unique_ptr＜int＞ pi2(new int(105)); //定义该智能指针时,直接把它绑定到一个 new 返回的指针
                                    //上,此时 pi2 就指向一个值为 105 的 int 对象了
```

2. make_unique 函数

C++11 中没有 make_unique 函数,但是 C++14 里提供了这个函数。

与常规初始化比,也是要优先选择使用 make_unique 函数,这代表着更高的性能。当然,后续会讲解"删除器"概念,如果想使用删除器,那么就不能使用 make_unique 函数,因为 make_unique 不支持指定删除器的语法。

看看如下范例:

```
unique_ptr < int > p1 = std::make_unique < int >(100);
auto p2 = std::make_unique < int >(200); //可以用 auto 简写
```

如果不用 make_unique,就得这样写:

```
shared_ptr < int > p3(new int(100)); //int 重复两次。而且不能使用 auto 来简写,不然 p3 就变
                                     //成普通指针(裸指针)而不是智能指针了
```

16.6.2　unique_ptr 常用操作

1. unique_ptr 不支持的操作

看如下代码:

```
unique_ptr < string > ps1(new string("I love China!"));
unique_ptr < string > ps2(ps1);          //不可以,该智能指针不支持复制动作
unique_ptr < string > ps3 = ps1;         //不可以,该智能指针不支持复制动作
unique_ptr < string > ps4;
ps4 = ps1;                               //不可以,该智能指针不支持赋值动作
```

总结:unique_ptr 不允许复制、赋值等动作,是一个只能移动不能复制的类型。怎样移动,看下面。

2. 移动语义

虽然刚刚讲述了 unique_ptr 不支持的操作,如它不支持复制动作,但是它支持移动。看一看这种移动语义的写法。

可以通过 **std::move** 来将一个 unique_ptr 转移到其他的 unique_ptr:

```
unique_ptr < string > ps1(new string("I love China!"));
unique_ptr < string > ps3 = std::move(ps1); //转移后 ps1 为空了,ps3 指向原来 ps1 所指
```

3. release 成员函数

放弃对指针的控制权(切断了智能指针和其所指向的对象之间的联系),返回指针(裸指针),将智能指针置空。返回的这个裸指针可以手工 delete 释放,也可以用来初始化另外一个智能指针,或者给另外一个智能指针赋值。

```
//将所有权从 ps1 转移(移动)给 ps2
unique_ptr < string > ps1(new string("I love China!"));
unique_ptr < string > ps2(ps1.release());
if (ps1 == nullptr)                      //条件成立
{
    cout << "ps1 被置空" << endl;
}
```

若此时继续加入如下代码：

```
ps2.release();                          //这会导致内存泄漏
```

所以必须要像下面这样修改：

```
string * tempp = ps2.release();         //或者写成 auto tempp = ps.release();
delete tempp;
```

4. reset 成员函数

当 reset 不带参数时，释放智能指针指向的对象，并将智能指针置空。当 reset 带参数时，释放智能指针原来所指向的内存，让该智能指针指向新内存。

看看如下 reset 不带参数的范例：

```
unique_ptr < string > prs(new string("I love China!"));
prs.reset(); //当 reset()不带参数时，释放 prs 指向的对象，并将 prs 置空
if (prs == nullptr)                     //条件成立
{
    cout << "prs 被置空" << endl;
}
```

上面代码可以在 MyProjectMFC 项目中运行测试，发现内存不产生泄漏，这非常好。

再看看如下 reset 带参数的范例：

```
unique_ptr < string > prsdc(new string("I love China 1!"));
unique_ptr < string > prsdc2(new string("I love China 2!"));
//当 prsdc2.reset(…)中带参数时，释放 prsdc2 原来所指向的内存，让 prsdc2 指向新内存
prsdc2.reset(prsdc.release()); //reset 释放原来 prsdc2 指向的对象内存，让 prsdc2 指向 prsdc
                               //所指向的内存，同时 prsdc 被置空
prsdc2.reset(new string("I love China!")); //reset 参数可以是一个裸指针，reset 释放原来 prsdc2
                                           //指向的对象内存，让 prsdc2 指向新 new 出来的 string
```

5. = nullptr;

释放智能指针所指向的对象，并将智能指针置空。

看看如下范例：

```
unique_ptr < string > ps1(new string("I love China!"));
ps1 = nullptr;                          //释放 ps1 指向的对象，并将 ps1 置空
```

6. 指向一个数组

看看如下范例：

```
std::unique_ptr < int[]> ptrarray(new int[10]); //前面带上空括号[]表示是数组，下面行才可以
                                                //用[下标]来引用数组元素
ptrarray[0] = 12;                       //数组提供索引运算符[]
ptrarray[1] = 24;
ptrarray[9] = 124; //能访问的下标是 0～9，不要超过这个范围，否则可能导致程序异常
```

再看一例，定义一个有析构函数的类：

```
class A
{
```

```
public:
    A()
    {
    }
    ~A()                            //有自己的析构函数
    {
    }
};
```

而在 main 主函数中,代码如下:

```
std::unique_ptr < A > ptrarray(new A[10]); //本行报异常.一个类 A 的数组,而且类 A 有析构函数,
            //但前面的<>中没有使用 A[],就报异常.原因在 16.2.1 节的第 5 部分中已经解释了
```

```
auto mydel = [](A * p) {                //写自己的删除器
    delete[] p;
};
std::unique_ptr < A, decltype(mydel)> ptrarray2(new A[10],mydel);//带自己的删除器,就不会再
        //报异常,unique_ptr 的删除器后面会详讲,decltype 关键字用于推导类型,后面章节会详讲
```

```
std::unique_ptr < A[ ]> ptrarray(new A[10]); //这个写法没有问题,也不会泄露内存,注意前面的
                            //<>中正常的书写为 A[]
```

那再次回顾一下 shared_ptr 讲解过的代码写法(16.3.2 节的第 9 部分):

```
std::shared_ptr < A > ptrarray(new A[10]); //这行代码同样会报异常
shared_ptr < A > ptrarray2(new A[10], [](A * p) { //写自己的删除器,就不再报异常
            delete[] p;
            });
std::shared_ptr < A[ ]> ptrarray(new A[10]);      // 这个写法没有问题,也不会泄漏内存
```

智能指针数组并不常用,因为 std::vector,std::string 工作起来比智能指针数组更好用。

7. get 成员函数

返回智能指针中保存的对象(裸指针)。小心使用,若智能指针释放了所指向的对象,则返回的对象也就变得无效了。看如下代码:

```
unique_ptr < string > ps1(new string("I love China!"));
string * ps = ps1.get();
const char * p1 = ps->c_str();
 * ps = "This is a test very good!";
const char * p2 = ps->c_str(); //调试观察不难发现 p1 和 p2 是不同的内存地址,这是 string 内
                        //部工作机制决定的
```

为什么要有这样一个函数呢? 主要是考虑到有些函数的参数需要的是一个内置指针(裸指针),所以需要通过 get 取得这个内置指针并传递给这样的函数。但要注意,不要 delete 这个 get 到的指针,否则会产生不可预料的后果。

8. * 解引用

* p:解引用的感觉,获得 p 指向的对象。

```
unique_ptr < string > ps1(new string("I love China!"));
const char * p1 = ps1->c_str();
```

```
* ps1 = "This is a test very good!";
const char * p2 = ps1->c_str();//调试观察不难发现 p1 和 p2 是不同的内存地址,这是 string 内
                               //部工作机制决定的
std::unique_ptr< int[ ]> ptrarray(new int[10]); //对于定义的内容是数组,是没有 * 解引用运算符的
* ptrarray;                     //错误
```

9. swap 成员函数

用于交换两个智能指针所指向的对象:

```
unique_ptr< string > ps1(new string("I love China1!"));
unique_ptr< string > ps2(new string("I love China2!"));
std::swap(ps1, ps2);            //用全局函数也可以
ps1.swap(ps2);                  //也可以
```

10. 智能指针名字作为判断条件

```
unique_ptr< string > ps1(new string("I love China1!"));
//若 ps1 指向一个对象,则为 true
if (ps1)                        //条件成立
{
    cout << "ps1 指向了一个对象" << endl;
}
```

11. 转换成 shared_ptr 类型

如果 unique_ptr 为右值,就可以将其赋给 shared_ptr。模板 shared_ptr 包含一个显式构造函数,可用于将右值 unique_ptr 转换为 shared_ptr,shared_ptr 将接管原来归 unique_ptr 所拥有的对象。

```
auto myfunc()                         //一个函数
{
    return unique_ptr< string >(new string("I love China!")); //这就是一个右值(短暂的临时对象
                                                             //都是右值,14.12.4 节中详细说过)
}
```

在 main 主函数中:

```
shared_ptr< string > pss1 = myfunc();    //可以成功,引用计数为 1
```

另外前面讲过,一个 shared_ptr 创建的时候,它的内部指针会指向一个控制块,当时讲解过这个控制块创建时机,那么,把 unique_ptr 转换成 shared_ptr 的时候,系统也会为这个 shared_ptr 创建控制块。因为 unique_ptr 并不使用控制块,只有 shared_ptr 才使用控制块。

也可以这样写:

```
unique_ptr< std::string > ps(new std::string("I love China!"));
shared_ptr< string > ps2 = std::move(ps); //执行后 ps 为空,ps2 是 shared_ptr 且引用计数为 1
```

16.7 返回 unique_ptr、删除器与尺寸问题

16.7.1 返回 unique_ptr

虽然上面说过,unique_ptr 智能指针不能复制。但有一个例外,如果这个 unique_ptr 将

要被销毁,则还是可以复制的,最常见的是从函数返回一个 unique_ptr。看如下范例:

```cpp
unique_ptr < string > tuniqp()
{
    unique_ptr < string > pr(new string("I love China!"));
    return pr;    //从函数返回一个局部 unique_ptr 对象是可以的,返回局部对象 pr 会导致系统生
                  //成临时 unique_ptr 对象,并调用 unique_ptr 的移动构造函数
}
```

当然,上述的 tuniqp 也可以像下面这样写:

```cpp
unique_ptr < string > tuniqp()
{
    return unique_ptr < string >(new string("I love China!"));
}
```

在 main 主函数中,加入如下代码:

```cpp
unique_ptr < string > ps;
ps = tuniqp(); //可以用 ps 接收 tuniqp 返回结果,则临时对象直接构造在 ps 里,如果不接收,则临
               //时对象会释放,同时释放掉所指向的对象的内存
```

16.7.2 删除器

1. 指定删除器

默认情况下,当析构一个 unique_ptr 时,如果这个智能指针非空(指向一个对象),则在 unique_ptr 内部,会用 delete 来删除 unique_ptr 所指向的对象(裸指针)。所以这里的 delete 可以看成是 unique_ptr 智能指针的默认删除器。程序员可以重载这个默认的删除器,换句话说,就是提供一个自己的删除器,提供的位置就在 unique_ptr 的尖括号"< >"里面,并在所指向的对象类型之后。格式如下:

```cpp
unique_ptr<指向的对象类型,删除器> 智能指针变量名;
```

那么,这个删除器究竟是什么呢?其实就是一个可调用对象,可调用对象在 15.3.3 节中有所提及,在后面的章节也会更详细地讲解。简单来说,例如:函数是可调用对象的一种,另外,如果一个类中重载了"( )"运算符,就可以像调用函数一样来调用这个类的对象,这也叫可调用对象。

前面已经学习过 shared_ptr 的删除器,shared_ptr 的删除器指定比较简单,在参数中书写一个具体删除器名(如函数名、lambda 表达式等)就可以了。

而 unique_ptr 的删除器相对复杂一点,多了一步——先要在类型模板参数中传递进去类型名,然后在参数中再给具体的删除器名。看一看删除器的写法和使用方法。

(1)范例。

```cpp
//删除器
void mydeleter(string * pdel)
{
    delete pdel;
    pdel = nullptr;
}
```

在 main 主函数中加入如下代码：

```
typedef void( * fp)(string * ); //定义一个函数指针类型,类型名为 fp
unique_ptr < string, fp > ps1(new string("I love China!"), mydeleter);
```

（2）做个修改。

其他地方不动,main 中修改成下面的代码：

```
using fp2 = void( * )(string * ); //用 using 定义一个函数指针类型,类型名为 fp2
unique_ptr < string, fp2 > ps2(new string("I love China!"), mydeleter);
```

（3）继续在 main 主函数中做修改。

在 main 主函数中加入如下代码：

```
typedef decltype(mydeleter) *  fp3; //注意这里多了个 * ,因为 decltype 是返回函数类型,加 * 表示
                                    //函数指针类型,现在 fp3 应该是 void * (string * ),decltype
                                    //后面会讲
unique_ptr < string, fp3 > ps3(new string("I love China!"), mydeleter);
```

（4）继续在 main 主函数中做修改。

在 main 主函数中加入如下代码：

```
std::unique_ptr < string, decltype(mydeleter) * > ps4(new string("I love China!"), mydeleter);
```

（5）改用 lambda 表达式的写法再看看（lambda 表达式在 20.8 节中详讲）。

```
auto mydella = [](string * pdel) {
            delete pdel;
            pdel = nullptr;
        };
std::unique_ptr < string, decltype(mydella)> ps5(new string("I love China!"), mydella);
```

2. 指定删除器额外说明

还记得学习 shared_ptr 的时候曾说过：就算是两个 shared_ptr 指定的删除器不相同,只要它们所指向的对象相同,那么这两个 shared_ptr 也属于同一个类型。

但是 unique_ptr 不同,指定 unique_ptr 中的删除器会影响 unique_ptr 的类型。因为在 unique_ptr 中,删除器类型是智能指针类型的一部分（在“< >”里）,所以从这一点来讲, shared_ptr 的设计更灵活。

在讲解 shared_ptr 的时候,删除器不同,但指向类型（所指向对象的类型）相同的 shared_ptr,可以放到同一个容器中。但到了 unique_ptr 这里,如果删除器不同,则就等于整个 unique_ptr 类型不同,那么,这种类型不同的 unique_ptr 智能指针没有办法放到同一个容器中去的。

16.7.3　尺寸问题

通常情况下,unique_ptr 的尺寸与裸指针一样。看如下代码：

```
string * p;
int ilenp = sizeof(p);                    //4(字节)
unique_ptr < string > ps1(new string("I love China!"));
int ilen = sizeof(ps1);                   //4(字节)
```

可以看到,unique_ptr 也基本和裸指针一样:足够小,操作速度也够快。但是,如果增加了删除器,那 unique_ptr 的尺寸可能不变化,也可能有所变化。

(1)如果删除器是 lambda 表达式这种匿名对象,unique_ptr 的尺寸就没变化。

```
int ilen = sizeof(ps5);                 //尺寸无变化,还是 4 字节
```

(2)如果删除器是一个函数,unique_ptr 的尺寸就会发生变化。

```
int ilen = sizeof(ps1);                 //尺寸发生变化,已经是 8 字节
```

unique_ptr 尺寸变大肯定对效率有一定影响,所以把一个函数当作删除器,还是要慎用。这一点与 shared_ptr 不同,shared_ptr 是不管指定什么删除器,其大小都是裸指针的 2 倍。

16.8　智能指针总结

1. 智能指针背后的设计思想

智能指针主要的目的就是帮助程序员释放内存,以防止忘记释放内存时造成内存泄漏。实际上,作为一个严谨的程序员,写出内存泄漏的代码当然是不应该的,但作为新手程序员,内存泄漏这样的事情确实是时有发生。例如如下代码:

```
void myfunc()
{
    string * ps = new std::string("I love China!");
    //……
    if (true)                     //当某个条件为真,就 return,忘记释放内存导致泄漏
    {
        return;
    }
    delete ps;                    //释放内存
    return;
}
```

在 main 主函数中加入如下代码:

```
myfunc();
```

这种本不应该出现的内存泄漏在已然发生的情况下,智能指针的好处就体现出来了。通过修改一下代码解决内存泄漏问题。这里笔者用 C++98 中的 auto_ptr 演示,读者可以先理解成 auto_ptr 和已经讲解的 unique_ptr 一样。修改代码如下:

```
void myfunc()
{
    //string * ps = new std::string("I love China!");
    std::auto_ptr < std::string > ps(new std::string("I love China!"));
    //……
    if (true) //当某个条件为真,就 return
    {
        return;
    }
    //delete ps;
```

```
        return;
}
```

代码经过上面的修改,就不需要担心忘记 delete 造成内存泄漏的问题了。所以,这里面的自动释放内存就是智能指针背后设计的思想。

2．auto_ptr 为什么被废弃

auto_ptr 是 C++98 时代的智能指针,具有 unique_ptr 的部分特性。实际上,在 C++11 新标准之前,也只有 auto_ptr 这么一个智能指针。而 unique_ptr、shared_ptr、weak_ptr 都是 C++11 新标准出现后才出现的。

auto_ptr 有些使用上的限制(缺陷),如不能在容器中保存 auto_ptr,也不能从函数中返回 auto_ptr。所以,在 C++11 新标准中,auto_ptr 已经被 unique_ptr 取代(在支持 C++11 新标准的编译器上,读者也不要再使用 auto_ptr 了)。

看如下代码:

```
std::auto_ptr< std::string > ps(new std::string("I love China!"));
std::auto_ptr< std::string > ps2 = ps; //ps2 指向字符串,ps 变为空,这可以防止 ps 和 ps2 析构
                                        //一个 string 两次,所以这个代码没问题
```

现在,ps 已经变为空,如果此时使用 ps,则系统运行到使用 ps 的代码行时就会崩溃。这也是 auto_ptr 用法上的陷阱,那如果修改为 shared_ptr 呢?

```
std::shared_ptr< std::string > ps(new std::string("I love China!"));
std::shared_ptr< std::string > ps2 = ps; //ps2 和 ps 都有效,引用计数为 2,所以这个代码没问题
```

如果修改为 unique_ptr 呢?那编译就会直接出错:

```
std::unique_ptr< std::string > ps(new std::string("I love China!"));
std::unique_ptr< std::string > ps2 = ps; //编译出错
```

虽然 auto_ptr 和 unique_ptr 都是独占式智能指针,但 unique_ptr 这种编译的时候就会报错,而不会默默地就把 ps 的所有权转移到 ps2 上去的方式,避免了后续误用 ps 导致程序崩溃的问题。

当然,如果使用 unique_ptr 的移动语义,也能达到上面 auto_ptr 的效果:

```
std::unique_ptr< std::string > ps(new std::string("I love China!"));
std::unique_ptr< std::string > ps2 = std::move(ps); //要用移动语义了
```

不难看出,auto_ptr 被废弃的主要原因就是设计的不太好,容易被误用引起潜在的程序崩溃等问题,所以 C++11 中使用 unique_ptr 来取代 auto_ptr,因为 unique_ptr 比 auto_ptr 使用起来更安全。

3．智能指针的选择

- 如果程序中要使用多个指向同一个对象的指针,应选择 shared_ptr。
- 如果程序中不需要多个指向同一个对象的指针,则可使用 unique_ptr。

总之,在选择的时候,优先考虑使用 unique_ptr,如果 unique_ptr 不能满足需求,再考虑使用 shared_ptr。

第 17 章

并发与多线程

作为一个希望向高阶迈进的 C++程序员,多线程概念和开发知识的学习是必须得掌握的,这不是一个选择题,而是一个必做题。

本章所讲述的内容,不仅仅覆盖 C++11 新标准中多线程程序开发的绝大部分常用知识,同时涉及非常广泛的多线程程序开发理念和具体实现细节,许多知识点在所有多线程程序开发中都通用。因而也可以说,多线程程序开发的大部分核心思想、理念都包含在本章中。

学习好本章定会让读者受益匪浅。

17.1　基本概念和实现

17.1.1　并发、进程、线程的基本概念和综述

1. 并发

并发表示两个或者更多任务(独立的活动)同时发生(进行)。例如,一面唱歌一面弹琴,一面走路一面说话,画画的时候听小说等。回归到计算机领域,所谓并发,就是一个程序同时执行多个独立的任务。

以往计算机只有单核 CPU(中央处理器)的时候,这种单核 CPU 某一个时刻只能执行一个任务,它实现多任务的方式就是由操作系统调度,每秒钟进行多次所谓的"任务切换",也就是这个任务做一小会如做 10ms,再切换到下个任务再做 10ms 等,诸如此类。因为任务切换的速度很快,所以在人类的感觉中,好像是多个任务在同时进行中(并行执行),其实这是一种并发的假象(不是真正的并发)。当然,这种任务之间的切换(也称上下文切换)也有一定的时间开销,例如操作系统要保存任务切换时的各种状态、执行进度等信息,因为一会儿任务切换回来的时候要复原这些信息。

随着计算机硬件的发展,专门用于服务器和高性能计算领域的"多处理器计算机",甚至是家用台式机等均已出现,早先都是单核 CPU,而现在在一块芯片上有多个 CPU,双核、四核屡见不鲜,甚至还有 8 核、10 核甚至更多核等。这些多处理器计算机以及多核计算机能够真正实现并行执行多个任务(这叫硬件并发),因为有多个 CPU,就可以同时做多件事情。当然,如果并发的任务数量超过了 CPU 的数量,如现在有 10 个任务,但却只是双核 CPU,那任务切换这种事情肯定还是存在的。而当代的计算机,不难发现它们同时都在处理几百

上千个任务，例如打开任务管理器就可以看到，如图 17.1 所示，其中线程数量就可以理解为并发的任务数量。

利用率
8%
速度
1.45 GHz
进程
174
线程
2109
句柄
78202
正常运行时间
0:07:14:26
基准速度: 3.40 GHz
插槽: 1
内核: 2
逻辑处理器: 4
虚拟化: 已启用
L1 缓存: 128 KB
L2 缓存: 512 KB
L3 缓存: 3.0 MB
图 17.1 任务管理器中某一时刻线程的数量（并发任务数量）

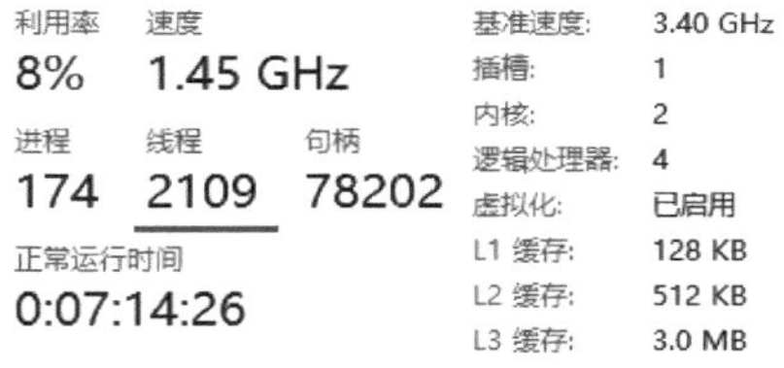

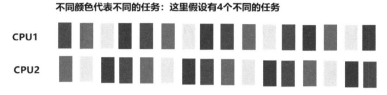

例如有 4 个任务，CPU 是一个双核 CPU，任务切换如图 17.2 所示（当然可能任务切换也不一定是这样的平均和均衡，因为操作系统的任务调度算法是很复杂的）。

不同颜色代表不同的任务：这里假设有4个不同的任务
CPU1
CPU2
图 17.2 4 个任务在双核 CPU 上的任务切换

可以看到，使用并发的原因主要就是能够让多件事情同时做，从而提高整体做事情的效率，也就是提高整体的运行性能。

2. 可执行程序

可执行程序就是磁盘上的一个文件（也叫程序），如在 Windows 操作系统下，一个扩展名为.exe 的程序一般就是一个可执行程序。而在 Linux 操作系统下，有可执行权限的文件如权限是-rwxrw-r--，这里的 x 表示的就是可执行权限，有这种权限的文件一般就是可执行程序。

3. 进程

知道了什么叫可执行程序，可执行程序当然是能运行的，在 Windows 操作系统下，双击一个.exe 可执行程序，这个程序就运行起来了；又如，在 Visual Studio 2019 中，使用 Ctrl+F5 快捷键也可以运行程序；而在 Linux 操作系统下，如一个可执行程序叫作 a，那么，输入“./a”，然后按 Enter 键就可以把这个可执行程序运行起来。

这样就引出了进程的概念：一个可执行程序运行起来，这就叫创建了一个进程。如果再次运行这个可执行程序，就又创建了一个进程，如此反复，多次运行一个可执行程序，就可以创建出多个进程。

所以，进程就是**运行起来了的可执行程序**。

如果以前面所创建的 MyProjectMFC 项目为例，如果在 Visual Studio 2019 下，连续两次按下 Ctrl+F5 快捷键，可以运行对应的可执行程序两次，从而产生两个进程，如图 17.3 所示。

打开任务管理器可以看到，图 17.4 中显示的两行 MyProjectMFC(32 位)代表的就是产生的两个进程（每行一个）。

单击图 17.3 某个进程界面右下角的“确定”按钮，就可以结束这个进程。

4. 线程

请先记住两件事：

- 每个进程都有一个主线程，这个主线程是唯一的，也就是一个进程中只能有一个主线程。

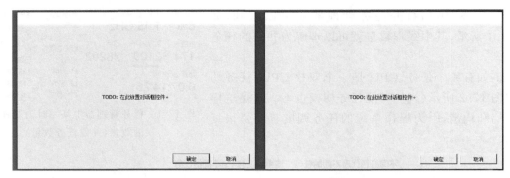

图 17.3　同一个可执行程序运行两次产生两个进程（左右各一个）

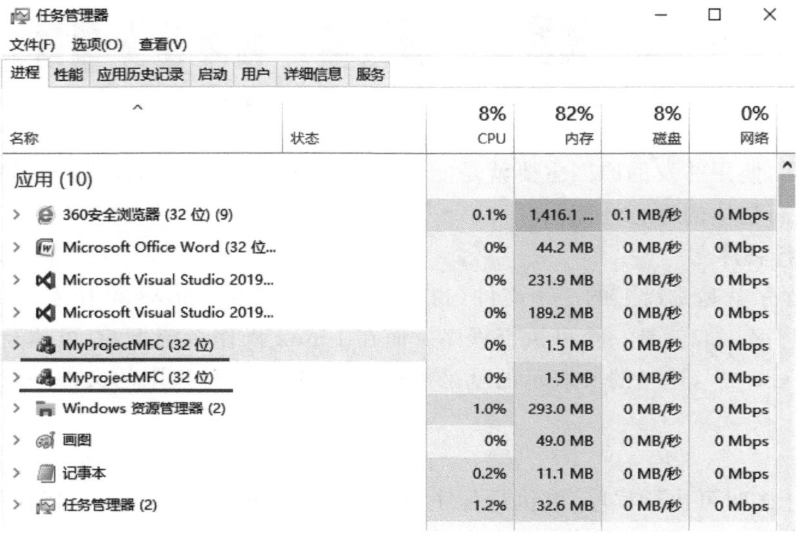

图 17.4　同一个可执行程序执行两次产生两个 MyProjectMFC 进程

- 当运行一个可执行程序，产生了一个进程之后，这个主线程就随着这个进程默默启动起来了。

这里以创建的 MyProject 项目为例说明一下。

当按 Ctrl＋F5 键执行 MyProject 项目的可执行程序（编译链接后会生成可执行程序）后，程序从 main 主函数开始执行代码，一直遇到 main 主函数中的 return 0;语句行，从而结束整个程序的运行。实际上是由**主线程**来执行 main 主函数中的代码，如图 17.5 所示。

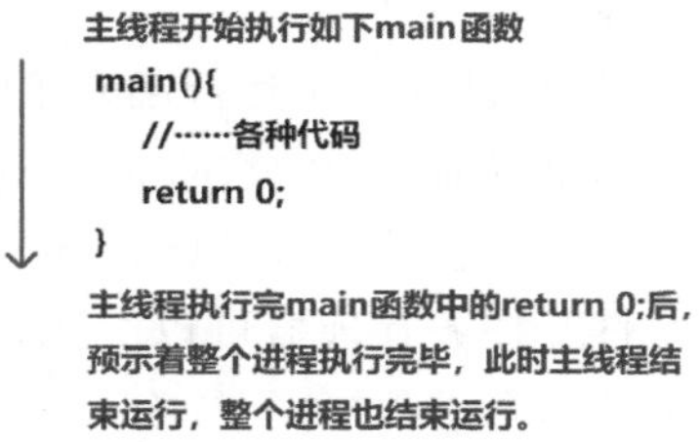

所以要把线程理解成**一条代码的执行通路**（道路）。

这就好比从北京到深圳，这里有一条道路，主线程走的是这条道路，如图 17.6 所示。在这里，北京就相当于 main 主函数的开始代码，深圳就相当于 main 主函数的"return 0;"结束代码。要从 main 主函数的开始代码执行，一直执行到 main 函数的结束代码"return 0;"为止。

主线程开始执行如下main函数
```
main(){
    //……各种代码
    return 0;
}
```
主线程执行完main函数中的return 0;后，预示着整个进程执行完毕，此时主线程结束运行，整个进程也结束运行。

图 17.5　main 主函数中的执行步骤

除了主线程之外,可以通过编写代码来创建其他线程,其他线程可以走别的道路,去不同的地方。例如,从北京到南京就是一条新的道路,这就是上面讲的并发的概念,非常简单。每创建一个新线程,就可以在同一时刻多做一件不同的事情,如图 17.7 所示。

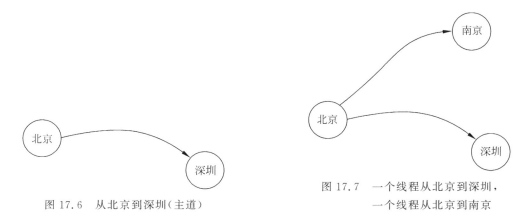

图 17.6　从北京到深圳(主道)　　　　　　图 17.7　一个线程从北京到深圳,
　　　　　　　　　　　　　　　　　　　　　　　　　　一个线程从北京到南京

当然,线程并不是越多越好,每个线程都需要一个独立的堆栈空间(耗费内存,如一个线程占用 1MB 堆栈空间),而且线程之间的切换也要保存很多中间状态等,这也涉及上面提到过的上下文切换。所以,如果线程太多,上下文切换的就会很频繁,而上下文切换是一种必须但是没有价值和意义的额外工作,会耗费本该属于程序运行的时间。

举个最实际的例子,例如要开发一个游戏服务器,同时针对 100 个玩家提供服务,其中有一个玩家(玩家 1)要充值,充值需要游戏服务器去联络充值服务器,如图 17.8 所示。

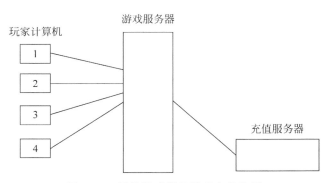

图 17.8　网络游戏服务器基本架构图

那么,和充值服务器通信、充值、充值服务器反馈假如大概需要 10s 的等待时间(一般来说,手机游戏充值,都需要 10～20s 甚至更长的等待时间),等待充值服务器给玩家 1 反馈信息。那么,假如在等待的 10s 时间内,另一个玩家(玩家 2)如果有一个新需求,玩过手机游戏的读者都知道,如玩家 2 要抽一张卡,那作为游戏服务器的开发者总不可能让玩家 2 等10s,等玩家 1 充值完再为玩家 2 提供抽卡服务,否则玩家 2 肯定要抓狂了。

所以,游戏服务器必须采用多线程方式来处理多个玩家的各种不同需求。如图 17.9 所示,一个线程处理玩家 1 的充值,另外一个线程处理玩家 2 的抽卡,两者互不影响,同时进行。

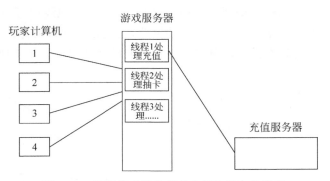

图 17.9　网络游戏服务器基本架构图之多线程

对线程做一个总结：

- 线程是用来执行代码的。
- 把线程理解成一条代码的执行通路（道路），一个新线程代表一条新的通路。
- 一个进程自动包含一个主线程，主线程随着进程默默启动并运行，并可以包含多个其他线程（非主线程，需要用代码来创建其他线程），但创建线程的数量最大一般都不建议超过 200～300 个，至于到底多少个合适，在实际项目中要不断调整和优化，有时候线程多了效率还会降低。
- 因为主线程是自动启动的，所以一个进程中最少也是有一个线程（主线程）的。所以读者可能会感觉，进程与线程有点像父亲和孩子的关系。
- 多线程程序可以同时做多件事，所以运行效率更高。但到底有多高，并不是一个很容易评估和量化的事情，仍旧需要在实际编程与实际项目中体会和调整。

5. 学习心得

很多人对于多线程开发觉得复杂、难用、不好控制。其实，多线程是一种非常强大的工具，能把多线程程序写好，写高效和稳定，不但是作为一个高级开发人员实力的体现，也是很多实际的项目必须采用的一种开发方式，因为只有这样，程序的运行效率才能满足实际生产环境的需要（就像上面举的例子，不可能让玩家 2 白白地等 10s）。换句话说，很多场合下，必须用多线程开发技术，所开发的程序才有实际的商用价值。

这个世界上没有免费的午餐，程序运行效率的提高必然代表学习和程序书写难度的增加。线程的学习有一定的难度，线程的程序实现代码也更复杂，理解上也更难一些，需要一定的学习时间，因为会面对很多新概念，这些概念对读者在 C++学习道路上的成长特别关键。所以，请放松心情，戒骄戒躁，千万不要急于求成，不要以为线程是一个很小的话题。线程其实是一个很大的话题，请各位读者要稳扎稳打，一步一个脚印地把线程学好，这会终身受益。

另外，以后想拿高薪，想往网络通信、网络服务器等方向发展的读者，多线程是绝对绕不开的，必须学会。

17.1.2　并发的实现方法

这里还是要总结一下，把并发、进程、线程概念往一起串一串。

怎样实现并发呢？以下两种实现手段都可以：

- 通过多个进程来实现并发,每个进程做一件事。这里所说的进程,指的是这种只包含一个主线程的进程,这种手段并不需要在程序代码中书写任何与线程有关的代码。
- 在单独的一个进程中创建多个线程来实现并发,这种情况下就得书写代码来创建除主线程外的其他线程了(主线程不需要创建,进程一启动,主线程自动就存在并开始运行了)。

1. 多进程并发

看一看多进程并发。执行一个可执行程序就生成了一个进程,如果思路拓展一点,想一想,例如启动了一个 Word(Office 办公软件之一)用来打字,就是一个 Word 进程;启动浏览器观看一个网页,就是一个浏览器进程。

回归到项目中来,例如写一个网络游戏,有账号服务器、游戏逻辑服务器,这每一个都是一个可执行程序,把它们运行起来,每个服务器就是一个进程,这些进程之间可能也需要互相通信,例如账号服务器要把账号信息发送给游戏逻辑服务器用来进行身份验证。进程之间的通信手段比较多,如果是同一台计算机上的进程之间的通信,可以使用管道、文件、消息队列、共享内存等技术来实现,而在不同的计算机之间的进程通信可以使用 socket(网络套接字)等网络通信技术来实现。由于进程之间数据保护问题,即便是在同一个计算机上,进程之间的通信也是挺复杂的。

2. 多线程并发

多线程就是在单个的进程中创建多个线程。所以,线程有点类似于轻量级的进程,每个线程都是独立运行的,但是一个进程中的所有线程共享地址空间(共享内存),还有诸如全局变量、指针、引用等,都是可以在线程之间传递的,所以可以得出一个结论:使用多线程的开销远远小于多进程。

当然,多线程使用共享内存虽然灵活,但是也带来了新的问题——数据一致性问题。例如,线程 A 要写一块数据,同时线程 B 也要写这块数据,那么,就需要采取一定的技术手段,让它们有先有后地去写,而不能同时去写,如果同时去写,可能写进去的数据就会出现互相覆盖等数据不一致的错误。

虽然多进程并发和多线程并发可以混合使用,但是一般来讲,建议优先考虑使用多线程的技术手段来实现并发而不是多进程。在本章中也只讲解多线程的并发相关的技术。所以,后续谈到并发,指的都是**多线程并发**。

3. 总结

和多进程并发比较来讲,多线程并发的优缺点如下。

优点:线程启动速度更快,更轻量级;系统资源开销更少;执行速度更快。

缺点:使用起来有一定难度,要小心处理数据的一致性问题。

17.1.3　C++11 新标准线程库

以往要写多线程的程序,每个不同的操作系统平台都有不同的线程创建方法,如 Windows 操作系统下,用 CreateThread 函数创建线程,并且还有一堆和线程相关的其他函数和概念,如临界区、互斥量等。Linux 操作系统下也一样,如用 pthread_create 创建线程。

所以可以看到,这些代码都不一样,不能跨操作系统(跨平台)使用。当然,如果使用一些跨平台的多线程库如 POSIX thread(pthread)是可以的,这样就可以在不同的操作系统平台上写相同的多线程相关程序代码。但是,为了支持 pthread,在 Windows 操作系统下要配置一番,如果换成 Linux 操作系统,也要在 Linux 操作系统下配置一番,这两个不同的操作系统平台,配置方法多多少少会有不同,所以 pthread 使用起来也并不是那么方便。

现在,好消息来了,从 C++11 新标准开始,C++语言本身增加了针对多线程的支持。这意味着可以使用 C++语言本身提供的编程接口(方法)来编写和具体的操作系统平台无关的多线程程序,极大地增加了程序的可移植性,在 Windows 下开发的 C++多线程程序代码可以不用修改源代码,直接拿到同样支持 C++11 新标准的 Linux 平台的 C++编译器上编译(这就是跨平台)。在实际的开发中,如果要求必须实现跨平台开发时,这会大量地减少开发人员的工作量,实在是很好。

所以,在本章就要学习一下 C++11 新标准下的多线程程序该怎样写。

17.2 线程启动、结束与创建线程写法

17.2.1 范例演示线程运行的开始和结束

通过前面的学习已经知道,一个程序运行起来就生成了一个进程,该进程的运行也代表着该进程所属的主线程开始自动运行。主线程就从 main 主函数开始执行,如果 main 函数执行结束,也就是主线程运行结束,这意味着整个进程就运行结束了(也可以说这个程序运行结束)。

看看如下范例:

```
int main()
{
    cout << "I love China!" << endl; //实际上这个就是主线程在执行,主线程从 main 函数返回,则
                                      //整个进程执行完毕
    return 0;
}
```

上面这个程序很简单。下面写一个线程程序,自己创建一个线程(自己创建的线程可以称呼为子线程)。不难想象,程序运行起来后(进程)就有了一个自动生成的主线程,程序员再创建一个线程,这样这个程序运行起来后就会有两个线程,相当于这个程序有两条线在跑(主线程一条线,程序员创建的线程一条线)。

主线程是从 main 主函数开始执行的,自己创建的线程也得从**一个函数(初始函数)开始执行**,就好像主线程执行完 main 主函数后会退出一样,自己创建的线程从某个函数开始执行,一旦这个函数执行完毕,那么自己创建的这个线程也就运行结束了。

但是这里要提醒读者的是,一般来讲,整个进程(程序)是否执行完毕的标志是**主线程是否执行完**,如果主线程执行完毕了,则整个程序(进程)就执行完毕了,此时,如果其他子线程没执行完毕,那么这些子线程也会被操作系统**强制终止**。这就得到一个结论:如果想保持子线程一直处于运行状态,则必须要让主线程一直保持运行,千万不要让主线程运行完毕(后面讲到 detach 时会打破这个规律,讲到时再细说)。

这里即将写一个自己的线程:

（1）在 MyProject.cpp 文件开始位置要 ♯include 一个头文件，这个头文件里包含了创建线程有关的函数声明信息：

```
♯ include < thread >
```

（2）程序员创建的线程要从 myprint 函数开始运行，所以先完成这个函数：

```
//自己创建的线程也是从一个函数开始运行
void myprint()
{
    cout << "我的线程开始执行了" << endl;
    //……
    cout << "我的线程执行完毕了" << endl;
    return;
}
```

（3）在 main 主函数中，加入如下代码：

```
std::thread mytobj(myprint); //这就是创建线程的代码，显然这是一个线程对象,然后给的参数是一
                            //个函数名,代表这个线程是从 myprint 这个函数(初始函数)开始运行
mytobj.join();              //join 会卡在这里，等待 myprint 线程执行完毕,程序流程才会继续往下走
cout << "main 主函数执行结束!" << endl; //这行由主线程执行,主线程从 main 返回,则整个进程执
                            //行完毕
```

执行起来，看一看结果：

```
我的线程开始执行了
我的线程执行完毕了
main 主函数执行结束!
```

观察这个结果，仔细查看输出的信息顺序：先执行所创建线程对应的函数，然后执行 main 主函数中的 cout 语句输出"main 主函数执行结束!"，最后整个程序结束。

现在必须明确一点，有两个线程在跑，相当于这个程序的执行有两条线在同时走，所以它可以同时做两件事情，即使一条线被堵住了，另外一条线还是可以通行，这就是多线程，如图 17.10 所示。

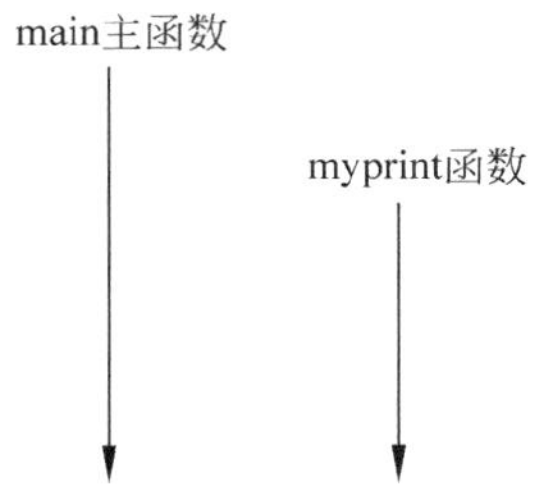

上面看到了几行新代码，介绍一下：

（1）thread。

图 17.10 多线程代表多条执行通路

```
std::thread mytobj(myprint);                //创建一个线程,也可以称为创建一个子线程
```

thread 是 C++标准库里面的类，这个类就是用来创建线程的。可以看到，用这个类生成一个对象，名字为 mytobj，里面是一个可调用对象（此处的可调用对象是函数 myprint）作为 thread 构造函数的实参来构造这个 thread 对象。

这行代码一执行，新线程创建出来了，并且立即开始执行新线程的初始函数 myprint。

（2）join。

```
mytobj.join();
```

从字面翻译来看,join 的意思是"加入/汇合"。换句话说,就是"阻塞"的意思——主线程等待子线程执行完毕,执行流程最终汇合到一起(子线程执行完毕,执行流程回归主线程并执行完 main 主函数)。整个执行流程的感觉如图 17.11 所示。

图 17.11　主线程通过调用 join 来等待子线程执行完毕返回,最终再结束整个主线程的执行

所以,join 成员函数的功能是:用来等待 myprint 函数(线程的入口函数,也就是代表自己创建的这个线程)运行完成。一旦执行了 join 这行代码,主线程就阻塞到这一行,等待 mytobj 对象所代表的线程执行完毕,也就是等待 myprint 函数执行完毕。

如果把 mytobj.join();代码行注释掉,那么程序运行起来会报异常,而且程序的输出结果也是乱序的,例如可能是如下的输出结果:

```
main 主函数执行结束!
我的线程开始执行了
我的线程执行完毕了
```

通过这个乱序结果不难发现,还没等子线程执行完毕,主线程先执行完毕了。这问题就来了,请想一想:子线程正在执行中(没执行完),主线程执行完了,这会导致整个进程退出了。这样的程序代码是不稳定、不合格的,编写这样代码的程序员也是不称职的。

试想如果子线程正在写一个文件,主线程退出会导致整个程序的执行退出,那么,这个正在写文件的子线程就会被操作系统强行终止,这种强行终止很可能导致正在写的文件破损,变成废文件无法打开来使用。

所以,一个书写良好的程序,应该是**主线程等待子线程执行完毕后,自己才能最终退出**。这就是上面这条 join 语句的必要性。现在把 join 代码行的注释取消,再次看看结果。如下的结果顺序才是正确的:

```
我的线程开始执行了
我的线程执行完毕了
main 主函数执行结束!
```

（3）detach。

刚才说过,主线程有义务等待所有子线程执行完毕后,自己才能最终退出。这是传统的多线程程序的写法。

但是随着语言的发展,也看到了打破传统的一些程序写法,这就是现在要介绍的 detach 成员函数。翻译成中文,detach 是"分离"的意思。所谓分离,就是主线程不和子线程汇合了,主线程执行主线程的,子线程执行子线程的,主线程不必等子线程运行结束,可以先执行结束,这并不影响子线程的执行。

为什么会引入 detach 这样一个功能呢? 说法就是:如果创建了很多子线程,让主线程逐个等待子线程结束,这种编程方法并不一定就是最好的,所以引入 detach 这种写法。

有的资料解释称,线程一旦 detach 后,那么与这个线程关联的 thread 对象就会失去与这个线程的关联(那当然了,因为 thread 对象是在主线程中定义的),此时这个线程就会驻留在后台运行(主线程跟这个线程也就相当于失去联系了),这个新创建的线程相当于被 C++运行时库接管了,当这个线程执行完后,由运行时库负责清理该线程相关的资源。这种分离的线程作为开发 Linux 的读者可能比较熟悉它的名字——守护线程(大概守护进程更常听说)。

把上面的范例改造一下,看代码:

```
void myprint()
{
    cout << "我的线程执行完毕了 1" << endl;
    cout << "我的线程执行完毕了 2" << endl;
    cout << "我的线程执行完毕了 3" << endl;
    cout << "我的线程执行完毕了 4" << endl;
    cout << "我的线程执行完毕了 5" << endl;
    cout << "我的线程执行完毕了 6" << endl;
    cout << "我的线程执行完毕了 7" << endl;
    cout << "我的线程执行完毕了 8" << endl;
    cout << "我的线程执行完毕了 9" << endl;
    cout << "我的线程执行完毕了 10" << endl;
    return;
}
```

在 main 主函数中,删除以往代码,加入如下代码:

```
thread mytobj(myprint);
mytobj.detach();                          //加入 detach 后,程序也不再报异常,能正常运行
cout << "main 主函数执行结束!" << endl;
```

这里多次执行,看一看结果,其实每次结果可能都有差别,不一样,多数情况下,输出结果为下面 1 行:

main 主函数执行结束!

少数情况下,输出结果为下面 2 行甚至更多行:

main 主函数执行结束!
我的线程执行完毕了 1

可以看到,有时候看不到线程 myprint 输出的任何结果,有时候能看到 myprint 输出了 1 行结果(也可能更多行),然后,因为主线程执行完毕,可执行程序(进程)退出执行,所以,myprint 显示的结果也中断了,最终整个结果可能就 1 行(绝大多数情况下),也可能是 2 行甚至更多行。也就是当主线程执行完毕,但 myprint 代表的子线程并没有执行完毕,而是转入后台去继续执行,因为主线程执行结束,当然也看不到这个转入到后台执行的 myprint 所输出的结果了(因为这个输出结果的窗口关联的是主线程)。

另外,值得提醒读者的是:针对一个线程,一旦调用了 detach,就不可以再调用 join 了,否则会导致程序运行异常。读者可以自行测试。

detach 会导致程序员失去对线程的控制。所以在多数实际项目中,join 更为常用,因为毕竟多数情况下程序员需要控制线程的生命周期,而创建一个线程并扔到后台不管的情况比较少。当然这也不是绝对的,读者在将来的工作中,如果子线程要做的事情和主线程没有直接关系,那么还是可以使用 detach 的。

(4) joinable。

判断是否可以成功使用 join 或者 detach。

如果在 main 主函数中,只有如下这样一条代码:

```
thread mytobj(myprint);
```

那么此时此刻,joinable 返回的是 true:

```
cout << mytobj.joinable() << endl; //1
```

但是如果随后调用了 join 或者 detach,那么 joinable 会变成 false。例如 main 主函数代码行修改为如下内容:

```
thread mytobj(myprint);
if (mytobj.joinable())
{
    cout << "1: joinable() == true" << endl;        //成立
}
else
{
    cout << "1: joinable() == false" << endl;
}
mytobj.join(); //无论这里调用 join()还是 detach(),后续的 joinable()都会返回 false
if (mytobj.joinable())
{
    cout << "2: joinable() == true" << endl;
}
else
{
    cout << "2: joinable() == false" << endl;        //成立
}
```

所以,joinable 有一定的用处——判断针对某个线程是否调用过 join 或者 detach:

```
if (mytobj.joinable())                          //可以 join 的时候就 join 一下
    mytobj.join();                              //或者这里修改为 mytobj.detach()也行
```

17.2.2 其他创建线程的写法

前面是用了一个函数 myprint 创建了一个线程,线程开启后直接执行 myprint 函数。那么既然 thread 类接受的是一个可调用对象作为参数来创建线程,那么,看一看换种写法来创建线程。

1. 用类来创建线程

创建一个名字叫作 TA 的类:

```
class TA
```

```
{
public:
    //15.3.3节提过的可调用对象: 重载圆括号
    void operator()()                              //不带参数
    {
        cout << " TA::operator()开始执行了" << endl;
        //......
        cout << " TA::operator()执行结束了" << endl;
    }
};
```

在 main 主函数中,加入如下代码:

```
TA ta;
thread mytobj3(ta); //ta,可调用对象: 这里不可以是临时对象 thread mytobj3(TA()); 否则编译无
                    //法通过
mytobj3.join();                                    //为保证等待线程执行结束,这里使用 join
cout << "main 主函数执行结束!" << endl;
```

执行起来,结果一切正常。

另外,类与 detach 结合使用可能会带来意外问题。

修改 TA 类:

```
class TA
{
public:
    TA(int& i) :m_i(i) {}
    void operator()()
    {
        cout << "mi1 的值为:" << m_i << endl;        //隐患,m_i 可能没有有效值
        cout << "mi2 的值为:" << m_i << endl;
        cout << "mi3 的值为:" << m_i << endl;
        cout << "mi4 的值为:" << m_i << endl;
        cout << "mi5 的值为:" << m_i << endl;
        cout << "mi6 的值为:" << m_i << endl;
    }
    int& m_i;                                      //引入一个引用类型的成员变量
};
```

在 main 主函数中,加入如下代码:

```
int myi = 6;
TA ta(myi);
thread mytobj3(ta);                                //创建并执行子线程
mytobj3.detach();
cout << "main 主函数执行结束!" << endl;
```

分析一下上面的程序,看看有什么问题。

请注意,在类 TA 中,成员变量 m_i 是一个**引用**,绑定的是 main 主函数中的 myi 变量。所以,当主线程执行结束,很可能子线程在后台在继续运行,但是主线程结束时,myi 会被销毁,子线程仍旧使用已经销毁的 myi,产生不可预料的后果(也有可能执行时没啥异常表现,但始终是一颗定时炸弹)。这里读者可以通过打印类 TA 中 m_i 的地址来确定和 main 主函数中

的 myi 地址相同来证明类 TA 中的成员变量 m_i 绑定的是 main 主函数中的 myi。

当然,还有个疑问:一旦在 main 主函数中 detach,那么主线程执行结束后,main 主函数中的 ta 对象会被销毁,那么,子线程中看起来正在使用这个 ta 对象,如果被主线程销毁,是否会出现问题呢?其实,ta 对象是会被**复制**到子线程中。所以,虽然执行完主线程后,ta 对象被销毁,但复制到子线程中的对象依旧存在,所以这不是问题。但是,这个对象中如果有引用或者指针,那就另当别论了,那就可能产生问题。

为了进一步演示,给 TA 类的构造函数增加一行输出语句,并增加 public 修饰的析构函数和拷贝构造函数:

```
public:
    TA(int& i) :m_i(i) {
        printf("TA()构造函数执行,m_i = % d,this = % p\n", m_i, this);
    }
    ～TA() {
        printf("～TA()析构函数执行,m_i = % d,this = % p\n", m_i, this);
    }
    TA(const TA& ta) :m_i(ta.m_i) {
        printf("TA()拷贝构造函数执行,m_i = % d,this = % p\n", m_i, this);
    }
```

执行起来,看一看结果(注意:多次执行结果可能不一样,但至少会有 4 行输出结果):

```
TA()构造函数执行,m_i = 6,this = 00EFFAF0
TA()拷贝构造函数执行,m_i = 6,this = 01150550
main 主函数执行结束!
mi1 的值为:～TA()析构函数执行,m_i = 6,this = 00EFFAF0
```

通过结果可以看到,TA 类的拷贝构造函数执行了一次,这说明 ta 对象被复制到线程(程序员创建的子线程)中去了。主线程执行完毕后,此时子线程并没有执行完毕,所以从主线程中可以看到,只执行了一次 TA 析构函数,就是针对 ta 对象的析构,而另外一个用拷贝构造函数复制到线程中去的对象,因为主线程的退出导致子线程已经跑到后台去了,所以子线程中用到的对象的析构函数的输出结果并不会显示到屏幕上(主线程的退出导致屏幕上无法看到子线程的后续输出结果)。

当然,如果 main 主函数中不用 detach,而用 join,那就可以看到完整的输出结果(包括主线程和子线程的)。main 主函数中代码如下:

```
int myi = 6;
TA ta(myi);
thread mytobj3(ta);
//mytobj3.detach();
mytobj3.join();
cout << "main 主函数执行结束!" << endl;
```

执行起来,看一看结果:

```
TA()构造函数执行,m_i = 6,this = 00AFF8A4
TA()拷贝构造函数执行,m_i = 6,this = 00D4DF98
mi1 的值为:6
```

```
mi2 的值为:6
mi3 的值为:6
mi4 的值为:6
mi5 的值为:6
mi6 的值为:6
～TA()析构函数执行,m_i = 6,this = 00D4DF98
main 主函数执行结束!
～TA()析构函数执行,m_i = 6,this = 00AFF8A4
```

从结果不难看到,先释放复制到线程里面去的 ta 对象(注意 this 值),因为 main 中的代码一直在 join 行等待子线程执行完毕,子线程执行完,当然会先把子线程的对象释放(析构),然后最后一行释放的才是主线程的 ta 对象。请读者注意比较构造和析构函数输出结果中的 this 值,这样就能够正确地匹配构造和析构函数的输出结果行。例如上面结果中,下面两行是一对,因为 this 值相同:

```
TA()构造函数执行,m_i = 6,this = 00AFF8A4
～TA()析构函数执行,m_i = 6,this = 00AFF8A4
```

而下面两行因为 this 值相同,也是一对:

```
TA()拷贝构造函数执行,m_i = 6,this = 00D4DF98
～TA()析构函数执行,m_i = 6,this = 00D4DF98
```

还有一个值得注意的问题就是 TA 类中的 m_i 成员变量。为了保证 detach 能够正常地运行(保证不存在任何隐患),所以 TA 类中 m_i 成员变量不应该是一个引用类型,而应该是一个正常的 int 类型修改一下类 TA 中的内容:

```
public:
    TA(int i) :m_i(i) {
        printf("TA()构造函数执行,m_i = % d,this = % p\n", m_i, this);
    }
public:
    int m_i;
```

经过了上面的修改,则在 main 主函数中,无论调用"mytobj3.join();"还是"mytobj3.detach();"都可以保证程序安全健壮地运行。

2. 用 lambda 表达式来创建线程

修改 main 函数中的代码如下:

```
auto mylamthread = [] {
    cout << "我的线程开始执行了" << endl;
    //……
    cout << "我的线程执行完毕了" << endl;
};
thread mytobj4(mylamthread);
mytobj4.join();
cout << "main 主函数执行结束!" << endl;
```

执行起来,看一看结果:

```
我的线程开始执行了
我的线程执行完毕了
main 主函数执行结束!
```

上面这段代码和执行的结果非常简单,就不多解释。20.8 节有针对 lambda 表达式的详细讲解。

17.3 线程传参详解、detach 坑与成员函数作为线程函数

17.3.1 传递临时对象作为线程参数

前面学习了创建一个线程的基本方法,在实际工作中,可能需要创建不止一个工作线程,例如需要创建 10 个线程,编号为 0～9,这 10 个线程可能需要根据自己的编号来确定自己要做什么事情,如 0 号线程加工前 10 个零件,1 号线程加工第 11 到第 20 个零件,以此类推,这说明每个线程都需要知道自己的编号。那线程如何知道自己的编号呢? 这就需要给线程传递参数。

本节的主要目的是分析各种容易犯错的问题,如果读者自己去摸索,则很可能不知不觉中就中招了,如果笔者带着读者一起分析,就可以在很大程度上避免今后犯同样的错误。

以一个范例开始,在 MyProject.cpp 上面增加如下线程入口函数:

```cpp
void myprint(const int& i, char * pmybuf)
{
    cout << i << endl;
    cout << pmybuf << endl;
    return;
}
```

在 main 主函数中,加入如下代码:

```cpp
int mvar = 1;
int& mvary = mvar;
char mybuf[] = "this is a test!";
std::thread mytobj(myprint, mvar, mybuf);
mytobj.join();
cout << "main 主函数执行结束!" << endl;
```

执行起来,看一看结果:

```
1
this is a test!
main 主函数执行结束!
```

1. 要避免的陷阱 1
如果把 main 主函数中的 join 换成 detach:

```cpp
mytobj.detach();
```

程序就可能出问题了，根据观察（跟踪调试），函数 myprint 中，形参 i 的地址和原来 main 主函数中 mvar 地址不同（虽然形参是引用类型），这个应该安全（也就是说 thread 类的构造函数实际是复制了这个参数），而函数 myprint 中形参 pmybuf 指向的内存铁定是 main 中 mybuf 的内存，这段内存是主线程中分配的，所以，一旦主线程退出，子线程再使用这块内存肯定是不安全的。

所以如果真要用 detach 这种方式创建线程，记住**不要往线程中传递引用、指针之类的参数**。那么如何安全地将字符串作为参数传递到线程函数中去呢？修改一下 myprint 如下：

```
//14.13.2节讲过：C++语言只会为const引用产生临时对象，所以第二个参数要加const
void myprint(int i, const string& pmybuf) //第一个参数不建议使用引用以免出问题,第二个参数
            //虽然使用了引用 &string,但实际上还是发生了对象复制,这个与系统内部工作机理有关
{
    cout << i << endl;
    //cout << pmybuf << endl;
    const char * ptmp = pmybuf.c_str();
    cout << pmybuf.c_str() << endl;
    return;
}
```

main 主函数中代码不变。

笔者的设想是 main 主函数中会将 mybuf 这个 char 数组隐式构造成 string 对象（myprint 函数的第二个形参）。string 里保存字符串地址和 mybuf 里的字符串地址通过断点调试发现是不同的，所以改造后目前的代码应该是安全的。但真是这样吗？

2. 要避免的陷阱 2

如果以为现在这个程序改造的没有 bug（潜在问题）了，那就错了。其实这个程序还是有 bug 的，只不过这个 bug 隐藏得比较深，不太好挖出来。现在来挖一挖，看看如下这句代码：

```
std::thread mytobj(myprint, mvar, mybuf);
```

上面这行代码的本意是希望系统帮助我们把 mybuf 隐式转换成 string，这样就可以在线程中使用 string，线程中就不会引用 main 中 mybuf 所指向的内存，那么，mybuf 内存的销毁（回收）就跟线程没有什么关系。

但现在的问题是，**mybuf 是在什么时候转换成 string**？如果 main 函数都执行完了，才把 mybuf 往 string 转，那绝对不行，因为那个时候 mybuf 都被系统回收了，使用回收的内存转成 string 类型对象，显然危险依旧存在。其实，上面的范例**确实存在** mybuf 都被回收了（main 函数执行完了）才去使用 mybuf 转换成 string 类型对象的可能，这程序就危险了（或者称之为程序存在潜在问题）。后面会证明这种危险。

笔者经过查阅资料、测试、比对，最终把上面的代码修改为这样：

```
std::thread mytobj(myprint, mvar, string(mybuf)); //这里直接将 mybuf 转换成 string 对象,这可
                    //以保证在线程 myprint 中所用的 pmybuf 肯定是有效的
```

上面这行代码中，这种转一下的写法是用来生成一个临时 string 对象，然后注意到 myprint 函数的第二个参数 pmybuf 是一个 string 引用，似乎意味着这个临时对象被绑到了 pmybuf 上。如下：

```
void myprint(int i, string &pmybuf){…}
```

但上面这种生成临时 string 对象的解决方案到底是否有效,还是应该求证一下,也就是说,需要求证的是:是不是必须把 mybuf 用 string(mybuf)转一下。转了真就没问题了吗?

给出结论:转了之后,确实是没问题了。但为什么转成临时对象就没问题了呢? 所以,要写一些测试代码来求证这个结论。因为 string 是系统提供的类,不方便测试上面的这个结论,所以笔者自己写一个类,请注意看笔者是如何测试的。引入一个新的类 A:

```
class A
{
public:
    A(int a) :m_i(a) { cout << "A::A(int a)构造函数执行" << this << endl; }
    A(const A& a) { cout << "A::A(const A)拷贝构造函数执行" << this << endl; }
    ~A() { cout << "~A::A()析构函数执行" << this << endl; }
    int m_i;
};
```

请注意,笔者这里写的是带一个参数的构造函数,14.16.1 节学习过"类型转换构造函数",这种写法就可以把一个 int 数字转成一个 A 类型对象。

myprint 线程入口函数也要修改,注意把类 A 的定义代码放在 myprint 线程入口函数代码的上面:

```
void myprint(int i, const A& pmybuf)
{
    //cout << i << endl;
    cout << &pmybuf << endl;                        //这里打印对象 pmybuf 的地址
    return;
}
```

在 main 主函数中,代码调整成如下的样子:

```
int mvar = 1;
int mysecondpar = 12;
std::thread mytobj(myprint, mvar, mysecondpar); //希望 mysecondpar 转成 A 类型对象传递给
                                                //myprint 的第二个参数
//mytobj.detach();
mytobj.join();
cout << "main 主函数执行结束!" << endl;
```

执行起来,先看一看结果:

```
A::A(int a)构造函数执行 0143F87C
0143F87C
~A::A()析构函数执行 0143F87C
main 主函数执行结束!
```

这说明,通过 mysecondpar 构造了一个 A 类对象,根据 myprint 里输出的结果——这个 this 指针值,说明 myprint 函数的第二个参数的对象确实是由 mysecondpar 构造出来的 A 对象。现在假如把上面代码中的 join 替换成 detach,那么很不幸的事情发生了。执行起来,看看替换成 detach 后的结果:

```
main 主函数执行结束!
```

观察到了一个让人揪心的问题：结果只有一行，为什么？

本来希望的是用 mysecondpar 来构造一个 A 类对象，然后作为参数传给 myprint 线程入口函数，但看上面的结果，似乎这个 A 类对象还没构造出来（没运行 A 类的构造函数呢），main 主函数就运行结束了。这肯定是个问题，因为 main 主函数一旦运行结束，mysecondpar 就无效了，那么再用 mysecondpar 构造 A 类对象，就可能构造出错，导致未定义行为。

所以，仿照上面的解决方案，构造一个临时对象，看看构造完临时对象会有什么变化。main 主函数中直接修改创建 mytobj 代码行如下：

```
std::thread mytobj(myprint, mvar, A(mysecondpar));
```

再次执行起来，看一看结果：

```
A::A(int a)构造函数执行 003BF7D8
A::A(const A)拷贝构造函数执行 00A2DF98
～A::A()析构函数执行 003BF7D8
main 主函数执行结束!
```

因为 detach 的原因，多次运行可能结果会有差异，但是不管运行多少次，都会发现一个问题：输出结果中都会出现执行一次构造函数、一次拷贝构造函数，而且线程 myprint 中打印的那个对象（pmybuf）的地址应该就是拷贝构造函数所创建的对象的地址。

这意味着 myprint 线程入口函数中的第二个参数所代表的 A 对象肯定是在主线程执行结束之前就构造出来了，所以，就不用担心主线程结束的时候 mysecondpar 无效导致用 mysecondpar 构造 A 类对象可能会产生不可预料问题。

所以这种在创建线程同时构造临时对象的方法传递参数可行。

但是，这里额外发现了一个问题，那就是居然多执行了一次类 A 的拷贝构造函数，这是事先没有预料到的。虽然 myprint 线程入口函数希望第二个参数传递一个 A 类型的引用，但是不难发现，std::thread 还是很粗暴地用临时构造的 A 类对象在 thread 类的构造函数中复制出来了一个新的 A 类型对象（pmybuf）。

所以，现在看到了一个事实：只要用这个临时构造的 A 类对象作为参数传递给线程入口函数（myprint），那么线程中得到的第二参数（A 类对象）就一定能够在主线程执行完毕之前构造出来，从而确保 detach 线程是安全的。

不构造临时对象直接期望用 mysecondpar 作为参数传递给线程入口函数不安全，而用 mysecondpar **构造临时对象**，将这个临时对象作为参数传递给线程入口函数就安全，相信这个结论有点让人始料未及。但这就是 thread 内部的一个处理方式。

后续会进一步验证这个问题，先把这个问题放一放。但是，不管怎样，使用 detach 都是会把简单问题复杂化。所以，使用 detach 一定要小心谨慎。

3. 总结

通过刚才的学习，得到一些结论：

- 如果传递 int 这种简单类型参数，建议都使用值传递，不要使用引用类型，以免节外生枝。
- 如果传递类对象作为参数，则避免隐式类型转换（例如把一个 char * 转成 string，把

一个 int 转成类 A 对象),全部都**在创建线程这一行就构建出临时对象来**,然后线程
入口函数的形参位置**使用引用来作为形参**(如果不使用引用可能在某种情况下会导
致多构造一次临时类对象,不但浪费,还会造成新的潜在问题,后面会演示)。这样
做的目的无非就是想办法避免主线程退出导致子线程对内存的非法引用。

- 建议不使用 detach,只使用 join,这样就不存在局部变量失效导致线程对内存非法引
  用的问题。

17.3.2　临时对象作为线程参数继续讲

笔者并没有阅读 thread 源码,因为这可能会面对很复杂的代码,一时半刻难以读懂,所
以,笔者使用的是"测试法",来尝试发现 thread 工作中的一些比较可能存在问题的地方。

同时,笔者也想把上面的问题继续深入探究一下:**为什么手工构建临时对象就安全,而
用 mysecondpar 让系统帮我们用类型转换构造函数构造对象就不安全**?虽然笔者猜测这是
thread 类内部做的事,但还是希望找到更有利的证据证明这一点。这里尝试找找更进一步
的证据。

1. 线程 id 概念

现在写的是多线程程序,前面的程序代码写的是两个线程的程序(一个主线程,一个是
自己创建的线程,也称子线程),也就是程序有两条线,分别执行。

现在引入线程 id 的概念。id 就是一个数字,每个线程(不管主线程还是子线程)实际上
都对应着一个数字,这个数字用来唯一标识这个线程。因此,每个线程对应的数字都不同。
也就是说,不同的线程,它的线程 id 必然不同。

线程 id 可以用 C++标准库里的函数 std::this_thread::get_id 来获取。后面会演示该
函数的用法。

2. 临时对象构造时机抓捕

现在改造一下前面的类 A,希望知道类 A 对象是在哪个线程里构造的。改造后的类 A
代码如下:

```
class A
{
public:
    A(int a) :m_i(a) {
        cout << "A::A(int a)构造函数执行,this = " << this << ",threadid = " << std::this_
thread::get_id() << endl;
    }
    A(const A& a) {
        cout << "A::A(const A)拷贝构造函数执行,this = " << this << ",threadid = " << std::
this_thread::get_id() << endl;
    }
    ~A()
    {
        cout << "~A::A()析构函数执行,this = " << this << ",threadid = " << std::this_
thread::get_id() << endl;
    }
    int m_i;
};
```

再写一个新的线程入口函数 myprint2 来做测试用：

```
void myprint2(const A& pmybuf)
{
    cout << "子线程 myprint2 的参数 pmybuf 的地址是: " << &pmybuf << ",threadid = " << std::
this_thread::get_id() << endl;
}
```

main 主函数中修改为如下代码：

```
cout << "主线程 id = " << std::this_thread::get_id() << endl;
int mvar = 1;
std::thread mytobj(myprint2, mvar);
mytobj.join(); //用 join 方便观察
cout << "main 主函数执行结束!" << endl;
```

执行起来，看一看结果：

```
主线程 id = 4604
A::A(int a)构造函数执行,this = 00ECFB1C,threadid = 10572
子线程 myprint2 的参数 pmybuf 的地址是: 00ECFB1C,threadid = 10572
~A::A()析构函数执行,this = 00ECFB1C,threadid = 10572
main 主函数执行结束!
```

通过上面的结果来进行观察，因为是通过 mvar 让系统通过类 A 的类型转换构造函数生成 myprint2 需要的 pmybuf 对象，所以可以清楚地看到，pmybuf 对象在构造的时候，threadid 值为 10527，而 10527 是所创建的线程（子线程）id，**也就是这个对象居然是在子线程中构造的**。那可以设想，如果上面的代码不是 join 而 detach，就可能出问题——可能 main 函数执行完了，才用 mvar 变量来在子线程中构造 myprint2 中需要用到的形参，但是 mvar 因为 main 主函数执行完毕而被回收，这时再使用它就可能产生不可预料的问题。

现在进一步调整 main 主函数中的代码，修改 thread 类对象生成那行所在的代码。修改后的代码如下：

```
std::thread mytobj(myprint2, A(mvar));
```

这时可以看到一件神奇事情的发生了（可以多次执行程序）。仔细观察结果：

```
主线程 id = 412
A::A(int a)构造函数执行,this = 00B5F630,threadid = 412
A::A(const A)拷贝构造函数执行,this = 00CBDD80,threadid = 412
~A::A()析构函数执行,this = 00B5F630,threadid = 412
子线程 myprint2 的参数 pmybuf 的地址是: 00CBDD80,threadid = 10700
~A::A()析构函数执行,this = 00CBDD80,threadid = 10700
main 主函数执行结束!
```

会发现一个事实：线程入口函数 myprint2 中需要的形参 pmybuf 是**在主线程中就构造完毕的**（而不是在子线程中才构造的）。这说明即便 main 主函数退出（主线程执行完毕）了，也没问题，这个 myprint2 入口函数中需要的形参已经被构造完毕，已经存在了。

这就是经过反复测试得到的结论：给线程入口函数传递类类型对象形参时，只要**使用**

临时对象作为实参,就可以确保线程入口函数的形参在 main 主函数退出前就已经创建完毕,可以安全使用。所以前面提到的放一放的问题,笔者这里通过测试,给出了答案和结论。

再次观察上面的结果,看到了类 A 的拷贝构造函数执行了一次。

如果把线程入口函数 myprint2 的形参修改为非引用:

```
void myprint2(const A pmybuf){…}
```

执行起来,看一看结果:

```
主线程 id = 5584
A::A(int a)构造函数执行,this = 004FF69C,threadid = 5584
A::A(const A)拷贝构造函数执行,this = 0067D7D0,threadid = 5584
~A::A()析构函数执行,this = 004FF69C,threadid = 5584
A::A(const A)拷贝构造函数执行,this = 0096F6D0,threadid = 632
子线程 myprint2 的参数 pmybuf 的地址是:0096F6D0,threadid = 632
~A::A()析构函数执行,this = 0096F6D0,threadid = 632
~A::A()析构函数执行,this = 0067D7D0,threadid = 632
main 主函数执行结束!
```

可以看到,上面执行了两次拷贝构造函数,而且这两次执行相关的 threadid 值还不一样。所以,这第二次执行的拷贝构造函数的执行显然没有必要,而且第二次执行拷贝构造函数的 threadid 还不是主线程的 threadid,而是子线程的 threadid,这就又回到刚才的问题:子线程可能会误用主线程中已经失效的内存。所以线程入口函数 myprint2 的**类类型形参应该使用引用**:

```
void myprint2(const A& pmybuf){…}
```

17.3.3　传递类对象与智能指针作为线程参数

已经注意到,因为调用了拷贝构造函数,所以在子线程中通过参数传递给线程入口函数的形参(对象)实际是实参对象的复制,这意味着即便修改了线程入口函数中的对象中的内容,依然无法反馈到外面(也就是无法影响到实参)。

继续对代码做出修改。

类 A 中,把成员变量修改为用 mutable 修饰,这样就可以随意修改,不受 const 限制:

```
mutable int m_i;
```

修改线程入口函数 myprint2,增加一行代码。完整的 myprint2 函数如下:

```
void myprint2(const A& pmybuf)
{
    pmybuf.m_i = 199; //修改该值不会影响到 main 主函数中实参的该成员变量
    cout << "子线程 myprint2 的参数 pmybuf 的地址是: " << &pmybuf << ",threadid = " << std::
this_thread::get_id() << endl;
}
```

在 main 主函数中,代码调整成如下的样子:

```
A myobj(10);                                    //生成一个类对象
```

```
std::thread mytobj(myprint2, myobj);                    //将类对象作为线程参数
mytobj.join();
cout << "main 主函数执行结束!" << endl;
```

在 cout 行设置断点并跟踪调试可以发现,myobj 对象的 m_i 成员变量并没有被修改为 199。

还有一点要说明,就是线程入口函数 myprint2 的形参要求是一个 const 引用:

```
void myprint2(const A &pmybuf){…}
```

它这块的语法规则就是这样,如果不加 const 修饰,大概老一点的编译器不会报语法错,但新一点的编译器(如 Visual Studio 2019 编译器)会报语法错。这个事其实在 14.13.2 节提过:**C++语言只会为 const 引用产生临时对象**。因为 myprint2 线程入口函数的形参涉及产生临时对象,所以必须加 const。如果解释的再细致一点就像下面这样解释(以下这段内容摘自一些查阅的资料,方便读者理解):

"临时对象不能作为非 const 引用参数,也就是必须加 const 修饰,这是因为 C++编译器的语义限制。如果一个参数是以非 const 引用传入,**C++编译器就有理由认为程序员会在函数中修改这个对象的内容**,并且这个被修改的引用在函数返回后要发挥作用。但如果把一个临时对象当作非 const 引用参数传进来,由于临时对象的特殊性,程序员并不能操作临时对象,而且临时对象随时可能被释放掉,所以,一般来说,修改一个临时对象毫无意义。据此,**C++编译器加入了临时对象不能作为非 const 引用的语义限制**,意在限制这个非常规用法的潜在错误"。

但一个问题随之而来,如果加了 const 修饰,那么修改 pmybuf 对象中的数据成员就变得非常不便,上面使用了 mutable 来修饰成员变量,但不可能每个成员变量都写成用 mutable 来修饰。而且还有一个重要问题就是,myprint2 函数的形参明明是一个引用,但是修改了这个 pmybuf 对象的成员变量,而后返回到 main 主函数中,调用者对象 myobj(实参)的成员变量也并没有被修改。这个问题又如何解决呢?

这时就需要用到 std::ref 了,这是一个函数模板。

现在要这样考虑,为了数据安全,往线程入口函数传递类类型对象作为参数的时候,不管接收者(形参)是否用引用接收,都一概采用复制对象的方式来进行参数的传递。如果真的有需求明确告诉编译器要传递一个能够影响原始参数(实参)的引用过去,就得使用 std::ref,读者这里无须深究,某些场合看到了 std::ref,自然就知道它该什么时候出场了。

在 main 主函数中,修改创建 thread 类型对象的行。修改后如下:

```
std::thread mytobj(myprint2, std::ref(myobj));
```

此时,也就不涉及调用线程入口函数 myprint2 会产生临时对象的问题了(因为这回传递的参数真的是一个引用了而不会复制出一个临时的对象作为形参),所以 myprint2 的形参中可以去掉 const 修饰:

```
void myprint2(A& pmybuf){…}
```

类 A 中成员变量 m_i 前面的 mutable 也可以去掉了。

```
int m_i;
```

设置断点,调试程序,发现线程入口函数 myprint2 执行完毕后,myobj 里的 m_i 值已经变为 199。

如果不设置断点而直接执行,结果如下:

```
A::A(int a)构造函数执行,this = 004FFBF0,threadid = 12360
子线程 myprint2 的参数 pmybuf 的地址是:004FFBF0,threadid = 5024
main 主函数执行结束!
～A::A()析构函数执行,this = 004FFBF0,threadid = 12360
```

从结果可以看到,没有执行类 A 的拷贝构造函数,说明没有额外生成类 A 的复制对象。如果将断点设置在子线程中,也可以观察对象 pmybuf(形参)的地址。不难看到,该对象实际就是 main 中的 myobj 对象(看上面的结果,可以知道这两个对象的地址相同,都是 004FFBF0)。

再考虑一个有趣的问题。如果将智能指针作为形参传递到线程入口函数,该怎样写代码呢? 这回将 myprint3 作为线程入口函数。代码如下:

```
void myprint3(unique_ptr < int > pzn) {
    return;
}
```

在 main 主函数中,代码调整成如下的样子:

```
unique_ptr < int > myp(new int(100));
std::thread mytobj(myprint3, std::move(myp));
mytobj.join();
cout << "main 主函数执行结束!" << endl;
```

在 16.6.2 节讲解过用 std::move 将一个 unique_ptr 转移到其他的 unique_ptr,上面代码相当于将 myp 转移到了线程入口函数 myprint3 的 pzn 形参中,当 std::thread 所在代码行执行完之后,myp 指针就应该为空。读者可以设置断点进行跟踪调试并观察。

此外,上述 main 主函数中用的是 join,而不是 detach,否则估计会发生不可预料的事情。因为不难想象,主线程中 new 出来的这块内存,虽然子线程中的形参指向这块内存,但若使用 detach,那么主线程执行完毕后,这块内存估计应该**会泄漏而导致被系统回收**(笔者通过在工程 MyProjectMFC 中反复确认,这块内存的确会泄漏,因为主线程执行完了),那如果子线程中使用这段已经被系统回收的内存,笔者认为是很危险的事情。

17.3.4 用成员函数作为线程入口函数

这里正好借用类 A 做一个用成员函数指针作为线程入口函数的范例。上一节讲解了创建线程的多种方法,讲过用类对象创建线程,那时调用的是类的 operator()来作为线程的入口函数。现在可以指定任意一个成员函数作为线程的入口函数。

在类 A 中,增加一个 public 修饰的成员函数:

```
public:
    void thread_work(int num)                    //带一个参数
    {
        cout << "子线程 thread_work 执行,this = " << this << ",threadid = " << std::this_
```

```
thread::get_id() << endl;
    }
```

在 main 主函数中,代码调整成如下的样子:

```
A myobj(10);
std::thread mytobj(&A::thread_work, myobj, 15);
mytobj.join();
cout << "main 主函数执行结束!" << endl;
```

执行起来,看一看结果:

```
A::A(int a)构造函数执行,this = 0113FBAC,threadid = 10436
A::A(const A)拷贝构造函数执行,this = 0135E35C,threadid = 10436
子线程 thread_work 执行,this = 0135E35C,threadid = 10728
～A::A()析构函数执行,this = 0135E35C,threadid = 10728
main 主函数执行结束!
～A::A()析构函数执行,this = 0113FBAC,threadid = 10436
```

通过上面的结果不难看到,类 A 的拷贝构造函数是在主线程中执行的(说明复制了一个类 A 的对象),而析构函数是在子线程中执行的。

当然,main 主函数中创建 thread 对象 mytobj 时的第二个参数可以是一个对象地址,也可以是一个 std::ref。修改 main 主函数中的创建 thread 对象这行代码:

```
std::thread mytobj(&A::thread_work, &myobj, 15); //第二个参数也可以是 std::ref(myobj)
```

执行起来,看一看结果:

```
A::A(int a)构造函数执行,this = 00EFF8D8,threadid = 14480
子线程 thread_work 执行,this = 00EFF8D8,threadid = 12100
main 主函数执行结束!
～A::A()析构函数执行,this = 00EFF8D8,threadid = 14480
```

此时就会发现,没有调用类 A 的拷贝构造函数,当然也就没有复制出新对象来,那 main 中也必须用"mytobj.join();",而不能使用"mytobj.detach();",否则肯定是不安全的。

另外,这里再把 17.2.2 节中讲解的用类来创建线程的写法完善一下。

在类 A 中增加如下 public 修饰的圆括号重载,这里带一个参数:

```
public:
    void operator()(int num)
    {
        cout << "子线程()执行,this = " << this << "threadid = " << std::this_thread::get_
id() << endl;
    }
```

在 main 主函数中,代码调整成如下的样子:

```
A myobj(10);
thread mytobj(myobj,15);
mytobj.join();
cout << "main 主函数执行结束!" << endl;
```

执行起来,看一看结果:

```
A::A(int a)构造函数执行,this = 010FFAA0,threadid = 14512
A::A(const A)拷贝构造函数执行,this = 012EDF54,threadid = 14512
子线程()执行,this = 012EDF54threadid = 13212
～A::A()析构函数执行,this = 012EDF54,threadid = 13212
main 主函数执行结束!
～A::A()析构函数执行,this = 010FFAA0,threadid = 14512
```

通过上面的结果不难看到,类 A 的拷贝构造函数是在主线程中运行的(说明复制了一个类 A 的对象),而析构函数是在子线程中执行的。

然后,修改 main 主函数中的创建 thread 对象这行代码,使用 std::ref。看一看:

```
thread mytobj(std::ref(myobj), 15); //第二个参数无法修改为 &myobj,编译会报错
```

执行起来,看一看结果:

```
A::A(int a)构造函数执行,this = 008EFD50,threadid = 5024
子线程()执行,this = 008EFD50threadid = 6652
main 主函数执行结束!
～A::A()析构函数执行,this = 008EFD50,threadid = 5024
```

此时就会发现,没有调用类 A 的拷贝构造函数,当然也就没有复制出新对象来。那 main 中也必须用"mytobj.join();",而不能使用"mytobj.detach();",否则肯定是不安全的。

总之,在思考、学习以及实践的过程中,遇到不太理解或者理解不透彻需要求证的地方,完全可以**仿照笔者的做法**,在类的构造函数、拷贝构造函数、析构函数以及线程入口函数甚至主线程中增加各种输出语句,把对象的 this 指针值、对象或者变量的地址、线程的 id 等各种重要信息输出到屏幕供查看,以便更深入和透彻地理解问题和学习知识,达到更好的学习效果。

17.4　创建多个线程、数据共享问题分析与案例代码

17.4.1　创建和等待多个线程

在实际的工作中,可能要创建的线程不止一个,也许有多个。所以,这里笔者展示一下创建多个线程的一种写法,读者可以举一反三。

在 MyProject.cpp 的上面位置,书写线程入口函数 myprint:

```
void myprint(int inum)
{
    cout << "myprint 线程开始执行了,线程编号 = " << inum << endl;
    //干各种事情
    cout << "myprint 线程结束执行了,线程编号 = " << inum << endl;
    return;
}
```

在 main 主函数中,加入如下代码:

```
vector < thread > mythreads;
```

```
//创建 5 个线程。当然,线程的入口函数可以用同一个,这并没什么问题
for (int i = 0; i < 5; i++)
{
    mythreads.push_back(thread(myprint, i));        //创建并开始执行线程
}
for (auto iter = mythreads.begin(); iter != mythreads.end(); ++iter)
{
    iter->join();                                   //等待 5 个线程都返回
}
cout << "main 主函数执行结束!" << endl; //最后执行这句,然后整个进程退出
```

执行起来,看一看结果(由于多个线程无序输出,结果看起来比较乱):

```
myprint 线程开始执行了,线程编号 = myprint 线程开始执行了,线程编号 = 2myprint 线程开始执行
了,线程编号 = 0
1
myprint 线程结束执行了,线程编号 = 1

myprint 线程结束执行了,线程编号 = myprint 线程开始执行了,线程编号 = 3
myprint 线程结束执行了,线程编号 = 3
2
myprint 线程开始执行了,线程编号 = 4
myprint 线程结束执行了,线程编号 = 4
myprint 线程结束执行了,线程编号 = 0
main 主函数执行结束!
```

从结果可以看到:

- 多个线程之间的执行顺序是乱的。先创建的线程也不见得就一定比后创建的线程执行得快,这个与操作系统内部对线程的运行调度机制有关。
- 主线程是等待所有子线程运行结束,最后主线程才结束,所以笔者推荐 join(而不是 detach)写法,因为这种写法写出来的多线程程序更容易写得稳定、健壮。
- 把 thread 对象放到容器里进行管理,看起来像一个 thread 对象数组,这对一次性创建大量的线程并对这些线程进行管理是很方便的。

17.4.2　数据共享问题分析

1. 只读的数据

一段共享数据,如有一个容器,这里说一说容器里面的数据。如果数据是只读的,每个线程都去读,那无所谓,每个线程读到的内容肯定都是一样的。

例如有一个全局的容器:

```
vector< int > g_v = { 1,2,3 };
```

在 main 主函数中依旧是上面这样创建 5 个线程,每个线程都打印容器 g_v 中的元素值,main 中代码不需要修改,只需要修改线程入口函数 myprint 中的代码。修改为如下:

```
void myprint(int inum)
{
    cout << "id 为" << std::this_thread::get_id() << "的线程 打印 g_v 值" << g_v[0] << g_v[1] << g_v[2] << endl;
```

```
        return;
    }
```

执行起来,虽然结果看起来比较乱,但其实程序执行的是稳定和正常的。

2. 有读有写

事情坏就坏在有读有写上了,如创建了 5 个线程,有 2 个线程负责往容器里写内容,3 个线程负责从容器中读内容,那这种程序就要小心谨慎地写,因为代码一旦写不好就容易出问题,或者换句话说,如果写的代码不对,肯定出问题。

最简单的处理方式是:读的时候就不能写,写的时候就不能读,两个(或者多个)线程也不能同时写,两个(或者多个)线程也不能同时读。

请细想一下,这件事情不难理解,比如说写,写这个动作其实有很多细节步骤,如分 10 步,如第 1 步是移动指针,第 2 步往指针位置处写,第 3 步……,那这 10 步是一个整体,必须从头到尾把 10 步全做完,才能保证数据安全地写进来,所以必须用代码保证这 10 步都一次做完,如果写这个动作正做到第 2 步,突然来了个读,那可能数据就乱套了。可能正好就读到了正在写还没写完的数据等,那么,各种诡异和不可预料的事情就会发生,一般的表象就是程序会立即运行崩溃。

3. 其他案例

这种数据共享的问题在现实生活中随处可见。例如卖火车票,若这趟火车从北京到深圳,卖这趟火车车票的售票窗口有 10 个(1~10 号),如果 1 号和 2 号售票窗口同时发出了定 20 号座位票的动作,那么肯定不能这两个窗口都订成功这张票(一个座位不可能卖给两个人),肯定是一个窗口订票成功,另一个窗口订票失败。那么,订票这个动作至少要分成两个小步骤:

(1)订票系统要先看这个座位是否已经被其他人订了(这是一个读操作),如果订过了,订票系统就直接告诉售票窗口"订票失败",如果这个座位没被订,就继续进行下面的第二步。

(2)订票系统帮助售票窗口订这个座位的票、设置这个座位的状态为已经被订状态、记录被哪个售票窗口所订、订的时间等(这是一个写操作),然后返回订票成功信息给售票窗口(注意这一步中的所有这些动作都要一次完成,中间不能被截断)。

那请想一想,1 号售票窗口订票的时候,其他售票窗口想订票,那也必须得等着,等 1 号售票窗口做完了订票这个动作之后,其他售票窗口才能继续订票,否则,就有可能两个人都订到了 20 号座位(同一个座位)的票,那这两个人就得打架了。

17.4.3　共享数据的保护实战范例

这里举一个实际工作中能够用到的范例来讲解共享数据的保护问题。

就以一个网络游戏服务器开发为例来说明。这里把问题简化,假设现在在做一个网络游戏服务器,这个网络游戏服务器程序包含两个线程,其中一个线程用来从玩家那里收集发送来的命令(数据),并把这些数据写到一个队列(容器)中,另一个线程用来从这个队列中取出命令,进行解析,然后执行命令对应的动作。

这里就假设玩家每次发送给本服务器程序的是一个数字,这个数字就代表一个玩家发送过来的命令。

定义一个队列,这里使用 list 容器。list 容器与 vector 容器类似,只是 list 在频繁按顺序插入和删除数据时效率更高,而 vector 容器随机插入和删除数据时效率比较高。如果想更详细地了解 list 容器,可以借助搜索引擎学习。后面也会有专门的章节讲述 C++标准库中的常用容器。

下面开始写这个服务器程序。

在 MyProject.cpp 的开始位置增加如下 ♯include 语句:

```
♯ include < list >
```

同时,这里准备使用类的成员函数作为线程入口函数的方法来书写线程。类 A 的定义如下(代码写在 MyProject.cpp 文件的上面位置):

```cpp
class A
{
public:
    //把收到的消息入到队列的线程
    void inMsgRecvQueue()
    {
        for (int i = 0; i < 100000; i++)
        {
            cout << "inMsgRecvQueue()执行,插入一个元素" << i << endl;
            msgRecvQueue.push_back(i); //假设这个数字就是收到的命令,则将其直接放到消息
                                        //队列里
        }
    }

    //把数据从消息队列中取出的线程
    void outMsgRecvQueue()
    {
        for (int i = 0; i < 100000; i++)
        {
            if (!msgRecvQueue.empty())
            {
                int command = msgRecvQueue.front(); //返回第一个元素但不检查元素存在与否
                msgRecvQueue.pop_front();           //移除第一个元素但不返回
                //这里可以考虑处理数据
                //......
            }
            else
            {
                cout << "outMsgRecvQueue()执行了,但目前收消息队列中是空元素" << i << endl;
            }
        }
        cout << "end" << endl;
    }

private:
    std::list < int > msgRecvQueue; //容器(收消息队列),专门用于代表玩家给咱们发送过来的命令
};
```

在 main 主函数中,代码调整成如下的样子:

```cpp
A myobja;
std::thread myOutnMsgObj(&A::outMsgRecvQueue, &myobja); //注意这里第二个参数必须是引用(用
//std::ref 也可以),才能保证线程里用的是同一个对象(上一节详细分析过了)
std::thread myInMsgObj(&A::inMsgRecvQueue, &myobja);
myInMsgObj.join();
```

```
myOutnMsgObj.join();
cout << "main 主函数执行结束!" << endl;
```

至此这个范例就写出来了。可以猜测一下,运行起来之后,会发生什么情况。

执行起来,看一看结果(这里可以多运行几次)。

可以发现,程序很可能运行几秒钟后就会报异常(程序运行处于不稳定状态),这表示程序代码写得有问题。如图 17.12 所示为程序报异常后弹出的错误提示。

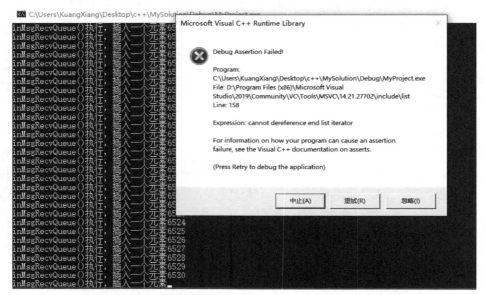

图 17.12　多线程程序代码写的有缺陷时程序运行弹出的异常提示窗口

根据刚才讲解的数据共享问题理论,很容易分析到这个异常问题出在哪里。

inMsgRecvQueue 不断往队列中写数据,而 outMsgRecvQueue 不断从队列中读取和删除数据。

这就叫作有读有写,如果程序员完全不控制,让这两个线程随意执行,那一定会出错,只是早一点出错或晚一点出错的问题。试想一个线程正在写还没写完,另外一个线程突然去读,或者去删除,还没删完,第一个线程又突然往里面写,这想都不用想,数据肯定乱套,程序肯定报异常。

明白了产生问题的原因,并不难想到解决问题的办法。

只要程序员能够确保 inMsgRecvQueue 线程往队列里写数据的时候,outMsgRecvQueue 线程等待,等 inMsgRecvQueue 写完数据的时候,outMsgRecvQueue 再去读和删除。或者换一种说法,只要程序员确保 outMsgRecvQueue 线程从队列中读数据和删除数据时,线程 inMsgRecvQueue 等待,等 outMsgRecvQueue 读和删除完数据的时候,inMsgRecvQueue 再去写数据,那就保证不会出问题。

所以这里面读者看到了,这个队列:

```
std::list < int > msgRecvQueue;                    //队列,也是容器
```

就是所说的**共享数据**,当某个线程操作该共享数据的时候,就用一些代码把这个共享数据**锁**

住,其他想操作这个共享数据的线程必须等待当前操作完成并把这个共享数据的**锁打开**,其他线程才能继续操作这个共享数据。这样都按顺序和规矩来访问这个共享数据,共享数据就不会被破坏,程序也就不会报异常。

现在抛出了问题,并给出了解决这个问题的初步想法,那具体该怎样解决问题？如何把这个初步的解决问题的想法代码化呢？

这里引入 C++ 解决多线程保护共享数据问题的第一个概念——**互斥量**。这是一个非常重要的概念,请读者现在开始强化记忆这个词。

17.5　互斥量的概念、用法、死锁演示与解决详解

17.5.1　互斥量的基本概念

互斥量,翻译成英文是 mutex,互斥量实际是一个类,可以理解为一把锁。在同一时间,多个线程都可以调用 lock 成员函数尝试给这把锁头加锁,但是只有一个线程可以加锁成功,其他没加锁成功的线程,执行流程就会卡在 lock 语句行这里不断地尝试去加锁这把锁头,一直到加锁成功,执行流程才会继续走下去。

例如上一节范例中的 inMsgRecvQueue 线程和 outMsgRecvQueue 线程都尝试去加锁这把锁头,但是 inMsgRecvQueue 加锁成功,那它就可以去执行"共享数据的操作"代码段,这些代码段执行完后,inMsgRecvQueue 线程再把这把锁头解锁,那么 outMsgRecvQueue 这个正卡在 lock 这里不断尝试加锁这把锁头的线程就会成功加锁这把锁头,那么此时 outMsgRecvQueue 就可以执行"共享数据的操作"代码段。同理,执行完这个代码段后,outMsgRecvQueue 也要负责把这个锁头解锁。

互斥量需要小心使用,原则就是保护需要保护的数据,不要多也不要少,保护的数据少了(例如明明有两行代码都是操作共享数据的,却只保护了一行代码),没达到保护效果,程序执行可能还出现异常,保护的数据多了,就会影响程序运行效率,因为操作这段被保护的数据时,别人(其他线程)都在那里等着,所以操作完之后要尽快把锁头解锁,别人才能去操作这段共享数据。

17.5.2　互斥量的用法

下面看一看互斥量具体怎样使用。

首先要引入互斥量对应的头文件。在 MyProject.cpp 的开始位置增加如下 ♯ include 语句:

```
♯ include < mutex >
```

然后,继续上一节的代码,在类 A 中定义一个互斥量(成员变量):

```
std::mutex my_mutex;                    //创建互斥量
```

1. lock 与 unlock

进一步改造一下类 A 的代码,改造的方向就是给访问共享数据的代码段加上锁,操作完共享数据后还得解锁,这就需要用到类 mutex 的两个成员函数 lock 和 unlock。

lock 和 unlock 的使用规则：成对使用，有 lock 必然要有 unlock，每调用一次 lock，必然要调用一次 unlock，不应该也不允许调用 1 次 lock 却调用了 2 次 unlock，也不允许调用 2 次 lock 却调用 1 次 unlock，否则都会使代码不稳定甚至崩溃。

下面修改一下类 A 中 inMsgRecvQueue 成员函数的代码。修改后的代码如下：

```cpp
void inMsgRecvQueue()
{
    for (int i = 0; i < 100000; i++)
    {
        cout << "inMsgRecvQueue()执行,插入一个元素" << i << endl;
        my_mutex.lock();                    //要操作共享数据,所以先加锁
        msgRecvQueue.push_back(i);
        my_mutex.unlock();                  //共享数据操作完毕,解锁
    }
}
```

针对类 A 中 outMsgRecvQueue 成员函数，考虑要把共享数据的操作整理成一个单独的函数，这样方便加锁和解锁。

笔者先整理一个 outMsgRecvQueue 的没加锁版本，目的是方便后续加锁，把需要加锁的代码段单独提取成一个函数。容易想象：锁定的代码段越少，执行的效率越高，因为锁住的代码少，执行得快，其他等待锁的线程等待的时间就短。在这里引入新的成员函数 outMsgLULProc。代码如下：

```cpp
bool outMsgLULProc(int& command)
{
    if (!msgRecvQueue.empty())
    {
        command = msgRecvQueue.front();
        msgRecvQueue.pop_front();
        return true;
    }
    return false;
}
```

修改老的成员函数 outMsgRecvQueue，在其中调用 outMsgLULProc 成员函数。修改后的代码如下：

```cpp
void outMsgRecvQueue()
{
    int command = 0;
    for (int i = 0; i < 100000; i++)
    {
        bool result = outMsgLULProc(command);
        if (result == true)
        {
            cout << "outMsgRecvQueue()执行了,从容器中取出一个元素" << command << endl;
            //这里可以考虑处理数据
            //......
        }
        else
        {
```

```
        cout << "outMsgRecvQueue()执行了,但目前收消息队列中是空元素" << i << endl;
        }
    }
    cout << "end" << endl;
}
```

执行起来,看一看结果(这里可以多运行几次)。

可以发现,程序很可能运行几秒钟后依旧会报异常,这表示当前的程序代码还是有问题。当然,有问题是正常的,因为目前共享数据的访问还是乱的。

继续改造代码,直接修改 outMsgLULProc 成员函数即可。修改后的代码如下(一个地方加了 lock,两个地方加了 unlock):

```
bool outMsgLULProc(int& command)
{
    my_mutex.lock();
    if (!msgRecvQueue.empty())
    {
        command = msgRecvQueue.front();            //返回第一个元素但不检查元素存在与否
        msgRecvQueue.pop_front();
        my_mutex.unlock();
        return true;
    }
    my_mutex.unlock();
    return false;
}
```

注意上面的代码,笔者用了一个 lock,但用了两个 unlock,两个出口(从函数 return 出去的地方就叫出口)都需要用 unlock,千万不要少用一个 unlock,否则就会出现把锁头锁上但不给解锁的情形,那么,另外一个线程始终打不开锁(也叫拿不到锁),另外一个线程就始终卡在 lock 那里走不下去。

多次执行程序,看一看结果,虽然程序输出的内容比较多,看不太清楚结果,但是这个程序的运行是稳定的,不会再报异常。

上面代码不难理解:

(1) 两个线程都执行到了 lock 语句行,只有一个线程 lock 加锁成功,该线程的执行流程就会继续往下走,而另一个线程 lock 肯定失败,其执行流程就会卡在 lock 这行代码并不断尝试获取锁。

(2) 代码从哪里开始 lock,到哪里 unlock,由程序员决定,所以程序员必须非常明确自己想保护的共享数据所对应的代码段。

(3) 拿到锁的线程执行流程继续从 lock 语句行往下走,处理完了共享数据,必须调用 unlock 把锁头解开,这一解开会导致刚才 lock 失败的线程自动尝试再次 lock 时成功从而有机会让该线程的执行流程继续往下走。

(4) 两个线程反复,一个拿到锁另外一个就要等,一个线程解开锁就给了另外一个线程拿到锁的机会,但不管怎么说,同一时刻只有一个线程能够拿到锁,这意味着同一时刻只有一个线程能操作这个共享数据,从而不会使共享数据的操作产生混乱(如不会读的中间去写)。这样,整个程序的执行就不会出现异常了。

写上面的代码时要非常小心,尤其是用了两个 unlock 的地方,一旦少写了一个 unlock,整个程序就会执行卡死(程序的输出界面突然卡住不动了),程序员甚至不一定知道这个程序是怎样死的。对于初学者经常犯这种错误:有 lock,却最终没有 unlock。尤其是某些 if 条件成立提前 return 出函数的时候,很容易把 unlock 忘记,直接导致程序卡死(锁死),况且这个 if 条件要不是总成立的话,可能程序运行到这个 if 条件成立的时候才会出现卡死,平时还不卡死,所以这种问题很难排查。

C++语言很体谅程序员,特意引入了一个叫作 **std::lock_guard** 的类模板。这个类模板非常体贴,它有一个很好的功能,就是即便开发者忘记了 unlock 也不要紧,它会替开发者 unlock。读者还记得学智能指针的时候,智能指针的神奇功能是当程序员忘记释放内存的时候,智能指针能够替程序员释放。所以从这个角度来讲,std::lock_guard 类模板的工作和智能指针有点类似(程序员忘记 unlock 的时候,它替程序员 unlock)。

2. std::lock_guard 类模板

std::lock_guard 类模板直接可以用来取代 lock 和 unlock,请注意,lock_guard 是同时取代 lock 和 unlock 两个函数,也就是说,使用了 lock_guard 之后,就再也不需要使用 lock 和 unlock 了。改造 outMsgLULProc 成员函数的代码。改造后的代码如下:

```
bool outMsgLULProc(int& command)
{
    std::lock_guard < std::mutex > sbguard(my_mutex); //sbguard 是随便起的变量名
    //my_mutex.lock();
    if (!msgRecvQueue.empty())
    {
        command = msgRecvQueue.front();              //返回第一个元素但不检查元素存在与否
        msgRecvQueue.pop_front();
        //my_mutex.unlock();
        return true;
    }
    //my_mutex.unlock();
    return false;
}
```

读者可能不明白 std::lock_guard < std::mutex >的工作原理,其实它的工作原理很简单,这样理解:在 lock_guard 类模板的构造函数里,调用了 mutex 的 lock 成员函数,而在析构函数里,调用了 mutex 的 unlock 成员函数,仅此而已。当执行下面这行代码:

```
std::lock_guard < std::mutex > sbguard(my_mutex);
```

就等于调用了 mutex 的 lock 成员函数。当 return 到 outMsgLULProc 函数外边去的时候,sbguard(这是一个局部变量)超出了作用域,系统会自动调用它的析构函数,相当于调用了 mutex 的 unlock 成员函数。所以从此就不用再担心 lock 后忘记 unlock 的问题。

虽然 sbguard(std::lock_guard < std::mutex >类型对象)使用起来很方便,但它不如单独使用 mutex 灵活,因为如果单独使用 mutex,则可以随时通过调用 mutex 的 unlock 成员函数来解锁互斥量。而使用 sbguard 无法做到这一点,仅当 sbguard 超出作用域或者所在函数返回的时候才会因为 std::lock_guard < std::mutex >析构函数的执行而去调用 mutex 的 unlock 成员函数。下面再改造一下 inMsgRecvQueue 成员函数的代码,笔者特意将

sbguard 用"{}"包起来,当超过这个"{}"所代表的范围/作用域时,sbguard 就会调用 mutex 的 unlock 成员函数。

```
void inMsgRecvQueue()
{
    for (int i = 0; i < 100000; i++)
    {
        cout << "inMsgRecvQueue()执行,插入一个元素" << i << endl;
        {
            std::lock_guard < std::mutex > sbguard(my_mutex);
            //my_mutex.lock();                    //要操作共享数据,所以先加锁
            msgRecvQueue.push_back(i);
            //my_mutex.unlock(); //共享数据操作完毕,解锁
        }//执行到这里 sbguard 的析构函数就会调用 mutex 的 unlock
    }
}
```

总之,要保证一点,在这些互斥量包裹的位置(互斥量包裹的位置,就是指 lock 和 unlock 之间)之外,不要修改 msgRecvQueue 这种公共数据(共享数据),例如切不可把这种共享数据当作参数传递到其他不受 lock 和 unlock 保护的函数中去操作,否则肯定还会出问题。

17.5.3　死锁

死锁这个词读者也许并不陌生,但死锁到底是什么意思? 它是如何产生的呢?

在这里,笔者举一个现实生活中的死锁例子。

张三站在北京的大道上对全世界喊:"如果李四不来北京,我就站在这里等他一辈子。"

李四站在深圳的大道上对全世界喊:"如果张三不来深圳,我就站在这里等他一辈子。"

结果这两个人都得站在那里等对方一辈子,这就是死锁,都僵在那里等着对方呢!

回到 C++ 开发中,死锁是什么意思呢?

例如有两个锁头(死锁这个问题是由至少两个锁头也就是两个互斥量才能产生)——金锁(Jin Lock)和银锁(Yin Lock),有两个工作线程——线程 A 和线程 B。

假设因为某种业务需求,需要线程 A 和线程 B 都要把这两把锁头锁上才能开始某项工作。

(1) 线程 A 执行的时候,这个线程**先锁金**锁头,把金锁头 lock 成功了,然后去锁银锁头,就在线程 A 要去锁银锁头但还没有锁的时候,因为上下文切换的原因,线程 B 开始执行。

(2) 线程 B 执行了,这个线程**先锁银**锁头,因为银锁头还没有被锁,所以线程 B 显然把银锁头 lock 成功了,然后线程 B 又去锁金锁头。

此时此刻,死锁就产生了,因为:

(1) 线程 A 手里攥着金锁头在等着银锁头解锁。

(2) 线程 B 手里攥着银锁头在等着金锁头解锁。

(3) 线程 A 因为拿不到银锁头,所以流程走不下去,虽然后面的代码有解锁金锁头的代码但流程走不下去,所以金锁头解不开。

(4) 线程 B 因为拿不到金锁头,所以流程走不下去,虽然后面的代码有解锁银锁头的代码但流程走不下去,所以银锁头解不开。

这样每个线程都在这里等着对方线程把锁头解锁，你等我我等你。

1. 死锁演示

这里使用 lock 和 unlock 来演示死锁问题，以达到更明显的演示效果。

通过前面的讲解已经知道，死锁问题的产生至少需要两个互斥量（而且至少也需要两个线程同时运行），所以在类 A 中再定义一个互斥量作为成员变量：

```
std::mutex my_mutex2;                          //创建互斥量
```

这里主要改造的是 inMsgRecvQueue 和 outMsgLULProc 这两个成员函数：

```cpp
void inMsgRecvQueue()
{
    for (int i = 0; i < 100000; i++)
    {
        cout << "inMsgRecvQueue()执行,插入一个元素" << i << endl;
        my_mutex.lock(); //两行lock()代码不一定紧挨着,可能它们要保护不同的数据共享块
        //......需要保护的一些共享数据
        my_mutex2.lock();
        msgRecvQueue.push_back(i);
        my_mutex2.unlock();
        my_mutex.unlock();
    }
}
bool outMsgLULProc(int& command)
{
    my_mutex2.lock();
    my_mutex.lock();
    if (!msgRecvQueue.empty())
    {
        command = msgRecvQueue.front();
        msgRecvQueue.pop_front();
        my_mutex.unlock();
        my_mutex2.unlock();
        return true;
    }
    my_mutex.unlock();
    my_mutex2.unlock();
    return false;
}
```

执行起来会发现某个时刻，程序锁住了，执行不下去了，屏幕上再无任何输出了。这就是典型的程序死锁。

2. 死锁的一般解决方案

不难感受到，死锁主要的问题是线程入口函数 inMsgRecvQueue 中加锁的顺序是先锁 my_mutex 后锁 my_mutex2，而 outMsgLULProc 中加锁的顺序正好反过来了——先锁 my_mutex2 而后锁了 my_mutex。所以，只要程序员确保这两个互斥量上锁的先后顺序相同就不会死锁。

所以修改 outMsgLULProc 代码，把其中的 lock 语句行的顺序调整一下：

```cpp
my_mutex.lock();
my_mutex2.lock();
```

而 unlock 的顺序则没有太大关系(建议谁后 lock,谁就先 unlock)。所以两对 unlock 可以建议调整(上面的 lock 顺序是**必须**调整,而这里的 unlock 顺序是**建议**调整)成如下顺序:

```
my_mutex2.unlock();
my_mutex.unlock();
```

再次执行起来,结果一切正常,死锁问题解决。

上面的范例直接使用的是 mutex 的 lock 和 unlock 成员函数,其实使用 std::lock_guard 类模板也是可以的。改造一下 inMsgRecvQueue 的代码:

```
void inMsgRecvQueue()
{
    for (int i = 0; i < 100000; i++)
    {
        cout << "inMsgRecvQueue()执行,插入一个元素" << i << endl;
        std::lock_guard < std::mutex > sbguard1(my_mutex);
        std::lock_guard < std::mutex > sbguard2(my_mutex2);
        msgRecvQueue.push_back(i);
    }
}
```

再改造一下 outMsgLULProc 的代码:

```
bool outMsgLULProc(int& command)
{
    std::lock_guard < std::mutex > sbguard1(my_mutex);
    std::lock_guard < std::mutex > sbguard2(my_mutex2);
    if (!msgRecvQueue.empty())
    {
        command = msgRecvQueue.front();
        msgRecvQueue.pop_front();
        return true;
    }
    return false;
}
```

3. std::lock 函数模板

std::lock 函数模板能一次锁住两个或者两个以上的互斥量(互斥量数量是 2 个到多个,不可以是 1 个),它不存在多个线程中因为锁的顺序问题导致死锁的风险。

如果这些互斥量中有一个没锁住,就要卡在 std::lock 那里等着,等所有互斥量都锁住,std::lock 才能返回,程序执行流程才能继续往下走。

可以想象一下 std::lock 的工作步骤。例如它先锁第一个互斥量,成功锁住,但锁第二个互斥量的时候如果锁定失败,此时它会把第一个锁住的互斥量解锁(不然别的用到这个锁的线程就会卡死),同时等在那里,等着两个互斥量都能锁定。所以 std::lock 锁定两个 mutex 的特点是:要么两个 mutex(互斥量)都锁住,要么两个 mutex 都没锁住,此时 std::lock 卡在那里不断地尝试锁这两个互斥量。

所以,std::lock 是要处理多个互斥量的时候才出场的。

这里用 std::lock 改造一下上面的 inMsgRecvQueue 函数:

```
void inMsgRecvQueue()
{
    for (int i = 0; i < 100000; i++)
    {
        cout << "inMsgRecvQueue()执行,插入一个元素" << i << endl;
        std::lock(my_mutex, my_mutex2);           //相当于每个互斥量都调用了 lock
        msgRecvQueue.push_back(i);
        my_mutex2.unlock();                        //前面锁住 2 个,后面就得解锁 2 个
        my_mutex.unlock();
    }
}
```

接着改造一下 outMsgLULProc 函数:

```
bool outMsgLULProc(int& command)
{
    std::lock(my_mutex2, my_mutex);               //两个顺序谁在前谁在后无所谓
    if (!msgRecvQueue.empty())
    {
        command = msgRecvQueue.front();
        msgRecvQueue.pop_front();
        my_mutex.unlock();                         //先 unlock 谁后 unlock 谁并没关系
        my_mutex2.unlock();
        return true;
    }
    my_mutex2.unlock();
    my_mutex.unlock();
    return false;
}
```

执行起来,整个程序的运行没有什么问题。

上面的代码还是有略微遗憾的,因为还要程序员自己操心 unlock 的事,能不能继续借助 std::lock_guard 来帮助程序员 unlock 呢? 能! 这就需要再次修改 inMsgRecvQueue 代码(见下面的修改)。

std::lock 这种一次锁住多个互斥量的函数模板,要谨慎使用(对于互斥量,还是建议一个一个地锁)。因为一般来讲,用到两个或者两个以上互斥量的线程,每个互斥量都应该是保护不同的代码段,也就是说,两个互斥量的 lock 应该是有先有后,两个互斥量同时(在同一行代码中或者叫同一个时刻)锁住的情况不多见。

4. std::lock_guard 的 std::adopt_lock 参数

再次修改 inMsgRecvQueue 代码为如下内容:

```
void inMsgRecvQueue()
{
    for (int i = 0; i < 100000; i++)
    {
        cout << "inMsgRecvQueue()执行,插入一个元素" << i << endl;
        std::lock(my_mutex, my_mutex2);
        std::lock_guard < std::mutex > sbguard1(my_mutex, std::adopt_lock);
        std::lock_guard < std::mutex > sbguard2(my_mutex2, std::adopt_lock);
        msgRecvQueue.push_back(i);
    }
}
```

执行起来,整个程序的运行没有什么问题。

可以注意到,在生成 std::lock_guard < std::mutex >对象的时候,第二个参数是 std::adopt_lock,原来没有这个参数,现在有了。

前面讲解 std::lock_guard < std::mutex >对象时谈到,在该对象的构造函数中会调用互斥量的 lock 函数,在析构函数中会调用互斥量的 unlock 函数。现在的情况是已经调用 std::lock 把这两个互斥量都 lock 上了,就不需要再通过 std::lock_guard 来 lock 一次了,所以这里给出了 std::lock_guard < std::mutex >对象的第二个参数 std::adopt_lock,std::adopt_lock 其实是一个结构体对象,这里就是起一个标记作用,不用深究。这个标记起的作用就是通知系统其中的互斥量已经被 lock 过了,不需要 std::lock_guard < std::mutex >对象在构造函数中再次 lock,只需要在析构函数中 unlock 这个互斥量就可以了。

17.6 unique_lock 详解

unique_lock 是一个类模板,它的功能与 lock_guard 类似,但是比 lock_guard 更灵活。在日常的开发工作中,一般情况下,lock_guard 就够用了(推荐优先考虑使用 lock_guard),但是,读者以后可能参与的实际项目千奇百怪,说不准就需要用 unique_lock 里面的功能,而且如果阅读别人的代码,也可能会遇到 unique_lock,所以这里讲一讲 unique_lock。

有一点要说明一下,那就是笔者不会面面俱到地把所有涉及多线程的 C++11 类模板、函数等都讲一遍,因为有很多内容用到的机会非常少,而理解起来难度却很大,所以笔者把握的原则是把一些最基本、最重要、最常用的内容传达给读者,让读者能够应付绝大多数工作,其他很少用到的知识点,读者可以在以后的实际工作中去进一步学习,从而不断完善自己的知识体系。

上一节学习了 lock_guard,已经知道了 lock_guard 能够取代 mutex(互斥量)的 lock 和 unlock 函数。lock_guard 的简单工作原理就是:在 lock_guard 的构造函数里调用了 mutex 的 lock 成员函数,在 lock_guard 的析构函数里调用了 mutex 的 unlock 成员函数。

unique_lock 和 lock_guard 一样,都是用来对 mutex(互斥量)进行加锁和解锁管理,但是,lock_guard 不太灵活:构造 lock_guard 对象的时候 lock 互斥量,析构 lock_guard 对象的时候 unlock 互斥量。相比之下,unique_lock 的灵活性就要好很多,当然,灵活性高的代价是执行效率差一点,内存占用的也稍微多一点。

先把代码恢复到上一节使用 lock_guard 时的状态。类 A 的完整代码如下:

```
class A
{
public:
    //把收到的消息(玩家命令)放入到一个队列的线程
    void inMsgRecvQueue()                        //unlock()
    {
        for (int i = 0; i < 100000; ++i)
        {
            cout << "inMsgRecvQueue()执行,插入一个元素" << i << endl;

            std::lock_guard < std::mutex > sbguard1(my_mutex);
            msgRecvQueue.push_back(i); //假设这个数字就是收到的命令,则把它直接放到消息
                                        //队列里
```

```
            //······
            //其他处理代码
        }
        return;
    }

    bool outMsgLULProc(int& command)
    {
        std::lock_guard< std::mutex > sbguard1(my_mutex);

        if (!msgRecvQueue.empty())
        {
            //消息不为空
            command = msgRecvQueue.front();        //返回第一个元素,但不检查元素是否存在
            msgRecvQueue.pop_front();               //移除第一个元素,但不返回
            return true;
        }
        return false;
    }

    //把数据从消息队列中取出的线程
    void outMsgRecvQueue()
    {
        int command = 0;
        for (int i = 0; i < 100000; ++i)
        {
            bool result = outMsgLULProc(command);
            if (result == true)
            {
                cout << "outMsgRecvQueue()执行了,从容器中取出一个元素" << command << endl;
                //可以考虑进行命令(数据)处理
                //······
            }
            else
            {
                //消息对列为空
                cout << "outMsgRecvQueue()执行了,但目前收消息队列中是空元素" << i << endl;
            }
        }
        cout << "end" << endl;
    }
private:
    std::list< int > msgRecvQueue; //容器(消息队列),专门用于代表玩家给咱们发送过来的命令
    std::mutex my_mutex;                         //创建了一个互斥量 (一把锁头)
};
```

在 main 主函数中代码没什么变化,依旧如下:

```
A myobja;
std::thread myOutnMsgObj(&A::outMsgRecvQueue, &myobja);
std::thread myInMsgObj(&A::inMsgRecvQueue, &myobja);
myInMsgObj.join();
myOutnMsgObj.join();
cout << "main 主函数执行结束!" << endl;
```

17.6.1　unique_lock 取代 lock_guard

首先要说的是：unique_lock 可以完全取代 lock_guard。直接修改源代码，一共有两个地方需要修改，每个地方都直接用 unique_lock 替换 lock_guard 即可：

```
std::unique_lock < std::mutex > sbguard1(my_mutex);
```

执行起来，一切都没有问题。

17.6.2　unique_lock 的第二个参数

lock_guard 带的第二个参数前面讲解过了一个——std::adopt_lock。相关代码如下：

```
std::lock_guard < std::mutex > sbguard1(my_mutex, std::adopt_lock);
```

std::adopt_lock 参数起的是一个标记作用。

1. std::adopt_lock

std::adopt_lock 标记表示这个互斥量已经被 lock 过了（程序员要确保互斥量已经调用了 lock 成员函数，否则代码会报异常），不需要 std::lock_guard < std::mutex >对象在构造函数中再 lock 这个互斥量了。换句话说，这个标记的效果是"假设调用方线程已经拥有互斥量的所有权（已经调用了 lock）"。

unique_lock 也可以带这个标记，含义也一样，就是不希望在 unique_lock 的构造函数中 lock 这个互斥量。当然如果代码写成如下这样：

```
std::unique_lock < std::mutex > sbguard1(my_mutex, std::adopt_lock);
```

则铁定出现异常（因为互斥量还没有被 lock 呢），此时将程序代码中每个出现 std::unique_lock 的行修改为如下两行即可：

```
my_mutex.lock();
std::unique_lock < std::mutex > sbguard1(my_mutex, std::adopt_lock);
```

执行起来，一切都没有问题。

到目前为止，看到的 unique_lock 还是依旧和 lock_guard 功能一样，但笔者刚才说过，unique_lock 更占内存，运行效率差一点，但也更灵活。它的灵活性怎样体现呢？

现在介绍两行有趣的代码，后面会用到，这两行代码可以让线程休息一定的时间：

```
std::chrono::milliseconds dura(20000); //定义一个时间相关对象,初值 2 万,单位毫秒
std::this_thread::sleep_for(dura);      //卡在这里 2 万毫秒(20s)
```

现在修改一下 outMsgLULProc 函数，修改后的代码如下，主要是修改了前面几行代码：

```
bool outMsgLULProc( int& command)
{
    std::unique_lock < std::mutex > sbguard1(my_mutex);
    std::chrono::milliseconds dura(20000);          //卡在这里 20s
    std::this_thread::sleep_for(dura);
    if (!msgRecvQueue.empty())
```

```
    {
        command = msgRecvQueue.front();
        msgRecvQueue.pop_front();
        return true;
    }
    return false;
}
```

然后修改一下 inMsgRecvQueue 函数，把如下两行代码：

```
my_mutex.lock();
std::unique_lock < std::mutex > sbguard1(my_mutex, std::adopt_lock);
```

还原为如下一行：

```
std::unique_lock < std::mutex > sbguard1(my_mutex);
```

运行起来并跟踪调试不难发现，一旦 outMsgLULProc 被卡住 20s，则 inMsgRecvQueue 这个线程因为 lock 不成功，也会被卡 20s。因为 main 主函数中 outMsgRecvQueue 线程先被创建，所以一般会先执行(不是绝对的，也可能后执行)，因此其调用的 outMsgLULProc 函数也会率先 lock 成功互斥量，如图 17.13 所示。

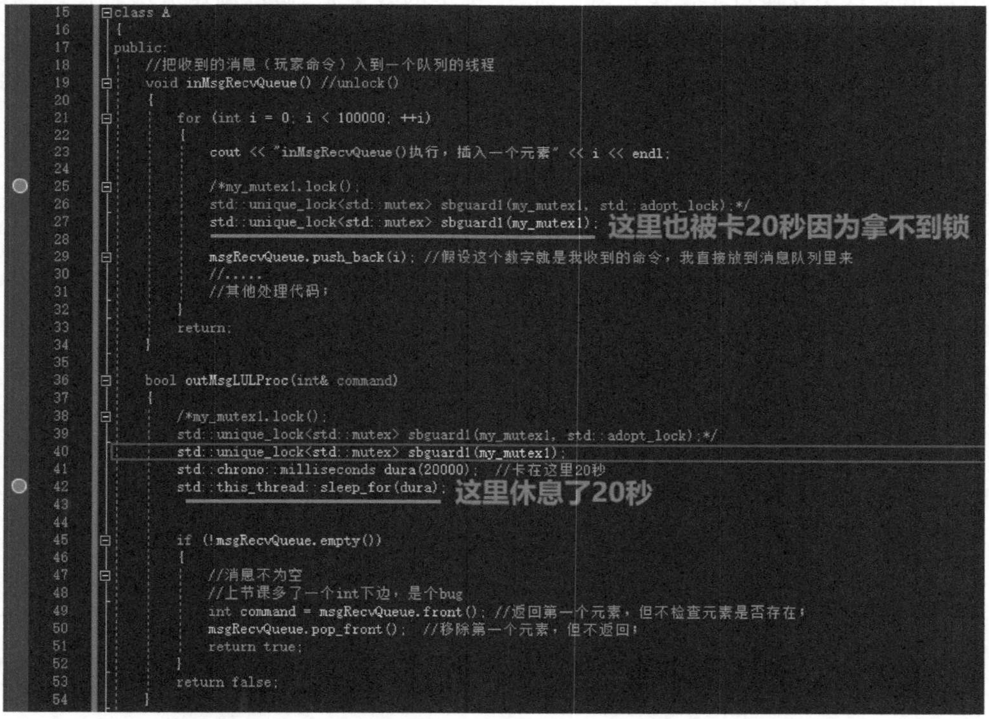

图 17.13　一个线程拿到锁后休息 20s 会导致另一个线程因为拿不到锁而卡在 lock 处 20s

所以 outMsgLULProc 中休息 20s 会导致 inMsgRecvQueue 也被卡了 20s。

有些读者可能觉得 outMsgLULProc 休息 20s 可以，但导致 inMsgRecvQueue 也被卡了 20s，感觉不太好。

读者已经知道,mutex 的 lock 调用后,拿到锁就会立即返回,拿不到锁就会卡在 lock 调用这行一直等着拿到锁。其实下面这行代码也是一样的,拿不到锁就一直卡在这行(执行流程不往下走):

```
std::unique_lock < std::mutex > sbguard1(my_mutex);
```

这时 unique_lock 的灵活性就体现出来了。如果 unique_lock 拿不到锁,那么不让它卡住,可以让它干点别的事。

这就引出了 unique_lock 所支持的另一个第二参数:std::**try_to_lock**。

总结:使用 std::adopt_lock 的前提是开发者需要先把互斥量 lock 上。

2. std::try_to_lock

这个第二参数的含义是:系统会尝试用 mutex 的 lock 去锁定这个 mutex,但如果没锁成功,也会立即返回,并不会阻塞在那里(使用 std::try_to_lock 的前提是**程序员不能自己先去 lock 这个 mutex**,因为 std::try_to_lock 会尝试去 lock,如果程序员先 lock 了一次,那这里就等于再次 lock 了,两次 lock 的结果就是程序卡死了)。

当然,如果 lock 了,在离开 sbguard1 作用域或者从函数中返回时会自动 unlock。

修改 inMsgRecvQueue 函数代码,在其中使用 std::unique_lock 以及第二参数 std::try_to_lock。代码如下:

```
void inMsgRecvQueue()
{
    for (int i = 0; i < 100000; ++i)
    {
        cout << "inMsgRecvQueue()执行,插入一个元素" << i << endl;
        std::unique_lock < std::mutex > sbguard1(my_mutex, std::try_to_lock);
        if (sbguard1.owns_lock())              //条件成立表示拿到了锁头
        {
            //拿到了锁头,离开 sbguard1 作用域锁头会自动释放
            msgRecvQueue.push_back(i);
            //......
            //其他处理代码
        }
        else
        {
            //没拿到锁
            cout << "inMsgRecvQueue()执行,但没拿到锁,只能干点别的事" << i << endl;
        }
    }
    return;
}
```

然后可以把 outMsgLULProc 函数中代码行"std::chrono::milliseconds dura(20000);"休息的时间改短一点,方便设置断点观察(否则在 inMsgRecvQueue 中的 if 条件内设置断点会很难有机会触发到)。修改为:

```
std::chrono::milliseconds dura(200);              //休息 200ms
```

执行起来不难发现,即便是 outMsgLULProc 函数休息的时候,inMsgRecvQueue 函数的代码也不会卡住,总是不断地在执行下面这行代码:

```
        cout << "inMsgRecvQueue()执行,但没拿到锁,只能干点别的事" << i << endl;
```

总结：使用 std::try_to_lock 的前提是开发者不可以自己把互斥量 lock 上。

3. std::defer_lock

unique_lock 所支持的另一个第二参数：std::defer_lock（**用这个 defer_lock 的前提是程序员不能自己先去 lock 这个 mutex，**否则会报异常）。

std::defer_lock 的意思就是初始化这个 mutex，但是这个选项表示并没有给这个 mutex 加锁，初始化了一个没有加锁的 mutex。那读者可能有疑问：弄一个没加锁的 mutex 干什么呢？这个问题问得好，这个没加锁的 mutex 也同样体现了 unique_lock 的灵活性，通过这个没加锁的 mutex，可以灵活地调用很多 unique_lock 相关的成员函数。

借着这个 std::defer_lock 参数的话题，介绍一下 unique_lock 这个类模板的一些重要的成员函数，往下看。

总结：使用 std::defer_ lock 的前提是开发者不可以自己把互斥量 lock 上。

17.6.3　unique_lock 的成员函数

1. lock

给互斥量加锁，如果无法加锁，会阻塞一直等待拿到锁。改造一下 inMsgRecvQueue 函数的代码，如下：

```
void inMsgRecvQueue()
{
    for (int i = 0; i < 100000; ++i)
    {
        cout << "inMsgRecvQueue()执行,插入一个元素" << i << endl;
        std::unique_lock < std::mutex > sbguard1(my_mutex, std::defer_lock);
        sbguard1.lock();//反正 unique_lock 能自动解锁,不用自己解,所以这里只管加锁
        msgRecvQueue.push_back(i);
    }
    return;
}
```

其他代码不需要改动，执行起来，一切正常。

2. unlock

针对加锁的互斥量，给该互斥量解锁，不可以针对没加锁的互斥量使用，否则报异常。

在加锁互斥量后，随时可以用该成员函数再重新解锁这个互斥量。当然，解锁后，若需要操作共享数据，还要再重新加锁后才能操作。

虽然 unique_lock 能够自动解锁，但是也可以用该函数手工解锁。所以，该函数也体现了 unique_lock 比 lock_guard 灵活的地方——随时可以解锁。

3. try_lock

尝试给互斥量加锁，如果拿不到锁，则返回 false；如果拿到了锁，则返回 true。这个成员函数不阻塞。改造一下 inMsgRecvQueue 函数的代码，如下：

```
void inMsgRecvQueue()
{
    for (int i = 0; i < 100000; ++i)
```

```
    {
        cout << "inMsgRecvQueue()执行,插入一个元素" << i << endl;
        std::unique_lock < std::mutex > sbguard1(my_mutex, std::defer_lock);
        if (sbguard1.try_lock() == true) //返回 true 表示拿到了锁,自己不用管 unlock 问题
        {
            msgRecvQueue.push_back(i);
        }
        else
        {
            cout << "抱歉,没拿到锁,做点别的事情吧!" << endl;
        }
    }
    return;
}
```

执行起来,一切正常。

4. release

返回它所管理的 mutex 对象指针,并**释放所有权**。也就是这个 unique_lock 和 mutex 不再有关系。严格区别 release 和 unlock 这两个成员函数的区别,unlock 只是让该 unique_lock 所管理的 mutex 解锁而不是解除两者的关联关系。

一旦解除该 unique_lock 和所管理的 mutex 的关联关系,如果原来 mutex 对象处于加锁状态,则程序员有责任负责解锁。

改造一下 inMsgRecvQueue 函数的代码,如下:

```
void inMsgRecvQueue()
{
    for (int i = 0; i < 100000; ++i)
    {
        cout << "inMsgRecvQueue()执行,插入一个元素" << i << endl;
        std::unique_lock < std::mutex > sbguard1(my_mutex); //mutex 锁定
        std::mutex * p_mtx = sbguard1.release(); //现在关联关系解除,程序员有责任自己解锁
                                                  //了,其实这个就是 my_mutex,现在 sbguard1
                                                  //已经不和 my_mutex 关联了(可以设置断点
                                                  //并观察)
        msgRecvQueue.push_back(i);
        p_mtx -> unlock();                        //因为前面已经加锁,所以这里要自己解锁了
    }
    return;
}
```

执行起来,一切正常。

总结:其实,这些成员函数并不复杂。lock 了,就要 unlock,就是这样简单。使用了 unique_lock 并对互斥量 lock 之后,可以随时 unlock。当需要访问共享数据的时候,可以再次调用 lock 来加锁,而笔者要重点强调的是,lock 之后,不需要再次 unlock,即便忘记了 unlock 也无关紧要,**unique_lock 会在离开作用域的时候检查关联的 mutex 是否 lock,如果 lock 了,unique_lock 会帮助程序员 unlock**。当然,如果已经 unlock,unique_lock 就不会再做 unlock 的动作。

可能有读者会问,为什么 lock 中间又需要 unlock 然后再次 lock 呢?因为读者要明白一个原则:锁住的内容越少,执行得越快,执行得快,尽早把锁解开,其他线程 lock 时等待的时间就越短,整个程序运行的效率就越高。所以有人也把用锁锁住的代码多少称为锁的粒

度,粒度一般用粗细描述:

- 锁住的代码少,粒度就细,程序执行效率就高。
- 锁住的代码多,粒度就粗,程序执行效率就低(因为其他线程访问共享数据等待的时间会更长)。

所以,程序员要尽量选择合适粒度的代码进行保护,粒度太细,可能漏掉要保护的共享数据(这可能导致程序出错甚至崩溃),粒度粗了,可能影响程序运行效率。选择合适的粒度,灵活运用 lock 和 unlock,就是高级程序员能力和实力的体现。

17.6.4　unique_lock 所有权的传递

不难看出,unique_lock 要发挥作用,应该和一个 mutex(互斥量)绑定到一起,这样才是一个完整的能发挥作用的 unique_lock。

换句话说,通常情况下,unique_lock 需要和一个 mutex 配合使用或者说这个 unique_lock 需要管理一个 mutex 指针(或者说这个 unique_lock 正在管理这个 mutex)。

可以设置一个断点跟踪一下代码,看一看 unique_lock 和 mutex 的关联关系,如图 17.14 所示。

图 17.14　unique_lock 和 mutex 的关联性(unique_lock 看起来正指向一个 mutex 对象)

读者应该知道,一个 mutex 应该只和一个 unique_lock 绑定,不会有人把一个 mutex 和两个 unique_lock 绑定吧? 那是属于自己给自己找不愉快。如下代码不应该而且还会报异常:

```
std::unique_lock < std::mutex > sbguard1(my_mutex);
std::unique_lock < std::mutex > sbguard10(my_mutex);
```

这里引入"所有权"的概念。所有权指的就是 unique_lock 所拥有的这个 mutex,unique_lock 可以把它所拥有的 mutex 传递给其他的 unique_lock。所以,unique_lock 对这个 mutex 的所有权是属于**可以移动但不可以复制**的,这个所有权的传递与 unique_ptr 智能指针的所有权传递非常类似。

改造一下 inMsgRecvQueue 函数的代码,如下:

```
void inMsgRecvQueue()
{
    for (int i = 0; i < 100000; ++i)
    {
        cout << "inMsgRecvQueue()执行,插入一个元素" << i << endl;
        std::unique_lock < std::mutex > sbguard1(my_mutex);
        //std::unique_lock < std::mutex > sbguard10(sbguard1); //复制所有权,不可以
        std::unique_lock < std::mutex > sbguard10(std::move(sbguard1)); //移动语义,现在 my_
                                              //mutex 和 sbguard10 可以绑定到一起了.
                                              //设置断点调试,移动后 sbguard1 指向
                                              //空,sbguard10 指向了该 my_mutex
        msgRecvQueue.push_back(i);
```

```
    }
    return;
}
```

另外,返回 unique_lock 类型,这也是一种用法(程序写法)。将来读者看到类似代码的时候,也要能够理解。

在类 A 中增加一个成员函数,代码如下:

```
std::unique_lock < std::mutex > rtn_unique_lock()
{
    std::unique_lock < std::mutex > tmpguard(my_mutex);
    return tmpguard; //从函数返回一个局部 unique_lock 对象是可以的,返回这种局部对象
//tmpguard 会导致系统生成临时 unique_lock 对象,并调用 unique_lock 的移动构造函数
}
```

改造一下 inMsgRecvQueue 函数的代码,增加对 rtn_unique_lock 成员函数的调用:

```
void inMsgRecvQueue()
{
    for (int i = 0; i < 100000; ++i)
    {
        std::unique_lock < std::mutex > sbguard1 = rtn_unique_lock();
        msgRecvQueue.push_back(i);
    }
    return;
}
```

执行起来,一切正常。读者可以设置断点并跟踪调试进一步深入理解这段代码。

17.7　单例设计模式共享数据分析、解决与 call_once

前面讲解了互斥量,互斥量是最通用的保护共享数据的机制。但是也有其他的保护共享数据的机制。

17.7.1　设计模式简单谈

"设计模式"在前些年是非常流行的一个术语,设计模式就是开发程序的一些代码写法(这些写法往往比较特别,与常规写法不同),运用了这些代码写法的程序,其特点就是程序写起来比较灵活(增加或者减少某些功能不会牵一发而动全身),但如果全面接管和掌控运用设计模式所书写的项目,会感觉非常痛苦(例如常规下 1 个类就能实现的功能,运用设计模式后可能需要 3~5 个类才能实现)。

用设计模式书写的程序有点像变形金刚。变形金刚全身每个零件都能动,都灵活,所以它变形、扩展都方便,但笔者相信,制作、研究其结构、组装它的人一定是很痛苦的。

用设计模式理念写出来的代码确实是很晦涩的,但国内有那么一个阶段,非常流行设计模式,面试必考,那个时候被面试的人要是一口气不说出 10 个或 8 个设计模式,那工作都找不到,谈到写程序必然谈到设计模式。

设计模式,其实是国外的开发者应付特别大的项目时把项目的开发经验、模块划分经验等总结起来构成的一系列开发技巧(先有开发需求,后有理论总结和整理)。不过这件事情拿到国内来就有点不太一样了,很多人拿着程序硬往设计模式上套,一个小小的项目非要用

几个设计模式进去,本末倒置,与推出设计模式的初衷完全相反。

设计模式有它独特的优点,但读者如果接触到设计模式,还是应该活学活用,不要深陷其中,生搬硬套,笔者认为这对程序员的成长弊大于利。

17.7.2 单例设计模式

其中有一种设计模式叫单例模式,使用频率比较高。什么叫单例呢?就是整个项目有某个或者某些特殊的类,属于该类的对象,只能创建一个,无法创建多个。

例如以往有个类 A:

```
class A
{
public:
};
```

要创建属于该类的对象,则愿意创建几个就创建几个,没有什么限制。例如,创建两个 A 类对象 a1 和 a2,这是完全可以的。代码如下:

```
A a1;
A a2;
```

但是,单例类特殊在只能创建该类的一个对象(后面会有演示),整个项目中就用这一个对象来进行各种相关操作。为什么说单例模式使用频率比较高呢?例如做一些配置文件的读写等工作,整个项目中用这一个对象操作就够用了,根本不需要创建多个相同类型的对象。

有一个项目,参与开发者分别是张三、李四、王五,现在张三开发了一个和配置文件相关的类,但是张三不希望李四、王五生成这个类的很多对象去操作这个配置文件,因为不但没这个必要,而且代码管理起来也很混乱,容易出问题,所以张三就把这个配置文件相关的类写成了一个单例类。

现在写一个单例类,请注意看代码,看看用 C++ 如何写一个比较实用的单例类。这段代码也许读者在日后的工作中能够拿来商用,请注意代码积累。

类 MyCAS 可以写在 MyProject.cpp 的上面,代码如下,**请读者仔细阅读**:

```
class MyCAS                              //这是一个单例类
{
private:
    MyCAS() {}                           //构造函数是私有的

private:
    static MyCAS * m_instance;

public:
    static MyCAS * GetInstance()
    {
        if (m_instance == NULL)
        {
            m_instance = new MyCAS();
            static CGarhuishou cl;       //生命周期一直到程序退出
        }
        return m_instance;
```

```
    }
    class CGarhuishou                          //类中套类,用于释放对象
    {
    public:
        ~CGarhuishou()
        {
            if (MyCAS::m_instance)
            {
                delete MyCAS::m_instance;
                MyCAS::m_instance = NULL;
            }
        }
    };
    void func()                                //普通成员函数,方便做一些测试调用
    {
        cout << "测试" << endl;
    }
};
```

接着,要对静态成员变量 m_instance 定义和初始化一下。接着上述类 MyCAS 定义代码行的下面继续写:

```
MyCAS * MyCAS::m_instance = NULL;              //类静态成员变量定义并初始化
```

上面是一段比较精巧的代码,值得读者仔细阅读和分析,注意看它是怎样 new,怎样 delete 的,尤其是 delete 的技巧,是比较不常见到的,这里介绍给读者。

注意到该类的构造函数是用 private 修饰的,这样就不能创建基于该类的对象了。例如下面的代码都将无法编译通过,这正是单例类要达到的效果。

```
MyCAS a1;                                      //非法
MyCAS * pa = new MyCAS();                       //非法
```

那么,在 main 主函数中,如何创建这个单例类的对象呢? 在 main 主函数中,加入如下代码:

```
MyCAS * p_a = MyCAS::GetInstance();            //创建单例类 MyCAS 类的对象
p_a -> func();                                 //一条测试语句,用于打印结果
MyCAS::GetInstance() -> func();                //这种写法的测试语句也可以打印结果
```

执行起来,看一看结果:

```
测试
测试
```

从结果中可以看出,运行一切正常。

读者可能有个疑问: 这个单例类对象所占用的内存在程序退出时会主动释放吗? 会主动释放的(当然,不主动释放等待程序运行结束时由操作系统来回收也可以,但主动释放是一个更好的习惯)。读者可以把程序断点设置在如下代码行:

```
delete MyCAS::m_instance;
```

跟踪调试,当整个程序结束的时候,上面代码行会被执行,从而在程序结束之前,主动释

放单例类对象的内存空间(这样程序退出时就不会造成任何内存泄漏)。可以以 static CGarhuishou cl;代码行为突破口,分析一下上面这行 delete 代码是如何被执行的。

这里简单说一下该单例类对象在程序运行结束时的释放原理。因为 cl 是一个静态成员变量,其生命周期会一直持续到整个程序的退出,当整个程序退出的时候,会调用 cl 所属类(CGarhuishou)的析构函数,在该析构函数中释放该单例类对象的内存。

17.7.3 单例设计模式共享数据问题分析、解决

接下来可能要面临一个问题,就是这个单例类可能会被多个线程使用,如果能够做到这个单例类中的数据被初始化完之后是只读的,那么不要紧,只读数据是可以被多个线程同时读的,不需要互斥。

在上面的代码中,这个单例类对象的创建是在主线程中完成的,这没有什么问题,而且在主线程中并在所有其他子线程创建并运行之前创建 MyCAS 单例类对象的做法是笔者强烈推荐的。因为这个时候不存在多线程对这个单例类对象访问的冲突问题。如果这个单例类对象还需要从配置文件中装载数据,那么也可以在这个时机把所有该装载的文件数据都装载进来。这样如果以后在所有其他线程中都只需要从这个单例类中读共享数据,那么在多个线程中访问(读)这些共享数据都不需要加锁,可以随意随时读。

但是笔者并不排除,在实际项目中可能会面临着需要在程序员自己创建的线程(而不是主线程)中创建 MyCAS 单例类对象,而且程序员自己创建的线程可能还不是 1 个,而是至少 2 个,也就是说,这段创建 MyCAS 单例类对象的代码(GetInstance)可能需要做互斥。看看如下这种写法。

在 MyProject.cpp 的上面增加如下线程入口函数:

```
void mythread()
{
    cout << "我的线程开始执行了" << endl;
    MyCAS * p_a = MyCAS::GetInstance();          //在这里初始化就很可能出现问题
    cout << "我的线程执行完毕了" << endl;
    return;
}
```

在 main 主函数中删除以往代码,加入如下代码:

```
std::thread mytobj1(mythread);
std::thread mytobj2(mythread);
mytobj1.join();
mytobj2.join();
```

虽然这两个线程用的是同一个线程入口函数,但这是两个线程,所以有可能会有两个流程(两条通路)同时开始执行 mythread 线程入口函数。

在线程中调用如下代码初始化就可能出现问题:

```
MyCAS * p_a = MyCAS::GetInstance();
```

试想这种可能,线程 1 **刚要**执行如下行:

```
m_instance = new MyCAS();
```

操作系统突然切换到线程 2,线程 2 判断 if (m_instance == NULL)条件成立,则线程 2 也要执行如下行:

```
m_instance = new MyCAS();
```

当线程 2 把上面这行执行完毕后,操作系统又切换回线程 1 继续执行,导致第一个线程执行了一次"m_instance = new MyCAS();"。

这样看起来,"m_instance = new MyCAS();"其实是被执行了两次(每个线程各执行了一次)。

这就有问题了,尽管每个线程分别 new MyCAS 对象一次的情况很少出现(多次执行这个可执行程序才有可能碰到这里描述的情形),但毕竟是有概率发生的。这个时候,读者可能马上就想到解决办法了:使用一个互斥量来解决不就可以了嘛! 好,加个互斥量看一看。

在类 MyCAS 定义的前面,增加一个全局互斥量:

```
std::mutex resource_mutex;
```

然后,就要修改一下 MyCAS 类里的 GetInstance 成员函数,把这个互斥量用进去。修改后的代码如下:

```
static MyCAS * GetInstance()
{
    std::unique_lock < std::mutex > mymutex(resource_mutex); //自动加锁
    if (m_instance == NULL)
    {
        m_instance = new MyCAS();
        static CGarhuishou cl;                      //生命周期一直到程序退出
    }
    return m_instance;
}
```

说到这里,也许一些读者认为这个话题就结束了。其实没有结束,因为这样写程序,肯定会被高手不屑或被项目经理痛骂。在其他线程中可能需要用到这个单例类对象,而且在实际项目中,也可能会频繁地在许多这个或者那个线程中不停地调用 MyCAS::GetInstance 函数,因为只有通过(借助)GetInstance 成员函数才能获取单例类 MyCAS 的对象从而能够调用到 MyCAS 中的成员函数。例如,若想调用 MyCAS 类中的 func 成员函数,就要写下面这样的代码:

```
MyCAS * p_a = MyCAS::GetInstance();
p_a -> func();
```

那么,在 GetInstance 成员函数中,就为了解决一个初始化该类对象时的互斥问题,居然在 GetInstance 中增加互斥量,导致所有调用该函数的调用者线程都被互斥一下,这非常影响性能。因为除了初始化那个时刻,其他的时候完全不需要互斥。一旦初始化完毕,不管是否互斥调用 GetInstance,这个 if (m_instance == NULL)条件都不会成立,从而完全可以确保初始化完毕之后,"m_instance = new MyCAS();"代码行绝不会被再次执行。

所以,把互斥量写在这里非常影响效率。那怎样改进呢? 看一看笔者写的改进代码:

```
static MyCAS * GetInstance()
```

```
    {
        if (m_instance == NULL)
        {
            std::unique_lock < std::mutex > mymutex(resource_mutex); //自动加锁
            if (m_instance == NULL)
            {
                m_instance = new MyCAS();
                static CGarhuishou cl;                    //生命周期一直到程序退出
            }
        }
        return m_instance;
    }
```

可以注意到,在上面多包了一层 if(m_instance == NULL),也就是有两个 if(m_instance == NULL),许多资料上叫这种写法为"双重锁定"或者"双重检查"。

第一次看到这种代码的读者可能不太习惯,也不太理解为什么要多包一层 if(m_instance == NULL),其实就是为了提高效率而采用的一种代码书写手段。笔者解释一下:

(1)必须要承认一点:如果条件 if(m_instance != NULL)成立,则肯定代表 m_instance 已经被 new 过了。

(2)如果条件 if(m_instance == NULL)成立,不代表 m_instance 一定没被 new 过,因为很可能线程 1 刚要执行"m_instance = new MyCAS();"代码行,就切换到线程 2 去了(结果线程 2 可能就会 new 这个单例对象),但是一会切换回线程 1 时,线程 1 会立即执行"m_instance = new MyCAS();"来 new 这个单例对象(结果 new 了两次这个单例对象)。

所以笔者才会说:if(m_instance == NULL)成立,不代表 m_instance 一定没被 new 过。

那么,在 m_instance 可能被 new 过(也可能没被 new 过)的情况下,再去加锁。加锁后,只要这个锁能锁住,那再次判断条件 if(m_instance == NULL),如果这个条件依然满足的话,那肯定表示这个单例类对象还没有被初始化,这个时候就可以放心地用 new 来初始化。

例如,线程 1 马上要执行代码行"m_instance = new MyCAS();"时,一下切换到线程 2 去了,那线程 2 拿不到锁它就要卡在那里(此时又会自动切换回线程 1),等线程 1 执行完 new 的操作,然后释放了锁,线程 2 拿到锁,此时线程再判断 if(m_instance == NULL)条件肯定就不成立了。

那平时常规调用 GetInstance 的时候,因为最外面有一个条件判断 if(m_instance == NULL)在,这样就不会每次调用 GetInstance 都会创建一次互斥量。也就是说,平常的调用根本就执行不到创建互斥量的代码,而是直接执行"return m_instance;",这样调用者就能够直接拿到这个单例类的对象,所以肯定提高了执行 GetInstance 的效率。

说到这里,这个话题其实就可以告一段落了。因为这段代码的效率也可以说还是可以的:因为只有初始化单例类对象的时候临界一下,其他常规调用都不需要临界。

这里笔者留下一个思考题:GetInstance 这个成员函数,除开效率问题,有没有什么隐含在代码中的缺陷,欢迎读者和笔者一同思考,如果有什么发现,也欢迎一起交流。笔者留下这个思考题当然不是卖关子,而是唯恐自身在知识体系上有所缺陷而误导读者,所以如果读者朋友发现有什么不妥之处,还请联系笔者,不吝赐教!

17.7.4　std::call_once

这里借着刚才所讲述的案例,顺便简单讲解一下 call_once 的用法。这是一个 C++11 引入的函数,这个函数的第二个参数是某个其他的函数名。

假设有个函数,名字为 a,call_once 的功能就是能够保证函数 a 只被调用一次。读者都知道,例如有两个线程都调用函数 a,那么这个函数 a 肯定是会被调用两次。但是,有了 call_once,就能保证,即便是在多线程下,这个函数 a 也只会被调用一次。请读者想象,如果把刚才的单例类对象的初始化代码放到这种只被调用一次的函数 a 里,是不是也能解决刚才所面对的单例对象在多线程情况下初始化需要互斥的问题。

所以从这个角度讲,call_once 也是具备互斥量的能力的,而且效率上据说比互斥量消耗的资源更少。

引入 std::once_flag,这是一个结构,在这里就理解为一个标记即可,call_once 就是通过这个标记来决定对应的函数 a 是否执行,调用 call_once 成功后,call_once 会反转这个标记的状态,这样再次调用 call_once 后,对应的函数 a 就不会再次被执行了。

下面改造一下代码。首先定义一个全局量如下:

```
std::once_flag g_flag;                          //这是一个系统定义的标记
```

在 MyCAS 类定义中,增加如下 private 修饰的成员函数 CreateInstance:

```
private:
    static void CreateInstance()
    {
        //如下两行是测试代码
        //std::chrono::milliseconds dura(20000);  //1s = 1000ms,所以 20000ms = 20s
        //std::this_thread::sleep_for(dura);       //休息一定的时长
        m_instance = new MyCAS();
        cout << "CreateInstance()执行完毕";        //测试用
        static CGarhuishou cl;
    }
```

然后也要重新修改 GetInstance 成员函数:

```
static MyCAS * GetInstance()
{
    std::call_once(g_flag, CreateInstance); //两个线程同时执行到这里时,其中一个线程卡在
//这行等另外一个线程的该行执行完毕(所以可以把 g_flag 看成一把锁)
    return m_instance;
}
```

通过设置断点、跟踪调试以及在 CreateInstance 中增加 std::this_thread::sleep_for 等手段,调试程序可以发现,当两个线程同时执行到代码行 std::call_once 的时候,只有一个线程真正进入了对 CreateInstance 的调用中去了,此时,另外一个线程卡在 std::call_once 所在行处于一直等待中。当进入 CreateInstance 的线程返回时,g_flag 标记被设置,这个设置导致卡在 std::call_once 行的另一个线程不会再去调用 CreateInstance 函数,从而保证即便是有多个线程存在,但对 CreateInstance 函数的调用只有一次,从而确保了单例类对象只会被 new 一次("m_instance = new MyCAS();"代码行只会被执行一次)。

再调整一下 GetInstance 的写法,加一个条件判断,是否可以让效率再提高一点,请读者自行品评:

```
static MyCAS * GetInstance()
{
    if (m_instance == NULL)                      //同样为提高效率
    {
        std::call_once(g_flag, CreateInstance);
    }
    return m_instance;
}
```

最后值得再次说明的是,虽然本节讲的还是多线程互斥的话题,但是针对这种单例类对象的初始化工作,强烈建议**放在主线程中其他子线程创建之前进行**,这样当各个子线程开始工作时,单例类对象已经创建完毕,就完全不必要在 GetInstance 成员函数中考虑多线程调用时的互斥问题,只需要像本节最初那样书写 GetInstance 版本代码行即可。也就是下面这个版本:

```
public:
    static MyCAS * GetInstance()
    {
        if (m_instance == NULL) //在主线程中其他子线程创建之前创建单例类对象,完全不必考
                                //虑多线程互斥问题
        {
            m_instance = new MyCAS();
            static CGarhuishou cl;                //生命周期一直到程序退出
        }
        return m_instance;
    }
```

17.8　condition_variable、wait、notify_one 与 notify_all

17.8.1　条件变量 std::condition_variable、wait 与 notify_one

C++11 新标准中提供的多线程函数总是比较多,适合于各种不同的应用场景,在学习一个新知识点的时候首先要考虑的问题就是它有什么实际用途,结合着实际用途学习新知识、新函数,就很容易掌握。

这里讲解的话题是条件变量。条件变量有什么用处呢?当然也是用在线程中,例如它用在线程 A 中等待一个条件满足(如等待消息队列中有要处理的数据),另外还有个线程 B(专门往消息队列中扔数据),当条件满足时(消息队列中有数据时),线程 B 通知线程 A,那么线程 A 就会从等待这个条件的地方往下继续执行。

现在把代码恢复到第 17.6 节讲 unique_lock 时的代码,这段代码读者已经比较熟悉了,inMsgRecvQueue 负责往消息队列中插入数据,而 outMsgRecvQueue 所调用的 outMsgLULProc 负责从消息队列中取得数据。

整个代码看起来如下:

```cpp
class A
{
public:
    //把收到的消息(玩家命令)放入到一个队列的线程
    void inMsgRecvQueue()
    {
        for (int i = 0; i < 100000; ++i)
        {
            cout << "inMsgRecvQueue()执行,插入一个元素" << i << endl;

            std::unique_lock < std::mutex > sbguard1(my_mutex);
            msgRecvQueue.push_back(i); //假设这个数字就是收到的命令,则将其直接放到消息
                                       //队列里
            //……
            //其他处理代码
        }
        return;
    }


    bool outMsgLULProc(int& command)
    {
        std::unique_lock < std::mutex > sbguard1(my_mutex);

        if (!msgRecvQueue.empty())
        {
            //消息不为空
            command = msgRecvQueue.front();     //返回第一个元素,但不检查元素是否存在
            msgRecvQueue.pop_front();            //移除第一个元素,但不返回
            return true;
        }
        return false;
    }

    //把数据从消息队列中取出的线程
    void outMsgRecvQueue()
    {
        int command = 0;
        for (int i = 0; i < 100000; ++i)
        {
            bool result = outMsgLULProc(command);
            if (result == true)
            {
                cout << "outMsgRecvQueue()执行了,从容器中取出一个元素" << command << endl;
                //可以考虑进行命令(数据)处理
                //……
            }
            else
            {
                //消息对列为空
                cout << "outMsgRecvQueue()执行了,但目前收消息队列中是空元素" << i << endl;
            }
        }
        cout << "end" << endl;
    }
```

```
private:
    std::list < int > msgRecvQueue; //容器(消息队列),专门用于代表玩家给咱们发送过来的命令
    std::mutex my_mutex;                        //创建了一个互斥量 (一把锁头)
};
```

main 主函数内容如下：

```
int main()
{
    A myobja;
    std::thread myOutnMsgObj(&A::outMsgRecvQueue, &myobja); //第二个参数是引用,才能保证线
                                                            //程里用的是同一个对象
    std::thread myInMsgObj(&A::inMsgRecvQueue, &myobja);
    myInMsgObj.join();
    myOutnMsgObj.join();
    cout << "main 主函数执行结束!" << endl;
    return 0;
}
```

现在这个代码是稳定、正常工作的。笔者希望在这个代码基础之上，引入新的类 std::condition_variable 的讲解。

现在分析一下上述代码中一些不如人意的地方，如 outMsgLULProc 函数。可以看到，代码中是不停地尝试加锁，一旦加锁成功，代码就判断消息队列是否为空，如果不为空，就从队列中取出数据，然后处理数据、输出数据等都可以。

但是这样不停地尝试加锁，锁住再去判断消息队列是否为空，这种代码实现方式虽然能正常工作，但可想而知，代码的效率肯定不会很高。

有些读者也许想到了上一节所讲解的"双重锁定"或者"双重检查"。可能自己会动手修改一下代码来提高效率。例如，修改一下 outMsgLULProc 成员函数：

```
bool outMsgLULProc( int& command)
{
    if (!msgRecvQueue.empty())                  //不为空
    {
        std::unique_lock < std::mutex > sbguard1(my_mutex);
        if (!msgRecvQueue.empty())
        {
            //消息不为空
            command = msgRecvQueue.front();     //返回第一个元素,但不检查元素是否存在
            msgRecvQueue.pop_front();           //移除第一个元素,但不返回
            return true;
        }
    }
    return false;
}
```

执行起来，结果一切正常。程序整体运行是稳定的，可以认为效率上是有一定的提升。但是这种不断地测试 empty 的方法，肯定也是让人感觉非常不好的。

在实际工作中，这种不好的写法很多人都在用。通过一个循环（如这里 outMsgRecvQueue 中的 while 死循环）不断地检测一个标记，当标记成立时，就去做一件事情。

那么，能不能有更好的解决方法，避免不断地判断消息队列是否为空，而改为当消息队列不为空的时候做一个通知，相关代码段（其他线程的代码段）得到通知后再去取数据呢？这个想法很好，但要怎样实现呢？

这就需要用到 std::condition_variable，这是一个类，一个和条件相关的类，用于等待一个条件达成。这个类需要和互斥量配合工作，用的时候要生成这个类的对象，看一看代码应该怎样写，首先，在类 A 中定义一个新的私有成员变量：

```
private:
    std::condition_variable my_cond;                //生成一个条件对象
```

接下来，要改造 outMsgRecvQueue 成员函数。改造的目标就是希望 outMsgRecvQueue 只有在有数据的时候才去处理，没数据的时候保持一种等待状态。

把 outMsgRecvQueue 中原来的代码注释掉，写入一些新代码（请详细查看下列代码中的注释行）。完整的 outMsgRecvQueue 代码现在如下：

```
void outMsgRecvQueue()
{
    int command = 0;
    while (true)
    {
        std::unique_lock < std::mutex > sbguard1(my_mutex); //临界进去
        //wait()用于等一个东西
        //如果 wait()第二个参数的 lambda 表达式返回的是 true,wait 就直接返回
        //如果 wait()第二个参数的 lambda 表达式返回的是 false,那么 wait()将解锁互斥量并堵
        //塞到这行。那堵到什么时候为止呢?堵到其他某个线程调用 notify_one()通知为止
        //如果 wait()不用第二个参数,那跟第二个参数为 lambda 表达式并且返回 false 效果一样
        //(解锁互斥量并堵塞到这行,堵到其他某个线程调用 notify_one()通知为止)
        my_cond.wait(sbguard1, [this] {
            if (!msgRecvQueue.empty())
                return true;
            return false;
            });
        //一会再写其他的……
    } //end while
}
```

接着，改造一下 inMsgRecvQueue 函数。看怎样写：

```
void inMsgRecvQueue()
{
    for (int i = 0; i < 100000; ++i)
    {
        cout << "inMsgRecvQueue()执行,插入一个元素" << i << endl;
        std::unique_lock < std::mutex > sbguard1(my_mutex);
        msgRecvQueue.push_back(i);
        my_cond.notify_one(); //尝试把卡(堵塞)在 wait()的线程唤醒,但仅唤醒了还不够,这里
                              //必须把互斥量解锁,另外一个线程的 wait()才会继续正常工作
    }
    return;
}
```

视线继续回到 outMsgRecvQueue 中来：outMsgRecvQueue 线程中的 wait 被 inMsg-

RecvQueue 线程中的 notify_one 唤醒了。就好像一个人正在睡觉,被其他人叫醒的感觉。wait 被唤醒之后,开始恢复干活,恢复之后的 wait 做了什么事情呢?

(1) wait 不断地尝试重新获取并加锁该互斥量,若获取不到,它就卡在这里反复尝试获取,获取到了,执行流程就继续往下走。

(2) wait 在**获取到互斥量并加锁该互斥量后:**

① 如果 wait 有第二个参数(lambda)表达式,就判断这个 lambda 表达式:

• 如果 lambda 表达式为 false,那么这个 wait 又对互斥量解锁,然后又堵塞在这里等待被 notify_one 唤醒。

• 如果 lambda 表达式为 true,那么 wait 返回,执行流程走下来(注意现在互斥量是被锁着的)。

② 如果 wait 没有第二个参数表达式,则 wait 返回,流程走下来(注意现在互斥量是被锁着的)。

请读者仔细考虑,lambda 表达式中的 if(!msgRecvQueue.empty())判断行,这行非常重要,因为唤醒这件事,存在虚假唤醒(本章后面会谈这个话题)的情形,也存在一次唤醒一堆线程的情形。总之,一旦 wait 被唤醒后(因为此时互斥量是加锁的,多线程操作也安全),用 if 语句再次判断 msgRecvQueue 中到底有没有数据是非常正确的做法。所以,请读者认真学习这种代码写法。

现在继续完善 outMsgRecvQueue 函数。可以确定,流程只要能够从 wait 语句行走下来,msgRecvQueue 中必然有数据存在(锁住了互斥量又判断了 msgRecvQueue 不为空)。所以下面的代码安全,没有任何问题:

```
void outMsgRecvQueue()
{
    int command = 0;
    while (true)
    {
        std::unique_lock < std::mutex > sbguard1(my_mutex);
        my_cond.wait(sbguard1, [this] {
            if (!msgRecvQueue.empty())
                return true;
            return false;
            });
        //现在互斥量是锁着的,流程走下来意味着msgRecvQueue 队列里必然有数据
        command = msgRecvQueue.front();          //返回第一个元素,但不检查元素是否存在
        msgRecvQueue.pop_front();                //移除第一个元素,但不返回
        sbguard1.unlock(); //因为 unique_lock 的灵活性,可以随时 unlock 解锁,以免锁住太长时间
        cout << "outMsgRecvQueue()执行,取出一个元素" << command << endl;
    } //end while
}
```

上面代码请仔细阅读,当从 msgRecvQueue 中取出数据,outMsgRecvQueue 把互斥量解锁后(其实不用程序员解锁也可以,系统能够自动解锁),inMsgRecvQueue 线程就又可以获取互斥量并能够继续往 msgRecvQueue 中插入数据了。

当然,这个程序不完美,但不影响学习和研究 std::condition_variable 的用法。

有几点要说明:

（1）例如当 inMsgRecvQueue 执行完，若没有唤醒 outMsgRecvQueue，则 outMsg-RecvQueue 的执行流程会一直卡在 wait 所在行。

（2）当 wait 有第二个参数时，这个参数是一个可调用对象，如函数、lambda 表达式等都属于可调用对象。后面章节也会专门讲解可调用对象。

（3）假如 outMsgRecvQueue 正在处理一个事务，需要一段时间，而不是正卡在 wait 行进行等待，那么此时 inMsgRecvQueue 中调用的 notify_one 也许不会产生任何效果。

通过上面的改造可以认为，程序效率肯定是有所提升，那么可以认为，这个改法还是不错的。下面进一步研究深入一点的问题。

17.8.2　上述代码深入思考

上述代码执行的比较顺利，但有一点千万不能忽略，这些代码只是一些演示代码，如果想用在商业用途中，则还要进行更严密的思考和完善。

（1）例如，在 outMsgRecvQueue 中，当 wait 运行下来的时候，可能 msgRecvQueue 中包含着多条数据，不仅仅是一条，如果队列中数据过多，outMsgRecvQueue 处理不过来怎么办？

再者就是为什么队列中的数据会有多条？这说明 inMsgRecvQueue 和 outMsgRecvQueue 都会去竞争锁，但到底谁拿得到是不一定的。当 inMsgRecvQueue 执行了 my_cond. notify_one，虽然一般都会唤醒 my_cond. wait，但这不代表 my_cond. wait 就一定能拿到锁（也许锁立即又被 inMsgRecvQueue 拿去了）。

（2）另外，notify_one 是用来把 wait 代码行唤醒，如果当前执行的流程没有停留在 wait 代码行，那么 notify_one 的执行就等于啥也没做（没有任何效果）。这也是一个值得思考的问题。

读者在学习多线程编程的过程中，凡是自己可能用到的多线程相关类、函数等，一定要研究明白，清晰地知道它们的工作流程，然后再使用。如果没有研究明白就使用，那很可能就会出现用错的情况，导致程序写出来不能按照预想来工作，而且这种错误非常难排查。

当然可能出现因为想不到的原因，导致程序并没有按照期望工作，这就是经验的价值，也就是许多老程序员工资比年轻程序员高一大截的原因，每个程序员的成长都要爬过无数的坑，摔无数的跟头。笔者希望这本书能让读者尽量少摔跟头！

另外某些函数，如果觉得没有把握用好，就不用它，想其他的办法解决。例如，本节虽然讲解了 std::condition_variable，但不代表必须要用它，可能读别人代码的时候别人使用了，那么自己能读懂别人写的代码也是很好的。

特别值得一提的是，笔者在本节提供了一个额外的课件文件 ngx_c_threadpool. cxx 供读者参考。在这个文件中展现了一个商业质量的线程池代码（比较完善），其中实现的功能和本节所讲的内容非常类似（但解决了本小节提到的所有让人担心的问题），虽然它的多线程实现代码用的是 pthread 多线程库，但都可以在本章中找到相匹配的函数。如果读者有兴趣，可以尝试利用 C++11 新标准提供的多线程函数改造 ngx_c_threadpool. cxx 中的代码。当然，改造的前提是先能够读懂其源码。其中，ThreadFunc 成员函数就类似于本节所讲的 outMsgRecvQueue 成员函数，而 inMsgRecvQueueAndSignal 成员函数就类似于本节所讲的 inMsgRecvQueue 成员函数。

如果读者无法读懂 ngx_c_threadpool.cxx 中的内容也不要紧,因为其中的内容是非常高级的 C++编程话题,具有较高的掌握难度,可能需要一段时间才能慢慢理解。当然,笔者会在《C++新经典:Linux C++通信架构实战》书籍中详细讲述这些代码。

17.8.3 notify_all

上面学习了 notify_one,用于通知一个线程(outMsgRecvQueue)某个事件的到来。假设现在有两个 outMsgRecvQueue 线程,来改造一下 main 函数看一看:

```
int main()
{
    A myobja;
    std::thread myOutnMsgObj(&A::outMsgRecvQueue, &myobja);  //第二个参数是引用,才能保证线
                                                              //程里用的是同一个对象
    std::thread myOutnMsgObj2(&A::outMsgRecvQueue, &myobja);
    std::thread myInMsgObj(&A::inMsgRecvQueue, &myobja);
    myInMsgObj.join();
    myOutnMsgObj2.join();
    myOutnMsgObj.join();
    cout << "main 主函数执行结束!" << endl;
    return 0;
}
```

执行起来,结果一切正常。

请想想执行过程,inMsgRecvQueue 调用 notify_one,notify_one 调用一次可以通知一个线程,但具体通知哪个线程,不一定,因为这里有两个 outMsgRecvQueue 线程可能都在 wait。

为了验证这个问题,修改一下 outMsgRecvQueue 函数最后一行(cout)的输出代码,把线程 id 也输出出来:

```
cout << "outMsgRecvQueue()执行,取出一个元素" << command << " threadid = " << std::this_
thread::get_id() << endl;
```

再次执行起来,例如可能是如下的输出结果:

```
outMsgRecvQueue()执行,取出一个元素 45770 threadid = 13388
outMsgRecvQueue()执行,取出一个元素 45771 threadid = 13388
outMsgRecvQueue()执行,取出一个元素 45772 threadid = 11536
......
outMsgRecvQueue()执行,取出一个元素 45776 threadid = 13388
```

在上面的结果中可以看到,threadid 有时候是 13388,有时候是 11536,这充分说明了 notify_one 唤醒哪个 outMsgRecvQueue 线程是不确定的。但不管怎么说,系统只唤醒一个 outMsgRecvQueue 线程。因为两个 outMsgRecvQueue 线程做的事情都一样,所以唤醒其中任意一个 outMsgRecvQueue 线程都是没问题的。

在实际工作中,也许会遇到两个不同的线程做两件不同的事情,但这两个线程可能都在 wait 同一个条件变量(std::condition_variable),系统是能够同时通知这两个线程的,notify_one 做不到通知多个线程,而是要改用 notify_all。顾名思义,notify_all 用于通知所有处于 wait 状态的线程。

这里修改一下 inMsgRecvQueue,把其中的 notify_one 修改为 notify_all:

```
void inMsgRecvQueue()
{
    for (int i = 0; i < 100000; ++i)
    {
        cout << "inMsgRecvQueue()执行,插入一个元素" << i << endl;
        std::unique_lock < std::mutex > sbguard1(my_mutex);
        msgRecvQueue.push_back(i);
        //my_cond.notify_one();
        my_cond.notify_all();
    }
    return;
}
```

再次执行起来,结果一切正常,并没有发生什么变化。

在这个范例中,即便使用 notify_all 来通知两个 outMsgRecvQueue 线程,当这两个线程都被唤醒后,这两个线程中的每一个也需要尝试重新获取锁,结果还是只有一个线程能获取到锁往下走,另外一个获取不到锁会继续卡在 wait 那里等待。所以这里用 notify_all 的结果和用 notify_one 的结果相同。请各位读者发挥想象力,想象一下 notify_all 的适用场景。在明白了这些函数的工作原理后,也可以尝试在网络上找一些范例进行练习,好好体会这些函数的用法。

对于初次接触多线程编程的读者,本节所讲的内容有一定难度,但随着时间的推移,您会觉得其实也没有那么难。

17.9 async、future、packaged_task 与 promise

17.9.1 std::async 和 std::future 创建后台任务并返回值

1. std::async 和 std::future 的用法

以往的多线程编程中,用 std::thread 创建线程,用 join 来等待线程。

现在有一个需求,希望线程返回一个结果。当然,可以把线程执行结果赋给一个全局变量,这是一种从线程返回结果的方法,但是否有其他更好一点的方法呢? 有,就是本节所讲的 std::async 和 std::future。

std::async 是一个函数模板,通常的说法是用来启动一个异步任务,启动起来这个异步任务后,它会返回一个 std::future 对象(std::future 是一个类模板)。

std::async 所谓的启动一个异步任务,就是说 std::async 会自动创建一个新线程(有时不会创建新线程,后面会举例)并开始执行对应的线程入口函数。它返回一个 std::future 对象,这个对象里含有线程入口函数的返回结果。可以通过调用 future 对象的成员函数 get 来获取结果。

future 中文含义是"将来",有人称 std::future 提供了一种访问异步操作结果的机制,就是说这个结果可能没办法马上拿到,但不久的将来等线程执行完了,就可以拿到(未来的值)。所以可以这样理解:future 中会保存一个值,在将来某个时刻能够拿到。

看一个范例,既然要用到 std::future,就需要在 MyProject.cpp 文件开始位置

#include 一个头文件：

```
#include <future>
```

继续写一个线程入口函数。代码如下：

```
int mythread()
{
    cout << "mythread() start" << " threadid = " << std::this_thread::get_id() << endl;
                                        //新的线程 id
    std::chrono::milliseconds dura(20000);        //1s = 1000ms,所以 20000ms = 20s
    std::this_thread::sleep_for(dura);            //休息一定的时长
    cout << "mythread() end" << " threadid = " << std::this_thread::get_id() << endl;
    return 5;
}
```

在 main 主函数中，代码如下：

```
int main()
{
    cout << "main" << " threadid = " << std::this_thread::get_id() << endl;
    std::future<int> result = std::async(mythread); //流程并不会卡在这里,注意如果线程
                                        //入口函数需要参数,可以把参数放在
                                        //async 的第二个参数的位置
    cout << "continue…!" << endl;
    cout << result.get() << endl; //卡在这里等待线程执行完,但是这种 get 因为一些内部特殊操
                                        //作,不能 get 多次,只能 get 一次,否则执行会报异常
    cout << "main 主函数执行结束!" << endl;
    return 0;
}
```

执行起来，看一看结果：

```
main threadid = 15064
continue......!
mythread() start threadid = 6896
mythread() end threadid = 6896
5
main 主函数执行结束!
```

整个程序并不难理解，async 自动创建并开始运行 mythread 线程。当主线程执行到 result.get 这行时，卡在这里，等待 mythread 线程执行完毕（等待 20s），当 mythread 线程执行完毕后，result.get 会返回 mythread 线程入口函数所返回的结果（5），通过代码行 cout << result.get() << endl；将结果 5 输出到屏幕，而后主线程执行完毕，进程结束运行。

上面通过 std::future 的 get 成员函数等待线程结束并返回结果。所以，future 的 get 是很特殊的一个函数，不拿到值誓不罢休，程序执行流程必须卡在这里等待线程返回值为止。

所以必须要保证，和 std::future 有关的内容一定要返回值或者一定要给 result 值，不然后续的 result.get 就会一直卡着。

std::future 还有一个叫 wait 的成员函数，这个成员函数只是等待线程返回，但本身不返回结果。读者可以把 main 主函数中的代码行"cout << result.get() << endl；"换成"result.wait()；"试试。

```
result.wait();                    //流程卡在这里等待线程返回,但本身不返回结果
```

可以给 async 带参数,和前面讲解的 std::thread 里带的参数很类似,前面的范例看到的 async 只带一个参数(线程入口函数名)。如果用类的成员函数做线程入口函数,那 async 就要跟 std::thread 一样,看一看代码该怎样写。

创建一个类 A,可以直接把上面的 mythread 改造成类 A 的成员函数,然后给 mythread 加一个形参,并在最上面加一行代码输出形参值。

类 A 看起来如下:

```
class A
{
public:
    int mythread(int mypar)
    {
        cout << mypar << endl;
        cout << "mythread() start" << " threadid = " << std::this_thread::get_id() << endl;
        std::chrono::milliseconds dura(20000);
        std::this_thread::sleep_for(dura);
        cout << "mythread() end" << " threadid = " << std::this_thread::get_id() << endl;
        return 5;
    }
};
```

在 main 主函数中注释掉原来的代码,加入如下代码:

```
int main()
{
    A a;
    int tmppar = 12;
    cout << "main" << " threadid = " << std::this_thread::get_id() << endl;
    std::future< int > result = std::async(&A::mythread,&a,tmppar); //这里第二个参数是对象地
                                                                     //址,才能保证线程里面用的
                                                                     //是同一个对象.第三个参数
                                                                     //是线程入口函数的参数
    cout << "continue......!" << endl;
    cout << result.get() << endl;
    cout << "main 主函数执行结束!" << endl;
    return 0;
}
```

执行起来,结果一切正常。

```
main threadid = 11552
continue…!
12
mythread() start threadid = 13868
mythread() end threadid = 13868
5
main 主函数执行结束!
```

通过前面的范例演示可以注意到,mythread 线程一旦创建起来,就开始执行了。

2. std::async 额外参数详解

可以给 async 提供一个额外的参数,这个额外参数的类型是 std::launch 类型(一个枚举类型),来表示一些额外的含义。看一看这个枚举类型可以取哪些值。

(1) std::launch::deferred。

该参数表示线程入口函数的执行被延迟到 std::future 的 wait 或者 get 函数调用时,如果 wait 或者 get 没有被调用,则干脆这个线程就不执行了。

修改 main 主函数中的 async 代码行如下:

```
auto result = std::async(std::launch::deferred, &A::mythread, &a, tmppar); //这里注意,偷懒
                                                                           //写法: auto
```

这样写之后,线程并没有创建,如果 main 主函数中后续既没有调用 wait 也没有调用 get,则什么事情也不会发生。

如果后续调用 wait 或者 get,则可以发现 mythread 线程入口函数被执行了,但同时也会惊奇地发现,认知中的 async 调用在这里**根本没创建新线程**,而是在主线程中调用的 mythread 线程入口函数,因为看下面的执行结果,子线程和主线程的线程 id 相同,都是 15072:

```
main threadid = 15072
continue…!
12
mythread() start threadid = 15072
mythread() end threadid = 15072
5
main 主函数执行结束!
```

上面这种写法没有创建出新线程,那么如果程序员希望创建新线程来执行 mythread 线程入口函数,该怎样做到呢?

(2) std::launch::async。

该参数表示在调用 async 函数时就开始创建并执行线程(强制这个异步任务在新线程上执行)。这意味着**系统必须要创建出新线程来执行**。

修改 main 主函数中的 async 代码行如下:

```
auto result = std::async(std::launch::async, &A::mythread, &a, tmppar);
```

执行起来,看一看结果:

```
main threadid = 9892
continue…!
12
mythread() start threadid = 7916
mythread() end threadid = 7916
5
main 主函数执行结束!
```

观察上面的结果可以发现,会创建新的线程(主线程 id 和子线程 id 不同)。现在的情况是 async 调用后线程就**创建并立即开始执行**。

（3）std::launch::deferred 和 std::launch::async。

如果同时使用 std::launch::deferred 和 std::launch::async 参数，会是什么样的情形呢？

修改 main 主函数中的 async 代码行如下：

```
auto result = std::async(std::launch::async | std::launch::deferred, &A::mythread, &a,
tmppar); //"|"符号表示两个枚举值一起使用
```

这里的两个枚举值用"|"连起来，是什么含义？这个含义千万不要理解错，这里非常容易理解错。这个"|"是或者的关系（参见 11.1.2 节的按位或运算），意味着 async 的行为**可能是"创建新线程并立即开始执行线程"或者"没有创建新线程并且延迟到调用 result. get 或 result. wait 才开始执行线程入口函数（确切地说，这只是在主线程中调用线程入口函数而已）"，两者居其一。**

也就是说，这种带"|"的用法，是否创建新线程，是不确定的，可能创建新线程，可能不创建新线程，系统根据一定的因素（如是否系统硬件资源即将枯竭等）去评估，去自行选择。换句话来说：任务以同步（不创建新线程）或者异步（创建新线程）的方式运行皆有可能。

执行起来，看一看结果（这个结果显然任务是以异步也就是创建新线程的方式运行）：

```
main threadid = 16256
continue......!
12
mythread() start threadid = 15796
mythread() end threadid = 15796
5
main 主函数执行结束！
```

（4）不用任何额外的参数。

前面使用过 async 的这种用法，修改 main 主函数中的 async 代码行如下：

```
std::future < int > result = std::async(&A::mythread, &a, tmppar);
```

执行起来，看一看结果：

```
main threadid = 12296
continue…!
12
mythread() start threadid = 15188
mythread() end threadid = 15188
5
main 主函数执行结束！
```

其实，这的效果和前面（3）中描述的效果完全相同。也就是说，如果 std::async 调用中不使用任何额外的参数，那么就相当于使用了 std::launch:: async| std::launch::deferred 作为额外参数，这意味着系统自行决定是以同步（不创建新线程）或者异步（创建新线程）的方式运行任务。

有些读者可能想知道"系统自行决定"的含义。也就是说，什么时候会创建出新线程来执行这个异步任务，什么时候不会创建出新线程来执行这个异步任务呢？这就涉及下面要讲解的话题。

3. std::async 和 std::thread 的区别

通过前面的学习可以知道,创建一个线程,一般都是使用 std::thread 方法。但是如果在一个进程中创建的线程太多导致系统资源紧张(或者是系统资源本来就很紧张的情况下),继续调用 std::thread 可能就会导致创建线程失败,程序也会随之运行崩溃。

而且,std::thread 这种创建线程的方式,如果这个线程返回一个值,程序员想拿到手也并不容易。例如,类似下面这样的代码用来创建一个普通线程:

```
int mythread (){ return 1;}
```

在 main 主函数中:

```
std::thread mytobj(mythread);
mytobj.join();
```

那么这个时候就想到了 std::async,它与 std::thread 不同,std::thread 是直接的创建线程,而 std::async 其实是叫创建异步任务,也就是说 std::async **可能创建线程,也可能不创建线程**。同时,std::async 还有一个独特的优点:这个异步任务返回的值程序员可以通过 std::future 对象在将来某个时刻(线程执行完)直接拿到手。

例如类似下面这样的代码:

```
int mythread(){return 1;}
```

在 main 主函数中:

```
std::future < int > result = std::async(mythread);  //流程并不会卡在这里
cout << result.get() << endl;                        //卡在这里等待线程执行完
```

以下重点来了,由于系统资源的限制:

(1)如果用 std::thread 创建的线程太多,则很可能创建失败,程序会报异常并且崩溃。

(2)如果用 std::async,一般就不会报异常崩溃,如果系统资源紧张导致无法创建新线程,std::async 不加额外参数(或者额外参数是 std::launch::async｜std::launch::deferred)的调用就不会创建新线程而是后续谁调用了 result.get 来请求结果,那么这个异步任务就运行在执行这条 get 语句所在的线程上。也就是说,**std::async 不保证一定能创建出新线程来**。如果程序员非要创建一个新线程出来,那就要使用 std::launch::async 这个额外参数,那么使用这个额外参数要承受的代价就是:当系统资源紧张时,如果非要创建一个新线程来执行任务,那么程序运行可能会产生异常从而崩溃。

(3)根据经验来讲,一个程序(进程)里面创建的线程数量,如果真有非常大量的业务需求,则一般以 100～200 个为好,最高也不要超过 500 个。因为请不要忘记,线程调度、切换线程运行都要消耗系统资源和时间,读者日后可以依据具体的项目来测试创建多少个线程合适(所谓合适就是运行速度最快,效率最高)。

4. std::async 不确定性问题的解决

std::async 不加额外参数(或者额外参数是 std::launch::async｜std::launch::deferred)的调用,让系统自行决定是否创建新线程,存在了不确定性,这种不确定性可能会面对比较尴尬的无法预知的潜在问题。

例如，如果系统自动决定延迟运行（std::launch::deferred），则意味着用 std::async 创建的任务不会马上执行。甚至如果不调用 std::future 对象的 get 或者 wait 方法，这个任务入口函数（这里称任务入口函数比称线程入口函数更合适）不会执行。

这些潜在问题测试可能还测试不出来，因为**只有计算机运行时间过长负荷太重的时候 std::async 无额外参数调用才会采用延迟调用策略**。否则 std::async 一般都会创建线程来干活，因为创建线程是属于并行干活，效率肯定更高一些。看下面代码行：

```
auto result = std::async(&A::mythread, &a, tmppar);
```

现在问题的焦点在于如何确定上面这行代码所代表的异步任务到底有没有被推迟运行，这个话题在下一节学习了 std::future 对象的 wait_for 函数后会续谈。

17.9.2　std::packaged_task

从字面意思理解，packaged_task 是打包任务，或者说把任务包装起来的意思。

这是一个类模板，它的模板参数是各种可调用对象。通过 packaged_task 把各种可调用对象包装起来，方便将来作为线程入口函数来调用。

这里笔者的主要目的是把 packaged_task 的功能介绍给读者，以让读者有一个大概的印象，具体有什么样的用途，还需要读者在日后的学习中（包括阅读他人所写的代码）慢慢体会。

看看如下范例。如下是一个单独的函数，名字为 mythread，其实在前面已经见过：

```
int mythread(int mypar)
{
    cout << mypar << endl;
    cout << "mythread() start" << " threadid = " << std::this_thread::get_id() << endl;
    std::chrono::milliseconds dura(5000);        //1s = 1000ms,所以 5000ms = 5s
    std::this_thread::sleep_for(dura);           //休息一定的时长
    cout << "mythread() end" << " threadid = " << std::this_thread::get_id() << endl;
    return 5;
}
```

在 main 主函数中，代码如下：

```
int main()
{
    cout << "main" << " threadid = " << std::this_thread::get_id() << endl;
    std::packaged_task < int(int)> mypt(mythread); //把函数 mythread 通过 packaged_task 包装
                                                   //起来
    std::thread t1(std::ref(mypt), 1); //线程直接开始执行,第二个参数作为线程入口函数的参数
    t1.join(); //可以调用这个等待线程执行完毕,不调用这个不行,程序会崩溃
    std::future < int > result = mypt.get_future(); //std::future 对象里含有线程入口函数的
                                                    //返回结果,这里用 result 保存 mythread 返回的结果
    cout << result.get() << endl;
    cout << "main 主函数执行结束!" << endl;
    return 0;
}
```

执行起来，结果如下，一切正常：

```
main threadid = 3040
1
mythread() start threadid = 11308
mythread() end threadid = 11308
5
main 主函数执行结束!
```

如果要利用 std::packaged_task 包装一个 lambda 表达式可不可以呢？可以的。只需要在 main 主函数重新书写如下代码即可：

```
int main()
{
    cout << "main" << " threadid = " << std::this_thread::get_id() << endl;
    std::packaged_task < int(int)> mypt([](int mypar)
    {
        cout << mypar << endl;
        cout << "lambda mythread() start" << " threadid = " << std::this_thread::get_id() << endl;
        std::chrono::milliseconds dura(5000);
        std::this_thread::sleep_for(dura);
        cout << "lambda mythread() end" << " threadid = " << std::this_thread::get_id() << endl;
        return 15;
    });
    std::thread t1(std::ref(mypt), 1);
    t1.join();
    std::future < int > result = mypt.get_future();
    cout << result.get() << endl;
    cout << "main 主函数执行结束!" << endl;
    return 0;
}
```

执行起来，结果如下，一切正常：

```
main threadid = 10332
1
lambda mythread() start threadid = 1380
lambda mythread() end threadid = 1380
15
main 主函数执行结束!
```

当然，packaged_task 包装起来的对象也可以直接调用。所以从这个角度来讲，packaged_task 对象也是一个可调用对象。改造 main 主函数，改造后的代码如下：

```
int main()
{
    cout << "main" << " threadid = " << std::this_thread::get_id() << endl;
    std::packaged_task < int(int)> mypt([](int mypar)
    {
        cout << mypar << endl;
        cout << "lambda mythread() start" << " threadid = " << std::this_thread::get_id() << endl;
        std::chrono::milliseconds dura(5000);
        std::this_thread::sleep_for(dura);
        cout << "lambda mythread() end" << " threadid = " << std::this_thread::get_id() << endl;
```

```
        return 15;
    });
    mypt(105);                                          //可调用对象,直接调用
    std::future < int > result = mypt.get_future();
    cout << result.get() << endl;
    cout << "main 主函数执行结束!" << endl;
    return 0;
}
```

执行起来,结果如下,一切正常。当然,这里并没有创建什么新线程:

```
main threadid = 3356
105
lambda mythread() start threadid = 3356
lambda mythread() end threadid = 3356
15
main 主函数执行结束!
```

在实际工作中,可能遇到 packaged_task 的各种用途,如放到容器中去,然后需要的时候取出来用。

在 main 主函数的上面定义一个全局量:

```
vector < std::packaged_task < int(int)> > mytasks;
```

在 main 主函数中,写入下面的代码:

```
int main()
{
    cout << "main" << " threadid = " << std::this_thread::get_id() << endl;
    std::packaged_task < int(int)> mypt([](int mypar)         //创建或者叫包装一个任务
    {
        cout << mypar << endl;
        cout << "lambda mythread() start" << " threadid = " << std::this_thread::get_id() << endl;
        std::chrono::milliseconds dura(5000);
        std::this_thread::sleep_for(dura);
        cout << "lambda mythread() end" << " threadid = " << std::this_thread::get_id() << endl;
        return 15;
    });
    //入容器
    mytasks.push_back(std::move(mypt)); //移动语义。这里要注意,入进去后 mypt 就 empty 了
    //出容器
    std::packaged_task < int(int)> mypt2;
    auto iter = mytasks.begin();
    mypt2 = std::move( * iter);                           //用移动语义
    mytasks.erase(iter);                                 //删除第一个元素,迭代器已经失效,不能再用
    mypt2(123);                                          //直接调用
    //要取得结果,则还是要借助这个 future
    std::future < int > result = mypt2.get_future();
    cout << result.get() << endl;
    cout << "main 主函数执行结束!" << endl;
}
```

执行起来,结果如下,一切正常。当然,这里并没有创建什么新线程:

```
main threadid = 11712
123
lambda mythread() start threadid = 11712
lambda mythread() end threadid = 11712
15
main 主函数执行结束!
```

前面介绍了一些基本的 packaged_task 用法。当然,用法本身就是多变的,读者以后可能会遇到各种各样的调用方式和各种奇怪的写法,但是有了前面讲解的这些基础,再辅以慢慢分析,在必要的情况下借助搜索引擎,相信理解各种写法的代码并非难事。

17.9.3　std::promise

这是一个类模板,这个类模板的作用是:能够在某个线程中为其赋值,然后就可以在其他的线程中,把这个值取出来使用。

例如,创建一个线程,进行一个复杂的运算,这个运算大概需要好几秒钟,运算完毕了,需要知道运算结果,实现的方法有很多,包括前面讲解的 get 也能拿到。但这里介绍用 promise 来拿这个结果。直接看代码:

```cpp
void mythread(std::promise<int>& tmpp, int calc) //注意第一个参数
{
    cout << "mythread() start" << " threadid = " << std::this_thread::get_id() << endl;
    //做一系列复杂操作
    calc++;
    calc *= 10;
    //做其他运算,整个花费了 5s
    std::chrono::milliseconds dura(5000);
    std::this_thread::sleep_for(dura);

    //终于计算出了结果
    int result = calc;                          //保存结果
    tmpp.set_value(result);                     //结果保存到了 tmpp 这个对象中
    cout << "mythread() end" << " threadid = " << std::this_thread::get_id() << endl;
}
```

在 main 主函数中,写入下面的代码:

```cpp
int main()
{
    cout << "main" << " threadid = " << std::this_thread::get_id() << endl;
    std::promise<int> myprom; //声明 std::promise 对象 myprom,保存的值类型为 int
    //创建一个线程 t1,将函数 mythread 及对象 myprom 作为参数放进去
    std::thread t1(mythread, std::ref(myprom), 180);
    t1.join(); //等线程执行完毕,这个必须有,否则报异常,join 放在.get 后面也可以
    //获取结果值
    std::future<int> fu1 = myprom.get_future(); //promise 和 future 绑定用于获取线程返回值
    auto result = fu1.get(); //获取值,但是这种 get 因为一些内部特殊操作,不能 get 多次,只能
                             //get 一次
    cout << "result = " << result << endl;
    cout << "main 主函数执行结束!" << endl;
    return 0;
}
```

执行起来,结果如下,一切正常:

```
main threadid = 10740
mythread() start threadid = 1436
mythread() end threadid = 1436
result = 1810
main 主函数执行结束!
```

总结起来,就是可以通过 promise 保存一个值,在将来的某个时刻通过把一个 future 绑到这个 promise 上来得到这个绑定的值。

如果把上面代码中的 join 所在行注释掉,虽然程序会卡在"ful.get();"行一直等待线程返回,但整个程序会报异常。当然,把 join 所在行放到 get 所在行之后也是可以的。总之:

- join 和 get 谁先出现,执行流程就会卡在其所在的行等待线程返回。
- 程序中需要出现对 join 的调用,否则执行后程序会报异常。这一点读者可以自己测试。

拿到这个值之后,可以再创建一个线程,把这个结果值放进去,引入 mythread2 函数。代码如下:

```
void mythread2(std::future < int > & tmpf)          //注意参数
{
    auto result = tmpf.get();                       //获取值,只能 get 一次否则会报异常
    cout << "mythread2 result = " << result << endl;
    return;
}
```

在 main 主函数中,代码做适当的调整。调整后的完整代码如下:

```
int main()
{
cout << "main" << " threadid = " << std::this_thread::get_id() << endl;
    std::promise < int > myprom; //声明一个 std::promise 对象 myprom,保存的值类型为 int
    //创建一个线程 t1,将函数 mythread 及对象 myprom 作为参数放进去
    std::thread t1(mythread, std::ref(myprom), 180);
    t1.join(); //等线程执行完毕,这个必须有,否则报异常,join 放在.get 后面也可以

    //获取结果值
    std::future< int > ful = myprom.get_future(); //promise 和 future 绑定用于获取线程返回值
    //auto result = ful.get(); //获取值,但是这种 get 因为一些内部特殊操作,不能 get 多次,只
能 get 一次
    //cout << "result = " << result << endl;

    std::thread t2(mythread2, std::ref(ful));
    t2.join(); //等线程执行完毕

    cout << "main 主函数执行结束!" << endl;
    return 0;
}
```

所以,感觉就是通过 std::promise 对象,实现了两个线程之间的数据传递。

当然这里只是简单的传递整型数据,其实数据的类型可以是各种各样的,有时间和兴趣可以自己尝试其他数据类型。

17.9.4 小结

读者也许会有这样一个疑惑：学习了这么多各种各样的多线程函数、对象，那么它们到底怎么用？什么时候用？

其实，学这些东西并不是为了把它们都用在自己实际的开发中。相反，如果能用最少的知识和技巧写出一个稳定、高效的多线程程序，更值得赞赏。

在程序员的成长道路上，阅读一些高手写的代码是非常必要的，从他们的代码中可以快速地实现自己代码库的积累（每个程序员都应该积累一套自己的代码库，里面的代码片段可以随时拿出来用于实际的开发工作中），技术也会有一个比较大幅度的提升。每个程序员都会遇到各种高手，他们写代码的习惯、风格和偏好也可能各不相同。所以在这里学习各种各样的多线程编程知识，笔者更愿意将学习的理由（目的）解释为：为将来能够读懂高手甚至大师写的代码而铺路。

17.10 future 其他成员函数、shared_future 与 atomic

17.10.1 std::future 的其他成员函数

现在把源代码恢复到上一节讲解 async 时的源代码：

```cpp
int mythread()
{
    cout << "mythread() start" << " threadid = " << std::this_thread::get_id() << endl;
                                        //新的线程 id
    std::chrono::milliseconds dura(5000);          //1s = 1000ms, 所以 5000ms = 5s
    std::this_thread::sleep_for(dura);             //休息一定的时长
    cout << "mythread() end" << " threadid = " << std::this_thread::get_id() << endl;
    return 5;
}
```

在 main 主函数中，代码如下：

```cpp
int main()
{
    cout << "main" << " threadid = " << std::this_thread::get_id() << endl;
    std::future < int > result = std::async(mythread); //流程并不会卡在这里
    cout << "continue......!" << endl;
    cout << result.get() << endl; //卡在这里等待线程执行完，但是这种 get 因为一些内部特殊操
                                  //作(移动操作)，不能 get 多次，只能 get 一次
    cout << "main 主函数执行结束!" << endl;
    return 0;
}
```

执行起来，结果如下，一切正常：

```
main threadid = 12024
continue......!
mythread() start threadid = 3916
mythread() end threadid = 3916
5
main 主函数执行结束!
```

实际上 future 还有很多方法，下面要调整 main 主函数中的代码，请读者认真阅读下面的**代码和注释**，因为其中包含着新知识，包括：

- 判断线程是否执行完毕。
- 判断线程是否被延迟执行（而且是通过主线程而非创建子线程来执行）。

调整后的代码如下：

```
int main()
{
    cout << "main" << " threadid = " << std::this_thread::get_id() << endl;
    std::future < int > result = std::async(mythread);
    //std::future < int > result = std::async(std::launch::deferred,mythread); //流程并不会
                                                                    //卡在这里
    cout << "continue......!" << endl;
    //cout << result.get() << endl; //卡在这里等待线程执行完,但是这种 get 因为一些内部特殊
                                    //操作,不能 get 多次,只能 get 一次

    //future_status 看成一个枚举类型
    std::future_status status = result.wait_for (std::chrono::seconds(1)); //等待 1 秒。注
                                //意写法,但如果 async 的第一个参数用了 std::
                                //launch::deferred,则这里是不会做任何等待
                                //的,因为线程根本没启动(延迟)
    if (status == std::future_status::timeout)
    {
        //超时线程还没执行完
        cout << "超时线程没执行完!" << endl;
        cout << result.get() << endl; //没执行完这里也要求卡在这里等线程返回
    }
    else if (status == std::future_status::ready)
    {
        //线程成功返回
        cout << "线程成功执行完毕并返回!" << endl;
        cout << result.get() << endl;
    }
    else if (status == std::future_status::deferred)
    {
        //如果 async 的第一个参数被设置为 std::launch::deferred,则本条件成立
        cout << "线程被延迟执行!" << endl;
        cout << result.get() << endl; //上一节说过,这会导致在主线程中执行了线程入口函数
    }
    cout << "main 主函数执行结束!" << endl;
    return 0;
}
```

17.10.2　续谈 std::async 的不确定性问题

在 17.9.1 节的第 4 个话题中，讲述了 std::async 不加额外参数（或者额外参数是 std::launch::async| std::launch::deferred）的调用，会让系统自行决定是否创建新线程从而会产生无法预知的潜在问题。也谈到了问题的焦点在于如何确定异步任务到底有没有被推迟运行。

这里只需要对 17.10.1 节中的代码做一点小小的改动，就可以确定异步任务到底有没

有被推迟运行。改造 main 主函数,其中 wait_for 的时间给成 0s 即可。

```cpp
int main()
{
    cout << "main start" << " threadid = " << std::this_thread::get_id() << endl;
    std::future < int > result = std::async(mythread);

    std::future_status status = result.wait_for(std::chrono::seconds(0)); //可以写成 0s,还支
                                                                          //持 ms(毫秒)写法
    if (status == std::future_status::deferred)
    {
        cout << "线程被延迟执行!" << endl;
        cout << result.get() << endl; //可以使用.get、.wait()来调用 mythread(同步调用),会卡
                                      //在这里等待完成
    }
    else
    {
        //任务未被推迟,已经开始运行,但是否运行结束,则取决于任务执行时间
        if (status == std::future_status::ready)
        {
            //线程运行完毕,可以获取结果
            cout << result.get() << endl;
        }
        else if (status == std::future_status::timeout)
        {
            //线程还没运行完毕
            //......
        }
    }
    cout << "main 主函数执行结束!" << endl;
    return 0;
}
```

所以,std::async 如何用还是取决于个人,如果说就需要异步执行(创建线程运行),那么就要毫不客气地使用 std::launch::async 作为 std::async 的第一个参数:

```cpp
std::future < int > result = std::async(std::launch::async, mythread);
```

17.10.3　std::shared_future

现在把源代码恢复到上一节讲解 packaged_task 时的源代码:

```cpp
int mythread(int mypar)
{
    cout << "mythread() start" << " threadid = " << std::this_thread::get_id() << endl;
    std::chrono::milliseconds dura(5000);        //1s = 1000ms,所以 5000ms = 5s
    std::this_thread::sleep_for(dura);           //休息一定的时长
    return 5;
}
void mythread2(std::future < int > & tmpf)        //注意参数
{
    cout << "mythread2() start" << " threadid = " << std::this_thread::get_id() << endl;
    auto result = tmpf.get();                     //获取值,只能 get 一次否则会报异常
```

```
        cout << "mythread2 result = " << result << endl;
        return;
}
```

在 main 主函数中，代码如下：

```
int main()
{
        cout << "main" << " threadid = " << std::this_thread::get_id() << endl;
        std::packaged_task < int(int)> mypt(mythread); //把函数 mythread 通过 packaged_task 包装
                                                        //起来
        std::thread t1(std::ref(mypt), 1); //线程直接开始执行,第二个参数作为线程入口函数的参数
        t1.join(); //调用这个等待线程执行完毕,不调用这个不行,程序会崩溃
        std::future < int > result = mypt.get_future();
        std::thread t2(mythread2, std::ref(result));
        t2.join(); //等线程执行完毕
        cout << "main 主函数执行结束!" << endl;
        return 0;
}
```

请回忆一下：用 packaged_task 把线程入口函数包装起来，然后创建线程 mythread，用 join 等待线程执行结束，结束后线程的执行结果其实就保存在 result 这个 future 对象中了。然后启动线程 mythread2，在该线程中把 future 对象（也就是 result）作为参数传递到线程中，而后在线程中调用 future 对象的 get 函数，拿到了线程 mythread 的返回结果。整个程序的工作流程还是比较清晰的。上一节已经有过类似程序的演示了。

但是需要说明的是，因为 future 对象的 get 函数被设计为**移动语义**，所以一旦调用 get，就相当于把这个线程结果信息移动到 result 里面去了，所以再次调用 future 对象中的 get 就不可以了，因为这个结果值已经被移走了，再移动会报异常。那请想想，现在一个线程（mythread2）来 get 这个结果还好说，如果多个线程都需要用到这个结果，都去调用 future 对象的 get 函数，程序肯定报异常。

那么，怎样解决这个问题呢？下面要讲的 std::shared_future 就上场了。

std::shared_future 和 std::future 一样，也是一个类模板。future 对象的 get 函数是把数据进行转移，而 shared_future 从字面分析，是一个共享式的 future，所以不难猜测到，shared_future 的 get 函数应该是把数据进行复制（而不是转移）。这样多个线程就都可以获取到 mythread 线程的返回结果。

下面改造一下程序。首先改造 main 主函数，请注意阅读其中的代码和注释，都很重要：

```
int main()
{
        cout << "main" << " threadid = " << std::this_thread::get_id() << endl;
        std::packaged_task < int(int)> mypt(mythread); //把函数 mythread 通过 packaged_task 包装
                                                        //起来
        std::thread t1(std::ref(mypt), 1); //线程直接开始执行,第二个参数作为线程入口函数的参数
        t1.join(); //调用这个等待线程执行完毕,不调用这个不行,程序会崩溃
        std::future < int > result = mypt.get_future();

        //valid,判断 future 对象里面的值是否有效
        bool ifcanget = result.valid(); //没有被 get 过表示能通过 get 获取,则这里返回 true
        //auto mythreadresult = result.get(); //获取值,只能 get 一次否则会报异常
```

```
        //ifcanget = result.valid(); //future 对象 get 过了,里面的值就没了,这时就返回 false
        std::shared_future < int > result_s (std::move(result)); //std::move(result)也可以替换成
                                            //result.share(),在没针对 result 调用 get 时,把 result
                                            //的内容弄到 shared_future 中来,此时 future 中空了
        ifcanget = result.valid(); //因为 result 中空了,所以 ifcanget 为 false 了,这时不能再用
                                            //result 内容
        ifcanget = result_s.valid(); //因为 result_s 里有内容了,所以 ifcanget 为 true 了

        auto mythreadresult = result_s.get();
        mythreadresult = result_s.get();                    //可以调用多次,没有问题

        std::thread t2(mythread2, std::ref(result_s));
        t2.join();                                          //等线程执行完毕

        cout << "main 主函数执行结束!" << endl;
        return 0;
}
```

mythread2 的代码也要修改,修改后的代码如下:

```
void mythread2(std::shared_future < int > & tmpf)    //注意参数
{
        cout << "mythread2() start" << " threadid = " << std::this_thread::get_id() << endl;
        auto result = tmpf.get();                           //获取值,get 多次没关系
        cout << "mythread2 result = " << result << endl;
        return;
}
```

执行起来,一切正常。

那么,如果在 main 主函数中,直接构造出一个 shared_future 对象不是更好吗? 可以的,改造 main 主函数中的代码。改造后的内容如下:

```
int main()
{
        cout << "main" << " threadid = " << std::this_thread::get_id() << endl;
        std::packaged_task < int(int)> mypt(mythread);
        std::thread t1(std::ref(mypt), 1);
        t1.join();
        std::shared_future < int > result_s(mypt.get_future()); //通过 get_future 返回值直接构造
                                            //了一个 shared_future 对象

        auto mythreadresult = result_s.get();
        mythreadresult = result_s.get();                    //可以调用多次,没有问题
        std::thread t2(mythread2, std::ref(result_s));
        t2.join();                                          //等线程执行完毕
}
```

执行起来,结果如下,一切正常:

```
main threadid = 11640
mythread() start threadid = 13732
mythread2() start threadid = 1908
mythread2 result = 5
main 主函数执行结束!
```

17.10.4　原子操作 std::atomic

1. 原子操作概念引出范例

17.5 节讲解了互斥量。读者都知道,互斥量是用来在多线程编程时"保护共享数据"的。形象地说就是用一把锁把共享数据锁住,操作完了这个共享数据之后,再把这个锁打开,这就是互斥量的应用。

在讲解原子操作之前,首先应该知道一个概念:如果有两个线程,即便是对一个变量进行操作,这个线程读这个变量值,那个线程去写这个变量值,哪怕这种读或者写动作只用一行语句。例如读线程,代码这样写:

```
int tmpvalue = atomvalue; //这里 atomvalue 代表的是多个线程之间要共享的变量
```

写线程,代码这样写:

```
atomvalue++;
```

上面的代码也会出现问题,读者可能认为读 atomvalue 值的时候,要么读到的是 atomvalue 被赋新值之前的老值,要么读到的是被赋值之后的新值,这个想法看起来是对的,但如果更深入地思考一下,事情也许并不如此简单。即便是一个简单的赋值语句操作,在计算机内部也是需要多个步骤来完成的。若对汇编语言比较熟悉,可能感触比较深,一般 C++语言的一条语句会被拆解成多条汇编语句来执行。假设这里的自加语句(atomvalue++;)对应的是 3 条汇编语句来完成这个自加动作(相当于把自身值加 1 并将结果赋给自己),虽然这 3 条汇编语句每一条在执行的时候不会被打断,但这可是 3 条汇编语句,如果执行到第 2 条汇编语句被打断了,想象一下:修改一个变量的值,需要执行 3 条汇编语句,执行到第 2 条汇编语句时被打断(切换到另一个线程),那所赋值的这个变量里到底是什么值,就不好把握。

为了验证这个问题,笔者写一段演示程序:

```
int g_mycout = 0;                       //定义了一个全局量
void mythread()
{
    for (int i = 0; i < 10000000; i++)   //1000 万
    {
        g_mycout++;
    }
    return;
}
```

在 main 主函数中,代码调整成如下的样子:

```
int main()
{
    cout << "main" << " threadid = " << std::this_thread::get_id() << endl;
    thread mytobj1(mythread);
    thread mytobj2(mythread);
    mytobj1.join();
    mytobj2.join();
    cout << "两个线程都执行完毕,最终的 g_mycout 的结果是" << g_mycout << endl;
    cout << "main 主函数执行结束!" << endl;
```

```
        return 0;
    }
```

多次执行,结果每次都不同:

```
main threadid = 8352
两个线程都执行完毕,最终的 g_mycout 的结果是 15524139
main 主函数执行结束!
```

得到的结果基本都会比 2000 万小。这不难以想象,如果 g_mycout 要得到最终的正确结果,它每次自加 1,都应该是上次 +1 顺利完成,中间不被打断作为基础。

利用以往学习过的互斥量的知识是可以解决这个问题的:

```
std::mutex g_my_mutex;                        //创建一个全局互斥量
```

修改 mythread,用互斥量把共享数据代码段锁起来:

```
void mythread()
{
    for (int i = 0; i < 10000000; i++)          //1000 万
    {
        g_my_mutex.lock();
        g_mycout++;
        g_my_mutex.unlock();
    }
    return;
}
```

执行起来,结果如下,一切正常:

```
main threadid = 6028
两个线程都执行完毕,最终的 g_mycout 的结果是 20000000
main 主函数执行结束!
```

要注意,上面的代码不能把整个 for 锁起来,否则这两个线程一个执行"g_mycout++;"的时候,另外一个就无法执行"g_mycout++;"了。那就等于一个线程在执行,因此也就无法达到要演示的效果了。

这样修改之后,多次执行,因为有了互斥量加锁的存在,执行效率上虽然有所减慢(其实慢的还挺明显),但是结果不出错。

除了用这种互斥量加锁的方式来解决对 g_mycout 进行自加(++)操作时的临界问题,保证 g_mycount 在自加的时候不被打断,还有没有其他的方法达到这个效果,实现这个目的呢? 有,就是这里要讲的原子操作。有了原子操作,g_mycout++ 操作就不会被打断,如果有两个线程,一个线程读 g_mycout 的值,一个线程用 g_mycout++ 来改写 g_mycout 的值,那么这种原子操作也能够让数据的正确性得到保障:

- 读线程读到的 g_mycout 值要么是老的 g_mycout 值,要么是新的 g_mycout 值,也就是说该值在程序员的预料之中,如果不用原子操作,也许会出现程序员无法预料到的值也未尝可知。
- g_mycout++ 操作不会被打断,即便多个写线程同时执行 g_mycout++ 操作,也能保证 g_mycout 得到的最终结果是正确的。

这就是原子操作存在的意义。读者已经看到,互斥量可以达到原子操作的效果,所以,可以把原子操作理解成是一种不需要用到互斥量加锁(无锁)技术的多线程并发编程方式,或者可以理解成,原子操作是在多线程中不会被打断的程序执行片段。从效率上来讲,也可以认为,原子操作的效率更胜一筹。不然用互斥量就行了,谁还会用原子操作呢。

另外有一点要意识到,互斥量的加锁一般是针对一个代码段(几行代码),而原子操作针对的是一个变量,而不是一个代码段。

有了以上这些基础知识做铺垫,读者对"原子操作"是一个什么概念就有了一定的认识,下面这些话就好理解了:

在自然界中,原子是很小的,没有比原子更小的物质了,那么在计算机的世界中,原子操作也有类似的意思,一般就是指"不可分割的操作",也就是说这种操作的状态要么是完成,要么是没完成,不会出现一种半完成状态(半完成:执行到一半被打断)。

在 C++11 中,引入 std::atomic 来代表原子操作,这是一个类模板。这个类模板里面带的是一个类型模板参数,所以其实是用 std::atomic 来封装一个某类型的值。例如下面这行代码:

```
std:atomic < int > g_mycout;
```

上面代码行就封装了一个类型为 int 的值,可以像操作 int 类型变量这样来操作 g_mycout 这个 std::atomic 对象。

2. 基本的 std::atomic 用法范例

把刚才的程序改造一下,不使用加锁的互斥量,改用原子操作,看看程序怎样修改:

```
//int g_mycout = 0;                          //定义了一个全局量
//std::mutex g_my_mutex;                      //创建一个全局互斥量
std::atomic < int > g_mycout = 0; //这是一个原子整型类型变量;可以像使用整型变量一样使用
void mythread()
{
    for ( int i = 0; i < 10000000; i++)        //1000 万
    {
        //g_my_mutex.lock();
        g_mycout++;                            //对应的操作就是原子操作,不会被打断
        //g_my_mutex.unlock();
    }
    return;
}
```

多次执行,结果每次都相同且都正确,而且执行的速度比互斥量要快许多:

```
main threadid = 10500
两个线程都执行完毕,最终的 g_mycout 的结果是 20000000
main 主函数执行结束!
```

通过这个范例可以看到,这种原子类型的对象 g_mycout,多个线程访问它时不会出现问题,赋值操作不会被从中间打断。

上面的代码中,如果将"g_mycout＋＋;"代码行修改为"g_mycout＋＝1;"效果会如何

呢？请进行相应的代码修改：

```
g_mycout += 1;                              //对应的操作就是原子操作,不会被打断
```

多次执行,结果每次都相同且都正确。

但是,如果进行下面的修改：

```
g_mycout = g_mycout + 1;                    //这样写就不是原子操作了
```

多次执行,每次结果都不同,而且结果基本上是**不对**的。如下：

```
main threadid = 2584
两个线程都执行完毕,最终的 g_mycout 的结果是 11374812
main 主函数执行结束!
```

根据上面的结果得到一个结论：

std::atomic<int>并不是所有的运算操作都是原子的。一般来讲,包含＋＋、－－、＋＝、－＝、&＝、|＝、^＝等简单运算符的运算是原子的,其他的一些包含比较复杂表达式的运算可能就不是原子的。

如果遇到一个表达式,其运算是否是原子的拿不准,则写类似上面的代码段来测试一下即可得到结论。

上面的范例针对的是原子 int 类型变量,再看一个小范例,原子布尔类型变量,其实用法也非常类似：

```
std::atomic<bool> g_ifend = false; //线程退出标记,用原子操作,防止读和写混乱
```

mythread 修改成如下的代码：

```
void mythread()
{
    std::chrono::milliseconds dura(1000);
    while (g_ifend == false)                //不断的读
    {
        //系统没要求线程退出,所以本线程可以干自己想干的事情
        cout << "thread id = " << std::this_thread::get_id() << " 运行中……" << endl;
        std::this_thread::sleep_for(dura);       //每次休息 1s
    }
    cout << "thread id = " << std::this_thread::get_id() << " 运行结束!" << endl;
    return;
}
```

改造 main 主函数中的代码,改造后的内容如下：

```
int main()
{
    cout << "main" << " threadid = " << std::this_thread::get_id() << endl;
    thread mytobj1(mythread);
    thread mytobj2(mythread);
    std::chrono::milliseconds dura(5000);
    std::this_thread::sleep_for(dura);
    g_ifend = true;                         //对原子对象的写操作,让线程自行运行结束
    mytobj1.join();
```

```
        mytobj2.join();
        cout << "main 主函数执行结束!" << endl;
        return 0;
}
```

执行起来,结果如下(多次运行可能结果不同),一切正常:

```
main threadid = 12032
thread id = 6992 运行中……
thread id = 11944 运行中……
thread id = 6992 运行中……
thread id = 11944 运行中……
thread id = 6992 运行中……
thread id = 11944 运行中……
thread id = 6992 运行中……
thread id = 11944 运行中……
thread id = 6992 运行中……
thread id = 11944 运行中……
thread id = 6992 运行结束!
thread id = 11944 运行结束!
main 主函数执行结束!
```

上面的程序代码非常简单,当主线程将 g_ifend 设置为 true 的时候,每个子线程判断到了 g_ifend 被设置为 true 从而跳出 while 循环并结束子线程自身的运行,最终等待两个子线程运行结束后,主线程运行结束,这意味着整个程序运行结束。

另外,std::atomic 有一些成员函数,都不复杂,但感觉用处不大,讲太多反而容易让人糊涂,如果生搬硬套地为了演示某个函数的功能来写一段没什么实际价值的测试代码,写出来后,即便读者知道这个函数的功能,但也不知道有什么实际用途,这种演示有还不如没有,无实际意义。如果日后真碰到这些成员函数,建议读者自行学习研究。

笔者认为,简单是美,在书写代码的过程中,不建议写得太过复杂(千万不要学很多外国人那样写代码,那简直写得太复杂、太恐怖),自己容易忘,别人不好读,维护起来可能也不好维护,笔者提倡简单、粗暴、明了、有效的书写代码方式。

3. 笔者心得

原子操作针对的一般是一个变量的原子操作,防止把变量的值给弄乱,但若要说这种原子操作到底有多大用处,读者需要在实际工作中慢慢体会。

在笔者的实际工作中,这种原子操作适用的场合相对有限,一般常用于做计数(数据统计)之类的工作,例如累计发送出去了多少个数据包,累计接收到了多少个数据包等。试想,多个线程都用来计数,如果没有原子操作,那就跟上面讲的一样,统计的数字会出现混乱的情形,如果用了原子操作,所得到的统计结果数据就能够保持正确。

有些读者对各种事物抱有好奇心,喜欢写出各种代码来做各种尝试,从研究的角度来讲,笔者支持这种尝试,但从实际的工作、写商业代码的角度来讲,建议谨慎行动。对于自己拿不准表现的代码,要么就写一小段程序来反复论证测试,要么就干脆不要使用,尤其是在商业代码中,只使用自己最有把握能够写好的代码,以免给自己服务的公司带来损失,尤其是对于缺人缺钱的小公司,商业代码一旦出错,这种损失可能对于公司是承受不起甚至是致命的。

17.11　Windows 临界区与其他各种 mutex 互斥量

17.11.1　Windows 临界区

在 17.5 节学习了 mutex 互斥量,学习了 lock_guard 的用法,这些知识已经很熟悉了。先把当时的代码放在这里回顾一下:

```cpp
class A
{
public:
    //把收到的消息放入到队列的线程
    void inMsgRecvQueue()
    {
        for (int i = 0; i < 100000; i++)
        {
            cout << "inMsgRecvQueue()执行,插入一个元素" << i << endl;
            my_mutex.lock();
            msgRecvQueue.push_back(i);
            my_mutex.unlock();
        }
    }

    bool outMsgLULProc(int& command)
    {
        my_mutex.lock();
        if (!msgRecvQueue.empty())
        {
            command = msgRecvQueue.front();
            msgRecvQueue.pop_front();
            my_mutex.unlock();
            return true;
        }
        my_mutex.unlock();
        return false;
    }

    void outMsgRecvQueue()
    {
        int command = 0;
        for (int i = 0; i < 100000; i++)
        {
            bool result = outMsgLULProc(command);
            if (result == true)
            {
                cout << "outMsgRecvQueue()执行了,从容器中取出一个元素" << command << endl;
                //这里可以考虑处理数据
                //......
            }
            else
            {
                cout << "outMsgRecvQueue()执行了,但目前收消息队列中是空元素" << i << endl;
```

```
        }
    }
    cout << "end" << endl;
}

private:
    std::list < int > msgRecvQueue; //容器(收消息队列),专门用于代表玩家给咱们发送过来的命令
    std::mutex my_mutex; //创建互斥量
};
```

main 主函数代码如下:

```
int main()
{
    A myobja;
    std::thread myOutnMsgObj(&A::outMsgRecvQueue, &myobja);
    std::thread myInMsgObj(&A::inMsgRecvQueue, &myobja);
    myInMsgObj.join();
    myOutnMsgObj.join();
    cout << "main 主函数执行结束!" << endl;
    return 0;
}
```

上面的代码使用了很原始的 mutex 的 lock 和 unlock 进行操作。一个线程向队列中插入数据,另一个线程从队列中取得数据。

实际上这段范例代码中互斥量的用法和 Windows 平台编程里面"临界区"的用法几乎完全相同,用途也几乎完全相同。为了引入一些新知识,这里笔者把该范例改成 Windows 临界区的写法,请仔细看如何修改代码。

在 MyProject.cpp 的开头,包含 Windows 平台编程需要用到的头文件:

```
# include < windows.h >
```

在类 A 定义的上面增加宏定义,该宏定义作为一个开关,可以随时开启和关闭 Windows 临界区功能,这样对于后面的测试非常方便:

```
# define __ WINDOWSLJQ __                          //宏定义
```

修改类 A 的定义,把 Windows 临界区功能插入其中。修改后的内容如下:

```
class A
{
public:
    A()
    {
# ifdef __ WINDOWSLJQ __
        InitializeCriticalSection(&my_winsec);     //初始化临界区
# endif
    }
    virtual ~A()
    {
# ifdef __ WINDOWSLJQ __
        DeleteCriticalSection(&my_winsec);         //释放临界区
# endif
```

```
        }
        //把收到的消息放入到队列的线程
        void inMsgRecvQueue()
        {
            for (int i = 0; i < 100000; i++)
            {
                cout << "inMsgRecvQueue()执行,插入一个元素" << i << endl;
# ifdef __ WINDOWSLJQ __
                EnterCriticalSection(&my_winsec);      //进入临界区
                msgRecvQueue.push_back(i);
                LeaveCriticalSection(&my_winsec);      //离开临界区
# else
                my_mutex.lock();
                msgRecvQueue.push_back(i);
                my_mutex.unlock();
# endif
            }
        }


        bool outMsgLULProc(int& command)
        {
# ifdef __ WINDOWSLJQ __
            EnterCriticalSection(&my_winsec);
            if (!msgRecvQueue.empty())
            {
                int command = msgRecvQueue.front();
                msgRecvQueue.pop_front();
                LeaveCriticalSection(&my_winsec);
                return true;
            }
            LeaveCriticalSection(&my_winsec);
# else
            my_mutex.lock();
            if (!msgRecvQueue.empty())
            {
                command = msgRecvQueue.front();
                msgRecvQueue.pop_front();
                my_mutex.unlock();
                return true;
            }
            my_mutex.unlock();
# endif
            return false;
        }

        void outMsgRecvQueue()
        {
            int command = 0;
            for (int i = 0; i < 100000; i++)
            {
                bool result = outMsgLULProc(command);
                if (result == true)
                {
                    cout << "outMsgRecvQueue()执行了,从容器中取出一个元素" << command << endl;
```

```
                //这里可以考虑处理数据
                //......
            }
            else
            {
                cout << "outMsgRecvQueue()执行了,但目前收消息队列中是空元素" << i << endl;
            }
        }
        cout << "end" << endl;
    }

private:
    std::list < int > msgRecvQueue;
    std::mutex my_mutex;
# ifdef __ WINDOWSLJQ __
    //Windows 下叫临界区(类似于互斥量 mutex)
    CRITICAL_SECTION my_winsec;
# endif
};
```

现在因为定义了宏 __ WINDOWSLJQ __,所以实际上是新加入的代码在执行。

执行起来,一切正常。

所以,这里针对多线程编程,笔者用 Windows 平台下的临界区编程代码实现了与 C++ 新标准中的互斥量编程代码完全相同的功能。

17.11.2　多次进入临界区试验

所谓临界区,也就是那些需要在多线程编程中进行保护的共享数据相关的代码行(区域)。这几行代码相信读者在学习互斥量的过程中都已经完全熟悉了,只不过在 Windows 平台下称其为临界区。

在进入临界区的时候,EnterCriticalSection(&my_winsec);代码行用于获取到锁(进入临界区)。操作完共享数据后,LeaveCriticalSection(&my_winsec);代码行释放锁(离开临界区)。所以这两行代码其实与 my_mutex.lock();与 my_mutex.unlock();含义相同(等价)。

现在来做一个小测试,进入临界区两次,直接修改 inMsgRecvQueue 中的代码。修改后的代码如下:

```
void inMsgRecvQueue()
{
    for (int i = 0; i < 100000; i++)
    {
        cout << "inMsgRecvQueue()执行,插入一个元素" << i << endl;
# ifdef __ WINDOWSLJQ __
        EnterCriticalSection(&my_winsec);
        EnterCriticalSection(&my_winsec);           //调用两次
        msgRecvQueue.push_back(i);
        LeaveCriticalSection(&my_winsec);
        LeaveCriticalSection(&my_winsec);           //也要调用两次
# else
        my_mutex.lock();
        msgRecvQueue.push_back(i);
```

```
                        my_mutex.unlock();
        # endif
                }
        }
```

执行起来,一切正常。

经过上面的演示,可以得到结论:

在同一个线程(若是不同的线程,一个线程进入临界区没有离开时另外一个线程就会卡在进入临界区那行代码上)中,Windows 中的同一个临界区变量(my_winsec)代表的临界区的进入(EnterCriticalSection)可以被多次调用,但是调用几次 EnterCriticalSection,就要调用几次 LeaveCriticalSection,这两者在数量上必须完全相同。

如果改用 C++11 新标准中的互斥量,看一看能否多次调用 lock,只需要把下面代码行注释掉:

```
// # define __ WINDOWSLJQ __                          //宏定义
```

这样就关闭了 Windows 的临界区代码,开启了 C++11 新标准的互斥量代码。

直接修改 inMsgRecvQueue 中的代码。修改后的代码如下:

```
void inMsgRecvQueue()
{
        for (int i = 0; i < 100000; i++)
        {
                cout << "inMsgRecvQueue()执行,插入一个元素" << i << endl;
        # ifdef __ WINDOWSLJQ __
                EnterCriticalSection(&my_winsec);         //进入临界区
                EnterCriticalSection(&my_winsec);         //调用两次
                msgRecvQueue.push_back(i);
                LeaveCriticalSection(&my_winsec);         //离开临界区
                LeaveCriticalSection(&my_winsec);         //也要调用两次
        # else
                my_mutex.lock();
                my_mutex.lock();                          //连续两次调用 lock 直接报异常
                msgRecvQueue.push_back(i);
                my_mutex.unlock();
                my_mutex.unlock();
        # endif
        }
}
```

执行起来,程序直接报异常。

通过上面的演示可以知道,即便是同一个线程中,相同的 mutex 变量(不同的 mutex 变量没问题)的 lock 不能连续调用两次,不然会报异常。笔者认为这是 C++11 的 lock 设计的不好的地方。

这个连续调用报异常的问题先放一放,过会儿再讨论。

17.11.3　自动析构技术

再讨论一下 std::lock_guard < std::mutex >,17.5.2 节已经详细讲解过,为了防止 lock 后忘记 unlock 的问题,改用 std::lock_guard < std::mutex >帮助程序员 lock 和

unlock 互斥量。

改造一下 inMsgRecvQueue 的代码,把 lock_guard 用起来。改造后的代码如下:

```
void inMsgRecvQueue()
{
    for (int i = 0; i < 100000; i++)
    {
        cout << "inMsgRecvQueue()执行,插入一个元素" << i << endl;
#ifdef __WINDOWSLJQ__
        EnterCriticalSection(&my_winsec);            //进入临界区
        EnterCriticalSection(&my_winsec);            //调用两次
        msgRecvQueue.push_back(i);
        LeaveCriticalSection(&my_winsec);            //离开临界区
        LeaveCriticalSection(&my_winsec);            //也要调用两次
#else
        //my_mutex.lock();
        //my_mutex.lock();                           //连续两次调用 lock 直接报异常
        std::lock_guard<std::mutex> sbguard(my_mutex);
        msgRecvQueue.push_back(i);
        //my_mutex.unlock();
        //my_mutex.unlock();
#endif
    }
}
```

执行起来,一切正常。

当然,如果连续两次使用 std::lock_guard,也会报异常:

```
std::lock_guard<std::mutex> sbguard(my_mutex);
std::lock_guard<std::mutex> sbguard2(my_mutex); //这个也一样报异常
```

读者可能会问,Windows 下是否有和 lock_guard 功能类似的线程调用接口,笔者还真不知道类似的接口,但是完全可以自己实现一个和 lock_guard 类似的功能,试一下看。

引入一个新类 CWinLock,用来实现 lock_guard 类似的功能:

```
//本类用于自动释放 Windows 下的临界区,防止忘记 LeaveCriticalSection 的情况发生,类似于 C++11
//中的 std::lock_guard<std::mutex>功能
class CWinLock
{
public:
    CWinLock(CRITICAL_SECTION * pCritSect)            //构造函数
    {
        m_pCritical = pCritSect;
        EnterCriticalSection(m_pCritical);
    }
    ~CWinLock()                                       //析构函数
    {
        LeaveCriticalSection(m_pCritical);
    }
private:
    CRITICAL_SECTION * m_pCritical;
};
```

如何使用这个类呢？非常简单，先把 Windows 开关放开：

```
#define __ WINDOWSLJQ __                              //宏定义
```

修改 inMsgRecvQueue 函数：

```
void inMsgRecvQueue()
{
    for (int i = 0; i < 100000; i++)
    {
        cout << "inMsgRecvQueue()执行,插入一个元素" << i << endl;
#ifdef __ WINDOWSLJQ __
        //EnterCriticalSection(&my_winsec);          //进入临界区
        //EnterCriticalSection(&my_winsec);          //调用两次
        CWinLock wlock(&my_winsec);
        CWinLock wlock2(&my_winsec);                 //调用多次也没问题
        msgRecvQueue.push_back(i);
        //LeaveCriticalSection(&my_winsec);          //离开临界区
        //LeaveCriticalSection(&my_winsec);          //也要调用两次
#else
        //my_mutex.lock();
        //my_mutex.lock();                           //连续两次调用 lock 直接报异常
        std::lock_guard < std::mutex > sbguard(my_mutex);
        //std::lock_guard < std::mutex > sbguard2(my_mutex); //这个也一样报异常
        msgRecvQueue.push_back(i);
        //my_mutex.unlock();
        //my_mutex.unlock();
#endif
    }
}
```

CWinLock 类中做的事情比较清晰。构造函数中进入临界区，析构函数中离开临界区，仅此而已，非常简单。

有人把 CWinLock 类相关的对象如上面的 wlock、wlock2 叫作 RAII 对象，CWinLock 类也叫 RAII 类，RAII(Resource Acquisition Is Initialization)翻译成中文是"资源获取即初始化"，这种技术的关键就是在构造函数中初始化资源，在析构函数中释放资源(防止程序员忘记释放资源)。典型的如智能指针、容器等都用到了这种技术。

17.11.4 recursive_mutex 递归的独占互斥量

现在把 #define __ WINDOWSLJQ __ 代码行注释掉，聚焦在 C++11 的多线程编程上。

```
//#define __ WINDOWSLJQ __                           //宏定义
```

有了上面的知识做铺垫之后，再谈回上面的话题。在同一个线程中，如果用 C++11 多线程编程接口，连续调用两次相同互斥量的 lock 成员函数就会导致程序报异常而崩溃，这是非常让人遗憾的事。

有的读者可能会有疑问：为啥要连续两次调用相同的互斥量呢？当然肯定不会故意写两条挨在一起的 lock 语句：

```
my_mutex.lock();
```

```
my_mutex.lock();
```

这种代码毫无意义,但是设想这样一种场景,例如实际项目中 A 类可能有一个成员函数如 testfunc1 做一些事情,代码如下:

```
void testfunc1()
{
    std::lock_guard < std::mutex > sbguard(my_mutex);
    //……做一些事
}
```

然后有另外一个成员函数 testfunc2 做另外一些事情,代码如下:

```
void testfunc2()
{
    std::lock_guard < std::mutex > sbguard(my_mutex);
    //……做另外一些事
}
```

在正常的使用中,如果要么调用 testfunc1,要么调用 testfunc2,这都没问题,但是随着代码的不断增加,也许有一天,testfunc1 里面需要调用到 testfunc2 里面的代码:

```
void testfunc1()
{
    std::lock_guard < std::mutex > sbguard(my_mutex);
    //……做一些事
    testfunc2();                              //悲剧了,程序异常崩溃了
}
```

在 inMsgRecvQueue 函数中,在 std::lock_guard 代码行之后试着调用一次 testfunc1 成员函数:

```
……
std::lock_guard < std::mutex > sbguard(my_mutex);
testfunc1();                              //悲剧了,异常.因为多次(超过 1 次)调用了 lock
……
```

执行起来,程序报异常。为什么会这样呢? 问题的根本还是因为连续调用同一个 mutex 的两次 lock 成员函数所致。所以,因为有 Windows 程序设计的前车之鉴,那么 mutex 这种设计就显得不够人性化了。怎么办?

引入现在要讲解的 recursive_mutex,这叫作"递归的独占互斥量"。

现在各位读者已经掌握的是 std::mutex,称为"独占互斥量",是很好理解的一个概念——当前线程 lock 的时候其他线程 lock 不了,要等当前线程 unlock,这就叫独占互斥量。

那么,recursive_mutex 递归的独占互斥量又是什么意思呢? 显然,它肯定能解决多次调用 lock 成员函数导致报异常的问题。但是它的叫法中的"递归"二字还是容易让人产生误解的。但笔者相信,经过前面知识的铺垫,理解"递归"的意思也不难,就是解决多次调用同一个 mutex 的 lock 成员函数报异常的问题。也就是说,它允许**同一个线程**多次调用同一个 mutex 的 lock 成员函数。

修改代码,将下面独占互斥量 my_mutex 定义的代码行:

```
std::mutex my_mutex;
```

修改为如下代码行,让 my_mutex 变成递归的独占互斥量:

```
std::recursive_mutex my_mutex;
```

同时,在类 A 中,所有涉及使用 my_mutex 的代码行都需要做出调整:
例如代码行:

```
std::lock_guard < std::mutex > sbguard(my_mutex);
```

应该调整为:

```
std::lock_guard < std::recursive_mutex > sbguard(my_mutex);
```

执行起来,一切正常。

虽然程序现在功能正常了,但不禁还有些思考:如果使用这种递归锁,或者说如果需要两次调用 lock,是否是程序写的不够简化、不够精练? 是否程序代码能够进行一定的优化呢?

一般来说,这种递归的互斥量比独占的互斥量肯定消耗更多,效率上要差一些。

据说这种递归(锁多次)也不是无限次,可能次数太多也一样报异常(并不确定),笔者没有亲测过到底递归多少次才能产生异常,但一般来讲,正常使用是绝对够用的。如果读者有兴趣,可以自行测试。

17.11.5　带超时的互斥量 std::timed_mutex 和 std::recursive_timed_mutex

std::timed_mutex 是带超时功能的独占互斥量。

std::recursive_timed_mutex 是带超时功能的递归的独占互斥量。

不难发现,多了一个超时的概念,以往获取锁的时候,如果拿不到,就卡那里卡着,现在获取锁的时候增加了超时等待的功能,这样就算拿不到锁头,也不会一直卡那里卡着。

std::timed_mutex 有两个独有的接口专门用来应对超时问题,一个是 try_lock_for,一个是 try_lock_until。

try_lock_for 是等待一段时间,如果拿到锁或者等待的时间到了没拿到锁,流程都走下来。

试试这个功能,修改类 A 的成员变量 my_mutex 的类型为 std::timed_mutex 类型:

```
std::timed_mutex my_mutex;
```

testfunc1 和 testfunc2 成员函数不使用,所以都注释掉。修改 inMsgRecvQueue 成员函数:

```
void inMsgRecvQueue()
{
    for (int i = 0; i < 100000; i++)
    {
        std::chrono::milliseconds timeout(100);
        if (my_mutex.try_lock_for(timeout))        //尝试获取锁,这里只等 100ms
        {
            //在这 100ms 之内拿到了锁
            cout << "inMsgRecvQueue()执行,插入一个元素" << i << endl;
            msgRecvQueue.push_back(i);
```

```
                //用完了,还要解锁
                my_mutex.unlock();
            }
            else
            {
                //这次没拿到锁就休息一下等待下次拿吧
                std::chrono::milliseconds sleeptime(100);
                std::this_thread::sleep_for(sleeptime);
            }
        }
    }
```

运行起来,通过观察结果可以看到,每次 inMsgRecvQueue 执行时,都可以成功地拿到锁,那么如何演示拿不到锁的情况呢? 可以修改 outMsgLULProc,在其中的 my_mutex.lock();语句行下面,休息相当长的一段时间不放开锁:

```
std::chrono::milliseconds sleeptime(100000000);
std::this_thread::sleep_for(sleeptime);
```

这样就可以很容易地观察到 inMsgRecvQueue 中拿不到锁时执行的代码段,读者可以自行试试。

其实,timed_mutex 也有 lock 成员函数,其功能与 mutex 中 lock 成员函数的功能是一样的。

另外,timed_mutex 还有一个 try_lock_until 接口。刚刚讲解 try_lock_for 时可以看到,try_lock_for 是尝试获取锁,等待一段时间,时间到达后,无论获取到或者获取不到锁,程序流程都走下来,不会在 try_lock_for 行卡着。

而 try_lock_until 的参数是一个**时间点**,是代表一个未来的时间,在这个未来的时间没到的这段时间内卡在那里等待拿锁,如果拿到了或者没拿到但是到达了这个未来的时间,程序流程都走下来。

尝试一下把刚才用 try_lock_for 写的代码改成用 try_lock_until 来写。

只需要把下面这一行:

```
if (my_mutex.try_lock_for(timeout))                      //尝试获取锁,这里只等 100ms
```

修改为:

```
if (my_mutex.try_lock_until(chrono::steady_clock::now() + timeout)) //now:当前时间
```

执行起来,一切正常。

std::timed_mutex 的功能就介绍上面这些。

std::recursive_timed_mutex 是带超时功能的递归的独占互斥量,也就是允许同一个线程多次获取(多次 lock)这个互斥量。

std::timed_mutex 和 std::recursive_timed_mutex 两者的关系与上面讲解的 std::mutex 和 std::recursive_mutex 关系一样,非常简单,笔者就不做过多的解释了。代码中如果把如下的定义:

```
std::timed_mutex my_mutex;
```

换成如下的定义,也完全没有问题:

```
std::recursive_timed_mutex my_mutex;
```

执行起来，一切正常。

17.12 补充知识、线程池浅谈、数量谈与总结

17.12.1 知识点补充

1. 虚假唤醒

在 17.8 节比较详细地讲述了条件变量 condition_variable、wait、notify_one 与 notify_all 的用法，请读者认真学习和思考，充分理解 wait、notify_one、notify_all 的工作细节，因为它们可能在日后的 C++11 多线程编程中被频繁使用。

回顾一下 17.8 节中的代码：

```cpp
class A
{
public:
    //把收到的消息(玩家命令)放入到一个队列的线程
    void inMsgRecvQueue()
    {
        for (int i = 0; i < 100000; ++i)
        {
            cout << "inMsgRecvQueue()执行,插入一个元素" << i << endl;
            std::unique_lock < std::mutex > sbguard1(my_mutex);
            msgRecvQueue.push_back(i); //假设这个数字就是收到的命令,则将其直接放到消息
                                       //队列里
            my_cond.notify_one(); //尝试把卡(堵塞)在 wait()的线程唤醒,但光唤醒了还不够,
                                  //这里必须把互斥量解锁,另外一个线程的 wait()才会继续正
                                  //常工作
        }
        return;
    }

    //把数据从消息队列中取出的线程
    void outMsgRecvQueue()
    {
        int command = 0;
        while (true)
        {
            std::unique_lock < std::mutex > sbguard1(my_mutex); //临界进去
            my_cond.wait(sbguard1, [this] {
                if (!msgRecvQueue.empty())
                    return true;
                return false;
                });

            //现在互斥量是锁着的,流程走下来意味着 msgRecvQueue 队列里必然有数据
            command = msgRecvQueue.front();       //返回第一个元素,但不检查元素是否存在
            msgRecvQueue.pop_front();             //移除第一个元素,但不返回
            sbguard1.unlock(); //因为 unique_lock 的灵活性,可以随时 unlock 解锁,以免锁住太
                               //长时间
```

```
            cout << "outMsgRecvQueue()执行,取出一个元素" << command << " threadid = " <<
        std::this_thread::get_id() << endl;

            } //end while

        }
    private:
        std::list < int > msgRecvQueue;                 //容器(消息队列)
        std::mutex my_mutex;                            //创建了一个互斥量(一把锁头)
        std::condition_variable my_cond;                //生成一个条件对象
    };
```

main 主函数代码如下:

```
int main()
{
    A myobja;
    std::thread myOutnMsgObj(&A::outMsgRecvQueue, &myobja); //第二个参数是引用(地址),才能
                                                            //保证线程里用的是同一个对象
    std::thread myInMsgObj(&A::inMsgRecvQueue, &myobja);
    myInMsgObj.join();
    myOutnMsgObj.join();
    cout << "main 主函数执行结束!" << endl;
    return 0;
}
```

执行起来,一切正常。

在这里提及一个概念,叫作"虚假唤醒"。

虚假唤醒,就是 wait 代码行被唤醒了,但是不排除 msgRecvQueue(消息队列)里面没有数据的情形。醒来是为了处理数据,但是实际没有可供处理的数据,这就叫虚假唤醒。

虚假唤醒产生的情况很多,例如 push_back 一条数据,调用多次 notify_one,或者是有多个 outMsgRecvQueue 线程取数据,但是 inMsgRecvQueue 线程里只 push_back 了一条数据,然后用 notify_all 把所有的 outMsgRecvQueue 线程都通知到了,就总有某个 outMsgRecvQueue 线程被唤醒,但是队列中并没有它要处理的数据。

现在读者看到的代码已经把虚假唤醒处理得很好,笔者在这里只是介绍"虚假唤醒"的概念而已,防止日后听到这个概念感觉陌生。那代码是怎样处理虚假唤醒的呢? 就是下面这段代码(if 语句所在行):

```
my_cond.wait(sbguard1, [this] {
    if (!msgRecvQueue.empty())
        return true; //该 lambda 表达式返回 true,则 wait 就返回,流程走下来,互斥锁被本线程拿到
    return false;                               //解锁并休眠,卡在 wait 等待被再次唤醒
});
```

所以请注意,wait 的第二个参数(lambda 表达式)特别重要,通过里面的 if 判断语句来应付虚假唤醒。因为 wait 被唤醒后,是要先拿锁,拿到锁后才会执行这个 lambda 表达式中的判断语句,所以此时这个 lambda 表达式里面的判断是安全的。

另外已经知道,对于 wait,如果一直不 notify 或者 notify 的时机不对,可能唤醒不了 wait,这就会导致一直卡在 wait 行,所以在书写使用 condition_variable、wait、notify_one、 notify_all 的代码时,要透彻理解,小心测试,以免不小心写出错误代码,而且一旦出现错误,比较难排查。

建议读者找一些知名的代码,并详细剖析,理解其工作的稳定性如何,总结出一套属于自己的稳定好用的多线程代码库,方便在实际工作中随时取用。

2.atomic 的进一步理解

atomic 表示原子操作,在 17.10.4 节中已经有过详细的介绍。

在 MyProject.cpp 的开头包含下列头文件:

```
#include <atomic>
```

在类 A 中增加成员变量如下:

```
atomic<int> atm;
```

在类 A 的构造函数中给这个成员变量初值:

```
public:
    A()                                    //构造函数
    {
        atm = 0;
    }
```

现在把 inMsgRecvQueue 和 outMsgRecvQueue 这两个类 A 的成员函数(也是线程入口函数)原有内容全部注释掉,写入新内容。写入新内容后的两个成员函数如下:

```
void inMsgRecvQueue()
{
    for (int i = 0; i < 1000000; ++i)
    {
        atm += 1;                          //原子操作
    }
    return;
}
void outMsgRecvQueue()
{
    while (true)
    {
        cout << atm << endl;
    }
}
```

执行起来,一切正常,最终的输出结果始终是 1000000(虽然程序写得很差,还用到了死循环,但执行结果并没有什么问题)。

现在以 inMsgRecvQueue 为线程入口函数,再创建一个新的线程,这只需要修改 main 主函数即可做到。修改后的 main 主函数代码如下:

```
int main()
{
    A myobja;
    std::thread myOutnMsgObj(&A::outMsgRecvQueue, &myobja);
    std::thread myInMsgObj(&A::inMsgRecvQueue, &myobja);
    std::thread myInMsgObj2(&A::inMsgRecvQueue, &myobja);
```

```
        myInMsgObj.join();
        myInMsgObj2.join();
        myOutnMsgObj.join();
        cout << "main 主函数执行结束!" << endl;
        return 0;
    }
```

执行起来,一切正常,最终的输出结果始终是 2000000。

现在修改 inMsgRecvQueue 线程入口函数。修改之后的代码如下:

```
    void inMsgRecvQueue()
    {
        for (int i = 0; i < 1000000; ++i)
        {
            atm = atm + 1;                         //非原子操作
        }
        return;
    }
```

执行起来,最终的输出结果就会小于 2000000。因为有两个 inMsgRecvQueue 线程来同时改写 atm 的值,但"atm ＝ atm ＋ 1;"这行代码却不是原子操作。所以,导致最终的结果是错的。

那么,outMsgRecvQueue 线程中的如下这行代码,怎样理解呢?

```
    cout << atm << endl;
```

上面这行代码出现了 atm,表示要读 atm 的值,读该值是原子操作,但是这可是整个一行语句,**这整个一行语句却不是原子操作**。

"<<"是把 atm 的值往屏幕上输出,可能输出的同时,其他 inMsgRecvQueue 线程又已经改变了 atm 的值。换句话说,此时此刻屏幕上输出的值应该是一个 atm 的曾经值。当然,最后当 atm 不再继续增加的时候,在屏幕上输出的会是 atm 的最终值,此后 atm 的输出结果就会一直保持不变。

随便找个位置试一下下面这行代码,例如在类 A 的构造函数中写入:

```
    auto atm2 = atm;                              //不允许,编译时报语法错
```

编译的时候系统会报错,提示的错误诸如"std::atomic < int >::atomic(const std::atomic < int > &)": 尝试引用已删除的函数。

分析一下,上面这行代码会调用 atomic 的拷贝构造函数,这里提到的已删除的函数应该指的就是拷贝构造函数(用 14.4.5 节中讲过的＝delete;方式就可以把拷贝构造函数删除)。

为什么编译器不让其进行复制构造呢?因为这里如果允许这样给值,那 auto 推断也会推断成 atomic < int >类型,因为 atomic 对象是原子的,上面这种"定义时初始化的语句"肯定很难弄成原子操作,所以系统处理的方式很简单直接,干脆不让用拷贝构造函数来构造新的 atomic 对象。

同理,复制赋值运算符也不可以使用。下面的代码也不合法:

```
    atomic < int > atm3;
    atm3 = atm;                                  //不允许,编译时报语法错
```

既然复制构造不可以,复制赋值也不行,那如何实现类似的功能呢？atomic 提供了一些成员函数能够做类似的事情。

（1）load——以原子方式读 atomic 对象的值：

```
atomic < int > atm5(atm.load());                              //这是可以的
```

（2）store——以原子的方式写入内容：

```
atm5.store(12);
```

那么,"atm5 = 12;"这种代码是否是原子操作呢？通过一定的调试观察,感觉这种赋值内部调用的也是 store 成员函数。所以 atm5 = 12;笔者认为也是原子操作,与"atm5.store(12);"似乎没有什么本质差异。如果读者有什么不同的观点,欢迎与笔者联系探讨。

如果说到 store、load 的性能问题,不好说,当然,毕竟是 atomic 对象,和非 atomic 对象比,性能上肯定是差一些。如果读者有条件或者大量使用 store、load 的话,可以考虑专门测试一下它们的效率问题。

17.12.2 浅谈线程池

1. 场景设想

设想这样一个场景：开发一个服务器程序,等待客户端连接进来。每进来一个客户端连接,这个服务器程序就创建一个新的工作线程,专门给这个客户端提供服务,客户离开或者断线后,这个工作线程就执行结束。

这种服务器实现方式可能写起代码来比较简单,但是也有明显的缺陷。例如,如果客户端只有 10 个 20 个的数量,每个客户创建 1 个线程当然没问题,也就是说负荷最高的时候这个服务器程序中同时运行的线程数量也不过是 20 个,这种资源消耗可以说任何计算机硬件都能应付。但有两个问题必须思考：

（1）如果是一个网络游戏,玩家特别多,如果这一个服务程序上同时有 2 万个玩家客户呢？那不可能创建出 2 万个线程来为每个玩家服务,系统资源肯定会枯竭,程序崩溃。所以这种情况下,不可能每一个客户进来就创建一个线程,换句话说,在这种工作场景下,现在这种程序写法是行不通的。

（2）程序运行稳定性问题。不知道读者是否有一种感觉,写一个程序,如果这个程序中偶尔就有创建线程的代码出现,可以说这种程序的写法是有点让人不安的,创建线程这种代码相对于常规程序代码,对内存等硬件资源会有更多的消耗,线程的运行也需要 CPU 进行上下文切换,上下文切换必然要进行各种调度（如保存和恢复程序的现场数据）,所以这些消耗不能忽视。

创建线程既然有各种对系统资源的消耗问题,所以不排除,如果系统可用资源过低等一些不太常见的情况发生时,创建线程可能会失败,一旦创建线程失败,那该程序会不会因此而产生执行异常甚至崩溃？所以说,程序中偶尔在某种条件达成时就创建出来一个线程,这种程序写法是让人不安的,或者换句话说,就是写出来这个程序也总让人觉得心里没底,感觉不够稳定,尽管这种程序绝大部分时间工作起来都表现正常。

基于上面这些原因,也可能还存在一些这里没谈到的其他原因,开发者提出了"线程池"的概念。"池"这个字表示把一堆线程放到一起,进行统一的管理调度。发挥一下想象力,就是把多个线程放到一个池子里,用的时候随手抓一个线程拿来用,用完了再把这个线程扔回到池子里,供下次使用,也就是说循环再利用。这种统一的管理调度线程的方式,被形象地比喻为线程池。

2. 实现方式

一般来讲,最简单的线程池实现方式,就是在程序启动的时候,一次性地创建好一定数量的线程,如少则可能 10 个 8 个,多则可能几十上百个(后续还会谈一些对线程创建数量的建议)。

当有一个任务请求(任务)到来的时候,就从线程池中拿出来一个预先创建好的但还没有分配任务的线程来处理任务请求,处理完任务请求后,线程不会销毁,会继续等待下次请求任务的到来。

那么请想一想,这种线程池的编码方式是不是更让人放心:程序开始执行的时候,就把线程预先创建好了,不会在程序执行过程中进行线程的创建和销毁工作,这样就不会因为动态创建线程导致瞬间占用更多系统资源,同时也提高系统运行效率(创建线程的开销比较大,对系统效率影响比较大)。此外,作为程序开发者,也能感觉到这种程序设计方式设计出的程序更健壮、稳定,更让人放心。

这里笔者并不打算演示如何实现一个线程池,因为线程池的实现不管从哪个角度来说,都具有一定的复杂性,可能需要比较大的篇幅来讲。而本书的讲解主要定位在 C++ 语言层面。笔者会在《C++ 新经典:Linux C++ 通信架构实战》书籍中详细讲解线程池。因为实战主要是讲述项目以及项目的实现手段。结合具体的项目,讲解线程池才更容易理解和有深刻的印象,才能学以致用。

如果读者迫不及待地想研究线程池实现技术,也可以通过搜索引擎搜索来学习。

17.12.3 线程创建数量谈

1. 线程创建的数量极限问题

很多人可能对一个程序(进程)里面到底能创建多少个线程感到好奇,其实这与很多因素有关,因为创建线程要消耗资源,不但是消耗内存,还有很多与操作系统相关的其他资源,这些资源的叫法可能对读者也不算太熟,笔者在这里就不提了。根据相关人士的测试,一般开 2000 个左右线程就是极限,再创建就会导致资源枯竭甚至程序崩溃。

2. 线程创建数量建议

这个问题比较重要,笔者分两个方面谈:

(1)当程序员采用一些比较独特的开发技术来开发程序时,如采用 IOCP 完成端口技术开发网络通信程序,往往会收到开发接口提供商提出的建议,如建议**创建的通信线程数量**等于 CPU 数量、等于 CPU 的数量 * 2、等于 CPU 的数量 * 2 + 2 等诸如此类。建议遵从这些建议,因为这些建议是专业的,经过大量测试的,有权威性。

(2)但如果某些线程是用来**实现业务**需求的,那么就要换个角度看问题。读者都知道,一个线程就等于一条执行通路,可以做个设想,例如这个系统要同时服务 1000 个客户,预计在最坏的情况下,可能会有 100 个用户同时充值,假如这个充值业务是给第三方充值服务器发起充值请求,并等待第三方充值服务器返回或者等待一个超时时间到来,这段时间可能短则几秒,长则几分钟,这个执行通路是堵着的,这意味着这个线程没有办法给其他用户提供服务,其他所有用户都要等待。

那请试想,如果这个系统中开启了 110 个线程,那么哪怕真有 100 个用户同时充值,堵在那里,还剩余 10 个线程可以为其他用户提供非充值业务的其他服务,所以这个时候,创建出来 110 个线程就显得非常必要。

有些读者可能认为:何必创建 110 个线程,系统不是最大允许创建 2000 个线程吗?那直接创建 1800 个线程,留 200 个供将来扩展,1800 个执行通路,可以同时应付 1800 个用户充值,这是不是更好?这当然不是更好。

其一:要知道,线程多的话,CPU 在各个线程之间切换就要大量地保存数据和恢复数据,因为线程切换回来的时候要把线程中用到的如局部变量等数据也要恢复回来。显然,大量的保存和恢复数据是很占用 CPU 时间的,CPU 都把时间花在保存和恢复数据上,它还有时间干正事吗?所以,当创建的线程数量过多时会发现,每个线程的执行都变得特别慢,整个系统的执行效率不升反降。

其二:现在的操作系统都是多任务操作系统,虽然系统会把一个应用程序虚拟成一个独立的个体,看起来所有硬件都归这个独立的个体所用,但是系统的硬件资源必定是有限的,一个程序占用的多了,另外一个程序必然就占用的少了,当程序运行所需的资源超出了整个计算机硬件的负荷,该计算机的运行效率就直线下降,程序执行将变得异常缓慢。

笔者给的建议是,一个进程中所包含线程的数量尽量不要超过 500 个,以 200 个以内为比较好,就算是根据业务需要,一般来讲,也很少会用到超过 200 个线程的。如果业务太过庞大,单台计算机处理不了,那么就要考虑集群的解决方案,拼命榨取单计算机的硬件资源终究会有尽头。

到底创建多少个线程合适,笔者认为实践是检验真理的最好标准。要根据不同的业务类型,找到创建工作线程的最佳数量。

17.12.4 C++11 多线程总结

传统上开发多线程程序的时候,不同的平台如 Windows 平台有自己的线程库开发接口(可以调用函数),Linux 平台也有自己的线程库开发接口,这些接口发展多年,成熟稳定,但是,因为它们不具备跨平台的特性,所以使用上多多少少会受到制约。

C++11 中引入了多线程开发接口,从而使程序员脱离了以往在不同的操作系统平台下要用不同的线程库开发接口来实现多线程程序开发的尴尬境地,实现了可以通过 C++ 语言本身提供的接口实现跨平台统一开发多线程程序的心愿,降低了学习成本,提高了程序的可移植性。

当然,当下 C++11 支撑的线程功能可能还不算太强大和成熟,但已经足够应付绝大部分开发需求了。同时,C++ 标准也在不断进化,所以有理由相信,C++ 对多线程的支持会越来越好,功能会越来越强大。

当然,也许开发中会遇到 C++11 标准线程库中的功能和具体操作系统平台相关线程开发接口结合使用的情形,这是很正常的,具体情况具体分析,结合使用可以优势互补,写出更好的多线程程序。

第 18 章

内存高级话题

内存是一个比较神秘的话题,但是,对内存相关知识掌握得好,对于 C++ 开发者,无异于如虎添翼。

在面试 C++ 高级程序员岗位的时候,往往离不开对内存的高级话题的询问,如 new 的工作原理、与 malloc 的区别、定位 new 的含义等,回答的好与不好会直接影响公司对面试者的印象和薪水的高低。

在本章中将把 C++ 中与内存相关的诸多高级话题逐一展开详讲,不但在相当程度上扩大读者的见闻,也让读者的开发实力得到进一步的提高,自信心得到进一步的增强。

18.1　new、delete 的进一步认识

18.1.1　总述与回顾

在 13.4.2 节讲解过 new 动态分配内存,而在 16.2 节再一次谈到了 new、delete,而且在 16.2 节中谈的相对有一定的深度,忘记了这些知识的读者,请进行回顾。

如果不涉及高级用法,只是从简单应用的层面来讲,学会 new、delete 的基本使用已经够应付日常的开发工作了。也就是说,常规情况下,对内存的使用、管理上,可能不需要做太多。

但是,本章作为内存高级话题,笔者希望在原有基础之上讲解一些新内容,让读者对内存有一个更深入的了解,因为这些高级内存知识的储备,对理解其他的 C++ 话题特别有帮助,如理解模板中的内存分配等。同时,学习到这个阶段的时候,后续可能要开始实战了,实战中不可避免地会看到很多内存有关的高级用法,接触到一些项目中常用的概念,如内存池等。这也是笔者讲解本章的主要目的。

18.1.2　从 new 说起

1. new 类对象时加与不加括号的差别

看一段代码,定义一个类 A:

```
class A
{
public:
};
```

在 main 主函数中,代码如下:

```
A * pa = new A();
A * pa2 = new A;
```

可能不少人会疑惑这两行代码的区别,分几个方面来说:

(1) 如果是一个空类,这两行代码没什么区别。当然现实中也没有程序员会写一个空类。

(2) 类 A 中如果有成员变量,先给类 A 增加一个 public 修饰的成员变量:

```
public:
    int m_i;
```

通过设置断点观察 main 主函数中的这两行代码执行后的结果可以得到如下结论,注意看注释:

```
A * pa = new A();                 //带括号的写法,m_i 成员变量被初始化为 0
A * pa2 = new A;                  //这种写法,m_i 成员变量中是随机值
```

这说明带括号这种初始化对象的方式会把一些和成员变量有关的内存设置为 0(内存中显示的内容是 0)。

(3) 如果类 A 中有构造函数,增加如下用 public 修饰的构造函数:

```
public:
    A()                           //构造函数
    {
    }
```

通过设置断点观察 main 主函数中的这两行代码执行后的结果会发现,main 中的这两行代码执行的结果又变得相同了,"A * pa = new A();"这种写法,成员变量 m_i 内存也不设置为 0 了,想必是成员变量(如 m_i)的初始化工作要转交给类 A 的构造函数做了(而不再是系统内部做),而这个构造函数的函数体为空(什么也没做),所以,m_i 的值没有被初始化为 0,而是一个随机的值。

(4) 感觉不同。

可以看出来,"new A();"的写法类似于函数调用,感觉像调用了一个无参的构造函数——类名,后面跟一对小括号。

而单纯的"new A;"这种写法,当然不像函数调用,但实际上它也是调用类 A 的默认构造函数的。

其实"new A();"和"new A;"这两种写法没有什么太大的区别。

那么,如下这三行代码有什么差别吗?

```
int * p1 = new int;
int * p2 = new int();
int * p3 = new int(100);
```

上面这三行代码 new 的是简单类型(int 类型),所以这三行代码的差别主要还是在初值上。

第一行代码执行后,p1 的初值为随机值。

第二行代码执行后，p2 的初值为 0。

第三行代码执行后，p3 的初值为 100。

2. new 做了什么事

```
A * pa = new A();
```

上面这行代码经常见，但其中的 new 是什么？new 可以称为关键字，也可以称为操作符。在 Visual Studio 2019 中，光标定位到 new 关键字上，按一下 F12 键，会跳转到一个系统文件的某位置。在该位置处可以发现 operator new 字样如下（不同版本的内容看上去可能不同）：

```
_Ret_notnull_ _Post_writable_byte_size_(_Size)
_VCRT_ALLOCATOR void * __ CRTDECL operator new(
    size_t _Size
    );
```

可以在"A * pa = new A();"代码行处设置一个断点，并按 F5 键（或选择"调试"→"开始调试"命令）进行调试，当断点**停留在**该代码行时，通过选择"调试"→"窗口"→"反汇编"命令打开反汇编窗口，这样就可以看到这行代码对应的汇编语言代码是什么，如图 18.1 所示。

不难发现，new 关键字主要做了两件事：①一个是调用 operator new；②一个是调用类 A 的构造函数。

调试中可以使用 F11 键（或选择"调试"→"逐语句"命令）跳转进 operator new，发现 operator new 调用了 malloc，如图 18.2 所示。

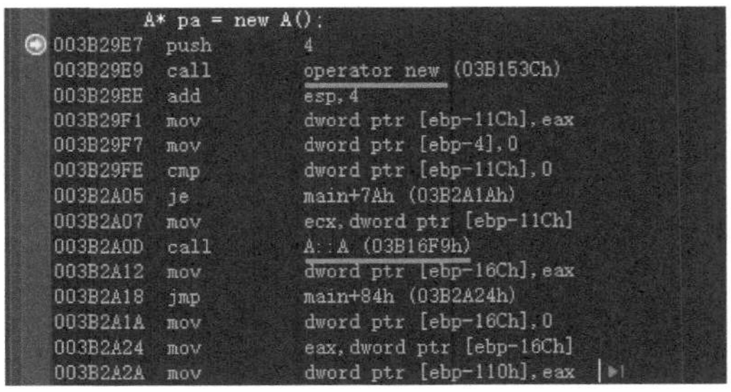

图 18.1 new 关键字所调用的各种函数

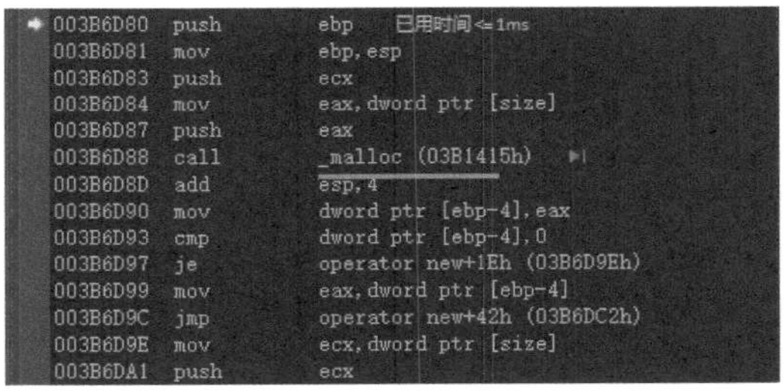

图 18.2 operator new 调用了 malloc

有些读者可能会问，operator new 是什么？operator new 其实是一个函数。既然是一个函数，就是可以被调用的。在 main 主函数中增加如下一行代码：

```
operator new(12);
```

可以成功编译。如果计算机上安装了 Visual Studio 2019，在其安装目录下的某个子目录中会存在一个叫作 new_scalar.cpp 的文件，operator new 的实现源码就在该文件中。源码类似如下：

```
void * __ CRTDECL operator new(size_t const size)
{
    for (;;)
    {
```

```
        if (void * const block = malloc(size))
        {
            return block;
        }

        if (_callnewh(size) == 0)
        {
            if (size == SIZE_MAX)
            {
                __scrt_throw_std_bad_array_new_length();
            }
            else
            {
                __scrt_throw_std_bad_alloc();
            }
        }

        // The new handler was successful; try to allocate again...
    }
}
```

根据上面这些线索，可以写出 new 关键字分配内存时的大概调用关系。笔者习惯于缩进四格来表现调用关系（这样看起来感觉比图形更清晰），如果再往里面调用则再缩进四格，如此反复。new 关键字的调用关系如下表示：

```
A * pa = new A();               //操作符
    operator new ();            //函数
        malloc();              //C 风格函数分配内存
    A::A();                    //有构造函数就调用构造函数
```

有分配内存，必然有释放内存。在 main 主函数中，增加一行释放内存的代码：

```
delete pa;
```

同时，给类 A 增加一个析构函数：

```
public:
    ~A()
    {
    }
```

设置断点到 delete pa; 行并进行跟踪调试。辅助反汇编窗口中显示的汇编代码和 F11 快捷键（跟踪进函数调用内部），最终可以写出 delete 关键字释放内存时的大概调用关系（注意调用顺序）如下：

```
delete pa;
    A::~A();                    //如果有析构函数，则先调用析构函数
    operator delete();          //函数
        free();               //C 风格函数释放内存
```

上面的调用关系中，operator delete 也是一个函数。如果计算机上安装了 Visual Studio 2019，在其安装目录下的某个子目录中会存在一个叫作 delete_scalar. cpp 的文件，operator delete 的实现源码就在该文件中。源码类似如下：

```
void __CRTDECL operator delete(void * const block) noexcept
{
    # ifdef _DEBUG
    _free_dbg(block, _UNKNOWN_BLOCK);
    # else
    free(block);
    # endif
}
```

注意,如果将来面试 C++ 开发的岗位,被面试官问到 new 与 malloc 的区别,必须要能够回答上:

(1) new 是关键字/操作符,而 malloc 是函数。

(2) new 一个对象的时候,不但分配内存,而且还会**调用类的构造函数**(当然如果类没有构造函数,系统也没有给类生成构造函数,那没法调用构造函数了)。

(3) 另外刚才也看到了,在某些情况下,"A * pa = new A();"可以把对象的某些成员变量(如 m_i)设置为 0,这是 new 的能力之一,malloc 没这个能力。

同理,delete 与 free 的区别也就比较明显:delete 不但释放内存,而且在释放内存之前**会调用类的析构函数**(当然必须要类的析构函数存在)。

3. malloc 做了什么事

上面已经看到,new 最终是通过调用 malloc 来分配内存的,这一点务必要有清晰的认知。

那么 malloc 是怎样分配内存的呢? 这很复杂(它内部有各种链表,链来链去,又要记录分配,当释放内存的时候如果相邻的位置有空闲的内存块,又要把空闲内存块与释放的内存块进行合并等),可能不同的操作系统有不同的做法。malloc 可能还需要调用与操作系统有关的更底层的函数来实现内存的分配和管理,malloc 是跨平台的、通用的函数,但是 malloc 再往深入探究,代码就不通用了,这也不是本书要研究的范畴,大家只需要知道最终是通过 malloc 来分配内存就可以了。

4. 总结

如果对 operator new、operator delete 这种函数以及 malloc、free 这种 C 风格函数的调用有兴趣,可以自己写测试代码来研究以满足猎奇心理。其中,operator new、operator delete 极少会在实际项目中用到,而 malloc、free 也只会在 C 风格的代码中才会用到。这里就不写测试代码了。

一般来讲,写 C++ 程序,多数情况下还是提倡使用 new 和 delete,不提倡使用 malloc 和 free(这是 C 编程风格中才使用的)。

18.2　new 内存分配细节探秘与重载类内 operator new、delete

18.2.1　new 内存分配细节探秘

在 main 主函数中输入下面三行代码:

```
char * ppoint = new char[10];
memset(ppoint, 0, 10);            //观察从哪里初始化
delete[ ] ppoint;                 //观察释放影响的内存位置
```

断点设置在第一行,按 F5 键开始调试程序,当程序执行流程停在断点行时,按 F10 键逐行向下执行程序,在内存 1 窗口(2.1.7 节中介绍过该窗口)中观看指针变量 ppoint 所指向的内存中的内容如图 18.3 所示。

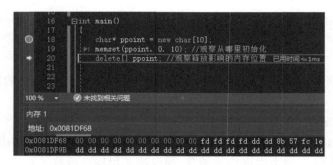

图 18.3　指针变量 ppoint 所指向的内存中的内容

在图 18.3 中可以看到 ppoint 所指向的内存起始地址是 0x0081DF68,目前分配的是 10 字节内存,每字节内存中的内容都是 00。

现在为了进一步观察内存,把内存地址提前 40 字节(能查看到更前面的内存中的内容),现在查看的内存地址是 0x0081DF68,用该数字减 40(十进制数字),得到的内存地址是 0x0081DF40(这是十六进制数字),现在在内存 1 窗口中直接输入地址 0x0081DF40 来查看该地址内容如图 18.4 所示。

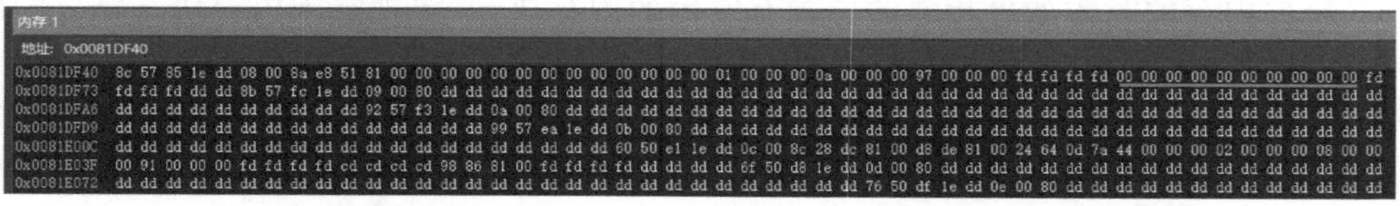

图 18.4　观察指针变量 ppoint 所指向的内存之前 40 字节内存中的内容

图 18.4 中用横线标示出了分配给 ppoint 的 10 字节,其中的内容全部都是 00。

此时此刻,按 F10 键执行代码行"delete[] ppoint;",注意观察图 18.4 内存的变化,执行完成后,内存变成如图 18.5 所示。

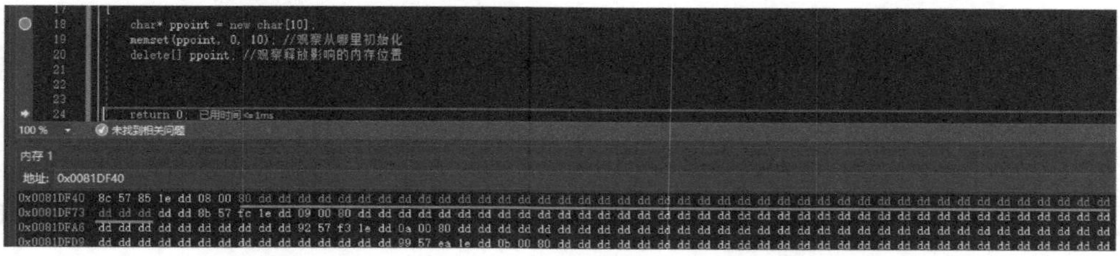

图 18.5　释放一块内存时对附近的内存中内容都有影响

通过图 18.5 可以注意到,释放一块内存,影响的范围很广,虽然分配内存的时候分配出去的是 10 字节,但释放内存的时候影响的远远不止是 10 字节的内存单元,而是一大片(图 18.5 中横线标注的 40 多字节的内存单元内容都受到影响)。

观察图 18.6,看一看内存的分配与释放时临近内存的合并:

（1）图 18.6(a)所示这 5 块表示分配出去了 5 块内存（一共 new 了 5 次），当然每次 new 的内存大小可以不同。

（2）图 18.6(b)表示率先释放了第 3 块（中间那块）内存，所以中间那块内存的颜色看起来和其余 4 块有差别。

（3）再过一会儿，把第 2 块内存也释放了，看图 18.6(c)。这时 free 函数（释放内存的函数）还要负责把临近的空闲块也合并到一起（把原来的第 2、3 块内存合并成一大块），这种与临近空闲内存块的合并是 free 函数的责任。这一点读者必须要知道。

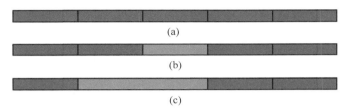

(a)

(b)

(c)

图 18.6 内存的分配与释放时临近内存的合并示意图

所以可以看到，free 一个内存块并不是一件很简单的事，free 内部有很多的处理，包括合并数据块、登记空闲块的大小、设置空闲块首位的一些标记以方便下次分配等一系列工作。

还有一个问题，不知读者是否观察到或注意到：

分配内存的时候，指明了分配 10 字节，但释放内存的时候，程序员并没有告诉编译器要释放多少字节，显然编译器肯定在哪里记录了这块内存分配出去的是 10 字节，在释放内存的时候编译器才能正好把这 10 字节的内存释放掉。那么，编译器是在哪里记录着呢？可以用观察法通过观察来猜测一下。观察图 18.4，在 ppoint 所指向的首地址之前的 12 字节的位置有一个 0a，这是十六进制数字，转换成十进制数字就是 10，这里的 10 估计就是编译器用来记录所分配出去的内存字节数的，这样在释放内存的时候就知道所需要释放内存的大小。

利用这种方法观察下面的代码：

```
char * ppoint = new char[55];      //十进制的 55 对应十六进制的 37
```

上面这行代码分配了 55 字节，通过设置断点调试，在所分配的 55 字节内存首地址前面的 12 字节位置是否也记录着所分配的内存大小这个数字呢？如图 18.7 所示，果然如此。

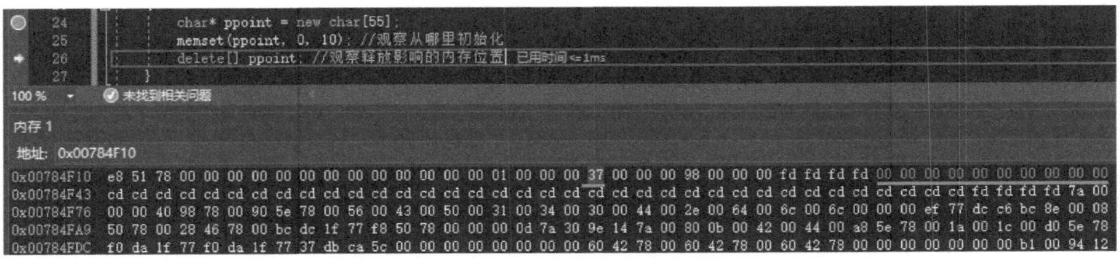

图 18.7 所分配的内存首地址前面的第 12 字节的位置记录着分配出去的内存字节数

通过上面的调试和观察得到一个结论：

分配内存这件事，假设分配出去的是 10 字节，但这绝不意味着只是简单分配出去 10 字节（而是比 10 字节多很多），而是在这 10 字节周围的内存中记录了很多其他内容，如**记录分**

配出去的字节数等。

前面说过,分配内存最终还是通过 malloc 函数进行的。不同的编译器下的 malloc 函数,也许各有不同,但是大同小异,细微实现上可能千差万别,但是该做的事情是必须要做的,该有的步骤是必须要有的。

一般来说,分配 10 字节内存,编译器或者说真正负责分配内存的 malloc 函数可能会分配出如图 18.8 所示的内存。

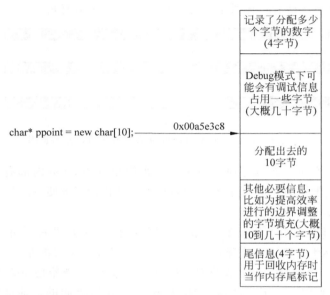

图 18.8　malloc 分配出去 10 字节内存真正分配出去的内存概貌

从图 18.8 可以看到,程序员只申请了 10 字节,但编译器处理的时候要额外多分配出许多内存空间来保存其他信息。不同的编译器可能这里的其他信息项不太一样,但是,请记住一个结论:编译器要有效地管理内存的分配和回收,肯定在分配一块内存之外额外要多分配出许多空间保存更多的信息。编译器最终是把它分出去的这一大块内存中间某个位置的指针返回给 ppoint,作为程序员能够使用的内存的起始地址。也就是说,程序员拿到的 ppoint 的地址实际上是 malloc 所分配出去的地址中中间的某个地址(参考图 18.8 中的 0x00a5e3c8)。

不难想象,本来程序员申请 10 字节的内存,结果系统一共分配出来了 40 多字节,非常浪费内存,但是没办法,系统要做到正常地管理内存(分配、回收、调试查错),就需要这些信息!试想,一次申请 1000 字节,多浪费 40 字节,也还比较好接受,不算浪费太多,但若是程序员一次只申请 1 字节(如"char * ppoint = new char;"),结果系统一下多分配出 40 多字节,浪费得实在太多。

当然,图 18.8 所示不是全部,如果是对象数组,可能在分配内存时不太一样(参考 16.2.1 节),但是不管怎么说,这里追求的不是 malloc 究竟做了哪些细节的事情,只是要了解 malloc 大概做了什么事情。最终得到一个结论:分配内存时为了记录和管理分配出去的内存,额外多分配了不少内存,造成了浪费,尤其是对于频繁分配小块的内存,浪费就显得更加严重。

18.2.2　重载类中的 operator new 和 operator delete 操作符

在上一节中讲述了 new 关键字的调用关系如下：

```
A * pa = new A();              //操作符
   operator new ();            //函数
        malloc();             //C 风格函数分配内存
   A::A();                     //有构造函数就调用构造函数
```

也讲述了 delete 关键字的调用关系如下：

```
delete pa;
   A::~A();                    //如果有析构函数,则先调用析构函数
   operator delete();          //函数
        free();               //C 风格函数释放内存
```

上面只是"new A();"和"delete pa;"的调用关系,如果站在编译器的角度,把"new A();"和"delete pa;"翻译成 C++代码,看一看。

new A();应该是如下的样子：

```
void * temp = operator new(sizeof(A));
A * pa = static_cast< A *>(temp);
pa->A::A();
```

delete pa;应该是如下的样子：

```
pa->A::~A();
operator delete(pa);
```

在上一节中用到了一个类 A,现在可以自己写一个类 A 的 operator new 和 operator delete 成员函数来取代系统的 operator new 和 operator delete 函数,自己写的这两个成员函数负责分配内存和释放内存,同时,还可以往自己写的这两个成员函数中插入一些额外代码来帮助自己获取一些实际的利益(后面会演示)。

这里演示一下如何写一个类 A 的 operator new 和 operator delete 成员函数来取代系统的 operator new 和 operator delete 函数。特别说明一下：因为 new 和 delete 本身称为关键字或者操作符,所以类 A 中的 operator new 和 operator delete 叫作重载 operator new 和 operator delete 操作符,但是这里将重载后的 operator new 和 operator delete 称为成员函数也没问题,这方面并没有太严格的规定。

目前,类 A 的内容如下：

```
class A
{
public:
};
```

在 main 主函数中,加入如下代码：

```
A * pa = new A();
delete pa;
```

执行起来,一切正常。

看看笔者如何重载。这种写法比较固定，对于读者来说，一回生二回熟，这些代码当然一般很少在实际项目中使用，但作为向高阶 C++ 程序员迈进，应该知道有这种写法：

```
class A
{
public:
    static void * operator new(size_t size); //应该为静态函数,但不写 static 似乎也行,估计是
                                             //编译器内部有处理,因为 new 一个对象时还没对象
                                             //呢,静态成员函数跟着类走,和对象无关
    static void operator delete(void * phead);
};
void *  A::operator new(size_t size)
{
    cout << "A::operator new 被调用了" << endl;
    A * ppoint = (A *)malloc(size);
    return ppoint;
}
void A::operator delete(void * phead)
{
    cout << "A::operator delete 被调用了" << endl;
    free(phead);
}
```

main 主函数中的内容不变，设置断点进行调试，确定可以调用类 A 的 operator new 和 operator delete 成员函数，并且观察调用 operator new 时传递进去的形参 size 的值，发现是 1（因为类 A 本身是 1 字节大小——sizeof(A) == 1）。

向类 A 中增加 public 修饰的构造函数和析构函数：

```
class A
{
public:
    static void *  operator new(size_t size);
    static void operator delete(void * phead);
    A()
    {
        cout << "类 A 的构造函数执行了" << endl;
    }
    ～A()
    {
        cout << "类 A 的析构函数执行了" << endl;
    }
};
```

main 主函数中代码不变。

执行起来，结果如下，一切正常，类 A 的构造函数和析构函数都被正常地调用：

```
A::operator new 被调用了
类 A 的构造函数执行了
类 A 的析构函数执行了
A::operator delete 被调用了
```

现在既然在类 A 中实现了 operator new 和 operater delete，那么在 new 和 delete 一个

类 A 对象的时候,就会调用程序员自己实现的类 A 中的 operator new 和 operator delete。

如果程序员突然不想自己写的 operator new 和 operator delete 成员函数了,怎样做到呢? 当然不需要把类 A 中的 operator new 和 operator delete 注释掉,只需要在使用 new 和 delete 关键字时在其之前增加“::”(两个冒号)即可。两个冒号叫作“作用域运算符”,在 new 和 delete 关键字之前增加“::”的写法,表示调用全局的 new 和 delete 关键字。此时,就不会调用类 A 中的 operator new 和 operator delete 了。

在 main 主函数中增加如下代码:

```
A * pa2 = ::new A();
::delete pa2;
```

执行起来,结果如下,一切正常:

```
类 A 的构造函数执行了
类 A 的析构函数执行了
```

上面的代码不会再调用类 A 中的 operator new 和 operator delete 成员函数了,但依旧会执行类 A 的构造函数和析构函数。

至于重载 operator new 和 operator delete 有什么用,后续再说,现在读者只需要知道,可以重载类中的 operator new 和 operator delete 即可。

18.2.3 重载类中的 operator new[]和 operator delete[]操作符

在 main 主函数中增加如下代码:

```
A * pa = new A[3]();
delete[] pa;
```

通过设置断点并跟踪调试可以观察到,这种写法并不调用上面类 A 中的 operator new 和 operator delete。为什么不调用呢?

这是因为上面这两行代码是为数组分配内存,这需要重载 operator new[]和 operator delete[]。笔者来实现一下,在类 A 定义的内部增加两个 public 修饰的成员函数声明:

```
public:
    static void * operator new[](size_t size);
    static void operator delete[](void * phead);
```

在类 A 的外面增加这两个成员函数的实现:

```
void * A::operator new[](size_t size)
{
    cout << "A::operator new[]被调用了" << endl;
    A * ppoint = (A * )malloc(size);
    return ppoint;
}
void A::operator delete[](void * phead)
{
    cout << "A::operator delete[]被调用了" << endl;
    free(phead);
}
```

读者可能注意到了,在这里写的这两个成员函数和不带"[]"的两个成员函数代码是完全相同的。

这里要特别注意这种数组操作符的调用流程,执行起来,结果如下:

```
A::operator new[]被调用了
类 A 的构造函数执行了
类 A 的构造函数执行了
类 A 的构造函数执行了
类 A 的析构函数执行了
类 A 的析构函数执行了
类 A 的析构函数执行了
A::operator delete[]被调用了
```

从结果可以看到,operator new[]和 operator delete[]只会被调用 1 次,但是类 A 的构造函数和析构函数会被分别调用 3 次,这一点千万别搞错,不要误以为 3 个元素大小的数组 new 的时候就会分配 3 次内存,而 delete 也会执行 3 次。

将断点设置在 operator new[]函数体内,调试起来,观察形参 size 的值,发现是 7。为什么会是 7 呢?因为这里创建的是 3 个对象的数组,每个对象占 1 字节,3 个对象正好占用 3 字节。另外 4 字节是做什么用的呢?

跟踪到 operator new[]里面的代码行"A∗ ppoint =(A∗)malloc(size);",执行该行,观察 ppoint 的返回值,如图 18.9 所示。

通过图 18.9 可以观察到,ppoint 返回的内存地址是 0x0103e398。继续按 F10 键逐行调试,当程序执行完 main 主函数的"A∗ pa = new A[3]();"代码行,观察 pa 的返回值,如图 18.10 所示。

图 18.9 operator new[]内部调用 malloc 返回的内存地址观察

图 18.10 "A∗ pa = new A[3]();"返回的内存地址观察

通过图 18.10 可以观察到,pa 返回的内存地址是 0x0103e39c。

这是什么意思呢? 也就是说真正拿到手的指针是 0x0103e39c,而 0x0103e398 实际上是编译器 malloc 分配内存时得到的首地址,这里 9c 比 98 多了 4 字节,4+3 正好是 7,等于 operator new[]函数中形参 size 的值。

多出这 4 字节是做什么的? 其实是记录数组大小的,数组大小为 3,所以,这 4 字节(一个 int 或者 unsigned int 类型数据的大小)里面记录的内容就是 3,可以想象,释放数组内存的时候必然会用到这个数字(3),通过这个数字才知道 new 和 delete 时数组的大小是多少,从而知道调用多少次类 A 的构造函数和析构函数。

如图 18.11 所示,看看 3 这个数字记录在内存中的位置(03 00 00 00 代表的就是 3)。

图 18.11 为对象数组分配内存时,数组大小记录在所分配的内存的前面 4 字节中

所以,编译器在程序员的背后还是做了很多事情的。对象数组内存分配概貌如图 18.12 所示。

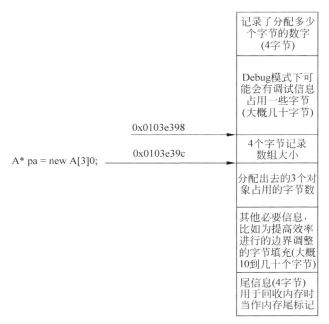

图 18.12　new 一个对象数组时真正分配出去的内存概貌

有了这些基础知识,就可以开始涉猎内存管理问题了。

18.3　内存池概念、代码实现和详细分析

18.3.1　内存池的概念和实现原理简介

前面讲解了 malloc 内存分配原理,体会到了使用 malloc 这种分配方式来分配内存会产生比较大的内存浪费,尤其是频繁分配小块内存时,浪费更加明显。

所以一个叫作"内存池"的词汇就应运而生,内存池的代码实现千差万别,且代码有一定的复杂度,但是一些核心的实现思想比较统一。请想一想,内存池要解决的主要问题是什么?

- 减少 malloc 调用次数,这意味着减少对内存的浪费。
- 减少对 malloc 的调用次数后,能不能提高程序的一些运行效率或者说是运行速度呢?从某种程度上来说,能,但是效率提升并不太多,因为 malloc 的执行速度其实是极快的,通过测试可以知道这一点。所以,改用内存池来处理内存分配,效率上会比 malloc 好一点,但好的并不明显。

那么,内存池的实现原理是什么呢?就是用 malloc 申请一大块内存,分配内存的时候,就从这一大块内存中一点点分配给程序员,当一大块内存差不多用完的时候,再申请一大块内存,然后再一点一点地分配给程序员使用。

请想一想,这种做法当然就有效地减少了 malloc 的调用次数,从而减少了对内存的浪费。当然,也容易想象,因为是申请一大块内存,然后一小块一小块分配给程序员用,那么这

里面就涉及怎样分成一小块一小块以及怎样回收的问题。这就是内存池给程序员带来便利的同时,也带来了代码实现上或者说管理上的难度。

再次强调,内存池的代码实现千差万别,不同的人有不同的写法,但不管怎么说,**减少内存浪费是根本**,提高程序运行效率是顺带(不是最主要的)的。

18.3.2　针对一个类的内存池实现演示代码

上一节学习了类的 operator new、operator delete 操作符的重载,那么能否通过这种重载的手段来实现一个**针对某个类**的内存池呢?如上一节中的类 A。希望用内存池的手段来实现如下这种内存分配的具体实现代码:

```
A * pa = new A();
delete pa;
```

这里提供一段相对比较简单,又比较有代表性的,能够体现内存池用途的代码。在 MyProject.cpp 的上面位置,增加如下类 A 的定义代码:

```cpp
class A
{
public:
    static void * operator new(size_t size);
    static void operator delete(void * phead);
    static int m_iCount;                    //用于分配计数统计,每 new 一次 + 1
    static int m_iMallocCount;              //用于统计 malloc 次数,每 malloc 一次 + 1
private:
    A * next;
    static A * m_FreePosi;                  //总是指向一块可以分配出去的内存的首地址
    static int m_sTrunkCount;               //一次分配多少倍该类的内存
};

void * A::operator new(size_t size)
{
    //A * ppoint = (A * )malloc(size);     //不再用传统方式实现,而是用内存池实现
    //return ppoint;
    A * tmplink;
    if (m_FreePosi == nullptr)
    {
        //为空,我们要申请内存,申请的是很大一块内存
        size_t realsize = m_sTrunkCount * size; //申请 m_sTrunkCount 这么多倍的内存
        m_FreePosi = reinterpret_cast < A * >(new char[realsize]); //这是传统 new,调用底层
                                                                   //传统 malloc
        tmplink = m_FreePosi;

        //把分配出来的这一大块内存链接起来,供后续使用
        for (; tmplink != &m_FreePosi[m_sTrunkCount - 1]; ++tmplink)
        {
            tmplink -> next = tmplink + 1;
        }
        tmplink -> next = nullptr;
        ++m_iMallocCount;
    }
```

```
        tmplink = m_FreePosi;
        m_FreePosi = m_FreePosi->next;
        ++m_iCount;
        return tmplink;
    }
    void A::operator delete(void* phead)
    {
        //free(phead);                        //不再用传统方式实现,针对内存池有特别的实现
        (static_cast<A*>(phead))->next = m_FreePosi;
        m_FreePosi = static_cast<A*>(phead);
    }

    //-------------------------------------
    int A::m_iCount = 0;
    int A::m_iMallocCount = 0;

    A* A::m_FreePosi = nullptr;
    int A::m_sTrunkCount = 5;                 //一次分配5倍的该类内存作为内存池的大小
```

上面这段代码希望读者能够仔细阅读和分析,一定要理解这些代码做了什么事情,这样才能达到本节的学习目的和效果。

仔细分析上面这段代码,看一看 operator new 函数里面做了什么事。

(1)第一次调用 operator new 成员函数分配内存的时候,if(m_FreePosi == nullptr)条件是成立的,因此会执行该条件内的 for 循环语句。整个 if 条件中的代码执行完毕后的情形(示意图)如图 18.13 所示。

图 18.13 看起来整个是一个链表(如果读者对链表不熟悉,建议借助搜索引擎简单了解,并不复杂),提前分配了 5 块内存(每块正好是一个类 A 对象的大小),然后每一块的 next(指针成员变量)都指向下一块的首地址,这样就非常方便从当前的块找到下一块。

跳出 if 语句并执行 if 后面的几行代码,这几行代码的含义是:m_FreePosi 总是指向下一个能分配的空闲块的开始地址,而后把 tmplink 返回去,如图 18.14 所示。

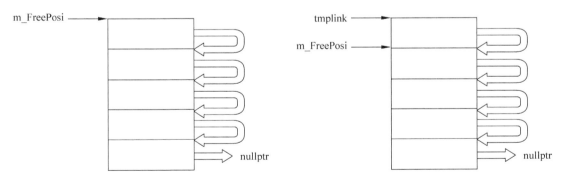

图 18.13　内存池初次创建时的情形　　图 18.14　从内存池中返回一块能用的内存,
　　　　　　　　　　　　　　　　　　　　　　　内存池中的空闲位置指针往下走
　　　　　　　　　　　　　　　　　　　　　　　指向下一个空闲块

(2)每次 new 一个该类(类 A)对象,m_FreePosi 都会往下走指向下一块空闲待分配内存块的首地址。假设程序员 new 了 5 次对象,把内存池中事先准备好的 5 块内存都消耗光

了,m_FreePosi 就会指向 nullptr 了。

此时,程序员第 6 次 new 对象的话,那么程序中 if (m_FreePosi == nullptr)条件就又成立了,这时程序又会分配出 5 块内存,并且将新分配的 5 块内存中的第 1 块拿出来返回,m_FreePosi 指向第 2 块新分配的内存块。如图 18.15 所示,深色代表已经分配出去的内存块,浅色代表没有分配出去的内存块。

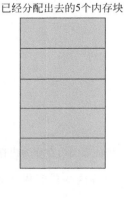

已经分配出去的5个内存块

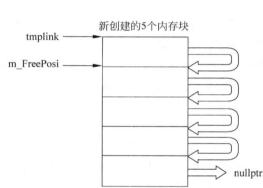

图 18.15　内存池用尽时就要重新 new 一大块内存并链入整个内存池中

至此,读者大概明白了内存是怎样分配的。再看一看内存的回收。

图 18.16 描述了当前已经 new 了 9 次 A 类对象的情形。

针对图 18.16 所示的内存池当前内存分配情形,笔者想把图中左上 5 块内存中中间的一块(第 3 块颜色更深一点的)内存释放掉,这时就要看一看 operator delete 函数里做了什么事。

特别值得提醒读者注意的是,operator delete 并不是把内存真正归还给系统,因为把内存真正归还给系统是需要调用 free 函数的,operator delete 做的事情是把要释放的内存块链回到空闲的内存块链表中来。

这里可以这样想象:

(1) 由 m_FreePosi 串起来的这个链(链表)代表的是空闲内存块的链,m_FreePosi 指向的是整个链的第一个空闲块的位置,当需要分配内存时,就把这第一个空闲块分配出去,m_FreePosi 就指向第二个空闲块。

(2) 当回收内存块的时候,m_FreePosi 就会立即指向这块回收回来的内存块的首地址,然后让回收回来的这块内存的 next 指针指向原来 m_FreePosi 所指向的那个空闲块。所以,m_FreePosi 始终是空闲块这个链的第一个空闲块(链表头)。

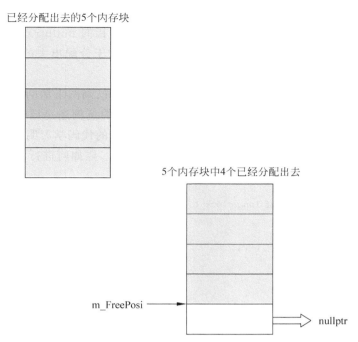

图 18.16　内存池当前已经分配出去了 9 块内存，剩余 1 块空闲内存

（3）对于已经分配出去的内存块的 next 指针指向什么已经没有实际意义了，可以不用理会。已经分配出去的内存块，程序要对它们负责，程序要保证及时地 delete 它们促使类 A 的 operator delete 成员函数被及时执行，从而把不用的内存块归还到内存池中。

将图 18.16 中左上的第 3 块内存回收回来后的情形如图 18.17 所示。

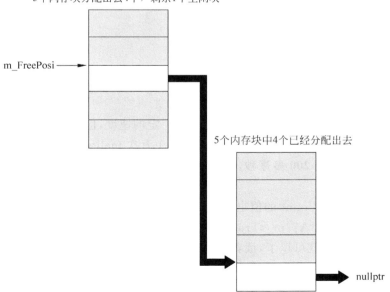

图 18.17　内存池回收第 3 块内存块后的情形，由 m_FreePosi 串起整个空闲内存块链

请注意,根据对代码的分析,对于一个内存块,只有未被分配出去的时候,它的 next 指针才有意义(指向下一个未被分配出去的空闲内存块或者指向 nullptr),当该内存块被分配出去(被使用)后,其 next 指针就没有实际意义了,因此对于分配出去的内存块笔者也并未绘制其 next 指针的指向。

请读者认真阅读代码,发挥想象力,实在读不明白,自己画图来辅助分析,本节的主要任务就是要把内存分配、内存释放的代码搞清楚,因为上面的范例还是属于比较简单的,以后可能会面对复杂得多的代码,所以务必要把这种比较简单的代码学习明白。

现在创建类 A 对象时所支持的内存池功能就写好了。要如何进行测试呢?在 main 主函数中写入如下代码:

```
//和时间有关的类型: typedef long clock_t
clock_t start, end;                        //包含头文件 # include < ctime >
start = clock();                           //程序运行到此刻所花费的时间(单位: 毫秒)
for (int i = 0; i < 5000000; i++)
{
    A * pa = new A();
}
end = clock();
cout << "申请分配内存的次数为:" << A::m_iCount << " 实际 malloc 次数为:" << A::m_iMallocCount
<< " 用时(毫秒):" << end - start << endl;
```

这里多次执行,看一看结果:

申请分配内存的次数为:5000000 实际 malloc 次数为:1000000 用时(毫秒):674

虽然每次的执行结果中用时这一项略有不同,但这个数字大概在 $500 \sim 800$ 之间,也就是说,分配了 500 万次内存,用了大概 0.5~0.8s 左右的时间,这种 new 的速度非常快。

如果增加内存池一次分配的内存块数,从而进一步减少 malloc 的调用次数。看一看效果:

```
int A::m_sTrunkCount = 500;
```

再次多执行几次代码,看一看结果:

申请分配内存的次数为:5000000 实际 malloc 次数为:10000 用时(毫秒):342

这次修改用时在 $300 \sim 500$ 之间,感觉能提升一定的速度,但提升有限,原来的代码是调用了 100 万次 malloc(每次分配 5 块),现在是调用 1 万次 malloc(每次分配 500 块),那就是差了 **99 万次**,也就才**提升 200 多毫秒**,所以可以看到 malloc 的速度和自己管理内存的速度真的差不多,慢不了多少。

但是,A::m_sTrunkCount 的值也不应该设置的太大,否则第一次创建出来的块太多,也浪费时间和内存。那么 A::m_sTrunkCount 到底多大合适,还真不好说。根据刚才的测试,似乎数字在几十之间就可以了,读者可以自己再测试测试。

如果不用内存池,而用原生的 malloc 进行内存分配,看一看效率如何。

在 MyProject.cpp 的前面位置增加一个宏定义(类似于一个开关):

```
# define MYMEMPOOL 1
```

修改类 A 的成员函数 operator new 和 operator delete。修改后的代码如下：

```
void * A::operator new(size_t size)
{
#ifdef MYMEMPOOL
    A * ppoint = (A * )malloc(size);
    return ppoint;
#endif
    ……原来的一些老代码,略
}
void A::operator delete(void * phead)
{
#ifdef MYMEMPOOL
    free(phead);
    return;
#endif
    ……原来的一些老代码,略
}
```

其他代码不用改变,再多执行几次,看一看结果：

申请分配内存的次数为:0 实际 malloc 次数为:0 用时(毫秒):1194

根据运行结果,感觉整个还是要慢一些,大概慢 0.5～0.8s。500 万次内存分配内存才慢这么一点时间,所以结论还是 malloc 的执行速度慢不了多少。

18.3.3   内存池代码后续说明

现在把 m_sTrunkCount 调整回 5：

int A::m_sTrunkCount = 5;

把 MYMEMPOOL 宏定义行注释掉：

//#define MYMEMPOOL 1

在 main 主函数中修改一下代码,分配内存的次数由原来的 500 万次修改为 15 次,方便观察内存分配数据。同时,在 for 循环中打印一下所分配的内存地址。现在 main 主函数中的完整代码如下：

```
//和时间有关的类型: typedef long clock_t
clock_t start, end;                    //包含头文件#include <ctime>
start = clock();                       //程序运行到此刻所花费的时间(单位:毫秒)
for (int i = 0; i < 15; i++)
{
    A * pa = new A();
    printf(" % p\n", pa);
}
end = clock();
cout << "申请分配内存的次数为:" << A::m_iCount << " 实际 malloc 次数为:" << A::m_iMallocCount
<< " 用时(毫秒):" << end - start << endl;
```

执行起来,看一看结果：

```
00E09CD0
00E09CD4
00E09CD8
00E09CDC
00E09CE0
00E04E58
00E04E5C
00E04E60
00E04E64
00E04E68
00E04E98
00E04E9C
00E04EA0
00E04EA4
00E04EA8
申请分配内存的次数为:15 实际 malloc 次数为:3 用时(毫秒):9
```

通过上面的结果不难看到,每 5 个分配的内存地址都是挨着的(间隔 4 字节),这说明内存池机制在发挥作用(因为内存池是一次分配 5 块内存,显然这 5 块内存地址是挨在一起的)。

如果关闭内存池,会发现每次 malloc 的地址是不一定挨着的。要关闭内存池,只需要把 MYMEMPOOL 宏定义行的注释取消。来试一试:

```
#define MYMEMPOOL 1
```

执行起来,看一看结果:

```
015A9638
015A9668
015A0578
015A05A8
015A61E0
015A6210
015A5130
015A5160
015A5190
015A4E58
015A4E88
015A4EB8
015AFBE0
015AF970
015AFA90
申请分配内存的次数为:0 实际 malloc 次数为:0 用时(毫秒):11
```

上面这些就是笔者演示的内存池的一个具体实现。

当然,这个内存池代码不完善,例如分配内存的时候是用 new 分配的,释放内存的时候并没有真正地用 delete 来释放,而是把这块要释放的内存通过一个空闲链连起来而已。

可以想象,这种内存池技术的实现要是想通过 delete 来真正释放内存(把内存归还给操作系统),并不容易做到,那么索性就把回收回来的内存攥在手里,需要的时候再分配出去,不需要的时候一直攥在手里(这不属于内存泄漏),只要分配内存时不是一直用 new 分配下去,那这个内存池即便后续变得很大,但只要内存有分配,有回收,这个内存池耗费的内存空间总归还是有限的。当然假设物理内存有 100MB,内存池非要 new 出 120MB 内存来使用,那肯定是不可以的。

当整个程序运行即将结束退出的时候,建议把分配出去的内存真正释放掉,这是一个比较好的习惯。这个内存池所占用的内存如何写代码来真正地释放掉,这个问题留给读者,相信只要细心一点,实现出这段代码并不困难。

本节所讲的内存池代码虽然以教学和演示为主,但要在实际的项目中使用这段代码也是可以的,请读者自己把握。

18.4　嵌入式指针概念及范例、内存池改进版

18.4.1　嵌入式指针

1. 嵌入式指针概念

嵌入式指针,英文名字叫作 embedded pointer,是一个挺巧妙的小东西,即便读者不使用,但读别人代码时可能会遇到,所以应该知道这方面的知识。

嵌入式指针其实也是一个指针,为什么多了"嵌入式"三个字,相信学习完本节内容后,读者就清楚了。

嵌入式指针常用于内存池的代码实现中,上一节中讲解了内存池,写了一段代码实现了内存池,回忆一下第一次分配内存时,内存池大概的样子如图 18.13 所示。

在上一节的实现代码中,为了让空闲的内存块能够正确地分配出去,在类 A 中引入了一个成员变量 next,如下:

```
A * next;
```

读者都知道,这是一个指针,在当前 Visual Studio 2019 的 x86 平台下,这个指针是占 4 字节的,每 new 一个类 A 对象,都会有这么一个 4 字节的 next 指针出现,这个多出来的 4 字节仔细分析一下,是属于内存空间的浪费。

通过编码能够把这 4 字节省下来,这就需要用到本节所讲的"嵌入式指针"技术。当然,该技术要成功地使用需要一个前提条件,不过这个前提条件比较容易满足,稍后会谈。

"嵌入式指针"的工作原理就是:借用类 A 对象所占的内存空间的前 4 字节(代替上面谈到的 next 指针),这 4 字节专门用来链住这些空闲的内存块。当一个空闲的内存块分配出去之后,这前 4 字节的内容就不需要了(因为上一节笔者曾经说过:对于已经分配出去的内存块的 next 指针指向什么已经没有实际意义),即便这 4 字节的内容被具体的对象内的数据所覆盖,也无所谓。

既然谈到这里,读者肯定就想到了,"嵌入式指针"技术要成功地使用需要一个前提条件:那就是这个类 A 的 sizeof(new 一个该类对象时所占用的内存字节数)必须要不少于 4字节。当然,在实际的项目中,一般来讲,一个类对象(或者说一个类)的 sizeof 肯定会超过 4 字节,不巧的是,在上一节的范例中类 A 的 sizeof 值正好是 4 字节,而这 4 字节恰好是 next 成员变量所占的 4 字节。现在的主要目的是要把 next 取消掉,那本类这个 sizeof(A) 的 4 字节,这 next 一取消掉,4−4 变成 0 了,其实不是 0,而是 1 字节(任何一个类或者类对

象的 sizeof 都不可能是 0 字节，最少都是 1 字节，哪怕是一个空类。笔者会在《C++新经典：对象模型》书籍中专门论述这方面的知识，这里就不多谈）。

现在的情形下，如果拿掉类 A 中的 next 成员，就导致 sizeof(A) 不够 4 字节，没法使用"嵌入式指针"技术了。为了演示嵌入式指针技术，笔者向类 A 中随便增加两个 public 修饰的 int 成员变量，则 sizeof(A) 立即变成 8，这个大小足够演示"嵌入式指针"技术了：

```
public:
    int m_i;
    int m_j;
```

引入"嵌入式指针"技术后，图 18.14 就演变成了图 18.18：每个对象块中都借用该块前面的 4 字节来保存这个嵌入式指针值（这个值用来指向下一个空闲块）。

为方便查看，在图 18.18 中将指向箭头绘制在对象块的左侧（因为是借用块首的 4 字节来当嵌入式指针用），其实与图 18.14 中将指向箭头绘制在对象块右侧的效果是一样的。

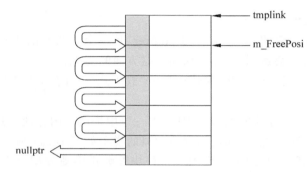

图 18.18　利用嵌入式指针实现的内存池初次创建时的情形

2. 嵌入式指针演示代码

嵌入式指针的理论已经讲得比较详细。这里看一看嵌入式指针的实现代码。这里写一个类，名字叫作 TestEP，为了保证该类的 sizeof 值不小于 4，这里给该类两个 int 类型的成员变量，这样该类的 sizeof 值至少是 8，即超过了 4，可以安全地在其中使用嵌入式指针。类 TestEP 定义如下：

```
class TestEP
{
public:
    int m_i;
    int m_j;
public:
    struct obj
    {
        struct obj * next;                 //next 就是一个嵌入式指针
    };
};
```

这种代码，如果读者是第一次看到，可能会很不习惯。都有哪些不习惯呢？

（1）比如说类里突然多了一个结构的定义，其实，跟在类外定义这个结构没什么区别，只不过如果把这个结构定义在类 TestEP 外面的话，外界要用这个 obj 结构名时直接写成

obj,如果定义在类 TestEP 里面,外界要用 obj 类名时就需要写成 TestEP::obj,所以这个嵌入式指针只不过是嵌到类里面的一个类(结构)。这就是"嵌入式"这三个字的由来。为什么 obj 这个结构要嵌入到类 TestEP 里面,显然是因为只想在类 TestEP 里面使用这个 obj 结构,而不希望在 TestEP 类外面也能用 obj 这个名字,所以放到里面来(而且一般都用 private 修饰)。

(2) struct obj * next;。

乍一看上去这种结构成员定义也可能没反应过来。其实这不过是一个指针变量,名字叫 next。这个指针变量指向什么呢?只不过是指向一个 obj 结构。这就是一个链表,自己是一个 obj 结构对象,那么把自己这个对象的 next 指针指向另外一个 obj 结构对象,最终就是把多个自己这种类型的对象通过 next 指针(像一个铁链)串起来,如图 18.19 所示。

其实图 18.19 的感觉和图 18.13 是完全一样的。

有了上面这两点的认知,写几行测试代码看一看嵌入式指针是怎样使用的。在 main 主函数中写入如下代码:

```
TestEP mytest;
cout << sizeof(mytest) << endl;          //8
TestEP::obj * ptmp;                       //定义一个指针
ptmp = (TestEP::obj *) & mytest;  //把对象 mytest 的首地址给了这个指针,这个指针指向对象
                                          //mytest 首地址
ptmp -> next = nullptr;                    //前 4 字节给成了 00 00 00 00
```

根据上面这几行代码,绘制一下对象的结构数据图,如图 18.20 所示(注意,是 ptmp 指向了 mytest 的首地址,**而 ptmp—> next 代表的是 mytest 首地址开始的 4 字节的内容**)。

图 18.19 链表的实现,对象的 next 指针指向
下一个对象,如此反复,构成一个链

图 18.20 嵌入式指针演示范例结构
数据图

通过设置断点并跟踪调试观察可以注意到,ptmp—> next = nullptr;对应着把 mytest 对象内存地址的前 4 字节清 0。所以说这里的 ptmp—> next **占用的是对象 mytest 的前 4 字节**,这一点千万不要理解错。这就是前面探讨的借用对象的前 4 字节保存嵌入式指针指向的内容。

上面的测试代码是让这个嵌入式指针指向空了,如果想让它指向下一个内存池中内存块的地址,那最终不就把上一节讲的 next 指针省下来了嘛!(这里也涉及一个类对象在内存中的布局问题,笔者会在《C++新经典:对象模型》书籍中详细介绍这方面的知识)。

这就是嵌入式指针的工作原理。

18.4.2　内存池代码的改进

有了"嵌入式指针"概念后,笔者希望对内存池进行改进,应用"嵌入式指针"这个技术来作为块与块之间的链,同时上一节的内存池是只针对一个类(类 A)而写的,如果应用到别的

类如类 B 中,还得在类 B 中写一堆代码,很不方便。为了把内存池技术更好地应用到其他类中,这里单独为内存池技术的使用写一个类。

注意下面的实现代码,尤其注意"嵌入式指针"技术是如何应用到内存池的设计中来,因为这个类的大多数代码内容和上一节很类似,所以相信读者都能够懂。

```cpp
//专门的内存池类
class myallocator   //必须保证使用本类的类 sizeof()不少于 4 字节,否则崩溃报错
{
public:
    //分配内存接口
    void* allocate(size_t size)
    {
        obj* tmplink;
        if (m_FreePosi == nullptr)
        {
            //为空,我要申请内存,要申请一大块内存
            size_t realsize = m_sTrunkCout * size; //申请 m_sTrunkCout 这么多倍的内存
            m_FreePosi = (obj*)malloc(realsize);
            tmplink = m_FreePosi;

            //把分配出来的这一大块内存(5 小块)彼此链接起来,供后续使用
            for (int i = 0; i < m_sTrunkCout - 1; ++i) //0 -- 3
            {
                tmplink->next = (obj*)((char*)tmplink + size);
                tmplink = tmplink->next;
            } //end for
            tmplink->next = nullptr;
        } //end if
        tmplink = m_FreePosi;
        m_FreePosi = m_FreePosi->next;
        return tmplink;
    }

    //释放内存接口
    void deallocate(void* phead)
    {
        ((obj*)phead)->next = m_FreePosi;
        m_FreePosi = (obj*)phead;
    }

private:
    //写在类内的结构,这样只让其在类内使用
    struct obj
    {
        struct obj* next;              //这个 next 就是一个嵌入式指针
    };
    int m_sTrunkCout = 5;              //一次分配 5 倍的该类内存作为内存池的大小
    obj* m_FreePosi = nullptr;
};
```

有了这个专用的内存池类或者说是内存分配类,怎样用起来?改造上一节讲解的类 A 中的代码。完整的类 A 代码现在如下:

```
class A
{
public:
    //必须保证 sizeof(A)凑够 4 字节的,这里两个 int 成员 8 字节了,所以使用类 myallocator 毫
    //无问题
    int m_i;
    int m_j;
public:
    static myallocator myalloc;            //静态成员变量,跟着类 A 走
    static void * operator new(size_t size)
    {
        return myalloc.allocate(size);
    }
    static void operator delete(void * phead)
    {
        return myalloc.deallocate(phead);
    }
};
myallocator A::myalloc;                     //在类 A 之外定义一下这个静态成员变量
```

上面的代码中定义了一个静态成员变量 myalloc,然后直接改造了一下类 A 中的 operator new 和 operator delete 成员函数,整体比较简单。现在在 main 主函数中写入如下的测试代码:

```
A * mypa[100];
for (int i = 0; i < 15; ++i)
{
    mypa[i] = new A();
    printf("%p\n", mypa[i]);
}
for (int i = 0; i < 15; ++i)
{
    delete mypa[i];
}
```

执行起来,看一看结果:

```
013AAF98
013AAFA0
013AAFA8
013AAFB0
013AAFB8
013A5840
013A5848
013A5850
013A5858
013A5860
013A4E58
013A4E60
013A4E68
013A4E70
013A4E78
```

通过上面的结果不难看到,每 5 个分配的内存地址都是挨着的(间隔 8 字节),这说明内存池机制在发挥作用(因为内存池是一次分配 5 块内存,显然这 5 块内存地址是挨在一起的,因为这 5 块内存实际上是一次分配出来的一大块内存)。

当然,如果觉得在类 A 中加入的代码还是有点多,可以用宏来简化,分别定义两个宏。如下:

```
#define DECLARE_POOL_ALLOC()\
public:\
    static void * operator new(size_t size)\
    {\
        return myalloc.allocate(size);\
    }\
    static void operator delete(void * phead)\
    {\
        return myalloc.deallocate(phead);\
    }\
    static myallocator myalloc;

#define IMPLEMENT_POOL_ALLOC(classname)\
myallocator classname::myalloc;
```

这样,整个类 A 的定义写成下面的样子即可:

```
class A
{
    DECLARE_POOL_ALLOC();
public:
//必须保证 sizeof(A)凑够 4 字节的,这里两个 int 成员 8 字节了,所以使用类 myallocator 毫无问题
    int m_i;
    int m_j;
};
IMPLEMENT_POOL_ALLOC(A)
```

其他的代码不需要改变。

本节主要是引入嵌入式指针的概念并希望读者知道,在设计类内内存池时往往都用到嵌入式指针技术来节省 4 字节的额外空间。另外,本节实现了一个独立的内存池类 myallocator,这样所有的类都可以用这个 myallocator 类来分配内存了。同时,以后读者看到嵌入式指针的用法也就能够很自然地认识了。

18.5　重载全局 new/delete、定位 new 及重载

18.5.1　重载全局 operator new 和 operator delete 操作符

18.2.2 节和 18.2.3 节学习了类中的 operator new、operator delete 以及 operator new[]、operator delete[]的重载。忘记的读者请进行适当的复习。

其实,也可以重载全局的 operator new、operator delete 以及 operator new[]、operator delete[],当然,在重载这些全局函数的时候,一定要放在全局空间里,不要放在自定义的命名空间里,否则编译器会报语法错。

在 MyProject.cpp 的前面位置,增加如下代码:

```cpp
void * operator new(size_t size)                //重载全局 operator new
{
    return malloc(size);
}
void * operator new[](size_t size)              //重载全局 operator new[]
{
    return malloc(size);
}

void operator delete(void * phead)              //重载全局 operator delete
{
    free(phead);
}
void operator delete[](void * phead)            //重载全局 operator delete[]
{
    free(phead);
}

class A
{
public:
    A()                                 //构造函数
    {
        cout << "A::A()" << endl;
    }
    ~A()                                //析构函数
    {
        cout << "A::~A()" << endl;
    }
};
```

在 main 主函数中写一些测试代码,读者可以设置断点并跟踪调试观察:

```cpp
int * pint = new int(12);               //调用重载的 operator new
delete pint;                            //调用重载的 operator delete
char * parr = new char[10];             //调用重载的 operator new[]
delete[] parr;                          //调用重载的 operator delete[]

A * p = new A();            //调用重载的 operator new,之后也执行了类 A 的构造函数
delete p;                   //执行了类 A 的析构函数,之后也调用了重载的 operator delete
A * pa = new A[3]();        //调用一次重载的 operator new[],之后执行了三次类 A 的构造函数
delete[] pa;               //执行了三次类 A 的析构函数,之后也调用了重载的 operator delete[]
```

虽然可以重载全局的 operator new、operator delete、operator new[]、operator delete[],但很少有人这样做,因为这种重载影响面太广。读者知道有这样一回事就行了。一般都是重载某个类中的 operator new、operator delete,这样影响面比较小(只限制在某个类内),也更实用。

当然,如果类 A 中又重载了 operator new、operator delete、operator new[]、operator delete[],那么类中的重载会覆盖掉全局的重载。在类 A 中重载这几个操作符(成员函数),完整的类 A 代码如下:

```
class A
{
public:
    A()                                      //构造函数
    {
        cout << "A::A()" << endl;
    }
    ~A()                                     //析构函数
    {
        cout << "A::~A()" << endl;
    }
    void * operator new(size_t size)
    {
        A * ppoint = (A * )malloc(size);
        return ppoint;
    }
    void operator delete(void * phead)
    {
        free(phead);
    }
    void * operator new[](size_t size)
    {
        A * ppoint = (A * )malloc(size);
        return ppoint;
    }
    void operator delete[](void * phead)
    {
        free(phead);
    }
};
```

在 main 主函数中,针对下面几行代码进行跟踪和调试,注意调用的是哪个重载函数:

```
A * p = new A();
delete p;
A * pa = new A[3]();
delete[] pa;
```

结果一目了然: 类中的重载会覆盖掉全局的重载。

18.5.2　定位 new(placement new)

前面学习的 new 操作符都是传统的 new,调用关系如下,这个前面已经讲解过了:

```
A * pa = new A();                         //操作符
    operator new ();                      //函数
        malloc();                         //C 风格函数分配内存
    A::A();                               //有构造函数就调用构造函数
```

除了传统 new 之外,还有一种 new 叫作"定位 new",翻译成英文就是 placement new,因为它的用法比较独特,所以并没有对应的 placement delete 的说法。

那么,定位 new 和传统 new 有什么区别呢?当然有区别。在讲解区别之前,首先要注

意定位 new 的层次关系。定位 new 也和传统 new 处于同一个层次，但定位 new 的功能却
是：在**已经分配**的原始内存中初始化一个对象。请注意这句话的两个重要描述点：

- 已经分配：意味着定位 new 并不分配内存，也就是使用定位 new 之前内存必须先分
  配好。
- 初始化一个对象，也就是初始化这个对象的内存，可以理解成其实就是调用对象的
  构造函数。

总而言之，定位 new 就是能够在一个预先分配好的内存地址中构造一个对象。

笔者讲定位 new 的目的不是让读者一定要去使用，而是一旦将来遇到这种 new 的用法
时能够读懂相关的代码。

定位 new 用法存在的意义，请在今后的实际工作中慢慢体会。从灵活性上来讲，定位
new 比较灵活。

存在一种可能性，在以后做的项目中，可能因为某些特殊的需要，读者可能会突然觉得
定位 new 似乎比传统 new 灵活，更方便，这时就是定位 new 出场的时候。

定位 new 的格式如下：

```
new（地址）类类型(参数)
```

这里直接通过一个范例来演示定位 new。为了防止与重载的 operator new、operator
delete 产生冲突等，把上面所写的代码全部注释掉。

创建一个叫作 PLA 的类：

```
class PLA
{
public:
    int m_a;
    PLA() :m_a(0)                          //构造函数
    {
        cout << "PLA::PLA()构造函数执行" << endl;
    }
    PLA(int tempvalue) :m_a(tempvalue)     //构造函数
    {
        cout << "PLA::PLA(int tempvalue)构造函数执行" << endl;
    }
    ~PLA()                                 //析构函数
    {
        cout << "PLA::~PLA()析构函数执行" << endl;
    }
};
```

在 main 主函数中，增加如下代码：

```
void * mymemPoint = (void * )new char[sizeof(PLA)]; //内存必须事先分配出来,为了内存分配通
                                                    //用性,这里返回 void * 类型
//开始用这个返回的 void * 指针
PLA * pmyAobj1 = new(mymemPoint) PLA(); //定位 new:调用无参构造函数,这里并不额外分配内存

void * mymemPoint2 = (void * )new char[sizeof(PLA)];
PLA * pmyAobj2 = new(mymemPoint2) PLA(12); //定位 new:调用带一个参数的构造函数,这里并不
                                           //额外分配内存

//释放
```

```
pmyAobj1->~PLA();                           //根据需要,有析构函数就可以调用析构函数
pmyAobj2->~PLA();
delete[](void*)pmyAobj1;         //分配时用 new char[],释放时用 delete[],本行等价于
                                 //delete[](void*)mymemPoint;
delete[](void*)pmyAobj2;            //本行等价于 delete[](void*)mymemPoint2;
```

执行起来,结果如下:

```
PLA::PLA()构造函数执行
PLA::PLA(int tempvalue)构造函数执行
PLA::~PLA()析构函数执行
PLA::~PLA()析构函数执行
```

可以看到,一般来说,写程序的时候,构造函数都是不会被直接调用的(直接调用编译器会报错),而上面这种定位 new 的写法就等同于可以直接调用构造函数。

而析构函数是能够直接调用的(上面的代码就直接调用了析构函数)。

上面这些结论,希望读者有相关的认识。

可以把断点设置在定位 new 这行代码上并跟踪调试,当程序执行流程停到断点行时切换到反汇编窗口观察定位 new 都调用了哪些代码,看到的内容如图 18.21 所示。

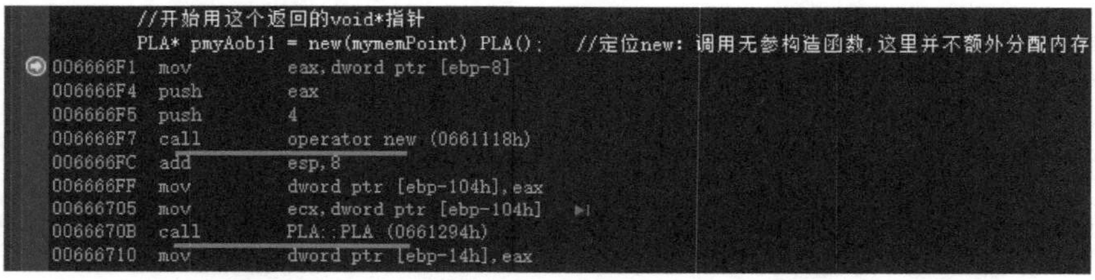

图 18.21　定位 new 调用的各种函数

从图 18.21 中可以看到定位 new 的调用关系如下表示:

```
//内存必须已经分配好
PLA * pa = new (分配好的内存的首地址) PLA();   //定位 new 操作符
    operator new ();                           //函数,这里并没有调用 malloc
    PLA::PLA();                                //调用构造函数
```

图 18.21 的 operator new 可以追踪进去,发现它并不像传统的 new 是要调用 malloc 来分配内存的,而这个 operator new 中看起来并没有分配内存。

前面学习了针对一个传统的 new 操作符,可以在一个类中重载它所调用的 operator new 和 operator delete 函数,并在其中来分配和释放内存。

其实,定位 new 所调用的 operator new 操作符也能重载,但是定位 new 没有对应的 operator delete 操作符。

定位 new 所调用的 operator new 操作符的重载代码如下。在类 PLA 中,增加用 public 修饰的如下 operator new 成员函数,注意其形参:

```
public:
    //定位 new 操作符的重载,注意参数是比传统 new 多一个参数的
    void* operator new(size_t size, void* phead)
    {
```

```
//这里增加一些自己的额外代码,用于统计之类的,但不要分配内存
return phead; //收到内存开始地址也只返回内存开始地址即可
}
```

读者可以通过设置断点确认上面这段代码在执行定位 new 代码行时能够被调用。

18.5.3 多种版本的 operator new 重载

其实可以重载很多版本的 operator new,只要每个版本参数不同就可以。第一个参数固定,类型都是 size_t(类似于无符号整型),表示这个对象的 sizeof 值,其他参数通过调用 new 时指定进去即可。

在 main 主函数中,代码如下:

```
PLA * pla = new(1234, 56) PLA(); //这其实并没有实际分配内存,也没有调用类的构造函数
```

在类 PLA 中,增加一个 public 修饰的 operator new 重载如下,注意其形参数量为 3 个:

```
public:
    void * operator new(size_t size, int tvp1, int tvp2)
    {
        return NULL;
    }
```

编译一下,出现警告:"void ∗ PLA::operator new(size_t,int,int)"表示未找到匹配的删除运算符。如果初始化引发异常,则不会释放内存。

这个警告可以不理会,也可以在 PLA 类中增加对应的 operator delete 重载以避免这个警告(但这并不是必需的):

```
public:
    void operator delete(void * phead, int tvp1, int tvp2)
    {
        return;
    }
```

可以设置断点并进行跟踪调试,上面重载的 operator new 的第二个参数和第三个参数分别传递进去了 1234 和 56,而第一个参数,系统默认传递进去的是 sizoef(PLA)的值。

另外注意,这种 new 的用法并不会去调用类 PLA 的构造函数。所以,这个重载的 operator new 里面要做什么事,完全由程序员来控制。

介绍上面的这些知识主要目的是帮助读者扩大见闻,并不是建议这样去用。如果读者真有这种特殊的用途需求,一定要理解透彻这种调用的过程和前因后果,以免误用导致问题。

第 19 章

STL 标准模板库大局观

本章的名称叫作"STL 标准模板库大局观"，以往读者也许对 STL 有一定的概念，也会使用其中的一些功能（最常见的如一些容器）。但是可能经常陷入对具体某个细节的使用当中，而缺乏对 STL 总体、全局的认识。

本章的主要目的就是带着读者从一个总体和全局的视角去认识 STL。笔者无意详细介绍 STL 中的每一个细节，只要读者有全局性的认识，学其中的细节只是时间问题，甚至只需要掌握一些最常用的内容，其他的内容遇到时现学都来得及，捧着一本 STL 专著书籍拼命啃学并不是好的学习方法。

19.1 STL 总述、发展史、组成与数据结构谈

19.1.1 几个概念与推荐书籍

1. C++标准库

英文名字是 C++ Standard Library。一般来讲，只要安装了 C++ 编译器（如 Visual Studio 2019），那么，这些标准库都会被安装进来，这样就可以在程序中使用这些标准库里提供的各种功能。例如已经很熟悉的 vector 容器等，都是标准库里面提供的。标准库帮助开发者解决了可复用的问题，许多功能不用程序员自己去实现，标准库就已经提供出来了。所以用好标准库中提供的常用功能对于成为一名合格的 C++ 程序员也是必不可少的。

2. 标准模板库

这个词相信很多读者都熟悉，英文名字是 Standard Template Library（STL）。**包含在 C++ 标准库之中**，作为 C++ 标准库的一个重要组成部分或者说是 C++ 标准库的核心，深深影响着标准库。

3. 泛型编程

英文名字是 Generic Programming。

所谓泛型编程，是使用模板（Template）为主要的编程手段来编写代码（模板在前面已经详细学习过）。

其实，模板编程这种手段编写的代码会让很多人不习惯——代码冗长晦涩，但是这种手段编写的代码也能实现一些匪夷所思的功能，与面向对象程序设计的代码书写方式很不一样。

可以认为，标准模板库就是用泛型编程的编码方式所写的一套供程序员非常方便使用的库。

4. 推荐书籍

《C++标准库》是一本比较权威的书籍,但是总体有 1000 多页,笔者觉得可以概览,当成一本字典在需要时查阅是非常不错的。但要是从头到尾详细研读,反而太花时间,事倍功半。一般的开发者只会用到标准库中的小部分内容,绝大部分内容用不上,用不上的内容若花费大量的时间学习研读,就有点不太划算。这是笔者的观点,仅供参考。

还有一本侯捷老师的《STL 源码剖析》,这也是一本值得参考借鉴的书。但是笔者的建议是:看一看侯老师怎样剖析,不建议自己去详细剖析。究其原因,剖析的难度很大是其一,其二是必要性有多大,这个需要读者自己事先想明白。

19.1.2　算法和数据结构谈

为什么要提起"算法和数据结构"这个话题呢?和本章要讲解的 STL 有什么关系吗?有关系,STL 库里面的具体实现就会用到算法和数据结构领域的一些知识,如会用到树、散列表(哈希表)之类的数据结构知识,所以很多人都有一个疑惑:要不要把算法和数据结构的知识好好学一学?

这是一个非常典型的问题,笔者这里根据自己的经验尝试解答,供读者参考。

1. 数据结构浅谈

学习计算机专业的同学一般都会学习"数据结构",这是该专业的一门课程。数据结构研究的是什么呢?是用来研究数据怎么存,怎么取的一门学问。也许有人问,数据存取还有学问吗?当然有学问,有各种各样的数据结构,如栈、队列、链表、散列表、树、图等。这么多种不同的数据结构,有的存数据速度非常快,有的取数据速度非常快,有的查询特定数据速度非常快,每种数据结构都有不同的优势和劣势,需要根据具体的使用场景来决定到底采用什么样的数据结构。当然,这些具体数据结构也是通过书写具体的代码来实现的。

2. 数据结构的学习方法

不管是否学习过数据结构方面的知识,笔者要求读者对数据结构有一个简单的认识,不需要知道太多,但是,栈、队列、链表这三种数据结构还是需要大概知道是什么。如果不懂,可以通过搜索引擎进行搜索,找到一些相关的实现代码作为参考和借鉴来了解这些基本概念。

(1)栈:后进先出,后放进来的数据,取的时候先取。就跟上公交车一样,后上车的人要先下车,这个人要是不下车,堵在门口,别人下不来。

(2)队列:先进先出,就跟排队买饭吃一个道理,先排到的人先买,买了之后先走人。

(3)链表:像个大链一样,每个链上的节点长的都很类似,多个节点链(串)在一起。每个节点都有**数据部分以及一个 next 指针**(next 指针用来指向链上的下一个节点,链上最后一个节点的 next 指针指向 NULL),如图 19.1 所示。

图 19.1　链表的外观

除了上述三种数据结构,树、图、散列表等大概有一点印象就可以了。

那么很多人疑惑,要不要把算法和数据结构的知识好好学一学?笔者认为需要从两方面回答这个问题:

（1）从面试找工作的角度。

根据笔者的见闻，许多大公司的 C++ 开发岗位在招聘的时候，都会考许多算法和数据结构相关的知识。如果为了进入这些公司，那么对算法和数据结构知识的学习就显得有其必要性。建议读者可以通过搜索引擎了解常考的面试题有哪些，有针对性地去学习。

（2）从实用的角度来看。

除非将来从事和算法、数据结构密切相关的工作，这类工作的性质要求必须把各种算法、数据结构都研究的很透彻，才有必要精细地研究和学习算法与数据结构的知识，否则完全没必要花太多时间去学习算法和数据结构的知识，如红黑树左旋转、右旋转这些内容。90％的开发者都不需要学这些内容，因为用不到，学习这些会占用大量时间，应该把这些时间省下来去学习一些更贴近工作和更容易拿高薪的专业知识。

STL 库的源码中或者说内部虽然使用一些树、散列表等数据结构，但是使用 STL 库的程序员却不需要关心这些，因为程序员并不直接使用这些数据结构，而是直接使用封装好的各种开发接口。

3. 推荐书籍

尽管笔者并不建议详细研究算法和数据结构的细节知识，但如果有一天确实需要深入地了解其中的某一部分知识的话，有一本权威的书籍做参考无异于雪中送炭，所以推荐《算法导论》，对于真正需要这本书的人，其价值自现。但是笔者还是那句话：不到万不得已，不要去啃这种书，事倍功半。当然，有兴趣深研者除外，笔者的观点仅供参考。

19.1.3　STL 发展史和各个版本

STL 在 1998 年被融入 C++ 标准中，里面大量用到了泛型编程，写的代码非常复杂难懂，而且每次升级，代码的复杂度都会明显更上一个台阶。当然也有人说代码写得很精妙，从源码书写角度来讲，让人又爱又恨，从使用者角度来讲，却是一个极好的东西，因为里面包含大量现成的功能供程序员使用。

其实 STL 的实现有很多版本，例如：

（1）HP STL：惠普 STL，是所有 STL 实现版本的始祖。

（2）SGI STL：参考惠普 STL 实现出来，Linux 下的 GNU C++（gcc、g++）用的就是这个。

（3）P. J. Plauger STL：参考惠普 STL 实现出来，Visual C++（包括笔者所用的 Visual Studio 2019 中的 C++ 开发环境）一般使用这个（打开 iostream 文件在底下能看到 P. J. Plauger 字样）。

当然还有其他版本，这里就不一一说明了。

19.1.4　标准库的使用说明

C++ 标准库的所有标识符都定义在 std 这个命名空间内，所以一般往往会在一个 .cpp 源文件前面加入下面这行代码，相信读者都已经很熟悉了：

```
using namespace std;
```

标准库中包含很多的头文件，其中和 STL 相关的头文件有几十上百个（不同的 STL 版本的文件数目不同）。在使用 STL 的时候，也需要把这些头文件包含到自己的项目中来，现代版本标准库中的头文件名字，已经把.h 扩展名去掉，变成了没有扩展名的头文件。例如：

```
# include < iostream >
# include < string >
```

还有一些 C 语言的标准头文件，以往的如＃include < stdlib.h >，在新版本下推荐写成＃include < cstdlib >。注意，这种写法是文件名前面多了个字母 c，文件扩展名.h 也被去掉了。

当然，老版本的写法＃include < stdlib.h >仍然能用（因为这些.h 文件依然存在）。

19.1.5　STL 的组成部分

C++标准库非常庞大，而标准模板库 STL 作为 C++标准库的重要组成部分是本章讲解的核心内容。

在介绍细节之前，有必要对 STL 的组成部分做一个大概说明，因为很多程序员确实在用 STL，但对 STL 的组成部分并不清楚。STL 的组成划分为如下几个部分。

1. 容器

最常用的 vector、map、list 等。前面详细讲解过 vector 容器。

2. 迭代器

用于遍历或者说访问容器中的元素。前面也详细讲解过迭代器，类似一个指针，迭代器一般服务于容器。多数情况下，每种容器也都会提供适合自己的迭代器。

3. 算法

算法可以理解成 STL 提供的一些函数，用来实现一些功能，例如查找用到 search，排序用到 sort，复制用到 copy 等。这种算法大概也有数十上百个，是否常用取决于具体项目和程序员的开发习惯。

4. 分配器

分配器一般不太常用。前面在内存高级话题学习到内存池时，说到内存池存在的主要意义是针对频繁分配小块内存时，减少内存空间的浪费，并有一定的提升分配内存效率的作用。所以，分配器也有这个作用，只不过一般来讲使用的都是默认分配器，不需要程序员明确指定。这里谈的分配器应该叫作内存分配器，是服务于容器的。当在 main 主函数中输入 vector < int，的时候，自动出现一些提示，提示中的_Alloc ＝ allocator…字样就是分配器，如图 19.2 所示。

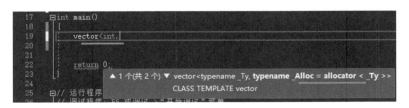

图 19.2　allocator 分配器

5. 其他

例如一些适配器、仿函数（函数对象）等，把这些统一归为"其他"这个分类即可。也没必要分得太细，后续笔者会选择性地做演示。

本节从总体上介绍了一下 STL,以便对 STL 有一个整体的印象。从下一节开始,具体学习 STL 的各个组成部分,先从容器学起。

19.2　容器分类与 array、vector 容器精解

上一节把 STL 的组成部分做了一个划分:容器、迭代器、算法(函数)、分配器(用于分配内存)、其他(包括适配器、仿函数/函数对象等)。本节先从容器谈起。

19.2.1　容器的分类

STL 中有许多容器,如最常用的 vector、list、map 等,如果常读别人的代码,也能够发现,在别人的代码中也会经常用到这些容器。

容器是做什么的? 当然是保存数据的,用于管理一大群元素,少则几十个,多则几百万个甚至更多元素都是可能的。

容器的实现有许多手段,所以不要认为容器中的元素在内存中是紧挨在一起的,这可不一定。

STL 中的容器可以分成三类。

1. 顺序容器

顺序容器(Sequence Containers)的意思就是放进去的时候把这个元素(放进容器中的数据称为容器中的元素)排在哪里,它就在哪里,例如把它排在最前面,那它就会一直在最前面待着,这就是顺序容器。 如 array、vector、deque、list、forward_list 等容器都是顺序容器。这些顺序容器,读者可能有的用过,有的没用过,这都不要紧,可以慢慢摸索学习。

2. 关联容器

这种容器,它的每一个元素都是一个键值(key/value)对,用这个键来找这个值就特别迅速和方便。例如,学号与姓名可以作为一个键值对,这种关联容器就保证通过学号来找姓名就找的特别快,所以适合快速查找。从这个角度来讲,关联容器有点像小数据库或者小字典的感觉。

上面提到的键值对中的“值”是一个字符串(姓名)。试想,如果键值对中的“值”是一个结构(不仅仅是一个字符串),比如说结构里面有姓名、身高、年龄、体重等,那么就可以通过学号这个“键(key)”,把该学生的完整信息“值(value)”获取到,非常方便。

这种容器的内部一般是使用一种称为“**树**”的数据结构实现数据的存储。刚刚谈到顺序容器时笔者说过,顺序容器是那种放进去的时候把这个元素排在哪里,它就在哪里。而关联容器则不同,把一个元素放到关联容器里去的时候,该关联容器会根据一些规则,如**根据 key,把这个元素自动放到某个位置**。容易想象,这种自动放到某个位置的做法,肯定是为了方便将来快速进行数据查询所采用的技术手段。换句话说,程序员不能控制元素插入的位置,只能控制插入的内容。 set、map、multiset、multimap 等都属于关联容器(Associative Containers)。

3. 无序容器

这种容器是 C++11 里推出的容器,按照官方的说法,这种容器里面的元素位置不重要,唯一重要的是这个元素是否在这个集合内。一般插入这种元素的时候也不需要给要插入的元素安排位置,这种容器也是会自动给元素安排位置。 所以,根据这种容器的特点,无序容器(Unordered Containers)应该属于一种关联容器,只不过权威的资料上把它单独分出来,

那笔者也就单独拿出来说。

"无序"这个词有什么说法呢？可以这样理解，随着往这个容器中增加的元素数量的增多，很可能某个元素在容器中的位置会发生改变，这是由该容器内部的算法决定的。因此"无序容器"这种名字还是挺贴切的。无序容器内部一般是用**哈希表**这种数据结构来实现的。

例如，unordered_set、unordered_multiset、unordered_map、unordered_multimap 等都是无序容器。

图 19.3 所示代表一个无序容器。该图体现了无序容器内部采用哈希表这种数据结构来实现数据的存储。

图 19.3 左侧的深色方块一般称为篮子（或者叫桶），想象成装水果的篮子。其中的 48、12，这些就是属于篮子上挂的元素（或者篮子中装的元素）。有的篮子是空的，有的篮子上挂一个元素，有的篮子上挂两个元素。这种容器内部有一个算法，把程序员插入的元素通过一定的计算得到一个数字，通过容器内部算法找到一个该数字对应的篮子，例如找到了编号为 0 的篮子，就把这个元素挂到这个篮子上。如果有第二个元素，通过一定的计算得到另外一个数字，通过容器内部算法，找到的该数字对应的篮子编号也为 0，那么因为编号为 0 的篮子上已经有一个元素了，这个新元素就挂在老元素的后面。显然，相同的篮子上挂的元素越多，查找的时候效率越低。

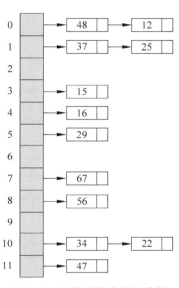

图 19.3　无序容器内部的数据存储结构（哈希表）

所以，当这种容器中元素的个数大于或等于篮子个数的时候，这个容器会扩充篮子的数量，例如扩充为原来篮子个数的 2 倍（从 12 个扩充到 24 个），然后，根据这 24 个篮子重新计算容器中的元素适合哪个篮子并重新挂到对应的篮子上。

所以能够感受到，这种数据结构查找起数据来，速度应该也是挺快的。

另外，刚才笔者说过："无序容器也应该属于一种关联容器"，所以也可以认为，关联容器内部的实现不但可以用树，也可以用哈希表实现，如 hash_set、hash_map、hash_multiset、hash_multimap 等关联容器，都是采用哈希表技术来实现的。

官方有一句话：C++标准并没有规定任何容器必须使用任何特定的实现手段。但一般来讲，都有规律可循，例如 map 用的是树这种数据结构存储数据，hash_ 开头的容器一般用的是哈希表这种数据结构存储数据。

19.2.2　容器的说明和简单应用

笔者并不准备把每一个容器进行详细的讲解，那将耗费太多时间而且也没必要，相信读者学习到这个程度的时候可以说自学能力都非常强了。但是有一些重点的和值得注意的内容笔者还是要讲解的。

1. array

array 是一个顺序容器，其实是一个数组，所以它的空间是连续的，大小是固定的，刚开始时申请多大，就是多大，不能增加它的大小。

array 这种容器数据存储结构的感觉如图 19.4 所示。

写一个针对 array 容器的范例，在使用 array 容器时，要在 .cpp 源文件的开头位置包含 array 头文件：

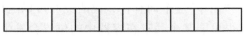

图 19.4　array 顺序容器数据存储结构图

```
# include < array >
```

在 main 主函数中，加入如下代码：

```
array < string,5 > mystring = { "I","Love1Love2Love3Love4Love5Love6Love7","China" }; //定义包
                                        //含 5 个 string 元素
cout << "mystring.size() = " << mystring.size() << endl; //5
mystring[0] = "It it very long~~~~~~~~~~~~~long~~~~~~~~~~~long";
mystring[4] = "It it very long~~~~~~~~~~~~~long~~~~~~~~~~~long";
cout << "sizeof(string) = " << sizeof(string) << endl;
for (size_t i = 0; i < mystring.size(); ++i)
{
    const char * p = mystring[i].c_str();
    cout << "---------------------- begin -------------------- " << endl;
    cout << "数组元素值 = " << p << endl; //用下标访问，从 0 开始
    printf("对象地址 = % p\n", &mystring[i]);
    printf("指向的字符串地址 = % p\n", p);
    cout << "---------------------- end -------------------- " << endl;
}
const char * p1 = "Love1Love2Love3Love4Love5Love6Love7";
const char * p2 = "Love1Love2Love3Love4Love5Love6Love7";
printf("指向字符串的 p1 地址 = % p1\n", p1);
printf("指向字符串的 p2 地址 = % p2\n", p2);
```

执行起来，结果如下：

```
mystring.size() = 5
sizeof(string) = 28
---------------------- begin --------------------
数组元素值 = It it very long~~~~~~~~~~~~~long~~~~~~~~~~~long
对象地址 = 0057FBF8
指向的字符串地址 = 0078CE58
---------------------- end --------------------
---------------------- begin --------------------
数组元素值 = Love1Love2Love3Love4Love5Love6Love7
对象地址 = 0057FC14
指向的字符串地址 = 00785958
---------------------- end --------------------
---------------------- begin --------------------
数组元素值 = China
对象地址 = 0057FC30
指向的字符串地址 = 0057FC34
---------------------- end --------------------
---------------------- begin --------------------
数组元素值 =
对象地址 = 0057FC4C
指向的字符串地址 = 0057FC50
---------------------- end --------------------
---------------------- begin --------------------
```

```
数组元素值 = It it very long~~~~~~~~~~~~~~~~long~~~~~~~~~~~~~long
对象地址 = 0057FC68
指向的字符串地址 = 0078D0D0
---------------------- end ----------------------
指向字符串的 p1 地址 = 00EAED541
指向字符串的 p2 地址 = 00EAED542
```

注意观察结果,得到一些结论:

(1) 因为 string 的大小是 28,而 array 容器的元素之间是挨着的,所以对象地址之间应该挨着并且差 28 字节,上面的 0057FC14 和 0057FBF8 之间正好是差 28,0057FC68 和 0057FC4C 之间正好也是差 28。

(2) p1 和 p2 指向的地址相同,也就是说都指向相同的常量字符串,而常量字符串在内存中是有一个特定地址的。

通过上面的结果可以绘制出一张程序运行后的结果示意图,如图 19.5 所示。

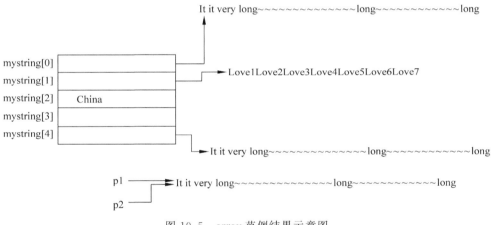

图 19.5　array 范例结果示意图

从图 19.5 中可以看到,p1 和 p2 指向同一个字符串常量。虽然 mystring[0] 和 mystring[3]指向的内容与 p1、p2 所指向的字符串内容相同,但是,mystring[0] 和 mystring[3] 分别指向了不同位置的该字符串(这表示在内存中有该字符串的多份复制)。而 mystring[2] 中指向的是 China 字符串,但因为 China 字符串的内容比较短,所以 China 字符串的首地址就在 mystring[2]这个对象地址的后面第 4 个位置开始处(上面结果中,mystring[2]对象的首地址为 0057FC30,而 China 字符串的首地址为 0057FC34,所以把 China 字符串绘制在离 mystring[2]不远处),这种 string 对象本身的地址和其所指向的字符串地址之间的关系是 string 类型内部的设计决定的,与程序员无关(程序员也不必关心)。

2. vector

vector 也是一个顺序容器,这种容器数据存储结构的感觉如图 19.6 所示。

从图 19.6 可以看到,vector 是一端(尾端)开口的,通过这个开口,可以进行元素(数据)的插入和删除。最左端的起始端是

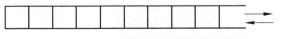

图 19.6　vector 顺序容器数据存储结构图

封死不能动的。通过这个图有几点感受：

（1）这个容器往尾端加入元素和从尾端删除元素都应该比较快速。

（2）但是要往起始端或者往中间插入元素，那么不难想象，所有塞进来这个元素所在位置以及该位置后面位置的元素都得往后移动来保持这个相对顺序。这可能会涉及元素的析构和重新构造，所以这种插入操作对效率上会产生不小的影响。

（3）感觉查找速度不会太快，似乎要沿着元素存储时的顺序一直往下查找。

所以这个容器专门有一个接口（成员函数）——push_back，用于往容器尾端插入元素。

这是一个比较坑人的容器，虽然使用的时候程序员会觉得挺好用，但是它内部的实现让人比较头疼，一旦用不好，它的效率会非常低。这里笔者带着读者看一看这个容器。

看看如下范例，首先在 MyProject.cpp 的开头包含 vector 头文件：

```cpp
#include <vector>
```

定义一个类 A：

```cpp
class A
{
public:
    int m_i;
    A(int tmpv) :m_i(tmpv)
    {
        cout << "A::A()构造函数执行" << endl;
    }
    A(const A& tmpA)
    {
        m_i = tmpA.m_i;
        cout << "A::A()拷贝构造函数执行" << endl;
    }
    ~A()
    {
        cout << "A::~A()析构函数执行" << endl;
    }
};
```

在 main 主函数中，加入如下代码：

```cpp
vector<A> myveca;
for (int i = 0; i < 5; ++i)
{
    cout << "------------- begin-------------- " << endl;
    myveca.push_back(A(i));              //往容器末尾增加元素
    cout << "------------- end-------------- " << endl;
}
```

在 push_back 行设置断点并进行跟踪调试。在第一次执行 for 循环后，结果如下：

```
------------- begin--------------
A::A()构造函数执行
A::A()拷贝构造函数执行
A::~A()析构函数执行
------------- end--------------
```

这个结果是比较好理解的，但是第二次执行 for 循环后，结果如下：

```
-------------- begin --------------
A::A()构造函数执行
A::A()拷贝构造函数执行
A::A()拷贝构造函数执行
A::~A()析构函数执行
A::~A()析构函数执行
------------ end --------------
```

从上面的结果可以看到，居然多执行了一次拷贝构造函数和一次析构函数。

第三次执行 for 循环后，结果如下：

```
-------------- begin --------------
A::A()构造函数执行
A::A()拷贝构造函数执行
A::A()拷贝构造函数执行
A::A()拷贝构造函数执行
A::~A()析构函数执行
A::~A()析构函数执行
A::~A()析构函数执行
------------ end --------------
```

从上面的结果可以看到，居然比第二次 for 循环又多执行了一次拷贝构造函数和一次析构函数，这就比较坑人了。为什么会是这种结果呢？

因为从图 19.6 可以看到，vector 容器的内存元素是挨在一起的，vector 容器有个"空间"的概念，每一个空间可以装一个元素，这个空间就好像一个抽屉，抽屉中有多个格子，每个格子都能装一个物品，每个格子就是一个空间。

当装第一个元素的时候，这个容器分配出一个空间，正好把这个元素装进去了。

当装第二个元素的时候，就没有多余的空间了，这时这个容器就会把空间增长以便容纳更多元素。有的资料说这个空间是按 2 倍增长，这不一定，不同的厂商有不同的实现。假设空间增长后变成了 2，那么可以插入第二个元素了，但 vector 的空间是连续的，这个空间一增长，就要找一块新的足以容纳下当前所有元素的内存，把所有元素搬到新内存去，这一搬就很容易想到，老的容器中元素要析构，这些搬来的元素都要重新执行构造函数来构造。这显然非常影响程序执行效率。

容器里面有多少个元素可以用 size 来查看，而容器的空间可以用 capacity 来查看。根据上面的描述，可以得到一个结论：capacity 的结果一定不会小于 size，也就是说容器中空间的数量一定不会比元素数量少。

在 main 主函数的 for 循环中增加一些输出信息用的代码，现在完整的 main 主函数中的代码如下：

```
vector < A > myveca;
for (int i = 0; i < 5; ++i)
{
    cout << " -------------- begin -------------- " << endl;
    cout << "容器插入元素之前 size = " << myveca.size() << endl;
```

```
cout << "容器插入元素之前 capacity = " << myveca.capacity() << endl;
myveca.push_back(A(i));                    //往容器末尾增加元素
cout << "容器插入元素之后 size = " << myveca.size() << endl;
cout << "容器插入元素之后 capacity = " << myveca.capacity() << endl;
cout << " ------------ end ------------ " << endl;
}
```

执行起来,观察结果,可以看到,5 次 for 循环,容器插入元素后 capacity 的值分别是 1、2、3、4、6(注意没有 5)。

可以看到,vector 的 capacity 值每次的增长非常谨慎,它增长太多会耗费大量连续内存(因为 vector 内存空间是连续的),但增长太少也麻烦,因为要大量地搬移元素,构造、析构元素变得非常频繁。

怎么验证 vector 容器的空间是连续的呢? 很简单,用下标来访问数组元素即可验证。vector 容器支持下标,在 main 主函数中原有代码的后面继续增加如下代码:

```
cout << "打印一下每个元素的地址看看 -------------- " << endl;
for (int i = 0; i < 5; ++i)
{
    printf("下标为 % d 的元素的地址是 % p,m_i = % d\n", i, &myveca[i], myveca[i].m_i);
}
```

执行起来,观察新增加的这条 for 语句的输出结果:

```
下标为 0 的元素的地址是 007C5570,m_i = 0
下标为 1 的元素的地址是 007C5574,m_i = 1
下标为 2 的元素的地址是 007C5578,m_i = 2
下标为 3 的元素的地址是 007C557C,m_i = 3
下标为 4 的元素的地址是 007C5580,m_i = 4
```

从输出结果中不难看到,每个元素的地址都间隔 4 字节,而容器中的类 A 对象的大小正好是 4 字节,这充分证明了容器中的元素是紧挨在一起的。

如果从 vector 容器的中间删除一个元素会怎样? 在 main 主函数中原有代码的后面继续增加如下代码:

```
cout << "删除一个元素看看 -------------- " << endl;
int icount = 0;
for (auto pos = myveca.begin(); pos != myveca.end(); ++pos)
{
    icount++;
    if (icount == 2)                        //把 m_i == 1 的对象删除
    {
        myveca.erase(pos);
        break;
    }
}
for (int i = 0; i < 4; ++i)
{
    printf("下标为 % d 的元素的地址是 % p,m_i = % d\n", i, &myveca[i], myveca[i].m_i);
}
```

执行起来,部分输出结果如下:

```
打印一下每个元素的地址看看----------------
下标为 0 的元素的地址是 00DE4E58,m_i = 0
下标为 1 的元素的地址是 00DE4E5C,m_i = 1
下标为 2 的元素的地址是 00DE4E60,m_i = 2
下标为 3 的元素的地址是 00DE4E64,m_i = 3
下标为 4 的元素的地址是 00DE4E68,m_i = 4
删除一个元素看看---------------
A::~A()析构函数执行
下标为 0 的元素的地址是 00DE4E58,m_i = 0
下标为 1 的元素的地址是 00DE4E5C,m_i = 2
下标为 2 的元素的地址是 00DE4E60,m_i = 3
下标为 3 的元素的地址是 00DE4E64,m_i = 4
```

通过结果可以看到,删除了一个元素,导致执行了一次析构函数,m_i 为 1 的元素确实已经被删除,然后所有后续元素的内存往前动了(至少从表面上看元素对象是往前移动了),但并没有执行这些移动了的对象的任何构造和析构函数,这说明编译器内部有自己的处理,这个处理就很好。

继续,再插入一个元素看看。在 main 主函数中原有代码的后面继续增加如下代码:

```cpp
cout << "再次插入一个元素看看---------------" << endl;
icount = 0;
for (auto pos = myveca.begin(); pos != myveca.end(); ++pos)
{
    icount++;
    if (icount == 2)
    {
        myveca.insert(pos, A(10));
        break;
    }
}
for (int i = 0; i < 5; ++i)
{
    printf("下标为 %d 的元素的地址是 %p,m_i = %d\n", i, &myveca[i], myveca[i].m_i);
}
```

执行起来,部分输出结果如下:

```
删除一个元素看看---------------
A::~A()析构函数执行
下标为 0 的元素的地址是 00BF5630,m_i = 0
下标为 1 的元素的地址是 00BF5634,m_i = 2
下标为 2 的元素的地址是 00BF5638,m_i = 3
下标为 3 的元素的地址是 00BF563C,m_i = 4
再次插入一个元素看看---------------
A::A()构造函数执行
A::A()拷贝构造函数执行
A::A()拷贝构造函数执行
A::~A()析构函数执行
A::~A()析构函数执行
下标为 0 的元素的地址是 00BF5630,m_i = 0
```

```
下标为 1 的元素的地址是 00BF5634,m_i = 10
下标为 2 的元素的地址是 00BF5638,m_i = 2
下标为 3 的元素的地址是 00BF563C,m_i = 3
下标为 4 的元素的地址是 00BF5640,m_i = 4
```

通过结果可以看到,向 vector 容器中间插入元素会导致后续的一些元素都被析构和重新构造,但是按道理来讲后面三个元素应该被析构三次,估计同样是系统内部有处理,节省了一次构造。但不管怎么说,从中间插入元素代价都很大。

通过这些演示可以看到,如果事先不知道有多少个元素要往 vector 里插入,需要的时候就往里插入一个,那么显然 vector 容器的运行效率应该不会高——频繁大量地构造、析构、寻找新的整块内存,这都是很让开发者忌讳的。

但是,如果**事先知道整个程序运行中这个 vector 容器里最多也不会超过多少个元素**,例如程序员知道最多也不会超过 10 个元素,那就让 capacity 事先等于 10(在容器中预留 10 个空间),这样往容器中插入元素时,只要不超过 10 个,那么就不需要频繁地构造和析构元素对象。换句话说,就不需要寻找新的整块内存进行元素搬迁了。

在 main 主函数的前面,语句行 vector＜A＞myveca;的后面,插入下面几行代码:

```
cout << "myveca.capacity() = " << myveca.capacity() << endl;
cout << "myveca.size() = " << myveca.size() << endl;
myveca.reserve(10); //为容器预留空间,前提是知道该容器最多会容纳多少元素
cout << "myveca.capacity() = " << myveca.capacity() << endl;
cout << "myveca.size() = " << myveca.size() << endl;
```

执行起来,观察前面一段输出结果:

```
myveca.capacity() = 0
myveca.size() = 0
myveca.capacity() = 10
myveca.size() = 0
------------- begin ---------------
容器插入元素之前 size = 0
容器插入元素之前 capacity = 10
A::A()构造函数执行
A::A()拷贝构造函数执行
A::～A()析构函数执行
容器插入元素之后 size = 1
容器插入元素之后 capacity = 10
------------- end ---------------
------------- begin ---------------
容器插入元素之前 size = 1
容器插入元素之前 capacity = 10
A::A()构造函数执行
A::A()拷贝构造函数执行
A::～A()析构函数执行
容器插入元素之后 size = 2
容器插入元素之后 capacity = 10
------------- end ---------------
```

通过结果可以看到,刚开始的时候,容器的 capacity(空间)为 0,而后通过 reserve 把容

器的 capacity 设置为 10。这就相当于容器预留了 10 个空间，可以预计，只要后续插入的元素数量不超过 10 个，那么就不会因为 vector 所需要的连续内存空间**不足而导致整个容器元素的搬迁**。既然容器中元素不会发生搬迁(迁移)，所以根据结果也不难看到，例如开始的时候第二对 begin 和 end 之间是要执行一次构造函数、二次拷贝构造函数以及二次析构函数，而在这里改进之后，只需要执行一次构造函数、一次拷贝构造函数以及一次析构函数。所以，利用好 capacity 也能够提升 vector 容器的效率。

19.3　容器的说明和简单应用例续

根据前面所学，这里绘制一张 STL 组成结构图，如图 19.7 所示。随着后面内容的不断讲解，会不断地完善这个结构图。

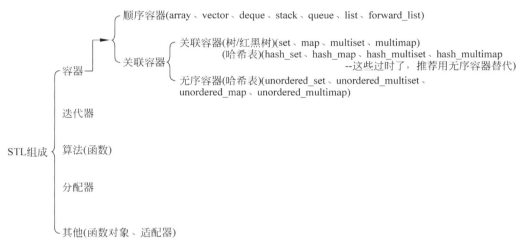

图 19.7　STL 组成结构图(未完)

19.3.1　deque 和 stack

1. deque

deque 这种顺序容器是一个双端队列(双向开口)，deque 是 double-ended queue 的缩写。这种容器数据存储结构的感觉如图 19.8 所示。

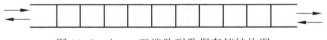

图 19.8　deque 双端队列数据存储结构图

该队列相当于一个动态数组，因为它是双端的，所以无论在头部还是在尾部插入和删除数据都会很快，但是若要在中间插入数据，因为要移动其他元素，效率就会比较低。

看看如下范例。首先在 MyProject.cpp 的开头包含 deque 头文件：

```
# include < deque >
```

本节依旧使用上一节中的类 A 来做演示。类 A 代码不做改变，依旧如下：

```
class A
{
public:
    int m_i;
    A(int tmpv) :m_i(tmpv)
    {
        cout << "A::A()构造函数执行" << endl;
    }
    A(const A& tmpA)
    {
        m_i = tmpA.m_i;
        cout << "A::A()拷贝构造函数执行" << endl;
    }
    ~A()
    {
        cout << "A::~A()析构函数执行" << endl;
    }
};
```

在 main 主函数中,加入如下代码:

```
deque < A > mydeque;
for (int i = 0; i < 5; ++i)
{
    cout << " -------------- begin ---------------- " << endl;
    mydeque.push_front(A(i));
    cout << " -------------- end ---------------- " << endl;
}
for (int i = 0; i < 5; ++i)
{
    cout << " -------------- begin2 ---------------- " << endl;
    mydeque.push_back(A(i));
    cout << " -------------- end2 ---------------- " << endl;
}
for (int i = 0; i < mydeque.size(); ++i)
{
    cout << "下标为" << i << "的元素的 m_i 值为: " << mydeque[i].m_i << endl;
    printf("对象 mydeque[ %d]的地址为 %p \n", i, &mydeque[i]);
}
```

执行起来,部分输出结果如下:

```
下标为 0 的元素的 m_i 值为: 4
对象 mydeque[0]的地址为 01674E64
下标为 1 的元素的 m_i 值为: 3
对象 mydeque[1]的地址为 01676318
下标为 2 的元素的 m_i 值为: 2
对象 mydeque[2]的地址为 0167631C
下标为 3 的元素的 m_i 值为: 1
对象 mydeque[3]的地址为 01676320
下标为 4 的元素的 m_i 值为: 0
对象 mydeque[4]的地址为 01676324
下标为 5 的元素的 m_i 值为: 0
对象 mydeque[5]的地址为 01674E98
下标为 6 的元素的 m_i 值为: 1
对象 mydeque[6]的地址为 01674E9C
```

下标为 7 的元素的 m_i 值为：2
对象 mydeque[7] 的地址为 01674EA0
下标为 8 的元素的 m_i 值为：3
对象 mydeque[8] 的地址为 01674EA4
下标为 9 的元素的 m_i 值为：4
对象 mydeque[9] 的地址为 01674F98

通过结果可以看到，虽然看起来图 19.8 绘制的 deque 容器的内存是连续的，但是测试结果表明它的内存并不连续。

deque 其实是一个分段数组。当插入元素多的时候，它就会把元素分到多个段中去，当然，每一段的内存是连续的（所以只能说内存是分段连续）。当然，每一段能存多少个元素或者说每一段内存有多大，笔者并没有进一步深入研究。根据上面的结果，似乎每一段能保存 4 个元素。

将图 19.8 重新绘制一下，绘制成分段连续的感觉，如图 19.9 所示。

其他一些和 deque 相关的特性、接口，这里笔者不多谈，读者有兴趣可以自行摸索。

2. stack

stack 这种顺序容器和 deque 类似，stack 称为栈或者堆栈都可以。

栈是一种比较基本的数据结构，特点是后进先出。deque 是两端都有开口，而 stack 只有一端有开口。stack 这种容器数据存储结构的感觉如图 19.10 所示。

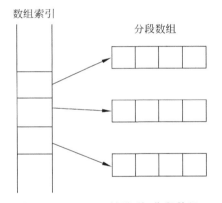

图 19.9　deque 双端队列（分段数组）
数据存储结构图

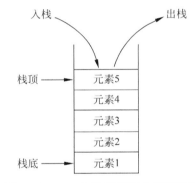

图 19.10　stack 堆栈数据存储结构图

有的读者可能觉得 stack 和 vector 有点类似，但请注意，vector 还支持 insert、erase，也就是说，vector 支持从中间插入和删除元素的操作。但是 stack 只支持往栈顶放入元素和从栈顶取出元素（删除元素），因为 stack 这种容器设计的初衷就要求具备这种特性。不难看出，deque 其实是包含 stack 功能的。

19.3.2　queue

前面讲过的 deque 是双端队列，这里要讲的 queue 是普通队列（简称队列）。队列是一种比较基本的数据结构，其特点是先进先出。也就是说，元素从一端进入，从另一端取出（删除元素），queue 容器设计的初衷就要求具备这种特性。

queue 这种容器数据存储结构的感觉如图 19.11 所示。

图 19.11　queue 队列数据存储结构图

可以看到,queue 这个普通队列,元素是从一端入,从另一端出。所以,deque 其实也是包含 queue 功能的。

19.3.3　list

list 这种顺序容器是一个双向链表。这种容器数据存储结构的感觉如图 19.12 所示。

图 19.12　list 双向链表数据存储结构图

从图 19.12 中不难看到,因为 list 是链表,所以各个元素之间就不需要紧挨在一起,只需要用指针通过指向把元素关联起来即可。

那么,这个 list 双向链表有什么特点呢?查找元素要沿着链来找,所以查找的效率并不突出,但因为它是一个双向链,所以在任意位置插入和删除元素都非常迅速——几个元素中的指针一改变指向就可以了。

在 C++面试过程中,经常被问到 vector 和 list 这两个容器的区别。通过这里的学习,它们的区别显得非常明显:

- vector 类似于数组,它的内存空间是连续的,list 是双向链表,内存空间并不连续。
- vector 插入、删除元素效率比较低,但 list 插入、删除元素效率就非常高。
- vector 当内存不够时,会重新找一块内存,对原来内存中的元素做析构,在新找的内存重新建立这些对象(容器中的元素)。
- vector 能进行高效的随机存取(跳转到某个指定的位置存取),而 list 做不到这一点。例如,要访问第 5 个元素,vector 因为内存是连续的,所以极其迅速,它一下就能定位到第 5 个元素(一个指针跳跃一定数量的字节就可以到达指定位置)。反观 list,要找到第 5 个元素,得顺着这个链逐个地找下去,一直找到第 5 个。所以说 vector 随机存取非常快,而 list 随机存取比较慢。

这里就不针对 list 举例了,如果读者有兴趣,可以通过搜索引擎寻找相关范例。

19.3.4　其他

1. forward_list

这是 C++11 新增加的顺序容器,是一个单向链表。这种容器数据存储结构的感觉如图 19.13 所示。

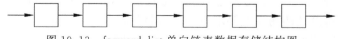

图 19.13　forward_list 单向链表数据存储结构图

不难看出,forward_list 比 list 少了一个方向的链(指针),官方称它为受限的 list。少了一个方向的指针,会造成一定的访问不便,但是少了一个方向的指针后,一个容器中的元素就能节省下 4 字节的内存(在 x86 平台下)。容器中的元素若是很多,则省下的内存也很可观。

另外,很多容器都有 push_back 成员函数,但是 forward_list 容器只有 push_front,这说明这个容器最适合的是往前头插入元素。

看看如下范例。首先在 MyProject.cpp 的开头包含 forward_list 头文件:

```
# include < forward_list >
```

在 main 主函数中,加入如下代码:

```
forward_list < A > myforlist;
myforlist.push_front(A(1));
myforlist.push_front(A(2));
```

因为代码比较简单,请读者自行设置断点并调试跟踪查看结果。

2. map 和 set

map 和 set 都是关联容器。

map 容器数据存储结构的感觉如图 19.14 所示。

观察图 19.14 可以看到,该图的外观像一棵树,根据资料记载,map 和 set 这类容器内部的实现多为红黑树(树的一种),红黑树这种数据结构本身内部有一套很好的保存数据的机制,但在这里无须研究红黑树到底是怎样保存数据的。向这种容器中保存数据的时候不需要指定数据的位置,这种容器会自动给加入的元素根据内部算法安排位置。

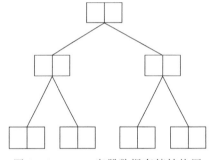

图 19.14 map 容器数据存储结构图

另外注意到,图 19.14 所示的 map 容器的每个元素(树节点)包含两项(图中用两个方块代表),也就是说,每个元素其实都是一个键值对(key/value)。一般来讲,这类容器的使用通常都是通过 key 来查找 value。例如前面说过,通过学生的学号来找到这个学生的信息。这种容器通过 key 查找 value 的速度非常快,但不允许在一个 map 容器中出现两个相同的 key,所以,如果 key 有可能重复,请使用 multimap 容器(multimap 容器的存储结构图也是图 19.14)。

看看如下范例。首先在 MyProject.cpp 的开头包含 map 头文件:

```
# include < map >
```

在 main 主函数中,加入如下代码:

```
map < int, string > mymap;
mymap.insert(std::make_pair(1, "老王")); //通过 make_pair 创建一个键值对,作为一个元素插入
                                         //到 map 中
mymap.insert(std::make_pair(2, "老李"));
mymap.insert(pair < int, string >(3, "老赵"));
mymap.insert(pair < int, string >(3, "老白")); //如果键重复了,则这行等于没有执行
auto iter = mymap.find(3);                     //查找 key 为 3 的元素
```

```
if (iter != mymap.end())
{
    //找到
    printf("编号为%d,名字为%s\n", iter->first, iter->second.c_str());
}
```

执行起来,输出结果如下:

编号为3,名字为老赵	

再看一看 set。set 容器数据存储结构的感觉如图 19.15 所示。

set 容器中的元素没有 key 和 value 之分,每个元素就是一个 value。元素保存到容器中后,容器会自动把这个元素放到一个位置,每个元素的值不允许重复,重复的元素插入进去也没有效果。如果想插入重复的元素,请使用 multiset 容器(multiset 容器的存储结构图也是图 19.15)。

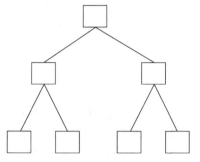

图 19.15　set 容器数据存储结构图

分析上面的这种关联容器,可以总结出一些特点:插入元素的时候,因为这类容器要给插入的元素找一个合适的位置,所以插入的速度可能会慢一些,但是,得到的好处是查找的时候快,所以对于需要快速找到元素的应用场景,重点考虑使用 map、set 这类容器。

容器的种类非常多,笔者就不一一提及了,最常用的容器一般就是 vector、list、map,其他的,读者可以根据自己的需要(结合具体的应用场景,如要频繁地插入数据还是频繁地查询数据),以及这些容器的特性(插入删除快,还是查询快等)来选择。

3. unordered_map 与 unordered_set 等

以往的诸如 hash_set、hash_map、hash_multiset、hash_multimap,这些老的容器也能使用,但并不推荐使用了,新版本的容器一般都是以 unordered_开头了。

以 unordered_开头的容器属于无序容器(关联容器的一种),无序容器内部一般是使用哈希表(散列表)来实现的。哈希表,上一节也大概介绍了一下工作原理。其数据存储结构图如图 19.3 所示。

unordered_map 和 unordered_multimap 每个元素同样是一个键值对,unordered_map 中保存的键是不允许重复的,而 unordered_multimap 中保存的键可以重复。对于内部采用哈希表这种数据结构存储数据的容器,在理解的时候就可以把这种容器中的元素理解成是无序的。所以,这两个容器的数据存储结构图也可以如图 19.16 所示。

unordered_set 和 unordered_multiset 的每个元素都是一个值,unordered_set 中保存的值不允许重复,而 unordered_multiset 中保存的值可以重复。这两个容器的数据存储结构图如图 19.17 所示。

看看如下范例。首先在 MyProject.cpp 的开头包含 unordered_set 头文件:

```
# include < unordered_set >
```

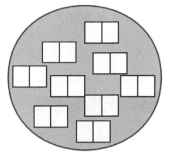

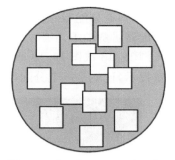

图 19.16　unordered_map、unordered_multimap
容器数据存储结构图

图 19.17　unordered_set、unordered_multiset
容器数据存储结构图

在 main 主函数中,加入如下代码:

```
unordered_set < int > myset;
cout << "bucket_count() = " << myset.bucket_count() << endl; //篮子数量: 8
for (int i = 0; i < 8; ++i)
{
    myset.insert(i);
}
cout << "bucket_count() = " << myset.bucket_count() << endl; //8
myset.insert(8); //装第 9 个元素,看篮子数量是否增加
cout << "bucket_count() = " << myset.bucket_count() << endl; //64,突然变成 64 个了 (有的资料
                                                             //说 2 倍增长,这里却 8 倍增长)
cout << "max_bucket_count() = " << myset.max_bucket_count() << endl; //最大篮子数量:
                                                                    //536870911
printf("所有篮子(本容器)里有的元素数量为 % d\n", myset.size());    //9
//打印每个篮子里的元素个数
for (int i = 0; i < myset.bucket_count(); ++i)
{
    printf("第 % d 个篮子里有的元素数量为 % d\n",i,myset.bucket_size(i));    //从 0 开始
}
auto pmyfind = myset.find(5); //对于查找这种操作,如果容器本身提供,一定要用容器本身提供
                             //的,效率最高;如果容器不提供,可以考虑使用一个全局的 find
                             //函数,全局 find 函数也是 STL 的组成部分,是属于算法里的
if (pmyfind != myset.end())
{
    cout << "元素 5 存在于容器中" << endl;
}
if (find(myset.begin(), myset.end(), 5) != myset.end()) //全局 find 函数(算法)
{
    cout << "元素 5 存在于容器中" << endl;
}
```

上面的代码比较简单,请读者自行设置断点并调试跟踪查看结果。

至此,容器的话题就告一段落了。

19.4　分配器简介、使用与工作原理说

19.4.1　分配器简介

　　跟容器紧密关联在一起使用的是分配器,只是在编写代码时,一般都采用系统默认的分配器,不需要自己去指定分配器,所以很多读者对分配器并不熟悉甚至不知道有分配器的存

在,因为就算不知道分配器的存在,也不影响使用 STL。当然,作为 STL 的组成部分,还是有必要把分配器讲解一下。

当输入图 19.18 或图 19.19 所示的代码时,总能看到一个 typename _Alloc = allocator 字样的参数提示,这就是一个分配器。

图 19.18　Visual Studio 2019 代码提示中的分配器参数提示 1

图 19.19　Visual Studio 2019 代码提示中的分配器参数提示 2

所以,如果输入的类型是:

```
vector < int > myvec;
list < int > mylist;
```

那么就等价于

```
vector < int, std::allocator < int >> myvec;
list < int, std::allocator < int >> mylist;
```

分配器完整一点的称呼为内存分配器。读者都知道,容器里面是要装数据(元素)的,例如说装 1 万个 A 类型的对象到容器中去,那么,这 1 万个 A 类型对象,每个对象都要分配内存,每个对象占用的内存通常不会很大,但是如果要往容器中放入 1 万个 A 类型对象作为容器的元素,那么理论上可能就要进行 1 万次内存分配。

通过前面的学习,对内存分配都有了一个比较深入的了解。18.3 节讲解了内存池,内存池引入的主要目的就是尽量避免频繁调用底层的 malloc 来分配内存从而造成内存空间的浪费,因为每次调用 malloc,都会多分配很多内存用于管理目的而非实际使用目的。

所以分配器的引入主要扮演内存池的角色,大量减少对 malloc 的调用以减少对内存分配的浪费。

那么内存池工作机制是如何减少对 malloc 调用的呢?前面已经详细讲过:分配一大块内存,然后每次需要内存时(每次往容器中加入新元素时),可以从这一大块内存中拿出满足需求的一小块来使用。

从图 19.18 和图 19.19 可以看到,系统默认为程序员提供了 allocator 这个默认的分配器,这是一个类模板,是标准库里写好的,直接提供给程序员使用的。当然,程序员也可以写一个自己的分配器用在容器中,这是可行的。

程序员当然希望标准库里提供的这个默认 allocator 能够实现一个内存池功能,加速内存的分配,提高容器存储数据的效率。但是这个默认的 allocator 到底怎样实现的,除非读它的源码,否则并不清楚它是否是通过一个内存池来实现内存分配的,也可能它根本就没实现什么内存池,而是最终简单地调用底层的 malloc 来分配内存,这都是有可能的。

这里可以写个程序测试一下,看看到底这个标准库提供的 allocator 是否是按照内存池的方式来工作的。在 main 主函数中,加入如下代码:

```
list < int > mylist;                      //双向链表
mylist.push_back(10);
mylist.push_back(20);
mylist.push_back(36);
for (auto iter = mylist.begin(); iter != mylist.end(); ++iter)
{
    cout << * iter << endl;
    int * p = &( * iter);
    printf(" % p\n", p);
}
```

执行起来,输出结果如下:

```
10
008FE3D0
20
008FDF00
36
008FDFE0
```

通过结果可以看到,三个元素的地址根本就不挨着,这说明标准库给 list 容器提供的这个默认分配器压根就没采用内存池工作机制。笔者估计,它就是原样调用了底层的 malloc 而已。

在 main 主函数中,继续增加下面的代码来把尾部的元素(值为 36 的元素)删除掉:

```
mylist.pop_back();                        //删除 36 这个元素
```

把断点设置在该行,开始调试程序,当断点停到该行时,注意在结果窗口观察 36 这个元素对应的内存地址(0x008FDFE0)。然后,打开"内存 1"窗口输入内存地址 0x008FDFE0 观察其中的内容,显示为 24,这是十六进制的 24,正好对应十进制的 36,然后,把 0x008FDFE0 往回减 20(减的结果是 0x008FDFCC),以方便观察到更前面的内存内容,此时如图 19.20 所示。

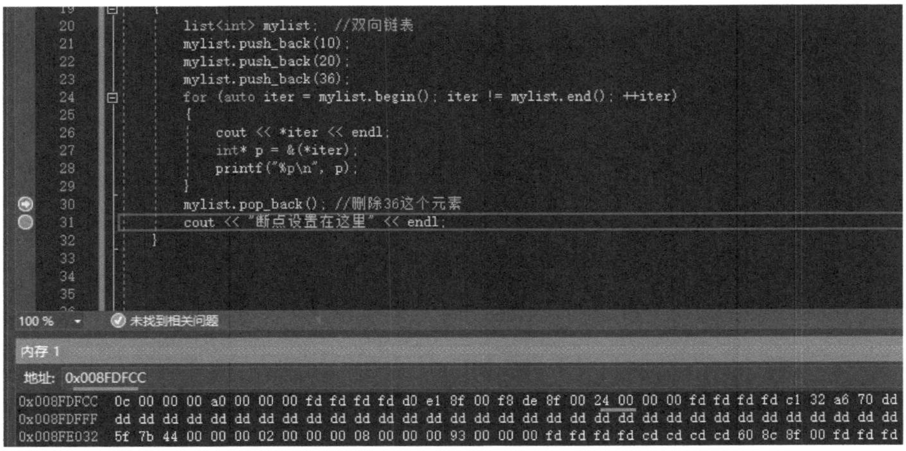

图 19.20　观察 list 容器中的 36 这个元素的内存情况

按 F10 键向下执行一行,也就是执行 mylist.pop_back();这行来把 36 这个元素删除,注意观察"内存 1"窗口中的变化,如图 19.21 所示。

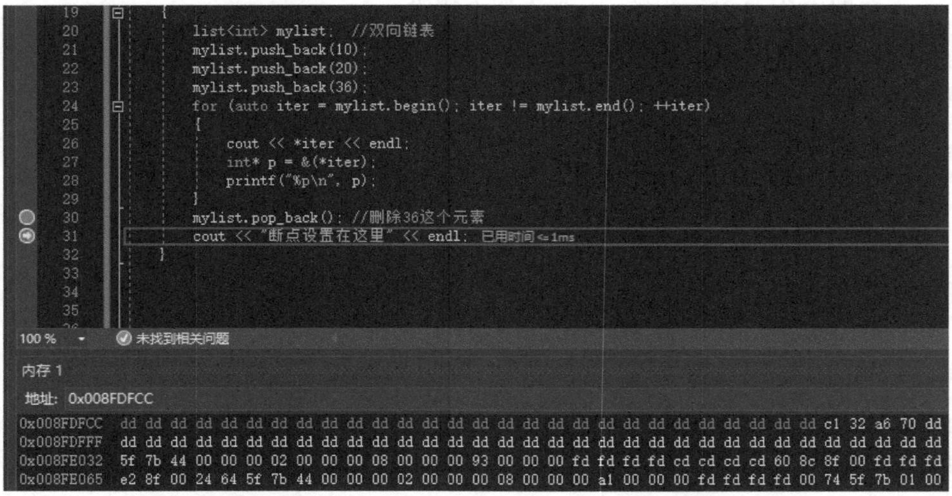

图 19.21　观察删除 list 容器中的 36 这个元素后的内存情况

可以看到,删除 list 容器中 36 这个元素后,"内存 1"窗口中显示的内存红了一大片,这表示一大片的内存内容都因为删除这一个元素而受到影响。这进一步说明 list 容器自带的分配器并没有使用内存池技术来为容器中的元素分配内存。

19.4.2　分配器的使用

分配器是一个类模板,带着一个类型模板参数。程序员一般极少会直接使用到它。分配器一般都是用来服务于容器的,但是它也是能够被直接使用的。因为本节的主要目的是帮助读者深入一点地理解和认识分配器,所以这里简单地对它进行一个使用演示。但是不建议直接使用它,因为一般分配内存使用 new、delete 很方便,也很足够。

在 main 主函数中,加入如下代码:

```
allocator < int > aalloc; //定义 aalloc 对象,为类型为 int 的对象分配内存
int * p = aalloc.allocate(3);   //分配器里一个重要的函数,分配一段原始未被构造的内存,这段内
                                //存能保存 3 个类型为 int 的对象(12 字节)
int * q = p;
* q = 1; q++;                   //第一个 int 给 1
* q = 2; q++;                   //第二个 int 给 2
* q = 3;                        //第三个 int 给 3
aalloc.deallocate(p, 3); //分配器里一个重要的函数,你得记住分配了几个对象,释放时释放这么
                         //多,这很不方便,如果释放多了,会造成程序隐患或者崩溃
```

上面的代码比较简单,用分配器分配内存,向这段内存中写入一些数据,最终释放这段内存。

19.4.3　其他的分配器与原理说

上面的 allocator 是标准库里提供的一个默认分配器,而且这个分配器似乎最终就是调用 malloc 来直接分配内存,也没有用到内存池技术,所以这种分配器可以说是徒有虚名了。

有没有其他的分配器呢？分配器的资料比较少，笔者也通过网络进行了比较详细的搜索。Visual Studio 用的 P. J. Plauger STL 版本似乎没有提供什么分配器，但是 Linux 下的 GNU C++（gcc、g++）用的 SGI STL 版本应该是带一些其他分配器的。不同的 STL 版本实现厂商情况各不相同，而且随着版本的升级，这些分配器也是有增有减。

一个比较典型的使用了内存池技术的分配器可能如图 19.22 所示。

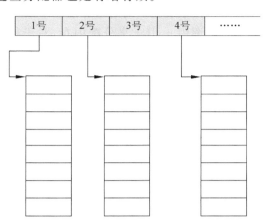

从图 19.22 可以看到，该分配器使用的是内存池技术，而且使用的还不是一个内存池，而是多个内存池。看图中最上面的编号，每一个编号都可以根据需要产生出一个内存池（也就是说每个编号下面都可以挂一个内存池），这些不同编号对应的内存池用来应付申请不同大小的内存。例如，1 号针对申请 8 字节内存，2 号针对申请 16 字节内存，以此类推。如果申请的内存是 7 字节，分配器内部会处理，例如往 8 字节靠拢，并且从 1 号这里分配内存。

图 19.22　使用了内存池技术的分配器

图 19.22 只是一个简图，供读者学习之中做参考。实际分配器内部的工作非常复杂，绝不是看上去这样简单。

可以做一个总结：

分配器就是一次分配一大块内存，然后从这一大块内存中给程序员每次分配一小块来使用，用链表把这些内存块管理起来。这种内存池的内存分配机制有效地减少了调用 malloc 的次数，也就等于减少了内存的浪费，同时还一定程度上提高了程序运行效率。

既然分配器采用了内存池的技术，那么也会面临内存池的尴尬，那就是分配器所申请的内存，要是想通过 delete 来真正释放内存（把内存归还给操作系统）也是很难做到的。请想一想，除非整个这一大块内存全部没有分配出去或者全部回收回来，才能够把这一大块内存归还给操作系统（因为申请内存时底层是用 malloc 来申请一大块，所以真正释放时必然需要调用 free 来把这一大块全部释放掉）。

图 19.22 代表的分配器只画了 4 个编号，其实编号可以更多，所以这里可以想象，如果在项目中很多代码用到的容器都使用了这个分配器，那么这些容器应该是**共用**这一个分配器的。例如下面的代码（这里假设图 19.22 的分配器名字就叫 allocator＜T＞）：

```
list＜int, allocator＜int＞＞ mylist1;
list＜double, allocator＜double＞＞ mylist2; //分配器上面挂的不同编号对应不同大小的内存块，
                                          //应付不同大小的分配内存申请
list＜int, allocator＜int＞＞ mylist3;
```

如果按照图 19.22 这种分配器的画法，代码中的三个 list 容器应该是共用了一个分配器。

那分配器到底是多个容器共用还是每个容器自用主要取决于分配器代码怎样写，要是写一些静态函数来分配和释放内存，那应该就可以实现分配器中的内存被很多容器共用，要是使用普通的成员函数来分配和释放内存，那就应该是每一个容器都有自己的分配器。如

果每个容器有自己的分配器,18.4.2节讲解的专门的内存池类似乎就能实现这种分配器所要实现的功能。读者如果有兴趣研究和书写自己的分配器时,应该有更深的体会。

19.4.4　自定义分配器

如果觉得系统提供的这些分配器不太能满足自己的需求,尤其是默认的分配器底层根本就是直接调用 malloc 来分配内存,对于频繁分配小块内存,肯定会造成内存极大浪费。所以,读者可能有自己写一个分配器的想法。笔者认为,如果有兴趣写是可以自己尝试书写的,当然,分配器本身比较烦琐,并不那么好写。

在自己写分配器之前,需要通过搜索引擎等找一找资料,看一看自定义分配器到底应该怎样写,因为分配器的书写是有规则要求的(例如有一些接口必须要写),必须要遵照这些规则才能写正确。考虑到需求的千差万别性以及大多数人并不需要自己写一个分配器,所以也就不在本书中实现自定义分配器了。

19.5　迭代器的概念和分类

在讲过了分配器后,可以完善一下图 19.7,完善后如图 19.23 所示。

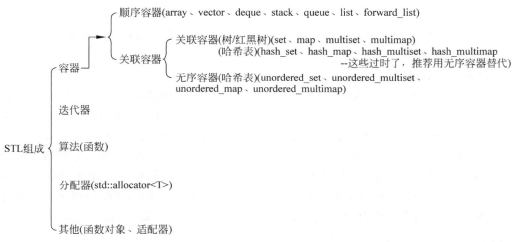

图 19.23　STL 组成结构图(未完)

19.5.1　迭代器基本概念

读者对迭代器已经不陌生了,在 13.9 节详细讲解过迭代器。

迭代器到底是什么？官方有一个比较确切的描述：迭代器是一个"可遍历 STL 容器全部或部分元素"的**对象**(为了方便理解,可以把迭代器理解为：行为类似于指针的对象)。迭代器用来表现容器中的某一个位置,迭代器是由容器来提供的。也就是说,一般来讲,是容**器里面定义着**迭代器的具体类型细节。

既然迭代器可以理解成行为类似于指针的对象,那么对于指针,可以用如 * p 来读取指针所指向的内容,所以对于迭代器,用如 * iter 一般也能读取到迭代器所指向的内容。

可以写一段简单的迭代器使用范例：

```
vector < int > iv = { 100,200,300 };                //定义一个容器
for (vector < int >::iterator iter = iv.begin(); iter != iv.end(); ++iter) //经典传统用法,这里
                                                        //用++、!= 等运算符来
                                                        //对迭代器进行操作
{
    cout << * iter << endl;
}
```

19.5.2 迭代器的分类

迭代器是分种类的,这件事可能有些读者并不知道。这里讲一讲迭代器的分类,有了分类之后,再看一看怎样对应到这个分类。分类的依据是什么呢？依据的是迭代器的**移动特性**以及在这个迭代器上能做的**操作**。

后面学习算法(函数)的时候,这些算法一般要求用迭代器作为形参,并且对迭代器的移动特性还有一定要求,到讲算法时会详细研究。

迭代器与一个指针一样,到处跳,表示一个位置。分类也是根据它跳跃的能力来分的,每个分类都对应着一个 struct 结构。迭代器主要分为以下 5 类。

(1) 输出型迭代器(Output iterator)。

```
struct output_iterator_tag
```

(2) 输入型迭代器(Input iterator)。

```
struct input_iterator_tag
```

(3) 前向迭代器(Forward iterator)。

```
struct forward_iterator_tag
```

(4) 双向迭代器(Bidirectional iterator)。

```
struct bidirectional_iterator_tag
```

(5) 随机访问迭代器(Random-access iterator)。

```
struct random_access_iterator_tag
```

看如下代码行:

```
struct output_iterator_tag a;
struct input_iterator_tag b;
struct forward_iterator_tag c;
struct bidirectional_iterator_tag d;
struct random_access_iterator_tag e;
```

在 Visual Studio(不限具体版本)中,将光标逐个定位到这些结构名上并按 F12 键来观察可以发现,这些结构是有继承关系的,最下面是孙,依次往上是爹、爷、祖爷。这种继承关系如图 19.24 所示。

前面学习到了容器,很多容器里都有迭代器。例如:

```
vector < int >::iterator iter1 = …
list < int >::iterator iter2 = …
```

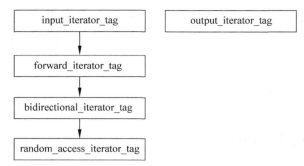

图 19.24　迭代器分类相关结构继承关系图(最上面辈分最高,最下面辈分最低)

当然也不是所有容器都有迭代器,有的容器没有,如 stack(栈)、queue(队列)等容器就不提供迭代器。因为如 stack,就是后进先出,而 queue,就是先进先出,不需要遍历,也不可以用迭代器遍历,所以对于这种容器,STL 中连迭代器都不提供。

既然很多容器中提供了迭代器,那么这些迭代器一般就会属于上面这 5 类迭代器中的某一类。笔者收集整理了一下官方提供的信息,如表 19.1 所示,以供参考。

表 19.1　迭代器种类、能力以及提供该迭代器的容器列表

迭代器种类	迭代器能力	提供该迭代器的容器
output_iterator	向前写入	ostream
input_iterator	向前读取一次	istream
forward_iterator	向前读取	forward_list、unordered 容器
bidirectional_iterator	向前和向后读取	list、set、multiset、map、multimap
random_access_iterator	随机读取	array、vector、deque、string、C 风格数组

表 19.1 中所谓随机读取,指的是跳过一定个数的元素,如当前位置在第 1 个元素这里,可以立即跳过 3 个元素直达第 4 个元素。

那么能否通过写一些代码来验证某个容器中迭代器的种类是否和表 19.1 一致呢? 笔者通过网络搜集了一些代码供参考:

```
//如下这些是函数重载,函数名字都叫_display_category
void _display_category(random_access_iterator_tag mytag)
{
    cout << "random_access_iterator_tag" << endl;
}

void _display_category(bidirectional_iterator_tag mytag)
{
    cout << "bidirectional_iterator_tag" << endl;
}

void _display_category(forward_iterator_tag mytag)
{
    cout << "forward_iterator_tag" << endl;
}
void _display_category(output_iterator_tag mytag)
{
    cout << "output_iterator_tag" << endl;
```

```
}
void _display_category(input_iterator_tag mytag)
{
    cout << "input_iterator_tag" << endl;
}
template < typename T >
void display_category(T iter) //编译器能推导出类型来
{
    cout << " -------------- begin ------------------ " << endl;
    typename iterator_traits < T >::iterator_category cagy; //这个叫过滤器(萃取机),用来获取这个
                                                          //T迭代器类型的种类;这个写法是有
                                                          //点意思的,萃取机的功能比较厉害
    _display_category(cagy); //这里编译器能够帮助我们找到最适当的重载函数
    cout << "typeid(ite).name() = " << typeid(iter).name() << endl; //打印类型名称
    cout << " -------------- end------------------ " << endl;
};
```

在 main 主函数中,加入如下代码:

```
//注意 # include 各种容器所包含的头文件
//可能不同版本编译器如下名称多少会有区别
display_category(array < int, 100 >::iterator()); //加()用于产生临时对象
display_category(vector < int >::iterator());
display_category(list < int >::iterator());
display_category(map < int, int >::iterator());
display_category(set < int >::iterator());
//还可以增加许多自己想显示的容器内容
//......
```

执行起来,输出结果如下:

```
-------------- begin ------------------
random_access_iterator_tag
typeid(ite).name() = class std::_Array_iterator < int,100 >
-------------- end------------------
-------------- begin ------------------
random_access_iterator_tag
typeid(ite).name() = class std::_Vector_iterator < class std::_Vector_val < struct std::_
Simple_types < int > > >
-------------- end------------------
-------------- begin ------------------
bidirectional_iterator_tag
typeid(ite).name() = class std::_List_iterator < class std::_List_val < struct std::_List_
simple_types < int > > >
-------------- end------------------
-------------- begin ------------------
bidirectional_iterator_tag
typeid(ite).name() = class std::_Tree_iterator < class std::_Tree_val < struct std::_Tree_
simple_types < struct std::pair < int const ,int > > > >
-------------- end------------------
-------------- begin ------------------
bidirectional_iterator_tag
typeid(ite).name() = class std::_Tree_const_iterator < class std::_Tree_val < struct std::_
Tree_simple_types < int > > >
-------------- end------------------
```

通过结果可以看到,不同的容器,它们的迭代器种类是不一样的。读者也可以对上述代码进行扩展,以查看更多容器中的迭代器种类。

回过头,笔者再把这几个迭代器的功能做个整理,引用官方的一些说法描述:

(1) 输出型迭代器。

```
struct output_iterator_tag
```

功能:能一步一步往前走,并且能够通过这个迭代器往容器中写数据。这种迭代器支持的常用操作如表 19.2 所示。

表 19.2 输出型迭代器支持的常用操作

表 达 式	效 果
* iter = value	将 value 值写入迭代器指向的位置
++iter	向前移动一步,返回新位置
iter++	向前移动一步,返回老位置

(2) 输入型迭代器。

```
struct input_iterator_tag
```

功能:一次一个以向前的方向来读取元素,按照这个顺序一个一个返回元素值。这种迭代器支持的常用操作如表 19.3 所示。

表 19.3 输入型迭代器支持的常用操作

表 达 式	效 果
* iter	读取元素值
iter—> member	如果容器中元素存在成员,这可以读取元素成员
++iter	向前移动一步,返回新位置
iter++	向前移动一步,返回老位置
iter1 == iter2	判断两个迭代器是否相等
iter1 != iter2	判断两个迭代器是否不相等

(3) 前向迭代器。

```
struct forward_iterator_tag
```

功能:因为继承自输入型迭代器,因此它也能以向前的方向来读取元素,同时它也支持写入操作。这种迭代器支持的常用操作如表 19.4 所示(最后 1 行是新增的操作)。

表 19.4 前向迭代器支持的常用操作

表 达 式	效 果
* iter	读取元素值
* iter = value	将 value 值写入迭代器指向的位置
iter—> member	如果容器中元素存在成员,这可以读取元素成员
++iter	向前移动一步,返回新位置
iter++	向前移动一步,返回老位置
iter1 == iter2	判断两个迭代器是否相等
iter1 != iter2	判断两个迭代器是否不相等
iter1 = iter2	迭代器赋值操作

（4）双向迭代器。

struct bidirectional_iterator_tag

功能：继承自前向迭代器，在前向迭代器基础之上增加了向回（反向）迭代，也就是迭代的位置可以往回退。这种迭代器支持的常用操作如表19.5所示（最后2行是新增的操作）。

表 19.5　双向迭代器支持的常用操作

表　达　式	效　　果
*iter	读取元素值
*iter = value	将 value 值写入迭代器指向的位置
iter-> member	如果容器中元素存在成员，这可以读取元素成员
++iter	向前移动一步，返回新位置
iter++	向前移动一步，返回老位置
iter1 == iter2	判断两个迭代器是否相等
iter1 != iter2	判断两个迭代器是否不相等
iter1 = iter2	迭代器赋值操作
--iter	向回退一步，返回新位置
iter--	向回退一步，返回老位置

（5）随机访问迭代器。

struct random_access_iterator_tag

功能：继承自双向迭代器，在双向迭代器基础之上又增加了所谓的随机访问能力，也就是增减某个偏移量，能够计算距离，还支持一些关系运算等。这种迭代器支持的常用操作如表19.6所示（最后8行是新增的操作）。

表 19.6　随机访问迭代器支持的常用操作

表　达　式	效　　果
*iter	读取元素值
*iter = value	将 value 值写入迭代器指向的位置
iter-> member	如果容器中元素存在成员，这可以读取元素成员
++iter	向前移动一步，返回新位置
iter++	向前移动一步，返回老位置
iter1 == iter2	判断两个迭代器是否相等
iter1 != iter2	判断两个迭代器是否不相等
iter1 = iter2	迭代器赋值操作
--iter	向回退一步，返回新位置
iter--	向回退一步，返回老位置
iter[n]	访问索引位置为 n 的元素
iter+=n	前进 n 个元素（如果 n<0 其实等价于回退 n 个元素）
iter-=n	回退 n 个元素（如果 n<0 其实等价于前进 n 个元素）
iter+n(或：n+iter)	返回 iter 之后的第 n 个元素
iter-n	返回 iter 之前的第 n 个元素
iter1-iter2	返回 iter1 和 iter2 之间的距离
iter1 < iter2(或：iter1 > iter2)	判断 iter1 是否在 iter2 之前（或：之后）
iter1 <= iter2(或：iter1 >= iter2)	判断 iter1 是否不在 iter2 之后（或：之前）

表 19.6 中有个以往没有的就是迭代器之间的减法操作,能计算迭代器之间的距离。

对于常规使用迭代器,一般用不到这么多功能,最常用的功能是遍历一下容器中的数据。这里提到的迭代器功能既然有这么多,可以作为一种了解,将这些知识储备起来,方便日后使用时随时查阅。

下面代码演示一个随机访问迭代器(演示了 * iter、! ＝、＋＋iter 操作)。在 main 主函数中,加入如下代码(读者也可以根据需要自行增加各种演示代码):

```
vector < int > iv = { 100,200,300 };              //定义一个容器
for (vector < int >::iterator iter = iv.begin(); iter != iv.end(); ++iter) //经典传统用法。
这里用++、!= 等运算符来对迭代器进行操作
{
    cout << * iter << endl;
    * iter = 6;                                   //容器中每个元素值修改为 6
}
```

执行起来,输出结果如下:

```
100
200
300
```

总结:随机访问迭代器看起来最灵活,因为随机访问迭代器支持的操作最多,如一次可以跳跃多个元素等。其所支持的容器 array、vector 的元素内存都是连续的,所以要跳到如第 5 个元素上,非常方便,做个加法运算,就立即能跳过去。deque 这个双端队列容器虽然支持的迭代器也是随机访问迭代器,但这个容器是分段连续的,也就是说内存中它并不是真连续,虽然不是真连续,但它的迭代器仍旧是随机访问,也就是一次可以跳跃多个元素,这个设计还是挺精妙的。总之,支持随机访问迭代器的容器多数都是内存连续的。

同时,通过本节的讲解也可以看到 vector 和 list 容器的区别:这两个容器所支持的迭代器类型不同,vector 容器支持的是随机访问迭代器,list 容器支持的是双向迭代器,没有随机访问迭代器支持这么多的迭代器操作。前面也讲过,vector 容器和 list 容器的一个主要区别就是:**vector 能进行高效的随机存取,而 list 做不到这一点**。

迭代器部分,掌握这些知识就差不多了。其实迭代器大部分都是用于存取容器中元素的。后续讲解算法的时候还会涉及这些迭代器具体如何在算法中发挥作用。届时再进一步讲解。

19.6 算法简介、内部处理与使用范例

在讲过了迭代器后,可以完善一下图 19.23。完善后如图 19.25 所示。

19.6.1 算法简介

算法可以理解成函数。更准确的说法是:算法理解为函数模板。

STL 中提供了很多算法,如查找、排序等,有数十上百个之多,而且数量还在不断增加中。

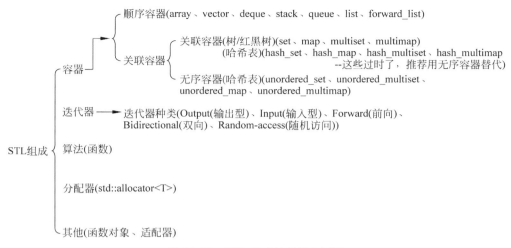

图 19.25 STL 组成结构图(未完)

在学习容器的时候,每个容器都带着许多适合该容器自身进行各种操作的成员函数,而算法不同于这些成员函数,读者可以把算法理解成全局函数或者全局函数模板(不针对某一个容器,但对部分或者大部分容器都适用)。

既然算法是函数模板,它就有参数,也就是形参,那么传递进来的这些形参的类型一般前两个形参都是迭代器类型,用来表示某个容器中元素的一个区间,这个区间还得注意一下。看如下代码:

```
list < int > mylist = { 100,200,300 };
list < int >::iterator iterbg = mylist.begin(); //包含开头元素
list < int >::iterator itered = mylist.end(); //末尾元素后面的位置
```

假如要把 iterbg 和 itered 这个区间传递给算法作为算法的形参,对于和元素有关的算法(和元素无关的算法,如计算迭代器之间距离这种,distance 是属于和元素无关的算法)来说,有效的元素只有 100、200、300,并不包括 end 指向的那个位置。也就是说,实际上传递过去的区间是一个**前闭后开区间** [**begin()** , **end()**),也就是包含开头的元素,但不包含最末尾的内容(因为最末尾的内容并不是容器中的元素),如图 19.26 所示。

图 19.26 begin() 和 end() 代表的容器元素区间是一个前闭后开区间

这种前闭后开区间的好处一般认为有两条:
- 算法只要判断迭代器等于后面这个开区间,那就表示迭代结束。
- 如果第一个形参等于第二个形参,也就是 iterbg == itered,那这就表示是一个空区间。

所以可以认为,算法是一种搭配迭代器来使用的全局函数(或全局函数模板)。读者看到了,这些算法和具体容器没有什么关系,只跟迭代器有关,大部分容器都有迭代器。也就是说,这些算法对于大部分容器都是适合的,不需要针对某种容器专门定制。算法的这种编码方式非常好,很大程度上增加了代码编写的灵活性。

当然,算法作为单独的一个函数(函数模板)来实现,也是违背了面向对象程序设计所讲究的封装性(把成员变量、成员函数包装到一起)的特点,这一点是比较遗憾的。19.1.1 节中曾经提到过"泛型编程"的概念,也了解了 STL(标准模板库)采用的是泛型编程的编码方式来编写,在泛型编程思维的指导下,写出了这么多单独的函数来实现各种算法:灵活性增强,但直观性缺失,而且某些容器和算法之间的兼容性可能也不是那么好(这意味着该算法不兼容该容器或在效率上比容器本身提供的类似功能的成员函数要差)。

STL 中算法到底有哪些呢?笔者推荐的《C++标准库》一书中有很长、很清晰的列表,建议读者参考该书籍以对这些算法有个大概了解。手中暂时没有该书的读者,也可以通过搜索引擎来搜索和整理一下 STL 中的算法,一来是以备将来不时之需,二来是避免自己去写 STL 中已经提供的算法(这属于重复造轮子)。

19.6.2 算法内部一些处理

一般在使用一个算法的时候直接传递迭代器进去作为实参就可以了,因为算法是函数模板,可以接收各种各样类型的迭代器作为形参。

上一节讲解了迭代器的分类并引入了一段代码能够区别出某个迭代器属于哪个分类。

很多算法的内部会根据传递进来的迭代器,拿到该迭代器所属的分类,不同种类的迭代器可能会有不同的处理,要编写不同的代码。这种编写不同的代码来处理不同种类迭代器的做法,主要是从算法执行的效率方面来考虑。因为对于算法来讲,效率是很重要的一个指标。例如,算法判断出传递进来的形参是一个随机访问迭代器,那么当需要进行迭代器跳转时,可能就会直接加一个数字来跳转,跳转速度就非常快。如果算法判断出一个前向迭代器,就不能执行向回读取的操作等等,诸如此类。这也是 STL 内部为什么要给这些迭代器做一个分类的核心目的之一。

19.6.3 一些典型算法使用范例

因为算法比较多,所以笔者挑几个相对常用和典型的算法来作为范例进行一下演示。

一般来说,当使用到 STL 中的算法时,在.cpp(MyProject.cpp)源程序开头位置包含如下头文件:

```
#include <algorithm>
```

1. for_each

for_each 看起来像一个语句,实际是一个算法。看看如下范例:

```
void myfunc(int i)
{
    cout << i << endl;
}
```

在 main 主函数中,加入如下代码:

```
vector<int> myvector = { 10,20,30,40,50 };
for_each(myvector.begin(), myvector.end(), myfunc);
```

执行起来,输出结果如下:

```
10
20
30
40
50
```

上面的代码比较清晰,for_each的第一个和第二个形参都是迭代器,表示一段范围(或者说表示某个容器中的一段元素),for_each的第三个参数实际上是一个可调用对象。这里的myfunc是一个函数,属于可调用对象的一种。myfunc有一个形参,是int类型,实际上for_each算法里面就是不断地迭代给进来的两个迭代器之间的元素,拿到这个元素后,以这个元素作为实参来调用myfunc函数。这就是for_each的工作原理。

笔者找来了一段for_each的实现源码辅助读者理解:

```
template < class InputIterator,class Function >
Function for_each(InputIterator first,InputIterator last,Function f)
{
    for(; first != last; ++first)
        f( * first); //所有可调用对象,只要这样写代码,就可以被调用,非常统一
    return f;
}
```

上面代码特别值得一提的是代码行"f(* first);",这是在调用一个可调用对象。可调用对象在写代码的时候偶尔就会用到。可调用对象的一个共同特点是,可以像调用函数一样来调用,而且调用格式非常统一,用"可调用对象名(实参1,实参2,…);"就可以。所以,只要是一个可调用对象(函数、重载了operator()的类、lambda表达式等),用f(* first);就能够直接调用,从而实现了**调用代码书写上的统一**。

2. find

find用于寻找某个特定值,通过范例来理解。

在main主函数中,继续增加下面的代码:

```
vector < int >::iterator finditer = find(myvector.begin(), myvector.end(), 400);
if (finditer != myvector.end())
{
    cout << "myvector 容器中包含内容为 400 的元素" << endl;
}
else
{
    cout << "myvector 容器中不包含内容为 400 的元素" << endl;
}
```

执行起来,输出结果如下:

```
myvector 容器中不包含内容为 400 的元素
```

说到这里笔者要提一下:有些容器自己有同名的成员函数(包括但不限于这里讲到的find函数),**优先使用同名的成员函数**(但同名的成员函数不像算法,一般不需要传递进去迭

代器作为前两个参数），如果没有同名的成员函数，才考虑用全局的算法。例如，map 容器有自己的 find 成员函数，就优先使用该成员函数。在 main 主函数中加入如下代码：

```cpp
map < int, string > mymap;                      //键值对
mymap.insert(std::make_pair(1, "老王"));
mymap.insert(std::make_pair(2, "老李"));
auto iter = mymap.find(2); //查找 key 为 2 的元素,有类自己的成员函数,优先用类自己的成员函数
if (iter != mymap.end())
{
    //找到
    printf("编号为 % d,名字为 % s\n", iter -> first, iter -> second.c_str());
}
```

执行起来，输出结果如下：

编号为 2,名字为老李

3. find_if

通过范例来理解 find_if 更容易一些。

在 main 主函数中，加入下面的代码：

```cpp
vector < int > myvector2 = { 10,20,30,40,50 };
auto result = find_if(myvector2.begin(), myvector2.end(), [](int val) { //这里用 lambda 表达式,
                                                                        //也是一种可调用对象
if (val > 15)
        return true;                        //返回 true 就停止遍历
    return false;
    });
if (result == myvector2.end())
{
    cout << "没找到" << endl;
}
else
{
    cout << "找到了,结果为:" << * result << endl;
}
```

执行起来，输出结果如下：

找到了,结果为:20

注意，find_if 的调用返回一个迭代器（上面范例返回类型其实为 vector < int >::iterator），指向第一个满足条件的元素，如果这样的元素不存在，则这个迭代器会指向myvector2.end()。

这个算法与 find 类似，只是上面演示 find 时第三个参数是一个数字，而这里的 find_if 的第三个参数是一个可调用对象（lambda 表达式），这个可调用对象里有一个规则——找第一个满足该规则的元素。

4. sort

sort 用于排序的目的，通过范例来理解。

在 main 主函数中，加入下面的代码（尤其注意代码中的注释部分内容）：

```
vector < int > myvector3 = { 50,15,80,30,46 };
//sort(myvector3.begin(), myvector3.end()); //默认就按照从小到大顺序排列 15,30,46,50,80
sort(myvector3.begin(), myvector3.begin() + 3); //myvector.begin() + 3 应该是跳到元素 30
这里,但因为前闭后开区间,所以参与排序的元素是 50,15,80,结果是 15,50,80, 30,46
```

如果不想按默认的从小到大排序，而是要从大到小排序呢？可以使用一个函数来参与排序，这个函数一般被叫作自定义比较函数，这个函数的返回值是一个 bool 类型。读者可以比较一下如果要从小到大排序，代码应该怎样写，如果要从大到小排序，代码又应该怎样写（尤其注意代码中的注释部分内容）。

将 main 主函数中的 sort 修改为下面的样子，注意其第三个参数：

```
sort(myvector3.begin(), myvector3.end(), myfuncsort);
```

在 main 主函数的外面（上面），增加 myfuncsort 函数的实现代码：

```
bool myfuncsort(int i, int j)              //注意这里是两个形参
{
    //return i < j;                        //从小到大排序
    return i > j;                          //从大到小排序
}
```

读者可以设置断点并跟踪调试，确认 myvector3 中的元素在执行完 sort 算法后已经进行了从大到小的排序。结果应该是 80,50,46,30,15。

如果这里不使用 myfuncsort 函数，而是改用另外一个可调用对象来排序，也是可以的。在 MyProject.cpp 的上面位置，增加一个类 A 的定义，注意重载 operator()：

```
class A
{
public:
    bool operator()(int i, int j)
    {
        return i > j;                      //从大到小排序
    }
};
```

在 main 主函数中，继续增加如下代码：

```
A mya;
sort(myvector3.begin(), myvector3.end(), mya);
```

执行起来，一切正常，排序没问题。

上面这种写法就是把可调用对象当作第三个参数传递到 sort 中去，后续 sort 内部可以使用形如 mya(i,j) 的类似函数调用的形式来调用类 A 的 operator() 达到同样的排序效果。

前面的演示都是基于 vector 容器，下面再试一试 list 容器。经过测试发现 sort 算法应用于 list 容器时会报错，说明这个算法对 list 容器不适用。其实究其主要原因，是因为 sort

算法适用于随机访问迭代器而不适用于双向迭代器。其实很多算法都只适用于某些容器而不适用于另外一些容器,这个不用感到奇怪,当算法不适合某个容器时,尝试在该容器中寻找与算法功能相同的成员函数。

但 list 容器有自己的 sort 成员函数,当然就使用 list 容器自身提供的 sort 成员函数了。在 main 主函数中,加入如下代码:

```
list < int > mylist = { 50,15,80,30,46 };
//sort(mylist.begin(), mylist.end()); //编译报错,sort 算法不适用于双向迭代器,只适用于随
                                        //机访问迭代器
mylist.sort(myfuncsort);
```

设置断点并调试观察,一切正常,能够成功排序。

这里要注意一下,不是所有容器都适合排序的。前面也说过,有些容器中元素的位置不是由程序员决定的,而是由容器内部的算法决定的,所以顺序容器可以排序,但关联容器(包括无序容器)都不适合排序。

例如,下面这段代码读者可以跟踪调试:

```
map < int, string > mymap;                      //键值对
mymap.insert(std::make_pair(50, "老王"));
mymap.insert(std::make_pair(15, "老李"));
mymap.insert(pair < int, string >(80, "老赵"));
//sort(mymap.begin(), mymap.end());             //不让排序,编译报错
cout << "断点掐在这里" << endl;
```

上面这段代码虽然插入时的键的顺序是 50、15、80,但插入完成后设置断点跟踪调试可以发现,mymap 里的内容中的键顺序看上去是 15、50、80。

再来一例。在 MyProject.cpp 上面位置包含如下头文件:

```
# include < unordered_set >
```

在 main 主函数中,加入如下代码:

```
unordered_set < int > myset = { 50,15,80,30,46 };
//sort(myset.begin(), myset.end()); 不让排序,编译报错
```

读者可以设置断点,看一看 myset 容器中的元素顺序。不同版本的编译器可能看到的顺序不一样,笔者看到的顺序是 50、15、80、46、30,如图 19.27 所示。

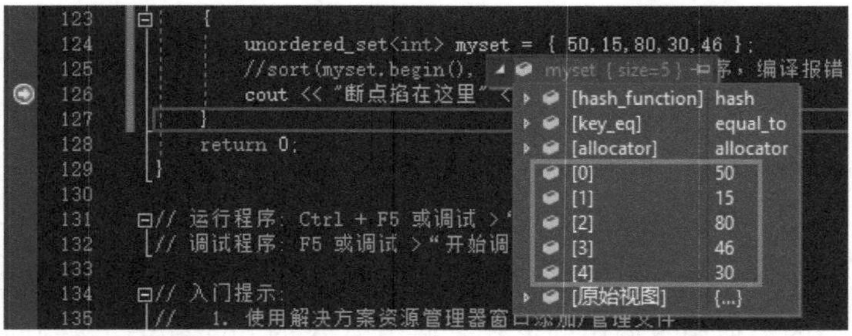

图 19.27　unordered_set 容器中的元素自动排序

19.7　函数对象回顾、系统函数对象与范例

在讲过了算法后,可以完善一下图 19.25,完善后如图 19.28 所示。

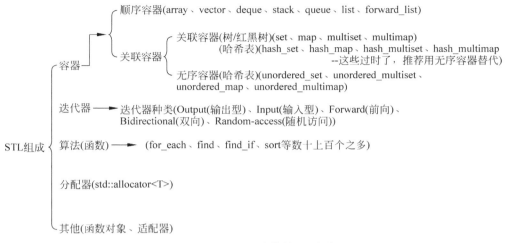

图 19.28　STL 组成结构图(未完)

19.7.1　函数对象/仿函数回顾

上一节讲解了算法,举了几个例子,在针对 sort 这个算法举例的时候可以注意到,sort 的第三个参数是一个函数对象(function objects)或者叫仿函数(functors),用来指定一个排序的规则。仿函数其实就是函数对象,只不过仿函数这个称呼比较老,新称呼是函数对象。

这种函数对象在 STL 里面一般都是用来**跟算法配合使用**以实现一些特定的功能。换句话来说,这些函数对象主要用来服务于算法,这一点读者要明确。

为什么要引入函数对象这种概念,就是因为它们的调用方式很统一。跟调用函数的语法是一样的,如下:

名字(参数列表)

这里尝试把函数对象的形式整理一下,方便查看,如图 19.29 所示。

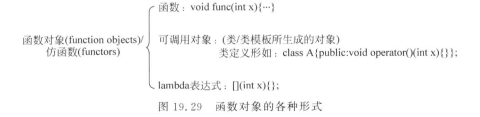

图 19.29　函数对象的各种形式

实际上,函数对象的各种形式虽然可以细分为图 19.29 中的几种形式,但在叫法上可以统一叫成函数对象。

19.7.2 标准库中定义的函数对象

前面演示的都是自己写的函数对象,其实,标准库中也提供了许多可以现成拿来使用的函数对象。使用它们之前,要在.cpp源文件(MyProject.cpp)前面包含一个头文件:

```
#include <functional>
```

在这里,先不用管这些标准库中定义的函数对象怎样使用,先看一看都有哪些,怎样分类。下面的内容取材于官方的资料,笔者以表格形式给出,方便读者参考。

1. 算术运算类

算术运算类函数对象如表19.7所示。

表 19.7 算术运算类函数对象

表达式(函数对象)	效果(param 代表参数)
negate <类型>()	-param
plus <类型>()	param1+param2
minus <类型>()	param1-param2
multiplies <类型>()	param1 * param2
divides <类型>()	param1/param2
modulus <类型>()	param1%param2

2. 关系运算类

关系运算类函数对象如表19.8所示。

表 19.8 关系运算类函数对象

表达式(函数对象)	效果(param 代表参数)
equal_to <类型>()	param1 == param2
not_equal_to <类型>()	param1 != param2
less <类型>()	param1 < param2
greater <类型>()	param1 > param2
less_equal <类型>()	param1 <= param2
greater_equal <类型>()	param1 >= param2

3. 逻辑运算类

逻辑运算类函数对象如表19.9所示。

表 19.9 逻辑运算类函数对象

表达式(函数对象)	效果(param 代表参数)
logical_not <类型>()	!param
logical_and <类型>()	param1 && param2
logical_or <类型>()	param1 || param2

4. 位运算类

位运算类函数对象如表19.10所示。

表 19.10　位运算类函数对象

表达式（函数对象）	效果（param 代表参数）
bit_and＜类型＞()	param1 & param2
bit_or＜类型＞()	param1 | param2
bit_xor＜类型＞()	param1 ^ param2

这里随便看一个算术运算类的函数对象，如 plus＜类型＞()，看起来这是用来将两个参数相加。在 main 主函数中，找个位置输入 plus 并按 F12 键，能够看到 plus 到底是什么。能够观察到，这其实是一个类模板，然后里面重载了 operator()。简化一下它的源码，大概如下：

```cpp
// STRUCT TEMPLATE plus
template < class _Ty = void >
struct plus { // functor for operator +
    constexpr _Ty operator()(const _Ty& _Left, const _Ty& _Right) const { // apply operator +
to operands
        return _Left + _Right;
    }
};
```

看起来，plus 的源码比较简单，重载 operator() 并在其中实现两个参数相加，仅此而已。

所以，实例化该类模板并生成一个相关的类对象，这个对象就是可调用对象或者叫函数对象。读者理解时就理解成：**是一个对象，但又可以像函数调用一样调用**。

看下面这行代码：

```cpp
cout << plus < int >()(4,5) << endl;            //9
```

上面这行代码请读者拆开分析清楚：

（1）plus＜int＞是一个实例化了的类。

（2）类名后面加一个圆括号也就是"plus＜int＞()"代表生成一个类 plus＜int＞的临时对象（因为 plus 中重载了 operator()，所以这个临时对象是一个可调用对象）。

（3）为了调用这个可调用对象，在临时对象后面，增加圆括号()，之后 plus 类模板的 operator() 中有什么参数，这个圆括号中就要有什么参数。因为 plus 类模板的 operator() 中需要两个参数，所以要写成：

```cpp
plus < int >()(4,5);
```

上面这行代码就是调用可调用对象，实际就是等价于执行了类 plus＜int＞的 operator()。执行的结果是两个形参的和值，因此，上面代码的输出结果是 9。

19.7.3　标准库中定义的函数对象范例

19.6.3 节中演示了 sort 算法对一个 vector 容器中的数据进行从大到小排序，当时为了实现此目的专门写了一个函数——myfuncsort。其实，用系统提供的可调用对象也可以实现相同的功能，这样就没有必要书写自己的 myfuncsort 函数（可调用对象）了。

在 main 主函数中加入如下代码：

```cpp
vector < int > myvector3 = { 50,15,80,30,46 };
//数据元素从大到小排序
```

```
sort(myvector3.begin(), myvector3.end(), greater < int >()); //最后一个参数是产生一个临时对
                                                          //象,这里 int 就是容器中的元素类型
//数据元素从小到大排序
sort(myvector3.begin(), myvector3.end(), less < int >());
```

上述代码用到了 greater < int >()和 less < int >()两个可调用对象。读者不要忘记,这两个可调用对象在调用的时候需要两个形参,这一点和 myfuncsort 函数一样。

19.8   适配器概念、分类、范例与总结

在讲过了函数对象后,可以完善一下图 19.28。完善后如图 19.30 所示。

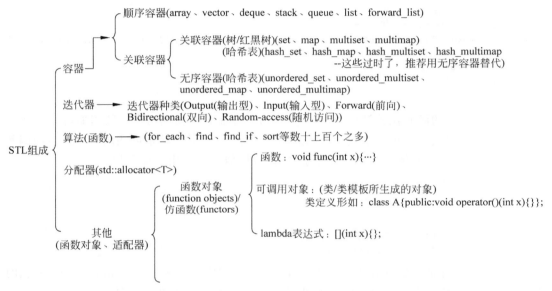

图 19.30   STL 组成结构图(未完)

19.8.1   适配器基本概念

可能有些读者不好理解适配器是什么,以及它是用来做什么的。适配器类似于转接头这种概念。假如有一个设备,没有办法接到另外一个设备上,这个设备接口窄,另外一个设备接口宽,此时就需要一个转接头做一个桥梁,把这个设备接到另外一个设备上,这就是转接头的作用。

回归到本节的主题,适配器到底是什么? 读者可以这样理解:把一个**既有的东西**进行适当的改造,如增加一点东西,或者减少一点东西,就会成为一个适配器。光听这个解释,可能还是有点难以理解,后面会举例讲解。

适配器分很多种,不是单纯的一种,下面就按种类讲一讲各种不同的适配器。

19.8.2   容器适配器

前面学习过容器中的 deque(双端队列),也学习了 stack(堆栈)以及 queue(队列)。讲解时曾经说过,deque 包含了 stack 的能力,也包含了 queue 的能力。或者换句话说,stack

和 queue 是包含了 deque 的部分能力,如图 19.31 所示。

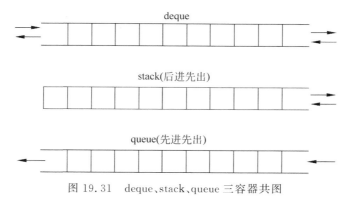

图 19.31　deque、stack、queue 三容器共图

　　前面讲解的时候,是把 stack 和 queue 归类为容器(顺序容器),而根据适配器的基本概念,既然 stack 和 queue 都属于把既有的 deque 进行适当的改造,减少了一点东西(阉割),所以,在这里正式把 stack 和 queue 归类为**容器适配器**(从原来的容器分类中拿掉,增加到适配器分类中)。

　　可以观察一下 queue 的实现源码,在 MyProject.cpp 的开头包含如下头文件:

＃include < queue >

　　在 main 主函数中输入 queue 并将光标定位在这个单词中间位置按 F12 键,屏幕下方会出现一堆查找符号的结果,单击第一个,就可以跳转到 queue 的源码。

```
//CLASS TEMPLATE queue(queue 类模板)
template < class _Ty,
    class _Container = deque< _Ty >>          //queue 和 deque 有关
class queue { //FIFO queue implemented with a container(用容器实现 FIFO 队列)
public:
    ......
    void push(value_type&& _Val) {
        c.push_back(_STD move(_Val));
    }
protected:
    _Container c;                              //the underlying container(底层容器)
};
```

　　通过 queue 的源码,可以看到它与 deque 是有密切关系的,其中的 push 成员函数用于把数据扔到队列的末尾,push 成员函数直接调用的是 c. push_back(…);,而 c 就是 _Container,_Container 就是 deque。也就是说,queue 的 push 功能就是 deque 的 push_back 功能。

19.8.3　算法适配器

　　通过前面的讲解知道了算法,算法是一个函数模板,或者看成是一个函数。
　　而算法适配器可以叫作**函数适配器**。算法适配器最典型的就是绑定器(Binder),所以看一看绑定器。

从老的 STL 版本里可能看到过 bind1st、bind2nd 等（函数模板），C++11 里全变成了 bind，bind 在后面的章节会详细讲解。bind 也是一个**函数模板**，被归类为**算法适配器中的绑定器**。下面将提供一个例子，逐步引导读者看一看绑定器的使用。

在 main 主函数中，加入如下代码：

```
vector < int > myvector = { 50,15,80,30,46,80 };
//统计某个值出现的次数
int cishu = count(myvector.begin(), myvector.end(), 80); //算法,统计出现 80 这个元素的次数
cout << cishu << endl;                                   //2,表示 80 这个值出现了 2 次
```

还有一个名字叫作 count_if 的算法，是根据一定的条件进行统计。因为 count 算法的功能比较有限，只能统计某个元素，笔者希望程序更灵活一些，先在 main 主函数前面增加一个类 A 的定义：

```
class A
{
public:
    bool operator()(int i)
    {
        return i > 40;                    //希望大于 40 的元素就被统计
    }
};
```

在 main 主函数中，继续增加如下代码：

```
A myobja;
cishu = count_if(myvector.begin(), myvector.end(), myobja);
cout << cishu << endl;                    //结果等于 4,4 个元素> 40
```

这时想起了一个标准库中提供的函数对象 less < int >()，如果能借用这个来实现相同的功能，就不用自己写一个函数对象（可调用对象）了。

前面提到过，less < int >()这个可调用对象在调用的时候是需要两个形参的（注意，less 本身是类模板，实际是其中的 operator()需要两个形参）。

如果想把 less < int >中 operator()的实现用到上面的范例中来，取代上面类 A 中的 operator()，那怎样取代呢？必须要把 less < int >中 operator()的两个参数变成一个参数才能使用。要完成这个功能，就需要用到算法适配器中的绑定器。

试想，如果 less < int >中 operator()的两个参数其中一个绑定到 40，这时可以认为 less < int >的 operator()就剩一个参数了。这里需要用的正是 1 个参数的 operator()，所以，焦点就集中在通过 bind 把 less < int >中 operator()的一个参数绑定到 40。

输入 less 并按下 F12 键，观察一下 less 的源码。如下：

```
template < class _Ty = void >
struct less {
    constexpr bool operator()(const _Ty& _Left, const _Ty& _Right) const {
        return _Left < _Right;
    }
};
```

比对类 A 中的 operator()，因为 less 中的 operator()的 return 这行代码是一个小于号

"<",而类 A 中 operator()中的 return 是个大于号">",所以先把类 A 中的 operator()中的 return 这行代码改写一下。改写代码后的类 A 如下：

```
class A
{
public:
    bool operator()(int i)
    {
        //return i > 40;                        //希望大于 40 的元素就被统计
        return 40 < i;
    }
};
```

现在比较一下，类 A 中 operator()里的 40 就对应 less < int >中 operator()里的_Left（第一个参数），类 A 中 operator()里的 i 就对应 less < int >中 operator()里的_Right（第二个参数）。这样代码就好写了（下面代码看不懂没有关系，下一章会详细讲解 bind 的用法）：

```
bind(less < int >(), 40, placeholders::_1); //less < int >中 operator()的第一个参数绑了一个 40,
        //当调用这个 less < int >()可调用对象时, less < int >中 operator()的第二个参数,也就是这
        //个 placeholders::_1 表示在调用这个可调用对象时,被传入的第一个参数所取代
```

如果上面这行代码中的注释没看懂，可以尝试看看下面这两行代码：

```
auto bf = bind(less < int >(), 40, placeholders::_1); //less < int >中 operator()的第一个参数
                                        //绑定了 40(第一个参数值为 40)
bf(19); //19 是 bf 的第一个参数,调用时就传递给了 less < int >中 operator()作为其第二个参数
        //(第二个参数值为 19)
```

回过头来，改造代码，引入 bind 适配器，配合 less < int >实现上述同样功能（大于 40 的元素就被统计），只需要修改 count_if 所在行代码。修改后的代码行如下：

```
cishu = count_if(myvector.begin(),myvector.end(),bind(less < int >(),40,placeholders::_1));
//临时对象 less < int >()
```

执行起来，结果一切正常。

上面的代码执行时 count_if 会调用 less < int >的 operator()，并提供一个参数（该参数来自于 myvector 容器中的元素），而提供的这一个参数正好对应着 less < int >中 operator()的第二个参数（less < int >中 operator()的第一个参数已经固定绑定为 40）。把这行代码拆分一下：

- bind：算法（函数）适配器中的绑定器。代码实现上是一个函数模板。
- less < int >()：是一个函数对象（仿函数），这里是一个临时对象。
- count_if：是一个算法。

这个范例很好地演示了算法适配器中的绑定器。可以看到，bind 具有比较强的能力，可以把某些参数绑住，其他的参数保持**"需要被提供"**的状态。该绑定器与函数对象配合起来就可以在很多场合省下程序员自己来写函数对象的时间。

关于适配器方面用法的资料可能比较少，不太常用，理解起来难度也比较大。笔者推荐两个网站，万一在开发中需要用到这些资料，可以去查询：

- http://www.cplusplus.com/
- https://en.cppreference.com/w/

当然,还有其他的算法适配器,不怎么常用,就不多讲了。

19.8.4　迭代器适配器

这里只准备举一个迭代器适配器的例子。在 13.9.3 节的第二个话题中讲解了反向迭代器,这其实就是一个迭代器适配器。回顾一下当时写的范例:

```cpp
vector < int > iv = { 100,200,300 };
for (vector < int >::reverse_iterator riter = iv.rbegin(); riter != iv.rend(); riter++)
{
    cout << * riter << endl;
}
```

运行起来看结果:300、200、100。

19.8.5　总结

还有其他种类的适配器,不过很多都比较抽象,用的场合也不多,所以笔者就不在这里一一介绍了,读者以后遇到时可以慢慢研究摸索。

至此,就把 STL 的几大组成部分全部讲解到了。现在读者对 STL 的整个组成应该有一个比较具体的了解了。当然,本书不是专门讲解 STL 的书籍,所以,笔者也没有面面俱到地把 STL 的细节都讲出来。既然本章讲解的是 STL 标准模板库大局观,那就是要先从大处着眼来了解 STL,然后具体下来,能够使用一些常用的 STL 功能。同时,当遇到不常见到的问题时,能够查阅相关的资料去解决,这就达到了本章的学习目的。

现在,完整的 STL 组成结构图如图 19.32 所示。

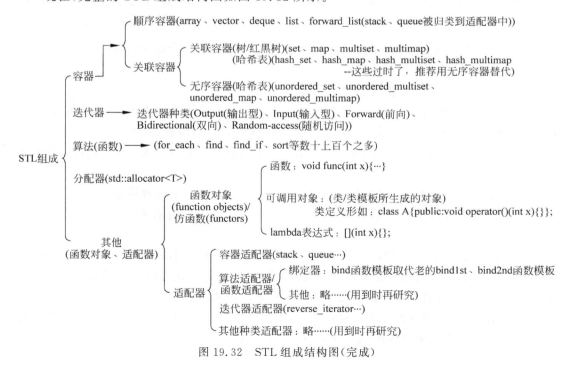

图 19.32　STL 组成结构图(完成)

第 20 章

高级话题与新标准

本章会介绍一些 C++ 开发中的高级话题和 C++11 及之后的新标准中出现的新技术。这些话题和技术多数比较晦涩，难以理解。

但是，本章所要讲解的内容不但经常出现在一些比较大型的项目中，也频繁地出现在 C++ 面试中，所以，这些内容非常重要甚至可以说是整本书的点睛之笔。

在本章中，笔者将充分利用自己的讲解天赋，尽最大努力，用最平实的语言把一些相当重要且理解起来难度很大的知识点以最容易理解的方式传达给读者。

20.1　函数调用运算符与 function 类模板

20.1.1　学习 C++ 的体会

在写这本书的过程中会出现很多知识点，这些知识点非常重要，但是又比较难以归类到前面的各章中去，所以，笔者把这些知识点统一归到本章"高级话题与新标准"中来。

读者也许知道，C++ 程序员的成长有几个重要的事情必须要去做：

（1）就是对语言本身的学习，就像读这本书一样。语言本身是基础，所以，这一个学习环节对于任何一个人来讲都绕不过去，是 C++ 程序员的必经之路。

（2）就是大量练习。笔者这本书提供了极多的讲解范例，读者不但要看，在有条件的情况下尽可能亲自动手去实践、去练习，这非常非常重要，熟能生巧，缺少练习会导致缺少对自己的自信心和底气，会使自己对 C++ 的学习感到挫折。

（3）就是当自身具备了一定的能力后就要开始阅读优秀的人写的优秀代码，对于 C++ 开发方向，优秀的人、优秀的开源代码很多很多，吸收这些代码的优点和精华，为自己所用，这非常关键。但是写这些代码的人往往有各自不同的习惯和擅长，所以，要想读懂这些代码需要对 C++ 基础知识掌握的比较广泛，不然读代码的时候会感觉磕磕绊绊，非常影响速度，也打击自己的信心。

本章内容会包含很多知识点，这些知识点很可能会决定读者将来能否读懂其他人写的代码，能否在面试中脱颖而出，取得 Offer（录取通知），所以本章内容和其他章节同等重要甚至更加重要，读者切不可因为这是最后面的章节而掉以轻心，疏于学习。

20.1.2　函数调用运算符

写一个函数与调用一个函数都很容易，例如，在 MyProject.cpp 的前面写一个函数：

```
void func(int i)
{
    cout << "这是函数 func()" << i << endl;
    return;
}
```

在 main 主函数中,加入如下调用代码:

```
func(5);
```

可以注意到,调用一个函数很简单,首先是函数名,后面跟一对圆括号,如果这个函数有参数,就在函数调用位置的函数名后圆括号中给出实参,在函数定义位置函数名后圆括号中给出形参。

通过上面的代码可以感受到,那就是**函数调用总离不开一对圆括号**,没错,"( )"就是函数调用的一个明显标记,这个"( )"有一个称呼叫**函数调用运算符**,请记住这个名字。

那么如果在类中重载了这个函数调用运算符"( )",就可以像使用函数一样使用该类的对象,或者换句话说就可以像函数调用一样来"调用"该类的对象。

在 MyProject.cpp 的前面位置写一个类,重载这个函数调用运算符"( )"看一下:

```
class biggerthanzero
{
public:
    //重载函数调用运算符()
    int operator()(int value) const          //如果值< 0 就返回 0,否则返回实际的值
    {
        if (value < 0) return 0;
        return value;
    }
};
```

观察上面这个函数调用运算符,它接受一个 int 类型参数,如果该参数< 0 则返回 0,否则返回实际值。也就是说,这个函数调用运算符的功能是:不会返回比 0 小的值,仅此而已。

写出来这个函数调用运算符后,怎样使用呢? 分两步使用即可:

(1) 定义一个该类的对象。

(2) 像函数调用一样使用该对象,也就是在"( )"中增加实参列表。

在 main 主函数中,加入如下代码:

```
int i = 200;
biggerthanzero obj;                 //含有函数调用运算符的对象
int result = obj(i); //调用类中重载的函数调用运算符(),本行代码等价于 int result = obj
.operator()(i);
cout << result << endl;             //200
```

执行起来,结果如下,一切正常:

```
200
```

现在往类 biggerthanzero 中增加一个 public 修饰的带一个参数的构造函数。如下:

```
public:
```

```
biggerthanzero(int i)
{
    cout << "biggerthanzero::biggerthanzero(int i)构造函数执行了" << endl;
}
```

那么,现在 main 主函数中的代码需要改造,否则编译报错。看看改造后的 main 主函数中的代码,注意与刚刚所写的 main 主函数中的代码相互比较:

```
int i = 200;
biggerthanzero obj(1); //这是对象定义并初始化,所以调用的是 biggerthanzero 构造函数
obj(i); //这个才是调用类中重载的函数调用运算符()
```

这个写法读者刚接触可能会不适应,因为 obj 本身是一个类对象,但是 obj(i)这种写法是属于函数调用的写法。以往学习的知识都是调用一个函数,这里变成了调用一个对象。当然现在就明白了,这实际上是调用这个类中重载的“( )”运算符,并且在上面的范例中,重载的“( )”运算符还带了一个参数。

所以得到一个结论:

只要这个对象所属的类重载了“( )”,那么这个类对象就变成了可调用对象(函数对象),而且可以调用多个版本的“( )”,只要在参数类型或数量上有差别即可。

现在可以把类 biggerthanzero 中的构造函数先注释掉了。

20.1.3　不同调用对象的相同调用形式

笔者希望通过一些演示范例,慢慢带着读者熟悉本节的主题和各种概念。那么就直接开始演示,在 MyProject.cpp 前面增加如下函数:

```
int echovalue(int value)
{
    cout << value << endl;
    return value;
}
```

上面这个 echovalue 函数的功能是输出接收到的形参值并将该值原样返回。

现在观察一下 echovalue 函数以及刚刚写的 biggerthanzero 类中重载的函数调用运算符,发现它们的形参和返回值是相同的,这就叫作“**调用形式相同**”,注意这个概念。

有一句话叫“一种调用形式对应一个**函数类型**”,不管是否理解这句话,先放在这里。

本来 echovalue 函数与类 biggerthanzero 对象之间没有什么关系,但是因为它们**调用形式**相同,从而扯到了“函数类型相同”这个关系上来了。这就好像你明明跟某个人不认识,但是左拐右拐,你发现他居然是你姑姑的亲戚的连桥,这跟你就搭上关系了。

再看“一种调用形式对应一个函数类型”这句话,上面范例中“函数类型”是什么? 函数类型应该如下:

```
int(int)
```

上面这行代表一个“函数类型”:接收一个 int 参数,返回一个 int 值。

现在笔者引入“**可调用对象**”这个概念(日后读者看到“函数对象”“仿函数”都是同一个意思),那么如下两个都是可调用对象:

- echovalue 函数。
- 重载了函数调用运算符"( )"的 biggerthanzero 类所生成的对象。

现在希望把这些**可调用对象的指针**保存起来,保存起来的目的是方便后续随时调用这些"可调用对象",这些指针其实就是在 C 语言部分学习过的函数指针。

读者可以参考 9.5.1 节的范例回忆一下函数指针。其中比较重要的代码段摘抄如下:

```
int ( * p)(int x,int y);              //定义一个函数指针
p = max;                              //将函数 max 的入口地址赋给指针变量 p
int c = ( * p)(5,19); //调用 * p 就是调用函数 max,p 指向函数入口,等价于 int c = max(5,19);
```

要保存这些可调用的对象的指针,这里通过一个 map 可以实现。map 是一个 C++标准库中的容器,类似 vector,只不过 vector 里每个元素都是一个数据(例如是一个 int 或者是一个 string 类型数据),而 map 里的每个元素都是两个数据,分别称为"键"和"值",如果这个 map 容器里有多个元素,那么多个元素的"键"不允许重复,"值"可以重复。所以在 map 容器中可以通过一个键寻找一个值。map 也是一个比较常用的容器,读者可以通过搜索引擎进一步了解和熟悉。

在这里可以用一个字符串做"键",用上面这些"可调用对象的指针"做值。请注意看笔者写程序来构建这个 map。首先在 MyProject.cpp 的前面包含如下头文件:

```
# include < map >
```

在 main 主函数中,写入下面这行代码,注意看:

```
map < string, int( * )(int)> myoper;
```

上面这行定义了一个 map 容器,"键"是一个字符串,"值"是一个函数指针,但是这里放在 map 中时,函数指针**只保留了"*"**,**指针名就去掉了**,读者要注意这种写法,把这种写法记住。这样就可以通过"键"来查找值,这些"值"都是可调用对象的指针(指向这些可调用对象),那么就能够实现对这些可调用对象的调用。

继续在 main 主函数中增加代码:

```
myoper.insert({ "ev",echovalue }); //用 insert 成员函数往这个容器中增加一个键值对
```

上面这行代码就把 echovalue 函数指针(函数名代表函数首地址,所以可以认为是一个函数指针)放到 map 容器中来了。接下来,这个来自于类的函数对象怎么放到 map 容器中呢? 在这里用类名用对象名都不行,例如如下代码都报错:

```
biggerthanzero obj;                         //含有函数调用运算符的对象
myoper.insert({ "bt",biggerthanzero });     //报错
myoper.insert({ "bt",obj });                //报错
```

这说明系统并没有把类 biggerthanzero 的对象 obj 看成一个函数指针,当然系统更不可能把类 biggerthanzero 看成一个函数指针(因为这是个类名嘛)。

20.1.4　标准库 function 类型简介

C++11 中,标准库里有一个叫作 function 的**类模板**,这个类模板是用来**包装**一个可调用对象的。要使用这个类模板,在 MyProject.cpp 前面要包含如下头文件:

```
#include <functional>
```

要使用这个类模板，当然是要提供相应的模板参数，这个模板参数就是指该 function 类型能够表示(包装)的可调用对象的调用形式，它就长下面这样：

```
function <int(int)>
```

上面这种写法是一个类类型(类名就是 function <int(int)>)，用来代表(包装)一个可调用对象，它所代表的这个可调用对象接收一个 int 参数，返回一个 int 值。

所以看一看用法，用这个新声明的类型来代表上面的这些类型就都没问题。

这里直接写几行代码看看这个 function <int(int)> 类型怎么用：

```
biggerthanzero obj;                       //含有函数调用运算符的对象
function <int(int)> f1 = echovalue;       //函数指针
function <int(int)> f2 = obj;             //类对象,可以,因为类中重载函数调用运算符()
function <int(int)> f3 = biggerthanzero(); //用类名加()生成一个临时对象,可以,因为类中重
                                          //载函数调用运算符()
//调用一下
f1(5);                                    //5
cout << f2(3) << endl;                    //3
cout << f3(-5) << endl;                   //0
```

现在这个 function <int(int)> 类型就好像一个标准一样，函数指针也好，函数对象也罢，都包装成 function <int(int)> 这种类型的对象，相当于把类型给统一了。

所以要改造一下 myoper 容器里每一项键值对中"值"这一项的格式。修改后的容器应该如下：

```
map <string, function <int(int)> > myoper;
```

把 main 主函数中以往的代码全部注释掉，重新写过。这里定义这个 map 容器的时候笔者直接就对其进行初始化，把所有的可调用对象都往 map 里放。代码如下：

```
biggerthanzero obj;
map <string, function <int(int)> > myoper = {
    { "ev",echovalue},
    { "bt",obj },
    { "bt2",biggerthanzero() }
};
```

所以读者看到了，可以把函数、可调用对象等都包装成 function <int(int)> 对象。

继续看一看这个 map 里面的可调用对象应该如何来调用：

```
myoper["ev"](12); //"ev"是键,那 myoper["ev"]就代表值,其实也就是这个 echovalue 函数,现在就
                  //调用这个函数了
cout << myoper["bt"](3) << endl; //调用 obj 对象的函数调用运算符()
cout << myoper["bt2"](-5) << endl; //调用 biggerthanzero 类对象的函数调用运算符()
```

执行起来，结果如下，一切正常：

```
12
3
0
```

通过对 function 类模板的研究,发现一个很尴尬的问题,刚才用如下语句成功地把函数 echovalue 通过 function 包装起来了:

```
function< int(int)> f1 = echovalue;
```

但如果有一个重载的 echovalue 函数,参数和返回值都不一样,例如:

```
void echovalue()
{
    return;
}
```

此时语句行 function< int(int)> f1 = echovalue;编译时就会报错。这说明一个问题:只要这个函数是**重载的**,那么就无法包装进 function 中。这也是一个二义性导致的问题,那么这个问题怎样解决? 可以通过定义一个函数指针来解决。看代码:

```
int( * fp)(int) = echovalue; //定义一个函数指针,不会产生二义性,因为函数指针里有对应的参
                             //数类型和返回类型
function< int(int)> f1 = fp; //直接塞进去函数指针而不是函数名
```

至于 function< int(int)>中的模板参数 int(int)无法检测到底哪个重载的 echovalue 函数适合用 function< int(int)>类型来包装的原因,应该与编译器内部的实现机制有关,不需要深究。

20.1.5 总结

本节所讲的内容说复杂也复杂说简单也简单,读者第一次碰到这些程序写法会感觉不习惯、别扭、奇怪等,但实际细想一想,熟悉一下这些代码,发现其实并不复杂。

20.2 万能引用

20.2.1 类型区别基本概念

这部分比较重要,又容易被忽略,请读者看仔细。
看看下面这行代码:

```
void func(const int &abc){}
```

现在如果问:"abc 是什么类型"? 读者可以脱口而出:"const int &"类型,这没错,因为在那写着呢!

现在把问题深入一点。把这个 func 函数改造成一个函数模板:

```
template < typename T>
void func(const T &abc) { }
```

在 main 主函数中,加入如下代码来调用一下:

```
func(10);
```

现在问题来了:请问 T 是什么类型? abc 是什么类型?

笔者抛出这个问题的时候，相信有些读者会突然意识到一些问题：T 是有类型的啊？abc 也是有类型的啊？当然了，T 是一个类型模板参数，当然有类型，abc 是一个变量，当然也有类型。而且 T 的类型和 abc 的类型往往不同。例如这里，abc 是用 const 来限定的。所以对于 func(10)；这行代码，真实的结果是：

- T 的类型是 int。
- abc 的类型是 const int &。

通过观察，觉得 T 的类型之所以是 int，是因为进行函数调用的时候给的参数是 10。这样考虑是对的，确实因为传递进去的是 10，导致 T 推断出来的是 int 类型。但是这句话说的不全面，T 的类型到底是什么不仅仅取决于调用这个函数模板时给进来的参数 10，还取决于 abc 的类型（也就是还取决于 const T &）。那么，下面就要讲一讲 abc 的类型为**万能引用**时是如何对 T 的类型产生影响的（不过这个话题可能一节讲不完，要分多节讲，慢慢来）。其他情况对 T 类型产生的影响，以后再讲。

20.2.2　universal reference 基本认识

universal reference（后来被称为 forwarding reference：转发引用）翻译成中文有好几种翻译方法，笔者取两种最常见的翻译，一种叫"万能引用"，一种叫"未定义引用"，都是一个意思，后续就称为"万能引用"了。

万能引用这个概念是讲解后面的一些 C++11 新标准知识的基础概念，所以在这里率先把这个概念给读者阐述清楚。首先记住一个结论：**万能引用是一种类型**。就跟 int 是一种类型一个道理，再次强调，**万能引用是一种类型**。

在 14.12 节讲解了右值、右值引用的概念。右值引用用两个"&&"符号表示，读者都知道了。右值引用主要是绑定到右值上，例如：

```
int &&rv = 1000;
```

现在举一个例子，在 MyProject. cpp 的前面位置增加一个函数定义：

```
void myfunc(int &&tmprv)                 //参数 tmprv 是一个右值引用类型
{
    cout << tmprv << endl;
    return;
}
```

在 main 主函数中，加入如下代码：

```
myfunc(10);                              //正确，右值作为实参
int i = 100;
myfunc(i);                               //错，右值引用不能接(绑)左值
```

从以上代码中得到了一个结论：右值引用肯定不能接左值（形参为右值引用类型，给的实参不能是左值）。编译的时候编译器给出的报错信息是：无法将参数 1 从"int"转换为"int &&"。

现在将 myfunc 函数改造成函数模板，请看：

```
template < typename T >
```

```
    void myfunc(T&& tmprv) //注意 && 是属于 tmprv 类型的一部分,不是 T 类型的一部分(&& 和 T 类型没
                           //有关系)
    {
        cout << tmprv << endl;
        return;
    }
```

现在观察和思考一下,如果上面的 T 是一个 int 型,那么这个函数模板 myfunc 用 int 类型实例化后得到的函数似乎和普通的 myfunc 函数感觉应该是一样的。带着这种感觉编译程序,居然发现 main 主函数中的代码行"myfunc(i);"不再报错。显然这个感觉是不对的。为什么写成函数模板之后,"myfunc(i);"代码行的调用就不再报错了?

现在看到的事实有两条:

- 第一条就是这里的函数模板中的 tmprv 参数能接收左值(作为实参),也能接收右值。
- 另一条看到的事实是 tmprv 的类型是 T&&(这两个地址符是属于 tmprv 的),编译都没报错。

本来以为 myfunc 函数模板中这个 T 会被推断成 int 型,但从现在这种编译器并没有报错的情况来看,事情并不是预料的这样。T 本身应该没有被推断成 int 型,因为 int 型已经被证明"myfunc(i);"调用时编译器会报错。

现在再观察一个事实,发现只有在函数模板中**发生了类型模板参数推断**(简称函数模板**类型推断**)的时候(也就是推断这个 T 到底是什么类型的时候)才出现这种 tmprv 参数既能接收左值,又能接收右值,编译器都不报错。没错,这就引出了本节要讲解的新知识:万能引用。

万能引用(又名未定义引用,英文名 universal reference)离不开上面提到的两种语境,这两种语境必须同时存在:

- 必须是函数模板。
- 必须是发生了模板类型推断并且函数模板形参长这样:T&&。

以后还会讲到 auto 类型推断也存在万能引用的概念,不过现在先记住这两种语境。

所以万能引用就长这样:**T&&**。它也用两个地址符号"**&&**"表示,所以万能引用长得跟右值引用一模一样。但是解释起来却不一样(注意语境,只有在语境满足的条件下,才能把"**&&**"往万能引用而不是往右值引用解释):

(1) 右值引用作为函数形参时,实参必须传递**右值**进去,不然编译器报错,上面已经看到了。

(2) 而万能引用作为函数形参时,实参可以传递**左值**进去,也可以传递**右值**进去。所以,万能引用也被人叫作**未定义引用**。如果传递**左值**进去,那么这个万能引用就是一个**左值引用**;如果传递**右值**进去,那么这个万能引用就是一个**右值引用**。从这个角度来讲,万能引用更厉害:是一种中性的引用,可以摇身一变,变成左值引用,也可以摇身一变,变成右值引用。

必须再次提醒读者,T&& 才是万能引用,千万不要理解成 T 是万能引用,其实,**tmprv** 的类型是 T&&,所以 tmprv 的类型才是万能引用类型(或者理解成 **tmprv** 才是万能引用),这意味着如果传递一个整型左值进去,**tmprv** 的类型最终就应该被推断成 int & 类型;如果传递一个整型右值进去,**tmprv** 最终就应该被推断成 int && 类型(现在先不用管是怎样推

出来的这些类型，只需要知道，最终推导的类型应该是笔者描述的这样）。

所以，根据上面提到的万能引用存在的两种语境，可以确认 myfunc 这个函数模板里的 T&& 并不是右值引用（只能绑定到右值），而是一个万能引用（因为它可以绑定到左值，也可以绑定到右值，当然，同一时刻它只能绑定到一种值上）。

现在掌握了万能引用 T&&，笔者要求读者务必记住，万能引用长得跟右值引用虽然像，但是万能引用存在的场景要求 T 是类型模板参数（不叫 T，叫其他名字也可以，但必须是类型模板参数），后面必须跟两个"&&"，也就是"T&&"，不满足这个条件的，都不是万能引用。

读者是否想过，为什么它叫万能引用？万能就万能在随便绑，可以绑到很多对象上去。这也是叫它万能引用的一个原因，以后会逐步研究看看它到底都能进行怎样的绑定。

目前先研究眼下这种在函数模板中发生了类型模板参数推断并且这个万能引用作为函数模板形参的情形。

总之，通过讲解的这些内容，得到了一个结论：**T&& 是一个万能引用类型**。

下面给出一些面试中的判断题，请尝试分析。判断如下的参数类型是右值引用还是万能引用：

题目 1：

```
void func(int &&param){…} //右值引用，因为 func 不是函数模板而是一个普通函数
```

题目 2：

```
template < typename T >
void func(T&& tmpvalue) {…}                //是万能引用
```

题目 3：

```
template < typename T >
void func(std::vector < T > && param) {…}   //右值引用
```

题目 3 这里为什么是右值引用呢？因为 T 跟"&&"不挨着（T 跟"&&"必须挨着，这个形式就得是这样 T&&），所以是右值引用。可以进行如下测试：

```
template < typename T >
void func(std::vector < T > && param){}
```

在 main 主函数中，加入如下代码：

```
vector < int > aa = { 1 };
func(std::move(aa)); //不用 std::move 不行.也就是说，用左值当参数传递是不行的
```

所以以后如果读者看到下面的情况才是万能引用：

（1）一个是函数模板中用作函数参数的类型推断（参数中要涉及类型推断），形如 T&&，另一个看下边。

（2）auto && tmpvalue = …也是一个万能引用，这个到时候再详细介绍。

其他的看到的"&&"的情况都是右值引用。

下面继续研究一下上述的 myfunc 代码段。完整的 myfunc 代码现在是如下的样子：

```
template < typename T >
void myfunc(T&& tmprv) //万能引用,注意 && 是属于 tmprv 类型的一部分,不是 T 类型的一部分(&&
                      //和 T 类型没有关系)
{
    tmprv = 12; //不管 tmprv 的类型是左值引用还是右值引用,都可以给 tmprv 赋值
    cout << tmprv << endl;
    return;
}
```

在 main 主函数中,可以注释掉以往的代码,增加如下的代码:

```
int i = 100;
myfunc(i); //左值被传递,因此 tmprv 是左值引用,也就是类型为 int &.执行完毕后,i 值变成 12
i = 200;
myfunc(std::move(i)); //右值被传递,因此 tmprv 是右值引用,也就是类型为 int &&.执行完毕后,
                      //i 值变成 12
```

20.2.3　万能引用资格的剥夺与辨认

1. 剥夺

const 修饰词会剥夺一个引用成为万能引用的资格,被打回原形成右值引用。

下面改造一下 myfunc,注意看代码:

```
template < typename T >
void myfunc(const T&& tmprv) //有 const 修饰,因此万能引用资格被剥夺,因为是 &&,所以只能是一
                           //个右值引用
{
    cout << tmprv << endl;
    return;
}
```

此时,在 main 主函数中,代码如下,注意看代码中的注释部分:

```
int i = 100;
myfunc(i); //不可以,只能传递右值进去,必须是 myfunc(std::move(i));
```

所以,请注意 T&& 前后左右都不要加什么修饰符,不然很可能就不是万能引用而直接退化为右值引用了。

2. 辨认

在 MyProject.cpp 前面增加 mytestc 类模板定义:

```
template < typename T >
class mytestc
{
public:
    void testfunc(T&& x) {};              //这个不是万能引用,而是右值引用
};
```

在 main 主函数中,加入如下代码:

```
mytestc < int > mc;
int i = 100;
mc.testfunc(i); //错,左值不能绑定到右值引用上,必须修改为 mc.testfunc(std::move(i));
```

问题来了，为什么这里 testfunc 后面的 T&& 不是一个万能引用，而是一个右值引用？因为 testfunc 成员函数本身没有涉及类型推断，testfunc 成员函数是类模板 mytestc 的一部分。首先得用如下语句来实例化这个类模板成一个具体的类：

```
mytestc < int > mc;
```

实例化完这个类之后，mytestc < int > 这个类存在了，那么 testfunc 这个成员函数才真正地存在了。所以 testfunc 成员函数存在的时候就已经成如下这个样子了：

```
void testfunc( int&& x ) {};
```

所以笔者说，testfunc 成员函数本身没有涉及类型推断，所以这个形参 x 是右值引用，不是万能引用。

修改一下 mytestc 类模板，向其中增加一个 public 修饰的成员函数模板。现在完整的 mytestc 类模板定义如下：

```
template < typename T >
class mytestc
{
public:
    void testfunc(T&& x) {};                 //这个不是万能引用,而是右值引用
    template < typename T2 >
    void testfunc2(T2&& x) {}  //T2 类型是独立的,和 T 没任何关系,而且 x 是函数模板形参,类型
                               //是推导来的,所以这是一个万能引用
};
```

在 main 主函数中，可以注释掉以往代码，重新加入如下代码：

```
mytestc < int > myoc;
int i = 10;
myoc.testfunc2(i);                           //左值可以,给个数字 3 表示右值也可以
```

如果搞不清楚形参类型是否是一个万能引用，则**分别传递进去一个左值和一个右值作为实参来调用**，就可以验证。

20.3　理解函数模板类型推断与查看类型推断结果

类型推断（推导）这方面的相关知识在现代 C++ 开发中是经常用到的，所以有必要对类型推断的知识理论做一些储备。本节主要讲解函数模板类型推断的知识。

20.3.1　如何查看类型推断结果

从本节开始要讲述很多函数模板类型推断的相关知识，也会站在编译器的角度根据自己写的代码去模拟编译器来推断一些模板参数的类型和一些普通参数的类型。

那就存在一个问题，程序员自己推断出来的模板类型和普通参数类型与编译器推断出来的是否一样？自己推断出来的结论是否正确？

这就需要程序员能够知道编译器推断出来的模板参数类型和普通参数类型到底是什么！也就是说，现在要解决的问题是"如何查看类型推断结果"。程序员（读者）查看的当然

是编译器给程序员进行类型推断的结果。

笔者的目的是希望读者通过"查看编译器类型推断结果"的手段来学习并掌握 C++类型推断的规则,也就是说,最终要求读者掌握 C++类型推断规则,而不是依赖什么手段去查看编译器给程序员推断出来的结果。

那如何查看编译器帮程序员进行类型推断的结果呢?方法不少,笔者也都进行了相关的资料查阅和研究,但是很多方法效果不好,输出的结果不准确。最终,笔者找到了一个比较靠谱的方法,该方法需要依赖 Boost 库。Boost 库是存在多年很强大的一个库,可以把它当成 C++标准库的延续和功能的扩充,它开源、跨平台,里面的代码也都是 C++写的。如果有兴趣可以研究学习这个库。现在要解决的问题是:利用这个库来把编译器推断出的类型信息打印出来。这样操作:

(1)访问 Boost 官网 https://www.boost.org/,网站中央有 DOWNLOADS 字样,其中包含最新版本的下载链接,如图 20.1 所示。单击其中的 Version1.70.0(随着版本的升级,看到的版本号也许会更高)链接,进入专门的下载页面。

单击进入专门的下载页面后,如图 20.2 所示,把其中的 Windows 平台下的 zip 文件(boost_1_70_0.zip)下载下来(下载的文件大概有 160MB)。

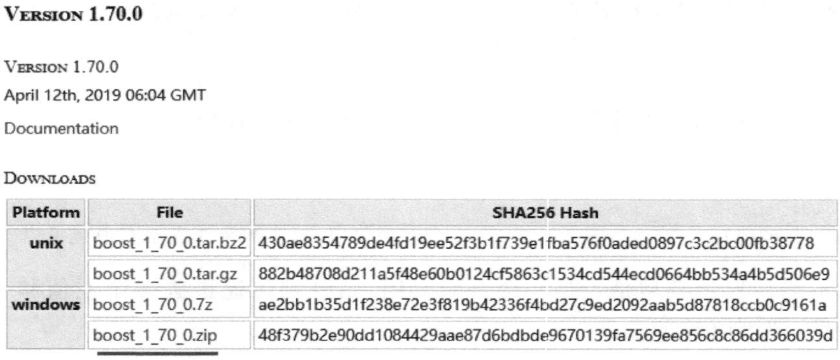

图 20.1　Boost 官网主页中间
位置有"下载"链接

VERSION 1.70.0

VERSION 1.70.0
April 12th, 2019 06:04 GMT

Documentation

DOWNLOADS

Platform	File	SHA256 Hash
unix	boost_1_70_0.tar.bz2	430ae8354789de4fd19ee52f3b1f739e1fba576f0aded0897c3c2bc00fb38778
	boost_1_70_0.tar.gz	882b48708d211a5f48e60b0124cf5863c1534cd544ecd0664bb534a4b5d506e9
windows	boost_1_70_0.7z	ae2bb1b35d1f238e72e3f819b42336f4bd27c9ed2092aab5d87818ccb0c9161a
	boost_1_70_0.zip	48f379b2e90dd1084429aae87d6bdbde9670139fa7569ee856c8c86dd366039d

图 20.2　Boost 官网下载页面

(2)将下载下来的 zip 文件解压到一个目录,如目录 C:\Users\KuangXiang\Desktop\C++。

(3)回到 Visual Studio 开发环境中,在解决方案资源管理器中自己的项目名称上右击鼠标,在弹出的快捷菜单中选择"属性"(或者"项目"→"属性")命令,在弹出的"MyProject属性页"对话框左侧选择"配置属性"→"VC++目录",在右侧单击"包含目录"行,在该行右侧可编辑位置增加库路径(注意在增加库路径之前先增加一个分号做分隔)C:\Users\KuangXiang\Desktop\c++\boost_1_70_0,如图 20.3 所示。笔者用的是 Visual Studio 2019,如果读者用其他版本的 Visual Studio,可以通过搜索引擎寻找如何把 Boost 库相应的包含目录加入到项目中(方法和选项应该大同小异)。另外,不建议路径中包含中文、空格等特殊字符,以免出现意想不到的问题。

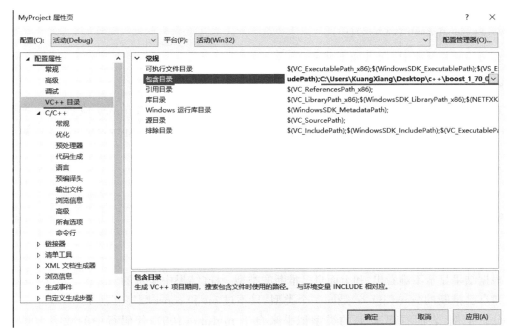

图 20.3　为 Visual Studio 工程增加包含目录

（4）回到 MyProject. cpp 文件中，在文件的前面位置包含如下头文件：

＃ include ＜ boost/type_index. hpp ＞

（5）具体"显示类型信息"相关的代码如下，可把这段固定的代码抄下来准备后续使用（可以把这段代码放在 MyProject. cpp 的前面位置）。

```
//函数模板
template < typename T >
void myfunc(T& tmprv)
{
    cout << "-------------------- begin --------------------- " << endl;;
    using boost::typeindex::type_id_with_cvr;
    cout << "T = " << type_id_with_cvr<T>().pretty_name() << endl; //显示 T 类型
    cout << "tmprv = " << type_id_with_cvr<decltype(tmprv)>().pretty_name() << endl;
                                                              //显示 tmprv 类型
    cout << "-------------------- end --------------------- " << endl;
}
```

这里就不解释这些代码的工作原理，如果有兴趣可以自行研究。这些代码主要作用是显示模板参数 T 的类型信息和函数模板中参数 tmprv 的类型信息，显示的结果是人类可以读懂的字符串信息。

对整个项目进行编译，编译成功即可，这表示上面加入的这段 Boost 相关代码没有编译上的问题。

20.3.2　理解函数模板类型推断

直接看代码，把刚才 myfunc 函数模板形参列表中的 tmprv 类型从 T& 修改为 const T&，如下（函数体代码不变）：

```
template < typename T >
void myfunc(const T& tmprv){…}
```

在 main 主函数中，加入如下代码：

```
myfunc(100);
```

这里首先自己分析一下，感觉 T 应该会被推断为 int 类型，tmprv 应该会被推断为 const int & 类型。注意，T 是 T，T 是**类型模板参数**；tmprv 是 tmprv，tmprv 是函数模板 myfunc 的**形参**，千万不要混为一谈。

执行起来，看一看结果：

```
--------------------- begin ---------------------
T = int
tmprv = int const &
--------------------- end ---------------------
```

根据结果显示不难看出，和上面自己推断的类型一样（结果中显示的 tmprv = int const &，其实和自己推断的 const int & 是同一个类型，只不过 int 和 const 顺序互换了一下）。

分析上例，表面看起来 T 的类型似乎来自于 myfunc(100)；代码行中的数字 100，其实 T 的类型不仅和调用这个函数模板时给的实参（100）有关，**还和整个这个 tmprv 的类型（const T&）有关**。具体分析一下。

1. 指针或引用类型

如果 tmprv 类型是一个指针或者引用类型，但不是一个万能引用。

把刚才 myfunc 函数模板形参列表中的 tmprv 类型从 const T& 修改回 T&，如下（函数体代码不变）：

```
template < typename T >
void myfunc(T& tmprv){…}
```

在 main 主函数中，加入如下代码（注意看注释）：

```
int i = 18;                     //一眼看得出来 i 的类型为 int
const int j = i;                //一眼看得出来 j 的类型为 const int
const int& k = i;               //一眼看得出来 k 的类型为 const int &

myfunc(i); //先猜测一下类型：T = int, tmprv = int &.实际执行结果（编译器推断出来的）：T = int,
           //tmprv = int &,说明猜测正确
myfunc(j); //因为 j 的类型中带了 const，所以猜不出来，那么就看实际执行结果：T = int const,
           //tmprv = int const &
myfunc(k);                      //看实际执行结果：T = int const, tmprv = int const &
```

执行起来，看一看结果：

```
--------------------- begin ---------------------
T = int
tmprv = int &
--------------------- end ---------------------
--------------------- begin ---------------------
T = int const
```

```
tmprv = int const &
---------------------- end ----------------------
---------------------- begin ----------------------
T = int const
tmprv = int const &
---------------------- end ----------------------
```

根据结果显示可以得到一些结论：

（1）若实参是引用类型，则引用部分会被忽略掉，T 不会被推导为引用类型，这个应该需要记一记，参考代码行"myfunc(k);"。

（2）当向引用类型的形参 tmprv 传入 const 类型实参时，形参就会成为 const 引用（原来是一个引用）。这里可以看到，实参的 const 属性会成为类型模板参数 T 类型推导的组成部分，所以不用担心在 myfunc 中能够修改原来有 const 属性的实参，参考代码行"myfunc(i);"。

所以如果此时在 myfunc 函数模板中增加一行代码：

```
tmprv = 15;
```

编译会报错("tmprv"：不能给常量赋值)，而且会定位到"myfunc(j);"代码行表示该行出错。因为 main 主函数中的 j 是常量，其值不能被改变。

把刚才 myfunc 函数模板形参列表中的 tmprv 类型从 T& 修改回 const T&，如下（函数体代码不变）：

```
template < typename T >
void myfunc(const T& tmprv){…}
```

此时 tmprv 就变成一个常量引用了。main 主函数中的代码不用改变，但注意注释内容：

```
int i = 18;                    //一眼看得出来 i 的类型为 int
const int j = i;               //一眼看得出来 j 的类型为 const int
const int& k = i;              //一眼看得出来 k 的类型为 const int &

myfunc(i);       //看实际执行结果：T = int, tmprv = int const &,tmprv 这里多了个 const
myfunc(j);       //看实际执行结果：T = int, tmprv = int const &,T 类型原来的 const 变没了
myfunc(k);       //看实际执行结果：T = int, tmprv = int const &,T 类型原来的 const 变没了
```

执行起来，看一看结果：

```
---------------------- begin ----------------------
T = int
tmprv = int const &
---------------------- end ----------------------
---------------------- begin ----------------------
T = int
tmprv = int const &
---------------------- end ----------------------
---------------------- begin ----------------------
T = int
tmprv = int const &
---------------------- end ----------------------
```

根据结果显示可以得到一些结论：

（1）若实参是引用类型，则引用部分会被忽略掉，T不会被推导为引用类型，参考代码行"myfunc(k);"。

（2）T中的const没了，因为函数模板的形参里出现了const。参考代码行"myfunc(j);"和"myfunc(k);"。

如果tmprv是一个指针，看看啥情况。修改myfunc函数模板形参列表中的tmprv类型，如下（函数体代码不变）：

```
template < typename T >
void myfunc(T * tmprv){…}
```

在main主函数中重新写入下面代码行：

```
int i = 18;
const int * pi = &i;
myfunc(&i);                    //看实际执行结果：T = int,tmprv = int *
myfunc(pi);                    //看实际执行结果：T = int const, tmprv = int const *
```

执行起来，看一看结果：

```
---------------------- begin ----------------------
T = int
tmprv = int *
----------------------- end -----------------------
---------------------- begin ----------------------
T = int const
tmprv = int const *
----------------------- end -----------------------
```

根据结果显示可以得到一些结论：

（1）tmprv中如果没const，则实参中的const会被带到T类型中去；如果有const，则T类型中不会带const。

（2）不妨观察一下，（1）中的这个结论对于myfunc中形参为T& tmprv或者const T& tmprv也适用。

2. 万能引用类型

如果tmprev类型是一个万能引用。万能引用前面学习过了，长得像右值引用（T&&）。

万能引用的神奇能力是既能接收左值，又能接收右值，而且传入左值或者右值作为实参时表现不一样。修改myfunc函数模板形参列表中的tmprv类型，如下（函数体代码不变）：

```
template < typename T >
void myfunc(T&& tmprv){…}
```

在main主函数中，重新写入下面代码行：

```
int i = 18;                     //一眼看得出来i的类型为int
const int j = i;                //一眼看得出来j的类型为const int
const int& k = i;               //一眼看得出来k的类型为const int &
myfunc(i);                      //i是左值,看实际执行结果：T = int &,tmprv = int &
myfunc(j);                      //j是左值,看实际执行结果：T = int const &,tmprv = int const &
```

```
myfunc(k); //k 是左值(只要能往等号左边放的都是左值,就算是右值引用,也是一个左值),看实际
          //执行结果: T = int const &,tmprv = int const &
myfunc(100);                          //100 是右值,看实际执行结果: T = int,tmprv = int &&
```

执行后,看一看结果:

```
-------------------- begin --------------------
T = int &
tmprv = int &
-------------------- end --------------------
-------------------- begin --------------------
T = int const &
tmprv = int const &
-------------------- end --------------------
-------------------- begin --------------------
T = int const &
tmprv = int const &
-------------------- end --------------------
-------------------- begin --------------------
T = int
tmprv = int &&
-------------------- end --------------------
```

产生上述结果的原因其实前面讲解的内容已经阐述过了:万能引用的类型推断和左值引用、右值引用是不同的,编译器会区分传递的实参是左值还是右值,如果函数模板形参那里不是一个万能引用,那编译器根本就不会区分传递的实参是左值还是右值(必须根据形参是左值引用还是右值引用来传递左值或右值实参,否则编译会报语法错)。

3. 传值方式

如果 tmprv 类型不是指针,不是引用,而是常规的传值方式。

通过前面的学习已经知道,如果按值的方式将对象作为实参传递到函数中,传递进去的是一个对象副本(全新的对象)。14.13.2 节讲到产生临时对象情况时,讲的第一条就是“以传值的方式给函数传递参数”,与这里的情形是很类似的。

修改 myfunc 函数模板形参列表中的 tmprv 类型,如下(函数体代码不变):

```
template < typename T >
void myfunc(T tmprv){…}
```

在 main 主函数中,重新写入下面代码行:

```
int i = 18;                    //一眼看得出来 i 的类型为 int
const int j = i;               //一眼看得出来 j 的类型为 const int
const int& k = i;              //一眼看得出来 k 的类型为 const int &
myfunc(i); //看实际执行结果: T = int,tmprv = int
myfunc(j); //看实际执行结果: T = int,tmprv = int,const 属性没传递,因为对方是新副本
myfunc(k); //看实际执行结果: T = int,tmprv = int,const 属性没传递,因为对方是新副本
```

执行后,看一看结果:

```
-------------------- begin --------------------
T = int
```

```
tmprv = int
---------------------------- end ----------------------------
---------------------------- begin --------------------------
T = int
tmprv = int
---------------------------- end ----------------------------
---------------------------- begin --------------------------
T = int
tmprv = int
---------------------------- end ----------------------------
```

根据结果显示可以得到一些结论：

（1）若实参是引用类型，则引用部分会被忽略掉，T 不会被推导为引用类型。

（2）若实参是 const 类型，则 const 部分会被忽略掉，T 不会被推导为 const 类型（毕竟产生的是新的副本）。

上面的 const 属性没传递，所以就算是 j 和 k 不能修改，也不代表传递到函数模板中去后生成的新对象不能修改。

如果传递一个指针，情况又不一样。

在 main 主函数中，重新写入下面代码行：

```
char mystr[] = "I Love China!";
const char * const point = mystr;
myfunc(point);                        //看实际执行结果：T = char const *,tmprv = char const *
```

单纯分析一下上面这几行代码。13.6.4 节曾经讲过，第一个 const 表示 p 所指向的目标，目标中的内容不能通过 p 来改变；第二个 const 表示 p 指向一个内容后，不可以再指向其他内容（p 不可以指向不同目标）。

执行后，看一看结果：

```
---------------------------- begin --------------------------
T = char const *
tmprv = char const *
---------------------------- end ----------------------------
```

根据结果显示可以得到结论：第二个 const 没了，但第一个 const 保留。

这表示进入到函数模板内部去后，tmprv 指向的内容不能通过 tmprv 改变，但 tmprv 可以指向其他内存地址。也就是说，指针 tmprv(point) 的常量性被忽略了，而 tmprv(point) 所指向内容的常量性会被保留。

可以在 myfunc 函数模板中增加两行代码试一下：

```
tmprv = nullptr;                      //可以
* tmprv = 'Y';                        //不可以,报错,"tmprv"：不能给常量赋值
```

上面的结论还是要记一下，也就是说，如果传递的是 const char * 或者 const char[]数组（const 和 char 的位置可互换），那这个 **const 会被保留**。

4．数组作为实参

在学习 C 语言部分内容中，读者对数组有了一个常规的认识：数组名代表数组首地址。

现在看代码,函数模板 myfunc 还是保持传值方式。

在 main 主函数中,重新写入下面代码行:

```
const char mystr[ ] = "I love China!";
myfunc(mystr); //看实际执行结果: T = char const *,tmprv = char const *,按指针方式处理数组了
```

执行起来,看一看结果:

```
--------------------- begin -------------------------
T = char const *
tmprv = char const *
--------------------- end ------------------------
```

上面这个结果与紧挨着的上个范例结果一样,读者可以自己分析出来这些结论,这里就不多谈。

现在修改 myfunc 函数模板形参列表中的 tmprv 类型,如下(函数体代码不变):

```
template < typename T >
void myfunc(T& tmprv){…}
```

在 main 主函数中,重新写入下面代码行:

```
const char mystr[ ] = "I love China!";
myfunc(mystr); //看实际执行结果: T = char const [14], tmprv = char const (&)[14]
```

执行起来,看一看结果:

```
--------------------- begin -------------------------
T = char const [14]
tmprv = char const (&)[14]
--------------------- end ------------------------
```

可以发现,T 被推导成了数组类型,这里包含[ ],[ ]里包含尺寸,大小为 14。尺寸如果不同就代表两个不同的类型,而指针就不存在这个问题。对于 tmprv,这里的(&)代表该数组的一个引用。

当然,如果修改一下 myfunc 函数模板,还能够把数组长度拿到手。修改后的 myfunc 函数模板如下:

```
template < typename T , unsigned L1 >
void myfunc(T (&tmprv)[L1]){ …}              //L1 就是数组长度
```

5. 函数名作为实参

通过前面的学习已经知道,函数名相当于函数的首地址。这里研究一下函数名作为函数实参的情形。

在 MyProject. cpp 的前面,随便写一个函数:

```
void testFunc() {}
```

函数模板 myfunc 还是恢复为传值方式。

```
template < typename T >
void myfunc(T tmprv){…}
```

在 main 主函数中,重新写入下面代码行:

```
myfunc(testFunc); //看实际执行结果: T = void ( __ cdecl * )(void),tmprv = void ( __ cdecl * )(void)
```

执行起来,看一看结果:

```
--------------------- begin ----------------------
T = void ( __ cdecl * )(void)
tmprv = void ( __ cdecl * )(void)
--------------------- end ----------------------
```

读者可以自行分析一下上面的结果。可以忽略结果中显示的"__ cdecl"。

再次修改 myfunc 函数模板形参列表中的 tmprv 类型:

```
template < typename T >
void myfunc(T& tmprv){…}
```

main 主函数中,代码不变:

```
myfunc(testFunc); //看实际执行结果: T = void __ cdecl(void),tmprv = void ( __ cdecl&)(void)
```

执行起来,看一看结果:

```
--------------------- begin ----------------------
T = void __ cdecl(void)
tmprv = void ( __ cdecl&)(void)
--------------------- end ----------------------
```

可以看到程序这两次的执行结果,tmprv 一次被推导为函数指针,一次被推导为函数引用(这个词比较陌生,看一看就熟悉了:void(&)(void)。

类型推断这件事,如果有需要,读者可以进行不同的尝试,如果必要的话,就用本节讲解的知识,借助编译器显示出来的推断结果,反推产生这个结果的原因,供读者去分析、总结,从而进一步了解和认识函数模板类型推断的工作情景。

做一个总结:

(1) 推断中,引用类型实参的引用类型等于不存在。

(2) 万能引用,实参为左值或者右值,推断的结果不同。

(3) 按值传递的实参,传递给形参时 const 属性不起作用,但传递进去的是指针则另当别论。

(4) 数组或者函数类型在类型推断中会被看作指针,除非函数模板的形参是一个引用。

20.4 引用折叠、转发、完美转发与 forward

20.4.1 引用折叠规则

通过对前面几节的学习,读者对万能引用的概念已经掌握了。若一个函数模板的参数类型是万能引用,传递左值和右值给该函数模板时,编译器推断出来模板参数类型。回顾一下:

```
template < typename T >
void myfunc(T&& tmprv){…}
```

在 main 主函数中，代码行如下：

```
int i = 18;
myfunc(i);                    //i 是左值,看实际执行结果: T = int &,tmprv = int &
myfunc(100);                  //100 是右值,看实际执行结果: T = int,tmprv = int &&
```

可以看到，如果传递**左值**进去，编译器给 T(是 T 不是 tmprv)推断出来的是 **int &** 类型；如果传递右值进去，编译器给 T(是 T 不是 tmprv)推断出来的是 int 类型。

这里比较让人费解的是"myfunc(i);"，根据现在的观察，编译器给推断出来的 T 类型是 int &，那自己可以拿这个 int& 去手工实例化一下 myfunc 看看是啥结果。

这里模拟编译器去实例化一下。很简单，直接用 int & 替换 T 就可以了，得到了下面这个结果。

```
void myfunc(int &&& tmprv){…}
```

通过观察发现了三个 & 挨在了一起。初次看上去可能让人费解。这里可以把这三个 & 分成两组，左边这个 & 是属于和左边的 int 一组的(T)，右边这两个 && 是和 tmprv 一组的(这两个 && 是属于 tmprv 的)，既然是两组，这里可以把它们中间加上空格，方便观察：

```
void myfunc(int&  && tmprv){…}
```

继续观察可以发现"myfunc(i);"代码行，编译器推断出来的 tmprv 类型却是 int &。如果把这个结果带入函数模板，看一下编译器最终推断出来的 myfunc 长什么样子：

```
void myfunc(int &tmprv){…}
```

这就矛盾了，把 T 类型用 int & 代替得到的推断结果和把 tmprv 类型用 int & 代替得到的推断结果不一样(一个是带三个 &，一个是带一个 &)。

从以上的观察可以意识到，本来确实是三个 & 被编译器处理一下后，就变成了一个 &。从而引出了本节要讲解的概念**"引用折叠"**。

引用折叠是一个 C++ 11 新标准里出现的概念，同时也是一条规则，英文名字是 reference-collapsing rules(引用折叠规则)，有人也翻译成引用坍塌，都是一个意思。想一想，"折叠"这个词，从字面分析，就是给鼓捣没一些东西或者折起来一些东西，这里三个 & 就给鼓捣剩 1 个了，这就是引用折叠规则的体现。

想一想在 C++ 中，有明确含义的"引用"只有两种，一种是带一个 & 的左值引用，一种是带两个 && 的右值引用。但是，此时此刻竟然出来三个 &(& &&)，并且这三个 & 应该是第一个一组，后两个一组，也就是 & && 这种感觉。

现在 myfunc 被实例化之后，应该是下面这样的情形：

```
void myfunc(int& && tmprv){…};
```

第一组是一个左值引用，第二组因为已经实例化过了，所以第二组的两个 && 就不可能再是万能引用了，所以第二组的两个 && 实际是右值引用。

现在编译器遇到超过两个 & 了，第一组一个 &，第二组两个 &&，编译器就会把超出两个的 & 合并，实际上合并的原因不仅仅是因为超过两个 &，只要是左值之间相遇、左值和右值相遇、右值之间相遇，以及右值和左值相遇，系统都会进行 & 符号的合并，合并后的 & 数量肯定比合并之前少，所以才叫"折叠"嘛！

编译器合并 & 时有个合并规则：

左值引用是一个 & 表示，右值引用是两个 && 表示，所以这两种引用组合一下就会有四种可能的组合：

- 左值 — 左值　　& — &
- 左值 — 右值　　& — &&　　（这是上面范例当前的情形）
- 右值 — 左值　　&& — &
- 右值 — 右值　　&& — &&

那么，引用折叠的规则就是：**如果任意一个引用为左值引用，结果就为左值引用（左值引用会传染）**，否则结果为右值引用。所以，上面这四种情形的组合结果就是：

- 左值引用　　&
- 左值引用　　&
- 左值引用　　&
- 右值引用　　&&

所以，最终：

```
void myfunc(int& && tmprv){…}
```

折叠后得到的结果是一个左值引用：

```
void myfunc(int& tmprv){…}
```

这里要提醒的是，这种折叠规则所进行的折叠操作都是在编译器内部，并在模板推断的时候出现了需要折叠的情形时，编译器在内部进行折叠（合并），如 void myfunc(int& && tmprv){…}。但是，写程序的时候不能写出三个 & &&，否则是语法错误。看下面代码行：

```
void func(int& && i) {}
```

上面这行代码编译后报错，提示"error C2529：'i'：引用的引用非法"。也许读者奇怪，什么叫"引用的引用"？看下面这几行代码：

```
int b = 500;
int& byi = b;
int& &byy = byi;                   //非法,只要在程序中用到引用的引用就非法
int& &byy2 = b;                    //非法,只要在程序中用到引用的引用就非法
```

注意上面尤其是最后这两行代码，**两个 & 之间有空格，有空格才叫引用的引用**，否则叫右值引用（右值引用读者都已经很熟了）。

通过上面的代码行可以看到，将变量给一个引用的引用，编译器不同意。同理，计算机遇到这种 myfunc(int& && tmprv)，只要是两个 & 之间有空格，它也认为是出现了引用的引用这种形式。

这说明一个问题，C++中其实引用的引用这种写法不被允许，或者说有"引用的引用"这

个叫法，但程序没有这种写法，写出来就报语法错。但编译器内部可以发现在进行一些模板推断时确实能推断出诸如 void func(int & &&i)这种引用的引用类的语法（这种语法在编译器内部出现时编译器能处理），这时编译器会通过刚刚讲解的引用折叠规则进行折叠（消灭引用的引用的杀手）。

　　总结起来就是：引用的引用，编译器内部可能会在某些情况下产生，编译器自己会处理（引用折叠），但不允许程序员直接写出引用的引用这种形式的代码。

　　需要引用折叠的场景有一些，例如现在讲解的**模板实例化**的情况下就需要引用折叠来处理现场，以后研究 auto 变量的类型生成时也能看到引用折叠出现的情况。其他情况以后遇到再说。

　　总之请记住，当需要引用折叠时，编译器就会帮助程序员处理，不用多操心。

20.4.2　转发与完美转发

先来看一个简单范例，在 MyProject.cpp 的前面增加如下函数定义：

```
void myfunc(int v1, int v2)
{
    ++v2;                          //改变 v2 值,让其自增 1
    cout << v1 + v2 << endl;
}
```

在 main 主函数中，加入如下代码：

```
int i = 50;
myfunc(41, i);                     //正常显示结果 92
```

可以注意到，在 myfunc 函数中修改了 v2 值，并不影响到调用者 main 函数里变量 i 的值。

　　现在再增加一个**函数模板**。这个函数模板的目的就是**把收到的参数以及这些参数相对应的类型不变地转发给其他函数**（myfunc 函数），这就是"转发"概念的提出。这里通过一个接收参数的函数模板，把这些参数信息转发给其他函数（这个函数模板负责转发，类似一个跳板）。

　　其实，这个函数模板中参数所收到的参数类型是应该保持不变的，例如实参如果是一个 const、左值或者右值（用左值引用或者右值引用来接），这些信息都应该保持不变地转发给其他函数。那怎样做到这些呢？这里一步一步演化。

　　先写一个初步的函数模板，看这个函数模板怎样写。在 MyProject.cpp 前面增加如下代码：

```
template < typename F, typename T1, typename T2 >
void myFuncTemp(F f, T1 t1, T2 t2)
{
    f(t1, t2);
}
```

在 main 主函数中增加如下代码：

```
int j = 70;
myFuncTemp(myfunc, 20, j); //正常显示结果 91,跟踪调试间接调用了 myfunc,但并没修改这里
                          //j 值,这是对的
```

现在看起来 myFuncTemp 工作的比较良好。那么，修改一下 myfunc 函数的参数，看看 myFuncTemp 是否还能够正确地转发参数。把 myfunc 函数的第二个参数修改为一个引用，看起来如下：

```
void myfunc(int v1, int& v2)
{
    ++v2;cout << v1 + v2 << endl;
}
```

在 main 主函数中，重新写入下面代码行：

```
int i = 50;
myfunc(41, i); //正常显示结果 92；执行完这句后 i 是 51,这是对的
```

但是，如果把 main 中的代码改成下面这样：

```
int j = 70;
myFuncTemp(myfunc, 20, j); //正常显示结果 91,但是执行完这句后,j 不是 71 还是 70,这是一个问题
```

显然，通过函数模板 myFuncTemp 来间接调用 myfunc 函数出问题了，问题出在这个函数模板 myFuncTemp 上，注意这个函数模板的第三个形参 t2，这显然**会被推断成一个普通的 int**，而不是一个引用类型的 **int（int ＆）**。

所以，可以想一想这个 myFuncTemp 函数模板被实例化后的样子：

```
void myFuncTemp(void ( * f)(int, int &), int t1, int t2){…}
```

然后值 20 被复制到了 t1 中，但是这里 j 被传递给了 t2，所以实际上这个 myfunc 中的引用参数 v2 绑定的是 myFuncTemp 中的参数 t2 而不是 main 主函数中调用 myFuncTemp 时的 j，所以"myfunc 中＋＋v2;"代码行改变的实际是 t2 的值，而不是 j 的值。

那怎样能够通过 myFuncTemp 函数模板来当作桥梁传递一个引用呢？

现在考虑的思路就是重新写这个 myFuncTemp 函数模板，让这个函数模板的参数能够保持**给定的实参的**左值性。顺便的，如果实参有 const 属性，也希望保持这个 const 属性。

此时，万能引用就出场了。万能引用 T＆＆，已经不陌生了。通过万能引用这种函数模板的形参，可以保存实参的所有类型信息：**实参的 const 信息、引用信息**，其实都保存在了万能引用中，这就是万能引用很厉害的地方，**实参的所有信息都会传递到万能引用当中去从而让编译器推导出来函数模板最终的形参类型**，这里面编译器用到了刚刚讲到的"引用折叠"规则。

同时，回忆一下上一节讲的内容，如果这里不采用万能引用，只用普通引用作为函数模板的参数 T＆，那么实参中则只有 const 属性能传递到函数模板的形参中去。所以，一定要采用万能引用。

改造一下这个 myFuncTemp 函数模板看怎样写：

```
template < typename F, typename T1, typename T2 >
void myFuncTemp(F f, T1 &&t1, T2 &&t2) {…}
```

注意，上面的代码中，t1 和 t2 都修改成了万能引用类型，那么从**实参中来的左值**或者**右值信息**、**const 信息**就都会保存在 t1 和 t2 参数中。

现在试试用如下行调用 myFuncTemp 函数模板，在 main 主函数中重新写入下面代码行：

```
int j = 70;
myFuncTemp(myfunc, 20, j);
```

看看 myFuncTemp 函数模板里的 T1、t1 以及 T2、t2 的类型（可以借助上一节讲解的 Boost 中的代码）：

```
T1 = int,t1 = int &&
T2 = int &,t2 = int &
```

现在请注意，t2 已经是一个引用了。因为 t2 已经是引用，所以 t2 就被绑定到 j 上了，当调用 myFuncTemp 函数模板时，执行的是 myfunc 函数，myfunc 函数的 v2 参数因为类型是 int & 而被绑定到 t2 上，也就等于被绑定到 j 上，所以在 myfunc 函数中递增 v2 的值，其实最终就等于递增了 j 的值。

运行起来，结果输出为 91，结果是对的。然后可以设置断点观察 j 值是否变成了 71。没错，变成了 71。通过这一系列努力可以发现，实参为左值，工作也正确了。

现在针对 myfunc 函数，其中的形参无论 int 还是 int & 类型，myFuncTemp 都做到了正确的转发。但是，如果 myfunc 函数的形参类型是一个右值引用，那么转发就会出现新的问题。为了看得更清楚，重新写一个名字叫作 myfunc2 的函数，注意该函数的第一个形参类型为 int &&（右值引用类型）：

```
void myfunc2(int&& v1, int& v2)
{
    cout << v1 << endl;
    cout << v2 << endl;
}
```

在 main 主函数中重新写入下面代码行：

```
int j = 70;
myfunc2(20, j);                    //显示 20、70,这是没问题的
```

但是，如果这样写：

```
int&& youzhi = 80; //右值引用绑右值,前面讲过,虽然 &&youzhi 绑定到右值,但是 youzhi 本身是左
//值,因为 youzhi 是在等号左边待着的,另外一个证明这个论据的证明方法是弄个左值引用能够成
//功绑定到 youzhi,如 int& rvalue = youzhi;
```

请注意笔者的措辞：&&youzhi 叫右值引用，youzhi 是一个左值（有地址的）。

正式一点说：**youzhi 是一个左值，但是它的类型是右值引用（变量永远是左值，即使它的类型为右值引用）。**

也就是说，平常谈到的所谓"左值引用""右值引用"说的是 youzhi 的类型而不是 youzhi 本身。

所以务必记住下面这段代码中的注释：

```
void ft(int &&w){} //形参总是左值(务必记住这句话),即使其类型是右值引用.这一点务必要记得
                   //再记得
```

这里，大家不要多想，否则还容易糊涂。像下面这样理解就很简单，一个变量拿到你面前：

（1）**如果从左值还是右值这个概念/角度来讲,它要么是左值,要么是右值,不可能是其他东西。** 当这个变量作为实参传递给某个函数的形参时,如果这个变量是左值,那么这个函数的形参必须得是一个左值引用;如果这个变量是右值,那么这个函数的形参必须得是一个右值引用。否则就会报语法错。

（2）**如果从类型这个概念/角度来讲,它要么是一个左值引用,要么是一个右值引用**（万能引用不算,因为万能引用只出现在类型推导中,不在讨论范围之内）。它到底是左值引用还是右值引用,看它是怎样定义的。如果它这样定义:"int &ta…;",显然,ta 是一个左值引用,如果它这样定义:"int &&ta…;",显然,ta 是一个右值引用。所以左值引用只能绑到一个左值上去（例如左值引用作函数形参时,实参只能是左值）,右值引用只能绑到一个右值上去（例如右值引用作函数形参时,实参只能是右值）。

如果继续在 main 主函数中进行如下调用:

```
myfunc2(youzhi, j);                    //报错,无法将参数 1 从 int 转换为 int &&
```

编译会报错,因为 youzhi 是左值,所以传递给 myfunc2 的 int&& v1 肯定报错,因为 int&& v1 是右值引用,肯定要绑右值的,得传递过去一个右值。

笔者讲得有点远,现在话题回归,前面把 myfunc2 函数的第一个形参的类型写成 int&& 后,在 main 主函数中的代码行"myfunc2(20, j);"执行是没问题的,工作良好。

但是如果想通过 myFuncTemp 函数模板来转发或者说来中转一下看看行不行。在 main 主函数中,把"myfunc2(20, j);"行注释掉,继续增加如下代码行:

```
myFuncTemp(myfunc2, 20, j);
```

编译报错:"void (int &&,int &)":无法将参数 1 从"T1"转换为"int &&"。

这个错误就是刚刚谈到的"如果 myfunc 函数的形参类型是一个右值引用,那么转发就会出现新的问题"。

看这意思是函数模板 myFuncTemp 中的参数 t1 的类型是 int&&（右值引用）,但是 t1 本身是左值,所以看 myFuncTemp 函数模板中的"f(t1, t2);"代码行:函数 myfunc2 中的参数 v1 是一个右值引用类型——int &&v1,它要绑右值,这里把左值往一个右值引用上去绑,肯定会失败。

再捋一下整个脉络。

（1）原始调用时,实参如下:

```
myFuncTemp(myfunc2, 20, j);            //20 是一个右值,j 是一个左值
```

（2）到函数模板时:

```
template < typename F,typename T1,typename T2 >
void myFuncTemp(F f, T1 &&t1, T2 &&t2)
{
    f(t1, t2); //t1 和 t2 都是左值,但此时 t1 有问题了,无法绑定到 myfunc2 的 v1(右值引用)上
               //去,而 t2 没问题,能绑定到 myfunc2 的 v2(左值引用)上去,目前 T1 类型是 int,
               //t1 类型是 int &&,T2 类型是 int &,t2 类型是 int &
}
void myfunc2(int &&v1, int &v2){…}        //第一个参数需要右值,第二个参数需要左值
```

（3）说得明白一些，现在要解决的问题是，必须把 myFuncTemp 中的 t1 变成右值才行，这样才能绑到 myfunc2 的 v1 上去。

本来 t1 这个参数的类型是 int &&，这正好是一个**右值引用类型**，说明 t1 绑定的是一个**右值**（20 绑定到 t1 上来，20 是右值），那如果能把绑到 t1 上的这个右值转发到函数 myfunc2 中的 v1 上，也就是说把 20 这个右值的特性能够通过 myFuncTemp 转发到 myfunc2 的 v1 上去，这问题就解决了。所以现在 myFuncTemp 的转发并不完美。

这里再描述一次这个不完美转发问题的产生：现在的情况就是 main 主函数中这个 20 是一个右值，转到 myFuncTemp 里的 t1 去后，就变成左值了（t1 是一个左值）。右值进去，活生生地被变成一个左值，然后把这个左值传递给 myfunc2 的 v1，所以程序编译出错。如果 20 在 t1 这里还是能保持一个右值性，那么 t1 就会很愉快地传到 myfunc2 的 v1 中去。从而引入"完美转发"概念。

完美转发，就是让程序员可以书写接收任意实参的函数模板（如现在的 myFuncTemp），并将其转发到目标函数（如现在的 myfunc2），目标函数会接收到与转发函数（myFuncTemp）所接收的完全相同（当然包括类型相同，如保持参数的左值、右值特征）的参数。

要实现完美转发，std::forward 要登场了。

20.4.3　std::forward

这是一个 C++11 标准库里的新函数，专门**为转发而存在**的一个函数。这个函数要么就返回一个左值，要么就返回一个右值。std::forward 也可以简写成 forward。

笔者这么一说，读者马上想到现在讲解的这个范例：main 中调用一个函数模板，这个函数模板里面的参数都是万能引用（这个是 forward 发挥作用的重要条件），这个函数模板要将这些参数传递（转发）给另一个函数。

这个函数就能够按照参数本来的类型转发。这句话比较晦涩，笔者换一种说法解释这个 forward，并且看着代码进行解说。

有个实参是一个右值（20），传递到一个函数模板（myFuncTemp）中之后，这个模板中有个形参（t1），专门接这个右值，所以这个形参是一个右值引用，但是这个形参本身是一个左值。试想，原来是一个右值，接收到后变成了左值，那如果另外一个函数（myfunc2 的 v1 参数）正好需要一个右值绑定过来，那就得把这个左值再变回右值去，这就用到 std::forward 函数。对这个函数有两种理解：

- 实参原来是一个左值（j），到了形参中还是左值（t2）。forward 能够转化回原来该实参的左值或者右值性，所以 std::forward 之后还是一个左值。
- 实参原来是一个右值（20），到了形参中变成了左值（t1）。forward 能够转化回原来该实参的左值或者右值性，所以 std::forward 之后还是一个右值。所以，从现在的情形看，forward 有强制把左值转成右值的能力。所以，看起来 std::forward 这个函数只对原来是一个右值这种情况有用。

如何使用 std::forward？其实只需要修改 myFuncTemp 函数模板中的函数体部分。修改后的内容如下：

```
template < typename F, typename T1, typename T2 >
void myFuncTemp( F f, T1 &&t1, T2 &&t2)
```

```
{
    //针对 myFuncTemp(myfunc2, 20, j);调用:
    //T1 = int,t1 = int &&,但 t1 本身是左值
    //T2 = int &, t2 = int &
    //f(t1, t2);
    f(std::forward < T1 >(t1), std::forward < T2 >(t2));
}
```

看上面的代码,std::forward 通过显式指定类型模板参数 T1 和 T2 来正常工作,譬如 std::forward < T1 >、std::forward < T2 >这种写法。因为 **T1**、**T2** 中有一个很重要的信息,就是**原始的实参到底是左值还是右值**。

所以,std::forward 的能力就是**保持原始实参的左值或者右值性**。

至此,这个完美转发的代码就算是全部完成了,能够实现真正的完美转发。

再回顾一次:

"myFuncTemp(myfunc2, 20, j);",这里的 20 本来是一个右值,到了 void myFuncTemp (F f, T1 && t1, T2 && t2)里面去之后,向 myfunc2 转发的时候"f(t1, t2);"中的 t1 变成了一个左值,是 std::forward 使它恢复了右值身份:std::forward < T1 >(t1),所以这里可以把 forward 看成是强制把一个左值转换成了一个右值。

为了进一步加深对 std::forward 的认识,再进行一个小范例演示。

在 MyProject.cpp 前面位置定义两个重载函数,一个形参类型是左值引用,一个形参类型是右值引用。

```
void printInfo(int& t)
{
    cout << "PrintT()参数类型为左值引用" << endl;
}
void printInfo(int&& t)
{
    cout << "PrintT()参数类型为右值引用" << endl;
}
```

再定义一个函数模板:

```
template < typename T >
void TestF(T&& t)                        //万能引用
{
    //可以显示一些编译器推断的类型信息辅助理解
    cout << " -------------------- begin -------------------- " << endl;;
    using boost::typeindex::type_id_with_cvr;
    cout << "T = " << type_id_with_cvr < T >().pretty_name() << endl;
    cout << "t = " << type_id_with_cvr < decltype(t)>().pretty_name() << endl;
    cout << " -------------------- end -------------------- " << endl;

    printInfo(t);                        //左值,形参都是左值
    printInfo(std::forward<T>(t)); //按照参数 t 原来的左值或右值性进行转发,原来左值就不
                                   //变,原来右值就转成右值
    printInfo(std::move(t));              //左值转右值
}
```

在 main 主函数中,重新写入下面代码行:

```
TestF(1);    //1 是右值。看实际执行结果：T = int,t = int &&

int i = 1;
TestF(i);    //i 是左值。看实际执行结果：T = int&,t = int &,发生引用折叠
```

执行起来,看一看结果：

```
------------------------- begin ------------------------
T = int
t = int &&
------------------------- end ------------------------
PrintT()参数类型为左值引用
PrintT()参数类型为右值引用
PrintT()参数类型为右值引用
```

"TestF(i);"的执行结果如下：

```
------------------------- begin ------------------------
T = int &
t = int &
------------------------- end ------------------------
PrintT()参数类型为左值引用
PrintT()参数类型为左值引用
PrintT()参数类型为右值引用
```

上面这些结果仔细分析一下,并不复杂。

前面说了,std::forward 是按照参数原来左值性或者右值性进行转发(原来是左值就不变,原来是右值就转成右值)。

上面的代码中,代码行"printInfo(std::forward < T >(t));"中的 t 其实在这里就是一个值。那么 std::forward 是怎样知道这个 t 是左值还是右值呢? 因为 TestF 函数中的参数是万能引用,所以左值还是右值的信息是被保存到 TestF 函数的 T 中的。这个 T 被用在 forward 的"<>"里面作为显式类型模板参数,那么,std::forward 就从 T 中把类型信息取出来。所以,再把 std::forward 做的事情说一次：**只有 T 中的类型信息表明传递进来的是一个右值时(如 T 的类型是 int 型而非 int & 型),才对 std::forward 中的参数进行到右值的强制类型转换。**

其实在 std::forward 函数内部的具体实现上也存在一些引用折叠的情形发生,编译器会处理,这里就不具体地分析 std::forward 的工作原理了。

最后再来一例,结束 std::forward 的讲解。

在 main 主函数中,重新写入下面代码行：

```
int ix = 12;                          //左值
int&& def = std::forward < int >(ix); //只有把左值转成右值才能绑到 def 上,这里 forward 就是
                                      //把左值转换成右值
```

解释一下上面这两行代码,std::forward 就是通过"<>"里面的类型决定把 ix 转成左值还是右值,当 forward 的尖括号里是 int 时,表示转成右值;当 forward 的尖括号里是 int &,表示转成左值。比对前面万能引用中的 T 类型来理解这段话的意思,相信很容易理解。

总结一下完美转发：完美转发比较好地解决了参数转发的问题，通过一个函数模板，可以把任意的函数名、任意类型参数（只要参数个数是确定的）传递给这个函数模板，从而达到间接调用任意函数的目的。这种功能可能会对以后写程序产生很大的便利。读者有机会可以多多思考一下完美转发这种功能的具体用途。另外，随着以后阅读别人代码的机会不断增加，也很有可能更多地看到别人是如何在项目中使用完美转发功能的。

20.4.4 std::move 和 std::forward 的区别

可以看到，如果从"forward 是强制把一个左值转换成了一个右值"的角度来分析，则 std::forward 和 std::move 很类似。

std::move 是属于无条件强制转换成右值（如果原来是左值，就强制转成右值；如果原来是右值，那就最好，保持右值不变）。std::forward 是某种条件下执行强制转换。例如原来是右值，因为某些原因（如参数传递）被折腾成左值了，此时 forward 能转换回原来的类型（右值）；如果原来是左值，那 forward 就什么也不干。所以，std::move 和 std::forward 都有转换的功能在里面。从这个角度来看，两者有类似之处。

但是，std::forward 总感觉用起来方便性不够，因为既得为其提供一个模板类型参数，又要提供一个普通参数。而 std::move 只需要一个普通参数，不需要模板类型参数。这是一个区别。

另外，就是一般用 std::move 把一个左值转成一个右值，这个动作其实是为后续要移动这个左值做准备（或者说做铺垫）。一般来讲，调用了 std::move 之后，就不建议用这个左值了（这个建议在 14.12.5 节中也讲过）。

而 std::forward 的主要用途是转发一个对象到另外一个函数中。转发过程中这个 std::forward 用于保持原始对象的左值性或者右值性。

再从具体书写代码的角度谈一下：

- std::move 后面往往是接一个左值，std::move 是把这个左值转成右值，转成右值的目的通常都是做对象移动（所以这个对象应该支持移动，前面讲过移动构造函数）的操作。不然平白无故地转成右值也没多大意义。
- std::forward 往往是用于参数转发，所以不难发现，std::forward 后面圆括号中的内容往往都是一个万能引用（如 std::forward<T>(t) 中的 t 就是一个万能引用）。

所以从上面的解释来看，std::move 和 std::forward 还是很不同的。

20.4.5 再谈万能引用

在前面讲解的过程中，已经数次用到万能引用 T&& 了。读者对万能引用的理解也应该深刻了。

其实万能引用并不是一种新的引用类型，笔者认为它只是一种写程序的形式 T&&，给一个 int 类型的左值，T 推导出来的类型为 int&；给一个 int 类型的右值，T 推导出来的类型为 int。当 T 推导为 int& 类型时还发生了引用折叠。

虽然万能引用不是一个新的引用类型，但这个概念是有其存在的意义的。有了这个概念，才方便理解 int& && 是怎么出现的，然后进一步理解引用折叠又是怎样出现的，再者借助万能引用和 std::forward 的配合实现完美转发。

20.5　理解 auto 类型推断与 auto 应用场合

20.5.1　auto 类型常规推断

auto 并不陌生,13.3.2 节曾经简单介绍过 auto。其实,C++98 时代就有 auto 关键字
(也可以叫说明符),但因为这个时代的 auto 用处不大,所以到了 C++11 时代,auto 被赋予
了全新的含义——用于变量的自动类型推断。换句话说,就是在声明变量的时候根据变量
初始值的类型自动为此变量选择匹配的类型,不需要程序员显式地指定类型。

auto 的特点如下:

- auto 的自动类型推断发生在**编译期间**。
- auto 定义变量必须立即初始化,这样编译器才能推断出它的实际类型。编译的时候
  才能确定 auto 的类型和整个变量的类型,然后在编译期间就可以用真正的类型替
  换掉 auto 这个类型占位符。
- auto 的使用比较灵活,可以和指针、引用、const 等限定符结合使用。

前面讲解 auto 时讲解的比较简单,本节将把 auto 深入地讲一讲。

其实,auto 类型推断(推导)与 20.3.2 节讲解的函数模板类型推断非常类似。现在要
明确一个关键点:auto 推导出来后会代表一个具体类型。所以,可以说 auto 实际上是一个
类型,这里面的 auto 实际上就相当于函数模板类型推断里面的类型模板参数 T,**就把这里
的 auto 理解成那个 T(auto 理解成类型声明的一部分或者理解成类型占位符)**。

看看下面这行代码:

```
auto x = 27;
```

上面这行代码中的 auto 如果理解成函数模板中的类型模板参数 T,那这里面的 x 就理
解成函数模板中的形参 tmprv,这样一对号理解,就得出一个结论:**auto 得是一个类型(或
者说 auto 代表一个类型)**,**x 也得有一个类型**。

例如下面这行代码:

```
auto x = 27;                              //x = int,auto = int
```

观察观察看,x 肯定是一个 int 类型,所以 auto 这里面就可以理解成代表 int 了。那就
相当于 auto 也是 int 型,x 也是 int 型。

在 20.3.2 节讲解函数模板类型推断时,把形参做了分类,当时形参分三类:①指针或
者引用类型但不是万能引用;②万能引用类型;③传值方式(非指针,非引用)。auto 讲解
这里,也这样分一下,但讲解的顺序稍微换一下以更方便理解。

1. 传值方式(非指针,非引用)

auto 后面直接接变量名,这就叫传值方式。

看看如下范例,都比较简单。在 main 主函数中书写:

```
auto x = 27;              //估计: x = int,auto = int
const auto x2 = x;        //估计: x2 = const int,auto = int
const auto& xy = x; //这个 auto 并不是传值方式,估计: xy = const int &,auto = int
```

```
auto xy2 = xy; //估计：xy2 = int, auto = int。这种应该是属于传值方式,传值方式时引用类型会被
               //抛弃,const属性会被抛弃,xy2是一个新副本,这一点和函数模板类型推断非常类似
```

上面这行 xy2 的类型,笔者估计是 int 类型,到底是不是 int 类型,可以验证一下。利用 20.3 节涉及的 Boost 中的代码,让编译器来帮助推断一下即可。继续增加下面的代码：

```
using boost::typeindex::type_id_with_cvr;
cout << "xy2 = " << type_id_with_cvr < decltype(xy2)>().pretty_name() << endl;
```

执行起来,看一看 xy2 得到的类型结果信息：

```
xy2 = int
```

发现 xy2 的类型果然为 int 类型。

总结传值方式针对 auto 类型：**会抛弃引用、const 等限定符**(这是知识点,面试的时候很可能会考)。

2. 指针或者引用类型但不是万能引用

auto 后面接一个 & 就叫引用类型。刚刚的范例中提到的代码行就是引用类型,如下：

```
const auto& xy = x;                    //估计：xy = const int &, auto = int
```

上面这行代码的 xy 类型和 auto 类型是笔者(程序员)推断出来的,到底对不对,可以让编译器来推断一下,以验证自己的推断是正确的。

参考 20.3 节中 myfunc 函数模板中的代码,尝试用函数模板的表达方式表达一下上面这行代码中 auto 类型的推导。

在 MyProject.cpp 的前面位置增加如下代码：

```
template < typename T>
void tf(const T& tmprv) //这里把 auto 替换成 T,上面 auto 里的 xy 就相当于这里的 tmprv
{
    cout << " --------------------- begin ----------------------- " << endl;;
    using boost::typeindex::type_id_with_cvr;
    cout << "T = " << type_id_with_cvr < T>().pretty_name() << endl; //显示 T 类型
    cout << "tmprv = " << type_id_with_cvr < decltype(tmprv)>().pretty_name() << endl; //显示
                                                                            //tmprv 类型
    cout << " --------------------- end ----------------------- " << endl;;
    return;
}
```

在 main 主函数中增加如下代码行(该代码行的目的是让编译器帮助推断代码行 const auto& xy = x;中 auto 以及 xy 的类型)：

```
tf(x); //注意实参中给的是 x,编译器推断：T = int = auto, xy = int const & = tmprv
```

执行起来,看一看上面这行得到的类型结果信息：

```
--------------------- begin -----------------------
T = int
tmprv = int const &
--------------------- end -----------------------
```

根据这个结果,比对代码行"const auto& xy = x;"中所估计的 auto 和 xy 类型,发现完全一致,证明笔者的推断是正确的。

再继续看几个范例巩固一下(如果遇到自己估计不准的类型,就用刚刚的方法,让编译器介入帮忙推断类型):

```
auto& xy3 = xy; //估计: xy3 = const int &,auto = const int,针对 auto 类型: 引用会被丢弃,
                //const 属性会被保留
auto y = new auto (100); //新建一块内存,内存的初始值为100,估计: y = int *,auto = int *
                //auto 可以用于 new 操作符
const auto * xp = &x; //估计: xp = const int *,auto = int
auto * xp2 = &x; //估计: xp2 = int *,auto = int
auto xp3 = &x; //估计: xp3 = int *,auto = int *; xp3 不声明为指针,也能推导出指针类型
```

总结传指针或者引用方式针对 auto 类型:**不会抛弃 const 限定符,但是会抛弃引用**。

3. 万能引用类型

与讲解模板类型推断时的万能引用的情形完全相同。

在 main 主函数中增加如下代码行:

```
auto&& wnyy0 = 222; //估计: 这是万能引用,222 是右值,所以: auto = int,wnyy0 = int&&(右值引用)
auto&& wnyy1 = x; //估计: 这是万能引用,x 是左值,所以: auto = int&,wnyy1 = int&
```

上面这行代码,因为 x 是一个左值,所以也一样会发生引用折叠。把 auto 用 int& 替换就能看到:

```
int& && wnyy1 = x; //折叠处理后其实又变成 int &wnyy1 = x;
```

所以最终 wnyy1 是左值引用类型。

```
auto&& wnyy2 = x2; //编译器推断: 这是万能引用,x2 是左值,则 auto 是 int const &,wnyy2 也是 int
                //const &
```

对于上面这些范例,读者可以专门记一记,以免面试的时候出现类似考题答错。

20.5.2　auto 类型针对数组和函数的推断

再次提醒,如果自己推断不准,则借助编译器来帮助推断。

在 main 主函数中增加如下代码行:

```
const char mystr[] = "I love China!";    //mystr = const char [14]
auto myarr = mystr;                      //编译器推断: myarr = char const *
auto& myarr2 = mystr;                    //编译器推断: myarr2 = char const (&)[14]
int a[2] = { 1, 2 };
auto aauto = a;                          //编译器推断: aauto = int *
```

在 main 主函数之前,增加一个函数定义。代码如下:

```
void myfunc3(double, int)
{
    cout << "myfunc3 被调用" << endl;
}
```

在 main 主函数中继续增加如下代码行:

```
auto tmpf = myfunc3;            //编译器推断: tmpf = void ( __ cdecl * )(double,int); 函数指针
auto& tmpf2 = myfunc3;          //编译器推断: tmpf2 = void ( __ cdecl&)(double,int);函数引用
tmpf(1,2);                      //函数调用
tmpf2(3,4);                     //函数调用
```

20.5.3　auto 类型 std::initializer_list 的特殊推断

初始化一个变量有好多方法,请看:

```
int x = 10;                     //C++98 标准中的写法
int x2(20);                     //C++98 标准中的写法
int x3 = { 30 };                //C++11 标准中的写法
int x4{ 40 };                   //C++11 标准中的写法
```

如果将这些 int 替换成 auto 怎么样呢?

```
auto x = 10;                    //编译器推断: int 型,值 10
auto x2(20);                    //编译器推断: int 型,值 20
auto x3 = { 30 };               //编译器推断: std::initializer_list < int >型
auto x4{ 40 };                  //编译器推断: int 型,值 40
```

借助编译器的推断观察一下,发现 x3 的类型不太一样,本来感觉 x4 应该和 x3 类型一样,但发现只有 x3 类型与众不同。

编译器推断出来的 x3 类型如下: class std::initializer_list < int >,在该行设置一下断点并跟踪调试,将鼠标放到 x3 上,会发现 x3 里边有一个元素 30,看这情形 x3 里不仅仅可以放一个元素,而是可以放多个元素。那么有理由相信,对于代码行"auto x3 = { 30 };"来说,auto 遇到"={}"这种格式的时候推导规则不太一样。

std::initializer_list 也是 C++11 引入的一个新类型(类模板),表示某种特定类型的值的数组,和 vector 很类似。这里先简单认识一下,后面章节会详讲。

看得出来,当用 auto 定义变量并初始化时如果用"={}"括起来,则推导出来的类型就是 std::initializer_list 了,前面的代码行里 x3 表示的是一个整型数组。因为数组要求类型都一致,所以:

```
auto x5 = { 30,21 };            //顺利编译
auto x6 = { 30,21,45.3 };       //无法编译;因为有的成员是整型,有的成员是实型,类型不统一,编
                                //译报错.因为 std::initializer_list<T>也有类型模板参数的,给
                                //不同类型会导致推断不出 T 的类型
```

考虑一下上面这个 x5 和 x6 的类型需要推导,后面这是一个等号,然后是大括号括起来的内容,系统一遇到"={}"这种 auto 推导,就会首先把 x5 和 x6 推导(这是第一次推导)成 std::initializer_list(数组),但 std::initializer_list 其实是一个类模板,它包含一个类型模板参数用来表示其中的成员类型(也就是这个数组里面所保存的成员类型),这个成员的类型也需要推导(这是第二次推导),如果"{}"中的成员类型不一致,则成员类型的推导会失败,所以上面"auto x6 = { 30,21,45.3 };"代码行编译时报错。

所以要记住这种"auto x3 = { 30 };"代码行,这是一个针对 auto 的特殊的推导,能推导出 std::initializer_list 这种类型。这种推导只适合 auto,不适合函数模板类型推断。这是 auto 类型推导和函数模板类型推断的区别之处,其他方面 auto 推导和模板类型推断都

差不多。例如下面的写法不行：

```
template < typename T >
void fautof(T param) {};
```

在 main 主函数中，加入如下代码：

```
fautof({ 12 });                  //编译器报错："fautof"：未找到匹配的重载函数
```

除非像如下这样修改 fautof(main 主函数中代码不需要改变)：

```
template < typename T >
void fautof(std::initializer_list < T > param) {} //T 类型为 int, param 类型为 std::initializer_
                                                  //list < int >
```

总而言之，对于代码行"auto x3 = { 30 };"，auto 直接被推断成 std::initializer_list < int >还是比较让人感觉奇怪的，不知道这种规则以后是否会改变。另外比较奇怪的是"auto x4{ 40 };"，这种规则为什么不把 x4 也推断成 std::initializer_list < int >，只是少了个等号而已。是否还记得 14.2.5 节讲解过隐式类型转换，当时这种带"={}"的会发生隐式类型转换："Time myTime5 = { 12, 13, 52 };"，而"Time myTime4{ 12, 13, 52 };"不带等号就不会发生隐式类型转换。这主要还是说明系统对这个带"="的东西是有特殊处理的，和不带"="的不一样。

另外，在 C++14 中，auto 可以用在函数返回类型位置，表示函数返回值需要推导。例如下面这个函数：

```
auto funca()
{
    return 12;
}
```

这个后续还会讲到，这里先了解一下 auto 还可以这样用即可。

20.5.4　auto 不适用场合举例

(1) auto 不能用于函数参数，如 void myfunc(auto x, int y) {}不可以。
(2) 看下面类 CT 的定义(注意注释部分内容)：

```
class CT
{
public:
    //auto m_i = 12;          //普通成员变量不能是 auto 类型
    static const auto m_si = 15; //这种 static const(静态成员) 可以使用 auto。使用 auto 后，
    //其值必须在类内初始化，普通静态成员变量实际是要在.cpp 中定义和初始化，这块只是声明，
    //而这里的 static const 不一样，这里就相当于定义
};
```

其实也不必一一探究 auto 在哪些场合不能用，auto 当然还是有一些不能用的场合，不仅仅是上面举的这两个例子。但是这都没关系，通过编译器帮助程序员发现问题就可以了，只要使用 auto 时编译器报错，那就说明这个场合不适用于 auto，就不要使用 auto，就这么简单。

20.5.5　auto 适用场合举例

在 main 主函数中,加入如下代码:

```cpp
std::map < string, int > mymap;
mymap.insert({ "aa",1 });      //系统会自动排序的
mymap.insert({ "bb",2 });
mymap.insert({ "cc",3 });
mymap.insert({ "dd",4 });
std::map < string, int >::iterator iter;
for(iter = mymap.begin(); iter != mymap.end(); ++iter)
{
    cout << iter - > first << " = " << iter - > second << endl;
}
```

执行起来,看一看这段代码的结果信息:

```
aa = 1
bb = 2
cc = 3
dd = 4
```

现在可以把上面代码中迭代器的定义和使用这两行利用 auto 改造一下,能省掉不少代码。改造后的代码如下:

```cpp
//std::map < string, int >::iterator iter;
//for (iter = mymap.begin(); iter != mymap.end(); ++iter)
for (auto iter = mymap.begin(); iter != mymap.end(); ++iter)
{
    cout << iter - > first << " = " << iter - > second << endl;
}
```

因为系统通过 mymap.begin() 就可以推导出 iter 的类型,所以在编码上就省很多事,不用专门定义 iter 了。

还有一种应用场合是无法确定类型时,用 auto 也是合适的。

下面定义两个类和一个函数模板:

```cpp
class A
{
public:
    static int testr()
    {
        return 0;
    }
};
class B
{
public:
    static double testr()
    {
        return 10.5f;
    }
```

```
};

template < typename T >
auto ftestclass()
{
    auto value = T::testr();
    return value;
}
```

在 main 主函数中，加入如下代码：

```
cout << ftestclass < A >() << endl;
cout << ftestclass < B >() << endl;
```

执行起来，看一看这段代码的结果信息：

```
0
10.5
```

总结：auto 表面看起来是一个关键字，实际上它还可以看成是一个功能很强大的工具。有很多 auto 的用法可以尝试和探索，要善于利用但也不能滥用，滥用的话可能会导致代码难读、难懂等问题。

20.6　详解 decltype 含义与 decltype 主要用途

20.6.1　decltype 含义和举例

decltype 关键字也是用来推导类型的，所以从这一点看，与 auto 有类似之处。或者说的再具体一点：对于一个给定的变量名或者表达式，decltype 能告诉程序员该名字或者表达式的类型。

有这样一种场景，希望从表达式的类型推断出要定义的变量类型，有人马上想到，那用 auto 就可以。例如：

```
auto a = 10;
```

但是，如果不想用表达式的值（10）初始化变量（a），该怎么做呢？所以，C++11 新标准引入了 decltype 关键字（也可以叫说明符），其主要作用就是返回操作数的数据类型。

decltype 和 auto 有类似之处，两者都是用来推断类型的。decltype 有如下特点：

- decltype 的自动类型推断也发生在编译期，这一点和 auto 一样。
- decltype 不会真正计算表达式的值。
- const 限定符、引用属性等有可能会被 auto 抛弃，但 decltype 一般不会抛弃任何东西。

看一些范例熟悉一下。

1. decltype 后的圆括号中是变量

在 main 主函数中，加入如下代码：

```
const int i = 0;
const int& iy = i;
auto j1 = i; //传值方式推断,引用属性,const 属性等都会被抛弃,j1 = int;
```

```
decltype(i) j2 = 15; //j2 = const int,如果 decltype 中是一个变量,则变量的 const 属性会返回
                     //而不会被抛弃,这和 auto 不同
decltype(iy) j3 = j2; //j3 = const int &,如果 decltype 中是一个变量,则变量的 const 属性会返
                      //回,引用属性也会被返回,现在 j3 绑定到 j2
```

观察 j3 这个范例,一般来讲,引用这种属性都会被舍弃,因为引用会被看作变量的别名,和变量是等同看待。但是 decltype 这里,引用属性会被保留(看起来 decltype 关键字比较循规蹈矩,有什么返回什么)。

在这里依旧可以借助编译器看一看 j3 到底是什么类型。继续增加下面代码行:

```
using boost::typeindex::type_id_with_cvr;
cout << "j3 = " << type_id_with_cvr < decltype(j3)>(). pretty_name() << endl;
```

执行起来,看一看结果:

j3 = int const &	

decltype 也可以用于结构或者类,在 MyProject.cpp 前面定义一个类:

```
class CT
{
public:
    int i;
    int j;
};
```

在 main 主函数中,加入如下代码:

```
decltype(CT::i) a;          //a = int,decltype 中是类访问表达式
CT tmpct;
decltype(tmpct) tmpct2;     //tmpct2 = CT 类类型
decltype(tmpct2.i) mv = 5;  //mv = int,decltype 中是类访问表达式
int x = 1, y = 2;
auto&& z = x; //这是万能引用,而 x 是左值,则 auto 是 int&,z 也是 int&
decltype(z) && h = y; //int& &&h => h 的类型应该是 int &,因为这是一个引用折叠,折成左值了。
                      //最终形式就是: int &h = y;
```

2. decltype 后的圆括号中是非变量(是表达式)

上面演示的 decltype 后的"( )"中是一个变量,如果这里不是一个变量,而是一个比较长的表达式,那么 decltype 会返回表达式结果对应的类型。继续演示(万一分析不清楚类型,就借助编译器的帮助来分析,通过编译器分析出的类型反推产生这个类型的原因),在 main 主函数中加入如下代码:

```
decltype(8) kkk = 5;       //kkk = int
int i = 0;
int * pi = &i;
int& iy = i;
decltype(iy + 1) j;        //j = int,因为 iy + 1 就得到一个整型表达式了
decltype(pi) k;            //k = int *,pi 只是一个变量
* pi = 4;
decltype(i) k2;            //k2 = int,i 只是一个变量
decltype( * pi) k3 = i;    //k3 = int&
```

上面这些范例中，最不好理解的就是 k3 的类型，为什么会是一个 int& 类型？分析一下：
* pi 得到的是指针所指向的对象，而且能给这个对象赋值，所以 * pi 是一个左值。

* pi 在这里肯定是一个表达式不是一个变量，因为它有"*"号，**如果表达的结果能够作为赋值语句等号左侧的值**(* pi ＝ 4;)，那么 **decltype 后返回的就是一个引用**，这算是一个固定的规则，这种情况要专门记一下。

再总结一下这个固定规则：①decltype 后面是一个非变量的表达式(* pi)；②且该表达式能够作为等号左边的内容(* pi ＝ 4;)；那么 decltype 得到的类型就是一个形如"类型名 &"的左值引用类型(上面 k3 的类型是 int &)。

通过这几个范例看得出来，decltype 的结果类型和它后面的"( )"中是变量还是其他类型表达式关系非常密切。读者可能对"decltype(* pi) k3＝i;"能够推导出 k3 的类型为 int & 感觉到不好理解，那么现在还要说一个类似的情形。

decltype 后的"( )"里本来是一个变量，但如果这个变量名上额外加了一层括号或者多层括号，那编译器就会把这个变量当成一个表达式，又因为变量名可以放在等号左侧(左值)，所以如下这个范例依旧能跟上个范例一样得到引用类型：

```
decltype((i)) iy3 ＝ i; //iy3 = int &, 而 i 本身是一个变量，增加了个()变成了表达式，能做左值
                       //(变量能放在等号左边，就叫作能做左值)的表达式会得到引用类型
```

结论：**decltype((变量))的结果永远是引用**。注意这里是双层括号。而 decltype(变量)，除非变量本身是引用，否则整个 decltype 的类型不会是引用。

3. decltype 后的圆括号中是函数

看看如下范例，在 MyProject. cpp 前面位置增加一个函数定义：

```
int testf()
{
    return 10;
}
```

在 main 主函数中，加入如下代码：

```
decltype(testf()) tmpv ＝ 14; //tmpv 的类型就是函数 testf()的返回类型 int
```

这里编译器并没有调用函数 testf，只是使用函数 testf 的返回值类型作为 tmpv 的类型。

```
decltype(testf) tmpv2;        //tmpv2 = int(void)
```

上面这行代码有返回类型，有参数类型，这代表一种可调用对象(参考 20.1.4 节)。

接着，回忆一下 20.1.4 节介绍的标准库 function 类型，当时讲解的时候就提过，function 是一个类模板，在这里可以这样使用。首先，在 MyProject. cpp 的前面包含头文件：

```
＃include < functional >
```

在 main 主函数中，加入如下代码：

```
function < decltype(testf)> ftmp ＝ testf;
```

上面这行代码中的 ftmp 用来代表一个可调用对象，它所代表的这个可调用对象是：接收一个 int 参数，返回的是一个 int 类型。

既然将一个函数指针(testf)给了 ftmp,后续就可以直接调用:

```
cout << ftmp() << endl;        //10
```

在 main 主函数中,继续增加如下代码:

```
decltype(testf) * tmpv3;      //tmpv3 = int( * )(void)
tmpv3 = testf;
cout << tmpv3() << endl;        //10
```

在 MyProject.cpp 前面,再增加一个函数:

```
const int&& myfunctest(void)
{
    return 0;
}
```

在 main 主函数中,继续增加如下代码:

```
decltype(myfunctest()) myy = 0;     // myy = const int &&
```

20.6.2 decltype 主要用途

1. 应付可变类型

一般 decltype 的主要用途还是应用于模板编程中。看看如下范例,在 MyProject.cpp 前面定义一个类模板:

```
template < typename T >
class CTTMP
{
public:
    typename T::iterator iter;      //迭代器类型
    void getbegin(T& tmpc)
    {
        //......
        iter = tmpc.begin();
    }
};
```

在 main 主函数中,加入如下代码:

```
using conttype = std::vector < int >;      //定义类型别名
conttype myarr = { 10,30,40 };              //定义该类型变量,现在 myarr 是一个容器了
CTTMP < conttype > ct;
ct.getbegin(myarr);
```

编译一下,目前看起来没有问题。现在修改一下刚才 main 中的代码,修改 using 这行:

```
using conttype = const std::vector < int >; //定义类型别名
```

上面这行 using 代码中,增加了一个 const。一旦这样定义,代码行"iter = tmpc.begin();"就会导致编译出错。

显然,这样修改之后,myarr 就变成一个常量容器了。常量容器的特点是:容器里只能

有这么多元素,不能进行元素的增加、减少、删除等操作,容器里的元素内容也是不可以修改的,所以定义容器时就得初始化。

而且这种常量容器的 begin、end 等操作返回的都是常量迭代器类型:vector < int >::const_iterator。

显然上面的代码行"iter = tmpc. begin();"是不可以的,因为 iter 是"typename T::iterator iter;",而不是"typename T::const_iterator iter;",所以会报错。

C++98 那个年代,要解决这种问题,得写个类模板偏特化,这种偏特化属于模板参数范围上的偏特化(参考 15.6.1 节)。可以这样写(在原有 CTTMP 类模板下面书写):

```
//模板参数范围上的偏特化
template < typename T >
class CTTMP < const T >
{
public:
    typename T::const_iterator iter; //const 迭代器,指向的元素值不能改变
    void getbegin(const T& tmpc)
    {
        //……
        iter = tmpc.begin();
    }
};
```

现在编译就没问题了。但是,这种处理方法并不好,特化了一个版本出来,只是为了解决这个迭代器的类型问题,结果在特化出来的这个类模板中,其他的成员函数等都要重写一遍。

有了 decltype 后,事情变得好办了。不需要写这种偏特化的类模板了。像如下这样修改 CTTMP 类模板:

```
template < typename T >
class CTTMP
{
public:
    decltype (T().begin()) iter; //假如 T 的类型是 const std::vector < int >,那么 const std::vector < int >()是临时对象,调用临时对象的 begin(),begin()返回的是 iterator 还是 const_iterator 取决于这个容器对象是否是 const 对象
    void getbegin(T& tmpc)
    {
        //……
        iter = tmpc.begin();
    }
};
```

上面这种写法不知道读者是否理解上有困难,可以简单看看下面这个例子,以加强理解:

```
class A
{
public:
    A()
    {
        cout << "执行 A::A()构造函数" << endl;
    }
    ~A()
    {
```

```
        cout << "执行 A::~A()析构函数" << endl;
    }
    int func() const
    {
        cout << "执行 A::func()函数" << endl;
        return 0;
    };
    int m_i;
};
```

在 main 主函数中,加入如下代码(读者可以设置断点进行跟踪调试):

```
A().func(); //生成一个临时对象,调用临时对象的 func()函数,这会执行 A 的构造函数、A 的 func
            //函数、A 的析构函数
(const A()).func(); //本行执行结果和上行一样
decltype(A().func()) aaa; //aaa 的类型是 int,因为 func()返回的是 int,这么写表示 aaa 的类型
                          //是 A 类成员函数的返回类型
```

上面范例中,注意到 decltype 这行代码中编译器并没有真的去构造类 A 对象,也没有真的调用类 A 的成员函数 func。当然,没有真的构造类 A 对象就不会调用类 A 的构造和析构函数,这也是 decltype 的强大之处。

2. 通过变量表达式抽取变量类型

在 main 主函数中,加入如下代码:

```
vector < int > ac;
ac.push_back(1);
ac.push_back(2);
vector < int >::size_type mysize = ac.size();
cout << mysize << endl;                 //2
decltype(ac)::size_type mysize2 = mysize; //抽取 ac 的类型为 vector < int >,所以相当于 vecor
                                          //< int >::size_type mysize2 = mysize
cout << mysize2 << endl;                 //2
```

类似的例如:

```
typedef decltype(sizeof(double)) mysize_t;   //decltype(sizeof(0)) = unsigned int
mysize_t abc;                                //abc = unsigned int
```

3. auto 结合 decltype 构成返回类型后置语法

函数后置返回类型在 13.6.1 节讲解过。形如:

```
auto func( int a, int b) -> int{}
```

回忆一下:前面放一个 auto 关键字,表示函数返回类型放到参数列表之后,而放在参数列表之后的返回类型是通过"->"开始的。

只不过现在想把后置的返回类型用 decltype 来表示,看看代码该怎样写。

看看如下范例,auto 结合 decltype 来完成返回值类型推导:

```
auto add( int i, int k) -> decltype(i + k)
{
    return i + k;
};
```

如果是初次看到这种写法，会觉得挺新鲜的。再来举一个例子：

```
int& tf(int& i)
{
    return i;
};
double tf(double& d)
{
    return d;
}
```

基于前面这两个 tf 函数，可以写一个函数模板：

```
template < typename T >
auto FuncTmp(T& tv) -> decltype(tf(tv))
{
    return tf(tv);
}
```

在 main 主函数中，加入如下代码：

```
int i = 19;
cout << FuncTmp(i) << endl;              //19,调用 int &tf(int &i)
double d = 28.1;
cout << FuncTmp(d) << endl;              //28.1,调用 double tf(double &d)
```

可以看到，这种返回值类型后置语法在这里是必需的。如果修改 FuncTmp 函数模板成下面这样：

```
decltype(tf(tv)) FuncTmp(T& tv){…}
```

则无法成功编译，因为 decltype 中用到的 tv 还没定义呢。

因为函数返回值类型要依赖于函数模板 FuncTmp 的参数 tv，所以 decltype(…)代码必须要放到 FuncTmp 函数模板的参数列表后面去。这个其实也就是返回类型后置语法的好处之一。

再次说明一下，返回值类型后置语法中的 auto 没有类型推导的含义，它只是"返回类型后置语法"的组成部分。

4. decltype(auto)用法

C++14 中，有 decltype 和 auto 结合在一起用的语法。建议换到最新版本编译器，以免不支持这种语法。

（1）用于函数返回类型。

看看如下范例，在 MyProject.cpp 前面增加如下函数模板：

```
template < typename T >
T& mydouble(T& v1)
{
    v1 *= 2;
    return v1;
}
```

在 main 主函数中，加入如下代码：

```
int a = 100;
mydouble(a) = 20;                        //int &
cout << a << endl;                       //20
```

现在一切都还好,修改一下 mydouble 模板函数,希望用 auto 推断一下函数返回结果:

```
template < typename T >
auto mydouble(T& v1){…}
```

现在编译就会报错,提示"error C2106:'=':左操作数必须为左值"。报错的是 "mydouble(a) = 20;"代码行。这说明 mydouble(a)返回的不再是左值了。返回的其实是 一个 int 右值(int & 这个才是左值)。

显然,这里编译器对这个 auto 指定为返回类型的函数模板进行了类型推导,本来这个 函数模板返回的是引用(这是所希望的),但是 auto 这一推导,它把引用特性给推导没了。 在 20.5.1 节谈过 auto 类型推导,auto 类型推导会把引用类型抛弃,所以本来应该返回 int & 类型,现在变成了返回 int 类型。这个显然不是想要的结果。

要想让编译器推断的结果是 int &,就要进行 decltype 类型推导。通过前面的学习,已 经知道,decltype 是属于给它啥类型它就推导出啥类型,包括带 const、带 & 都会原封不动 地推导出来。因为现在 mydouble 返回的是 v1(return v1;),如果想让 mydouble 返回的类 型和 v1 类型完全一致(因为 v1 是 T & 类型,所以 mydouble 也要返回 T & 类型),那么在 C++14 中就出现了 decltype(auto),就是来解决这个问题的(return 中返回的是啥类型, decltype(auto)就代表同样的类型)。说的再明了一点,因为 mydouble 中有"return v1;",这表 示 mydouble 返回的类型是 v1 所代表的类型,那么 v1 是啥类型,decltype(auto)就代表啥类型。

再次修改 mydouble 模板函数:

```
template < typename T >
decltype(auto) mydouble(T& v1){…}
```

现在编译,发现没有问题了。decltype(auto)现在返回的应该就是 int & 类型了。

怎么理解 decltype 和 auto 这两个关键字的结合呢?其实也不难理解,auto 理解成要推 导的类型,decltype 理解成推导过程采用 decltype 来推导,这两个关键字结合到一起,就编 译通过了。

不妨验证一下刚才的 decltype(auto)推导出来的类型是否是 int &。在 main 主函数 中,继续增加如下代码:

```
decltype(mydouble(a)) b = a;             //b = int&
```

现在 mydouble 返回类型和 v1 类型就完全一致了。
(2)用于变量声明中。
在 main 主函数中,加入如下代码(注意代码中的注释):

```
int x = 1;
const int& y = 1;
auto z = y; //z = int,const 和引用都没了
decltype(auto) z2 = y; //z2 和 y 完全一致,所以 z2 = const int &,上行 auto 丢的东西(const、引用
                       //等)能通过 decltype 捡回来
```

（3）再说（x）。

前面刚刚谈过：

```
int i = 10;
decltype((i)) iy3 = i; //iy3 = int &, 而 i 本身是一个变量,增加了个()变成了表达式,能做左值
                       //(变量能放在等号左边,就叫作能做左值)的表达式会得到引用类型
```

在 MyProject.cpp 前面,增加如下两个函数：

```
decltype(auto) tf1()
{
    int i = 1;
    return i;
}

decltype(auto) tf2()
{
    int i = 1;
    return(i); //加了括号导致返回 int &,但要是用这个返回的东西,则会导致不可预料的问题
}
```

在 main 主函数中,加入如下代码：

```
decltype(tf1()) testa = 4;            //int
int a = 1;
decltype(tf2()) testb = a;            //testb = int &,但 tf2 根本没执行
tf2() = 12; //说明是一个左值,但这样做肯定是发生未预料到行为.所以说看似只是获取类型信
            //息,但使用不当的 decltype(auto)也会惹祸啊
```

20.6.3 总结

decltype 的用法有很多,不太可能在一节里面面俱到地把各种情形都包括在内。decltype 是一个比较精灵古怪的关键字,有很多深入的内容也很不好理解,当然绝大多数情况下也没必要研究那么深。

decltype 能在 C++11 新标准中推出,相信它会有很多很神奇的用法,随着读者以后阅读越来越多的代码,会见到各种各样的 decltype 用法。通过本节对 decltype 的学习,可以说对 decltype 的用法已经有了一定的掌握,以后再见到 decltype,就不会感觉困惑和不解,并能够进行自我学习和提高了。

20.7 可调用对象、std::function 与 std::bind

20.7.1 可调用对象

20.1 节讲解过"可调用对象"的概念,在这里进一步深入地说说。

20.1 节中主要谈到了两种可调用对象：一个是函数,另外一个就是重载了"（）"运算符的类对象。本节回顾一下以往所学,然后再多讲几种可调用对象。

1. 函数指针

在 MyProject.cpp 前面增加如下 myfunc 函数定义：

```
void myfunc(int tv)
{
    cout << "myfunc()函数执行了,tv = " << tv << endl;
}
```

在 main 主函数中,加入如下代码:

```
void( * pmf)(int) = myfunc; //定义函数指针并给初值,myfunc 也可以写成 &myfunc,是一样的效果
pmf(15); //调用函数,这就是一个可调用对象
```

2. 具有 operator()成员函数的类对象(仿函数/函数对象)

仿函数的定义:仿函数(functors)又称为函数对象(function objects),是一个能行使函数功能的类所定义的对象。仿函数的语法几乎和普通的函数调用一样。

在 MyProject.cpp 前面增加如下 TC 类定义:

```
class TC
{
public:
    void operator()(int tv)
    {
        cout << " TC::operator()执行了,tv = " << tv << endl;
    }
};
```

在 main 主函数中,加入如下代码:

```
TC tc;
tc(20); //调用的是()操作符,这就是一个可调用对象.等价于 tc.operator()(20);
```

3. 可被转换为函数指针的类对象

可被转换为函数指针的类对象也可以叫作仿函数或函数对象。

在 14.16.2 节讲解过类型转换运算符,在下面的范例中将要用到。在 MyProject.cpp 前面增加如下 TC2 类定义:

```
class TC2
{
public:
    using tfpoint = void( * )(int);
    static void mysfunc(int tv)              //静态成员函数
    {
        cout << "TC2::mysfunc()静态成员函数执行了,tv = " << tv << endl;
    }
    operator tfpoint() { return mysfunc; } //类型转换运算符/类型转换函数
};
```

在 main 主函数中,加入如下代码:

```
TC2 tc2;
tc2(50); //先调用 tfpoint,再调用 mysfunc;这就是一个可调用对象,等价于 tc2.operator TC2::
        //tfpoint()(50);
```

4. 类成员函数指针

这里的调用方式在 14.16.4 节也详细讲解过,忘记的话可以回顾一下。

在前面的 TC 类中增加一个 public 修饰的成员函数和一个成员变量(成员变量后面会用到):

```
public:
    void ptfunc(int tv)
    {
        cout << "TC::ptfunc()执行了,tv = " << tv << endl;
    };
    int m_a;
```

在 main 主函数中,加入如下代码:

```
TC tc3;
void (TC:: * myfpointpt)(int) = &TC::ptfunc; //类成员函数指针变量 myfpointpt 定义并被给初值
(tc3. * myfpointpt)(68); //要调用成员函数,就必须用到对象 tc3
```

5. 总结

其实,可调用对象首先被看作一个对象,程序员可以对其使用函数调用运算符"( )",那就可以称其为"可调用的"。换句话说,如果 a 是一个可调用对象,那么就可以编写诸如 a(参数 1,参数 2,…)这样的代码。

如果找通用性,这几种可调用对象的调用形式都比较统一,除了类成员指针写法比较特殊以外,其他几种可调用对象的调用形式都是"名字(参数列表)"。但是,它们的定义方法是五花八门,怎样定义的都有。

那么,有没有什么方法能够把这些可调用对象的调用形式统一一下呢? 有,那就是使用 std::function 把这些可调用对象包装起来。

20.7.2　std::function 可调用对象包装器

std::function 在 20.1.4 节已经见到过了,是 C++11 标准引入的类模板。

要使用这个类模板,在 MyProject.cpp 前面要包含如下头文件:

```
#include < functional >
```

这个类模板用来往里装各种可调用对象,比较遗憾的是它不能装类成员函数指针,因为类成员函数指针是需要类对象参与才能完成调用的。

std::function 类模板的特点是:通过指定模板参数,它能够用统一的方式来处理各种可调用对象。

下面通过一些代码来认识一下 std::function 的用法。

1. 绑定普通函数

在 main 主函数中,加入如下代码:

```
std::function < void(int)> f1 = myfunc;    //绑定一个普通函数,注意<>中的格式
f1(100);                                    //调用普通函数
```

2. 绑定类的静态成员函数

在前面的 TC 类中增加一个 public 修饰的静态成员函数:

```
public:
```

```
static int stcfunc(int tv)
{
    cout << "TC::stcfunc()静态函数执行了,tv = " << tv << endl;
    return tv;
}
```

在 main 主函数中,加入如下代码:

```
std::function < int(int)> fs2 = TC::stcfunc; //绑定一个类的静态成员函数
fs2(110);                                    //调用静态成员函数
```

3. 绑定仿函数

在 main 主函数中,加入如下代码:

```
TC tc3;
function < void(int)> f3 = tc3; //提示使用了未初始化的局部变量 tc3,因为类 TC 里有成员变量没被
                                //初始化,需要增加一个构造函数,还应该初始化一下成员变量才好
```

在 TC 类中增加 public 修饰的构造函数并初始化成员变量 m_a:

```
public:
    TC()                                //构造函数
    {
        m_a = 1;
    }
```

在 main 主函数中,继续增加代码:

```
f3(120);                            //TC::operator()执行了, tv = 120
TC2 tc4;                            //注意这是 TC2 类,不是 TC 类
std::function < void(int)> f4 = tc4;
f4(150);                            //TC2::mysfunc()静态成员函数执行了, tv = 150
```

4. 范例演示

在 MyProject.cpp 前面增加如下 CB 类和 CT 类定义:

```
class CB
{
    std::function < void()> fcallback;
public:
    CB(const std::function < void()> & f) :fcallback(f)
    {
        int i;
        i = 1;
    }

    void runcallback(void)
    {
        fcallback();
    }
};

class CT
{
public:
```

```
CT()                                        //构造函数
    {
        cout << "CT::CT()执行" << endl;
    }
    CT(const CT&)                           //拷贝构造函数
    {
        cout << "CT::CT(const CT&)执行" << endl;
    }
    void operator()(void)
    {
        cout << "CT::operator()执行" << endl;
    }
};
```

在 main 主函数中，加入如下代码：

```
CT ct;                                      //可调用对象,这行导致 CT 构造函数的执行
CB cb(ct); //cb 需要可调用对象作为参数来构造,因为有 operator()所以 ct 可以转为 const std::
           //function < void (void)> & 对象.这行导致 CT 拷贝构造函数被执行多次
cb.runcallback();                           //CT::operator()执行
```

再来一个范例，在 MyProject.cpp 前面增加如下函数定义：

```
void mycallback(int cs, const std::function < void(int)> & f)
{
    f(cs);
}
void runfunc(int x)
{
    cout << x << endl;
}
```

在 main 主函数中，加入如下代码：

```
for (int i = 0; i < 10; i++)
{
    mycallback(i, runfunc);                 //0,1,2,3,4,5,6,7,8,9
}
```

从范例中可以看出，std::function 的灵活性非常高，能容纳的可调用对象种类也非常多。

20.7.3　std::bind 绑定器

std::bind 是一个函数模板，在 C++11 中引入。用于取代 C++98 时代的 bind1st 和 bind2nd。

要使用这个函数模板，在 MyProject.cpp 前面要包含如下头文件：

```
# include < functional >
```

std::bind 能将对象以及相关的参数绑定到一起，绑定完后可以直接调用，也可以用 std::function 进行保存，在需要的时候调用。该函数模板的一般使用格式如下：

std::bind(待绑定的函数对象/函数指针/成员函数指针,参数绑定值 1,参数绑定值 2,…,参数绑定值 n);

std::bind 有两个意思：

- 将可调用对象和参数绑定到一起，构成一个仿函数，所以可以直接调用。
- 如果函数有多个参数，可以绑定部分参数，其他的参数在调用的时候指定。

下面将通过范例来理解这个函数模板的使用。

在 MyProject.cpp 前面增加 myfunc1 函数的定义：

```cpp
void myfunc1(int x, int y, int z)
{
    cout << "x = " << x << ",y = " << y << ",z = " << z << endl;
}
```

在 main 主函数中，加入如下代码（仔细看代码中的注释）：

```cpp
//表示绑定函数 myfunc1 的第一、第二、第三个参数值为 10、20、30,返回值 auto 表示我们不关心它返
//回的是啥类型,实际它返回的也是一个仿函数类型对象,可以直接调用,也可以赋给 std::function
auto bf1 = std::bind(myfunc1, 10, 20, 30);
bf1(); //执行 myfunc1 函数,结果: x = 10,y = 20,z = 30
```

执行起来，看一看结果：

```
x = 10,y = 20,z = 30
```

上述范例非常简单，在 std::bind 中，就可以直接给 myfunc1 指定各个参数。

再看一例：

```cpp
//表示绑定函数 myfunc1 的第三个参数为 30,而 myfunc1 的第一、第二个参数分别由调用 bf2 时的第
//一、第二个参数指定, _1、_2、…、_20 这种是标准库里定义的,占位符的含义,类似这样的参数有 20
//个,够我们用了。这里这个 placeholders::_1 表示这个位置(当前该 placeholders::_1 所在的位
//置)将在函数调用时被传入的第一个参数所代替
auto bf2 = std::bind(myfunc1, placeholders::_1, placeholders::_2, 30);
bf2(5, 15); //这里实际就等于指定 myfunc1 的第一个和第二个参数,结果: x = 5,y = 15,z = 30
```

执行起来，看一看结果：

```
x = 5,y = 15,z = 30
```

直接调用也可以：

```cpp
std::bind(myfunc1, placeholders::_1, placeholders::_2,30)(10, 20);
```

执行起来，看一看结果：

```
x = 10,y = 20,z = 30
```

再看一例：

```cpp
//表示绑定函数 myfunc1 的第三个参数为 30,而 myfunc1 的第一、第二个参数分别由调用 bf3 的
//第二、第一个参数指定
auto bf3 = std::bind(myfunc1, placeholders::_2, placeholders::_1, 30);
bf3(5, 15);
```

注意这个范例，因为在 std:: bind 中，placeholders:: _ 2 紧挨着 myfunc1，表示 placeholders::_2 将作为 myfunc1 的第一个参数，而 placeholders::_2 代表的是 bf3 中的第二个参数 15，这意味着 15 将作为 myfunc1 的第一个参数。所以输出结果中，x 应该等于 15。

执行起来，看一看结果：

```
x = 15,y = 5,z = 30
```

再看一例。

在 MyProject. cpp 前面增加 myfunc2 函数的定义：

```
void myfunc2(int& x, int& y)
{
    x++;
    y++;
}
```

在 main 主函数中，加入如下代码（代码中的注释非常关键，仔细看）：

```
int a = 2;
int b = 3;
auto bf4 = std::bind(myfunc2, a, placeholders::_1);
bf4(b); //执行后 a = 2,b = 4.这说明: bind 对于预先绑定的函数参数是通过值传递的,所以这个 a
        //实际上是值传递的.bind 对于不事先绑定的参数,通过 std::placeholders 传递的参数是
        //通过引用传递的,所以这个 b 实际上是引用传递的
```

再看一例。

在 MyProject. cpp 前面增加 CQ 类的定义：

```
class CQ
{
public:
    void myfunpt(int x, int y)
    {
        cout << "x = " << x << ",y = " << y << endl;
        m_a = x;
    }
    int m_a = 0;                          //成员变量
};
```

在 main 主函数中，加入如下代码：

```
CQ cq;                                  //一个类对象
auto bf5 = std::bind(&CQ::myfunpt, cq, placeholders::_1, placeholders::_2); //类函数有绝对
                                        //地址,和对象无关,但要被调用必须有类对象参数
bf5(10, 20);                            //对成员函数的调用
```

执行起来，看一看结果：

```
x = 10,y = 20
```

注意,上面的代码中,std::bind 的第二个参数 cq 会导致生成一个临时的 CQ 对象, std::bind 是将该临时对象和相关的成员函数以及多个参数绑定到一起,后续对 myfunpt 成员函数的调用修改的是这个临时的 CQ 对象的 m_a 值,并不影响真实的 cq 对象的 m_a 值。

如果将 std::bind 的第二个参数 cq 前增加 &,这样就不会导致生成一个临时的 CQ 对象,后续的 myfunpt 调用修改的就会是 cq 对象的 m_a 值。

在 main 主函数中,继续加入如下代码,看看 bind 和 function 的配合使用:

```
//bind 和 function 配合使用(bind 返回值直接赋给 std::function 类型)
std::function < void(int, int)> bfc6 = std::bind(&CQ::myfunpt, cq, std::placeholders::_1, std::placeholders::_2);
bfc6(10, 20);
```

再看一下用 std::bind 绑定成员变量。

给类 CQ 增加 public 修饰的构造函数、拷贝构造函数、析构函数,方便观察:

```
public:
    CQ()
    {
        printf("CQ::CQ()构造函数执行,this = % p\n", this);
    }
    CQ(const CQ&)
    {
        printf("CQ::CQ(const CQ&)拷贝构造函数执行,this = % p\n", this);
    }
    ~CQ()
    {
        printf("CQ::~CQ()析构函数执行,this = % p\n", this);
    }
```

在 main 主函数中,继续加入如下代码:

```
std::function < int& (void)> bf7 = std::bind(&CQ::m_a, &cq);
bf7() = 60;                          //执行后 cq 对象的 m_a 成员变量值变为 60 了
```

分析一下上面两行代码:

把成员变量地址当函数一样绑定,绑定的结果放在 std::function < int &(void)>里保存。换句话说,就是用一个可调用对象的方式来表示这个变量,bind 这个能力还是比较神奇的。

重点分析一下代码行"bf7() = 60;",因为其上面的那行代码用了 &cq,所以这里等价于 cq. m_a = 60。如果 cq 前不用 &,发现会调用两次 CQ 类的拷贝构造函数。为什么调用两次拷贝构造函数呢?第一次是因为第一个参数为 cq,所以利用 cq 产生一个临时的 CQ 对象,然后因为 std::bind 要返回一个 CQ 对象(确切地说是经过 std::bind 包装起来的 CQ 对象),所以要返回的这个 CQ 对象(仿函数)复制自这个临时 CQ 对象,但 bind 这行执行完毕后,临时 CQ 对象被释放,返回的这个 CQ 对象(仿函数)放到了 bf7 里。所以仅仅 bind 这一行就返回了如下三行信息:

```
CQ::CQ(const CQ&)拷贝构造函数执行,this = 001FF720
CQ::CQ(const CQ&)拷贝构造函数执行,this = 0046DCE0
CQ::～CQ()析构函数执行,this = 001FF720
```

所以上述 std::bind 代码行中,一般都应该用 &cq,否则最终会多调用两次拷贝构造函数和两次析构函数,用了 &cq 后这 4 次调用全省了,提高了程序运行效率。

再看一例,该例用到了前面的 CT 类。

在 main 主函数中,加入如下代码:

```
auto rt = std::bind(CT());
```

执行起来,看一看这行代码执行完毕并超出 rt 作用域后的输出结果:

```
CT::CT()执行
CT::CT(const CT&)执行
CT::～CT()执行
CT::～CT()执行
```

看一看是如何产生这四行结果的:CT()构造了临时对象,然后又调用拷贝构造函数生成一个对象,后被 std::bind 将该对象包装起来,std::bind 返回的是一个可调用对象,大概是一个 std::_Binder<…>类型,不用深究。

接下来,可以直接调用该可调用对象。在 main 主函数中,继续加入如下代码:

```
rt(); //调用 operator();结果显示: CT::operator()执行
```

再看一例,借用以往已经写好的函数。在 main 主函数中,加入如下代码:

```
auto bf = std::bind(runfunc, placeholders::_1); //第一个参数由调用时的第一个参数指定
for (int i = 0; i < 10; i++)
{
    mycallback(i, bf); //bf 是 bind 返回的结果,直接传递给了 const std::function < void( int)> & f
}
```

20.7.4　总结

因为有了占位符(placeholder)这种概念,所以 std::bind 的使用就变得非常灵活。可以直接绑定函数的所有参数如下:

```
auto bf1 = std::bind(myfunc1, 10, 20, 30);
```

也可以仅绑定部分参数。绑定部分参数时,就需要通过 std::placeholders 来决定 bind 所在位置的参数将会属于调用发生时的第几个参数。

- std::bind 的思想实际上是一种延迟计算的思想,将可调用对象保存起来,然后在需要的时候再调用。
- std::function 一般要绑定一个可调用对象,类成员函数不能被绑定。而 std::bind 更加强大,成员函数、成员变量等都能绑定。现在通过 std::function 和 std::bind 的配合,所有的可调用对象都有了统一的操作方法。

其实,还有很多 std::bind 的用法可以去探索。读者可以以本节内容作为基础,更进一步地深入学习和研究。

20.8　lambda 表达式与 for_each、find_if 简介

20.8.1　用法简介

lambda 表达式是 C++11 引入的一个很重要的特性,lambda 表达式**也是一种可调用对象**,它定义了一个匿名函数,并且可以捕获一定范围内的变量。

直接通过范例开始讲解。在 main 主函数中,加入如下代码:

```
auto f = [](int a) -> int {
    return a + 1;
};
cout << f(1) << std::endl;                //2
```

初次接触这个写法感觉不太习惯,但是依旧能从上面这个 lambda 表达式 f 中看到函数的影子,可以猜一猜,形参、函数体这些都还是能够看出来的。

观察上面这个 lambda 表达式,可以看到它的特点:

* 它是一个匿名函数,也可以理解为可调用的代码单元或者是未命名的内联函数。
* 它也有一个返回类型、一个参数列表、一个函数体。
* 与函数不同的是,lambda 表达式可以在函数内部定义(上面范例就是在 main 主函数中定义的 lambda 表达式),这个是常规函数做不到的。

看一看 lambda 表达式的一般形式:

[捕获列表] (参数列表)->返回类型{ 函数体; };

不难注意到:

(1) 返回类型是后置的这种语法(lambda 表达式的返回类型必须后置,这是语法规定)。因为很多时候 lambda 表达式返回值非常明显,所以允许省略 lambda 表达式返回类型定义——"->返回类型"都省略了,编译器能够根据 return 语句自动推导出返回值类型。

例如,前面的 lambda 表达式代码行可以修改为:

```
auto f = [](int a){…};
```

但是请注意,编译器并不是总能推断出返回值类型,如果编译器推断不出来,它会报错,这时程序员就得显式地给出具体的返回值类型。

另外,lambda 表达式的参数可以有默认值。修改 main 主函数中刚才的代码,修改后的代码如下:

```
auto f = [](int a = 8) -> int {
    return a + 1;
};
cout << f() << std::endl;                //9
```

（2）没有参数的时候，参数列表可以省略，甚至"（）"也可以省略，所以如下代码都合法：

```
auto f1 = []() {return 1;};
auto f2 = [] {return 2;};
cout << f1() << std::endl;              //1
cout << f2() << std::endl;              //2
```

（3）捕获列表[]和函数体不能省略，必须时刻包含。

（4）lambda 表达式的调用方法和普通函数相同，都是使用"（）"这种函数调用运算符。

（5）lambda 表达式可以不返回任何类型，不返回任何类型就是返回 void。

（6）函数体末尾的分号不能省。

20.8.2 捕获列表

上面的 lambda 表达式一般形式中，有个"捕获列表"，lambda 表达式通过这个捕获列表来捕获一定范围内的变量。那么，这个"范围"究竟是什么意思呢？

（1）[]：不捕获任何变量。

看看如下范例：

```
int i = 9;
auto f1 = []
{
    return i; //报错(无法捕获外部变量)，不认识这个 i 在哪里定义，看来 lambda 表达式毕竟是一
              //个匿名函数，按常规理解方式不行
};
```

但不包括静态局部变量，lambda 可以直接使用局部静态变量。例如，上面 int i＝9；修改为 static int i ＝ 9；是可以在 lambda 表达式中使用的。

（2）[&]：捕获外部作用域中所有变量，并作为引用在函数体内使用。

看看如下范例：

```
int i = 9;
auto f1 = [&]
{
    i = 5;                              //因为 & 的存在，允许给 i 赋值，从而也就改变了 i 的值
    return i;
};
cout << f1() << endl;                   //5，调用了 lambda 表达式，所以 i 值发生改变
cout << i << endl;                      //5，i 值发生改变，现在 i＝5
```

有一点必须要强调，既然是引用，那么在调用这个 lambda 表达式的时候，程序员就必须确保该 lambda 表达式里引用的变量没有超过这个变量的作用域（保证有效性）。因为 lambda 捕获的都是局部变量，如上面这个 i，这些变量在超出作用域后就不存在了。如果在变量 i 的作用域外执行诸如 f1()这种代码，那 lambda 所捕获到的引用所指向的局部变量已经消失。

（3）[＝]：捕获外部作用域中所有变量，并作为副本（按值）在函数中使用，也就是**可以用它的值，但不能给它赋值**。

看看如下范例：

```
int i = 9;
auto f1 = [ = ]
{
    //i = 5;                         //这就非法了,不可以给它赋值,因为是以值方式捕获
    return i;                        //使用该值(返回该值),这可以
};
cout << f1() << endl;               //9,调用了 lambda 表达式
```

（4）[this]：一般用于类中,捕获当前类中 this 指针,让 lambda 表达式拥有和当前类成员函数同样的访问权限。如果已经使用了"&"或者"＝",则默认添加了此项(this 项)。也就是说,捕获 this 的目的就是在 lambda 表达式中使用当前类的成员函数和成员变量。

注意,针对成员变量,[this]或者[＝]可以读取,但不可以修改。如果想修改,可以使用[&]。

看看如下范例,在 MyProject.cpp 前面增加类 CT 的定义：

```
class CT
{
public:
    int m_i = 5;
    void myfuncpt(int x, int y)
    {
        auto mylambda1 = [this]        //无论用 this 还是用 &、= 都可以读取成员变量值
        {
            return m_i;                //有 this,这个访问才合法,有 &、= 也可以
        };
        cout << mylambda1() << endl;
    }
};
```

在 main 主函数中,加入如下代码：

```
CT ct;
ct.myfuncpt(3, 4);                    //5
```

（5）按值捕获和按引用捕获。
- [变量名]：按值捕获(不能修改)变量名所代表的变量,同时不捕获其他变量。
- [& 变量名]：按引用捕获(可以修改)变量名代表的变量,同时不捕获其他变量。

上面的变量名如果是多个,之间可以用逗号分隔。当然对于按引用捕获,多个变量名的情况下,每个变量名之前也都要带有 &。

在前面 CT 类的 myfuncpt 成员函数中,因为没有捕获形参 x 和 y,所以无法在 lambda 表达式中使用形参 x 和 y。

所以,为了能在 lambda 表达式中用 x 和 y,可以对该 lambda 表达式进行修改。即可以修改成如下这样：

```
auto mylambda1 = [this,x,y]{…};       //不能在 lambda 表达式中修改 x,y 值
```

也可以修改成如下这样：

```
auto mylambda1 = [ = ]{…};            //不能在 lambda 表达式中修改 x,y 值
auto mylambda1 = [&]{…};              //可以在 lambda 表达式中修改 x,y 值
```

对于按引用捕获变量名代表的变量,看看如下范例：

```
auto mylambda1 = [&x]{…};                //只可以使用和修改 x 值
auto mylambda1 = [&x,&y]{…};             //可以使用和修改 x 和 y 值
```

（6）[＝,& 变量名]：按值捕获所有外部变量,但按引用捕获"&"中所指的变量（如果有多个要按引用捕获的变量,那么每个变量前都要增加"&"）,这里"＝"必须写在开头位置,开头这个位置表示"默认捕获方式"。也就是说,这个捕获列表第一个位置表示的是默认捕获方式（也叫隐式捕获方式）,后续其他的都是显式捕获方式。

看 CT 类的 myfuncpt 成员函数中的 lambda 表达式：

```
auto mylambda1 = [this,&x,y]            //写成 auto mylambda1 = [＝,&x]也可以
{
    x = 8;                             //可以修改了
    ……
    return m_i;
}
```

（7）[&,变量名]：按引用捕获所有外部变量,但按值捕获变量名所代表的变量。这里这个"&"必须写在开头位置,开头这个位置表示"默认捕获方式"。

另外下面这样不行：

```
auto f = [&,&x] {…};
```

开始指定了默认是引用捕获,后来又指定引用捕获,不但画蛇添足,编译器还会报错,后来指定这个必须和默认的捕获方式不同。修改为如下才正确：

```
auto f = [&,x] {…};
```

总之可以看到,捕获列表控制 lambda 表达式能访问的外部变量控制的非常细致。

20.8.3　lambda 表达式延迟调用易出错细节分析

看看如下范例：

```
int x = 5;
auto f = [＝]
{
    return x;
};
x = 10;
cout << f() << endl;                   //5,return 的 x 是 5 而不是 10
```

解释：lambda 表达式[＝]表示按副本（按值）捕获所有外部变量。当遇到 auto 这一行,也就是**在捕获的这个时刻**,x 的值就已经被复制到 f 这个 lambda 表达式中了。

也就是说,凡是按值捕获的外部变量,在 lambda 表达式定义的这个时刻,**所有这些外部变量值就被复制一份存储在了 lambda 表达式变量中**。

"x＝10;"这行是出现在 lambda 表达式之后的,对于 lambda 表达式 f 中存储的 x 值就没有效果。f 中的 x 还是捕获时的 x 值,所以后面调用 f()打印的时候输出的结果是 5。

上面这个细节要多注意,一不小心就容易中招。

但一般来讲,程序员肯定希望在调用这个 lambda 表达式时能够即时地访问外部变量,

那怎么办呢？办法是**使用引用**来捕获。例如像下面这样修改范例：

```
auto f = [&]{…};
```

20.8.4 lambda 表达式中的 mutable

mutable(易变的)并不陌生,在 14.3.3 节讲解过这个关键字(修饰符),它的作用就是不管是不是一个常量属性的变量,只要有 mutable 在,就能修改其值。

改造一下上面的范例：

```
int x = 5;
auto f = [ = ]() mutable
{
    x = 6;                          //没有 mutable 这个 x 是不允许修改的
    return x;
};
x = 10;
cout << f() << endl;                //6,return 的 x 是 6 而不是 10
```

前面讲解过,如果 lambda 没有参数的时候,参数列表可以省略,甚至"( )"也可以省略,但要是使用 mutable,那么 lambda 表达式就算没有参数,这个"( )"也不能省略,必须写出来。例如,下面这样写就不合法：

```
auto f = [ = ] mutable{…};            //即便没有参数,也不可以把 mutable 前面的()省略
```

20.8.5 lambda 表达式的类型和存储

C++11 中,lambda 表达式的类型被称为闭包类型(Closure Type)。闭包先理解成：函数内的函数(可调用对象)。

正常来讲 C++是不允许在函数内定义函数的,但是通过 lambda 表达式,其实也就等于在函数中定义函数了(例如在 main 主函数中的 lambda 表达式就可以看成是函数中定义的函数)。所以,虽然可以把 lambda 表达式理解成一个函数,但并不需要给这个 lambda 传递参数,这个 lambda 表达式本身就可以访问当前环境中的各种变量。

闭包,本质上其实就是 lambda 表达式创建的运行期对象。例如,对于代码"auto f = [=](){…};"中的 f,就可以看成是 lambda 表达式创建的运行期对象或者说看成是一个闭包。

这个 lambda 表达式是一种比较特殊的、匿名的、类类型(闭包类)的对象,也就是说又定义了一个类类型,又生成了一个匿名的该类类型的对象(闭包)。可以认为它是一个带有 operator()的类类型对象,也就是仿函数(函数对象)或者说是可调用对象。所以,也可以使用 std::function 和 std::bind 来保存和调用 lambda 表达式。每个 lambda 都会触发编译器生成一个独一无二的类类型(及所返回的该类类型对象)。这些描述比较晦涩,可以试试用下面代码来辅助理解：

```
auto aa = []() {};
auto bb = []() {};
using boost::typeindex::type_id_with_cvr;
```

```
cout << "aa = " << type_id_with_cvr < decltype(aa)>().pretty_name() << endl;cout << "bb = " <<
type_id_with_cvr < decltype(bb)>().pretty_name() << endl;
```

执行起来,结果如下,aa 和 bb 是两个类对象,它们分属于不同的类:

```
aa = class < lambda_1dad8234b6fa984cc07f4471bd5ca22c >
bb = class < lambda_c24ba40d0695d6b486a7f9463485a7a3 >
```

lambda 表达式这种语法使程序员可以就地定义匿名函数(就地封装短小的功能闭包),在很多方面对写出比较简洁的代码能起到很大的作用,其实使用 lambda 表达式也是一种编程习惯问题,所以读者如果以往没用过 lambda 表达式,那还是需要一个适应过程的。有很多 C++库函数的参数中都可以直接使用 lambda 表达式。刚刚讲过,定义 lambda 表达式就相当于编译器给程序员定义了一个匿名(未命名)的类类型对象。那请想一想,把 lambda表达式当参数传递进函数里面去,就相当于传递进去的这个参数是这个类类型的匿名对象。

类似的,用 auto 定义一个 lambda 表达式时,也相当于定义了一个匿名的类类型对象:

```
auto f1 = []{};                    //f1 是一个匿名的类类型对象
```

那么,再发挥一下想象力,前面讲过的例子:

```
int x = 5;
auto f = [ = ]
{
    return x;
};
```

上面代码中的这个[=]表示捕获外部作用域中所有变量,捕获过来的这些变量就都作为 lambda 生成的这个类类型的成员变量了,然后这些成员变量在 lambda 对象创建时被初始化。话既然说到这了,那上面说 lambda 表达式的类型被称为闭包类型,就相当于这个闭包(类类型)里持有作用域中捕获到的数据的副本或者引用。

看一下范例:

```
std::function < int(int)> fc1 = [](int tv) {return tv;};
cout << fc1(15) << endl;                 //15
std::function < int(int)> fc2 = std::bind([](int tv) {return tv;}, 16); //bind 第一个参数是
                                  //函数指针,第二个参数开始就是真正的函数参数
cout << fc2(15) << endl; //16,因为上面 bind 绑死了 16,所以这里参数给啥都不起作用,除非 bind
                  //中用 placeholders::_1
```

对于不捕获任何变量的 lambda 表达式,也就是捕获列表为空的 lambda 表达式,可以转换成一个普通的函数指针。看一看写法:

```
using functype = int ( * )(int);             //定义一个函数指针类型
functype fp = [](int tv) {return tv;};
cout << fp(17) << endl;                 //17
```

为什么这里要求捕获列表为空呢?因为捕获列表里的内容很复杂。试想,如果在一个类中,这个 lambda 表达式里的捕获列表如果为 this,表示这个 lambda 表达式操作的是类对象,如果在这个 lambda 表达式中操作了成员变量,那不可能把这种 lambda 表达式转换为

普通函数指针,因为普通函数中是没有 this 指针这种概念的。

下面谈一谈"语法糖"。

读者偶尔会听到"语法糖",这是一种概念或一种说法。其实语法糖就是"一种便捷写法"的意思。例如:

```
int a[5];
a[0] = 1;                              //这就是语法糖
*(a + 1) = 3; // *(a + 1)等价于 a[1],但谁也不会写成 *(a + 1)这种形式
```

之所以有"语法糖"这么一个词,其实就是为了让程序员写的代码更简单,看起来也更容易理解,有效地减少写代码出错的概率。

还有一种对"语法糖"的解释笔者觉得也比较贴切,摘录过来供参考学习:

语法糖是指基于语言现有的特性,构建出一个东西,程序员用起来会很方便。但它没有增加语言原有的功能。

所以,lambda 表达式也可以看成是定义仿函数闭包(函数中函数)的语法糖。

20.8.6　lambda 表达式再演示和优点总结

1. for_each 中的 lambda 表达式

for_each 其实是一个函数模板,一般是用来配合函数对象使用,第三个参数就是一个函数对象(可以给进去一个 lambda 表达式)。在 19.6.3 节中已经进行了比较细致的讲解。

在这里,给一个 lambda 表达式作为 for_each 的第三个参数的范例:

```
vector < int > myvector = { 10,20,30,40,50 };
int isum = 0;
for_each(myvector.begin(), myvector.end(), [&isum](int val) {
    isum += val;
    cout << val << endl;
    });
cout << "sum = " << isum << endl;            //sum = 150
```

2. find_if 中的 lambda 表达式

find_if 其实也是一个函数模板,一般用来查找一个什么东西,要查什么取决于它的第三个参数,第三个参数也是一个函数对象(可以给进去一个 lambda 表达式)。在 19.6.3 节中已经进行了比较细致的讲解,这里再巩固一下:

```
vector < int > myvector = { 10,20,30,40,50 };
auto result = find_if(myvector.begin(), myvector.end(), [](int val) {
    cout << val << endl;
    return false; //只要返回 false,find_if 就不停地遍历 myvector,一直到返回 true 停止
    });
```

利用 find_if 返回 true 停止这个特性,就可以寻找 myvector 中第一个值"> 15"的元素。看看如何修改代码:

```
vector < int > myvector = { 10,20,30,40,50 };
auto result = find_if(myvector.begin(), myvector.end(), [](int val) {
    if (val > 15)
        return true;                     //返回 true 就停止遍历
```

```
            return false;
    });
```

注意，find_if 的调用返回一个迭代器，指向第一个满足条件的元素。如果这样的元素
不存在，则这个迭代器会指向 myvector.end()，所以继续增加如下代码：

```
if (result == myvector.end())
{
    cout << "没找到" << endl;
}
else                                    //条件成立
{
    cout << "找到了,结果为:" << * result << endl; //找到了,结果为 20
}
```

lambda 表达式具体应用技巧的熟悉和提高，读者需要通过多学习别人写的代码才行，
所以笔者说过，学习到后期，掌握了基础知识后，读别人代码这个环节是很必要的。

如果面试的时候面试官询问使用 lambda 表达式的优点，可以这样回答：善用 lambda，
让代码更简洁、更灵活、更强大、提高开发效率、可维护性等。

20.9 lambda 表达式捕获模式的陷阱分析和展示

上一节把 lambda 表达式相对比较细致地介绍了一下，读者对 lambda 表达式已经有了一
个比较好的认识。本节再深入地探讨一些 lambda 表达式在实际开发中容易碰到的陷阱。

20.9.1 捕获列表中的 &

通过前面的学习已经知道，捕获列表中的"&"是"捕获外部作用域中所有变量，并作为
引用在函数体内使用"。那么，按照引用捕获方式会导致 lambda 表达式（闭包）包含绑定到
局部变量的引用。看看如下范例：

在 MyProject.cpp 前面包含头文件，定义一个全局量，增加一个全局函数：

```
# include < ctime >
std::vector < std::function < bool(int)>> gv; //全局量,每个元素都是一个 function,每个
                                            //function 给进去一个 int,返回一个 bool
void myfunc()
{
    //要包含<ctime>头
    srand((unsigned)time(NULL)); //根据当前时间设置一个随机数种子,方便后面用 rand 产生随
                                //机数,否则每次程序运行随机数都一样
    int tmpvalue = rand() % 6;         //0~5 之间随机值
    gv.push_back( //塞一个可调用对象(lambda 表达式)到 gv 容器中
        [&](int tv) {
            //本 lambda 的生存依赖于 tmpvalue 的生命期,这是很麻烦的事
            if (tv % tmpvalue == 0) //如果 tv 是 tmpvalue 的倍数
                return true;
            return false;
        }
    );
}
```

在 main 主函数中,加入如下代码:

```
myfunc();
cout << gv[0](10) << endl; //跟踪调试,这个调用导致问题,因为此时 lambda 里 tmpvalue 已被销
                          //毁,所以会产生未定义行为
```

针对上述代码设置断点并跟踪调试,会发现当调用 gv[0](10) 来执行 lambda 表达式中的代码时,其中的 tmpvalue 已经是一个无效值,所以程序执行后会产生未定义行为(结果错误甚至程序崩溃)。

20.9.2 形参列表可以使用 auto

C++14 允许在 lambda 表达式的形参列表中使用 auto。所以,可以把上面的 gv. push_back 代码段修改为如下这样,语法显得宽泛了一些,效果上没什么区别。

```
gv.push_back(
    [&](auto tv) {
        if (tv % tmpvalue == 0)
            return true;
        return false;
    }
);
```

现在,谈回到刚才所讲的程序执行后产生未定义行为的问题。如何解决这个问题呢?只需要采用按值捕获的方式就可以解决:

```
gv.push_back(
    [ = ](auto tv) {
        if (tv % tmpvalue == 0)
            return true;
        return false;
    }
);
```

上面代码中,lambda 表达式中按值捕获的方式解决了因为变量 tmpvalue 超出作用域范围(又叫引用悬空)而产生的问题,因为按值捕获的方式在 lambda 表达式里持有的是 tmpvalue 的值(副本),而且是在 lambda 表达式定义的那行就已经持有该值了。也就是说,myfunc 一被调用,lambda 表达式中就持有了 tmpvalue 的值。

想象一下,tmpvalue 是一个 int 类型的值还好办,如果是一个指针,那么就算是在 lambda 表达式中持有的是指针的副本(指针副本和原指针指向的是同一块内存),但如果后续把这个指针指向的内存 delete 掉,那么再次调用该 lambda 表达式同样面临 lambda 表达式中该指针副本指向的内存已经无效的问题,因为这段内存已经被系统回收了。所以这务必要引起程序员的注意,不要犯类似的错误。

20.9.3 成员变量的捕获问题

在 MyProject. cpp 前面增加一个 AT 类定义:

```
class AT
{
```

```
public:
    void addItem()
    {
        gv.push_back(
            [ = ](auto tv) {                          //捕获方式中有 = 就等价于有 this
                cout << m_tmpvalue << endl;
                if (tv % m_tmpvalue == 0)
                    return true;
                return false;
            }
        );
    }
    int m_tmpvalue = 7;
};
```

上面代码中的 lambda 表达式用到了成员变量 m_tmpvalue,捕获方式是按值捕获
[=],编译不会报错。在 main 主函数中,注释掉原来的代码,增加如下代码:

```
AT * pat = new AT();
pat -> addItem();
cout << gv[0](10) << endl;                    //7,0
delete pat;
```

执行起来,结果如下,感觉一切正常,结果没有问题:

```
7
0
```

前面这是按值捕获[=],如果修改为[]空捕获,则程序无法编译通过。

读者肯定会认为按值捕获[=]使 lambda 表达式中的函数体能够访问成员变量
m_tmpvalue,所以顺理成章地认为 lambda 表达式所使用的 m_tmpvalue 是按值捕获
的——lambda 表达式的函数体中用的是这个值的一个副本,所以即便是上面代码中的 pat
对象被提前 delete 了,也不会影响到这个 lambda 表达式安全地运行。

那么,修改一下上面的代码,把 delete pat;提前一行,也就是把 pat 对象指针删除后再
调用 gv[0](10)来执行这个 lambda 表达式。所以 main 主函数中代码修改为如下的样子:

```
AT * pat = new AT();
pat -> addItem();
delete pat;
cout << gv[0](10) << endl;                    // - 572662307,0
```

执行起来,结果如下:

```
 - 572662307
0
```

结果显然是不对的,这里惊奇地发现,出现了一个非常怪异的数字“−572662307”,这肯
定跟刚才把对象指针 pat 删除有关。

这说明刚刚所认为的传值给这个 lambda 表达式,实际上并不是真的把值传给了这个
lambda 表达式,这个 lambda 表达式的正确执行依旧依赖于 pat 对象的存在。所以上面这

段代码并不安全(只有保持 pat 对象的存在,代码才安全)。读者首先要明确一点:捕获这个概念,只针对在创建 lambda 表达式的作用域内可见的**非静态局部变量(包括形参)**,而 m_tmpvalue 并不是非静态局部变量,它是 AT 类的成员变量,这个**成员变量是不能被捕获到的**。

那问题随之而来了:既然 m_tmpvalue 不能被捕获到,那为什么用了[=]后编译能通过,而且 lambda 表达式里可以正确使用 m_tmpvalue 的值呢?

实际上,之所以用了[=]后编译能通过,在于 this 指针(指向对象本身的这个指针):[=]中的等号捕获的是 this 指针。所以,这个 lambda 表达式的代码其实看起来应该是这样:

```cpp
void addItem()
{
    gv.push_back(
        [this](auto tv) {
            cout << m_tmpvalue << endl;   // m_tmpvalue 相当于 this->m_tmpvalue
            if (tv % m_tmpvalue == 0)     // m_tmpvalue 相当于 this->m_tmpvalue
                return true;
            return false;
        }
    );
}
```

前面也讲过,如果已经使用了"&"或者"=",则默认添加了 this 项,所以这里的[=]实际上就等于[this]。

所以,这里 lambda 表达式的生命周期还是依赖于对象 pat 的生命周期的,也就是说,**只要 pat 对象被删除,那这个 lambda 表达式就不再安全了**。

有没有解决办法,让这个 lambda 表达式即便 pat 对象被删除,也能安全执行呢? 有,就是把要捕获的成员变量复制到局部变量中去,然后在 lambda 表达式的函数体中使用这个局部变量的副本。看看代码如何写:

```cpp
void addItem()
{
    auto tmpvalueCopy = m_tmpvalue;
    gv.push_back(
        [tmpvalueCopy](auto tv) {
            cout << tmpvalueCopy << endl;
            if (tv % tmpvalueCopy == 0)
                return true;
            return false;
        }
    );
}
```

这回就不怕 pat 对象被删除了,main 主函数中的代码也能够正确执行了。

20.9.4 广义 lambda 捕获

C++14 里引入了一个叫 generalized lambda capture(广义 lambda 捕获)的捕获方式,读者看一看这种捕获方式怎么写,这种捕获方式也可以解决 lambda 表达式依赖于 pat 的问题。

```
void addItem()
{
    gv.push_back(
        [tmpvalue = m_tmpvalue](auto tv) { //将 m_tmpvalue 复制到闭包里来
            cout << tmpvalue << endl;       //使用的是副本
            if (tv % tmpvalue == 0)
                return true;
            return false;
        }
    );
}
```

20.9.5　静态局部变量

上一节讲过,捕获是不包括静态局部变量的,也就是说,静态局部变量不能被捕获,但是可以在 lambda 表达式中使用。另外,静态局部变量保存在静态存储区,它的有效期一直到程序结束。改造一下前面的 myfunc 代码。改造后的代码如下:

```
void myfunc()
{
    srand((unsigned)time(NULL));
    static int tmpvalue = rand() % 6;
    gv.push_back(
        [](auto tv) {                       //这就表示 static 并不需要捕获
            if (tv % tmpvalue == 0)
                return true;
            return false;
        }
    );
}
```

但是,这种对 static 变量的使用有点类似按**引用**捕获这种效果,再次改造 myfunc 代码。改造后的代码如下:

```
void myfunc()
{
    srand((unsigned)time(NULL));
    //static int tmpvalue = rand() % 6;
    static int tmpvalue = 4;
    gv.push_back(
        [](auto tv) {
            cout << tmpvalue << endl;
            if (tv % tmpvalue == 0)         //如果 tv 是 tmpvalue 的倍数
                return true;
            return false;
        }
    );
    tmpvalue++;                             //递增
}
```

在 main 主函数中,注释掉以往的代码,加入如下代码:

```
myfunc();
```

```
gv[0](10);                                    //5
myfunc();
gv[0](10);                                    //6
gv[1](10);                                    //6
```

执行起来,结果如下,感觉一切正常,结果没有问题:

```
5
6
6
```

如果将 main 主函数中的代码修改为如下:

```
myfunc();
myfunc();
gv[0](10);                                    //6
gv[1](10);                                    //6
```

执行起来,结果如下:

```
6
6
```

通过观察结果不难发现,两次的执行结果都为 6,所以说对 static 变量的使用有点类似按**引用**捕获这种效果。

结论:在 lambda 中使用 static 要非常小心。每个 lambda 表达式在不同的位置,不同的时机,输出 static 变量的结果都不一样,一个不小心就用错(因为使用 static 根本就不是按值捕获,而是按引用捕获)。如果担心出现问题,建议尽量少用甚至不用。

20.10　可变参数函数、initializer_list 与省略号形参

20.10.1　可变参数函数

有时需要向函数传递的参数数量并不固定,例如,有个函数实现的功能是把传递进去的所有参数加起来求和。那么,传递进去的参数数量并不确定,程序员可能只传递进去 1 个参数(这时求的和值就是这个参数本身),也可能传递进去 10 个参数,甚至可能传递进去的参数数量更多。

这种能接收非固定个数参数的函数就是可变参数函数。

怎样写这种可变参数函数能够处理参数数量不固定的情形呢? 这就要用到接下来要讲解的 C++11 新标准提供的 initializer_list 标准库类型。

这个类型能够使用的前提条件是所有的实参类型相同。

20.10.2　initializer_list(初始化列表)

如果有一个函数,它的实参数量不可预知,但是所有参数的类型相同,就可以使用 initializer_list 类型的形参来接。

　　initializer_list 是 C++11 中提供的新类型，也是一个类模板，与 vector 有相似之处，可以直接把它理解为某种类型值的**数组**（容器），这个模板里面指定的类型模板参数就是这个数组里面保存的元素（数据）的类型。

　　要使用 initializer_list，在 MyProject.cpp 的开头包含如下头文件：

```
# include < initializer_list >
```

也可以包含：

```
# include < iostream >
```

看看如下范例：

```
initializer_list < int > myarray;                //数组,元素类型是 int,空列表
initializer_list < int > myarray2 = { 12,14,16,20,30 }; //数组,元素类型是 int
```

不过，initializer_list 对象中的元素永远是常量值，不能被改变。

1. begin、end 遍历与 size 获取元素个数

看看如下范例。在 MyProject.cpp 前面增加如下代码：

```
void printvalue(initializer_list < string > tmpstr)
{
    //遍历每个元素: begin 指向数组首元素的指针,end 指向数组尾元素之后
    for (auto beg = tmpstr.begin(); beg != tmpstr.end(); ++beg)
    {
        cout << ( * beg).c_str() << endl;
    }
    cout << tmpstr.size() << endl;        //有 size 方法可以打印列表中元素数量
}
```

在 main 主函数中，加入如下代码：

```
printvalue({ "aa", "bb", "cc" }); //若要往 initializer_list 形参传递值序列,则必须把这个序列
                                  //放到花括号{}里括起来
```

　　其实，C++11 将使用大括号的初始化（列表初始化）作为一种比较通用的初始化方式，可用于很多类型，读者可以注意观察和收集。

　　既然 initializer_list 是一个容器，也包含 begin 和 end 成员函数返回的迭代器，所以支持使用范围 for 语句遍历其中的元素。修改一下 printvalue 的代码如下：

```
void printvalue(initializer_list < string > tmpstr)
{
    for (auto& tmpitem : tmpstr)              //用引用,节省性能
    {
        cout << tmpitem.c_str() << endl;
    }
    cout << tmpstr.size() << endl;
}
```

含有 initializer_list 形参的函数也可以包含其他形参：

```
void printvalue(initializer_list < string > tmpstr,int tmpvalue){…}
```

在 main 主函数中,加入如下代码:

```
printvalue({ "aa", "bb", "cc" },6);
```

2．复制和赋值

复制、赋值一个 initializer_list 对象不会复制其中的元素。原来对象和复制或者赋值出来的对象共享列表中的这些元素。

在 main 主函数中,加入如下代码:

```
initializer_list<string> myarray3 = { "aa", "bb", "cc" };
initializer_list<string> myarray4(myarray3);
initializer_list<string> myarray5;
myarray5 = myarray4;
```

可以设置一下断点并观察 myarray3 中 aa 这个元素的内存地址,如图 20.4 所示。

图 20.4　myarray3 中第一个元素"aa"的地址

单步跟踪调试,逐一观察 myarray4、myarray5 中第一个元素"aa"的地址。不难发现,myarray3、myarray4、myarray5 这三个对象的第一个元素地址相同,这足以说明这三个对象共享列表中的元素。

3．初始化列表作为构造函数参数

这里直接进行演示,在 MyProject.cpp 的前面位置增加如下类 CT 定义代码:

```
class CT
{
public:
    CT(const std::initializer_list<int>& tmpvalue) //单参数构造函数
    {
    }
};
```

在 main 主函数中,加入如下代码:

```
CT ct1 = { 10,20,30,40 };                //隐式类型转换
```

当然,也可以禁止 CT 类的隐式类型转换。在构造函数最前面增加 explicit 即可:

```
explicit CT(const std::initializer_list<int> &tmpvalue){}
```

此时,main 主函数中的代码会报错,需要进行相应调整,只需要把 ct1 后面的等号去掉即可:

```
CT ct1 { 10,20,30,40 };
```

也可以:

```
CT ct1 = CT({ 10,20,30,40 });
```

4. 统一初始化

对象的初始化方式五花八门,有用"( )"的,有用"{ }"的,也有用"={ }"的等。为了统一对象的初始化方式,在 C++11 中,引入了"统一初始化"的概念,英文名就是 Uniform Initialization,试图努力创造一个统一的对象初始化方式。例如下面的代码:

```
int myarray[] = { 1,5,6,9 };          //定义并初始化
int myarray2[] { 12,25,37,89 };       //定义并初始化
vector < int > myvec = { 15,45,78,76 };  //定义并初始化
```

initializer_list 与"{ }"有着不解之缘。例如,前面的范例中,把{ "aa", "bb", "cc" }当作实参(一个整体),形参的位置就可以使用 initializer_list < string > tmpstr 来接收这个实参。实际上,编译器内部对"{ }"是有特殊支持的:当编译器看到这种大括号括起来的形如{ "aa", "bb", "cc" }的内容,一般就会将其转化成一个 std::initializer_list。所以可以这样认为,所谓的"统一初始化",其背后就是 std::initializer_list 进行支持的。

std::initializer_list 有着比较广泛的用途,尤其是 C++标准库中被大量地使用。如果有兴趣,可以进一步研究。

20.10.3　省略号形参

省略号形参(…)是 C 时代的产物,如果是在 C++中,是有很多类类型的,这些类类型要是传递给省略号形参时可能都会出问题,没法正常处理。所以在 C++中省略号形参用得比较少。

省略号形参通常用于可变参数函数中,可变参数函数虽然参数数量不固定,但是函数的所有参数是存储在线性连续的栈空间中的,而且可变参数函数**必须至少要有一个普通参数**,所以,可以通过这个普通参数来寻址后续的所有可变参数的类型和值。具体的细节不讲太多,因为讲深了也挺复杂(很多是属于内存方面知识),也没必要,可以做一些适当的演示来帮助理解。

一般来讲,在 C 语言中处理省略号形参要包含如下头文件:

```
# include < stdarg. h >
```

看看如下范例,在 MyProject. cpp 的前面,增加如下代码:

```
double average(int num, …)                  //num 这里传递的是参数数量
{
    va_list valist;                          //创建一个 va_list 类型变量

    double sum = 0;
    va_start(valist, num);                   //使 va_list 指向起始的参数
    for (int i = 0; i < num; i++)
    {
        //遍历参数
        sum = sum + va_arg(valist, int);    //参数 2(看实参)说明返回的类型为 int
    }
    va_end(valist);                          //释放 va_list
    return sum / num;
}
```

在 main 主函数中,加入如下代码:

```
cout << average(3, 100, 200, 300) << endl; //第一个参数表明后续参数个数,结果为 200
```

上面这个范例比较简单,笔者就不详细讲解了。

C 语言编程中常用的 printf 函数的参数其实就是可变参数。例如:

```
printf("value1 = %d,value2 = %d", 15, 17);
```

printf 这个可变参数函数的形式大概如下:

```
int printf(char const * const _Format, …);
```

可以发现,printf 这个可变参数函数的第一个参数是一个字符串类型。因为 printf 的实现比较复杂,要解析各种格式字符,所以这里就演示一个简单点的范例。

这里要注意,虽然第一个参数是一个字符串类型,但是从这个字符串里面也要能知道后续有多少个可变参数。例如,代码行"printf("value1 = %d,value2 = %d", 15, 17);",可以知道,字符串中有两个%d,所以可以知道后面是有两个可变参数(15,17)的。

看看如下范例,在 MyProject.cpp 前面增加如下代码:

```
void funcTest(const char * msg, …)
{
    va_list valist;                          //创建一个 va_list 类型变量
    int csgs = atoi(msg); //这里其实可以拿到可变参数个数,必须用这个数字来退出后续的参数
                         //处理循环
    va_start(valist, msg);                   //使 va_list 指向起始的参数
    int paramcount = 0;                      //参数个数计数
    while (paramcount < csgs)                //不知道几个参数,就一直循环好了
    {
        char * p;
        //这块假定给的参数都是字符串,若要 printf,就要根据第一个参数里的%d,%s 来分析 va_
        //arg()里的第二个参数类型
        p = va_arg(valist, char *);
        printf("第%d个参数是: %s\n", paramcount, p);
        paramcount++;
    }
    va_end(valist);                          //释放 va_list
}
```

在 main 主函数中,加入如下代码:

```
//为了让 funcTest()里知道有三个可变参数,第一个固定参数给进去数字 3
funcTest("3", "aa", "bb", "cc");
```

执行起来,结果如下,一切正常:

```
第 0 个参数是: aa
第 1 个参数是: bb
第 2 个参数是: cc
```

这里要注意几点,说明一下:

(1)至少有一个有效的形参,形参不能完全是省略号形参(…)。

（2）省略号形参只能出现在形参列表最后的一个位置，例如如下这种形式：

void myfunc(参数列表,…);

上面代码行参数列表中的参数，编译器会执行正常的类型检查，但是当进行函数调用时，省略号位置所对应的**实参（实际参数）**不会进行类型检查。

（3）针对代码行：void funcTest(const char * msg,…){}，其中三个点前面的逗号可以省略，即

void funcTest(const char * msg…){}

（4）如果有多个非可变参数，那 va_start(valist，msg);这种代码行就要注意，必须要绑"…"之前的那个形参（下面的 pszFormat）。例如下面这个函数：

void TestFun(char * pszDest, int DestLen, const char * **pszFormat**, …){}

那么，调用 va_start 的时候就应该是这样写：

va_start(valist, **pszFormat**);

（5）一般这些可变参数类型是数值型或者字符串型还能正常处理，其他类类型一般都不能正常处理，所以省略号形参在如今的 C++ 编程中用的场合并不多。

（6）不建议在 C++ 编程中使用省略号形参，但遇到了这样的代码，还是要能够读懂。

20.11　萃取技术概念与范例等

20.11.1　类型萃取简介

类型萃取（traits）是一个挺玄的功能，翻译成英文是 type traits。类型萃取这种技术也是属于泛型编程方面的技术。在 STL 的实现源码中用得比较多。

所谓萃取，就是提取一些信息出来。有人称这种萃取技术为一种"可用于编译器根据类型作判断"的泛型编程技术。"萃取"这个词在 19.5.2 节提过，当时讲到过滤器（萃取机）概念，而且还写了一段代码——使用萃取机来查找迭代器的种类。

从 C++11 开始，标准库里提供了很多的类型萃取接口，这些接口其实就是一些类模板，这些类模板可以用来询问针对某个类型的很多信息。

这些类型萃取接口通过下面这个网站可以搜集的比较全面（"C++参考文档"网站）：

https://en.cppreference.com/w/cpp/types

找到其中的 Type traits（since C++11）这块内容，这里内容不少，有兴趣的读者可以研读一下。

针对上面这个"C++参考文档"网站，笔者进行一些重点内容的截图。针对类型萃取这个概念，解释如图 20.5 所示。

看看图 20.5 中的说法：类型萃取定义了一个编译期间的基于模板的接口，用来查询或者修改类型的属性。

也就是说，程序员可以通过这些类型萃取接口来获取各种信息。

下面进一步通过上述网站的一些截图，看一下能够萃取到哪些内容。这些内容随着

Type traits (since C++11)

Type traits defines a compile-time template-based interface to query or modify the properties of types.

Attempting to specialize a template defined in the `<type_traits>` header results in undefined behavior, except that `std::common_type` may be specialized as described in its description.

A template defined in the `<type_traits>` header may be instantiated with an incomplete type unless otherwise specified, notwithstanding the general prohibition against instantiating standard library templates with incomplete types.

图 20.5　对于类型萃取的解释

C++新标准的不断推出,也在不断变动(增加、修改、删除),所以建议读者还是以该网站列出的实时内容为准。

（1）主要类型种类。

能萃取到的"主要类型种类",截图如图 20.6 所示。

Primary type categories	
is_void(C++11)	checks if a type is `void` (class template)
is_null_pointer(C++14)	checks if a type is `std::nullptr_t` (class template)
is_integral(C++11)	checks if a type is an integral type (class template)
is_floating_point(C++11)	checks if a type is a floating-point type (class template)
is_array(C++11)	checks if a type is an array type (class template)
is_enum(C++11)	checks if a type is an enumeration type (class template)
is_union(C++11)	checks if a type is an union type (class template)
is_class(C++11)	checks if a type is a non-union class type (class template)
is_function(C++11)	checks if a type is a function type (class template)
is_pointer(C++11)	checks if a type is a pointer type (class template)
is_lvalue_reference(C++11)	checks if a type is *lvalue reference* (class template)
is_rvalue_reference(C++11)	checks if a type is *rvalue reference* (class template)
is_member_object_pointer(C++11)	checks if a type is a pointer to a non-static member object (class template)
is_member_function_pointer(C++11)	checks if a type is a pointer to a non-static member function (class template)

图 20.6　能萃取到的"主要类型种类"

（2）复合类型种类。

能萃取到的"复合类型种类",截图如图 20.7 所示。

Composite type categories	
is_fundamental(C++11)	checks if a type is a fundamental type (class template)
is_arithmetic(C++11)	checks if a type is an arithmetic type (class template)
is_scalar(C++11)	checks if a type is a scalar type (class template)
is_object(C++11)	checks if a type is an object type (class template)
is_compound(C++11)	checks if a type is a compound type (class template)
is_reference(C++11)	checks if a type is either a *lvalue reference* or *rvalue reference* (class template)
is_member_pointer(C++11)	checks if a type is a pointer to an non-static member function or object (class template)

图 20.7　能萃取到的"复合类型种类"

（3）类型属性。

能萃取到的"类型属性",截图如图 20.8 所示。

（4）支持的操作。

还能萃取出很多 trivially 信息,trivially 翻译成中文就是"平淡的,可有可无"。什么意思呢？如构造函数,如果这个类不需要初始化什么东西,那么构造函数就可有可无,写不写

Type properties

is_const (C++11)	checks if a type is const-qualified (class template)
is_volatile (C++11)	checks if a type is volatile-qualified (class template)
is_trivial (C++11)	checks if a type is trivial (class template)
is_trivially_copyable (C++11)	checks if a type is trivially copyable (class template)
is_standard_layout (C++11)	checks if a type is a standard-layout type (class template)
is_pod (C++11)(deprecated in C++20)	checks if a type is a plain-old data (POD) type (class template)
is_literal_type (C++11)(deprecated in C++17)(removed in C++20)	checks if a type is a literal type (class template)
has_unique_object_representations (C++17)	checks if every bit in the type's object representation contributes to its value (class template)
is_empty (C++11)	checks if a type is a class (but not union) type and has no non-static data members (class template)
is_polymorphic (C++11)	checks if a type is a polymorphic class type (class template)
is_abstract (C++11)	checks if a type is an abstract class type (class template)
is_final (C++14)	checks if a type is a final class type (class template)
is_aggregate (C++17)	checks if a type is an aggregate type (class template)
is_signed (C++11)	checks if a type is a signed arithmetic type (class template)
is_unsigned (C++11)	checks if a type is an unsigned arithmetic type (class template)
is_bounded_array (C++20)	checks if a type is an array type of known bound (class template)
is_unbounded_array (C++20)	checks if a type is an array type of unknown bound (class template)

图 20.8　能萃取到的"类型属性"

都行,这时构造函数就属于 trivially 的。

如图 20.9 所示,其中多次出现 trivially 字样。

Supported operations

is_constructible (C++11) is_trivially_constructible (C++11) is_nothrow_constructible (C++11)	checks if a type has a constructor for specific arguments (class template)
is_default_constructible (C++11) is_trivially_default_constructible (C++11) is_nothrow_default_constructible (C++11)	checks if a type has a default constructor (class template)
is_copy_constructible (C++11) is_trivially_copy_constructible (C++11) is_nothrow_copy_constructible (C++11)	checks if a type has a copy constructor (class template)
is_move_constructible (C++11) is_trivially_move_constructible (C++11) is_nothrow_move_constructible (C++11)	checks if a type can be constructed from an rvalue reference (class template)
is_assignable (C++11) is_trivially_assignable (C++11) is_nothrow_assignable (C++11)	checks if a type has a assignment operator for a specific argument (class template)
is_copy_assignable (C++11) is_trivially_copy_assignable (C++11) is_nothrow_copy_assignable (C++11)	checks if a type has a copy assignment operator (class template)
is_move_assignable (C++11) is_trivially_move_assignable (C++11) is_nothrow_move_assignable (C++11)	checks if a type has a move assignment operator (class template)
is_destructible (C++11) is_trivially_destructible (C++11) is_nothrow_destructible (C++11)	checks if a type has a non-deleted destructor (class template)
has_virtual_destructor (C++11)	checks if a type has a virtual destructor (class template)
is_swappable_with (C++17) is_swappable (C++17) is_nothrow_swappable_with (C++17) is_nothrow_swappable (C++17)	checks if objects of a type can be swapped with objects of same or different type (class template)

图 20.9　能萃取到"支持的操作"信息

最新的内容,建议读者及时关注网站来获取。

20.11.2　类型萃取范例

上面的很多类模板中都有 value 这么一个成员变量,通过判断 value 这个成员变量的值为 true 或者 false,就能够萃取到很多重要信息。如下范例,看一看如何萃取到一个类型的各种信息。

这里不准备把这些萃取的能力全部演示一遍,就挑几个来演示。其余的,读者可以自行演示和探寻。

在 MyProject.cpp 的前面增加如下代码:

```cpp
template < typename T >
void printTraitsInfo(const T& t)                //打印萃取信息
{
    cout << " ------------- begin ----------- " << endl;

    cout << "我们要萃取的类型名字是: " << typeid(T).name() << endl;

    cout << "is_void = " << is_void< T >::value << endl; //类型是否是 void
    cout << "is_class = " << is_class< T >::value << endl; //类型是否是一个 class
    cout << "is_object = " << is_object< T >::value << endl; //类型是否是一个对象类型
    cout << "is_pod = " << is_pod< T >::value << endl; //是否是普通类(只包含成员变量,不包含
                                                       //成员函数) - POD(plain old data)
    cout << "is_default_constructible = " << is_default_constructible< T >::value << endl;
                                                                    //是否有拷贝构造函数
    cout << "is_copy_constructible = " << is_copy_constructible< T >::value << endl;
                                                                    //是否有拷贝构造函数
    cout << "is_move_constructible = " << is_move_constructible< T >::value << endl;
                                                                    //是否有移动构造函数
    cout << "is_destructible = " << is_destructible< T >::value << endl; //是否有析构函数
    cout << "is_polymorphic = " << is_polymorphic< T >::value << endl;   //是否含有虚函数
    cout << "is_trivially_default_constructible = " << is_trivially_default_constructible
< T >::value << endl; //默认拷贝构造函数是否是可有可无的(没有也行的)

    cout << "has_virtual_destructor = " << has_virtual_destructor< T >::value << endl;
                                                             //是否有虚析构函数

    cout << " ------------- end ------------- " << endl;

}
```

再来几个类定义,用于从这些类中萃取信息作为演示的结果:

```cpp
class A
{
public:
    A() = default;
    A(A&& ta) = delete; //移动构造: 你如果不写 delete,系统一般就会认为你有这个成员函数
    A(const A& ta) = delete;              //复制构造
    virtual ~A() {}
};
class B
{
public:
    int m_i;
    int m_j;
};
class C
{
public:
```

```
        C( int t) {}                                //有自己的构造函数,编译器不会给你提供默认构造函数
};
```

在 main 主函数中,加入如下代码:

```
printTraitsInfo(int());                            //扔一个临时对象进去
printTraitsInfo(string());
printTraitsInfo(A());
printTraitsInfo(B());
printTraitsInfo(C(1));
printTraitsInfo(list < int >());
```

执行起来,结果如下,一切正常(因为结果比较长,只抽取其中一小段结果):

```
-------------- begin------------
我们要萃取的类型名字是: int
is_void = 0
is_class = 0
is_object = 1
is_pod = 1
is_default_constructible = 1
is_copy_constructible = 1
is_move_constructible = 1
is_destructible = 1
is_polymorphic = 0
is_trivially_default_constructible = 1
has_virtual_destructor = 0
-------------- end--------------
……
```

读者可以根据这些萃取的结果逐一比对,这些代码理解起来相对比较简单,代码中的注释也比较详细,笔者就不过多地介绍了。

20.11.3　迭代器萃取简介

迭代器萃取(Iterator_traits)也是一个挺玄的功能,翻译成英文是: iterator traits。

这个话题,大家可能比较熟悉了,在 19.5.2 节曾经讲解过迭代器萃取机,当时写了一段代码:给定一个迭代器,通过迭代器萃取技术萃取出迭代器的种类。如果读者忘记了,可以回顾一下 19.5.2 节。那么,这段代码笔者就不在这里重复编写了。

20.11.4　总结

前面谈过,萃取技术是属于泛型编程方面的技术,在 STL 的实现源码中用得比较多。

在 C++ 中,模板与泛型编程这种编程方法跟常规的 C++ 中读者所掌握的面向对象的编程方法,从思维方式、编码方式等方面,都是很不同的。而在实际的工作中,程序员的工作重点往往都是实现业务逻辑方面的编码工作,因此,泛型编程技术应用的较少。

如果想在泛型编程方面深钻,需要进一步深入地去学习,可以关注笔者后续的出书动向。

萃取技术实际上是一种挺玄妙的技术,能实现一些往往不太好想象的效果。当然,很多效果的实现不仅仅是看到一些表面源码这么简单,而是在编译器内部进行了特殊处理,才能让程序员获取到很多意想不到的结果。

IT 职业发展的未来之路

俗话说，"天下没有不散的筵席"，这本书的写作也终于要结束了。

刚开始写这本书的时候，笔者就说过下面这段话：

"C/C++本身涉及的范围非常广，不可能在一本书中面面俱到地讲解。但是，这本书已经把 C/C++语言中最常用功能的 90% 都介绍了，能够满足绝大多数读者日常工作中应用 C++语言的需要了，如果偶尔有遗漏的地方，读者完全可以通过自学来弥补。"

笔者自认为本书写得非常尽心尽力，很多章节的准备都翻阅大量资料，有的时候一节内容要准备好多天，把对读者有用、有价值的内容写出来了。

从知识的覆盖面、讲解的质量来讲，作为一门计算机语言基础书，本书无论放在哪里，都是相当有价值的。同时，笔者所教授的数千名学员中，对笔者课程赞誉有加，评价也是相当高。

1. 学习之路和未来的方向

抛开 C++语言的学习，从整个人生来讲，制订好自己的目标是最重要的！！！这个目标可以分得更细一点，包括学习目标、工作目标、健身目标、生活目标等。没有目标的人会被岁月赶着走，随着年龄的增长，自己身体机能、精力也不断下降，生活压力也逐步增大，最终只会陷入越来越被动的局面。制定目标的时间周期可以分短期、中期、长期，短期可以以周为时间单位，中长期可以以月和年为时间单位。请永远记住，凡事预则立，不预则废。相当多的人，**根本就不知道人生需要制订目标**，走一步算一步，赶到哪里是哪里，一晃几十年过去，当明白的时候，为时已晚，自己的身体或者这个社会已经不愿意给你机会挽回局面，当明白的时候，那些善于给自己制定目标的人，早已超越你太多太多！

C++语言博大精深，每个人的时间、生命都有限，很多读者往往花几千元甚至上万元到很多培训机构去学习，钱没少花，东西学了一堆，很快就忘了，虽然能找到工作，但拿高薪很困难，所以，笔者给出的建议是：

（1）学的要精，不要杂，不要贪大求全，否则会分散精力，浪费时间。

（2）尽早选择一条能拿高薪的路，一直不断努力达成目标。

（3）有新的想法或不同观点时第一时间是把想法或者观点代码化并通过测试找到答案而不是第一时间去问别人自己的想法是否可行。

对于有足够的自觉性和有信心自学 C/C++ 的读者，笔者向你推荐的第一本书就是《C++新经典》，第二本书是《C++新经典：对象模型》，也是笔者所著，都是非常难得的好书，请读者关注。

上面笔者谈到的这两本书看完后，读者掌握的 C/C++ 语言的知识已经足够应付大多数应用场景了，就算偶尔有些地方没掌握，那也不怕，现学现卖都来得及，因为读者此时已经有相当深厚的 C++ 基础足以支撑自学了。这个时候如果出去找工作，薪水也能达到每月一两万元，不过这个也要看运气。

学到这个程度，读者的疑惑也就来了，很多读者问我："老师，我从来没做过项目，我都不知道用 C++ 语言能做什么项目。"很多培训机构都教大家做项目，今天做个贪吃蛇，明天做个远程控制工具，这叫不叫项目？当然叫项目，但这种小项目，对个人的成长影响比较小，实用性不强。既然要做项目，那直接做一个大型商业项目是不是更好？不要担心大型商业项目的难度，因为它不是一开始就很难。读者面临的最重要的一个问题来了——选择深造的方向。C/C++ 能做的事很多，甚至很多系统底层和高级的东西都是 C++ 开发的，典型的 C++ 应用场景，如图形学、游戏服务器、网络通信架构、虚拟现实、嵌入式系统、设备驱动、音视频、人工智能底层等，其中能拿到薪水最高的，如 5 万～8 万元/月，查询人才招聘网站可以看到，网络通信架构绝对是能够达到这个月薪的。而且读者往往也能够注意到，高薪的 C++ 程序员一般都要求掌握 TCP/IP 开发协议，掌握 epoll 网络通信编程等技术，这些技术都是属于网络通信架构知识体系的组成部分。

所以，笔者推荐下一步的 C++ 学习方向，可以往网络通信架构方向走。集中全部精力，把网络通信架构开发知识学好，争取用最短的时间拿到最高的薪水。当然，读者如果认为自己有更好的选择，就请忽略笔者的建议。

笔者的《C++ 新经典：Linux C++ 通信架构实战》一书，主要讲解 Linux 操作系统下 epoll 高并发通信技术，有兴趣的读者可以关注。而且这本书也将是笔者真正实力的体现，对于需要的读者来讲，会受益终生。

2. 学历谈

在笔者的学生中，不乏很多大学生，大家面临的一个最重要的问题就是择业，笔者相信，大多数读者是要通过自己的劳动自食其力，可能有极个别的读者，家境特别好，可以一生衣食无忧，但大多数人还是需要从给别人打工做事开始。

每个人必须尽早地规划自己的人生之路，有两点笔者必须要谈，因为这会直接影响到你们将来能达到的人生高度。

（1）能进大公司千万别去小公司（小公司需要承担的更多，需要万事通，哪方面都能接触到，学到的知识更多、更全面，然而这有什么用呢？）。因为在大公司你面对的环境和人，远远不是小公司能比的，在大公司中你可能会遇到你人生中的贵人和一生难求的机遇，从而让你的人生产生质变，达到常人难以企及的高度，或者至少在你个人的履历中，去过大公司也是难得的谈资和日后加薪高升的筹码。

另外，有些人以为进了大公司就可以高枕无忧了，这基本上是不可能的，无论何时何地，只要有时间，一定要不断学习，不断为自己充电，如果公司的事情做完了，就为自己单独制定学习计划，尽可能掌握更多的知识和技能，当然，也要有选择地学，不能乱学瞎学。如果公司的事情永远做不完，会议永远开不完，而你既感到难以适应又觉得无法再进一步成长，那么离职这件事就不得不在你的考虑之中。

（2）学历至少也要拿到本科（即使你现在已经辍学了，也一定要想办法，如通过自考等方式把本科学历拿到），因为这是进入大公司的最低学历，是敲门砖，门敲不开，纵然你有再厉害的专业知识和本领也无用武之地。当然,学历越高越好,毕业的院校越知名越好。

3. 创业谈

很多读者雄心勃勃,谁也不服,下定决心将来要自己创业,绝不打工,想法是好的,照这个目标努力是对的。

但是,事实情况是:有创业想法的人可能有 100 个,但是能够付诸创业实际行动的可能只有 10 个人,而这 10 个创业的人中,可能有 9 个人会失败,有 1 个人会成功,会通过创业实现财务自由之路。

永远要记得,当你创业失败的时候,要有一门技能,能让你有饭吃。梦想可以有,但要脚踏实地,不要高估自己的实力。

得意莫忘形,失意莫灰心,这个世界往往并不是那么公平的,有些人天生的运气就比你好。在付出同等努力的情况下,有些人就是比你更加容易成功,你得认这件事,得心平气和地坦然接受。

4. 学习谈

人成长的环境不同,经历不同,所收获的知识和经验就会不同,对一件事物的观点和看法也会不同。所以,下面仅仅是笔者自己的观点,读者是否认同和采纳,请自己决定。

有些人非常热衷于读 Linux 内核源码、热衷于读 STL 源码,笔者认为这种做法适合于那种技术能力已经很强,甚至已经成为大师,同时又对技术开发痴迷并想进一步提高自身开发能力的很少一部分人。对于初学者,千万不要这样做,如果你连一些基本的程序都写不好,基本的逻辑实现到处都是 Bug,那么读 Linux 内核源码,读 STL 源码,对于你毫无用处,完全是浪费时间。

有些人痴迷于算法和数据结构,尤其是一些大公司,面试必考算法、必考数据结构,在笔者看来,这其实是非常误人子弟的。依笔者在数十家公司的工作经历来看,工作中极少用到很深的算法和数据结构方面的知识。当然,基本的堆栈、队列、链表方面的知识还是要掌握的。所以,对于想进入大公司的读者,可以有针对性地补算法和数据结构方面的知识,但是,除非工作实际需要,真的不需要去深入研究很多复杂的算法,如二叉树怎么旋转之类的知识。

本书主要是针对 C/C++ 语言层面知识的讲述,对于算法、数据结构类知识,涉及的很少,如果读者有需要,可以专门寻找算法、数据结构类知识的相关资料进行学习。

知识浩如烟海,永远也学不完,没学过的总比学过的多得多,唯独时间最宝贵,如果被忽悠瞎学乱学一通,必然是事倍功半,人生有涯而学海无涯,所以,如何学习能收益(成长最快、根基最牢、挣钱最多)最大化才是我们要追寻的目标。

从你毕业开始的 10 年之内,父母尚年轻,身体尚可,没有异性朋友,没有下一代,是学习积累知识的黄金时期,但是 10 年时间,弹指一挥,父母年迈,维护身体需要一大笔钱,自己结婚生子、培养孩子都需要巨大的时间和金钱的投入,人无远虑,必有近忧。

此外,在学习过程中,不要养成到处问人的习惯,尽量靠自己解决问题,有些人一点小问题就习惯性地问别人,一来是不尊重他人的时间,二来会造成对他人的依赖性,依赖性一旦养成,独立解决问题的能力就会极速下降,从而极大地限制自身的成长。

在本书的讲解过程中,笔者会详细介绍程序的跟踪、调试过程,读者把调试程序的手段率先学到手,这样绝大部分编程问题都可以不求人,完全靠自己就能搞定。

有些人担心自己的英语不好,学不好编程,其实,编程不需要多么好的英语基础,26 个英文字母只要认识,就可以尝试学习编程,在笔者的学员中,有 10 岁出头的孩子,他们学起来都并不感觉到吃力,你还担心什么!

此外,离散数学、线性代数、微积分、概率论这些知识,不要和学习编程混为一谈,用到这些知识进行编程的,都是局限在一小部分领域,绝大部分领域的编程不需要用到这些知识,读者不必因为不熟悉这些知识而畏惧编程,也不需要为了学好编程而先去学习离散数学、线性代数、微积分、概率论。

5. 对于初学者的一点忠告

初学者往往充满好奇心,在学习本书的某个知识点时会联想到很多自己不会的其他知识点,然后立即针对这些不会的知识点询问他人,但这并不是一个好的学习习惯。

正确的是:当因为学习某个知识点时联想到了自己不会的其他知识点时,用一个小本子把不会的知识点记录下来,然后继续本书的学习。当整本书全部学完后,回顾以往所记录的不会的知识点,往往会发现,这些知识点早已经在学习的过程中掌握了。

6. 歧视谈

年龄大的程序员会受到社会歧视,不管你是否承认这一点,这是事实,一过 35 岁,找工作的难度会加大,会面临很多面试你的人比你年纪小很多,但是他却是你所面试岗位的领导者。此时他对你会有诸多担心,比如怕你太年长而难以领导、不服管教,也怕你年纪太大、精力不够而禁不起长期加班,甚至还有对你的各种瞧不起(年纪一大把了还没混成个部门经理,还要出来找工作,肯定不咋地,我到你这个岁数,肯定都自己创业)。

这个问题是一个长期困扰程序员的问题,谁都有年龄大的一天,你如果没有选择的主动权,就只能让别人来选择你。少要一些薪水(至少不比其他员工多太多),工作态度变得更友好和积极一些,技术能力上体现得更强一些,在身体许可的情况下适当加加班,尽量保持和其他员工作息时间一致。如果大龄程序员真的能够做到这些,那么找一份维持日常生活的工作其实并不难,不用过分担心。

但是有一点,年纪大代表工作能力强,经验丰富,学习能力也强(千万不要以为年纪大的人学习能力弱,这绝对错得离谱),甚至一个年纪大的人能够顶好几个年轻人,即便是在工作精力方面差一些,但是通过在工作中少犯错误(写的代码少出 Bug)来节约大量时间,这也能够弥补短板。所以,一定要有与自己年纪相仿的开发实力,技术的学习是终生的,永远都要保持学习状态,让自己不断进步。

最后,送给读者两句话:

- 人跟人不但能力上有差别,机遇运气上也有极大的差别,所以不跟别人比,跟自己比,今天的自己比昨天进步了一些,就很好。
- 人各有所长,比如有的人善于交际,有的人善于控场,有的人善于坐下来搞研究。学会扬长避短,尽早找出自己的特长并发挥所长,为这个社会尽一份绵薄之力,这就是自己的价值和生命的意义。

图 书 资 源 支 持

感谢您一直以来对清华大学出版社图书的支持和爱护。为了配合本书的使用，本书提供配套的资源，有需求的读者请扫描下方的"书圈"微信公众号二维码，在图书专区下载，也可以拨打电话或发送电子邮件咨询。

如果您在使用本书的过程中遇到了什么问题，或者有相关图书出版计划，也请您发邮件告诉我们，以便我们更好地为您服务。

我们的联系方式：

地　　址：北京市海淀区双清路学研大厦 A 座 701

邮　　编：100084

电　　话：010-83470236　010-83470237

资源下载：http://www.tup.com.cn

客服邮箱：tupjsj@vip.163.com

QQ：2301891038（请写明您的单位和姓名）

用微信扫一扫右边的二维码,即可关注清华大学出版社公众号。

教学资源·教学样书·新书信息

人工智能科学与技术
人工智能|电子通信|自动控制

资料下载·样书申请

书圈